Reihe: Transparenz in der Wirtschaft · Band 1

Herausgegeben von Prof. Dr. Markus Diller, Passau, und
Dr. Markus Grottke, Passau

Dr. Markus Grottke

Die strukturale Lageberichtsanalyse als Bestandteil einer offenen, erweiterten Jahresabschlussanalyse

Mit einem Geleitwort von Prof. Dr. Thomas Schildbach,
Universität Passau

EUL VERLAG

Bibliografische Information der Deutschen Nationalbibliothek

Die Deutsche Nationalbibliothek verzeichnet diese Publikation in der Deutschen Nationalbibliografie; detaillierte bibliografische Daten sind im Internet über <http://dnb.d-nb.de> abrufbar.

Dissertation, Universität Passau, 2011

Erstgutachter: Prof. Dr. Thomas Schildbach
Zweitgutachter: Prof. Dr. Jochen Wilhelm
Drittgutachter: Prof. Dr. Hans Krah

Tag der mündlichen Prüfung: 28. Januar 2010

ISBN 978-3-8441-0117-1
1. Auflage Januar 2012

JOSEF EUL VERLAG GmbH
Brandsberg 6
D-53797 Lohmar
Tel.: +49 (0) 22 05 / 90 10 6-6
Fax: +49 (0) 22 05 / 90 10 6-88
http://www.eul-verlag.de
info@eul-verlag.de

Bei der Herstellung unserer Bücher möchten wir die Umwelt schonen. Dieses Buch ist daher auf säurefreiem, 100% chlorfrei gebleichtem, alterungsbeständigem Papier nach DIN 6738 gedruckt.

Geleitwort zur neuen Schriftenreihe: Transparenz in der Wirtschaft

Modernes Leben wird immer stärker von einer enormen Komplexität geprägt. Auch wenn dieser Begriff nur selten klar definiert wird und in unterschiedlichen Zusammenhängen verschiedenartige Verwendungen findet, dürfte doch Einigkeit darüber bestehen, dass eine zunehmende Informationsflut und Vernetzung sowie die damit einhergehende Vielzahl an Alternativen eine bedeutende Rolle spielen. Vielfach können die für Entscheidungen verfügbaren Informationen von Menschen nur noch heuristisch oder im schlimmsten Fall sogar gar nicht mehr verarbeitet werden können.

Beispiele reichen vom Handyvertragsdschungel über eine unüberschaubare Menge an Versicherungstarifen, von einer Vielzahl an Informationen, die für Kapitalanlageentscheidungen zu verarbeiten sind bis hin zu einer schier unglaublichen Masse an steuerlichen Vorschriften, die die Steuerpflichtigen regelmäßig bei ihrer jährlichen Steuererklärung erschaudern lässt.

Eine solche Komplexität kann suboptimale Handlungen der Entscheider bedingen; entweder weil wichtige Informationen vernachlässigt werden oder weil die Unüberschaubarkeit der Entscheidungssituation von Dritten zu ihren Gunsten ausgenutzt wird.

Zur Transparenz in der Wirtschaft beizutragen, heißt nicht, alle möglichen Informationen bereitzustellen oder alles bis ins Detail zu regeln. Dies hieße, um ein Diktum Dieter Schneiders aufzugreifen, mit Schalmeyenklängen in die Wüste zu führen.

Vielmehr gilt es einerseits – angesichts der Grenzen menschlicher Informationsverarbeitung, so präzise als möglich zu erforschen, welche Informationen wirklich notwendig sind, um – wenn schon nicht optimale – so doch zumindest gegenüber dem status quo verbesserte Entscheidungen zu ermöglichen. Andererseits liegt die Aufgabe darin, sicherzustellen, dass die Wirtschaftssubjekte in der Praxis so informiert sind, dass sie sich der Risiken ihrer Entscheidungen aufgrund eines unzureichenden Verständnisses der Situation bewusst werden, um dadurch weniger häufig Opfer malevolenter Dritter zu werden.

Diesen Aufgaben widmet sich die vorliegende Reihe: In verschiedenen Gebieten des wirtschaftlichen Lebens soll durch die aufgenommenen Veröffentlichungen Transparenz geschaffen werden.

Angesichts der Schwierigkeit der Aufgaben steht die methodische Herangehensweise und die Herkunftsdisziplin im Hintergrund: Entscheidend ist, dass die einzelnen Arbeiten einen Beitrag zur Minderung von Komplexität in bestimmten Bereichen des Wirtschaftslebens und damit zur Lösung eines der zentralen Probleme unserer Zeit leisten. Gerade weil das Phänomen der Komplexität und der mit ihr einhergehenden Intransparenz so vielschichtig ist, ergibt sich hier ein breites Forschungsfeld für interdisziplinär orientierte Forscher der Betriebs- und Volkswirtschaftslehre wie Forscher anderer Fachdisziplinen.

Die vorliegende Arbeit stellt das erste Werk der neuen Reihe. Ihr zentraler Wesenszug besteht darin, auf dem Weg zum Ziel der Entscheidungsverbesserung im Bereich der Jahresabschlussanalyse neue Wege zu beschreiten, um so die zu beobachtenden Fehlallokationen zu mindern.

Passau, im Januar 2012 — Markus Diller & Markus Grottke

Geleitwort zur Dissertation von Markus Grottke

Durch Jahresabschlussanalyse sollen die im Jahresabschluss enthaltenen Informationen möglichst umfassend erschlossen werden. Das dient den Entscheidungen der Wirtschaftssubjekte etwa bei der Allokation von Eigen- oder Fremdkapital und damit letztlich dem Wohlstand einer Gesellschaft. Die Zahlenwerke im Jahresabschluss – insbesondere Bilanz und Erfolgsrechnung – haben in den letzten Jahren freilich nicht nur quantitativ an Gewicht verloren – nur 6 Seiten Zahlenwerken stehen im Musterabschluss nach modernen IFRS 90 Seiten überwiegend verbaler Erläuterungen gegenüber –, die Zahlen haben auch an Qualität eingebüßt. Der Zusammenbruch auf dem Neuen Markt Ende März 2003 mit einer Kapitalvernichtung von 211 Milliarden € belegt das eindrucksvoll. Gleichwohl konzentriert sich die Jahresabschlussanalyse nach aktuellem Stand weiterhin nur auf die Zahlen – schon weil diese mathematischen Analysemethoden besonders gut zugänglich sind. Mit Hilfe verbaler Erläuterungen im Anhang werden allenfalls die ausgewiesenen Beträge vor der Verarbeitung korrigiert oder zumindest auf einen einheitlichen Nenner gebracht. Bei den übrigen verbalen Informationen bleibt es der Intuition des Analysten überlassen, ob und wie sie in seine Entscheidungen einfließen.

Mit der Entwicklung einer strukturalen Lageberichtsanalyse, die das in den verbalen Berichten enthaltene Wissen systematisch für Entscheidungen erschließen soll, betritt Markus Grottke in seiner Dissertation Neuland. Er erweitert die Analyse, indem er Berichtstexte nicht mehr nur zur Anpassung der Zahlen oder auf Basis der Zählung von Schlüsselworten als zusätzliche Inputs zur Verbesserung der mathematischen Analysen einsetzt, sondern direkt und umfassend auszuwerten versucht. Zu diesem Zweck bedarf es zunächst einer neuen Vorstellung von entscheidungsorientierter Modellbildung. An die Stelle eines in der Grundstruktur vorgegebenen, nur hinsichtlich der Parameter noch zu präzisierenden Modells tritt ein offenes Modell mit mehreren, stets vorläufigen Informationssammlungen. In einer „Orientierungsbasis" etwa wird das für die anstehende Entscheidung relevante und eventuell hilfreiche Wissen gespeichert. Vergleichbar den Ermittlungen eines Kriminalkommissars wird daraus das nach jeweils aktuellem Stand mit den meisten Informationen vereinbare Modell über die vermutlichen Hintergründe der Angaben im Lagebericht und über die ihnen zugrunde liegenden Verhältnisse im Unternehmen abgeleitet. Da bei sofortiger Notwendigkeit, eine Entscheidung zu treffen, auf dieses Modell der Realität zurückzugreifen wäre, heißt es „Entscheidungsgrundlage".

Zur Speisung der Informationssammlungen passt die Lageberichtsanalyse verschiedene einschlägige Instrumente aus anderen Wissenschaften – Literatur- und Sprachwissenschaft, Kriminalistik sowie forensische Psychologie – an die veränderten Aufgaben an. In einem ersten Schritt – der „semantischen Raumanalyse" – werden im Text angelegte Strukturen aufgedeckt sowie Hypothesen über mögliche Zusammenhänge und über die wahrscheinlichen Bedeutungen der gewählten Worte entwickelt. Da es stets viele Sichtweisen gibt und das Wissen sich verändert, ringt der Analytiker hier immer wieder um die beste Erklärung. Die „Nullpositionenanalyse" deckt auf Basis der Strukturen durch Vergleich auf, wo der Bericht vage wird oder sogar Lücken lässt. Ferner sucht sie nach Anhaltspunkten für die möglichen Motive. Mit den Versuchen, durch viele Worte wenig bis nichts Verwertbares zu sagen und den daraus im jeweiligen Kontext zu ziehenden Schlüssen setzt sich die „Boilerplate-Analyse" auseinander. Die „Identifikation unzuverlässiger Informationen" schließlich zielt auf Warnsignale für bewusst oder unbewusst falsche Angaben im Lagebericht. Die schwierige Aufgabe kann vereinzelt mit verblüffenden Wahrheiten konfrontiert sein. So tarnte das Unternehmen Comroad seine vorgetäuschten Umsätze im Geschäftsbericht 1999 mit dem Verweis auf die „Neugewinnung von potentiellen Partnern durch Messeveranstaltungen". Tatsächlich lagen den fiktiven Umsätzen nur leicht modifizierte Namen von Messebesuchern zu Grunde. Alle, hier nur kurz skizzierten Instrumente der strukturalen Lageberichtsanalyse werden in der Arbeit mit zahlreichen Beispielen belegt, die für die Wahrscheinlichkeit eines fruchtbaren Einsatzes bei der praktischen Arbeit sprechen.

In der Dissertation, die die weiterentwickelten Ansätze stets mit ihren Grenzen und Schwächen behandelt, werden die wesentlichen Grundlagen für eine umwälzend neue und viel versprechende Form der Jahresabschlussanalyse gelegt. Die Grundlagen sollen inzwischen von einem unter maßgeblicher Beteiligung von Herrn Grottke neu gegründeten und vom Bundesministerium für Wirtschaft und Technologie geförderten Unternehmen für „Verbal Intelligence" zu einer praxistauglichen Jahresabschlussanalyse neuer Art ausgebaut werden. Theoretisch begeistert die Dissertation, weil sie völlig neue Perspektiven bei der Modellierung von Entscheidungsproblemen im allgemeinen eröffnet und so ganz nebenbei verschiedene grundlegende Fragestellungen – wie die optimale Gestaltung der künftigen Konsumausgaben oder die spekulative Annahme von Eintrittswahrscheinlichkeiten bei Unsicherheit beispielsweise – sehr tiefgehend beleuchtet. Beeindruckend ist auch die Kreativität dieses jungen Wissenschaftlers, der einen überzeugenden Beleg für die Fruchtbarkeit interdisziplinärer Forschung liefert und zeigt, dass man mutig richtungweisende neue Wege gehen kann, selbst wenn die Grenzen des eigenen Forschungsansatzes nie aus dem Blick geraten.

Passau, im Januar 2012 Thomas Schildbach

Vorwort

Die vorliegende Arbeit stellt das Ergebnis eines fünfjährigen Ringens dar. Sie nutzt die der Monographie eigene Freiheit, um, unabhängig von den Zwängen der von der Forschergemeinde gerade als zulässig erachteten Methodologien oder von inhaltlichen Trends diejenigen Erkenntnisse vorzulegen, zu denen ich unter Anspannung der mir verfügbaren Geisteskräfte gelangen konnte und die meinem Erkenntnisstand entsprechen.

Die vorliegende Arbeit stellt zugleich das Ergebnis stark interdisziplinärer Forschung dar: Ich habe keine Rücksicht auf Grenzen zwischen einzelnen Forschungsbereichen genommen, sondern mich vom Gegenstand der Untersuchung leiten lassen.

Eine solche Vorgehensweise setzt - angesichts der jedem Menschen gesetzten Beschränkungen und der in unserer Zeit fortgeschrittenen Arbeitsteilung - ein Werk einem hohen Risiko sichtbarer Stümperei aus. Ich habe versucht, dem entgegenzuwirken, indem ich in Diskussionen mit Vertretern der jeweiligen Fachbereiche eingetreten und ihren Hinweisen nachgegangen bin. Ihrer Aufgeschlossenheit habe ich es zu verdanken, dass ich dieses Risiko weitgehend minimieren konnte. Der Leser verdankt ihnen, dass er ausgereiftere und weniger fehlerhafte Gedanken zu Gesicht bekommt, als das sonst der Fall gewesen wäre.

Zu danken habe ich im Fachbereich Jura Frank Jacob sowie Stefan Reckziegel. Im Bereich der Psychologie und Systemtheorie danke ich Christoph Kopp und Dr. Tilman Eckloff. Im Bereich Philosophie danke ich Prof. Dr. Wilhelm Lütterfelds und Prof. Dr. Barbara Zehnpfennig. Im Bereich der Finanzierung bedanke ich mich bei meinem Zweitgutachter Prof. Dr. Jochen Wilhelm (nicht nur für die Übernahme des Zweitgutachtens!) und Dr. Josef Schosser. Für seine kritischen Anmerkungen zum Informationsparadox danke ich ferner Prof. Dr. Graf Lambsdorff. Im Bereich der Rechnungslegung bedanke ich mich bei Prof. Dr. Walter Aerts, Prof. Dr. Hans-Joachim Böcking, Prof. Dr. Markus Diller, Dr. Marcus Bieker, Dr. Christoph Pelger, Alexander Rüschenbaum, Sascha Strobl, Andreas Neumeier und Felix Haendel. Im Bereich der Literaturwissenschaft danke ich Prof. Dr. Hans Krah (insbesondere für den erstmaligen Anstoß zum Thema der Arbeit, die vielen begleitenden Anregungen und das Drittgutachten), Prof. Dr. Ingrid Hotz-Davies, Prof. Dr. Jan-Oliver Decker, Dr. Stefan Halft und Dr. Dennis Gräf. Die sich in den gemeinsamen Diskussionen und durch ihre Hinweise ergebenden Ideen sind in diese Arbeit eingeflossen und haben die Arbeit, aber auch mich persönlich maßgeblich geprägt.

Danken möchte ich auch meinen Eltern, insbesondere meinem Vater, und meiner Schwester für die vielen Detailhinweise und die tolle Kritik in der Endphase der Promotionszeit. Meiner Frau wiederum danke ich für die Leidensfähigkeit, mit der sie mich in dieser Zeit ertragen hat. Die Härte, die ich mir selbst angedeihen ließ, um die Arbeit zu bewältigen, hat auch sie getroffen.

Meinen Firmenkollegen, Dietrich Höschele, Dr. Stephan Wildner und Martin Landvoigt von der Verbal Intelligence GmbH bin ich nicht nur für die vielen Hinweise dankbar, die die Ideen aus dem abstrakten Elfenbeinturm näher an die Praxis gebracht haben. Ich bin ihnen vor allem dankbar, dass sie bereit sind, mit mir den Weg zu gehen, das Konzept nicht allein theoretisch bleiben zu lassen, sondern in eine echte Hilfestellung für die Praxis auszugestalten.

Mein größter Dank gilt meinem Doktorvater, Prof. Dr. Thomas Schildbach. Dem Vorbild seiner Weisheit, Geradlinigkeit, persönlichen Bescheidenheit und Prinzipientreue verdanke ich persönlich viel, der Freiheit, die er mir gab und häufig sogar bewusst und unter Inkaufnahme eigener Nachteile geschaffen hat sowie seiner regelmäßig ins Schwarze treffenden Kritik verdankt die Arbeit viel. An beidem habe ich lernen dürfen, wie Wissenschaft im Idealfall aussehen kann: Einen Schatz, den ich weiterzutragen imstande zu sein hoffe.

Widmen möchte ich die Arbeit meinem kürzlich verstorbenen Großvater Friedrich Jewski – in memoriam. Wie gerne hätte ich mit ihm noch über Sinn und Unsinn der Konzeption diskutiert.

Wie so viele Arbeiten, ist auch diese mit Wasser gekocht und unvollendet. Für Kritik und Auseinandersetzungen über das Thema der Arbeit bin ich darum jederzeit offen und sehr, sehr dankbar (markus.grottke@uni-passau.de) – wovon sonst lebte die Wissenschaft!

Passau, im Januar 2012 Markus Grottke

INHALTSVERZEICHNIS

Abkürzungsverzeichnis

a.A.	anderer Ansicht
Abs.	Absatz
AG	Aktiengesellschaft
AGB	Allgemeine Geschäftsbedingungen
AktG	Aktiengesetz
Alt.	Alternative
AOS	Accounting, Organizations and Society
Art.	Artikel
Aufl.	Auflage
Az.	Aktenzeichen
BB	Betriebsberater (Zeitschrift)
BDO	Binder, Dijker, Otte & Co (internationale Wirtschaftsprüfungsgesellschaft)
bearb.	bearbeitete
BFuP	Betriebswirtschaftliche Forschung und Praxis (Zeitschrift)
BGB	Bürgerliches Gesetzbuch
BilReG	Bilanzrechtsreformgesetz
BMW	Bayrische Motorenwerke
BRE	Bank Rozwoju Eksportu SA (polnische Tochterbank der Commerzbank)
bspw.	beispielsweise
BVerfG	Bundesverfassungsgericht
BvR	Aktenzeichen des Bundesverfassungsgerichts für Verfassungsbeschwerden
BWA	Betriebswirtschaftliche Auswertung
bzw.	beziehungsweise
CDO	Collateralized Debt Obligation
CDS	Credit Default Swap
CEE	Central and Eastern Europe (Segment der Commerzbank AG)
CFA	Chartered Financial Analysts (amerikanische Finanzanalystenvereinigung)
c.p.	ceteris paribus (alles andere gleich)
DB	Der Betrieb (Zeitschrift)
DBW	Die Betriebswirtschaft (Zeitschrift)
DCGK	Deutscher Corporate Governance Kodex
d.h.	das heißt
DP	Discussion Paper
DRS	Deutscher Rechnungslegungsstandard
DRSC	Deutsches Rechnungslegungsstandards Committee
DSR	Deutscher Standardisierungsrat
DStR	Deutsches Steuerrecht (Zeitschrift)
ED	Exposure Draft
erw.	erweitert(e)
et al.	et alii/et alia (und andere)
etc.	et cetera
EuG	Europäisches Gericht erster Instanz (beigeordnetes Gericht des Europäischen Gerichtshofs)
Fn.	Fußnote

f.	folgende
FRAT 44	Fraud Risk Assessment Tool 44
FS	Festschrift
ggf.	gegebenenfalls
GoB	Grundsätze ordnungsmäßiger Buchführung
GmbH	Gesellschaft mit beschränkter Haftung
G.u.V.	Gewinn- und Verlustrechnung
HGB	Handelsgesetzbuch
h.M.	herrschende Meinung
hrsg.	herausgegeben
IAS	International Accounting Standards
IASB	International Accounting Standards Board
i.d.R.	in der Regel
IDW	Institut der Wirtschaftsprüfer
IFRS	International Financial Reporting Standards
InsO	Insolvenzordnung
i.S.v.	im Sinne von
i.V.m.	in Verbindung mit
i.w.S.	im weiteren Sinne
JfB	Journal für Betriebswirtschaft (Zeitschrift)
KonTraG	Gesetz zur Kontrolle und Transparenz im Unternehmensbereich
KoR	Kapitalmarktorientierte Rechnungslegung (Zeitschrift)
KPMG	Klynveld, Peat, Marwick, Goerdeler (internationale Wirtschaftsprüfungsgesellschaft)
LB	Landesbank
LG	Landgericht
MC	Management Commentary (Lagebericht unter IFRS)
MD & A	Management Discussion & Analysis (US-amerikanischer Lagebericht)
M.E.	Meines Erachtens
Mio.	Millionen
MLP	Marschollek, Lautenschläger und Partner AG
Mrd.	Milliarden
m.W.	meines Wissens
m.w.N.	mit weiteren Nachweisen
NJW	Neue juristische Wochenschrift (Zeitschrift)
NAFTA	North American Free Trade Agreement
Nr.	Nummer
NZG	Neue Zeitschrift für Gesellschaftsrecht
o.ä.	oder ähnliche(s)
OLG	Oberlandesgericht
OpRisk	Operational Risk
PB	Psychological Bulletin (Zeitschrift)
PiR	Praxis der internationalen Rechnungslegung (Zeitschrift)
PwC	Price Waterhouse Coopers (Wirtschaftsprüfungsgesellschaft)
RBU	Regional Business Units (bei der Linde AG)
RMBS	Residential-mortgage-backed securities
Rn.	Randnummer
RSU	Restricted Stock Units
RWE	Rheinisch-Westfälisches Elektrizitätswerk AG
S.	Seite

SAR	Stock Appreciation Rights
SEC	Securities and Exchange Commission
SolvV	Solvabilitätsverordnung
Sp.	Spalte
SpruchG	Spruchverfahrensgesetz
StGB	Strafgesetzbuch
StPO	Strafprozessordnung
StuB	Steuern und Bilanzen (Zeitschrift)
Tz.	Textziffer
u.ä.	und ähnliches
überarb.	überarbeitet(e)
übers.	übersetzt
UmwG	Umwandlungsgesetz
unveränd.	unveränderte
US-	United States –
US-GAAP	United States Generally Accepted Accounting Principles
USA	United States of America
usf.	und so fort
usw.	und so weiter
v.	von
vgl.	vergleiche
vollst.	vollständig
WPg	Die Wirtschaftsprüfung (Zeitschrift)
WpHG	Wertpapierhandelsgesetz
ZBB	Zeitschrift für Bankrecht und Bankwirtschaft
z.B.	zum Beispiel
ZGR	Zeitschrift für Unternehmens- und Gesellschaftsrecht
ZfB	Zeitschrift für Betriebswirtschaft
zfbf	Zeitschrift für betriebswirtschaftliche Forschung und Praxis
ZIP	Zeitschrift für Wirtschaftsrecht
z.T.	zum Teil

Abbildungsverzeichnis

Symbolverzeichnis

A Aktionsraum aller Handlungsalternativen

B Beziehungsraum aller Beziehungen zwischen Handlungsalternativen

C_j Konsumauszahlungen im Zeitpunkt j $(j = 0...T \quad 1)$

KP Konsumplan

M Menge der Zukunftslagen

E Ergebnismenge

F Menge aller Teilmengen von M

p(.) Wahrscheinlichkeit einer Zukunftslage

u Zukunftslage

V_T zu vererbendes Vermögen am Lebensende

$\cap$ Durchschnittsmenge zweier Zukunftslagen

$\cup$ Vereinigungsmenge zweier Zukunftslagen

$\sim$ ist ebenso glaubwürdig wie

$\prec$ ist weniger glaubwürdig als

$\succ$ ist glaubwürdiger als

I. Einführung

I.1 Ansatz und Zielsetzungen der Arbeit

Die vorliegende Arbeit beschäftigt sich mit der analytischen Auswertung von Lageberichten im Rahmen einer offenen, erweiterten Jahresabschlussanalyse.

Soll eine Anleitung zur Analyse des Lageberichts und damit qualitativer Unternehmensinformation gegeben werden, so kann diese als entweder sehr einfach oder sehr schwierig eingeschätzt werden: Sehr einfach ist sie, soweit die Auffassung vertreten wird, dass kaum mehr Hinweise gegeben werden können, als dass eben aufmerksam gelesen werden müsse. Sehr schwierig wird sie, wenn versucht wird, an die Stelle eines bloßen Durchlesens eine Auswertung treten zu lassen, die geordnet und systematisch abläuft, obwohl sie mit einer Fülle von möglichen, vor der Lektüre unbekannten Informationsinhalten konfrontiert werden kann. Die damit einhergehende Unberechenbarkeit zu erwartender Inhalte scheint eine vorgegebene Analysemethodik vor unlösbare Probleme zu stellen.

Diese Arbeit will dennoch zweifelsfrei aufzeigen, dass der zweite Weg nicht nur eingeschlagen werden kann, sondern dass es auch notwendig ist, die traditionelle Jahresabschlussanalyse um eine systematische Analyse verbaler Informationen ausgehend vom Lagebericht zu erweitern.

Der hierzu entwickelte Ansatz beabsichtigt, die Rechnungslegungsforschung in mehrerer Hinsicht zu bereichern.

Eine Bereicherung liegt einerseits hinsichtlich der Forschungsobjekte vor. Gewählt wurden als thematischer Schwerpunkt der in Arbeiten zur Jahresabschlussanalyse stiefmütterlich behandelte Lagebericht und die in der Entscheidungstheorie wenig behandelten Fragen des Umgangs mit nicht mathematisch handhabbarer Unsicherheit einerseits und der Transformation von unstrukturierten Informationen in ein strukturiertes Entscheidungsproblem andererseits.

Eine Bereicherung resultiert andererseits auch methodisch. So wurde weder experimentell noch modelltheoretisch oder direkt empirisch vorgegangen – das Augenmerk liegt vielmehr darauf, Heuristiken für nicht zu beseitigende Unsicherheiten bei der Jahresabschlussanalyse zu entwickeln.

Da eine der hier gewählten Vorgehensweise entsprechende Auseinandersetzung bislang in der Rechnungslegungsforschung allenfalls marginal erfolgte, war es notwendig, interdisziplinär vorzugehen. Darum wurde in hohem Maße auf die Forschungsergebnisse anderer Wissenschaftszweige zurückgegriffen.

Im Bereich der Entscheidungstheorie geschieht dies, indem verstärkt auf die Kritik an der Entscheidungslogik rekurriert wird, wie sie insbesondere von Schneider und Bretzke vorgetragen wurde. Ergänzt werden deren Aussagen durch Überlegungen zur Unsicherheit von Shackle im Bereich der Volkswirtschaftslehre, von Luhmann im Bereich der Systemtheorie sowie von Hayek, Popper und Lakatos im Bereich der Wissenschaftstheorie.

Angesichts der verbalen Ausgestaltung der Lageberichterstattung liegt es nahe, die Übertragung von Analysetechniken zu erwägen, welche in Wissenschaftszweigen entwickelt wurden, die sich mit verbalen Aussagen beschäftigen. Verstärkt abgestellt wurde darum auf Literaturwissenschaft und Sprachwissenschaft. Darüber hinaus wurden im Teilbereich der Analyse und Erkennung von Falschaussagen gezielte Ergänzungen um Forschungsergebnisse der Kriminalistik und der forensischen Psychologie vorgenommen.

Das der Arbeit zugrunde liegende Spektrum an Literatur fällt damit äußerst heterogen aus. Angesichts dessen verwundert auch nicht, dass die vorgetragenen Gedanken nicht nur für die Betriebswirtschaftslehre, sondern wahrscheinlich sogar für jede der angesprochenen Wissenschaften zu ungewohnten Denkmustern führen. Das dürfte umso mehr gelten, weil kein einfacher Import von Forschungsergebnissen angestrebt wurde: Jeder der genannten Forschungszweige wird nach des Autors Wissensstand durch die wechselseitige Befruchtung in bestimmten Aspekten entscheidend - zumindest im Sinne von neuartig - weiterentwickelt.

Der Fokus der Arbeit liegt dennoch nicht darauf, die erzielten Ergebnisse von typisch betriebswirtschaftlichen oder den Forschungen der verschiedenen herangezogenen Gebiete abzugrenzen oder eigene Weiterentwicklungen herauszustellen. Das wäre schon quantitativ ein hoffnungsloses Unterfangen. Aber auch qualitativ wäre es unangemessen, große theoretische Entwürfe beispielsweise in der Wissenschaftstheorie auf kleine, stereotype Zusammenfassungen zu verdichten.

Abgrenzungen erfolgen deswegen nur soweit, wie sie dem Autor einerseits zur Vorbeugung von Missverständnissen notwendig erscheinen. Ferner erfolgen sie - dann jedoch meist in Fußnoten ausgegliedert - soweit nach Ansicht des Autors die Gefahr besteht, dass vielleicht Schlussfolgerungen aus nicht ganz adäquaten Prämissen als Maßstab an die vorgetragenen Überlegungen angelegt werden. Das wäre immer dann der Fall, wenn diese Prämissen auf mit den hier vorgetragenen Überlegungen inkommensurablen erkenntnistheoretischen Denkmustern basieren.

Gerechtfertigt werden sollen die Resultate der vorliegenden Arbeit stattdessen durch die Geschlossenheit der entwickelten Vorgehensweise, welche von vornherein darauf abzielt, die bislang allenfalls intuitiv geschlossene Lücke zwischen qualitativen und quantitativen Analysen zu verkleinern, soweit als möglich zu schließen und zugleich gezielt einsetzbare qualitative Analysemethoden zu schaffen.

Die vorgeschlagenen Analysemethoden sollen bei der Lösung ganz konkreter praktischer Entscheidungsprobleme durch mit den konkreten Informationen jeweils interagierende Heuristiken behilflich sein. Darum wurde die Arbeit in Form eines Baukastenprinzips organisiert. Sie umreißt jeweils getrennt

- eine Vielzahl der in der Praxis verbreiteten tagtäglichen Handlungsalternativen und damit Entscheidungsprobleme von Kapitalgebern,
- eine Charakterisierung ausgewählter, anzutreffender Zielsetzungen der Kapitalgeber,
- den Entscheidungsfindungs- und Informationsbeschaffungsprozess sowie
- die Analyseinstrumente für die verbale Unternehmensberichterstattung.

Aufgrund des modularen Aufbaus der Arbeit lassen sich die einzelnen Bausteine für die Gesamtstruktur eines vorliegenden Entscheidungsproblems leicht zusammenfügen.

I.2 Vorgehen

Nach der Einleitung wird in Teil A (Offene, erweiterte Jahresabschlussanalyse für Kapitalgeber der Aktiengesellschaft) auf grundsätzliche Teilaspekte der Analyse eingegangen. Sie sind unabhängig von dem konkret analysierten Informationsmaterial zu beantworten. Hier erfolgt der Brückenschlag zwischen quantitativen und qualitativen verbalen Informationen eines Unternehmens.

Der im folgenden Kapitel II zu klärende Teilaspekt bestimmt die Ausgangssituation. Er umfasst die seitens des Analysierenden zu beantwortenden Fragen, wer für welche Entscheidungen, zur Verfolgung welcher Ziele und zuletzt, abgeleitet aus zu fällenden Entscheidungen und Zielen, zu welchem Zweck Informationen gewinnen will. Die Beantwortung dieser Fragen legt den anfänglichen Informationsbedarf fest und bestimmt dadurch, wofür die Analyse nützlich sein soll. Da die Herangehensweise an die Entscheidungsprobleme in hohem Grade davon abhängt, in welcher Rechtsform das analysierte Unternehmen firmiert, in welcher Beziehung der Analysierende zum Unternehmen steht (Aktionär, Gläubiger, Kunde usw.) und welche Ziele der Analysierende verfolgt, werden einschränkende Prämissen getroffen.

Der in Kapitel III zu klärende Teilaspekt betrifft die prinzipielle Suchrichtung. Zu fragen ist, inwieweit aus der Struktur von Unternehmen abgeleitete, generelle Aussagen darüber möglich sind, welche Informationen durch ein Unternehmen überhaupt bereitzustellen wären, um Antworten auf die aus der Ausgangssituation abgeleiteten Fragen zu geben. Dazu werden sodann die Informationsgrenzen der gesetzlichen Pflichtpublizität in Beziehung gesetzt. So wird einerseits ein Ziel für die jeweilige Analyse formuliert und andererseits eine Überschätzung der Aussagekraft einer Analyse der Finanzberichterstattung vermieden.

Um zu bestimmen, wie sich eine Analyse prozessual vollziehen soll, ist allerdings auf Seiten des Analysierenden in einem nächsten Teilschritt zu klären, mit welchen Problemen jegliche Analyse von Unternehmensinformationen behaftet ist und welche grundlegenden Einsichten sich hieraus dafür ableiten lassen, welche Informationen im Laufe des Analyseprozesses einzuholen sind bzw. wie diese ausgewertet werden sollten. Die Darstellung der zentralen Analyseprobleme erfolgt in Kapitel IV. In Kapitel V werden die erlangten Einsichten in einem eigenen Lösungsansatz verarbeitet: der offenen, erweiterten Jahresabschlussanalyse.

Waren diese ersten drei Teilschritte der Arbeit zunächst noch allgemein für jede Analyse unabhängig von dem konkret herangezogenen Informationsmaterial zu beantworten, wird anhand des abgesteckten Rahmens nun an das zweite große Thema der Arbeit, die Entwicklung der strukturalen Lageberichtsanalyse, herangetreten.

In Teil B der Arbeit (Strukturale Lageberichtsanalyse) wird vor dem Hintergrund der komplexitätsreduzierenden Wirkungen der vorherigen Teilschritte bestimmt, wie genau eine fruchtbare Auswertung speziell von Lageberichtsinformationen erreicht werden kann.

In sechs Teilschritten wird dazu ein in der Betriebswirtschaftslehre bislang unbekanntes Analyseinstrumentarium vorgestellt. Dieses greift primär auf Analyseinstrumente aus der Literaturwissenschaft zurück, die für die Lageberichtsanalyse angepasst und weiterentwickelt werden.

Zunächst (Kapitel VI) wird die grundsätzliche theoretische Herangehensweise des strukturalen Ansatzes umrissen. Insbesondere wird darauf eingegangen, wie mit der Mehrdeutigkeit und Unabgeschlossenenheit der Bedeutung verbaler Informationen umzugehen ist. Zudem werden die in den nachfolgenden Kapiteln (VII-XI) erläuterten Instrumente vorgestellt.

Das erste Instrument ist die semantische Raumanalyse. Sie zielt darauf ab, inhaltlich gehaltvolle Strukturen aus dem Lageberichtstext herauszufiltern. Sie wird in Kapitel VII vorgestellt.

Zwei weitere Instrumente sollen sichtbar machen, an welchen Stellen der Lagebericht ein „zu wenig“ an (nützlichen) Informationen und an welchen Stellen er ein „zu viel“ an (unnützen) Informationen beinhaltet. Ersterem dient die im Kapitel VIII vorgestellte Nullpositionenanalyse. Letzteres wird mit Hilfe der im Kapitel IX vorgestellten Analyse von Boilerplate-Information umgesetzt.

In Kapitel X wird darauf eingegangen, wie sich die aus diesen drei Analyseinstrumenten anhand eines konkreten Lageberichtstextes gewonnenen Analyseergebnisse durch weitere gezielte Informationseinholungen verbessern lassen.

In Kapitel XI wird mit dem Analyseansatz zur Identifikation unzuverlässiger Informationen der Fokus auf das Erkennen und die Klassifikation intentional oder nicht intentional falscher Berichterstattung gelegt.

Kapitel XII zieht ein Zwischenfazit zur strukturalen Lageberichtsanalyse. Das letzte Kapitel fasst die Ergebnisse zusammen und gibt einen Ausblick auf sich eröffnende Forschungsperspektiven.

TEIL A:

Offene, erweiterte Jahresabschlussanalyse für Kapitalgeber der Aktiengesellschaft

II. Die Ausgangssituation der Kapitalgeber der Aktiengesellschaft

II.1 Die Beschränkung auf die Kapitalgeber

Prinzipiell lassen sich die Nutzer der gesetzlichen Pflichtpublizität und damit potentiell Analysen anstrebende Personenkreise einteilen in

- Adressaten, d.h. denjenigen Personenkreis, der sich durch schutzwürdige Informationsinteressen auszeichnet, und
- Empfänger, d.h. denjenigen Personenkreis, welcher von den Informationen Kenntnis erhält, obwohl diese nicht direkt für ihn bestimmt und auch nicht auf seine schutzwürdigen Interessen ausgerichtet sind.[1]

Adressaten der gesetzlichen Pflichtpublizität in diesem Sinne sind Kapitalgeber, Kunden, Lieferanten und Arbeitnehmer, d.h. die (Geschäfts-) Partner eines Unternehmens.[2] Empfänger der gesetzlichen Pflichtpublizität sind beispielsweise Konkurrenten und die breite Öffentlichkeit.

Zweifellos ist die gesetzliche Pflichtpublizität für Adressaten wie Empfänger von Bedeutung und entsprechend auch Gegenstand von Analysen. Dennoch wird im Folgenden für Analysezwecke ausschließlich die Perspektive der Kapitalgeber,[3] d.h. aktueller und potentieller Eigen- und Fremdkapitalgeber, eingenommen. Andere Perspektiven werden im weiteren Verlauf der Arbeit nur angesprochen, soweit sie die Ausgestaltung der weitergegebenen Informationen für die Kapitalgeber über strategische Überlegungen der Ersteller beeinflussen können und insofern bei einer Analyse zu beachten sind. Diese Beschränkung wurde aus einem methodischen und einem inhaltlichen Grund gewählt.

Methodisch kann jedwede Analysemethodik ihre Fruchtbarkeit nur an einer hinreichend genau umrissenen Fragestellung darlegen. Dies liegt daran, dass die Formulierung einer Fragestellung immer auch eine komplexitätsreduzierende Wirkung hat. Da gerade bei quali-

---

[1] Vgl. MOXTER (1976), S. 95.

[2] Vgl. BAETAGE/FISCHER/PASKERT (1989), S. 12 f.; KROPFF (1980), S. 519. Teilweise werden in der Literatur die Lageberichtsadressaten bewusst noch weitergefasst, vgl. z.B. PÖCKEL (2006), S. 72, der alle Stakeholder dazu zählt.

[3] Damit wird ein in der Literatur üblicher Weg beschritten. Ebenso wie hier z.B. auch HARTUNG (2002), S. 13; ZEPP (2007), S. 314.

tativen Analysen eine Fülle an unterschiedlichen Fragestellungen existiert, welche an demselben Sachverhalt die unterschiedlichsten Strukturen und Implikationen hervorheben können, bedarf es noch weit stärker als z.B. im Fall der reinen Bilanzanalyse der Aufspaltung in eine abstrakt gehaltene und darum für eine Vielzahl von Fragestellungen anwendbare Vorgehensweise bei der Analyse einerseits und konkrete Fragestellungen andererseits.

Zugleich müssen sich abstrakte Analysemethodik und konkrete Fragestellung zusammenfügen lassen, um eine Analysemethodik sinnvoll anwenden zu können. So kann eine Analysemethodik auf konkrete Fragestellungen nicht verzichten, weil sie eine sinnvolle Filterung und Zusammenschau der Informationen auf diejenigen Sachverhalte gewährleisten, welche für die Beantwortung des jeweiligen Entscheidungsproblems dienlich sind.

Umgekehrt können hier nicht alle denkbaren konkreten Fragestellungen behandelt werden. Nicht sinnvoll ist angesichts dessen eine Fokussierung auf die heterogenen und nur sehr unklaren Fragestellungen der Empfänger. Deren Entscheidungsprobleme lassen sich nicht durch den Bezug auf eine feste, strukturell im Rechtssystem verankerte Beziehung zum Unternehmen eingrenzen. Vielmehr stehen sie in dem Spannungsfeld, sich nur entweder präzise umreißen zu lassen oder hinreichend weit verbreitet zu sein.

Da sich auch Kunden, Lieferanten, Arbeitnehmer und Kapitalgeber hinsichtlich ihrer Beziehung zum Unternehmen und darum ihres Wissenstands wie ihrer an das Unternehmen herangetragenen Interessen signifikant unterscheiden, ist es ebenfalls wenig Erfolg versprechend, ihre unterschiedlichen Fragestellungen allesamt zum Gegenstand der Untersuchung werden zu lassen.[4] Darum bedarf es der Wahl einer bestimmten Adressatengruppe. Diese wiederum ist inhaltlich zu begründen.

Die gewählte Fokussierung auf die Kapitalgeber lässt sich anhand einer typisierenden differencia specifica der Kapitalgeber im Vergleich zu den anderen Unternehmensbeteiligten rechtfertigen. So unterscheiden sich die Kapitalgeber von anderen leistungswirtschaftlichen Partnern dadurch, dass sie mehr oder weniger die Kapitalbasis für die operativen Tätigkeiten des Unternehmens bereitstellen, aber selbst nicht in den Ablauf der operativen Tätigkeiten eingebunden sind.

---

[4] Vgl. auch NOACK (1999), S. 58.

Insofern sind die Kapitalgeber zum einen in ihrer Beziehung zum Unternehmen regelmäßig weitaus stärker Informationsasymmetrien unterworfen, als dies bei Arbeitnehmern, Kunden und Lieferanten der Fall ist. Letztere drei Personenkreise stehen mehr oder weniger tagtäglich in Leistungsbeziehungen mit dem Unternehmen und werden für sie relevante interne Entwicklungen des Unternehmens zumeist sehr viel schneller erfahren als die Kapitalgeber.

Zum anderen können die drei übrigen Personenkreise ihre Leistungsbeziehungen und damit Informationsbedürfnisse in weiten Teilen auf detailliert abgrenzbare und dadurch besser zu überblickende Kreise von Leistungen und Gegenleistungen beschränken.

Die inhaltliche Begründung für die Fokussierung auf die Kapitalgeber liegt also in deren tendenziell[5] höheren Informationsasymmetrien zur Unternehmensleitung sowie in dem häufig auf das gesamte Unternehmen ausgerichteten Informationsbedarf. Beide Aspekte legen für die Kapitalgeber im Vergleich zu den anderen leistungswirtschaftlichen Partnern des Unternehmens einen umfangreicheren Analysebedarf nahe, der die hier getroffene Festlegung sinnvoll erscheinen lässt.

Nichtsdestoweniger werden die Ausführungen für die Fragestellungen der anderen leistungswirtschaftlichen Partner und auch der Empfänger immer dann verwendbar sein können, wenn deren Informationsbedürfnisse sich mit jenen der Kapitalgeber decken, bzw. Faktoren angesprochen werden, deren Kenntnis unabhängig von der Fragestellung Voraussetzung für eine Analyse ist.

Sofern die Ausführungen dazu beitragen, den Wert finanzieller Kapitalgeberrechte besser einschätzen zu können, gelten sie auch für alle Inhaber von Ansprüchen auf Derivate, d.h. partiellen Weitergaben oder anderweitigen artifiziellen Nachbildungen von Eigenkapitalgeberrechten, seien es Optionen, Forwards oder Futures auf Aktien, oder Fremdkapitalgeberrechten, wie z.B. Credit Default Swaps oder Verbriefungen von Verbindlichkeiten des Unternehmens. Sie werden zwar nicht explizit auf ihre separaten Informationsinteressen

[5] Im Einzelfall kann natürlich, z.B. für Fremdkapitalgeber, anderes gelten. Wenn beispielsweise eine Maschine finanziert und durch ein Wertpapierdepot abgesichert wird, ist auch für den Fremdkapitalgeber das Engagement ähnlich überschaubar wie für den leistungswirtschaftlichen Partner. Auch hat der Anteilsbesitzer einer Aktie in der Regel ein geringeres Interesse an dem Abbau von Informationsasymmetrien als der Großlieferant. Die Abgrenzung muss hier allerdings aufgrund der Vielfalt von Vertragsbeziehungen zwischen den Unternehmensbeteiligten typisierend und damit unscharf erfolgen.

analysiert. Dafür sind die anzutreffenden Ausgestaltungen auch zu unübersichtlich und wechselhaft.[6] Da ihnen Kapitalgeberrechte zugrunde liegen, bleiben viele der geschilderten Fragestellungen jedoch auch hier nützlich.

II.2 Die Beschränkung auf die Aktiengesellschaft

Durch eine Analyse zu beantwortende Fragestellungen treten immer dann auf, wenn Entscheidungen getroffen werden müssen. Ein systematischer Ansatzpunkt, weit verbreitete Entscheidungssituationen zu identifizieren, besteht deshalb darin, zu hinterfragen, an welcher Stelle das Rechtssystem den Kapitalgebern Entscheidungsrechte zuordnet.

Grundsätzlich sind dabei unterschiedliche Ausgestaltungen der Kapitalgeberrechte abhängig davon denkbar, ob allein Rechte vorliegen, welche sich aus der Kapitalgeberstellung heraus ableiten lassen, oder ob die Kapitalgeberrechte mit weiteren gesetzlichen Rechten verbunden werden.

Um Fragestellungen aus den Rechten ableiten zu können, wie sie allein aus der Kapitalgeberstellung folgen, wird die folgende Untersuchung auf Kapitalgesellschaften in der Rechtsform der Aktiengesellschaft beschränkt.

Zwar gelten die Überlegungen in unterschiedlichem Maße auch für andere Rechtsformen, insbesondere die Gesellschaft mit beschränkter Haftung und die Societas Europea. Abgeschwächt lassen sie sich auch auf Personengesellschaften oder Genossenschaften übertragen, soweit Kapitalgeberrechte tangiert werden.

Jedoch wären für die genannten Rechtsformen Anpassungen hinsichtlich jener Rechte vorzunehmen, welche gegenüber dem gewählten Eichstrich der Kapitalgeberrechte entfallen oder zusätzlich eingeräumt werden, da sich durch das andersartige Spektrum zur Verfügung stehender Rechte auch die relevanten Fragestellungen ändern.[7]

---

[6] Einen Überblick findet man beispielsweise bei HULL (2006).

[7] So sind bei Personengesellschaften die Kapitalgeberrechte regelmäßig um Unternehmerrechte und –pflichten bzw. wegen der fehlenden Haftungsbeschränkung um Vermögensschutzrechte erweitert. Bei Genossenschaften wiederum werden häufig die Kapitalgeberrechte mit Kunden- bzw. Lieferantenrechten in unterschiedlichem Ausmaß verbunden. Vgl. zu weiteren Unterschieden, die diesbezüglich andere Fragestellungen auslösen können, auch SIEBLER (2008), S. 103-131.

Aufgrund der Beschränkung auf die Aktiengesellschaft lassen sich die Rechte der Kapitalgeber in vier verschiedene Kategorien unterteilen, die direkt aus der Struktur der haftungsbeschränkten Aktiengesellschaft gefolgert werden können.[8] Deren institutionelles Charakteristikum ist, dass sie Leitungsmacht und Kapitaleigentum unterschiedliche Entscheidungsbereiche zuweist.

Dadurch entstehen die Fragen,

i) wie bzw. zu welchem Wert das Kapitaleigentum in das Unternehmen und damit in den Entscheidungsbereich der Leitungsmacht eintritt und wieder aus diesem austritt, bzw., wie die Rechte daran im Zeitablauf wechseln können,

ii) welche Eingriffsrechte dem Kapitalgeber gegenüber der Leitungsmacht verbleiben,

iii) wie ein Kapitalgeber auf Verfehlungen reagieren kann, die im Bereich der an die Leitungsmacht delegierten Entscheidungen anfielen sowie

iv) welche Rechte und Möglichkeiten dem Kapitalgeber zum Abbau von Informationsasymmetrien gegenüber der Leitungsmacht zur Verfügung stehen.

zu (i): Die erste Frage wird durch finanzielle Kapitalgeberrechte beantwortet. Hierbei zeichnen sich die Rechte dadurch aus, dass sie in zwei unterschiedliche Formen von Kapitalgeberrechten aufgespalten werden können, die Rechte der Eigen- und die Rechte der Fremdkapitalgeber. Ihre Gemeinsamkeit ist es, finanzielle Ansprüche aus der Hingabe von Kapital herzuleiten.

Der Unterschied besteht darin, dass einerseits an vorrangig zu erfüllende vertragliche Pflichten geknüpfte Ansprüche vorliegen (Fremdkapitalgeber), andererseits nach Erfüllung von Bedingungen verbleibende Residualansprüche (Eigenkapitalgeber).[9]

---

[8] Rechtlich werden die Überlegungen hierauf beschränkt. Es ist allerdings darauf hinzuweisen, dass sich in den letzten Jahren im Rahmen der gesellschaftsrechtlichen und kapitalmarktrechtlichen Reformen eine zunehmende Differenzierung zwischen börsennotierter und nicht börsennotierter Aktiengesellschaft andeutet, vgl. dazu z.B. SCHIEL (2009), S. 110-127. Insofern bleibt die Untersuchung für börsennotierte Aktiengesellschaften unvollständig, beispielsweise in Bezug auf WpHG und WpÜG. Vgl. zu den weitergehenden Anlegerrechten auf Basis des Kapitalmarktrechts auch PALMES (2008), S. 141-186.

[9] Auch diese Überlegung ist typisierend und damit unscharf gedacht. So kann einerseits natürlich durch Vorabausschüttungen die formale Vorrangigkeit der Ansprüche der Fremdkapitalgeber materiell ausgehöhlt werden, vgl. dazu z.B. SCHILDBACH (2006), S. 333 f.; zum anderen hängt die Unterscheidung zwischen Eigen- und Fremdkapital an zahlreichen weiteren Merkmalen. Bei genauerer Analyse sind die Begriffe eher bei

zu (ii): Die zweite Frage wird durch alle Tatbestände beantwortet, bei denen die Trennung zwischen Leitungsmacht und Kapitaleigentum nicht durchgehalten, sondern die Entscheidungsgewalt dem Kapitalgeber zugeordnet wird. Ist dies der Fall, liegen Eingriffsrechte der Kapitalgeber vor. Eingriffsrechte dienen dazu, Änderungen der Bedingungen für die zukünftige Generierung von Zahlungsströmen des Unternehmens durch die Kapitalgeber selbst zu ermöglichen. Aufgrund des schwächeren Residualanspruchs sind die Eingriffsrechte in der Regel auf solche der Eigenkapitalgeber beschränkt, im Extremfall können sie sich jedoch auch auf die Fremdkapitalgeber verlagern.[10]

Für die Fremdkapitalgeber resultiert an dieser Stelle die Notwendigkeit einer Unterkategorie von Schutzrechten gegen eine Ausbeutung durch die Eigenkapitalgeber, da die Eigenkapitalgeber über ihre umfangreicheren Einwirkungsmöglichkeiten die Leitungsmacht zu Handlungen gegen die Interessen der Fremdkapitalgeber veranlassen können.[11]

zu iii): Soweit die Trennung zwischen Leitungsmacht und Kapitaleigentum durchgehalten wird, ist der Bereich der dritten Frage angesprochen. Hier bedarf es - weitgezogener – Grenzen, um die Handlungen der Leitungsmacht auf solche zum Wohle des Unternehmens zu beschränken. Markiert werden diese Grenzen durch Klagerechte, die einen nachträglichen Ausgleich von Schädigungen des Unternehmens bzw. der Kapitalgeber durch ein Fehlverhalten der Leitungsmacht in dem gesetzlich an sie delegierten Entscheidungsbereich ermöglichen.

zu (iv): Zuletzt bewirken weitergehende Informationsrechte, dass sich die Kapitalgeber über die gesetzliche Pflichtpublizität hinaus zusätzliche Auskünfte von dem Unternehmen beschaffen können, um bei der Wahrnehmung der ersten drei Rechtskategorien auf einer besseren Informationsbasis entscheiden zu können.

Ein Sonderfall, welcher alle vier genannten Kategorien betrifft, liegt bei außenstehenden Eigen- und Fremdkapitalgebern von Konzerntochtergesellschaften vor. Da in diesem Fall die angesprochenen Rechte desjenigen Unternehmens, welchem das Kapital überlassen wurde, in hohem Umfang auf die Konzernmutter übergegangen sind, müssen folgerichtig auch die

---

Wittgenstein'schen Familienähnlichkeiten einzuordnen, d.h. es existieren Eigenkapitalbegriffe, welche kein einziges (!) Merkmal miteinander teilen, vgl. dazu auch GROTTKE (2007), S. 681.

[10] Vgl. insbesondere für den Hausbankfall GÖTZ/HEGERL (1997), S. 2366 f.

[11] Vgl. zu solchen Eigner-Gläubiger-Konflikten auch EWERT (1986); WAGENHOFER/EWERT (2003), S. 159-182 sowie SCHILDBACH (2008), S. 449-463.

Rechte mehr oder weniger gleichlaufend auf die Konzernmutter umgelenkt werden. Die hieraus abgeleiteten Rechte eines Kapitalgebers gegen die Konzernmutter werden jeweils der entsprechenden Kategorie von Entscheidungsrechten gegenüber dem Unternehmen zugeordnet. Im Folgenden werden die vier Kategorien getrennt nach Eigen- und Fremdkapitalgebern dargestellt.

Zu beachten ist, dass die Darstellung lediglich das Spektrum an unterschiedlichen Rechten umreißt und sich auch nur auf die wesentlichen Rechte konzentrieren kann. Sowohl das Gesellschaftsrecht als auch das vorherrschende dispositive Kreditvertragsrecht sind bei weitem zu ausdifferenziert, um die Existenz und Ausgestaltung aller Entscheidungsrechte auf hinnehmbarem Raum darzustellen. Insofern werden nur Anknüpfungspunkte für Entscheidungsrechte vorgestellt, deren Ausübung im Einzelfall weiterer konkretisierender Überlegungen bedarf. Erweitert werden sie um einige wenige praktisch bedeutsame nicht rechtlich, aber faktisch vorliegende Entscheidungsmöglichkeiten.[12] Auch so deutet sich an, wie vielfältig die Entscheidungen sind, für die Kapitalgeber Informationen benötigen.

II.3 Die Entscheidungsrechte und –möglichkeiten der Eigenkapitalgeber

Um den Anknüpfungspunkt für konkrete Entscheidungsprobleme offen zu legen, werden die Rechte und Möglichkeiten der Eigenkapitalgeber jeweils danach geordnet, wann die Eigenkapitalgeber Entscheidungen treffen müssen.

Unterscheiden lässt sich bei den angesprochenen vier Kategorien jeweils danach, ob die Rechte bzw. gegebenenfalls faktischen Möglichkeiten selbst den Eigenkapitalgebern Entscheidungen einräumen - dann sind sie den Entscheidungen der aktuellen Eigenkapitalgeber zuzuordnen - oder ob sie ohne weiteres Zutun aktueller Eigenkapitalgeber eintretende Leistungen vorsehen - dann fällt die Entscheidung bereits bei Erwerb der Eigenkapitalgeberrechte und betrifft die unter Abschnitt II.3.5 behandelten Entscheidungen potentieller Eigenkapitalgeber.

[12] Die Möglichkeit trennt vom Recht, dass sie nicht rechtlich einklagbar ist.

Die Nutzung allgemeiner Informationsmöglichkeiten aus Sicht von Jedermann, wie sie beispielsweise die gesetzliche Pflichtpublizität offeriert, wird an dieser Stelle (noch) nicht betrachtet. Unterteilt werden die Rechte und Möglichkeiten innerhalb der angesprochenen Kategorien ferner danach, ob es sich um laufende Rechte und Möglichkeiten oder um solche bei Strukturveränderungsmaßnahmen der Aktiengesellschaft handelt.

II.3.1 Die finanziellen Rechte der aktuellen Eigenkapitalgeber

Die Rechte der Eigenkapitalgeber[13] einer Aktiengesellschaft umfassen, wie geschildert, zunächst finanzielle Rechte.[14] Bei den aktuellen Eigenkapitalgebern beschränken sich diejenigen finanziellen Rechte, welche Gegenstand von Entscheidungen sind, auf die

- Rechte zur jederzeitigen Entscheidung über den vollständigen oder teilweisen Verkauf der gehaltenen Anteile in Höhe des aktuell erzielbaren Preises (§§ 413, 398 BGB).
- Bezugsrechte bei Kapitalerhöhungen gemäß §§ 186 Abs. 1, 212 AktG, hinsichtlich derer eine Entscheidung entweder über den Bezug von Eigenkapitalgeberrechten oder den Verkauf der Bezugsrechte zu fällen ist.
- Wahl zwischen Umtausch oder Barabfindung bei Verschmelzung nach § 29 Abs. 1 UmwG, Spaltung nach §§ 125 Satz 1 i.V.m. § 29 Abs. 1 UmwG und Formwechsel nach § 207 UmwG, soweit ein Rechtsträger auf einen anderen Rechtsträger mit anderer Rechtsform übertragen wird oder (hier allerdings beschränkt auf Verschmelzung und Spaltung) die Anteilsrechte des neuen Rechtsträgers Beschränkungen unterliegen (z.B. in Form von vinkulierten Namensaktien oder einer Verschmelzung einer börsennotierten auf eine nicht börsennotierte Gesellschaft).[15] Voraussetzung ist, dass der Eigenkapitalgeber gegen den Verschmelzungs-, Spaltungs- oder Formwandlungsbeschluss seiner Aktiengesellschaft gestimmt und seinen Widerspruch zur Niederschrift erklärt hat.[16]

---

[13] Vgl. auch SCHEELE (2007), S. 16; SCHREIB (1983), S. 320; MOXTER (1995), S. 35.

[14] In der juristischen Fachliteratur werden diese auch als sog. Vermögensrechte bezeichnet, vgl. auch RAISER/VEIL (2010), § 11, Rn.24.

[15] Vgl. dazu auch EGGERT (2007), S. 208 f.; SCHIEL (2009), S. 123.

[16] Vgl. EGGERT (2007), S. 211. Vernachlässigt werden die Sondervorschriften für den Wechsel in Kommanditgesellschaften auf Aktien, vgl. dazu §§ 227 und 250 UmwG, und in Genossenschaften, vgl. § 290 UmwG.

- Rechte zum Verlangen einer Abfindungsleistung anstelle von Ausgleichszahlungen bei einer Beteiligung als Minderheitsaktionär an einem Tochterunternehmen im Vertragskonzern gemäß §§ 304 Abs. 1, 305 Abs. 1 AktG.[17]

II.3.2 Die Eingriffsrechte und -möglichkeiten der aktuellen Eigenkapitalgeber

Aktuelle Eigenkapitalgeber einer Aktiengesellschaft verfügen ferner über Eingriffsrechte[18] und -möglichkeiten in die Abläufe und Ressourcenstruktur des Unternehmens. Eingriffsrechte sind hierbei an Stimmrechte im Sinne von § 12 Abs. 1 AktG gebunden. Zu nennen sind bei laufenden Eingriffsrechten und -möglichkeiten

- das Recht zur Feststellung des Jahresabschlusses durch die Hauptversammlung, soweit dies von Vorstand und Aufsichtsrat beschlossen wird (§ 172 Satz 1 AktG) oder der Aufsichtsrat den Jahresabschluss nicht gebilligt hat (§ 173 Abs. 1 Satz 1, 2. Alternative AktG); gleiches gilt bei dem Fall der Nichtbilligung durch den Aufsichtsrat für den Konzernabschluss beim Mutterunternehmen (§ 173Abs. 1 Satz 2 AktG).
- das Recht zum gesetzlichen Eingriff in die Gewinnverteilung des Unternehmens, d.h. zum Gewinnverwendungsbeschluss über den Bilanzgewinn in der Hauptversammlung nach § 119 Abs. 1 Nr. 2 AktG sowie § 174 Abs. 1 AktG;[19] dieses Recht bezieht sich vorbehaltlich eines durch die Satzung festgelegten höheren Betrages gemäß § 58 Abs. 2 AktG auf mindestens 50% des nach dem handelsrechtlichen Einzeljahresabschluss erzielten Gewinns.[20]
- die Rechte zur Verweigerung der Entlastung von Vorstand und/oder Aufsichtsrat der Gesellschaft nach § 119 Abs. 1 Nr. 3 AktG. Die Abstimmung der Entlastung kann sich gemäß § 120 Abs. 1 Satz 2 AktG aufgrund eines Hauptversammlungsbeschlusses oder des Verlangens einer Minderheit mit mindestens 10 % oder mehr des Grundkapitals oder einem anteiligen Betrag von 1 Mio. € auch auf ein einzelnes Vorstandsmitglied beziehen. Die Entlastung hat zwar keine unmittelbare Rechtsfolge.[21] Die Verweigerung der Entlastung des Vorstands kann aber zu dessen Abbestellung durch den

[17] Vgl. zu damit einhergehenden Problemen auch SCHILDBACH (2008b), S. 26-29.
[18] Vgl. auch SCHILDBACH (1975), S. 23.
[19] Vgl. auch SCHILDBACH (1975), S. 250.
[20] Vgl. auch ERNST/GASSEN/PELLENS (2009), S. 38.
[21] Vgl. WEITEMEYER (2005), S. 288.

Aufsichtsrat gemäß § 84 Abs. 3 AktG führen.[22] Für Aufsichtsrat wie Vorstand hat der öffentlich werdende Streit um die Entlastung zudem eine deutlich negative Wirkung auf die Reputation.[23]

- die Rechte, nach § 120 Abs. 4 AktG über die Billigung des Vergütungssystems der Vorstandsmitglieder zu beschließen (sog. Say on Pay). Auch dieser Beschluss hat lediglich Reputationswirkungen.
- die Rechte zur Bestellung der Aufsichtsratsmitglieder nach den §§ 101 Abs. 1, 119 Abs. 1 Nr. 1 AktG, soweit deren Bestellung nicht durch andere Gesetze, z.B. das Mitbestimmungsgesetz vorgeschrieben ist. Gleichermaßen besteht das Recht zu einer Abberufung dieser Aufsichtsratsmitglieder vor Ablauf ihrer Amtszeit nach § 103 Abs. 1 AktG.
- das Recht zur Bestellung des Abschlussprüfers durch Hauptversammlungsbeschluss nach § 119 Abs. 1 Nr. 4 AktG.
- die faktischen Eingriffsmöglichkeiten gegenüber der Geschäftsleitung aufgrund faktischer Machtpositionen gegenüber dem Unternehmen und dem damit verbundenen Drohpotential,[24] wobei allerdings aufgrund § 117 Abs. 1 AktG das Unternehmen durch die Ausübung solcher Eingriffsmöglichkeiten nicht geschädigt werden darf.

Ferner wirken sich Eingriffsrechte in Form der Rechte zu Strukturmaßnahmen aus.[25] Zu nennen sind

- das Recht einer Minderheit von 5 %, die Einberufung der Hauptversammlung gemäß § 122 Abs. 1 Satz 1 AktG schriftlich unter Angabe von Grund und Zweck zu verlangen.
- das Recht einer Minderheit von 5% oder mit einem anteiligen Grundkapital von 500.000 € gemäß § 122 Abs. 2 AktG, Gegenstände auf die Tagesordnung zu setzen und bekannt zu machen.
- das Recht zur Vornahme von Satzungsänderungen durch die Hauptversammlung gemäß § 119 Abs. 1 Nr. 5 AktG.[26]

---

[22] Insbesondere institutionelle Investoren verweigern vermehrt die Zustimmung zur Entlastung von Vorstand und Aufsichtsrat, vgl. POTTHOFF/TRESCHER/THEISSEN (2003), Tz. 135, S. 36.
[23] Vgl. WEITEMEYER (2005), S. 284, S. 294.
[24] Vgl. auch JONAS (1983), S. 103.
[25] Vgl. HÜFFER (2008), § 119, Rn. 5 m.w.N.
[26] Satzungsänderungen können hierbei zahlreiche Grundlagen und Strukturmaßnahmen nach sich ziehen, z.B. in Bezug auf Unternehmensgegenstand, Kapitalausstattung und den Abschluss von Unternehmensverträgen (Nachgründungsverträge, Vermögensübertragungsverträge, Verschmelzungs-, Spaltungs- und Ausgliederungsverträge), vgl. PALMES (2008), S. 122, S. 123.

- die Rechte der Hauptversammlung nach § 119 Abs. 1 Nr. 6 AktG, Kapitalerhöhungen gegen Einlagen (§§ 182-191 AktG), bedingten Kapitalerhöhungen (§§ 192-201 AktG), der Genehmigung von Kapital, d.h. der Übertragung des Kapitalerhöhungsrechts von der Hauptversammlung auf den Vorstand (§§ 202-206 AktG), sowie Kapitalerhöhungen aus Gesellschaftsmitteln (§§ 207-220 AktG) zuzustimmen oder diese abzulehnen.
- die Rechte der Hauptversammlung, der Ausgabe von Wandel- oder Gewinnschuldverschreibungen nach § 221 AktG zuzustimmen oder diese abzulehnen.
- die Rechte nach § 119 Abs. 1 Nr. 6 AktG, ordentlichen Kapitalherabsetzungen (§§ 222-228 AktG), vereinfachten Kapitalherabsetzungen (§§ 229-236 AktG) sowie Kapitalherabsetzungen durch Einziehung von Aktien (§§ 237-239 AktG) in der Hauptversammlung zuzustimmen oder diese abzulehnen.
- das Recht der Hauptversammlung, über die Auflösung der Aktiengesellschaft abzustimmen (§§ 119 Abs. 1 Nr. 8 AktG i.V.m. 262 Abs. 1 Nr. 2 AktG).
- die Rechte zu Fortsetzungsbeschlüssen des Unternehmens im Sinne von § 274 Abs. 1 und 2 AktG, wenn die Aktiengesellschaft zuvor durch Zeitablauf oder Hauptversammlungsbeschluss aufgelöst wurde.[27]
- die Rechte zur Zustimmung oder Ablehnung einer Verschmelzung oder Spaltung in der Hauptversammlung (§§ 65 UmwG bzw. 125 Satz 1 i.V.m. 65 UmwG).[28]
- die Rechte zur Zustimmung oder Ablehnung von vollständigen oder teilweisen Vermögensübertragungen auf andere Rechtsträger (§§ 174 - 179 UmwG) sowie Umwandlungsbeschlüssen in andere Rechtsformen (§§ 226-304 UmwG).[29]
- die Rechte zur Abstimmung über eine Eingliederung der Aktiengesellschaft in eine andere Aktiengesellschaft nach § 319 Abs. 2 AktG und über den Abschluss eines Unternehmensvertrags gemäß § 293 AktG.[30]

---

[27] Vgl. HÜFFER (2008), § 119, Rn. 7.

[28] Bei der Verschmelzung durch bzw. Spaltung zur Neugründung müssen zudem neue Satzungen beschlossen sowie die Mitglieder des Aufsichtsrats gewählt werden, vgl. EGGERT (2007), S. 181. Zu beachten ist ferner, dass ein Verschmelzungsbeschluss bzw. Spaltungsbeschluss nach § 62 Abs. 1 Satz 1 bzw. 125 Satz 1 i.V.m. § 62 UmwG nicht notwendig ist, soweit mindestens 90% des Grundkapitals der übertragenden Aktiengesellschaft bereits der übernehmenden Aktiengesellschaft gehören. In diesem Fall schmilzt das Recht der Minderheitsaktionäre auf ein Recht, die Hauptversammlung einzuberufen, um über die Verschmelzung zu beschließen, sofern sie mindestens 5% Anteilsbesitz an der zu übernehmenden Aktiengesellschaft aufweisen, vgl. zu beidem EGGERT (2007), S. 186 f.

[29] Vgl. HÜFFER (2008), § 119, Rn. 7.

[30] Vgl. HÜFFER (2008), § 119, Rn. 7.

- die Rechte zum Sonderbeschluss beim Vertragskonzern für außenstehende Aktionäre der abhängigen Gesellschaft im Falle der Änderung eines Beherrschungsvertrags nach § 295 Abs. 2 AktG, der Kündigung des Beherrschungsvertrags ohne wichtigen Grund gemäß § 297 Abs. 2 AktG und bei Abschluss eines Aufhebungsvertrags für den Beherrschungsvertrag nach § 296 Abs. 2 AktG.

II.3.3 Die Klagerechte der aktuellen Eigenkapitalgeber

Eigenkapitalgeber verfügen über verschiedene Rechte zur Klage. So können sie für das Unternehmen Ersatzansprüche geltend machen, wenn durch das Fehlverhalten von Vorstand, Aufsichtsrat, Wirtschaftsprüfer oder den Einfluss anderer Dritter auf einen Vorstand, Aufsichtsrat, Prokuristen oder Handlungsbevollmächtigten gemäß § 117 AktG Schäden entstanden sind. Namentlich betrifft dies

- das Recht der Hauptversammlung nach § 147 Abs. 1 AktG zu beschließen, ob Ersatzansprüche der Gesellschaft gegenüber Vorstand und Aufsichtsrat aus Pflichtverletzungen gemäß § 117 AktG geltend gemacht werden.[31]
- das Recht der Hauptversammlung, nach § 147 Abs. 2 AktG für die Geltendmachung der Ersatzansprüche nach § 117 AktG besondere Vertreter, d.h. Vertreter außerhalb von Vorstand und Aufsichtsrat, zu bestimmen. Eine Minderheit mit mindestens 10 % oder mehr des Grundkapitals oder einem anteiligen Betrag von 1 Mio. € kann zudem auf Antrag das zuständige Gericht (§ 14 AktG) dazu bewegen, andere Vertreter als Vorstand, Aufsichtsrat oder die von der Hauptversammlung bestimmten Vertreter als besondere Vertreter für die Geltendmachung des Anspruchs zu bestimmen.
- das Recht von Aktionärsminderheiten mit 1% des Grundkapitals oder einem anteiligen Betrag von 100.000 €, nach § 148 Abs. 1 Satz 1 AktG bei Gericht in eigenem Namen die Zulassung zur Verfolgung von Ansprüchen für die Gesellschaft zu beantragen. Allerdings liegt die Beweislast bei den Aktionären, d.h., diese müssen nachweisen, dass der Vorstand nicht vernünftigerweise hätte annehmen dürfen, dass er auf Basis angemessener Information zum Wohle der Gesellschaft handelte (sog. business judgement rule nach § 93 Abs. 1 Satz 2 AktG).[32] Damit das Gericht die Klage zulässt, ist nach § 148 Abs. 1 Satz 2 Nr. 1 - 4 AktG u.a. erforderlich, dass Tatsachen vorliegen, welche den Verdacht begründen können, dass ein Gesellschaftsschaden durch grobe

[31] Vgl. auch Doralt/Doralt, in: SEMLER/V. SCHENCK (2009), § 13, Tz. 116; POTTHOFF/TRESCHER/THEISSEN (2003), Tz. 1826, S. 451.
[32] Vgl. RAISER/VEIL (2010), § 11, Rn. 44.

Gesetzes- oder Satzungsverletzungen oder Unredlichkeiten entstanden ist sowie, dass der Klage keine überwiegenden Gründe des Gesellschaftswohls entgegenstehen.[33]

- das Recht, einen Hauptversammlungsbeschluss nach § 243 Abs. 1 AktG anzufechten, soweit Gesetz oder Satzungsbestimmungen durch ihn verletzt wurden.
- das Recht, einen Hauptversammlungsbeschluss nach § 243 Abs. 2 AktG anzufechten, soweit ein Aktionär mit seinem Stimmrecht auf Kosten der anderen Aktionäre oder der Gesellschaft versucht hat, sich durch diesen Beschluss Vorteile zu verschaffen und der Beschluss dazu geeignet ist, diesem Zweck zu dienen.
- das Recht nach § 243 Abs. 4 AktG, eine unrichtige, unvollständige oder verweigerte Erteilung von Informationen mit Blick auf die sachgerechte Wahrnehmung von Aktionärsrechten aus Sicht eines objektiv urteilenden Aktionärs anzufechten, soweit nicht ein Spruchverfahren für Bewertungsrügen greift.
- das Recht, in den von der Anfechtung nach § 243 Abs. 4 AktG ausgeschlossenen Fällen, wegen unrichtiger, unvollständiger oder verweigerter Erteilung von Informationen über die Angemessenheit, Höhe und Ermittlung von Ausgleich, Abfindung, Zuzahlungen oder sonstigen Kompensationen ein Spruchverfahren im Sinne des § 1 SpruchG anzustrengen, um eine Korrektur der erfolgten betraglichen Bestimmung zu erreichen.[34]
- das Recht von Aktionären mit Anteilen, die 5% des Grundkapitals abzüglich noch nicht eingeforderter Einlagen oder den anteiligen Betrag von 500.000 € überschreiten, einen Gewinnverwendungsbeschluss nach § 254 Abs. 1 i.V.m. § 246 Abs. 2 AktG anzufechten. Dazu ist nachzuweisen, dass die Einbehaltung des Gewinns nicht notwendig ist, um das Überleben des Unternehmens über einen überschaubaren Zeitraum zu sichern; auch muss die Dividende unter 4% des Grundkapitals abzüglich noch nicht eingeforderter Einlagen gelegen haben.
- das Recht, ein Wirksamwerden von Verschmelzung und Spaltung nach den §§ 14 Abs. 1 UmwG bzw. 125 i.V.m. 14 Abs. 1 UmwG auf dem Klageweg zu verhindern.

[33] Vgl. auch SCHMIDT (2005), S. 800.

[34] Das betrifft gemäß § 1 SpruchG das Recht bei der gerichtlichen Überprüfung von Ausgleich und Abfindung bei den §§ 304 und 305 AktG, bei der Abfindung im Fall der Eingliederung nach § 320b AktG, der Barabfindung durch den Hauptaktionär nach § 327f AktG, der Zuzahlung oder Barabfindung bei der Rechtsträgerumwandlung i.S.d. UmwG, vgl. dazu näher EGGERT (2007), S. 254, sowie hier nicht näher zu umreißende Fälle europäischer Rechtsformen. Ziel des Ersatzes der Anfechtung von Beschlüssen durch Minderheiten in den genannten Fällen ist, die Beschlusskompetenz der Mehrheit nicht durch die Minderheit missbräuchlich untergraben zu lassen, vgl. auch SCHIEL (2009), S. 215.

- das Recht, auf Antrag bei Gericht einen besonderen Vertreter zu bestellen, welcher bei etwaigen, bei einer Verschmelzung entstandenen Schäden gegen Vertretungsorgan und Aufsichtsorgan der übertragenden Rechtsträger gemäß § 26 Abs. 1 Satz 2 i.V.m. § 25 Abs. 1 UmwG Schadensersatz geltend macht. Gleiches gilt bei Formwechseln gemäß §§ 206 Satz 2 i.V.m. 205 Abs. 1 UmwG.
- das Recht, einen Schadensersatzanspruch gegen die Verschmelzungs- bzw. Spaltungsprüfer nach § 11 Abs. 2 Satz 2 UmwG geltend zu machen.[35]
- das Recht jeden Aktionärs einer Tochtergesellschaft im Vertragskonzern, gemäß §§ 310 Abs. 4 ggf. i.V.m. 309 Abs. 4 AktG Leistung eines Ersatzes an die Tochtergesellschaft zu fordern, wenn die gesetzlichen Vertreter des Mutterunternehmens sowie die Verwaltungsorgane des Tochterunternehmens nicht die Sorgfalt des ordentlichen und gewissenhaften Geschäftsleiters angewendet haben.
- das Recht der Aktionäre der Tochtergesellschaft im faktischen Konzern, für die Tochtergesellschaft bzw., sollte der Schaden darüber hinausgehen, für sich einen Ersatzanspruch gemäß § 317 Abs. 4 und/oder § 318 Abs. 4 i.V.m. § 309 Abs. 4 Sätze 1 und 2 AktG gegenüber den gesetzlichen Vertretern des Mutterunternehmens wie den Verwaltungsorganen des Tochterunternehmens geltend zu machen, sofern kein Nachteilsausgleich erfolgte und ein ordentlicher und gewissenhafter Geschäftsleiter das fragliche Geschäft nicht vorgenommen hätte.
- das Recht zur Strafanzeige gemäß § 158 Abs. 1 StPO, um eine strafrechtliche Sanktionierung des Managements wegen § 264a StGB Kapitalanlagebetrug zu erreichen, sofern nachgewiesen wird, dass für den Erwerb oder die Erhöhung von Anteilen erhebliche Umstände verschwiegen wurden.

II.3.4 Die Informationsrechte der aktuellen Eigenkapitalgeber

Die Rechte der aktuellen Eigenkapitalgeber umfassen zuletzt über allgemein zugängliche Informationsmöglichkeiten hinausgehende Informationsrechte. Darunter fallen einerseits die laufenden und z.T. auch für Strukturmaßnahmen verfügbaren Rechte

- zur Auskunft nach § 131 Abs. 1 AktG durch den Vorstand, soweit dies notwendig ist, um Gegenstände auf der Tagesordnung der Hauptversammlung beurteilen zu können und soweit der Vorstand nicht entsprechend dem abschließenden Katalog des § 131

[35] Vgl. EGGERT (2007), S. 232.

Abs. 3 AktG ein Auskunftsverweigerungsrecht geltend macht.[36] Ein Beispiel für ein solches Recht ist die Nachfrage bei Anhaltspunkten für eine überhöhte Vergütung von Mitarbeitern im Vergleich zum Vorstand.[37]

- auf Entscheidung der Hauptversammlung gegen eine Offenlegung von individualisierten Vorstandsgehältern gemäß des Opt-Out-Modells für maximal fünf Jahre nach § 286 Abs. 5 HGB im Einzeljahresabschluss bzw. bei Konzernen nach § 314 Abs. 2 Satz 2 HGB im Konzernabschluss.
- zur Sonderprüfung nach §§ 119 Nr. 7 i.V.m. 142 Abs. 1 AktG bei der Gründung, Geschäftsführung sowie Kapitalbeschaffung oder -herabsetzung; hierbei kann mit Ausnahme der Kapitalbeschaffung oder -herabsetzung eine Minderheit mit 1 % vom Grundkapital oder 100.000 € bei Ablehnung der Sonderprüfung durch die Hauptversammlung und bei Vorliegen von Tatsachen, die den Verdacht auf grobe Gesetzes- oder Satzungsverletzungen oder Unredlichkeiten rechtfertigen können, eine Sonderprüfung erneut bei Gericht beantragen.[38]
- zum Antrag auf Sonderprüfung wegen nicht unwesentlicher Unterbewertung bestimmter Posten des festgestellten Jahresabschlusses gemäß §§ 258 Abs. 2 i.V.m. 142 Abs. 2 AktG durch Aktionäre, welche glaubhaft machen können, eine Beteiligung von mindestens 100.000 € oder 1 % des Grundkapitals seit mindestens drei Monaten vor dem Tag der Hauptversammlung zu besitzen.
- zur Information durch die Geschäftsleitung aufgrund faktischer Machtpositionen und dem damit verbundenen Drohpotential (zu beachten ist allerdings, dass mit jeder derartigen Informationsweitergabe ein Recht für alle anderen Aktionäre auf diese Information in der Hauptversammlung gemäß § 131 Abs. 4 AktG eröffnet wird).[39]
- zum Antrag auf Sonderprüfung der geschäftlichen Beziehungen nach § 315 Satz 1 AktG beim faktischen Konzern, soweit anhand von Einwendungen des Aufsichtsrats, Einschränkung oder Versagung des Testats durch den Wirtschaftsprüfer oder

[36] So ist festzustellen, dass vermehrt von institutionellen Investoren Fragerechte ausgeübt und Diskussionen in den Hauptversammlungen geführt werden, vgl. POTTHOFF/TRESCHER/THEISSEN (2003), Tz.135, S. 36. Allerdings wurde dieses Recht kürzlich vom BGH dadurch beschnitten, dass - legitimiert durch § 132 Abs. 2 Satz 2 AktG - Satzungsbestimmungen als zulässig angesehen wurden, welche dem Versammlungsleiter einer Hauptversammlung ermöglichen, das Frage- und Rederecht des einzelnen Aktionärs in der Hauptversammlung zu beschränken, vgl. BGH (2010), S. 718 f.

[37] Vgl. LG Frankfurt a.M. (2005), S. 227.

[38] Auch dieses Recht wird vermehrt von institutionellen Investoren ausgeübt, vgl. POTTHOFF/TRESCHER/THEISSEN (2003), Tz.135, S. 36.

[39] Vgl. SCHEELE (2007), S. 19. Die Vorschrift dient dazu, Informationsmonopole zu vermeiden, vgl. EGGERT (2007), S. 134 f. Ein Beispiel für eine faktische Machtposition liegt vor, wenn ein Eigenkapitalgeber zugleich eine Aufsichtsratsposition innehat, vgl. auch KLEMPT (2004), S. 31, Fn. 33.

Erklärung des Vorstandes deutlich wird, dass entstandene Nachteile des Tochterunternehmens durch die Konzernmutter nicht ausgeglichen wurden.

- zum Antrag auf Sonderprüfung der geschäftlichen Beziehungen beim faktischen Konzern nach § 315 Satz 2 AktG i.V.m. § 142 Abs. 2 AktG im Fall des Vorliegens von sonstigen Tatsachen, die auf pflichtwidrige Nachteilszufügung hinweisen, durch Aktionäre, welche glaubhaft machen können, eine Beteiligung von mindestens 100.000 € oder 1 % des Grundkapitals seit mindestens drei Monaten vor dem Tag der Hauptversammlung zu besitzen.[40]
- zur Einsicht in den Bericht über den Grund des Bezugsrechtsausschlusses bei Kapitalerhöhungen mit Bezugsrechtsausschluss nach §§ 186 Abs. 4 Satz 2 i.V.m. § 124 Abs. 2 Satz 2 AktG.[41]

Andererseits sind die speziellen Informationsrechte bei Strukturmaßnahmen zu nennen. Unterteilen lassen sich diese in spezielle Auskunftsrechte und spezielle Einsichtsrechte. Namentlich betrifft dies die gegenüber § 131 AktG speziellen Auskunftsrechte

- zur Auskunft über andere beteiligte Rechtsträger bei Verschmelzungen und Spaltungen nach § 64 Abs. 2 bzw. § 125 Satz 1 i.V.m. § 64 Abs. 2 UmwG.[42] Dieses Recht erweitert § 131 Abs. 1 AktG insbesondere auf Auskünfte über formal eigenständige Gesellschaften, die bei der Verschmelzung oder Spaltung beteiligt sind.[43]
- zur Auskunft in Bezug auf Eingliederung anderer Aktiengesellschaften nach §§ 319 Abs. 3 Satz 5, 320 Abs. 4 Satz 3 i.V.m. 319 Abs. 3 Satz 5 sowie 326 AktG.
- zur Auskunft in Bezug auf Unternehmensverträge und deren Änderung nach § 293g Abs. 3, § 295 Abs. 2 Satz 3 AktG.

Die speziellen Einsichtsrechte umfassen die Rechte

- zur Einsicht in den Verschmelzungs- bzw. Spaltungsvertrag (-sentwurf),[44] Verschmelzungs- bzw. Spaltungsbericht und -prüfbericht nach den §§ 63 bzw. 125

[40] Vgl. auch SCHILDBACH (2008b), S. 22.
[41] Vgl. PALMES (2008), S. 124.
[42] Vgl. auch EGGERT (2007), S. 125.
[43] Vgl. EGGERT (2007), S. 126.
[44] Inhaltlich ergibt sich zwischen Entwurf und Vertrag kein Unterschied. Die Hauptversammlung kann auch den Vertrag ablehnen und dadurch die Vertretungsorgane dazu bewegen, Änderungen vorzunehmen; Vertrag und Entwurf unterscheiden sich allein in der Kostenfrage, weil bei einem Vertrag bereits eine Beurkundung erfolgte, die bei Änderungen erneut vorgenommen werden muss, vgl. dazu auch EGGERT (2007), S. 90 f. m.w.N.

Satz 1 i.V.m. § 63 UmwG sowie auf die Erläuterung des Vorstands nach den §§ 64 Abs. 1 Satz 2 bzw. 125 Satz 1 i.V.m. 64 Abs. 1 Satz 2 UmwG.

- zum Verzicht auf die Erstattung eines Verschmelzungs- bzw. Spaltungsberichts gemäß § 8 Abs. 3 Satz 1 Alt 1UmwG bzw. § 127 Satz 2 UmwG i.V.m. § 8 Abs. 3 Satz 1 Alt. 1 und –prüfberichts gemäß § 9 Abs. 3 bzw. § 125 Satz 1 i.V.m. § 125 Satz 1 i.V.m. den zu den zu prüfenden Berichten genannten Vorschriften, soweit alle anderen Anteilseigner aller beteiligten Rechtsträger ebenfalls hierauf verzichten.[45]
- zur Einsicht in den Umwandlungsbericht nach § 192 UmwG, § 230 Abs. 2 Satz 1 bzw. § 238 Satz 1 i.V.m. § 230 Abs. 2 Satz 1 UmwG.
- zum Verzicht auf die Erstattung des Umwandlungsberichts nach § 192 UmwG, wenn alle Anteilsinhaber zustimmen oder nur ein Anteilseigner beteiligt ist.
- zur Einsicht bei Unternehmens- und Eingliederungsverträgen sowie den Prüfberichten zu diesen Verträgen gemäß § 293a, § 293 f, § 319 Abs. 3, § 293b-e, § 320 Abs. 4 AktG.[46]
- zum Verzicht auf die Erstattung des Berichts über den Unternehmensvertrag und des Prüfberichts zum Bericht über den Unternehmensvertrag gemäß § 293a Abs. 3, §§ 293b Abs. 2 i.V.m. 293a Abs. 3 AktG.

II.3.5 Die Entscheidungsmöglichkeiten potentieller Eigenkapitalgeber

Potentielle Eigenkapitalgeber verfügen über keine der bislang angesprochenen kodifizierten Rechte. Allenfalls soweit das Unternehmen selbst, ein oder mehrere bedeutende Anteilseigner oder Gläubiger des Unternehmens ein Interesse an einer Beteiligung des potentiellen Eigenkapitalgebers besitzen, ergeben sich faktisch weitergehende Informationsrechte bereits bevor die Rechtsstellung des aktuellen Eigenkapitalgebers erworben wurde.[47]

Potentielle Eigenkapitalgeber stehen damit vor der Frage, ob sie sich durch Kauf von Anteilen des betrachteten Unternehmens die genannten Entscheidungsrechte und darüber hinaus all jene Rechte erwerben wollen, welche Ansprüche begründen, über deren Ausgestaltung sie unmittelbar nicht selbst entscheiden können.[48] Konkret betrifft das Entscheidungen über die finanziellen Rechte in Bezug auf

[45] Vgl. auch EGGERT (2007), S. 115.
[46] Vgl. PALMES (2008), S. 124.
[47] Vgl. auch VOLK (1987), S. 725.
[48] Vgl. KUHN (1992), S. 68.

- zukünftige Dividenden dem Grunde nach gemäß § 60 AktG.[49]
- die Rückzahlungsansprüche bei Kapitalherabsetzungen nach § 225 Abs. 2 AktG.[50]
- eine künftige Abfindung bei Eingliederung des Unternehmens, an dem die Eigenkapitalgeberrechte gehalten werden, in eine andere Kapitalgesellschaft nach § 320b AktG sowie bei Übertragung von Aktien gegen Barabfindung durch einen Hauptaktionär gemäß § 327a AktG.
- eine bare Zuzahlung, wenn das Umtauschverhältnis der Anteile bei Verschmelzung nach § 15, Spaltung nach § 125 oder Formwechsel nach § 196 UmwG zu niedrig bemessen ist oder die Mitgliedschaft/Anteilseignerschaft beim jeweiligen neuen Rechtsträger keinen ausreichenden Gegenwert darstellt.

Eine Zwitterstellung nehmen aktuelle Eigenkapitalgeber ein, welche intendieren, ihre Beteiligung am Unternehmen zu erhöhen, d.h. hinsichtlich der Erhöhung potentielle Eigenkapitalgeber sind. Sie verfügen zumindest grundsätzlich aufgrund der bereits erworbenen Anteile rein rechtlich[51] über die bereits genannten kodifizierten Rechte und können diese insofern auch mit Blick auf die zu erwerbenden Anteile nutzen.

II.4 Die Entscheidungsrechte und -möglichkeiten der Fremdkapitalgeber

Anders als bei den Eigenkapitalgebern lassen sich die Rechte der Fremdkapitalgeber in der Regel nicht unabhängig vom konkreten Kreditvertrag festlegen. So werden nur wenige Rechte für die Fremdkapitalgeber kodifiziert. Ansonsten können die Rechte und Pflichten der Vertragspartner in den Kreditverträgen inhaltlich weitgehend frei ausgestaltet werden.[52]

Auch hier lassen sich jedoch zumindest gewisse standardisierte Typen von Vereinbarungen identifizieren, die den finanziellen Rechten, Eingriffs-, Klage- und Informationsrechten der Eigenkapitalgeber ähnliche Funktionen für die Fremdkapitalgeber übernehmen. Ergänzt werden sie um Schutzrechte, welche eine Ausbeutung durch die Eigenkapitalgeber aufgrund

---

[49] Der Höhe nach können sie hier über Eingriffsrechte Einfluss nehmen.
[50] Vgl. auch RAISER/VEIL (2010), § 11, Rn. 24; HÜFFER (2008), § 186, Rn. 7.
[51] Faktisch ist dies nicht unbedingt der Fall, soweit sie aufgrund eines zu geringen Anteils an der Gesellschaft z.B. ihre eigenen Überlegungen, Eingriffsrechte wirksam werden zu lassen, in der Hauptversammlung nicht umsetzen können, vgl. dazu Gliederungspunkt II.5.1.
[52] Dabei ist davon auszugehen, dass diese individualisierte Ausgestaltung eine zielgenaue und darum vorteilhafte, aber aufgrund des Einzelfallbezugs auch teure Anpassung zulässt, vgl. WITTIG (1996), S. 1384.

der bei Fremdkapitalgebern weit schwächeren Ausformung der Eingriffsrechte verhindern sollen.

Dennoch gestaltet sich eine geordnete Darstellung als außerordentlich schwierig. Dies liegt vor allem am Aufkommen von Covenants. Covenants erfassen im angelsächsischen Raum als ein Sammelbegriff sämtliche Nebenabreden von Kreditverträgen, mit denen der Kreditgeber auf den Kreditnehmer Einfluss nehmen kann.[53] Obwohl Covenants lange Zeit vor allem im angloamerikanischen Raum Anwendung fanden, existieren mittlerweile vergleichbare Regelungen in hohem und in den letzten Jahren steigendem Umfang auch in deutschen Kreditverträgen.[54] Dadurch liegen in der Kreditpraxis im Moment sowohl traditionell im Kreditvertrag vereinbarte Rechte einerseits als auch Covenants andererseits vor, wobei sich die Vereinbarungen inhaltlich zu weiten Teilen überschneiden.

Die folgende Darstellung geht bei der Identifikation typisierter Vereinbarungen vielfach entsprechend den Klassifizierungen von Covenants vor und ordnet traditionelle kreditvertragliche Regelungen den dort üblichen Oberbegriffen zu. Diese Vorgehensweise bietet sich an, weil einige der Systematisierungen von Covenants der hier verwendeten Unterteilung von Rechten ähneln,[55] so dass die Rechte auf diese Weise besser strukturiert werden können als anhand der Systematisierungen traditioneller Nebenabreden.

Ergänzungen erfolgen, soweit es bei der Darstellung notwendig ist, um auf deutsche Besonderheiten aus der Interaktion mit Aktienrecht, bürgerlichem Recht oder den AGB des Bankenverbandes[56] einzugehen, bzw. soweit deutsche Besonderheiten die Rechte der Fremdkapitalgeber beeinflussen.

Bei der folgenden Darstellung wird erneut getrennt zwischen

- den Rechten, die Entscheidungen aktueller Fremdkapitalgeber ermöglichen, einerseits und

[53] Vgl. KROLAK/MORZFELD/REMMEN (2009), S. 1419; WITTIG (1996), S. 1383; KÄSTLE (2003), S. 27.
[54] So verweist die deutschlandweite Umfrage von LUTZ unter Banken darauf, dass 70% aller Banken mittlerweile Covenants in Kreditverträgen einsetzen, vgl. LUTZ (2005), S. 34; vgl. auch WEITNAUER (2005), S. 1444 und bereits FLEISCHER (1998), S. 313.
[55] Vgl. zu anderen hier nicht verwendeten Systematisierungen, z.B. in positive und negative Covenants oder nach Aktiv- und Passivseite erfolgenden Gliederungen, KÄSTLE (2003), S. 52 f.
[56] Im Folgenden werden diese mit Banken-AGB bezeichnet.

- der Vereinbarung wohldefinierter, unbedingt eintretender Rechte, welche einer Entscheidung potentieller Fremdkapitalgeber vor dem Abschluss des Kreditvertrags unterliegen, andererseits.

II.4.1 Die finanziellen Rechte aktueller Fremdkapitalgeber

Entscheidungen ermöglichende Rechte aktueller Fremdkapitalgeber auf finanzielle Leistungen umfassen bei idealtypisch ausgestalteten Fremdkapitalansprüchen von Standardkreditverträgen lediglich das Recht auf Weiterverkauf, soweit das Fremdkapital verbrieft oder an einem Kapitalmarkt begeben werden kann. In diesem Fall liegt ein Anspruch auf die Zahlung des aktuellen oder zukünftigen Verkaufspreises der Verbindlichkeit vor.[57] Ansonsten wurden bei klassischen Kreditverträgen sämtliche Entscheidungen über die Ausgestaltung finanzieller Rechte bereits bei Abschluss des Kreditvertrags gefällt.

Problematisch am klassischen Kreditvertrag ist, dass sich einerseits nicht alle möglichen Entwicklungen eines Unternehmens adäquat im Kreditvertrag berücksichtigen, andererseits aber vertraglich Rechte nur bei Abschluss des jeweiligen Kreditvertrags einräumen lassen.[58] Als Ausweg aus diesem Dilemma werden mittlerweile finanzielle Entscheidungsrechte häufig um bedingte finanzielle Rechte, in Form von Financial Covenants, erweitert.[59] Diese ermöglichen dem Fremdkapitalgeber, bei Eintritt wohldefinierter Bedingungen Vertragsmodifikationen in seinem Sinne durchzusetzen. Financial Covenants versuchen, die jeweiligen Bedingungen an die Vermögens-, Finanz- und Ertragslage eines Unternehmens zu knüpfen, indem sie anhand von Kennzahlen auf die Stellvertretergrößen Eigenkapital, Verschuldung und Liquidität sowie Ertrag abzielen.[60]

Verwendet werden zumeist

- in Bezug auf Eigenkapital die Eigenkapitalquote,
- in Bezug auf Verschuldung der Verschuldungsgrad und die Schuldendeckungsquote (Verhältnis Cash Flow zu Zins und Tilgung in der Periode) und
- in Bezug auf die Liquidität die Acid Ratio (Verhältnis von Bargeld/ Bargeldäquivalenten zu den kurzfristigen Verbindlichkeiten) sowie

---

[57] Vgl. auch PENMAN (2007), S. 2.
[58] Vgl. KÄSTLE (2003), S. 37.
[59] Vgl. auch THIEßEN (1996b), S. 21.
[60] Vgl. WITTIG (1996), S. 1382; LUTZ (2005), S. 7; KÄSTLE (2003), S. 62.

- in Bezug auf den Ertrag die Eigenkapital-, Umsatz- oder Cashflow-Rentabilität, aber bisweilen auch Umschlagshäufigkeit oder Personalkostenproduktivität.[61]

Sichergestellt wird, dass bestimmte Grenzen anhand dieser Kennzahlen nicht durchbrochen werden dürfen.[62] Werden diese Grenzen,[63] die in der Regel in Form einer Mindest- oder Höchstgrenze gesetzt sind,[64] nicht eingehalten, so resultieren zusätzliche finanzielle Rechte in der Form, dass

- der Fremdkapitalgeber des Unternehmensweitere Auszahlungen verweigern oder zur Verfügung gestellte Ressourcen wieder vollständig oder beschleunigt entziehen kann,[65] z.B. durch sofortige Fälligstellung/Kündigung von Krediten oder Kreditlinien.[66]
- der Fremdkapitalgeber darüber entscheiden kann, ob er zusätzliche Garantien durch das Unternehmen zu seinen Gunsten erhalten will.[67]
- ein Anrecht auf die Verwertung von Sicherheiten im Fall des Eintritts der diesbezüglich vertraglich für die jeweilige Sicherheit definierten Bedingungen gewährt oder ein Anrecht auf zusätzliche Bestellung von Sicherheiten bei Verschlechterung der wirtschaftlichen Lage gemäß wohldefinierter Bedingungen eingeräumt wird.[68] Zu beachten ist hier allerdings, dass solche Bedingungen unter die Anfechtungsvorschriften des § 130 InsO fallen können.[69]
- durch den Eintritt der Bedingungen das Recht eingeräumt wird, Schulden in Eigenkapital umzuwandeln.[70]
- die Möglichkeit zu Neuverhandlungen eingeräumt wird.[71] Da der Kreditnehmer sich dabei in einer schlechten Verhandlungsposition befindet, können dann höhere Zinsen und bessere Sicherheiten durchgesetzt werden.

---

[61] Vgl. z.B. DUKE/HUNT (1990), S. 52; KÄSTLE (2003), S. 66-69.
[62] Vgl. KROLAK/MORZFELD/REMMEN (2009), S. 1418.
[63] Meist werden kennzahlengetriebene Covenants aneinandergebunden, indem z.B. ein Verstoß dann erreicht ist, wenn vier von acht Kennzahlen nicht erfüllt sind, vgl. KROLAK/MORZFELD/REMMEN (2009), S. 1420.
[64] Vgl. DUKE/HUNT (1990), S. 52.
[65] Vgl. SMITH/WARNER (1979), S. 151.
[66] Vgl. SCHILDBACH (1975), S. 250; STOBBE (1988), S. 304; vgl. WITTIG (1996), S. 1385; THIEßEN (1996b), S. 21.
[67] Vgl. THIEßEN (1996b), S. 21 f.
[68] Vgl. WITTIG (1996), S. 1385.
[69] Vgl. THIEßEN (1996b), S. 26.
[70] Vgl. THIEßEN (1996b), S. 21 f.
[71] Vgl. SMITH/WARNER (1979), S. 151.

Auch die AGB der Banken setzen an dieser Stelle ein, indem sie durch Generalklauseln bedingte finanzielle Rechte für Banken sicherstellen. Diese lassen sich unterteilen in

- Generalklauseln bei Kündigungen für unbefristete und befristete Kredite sowie
- Generalklauseln, welche eine zusätzliche Sicherheitenbestellung ermöglichen.

(1) Generalklauseln bei Kündigungen für unbefristete und befristete Kredite

Im Fall von unbefristeten Krediten ohne Kündigungsregelung kann die Bank nach Art. 19 Abs. 2 Banken-AGB zu jedem Zeitpunkt ohne Einhaltung einer Kündigungsfrist kündigen. Allerdings darf sie den Kreditnehmer gemäß der AGB-Inhaltskontrolle des § 307 BGB nicht unangemessen benachteiligen.[72] Zu beachten ist auch, dass die Bank, wenn sie einem in Schwierigkeiten befindlichen Kreditnehmer den Kredit kündigt, ggf. sittenwidrig i.S.d. § 138 BGB handelt, soweit letzterer den Kredit für die Sanierung benötigt.[73]

Im Fall eines wichtigen Grundes kann die Bank nach Art. 19 Abs. 3 Banken-AGB sogar die gesamte Geschäftsbeziehung, d.h. befristete wie unbefristete Kredite ohne Einhaltung einer Kündigungsfrist kündigen. Ein solcher liegt vor,

- soweit das Unternehmen über seine Vermögensverhältnisse unrichtige Angaben gemacht hat, die für die Risikoeinschätzung der Bank von hoher Bedeutung waren oder
- soweit eine wesentliche Verschlechterung der Vermögensverhältnisse oder der Werthaltigkeit der Sicherheiten des Unternehmens eintritt und dadurch die Rückzahlung einer Verbindlichkeit gefährdet wird.

(2) Generalklauseln zur zusätzlichen Sicherheitenbestellung

Art. 13 Abs. 2 Banken-AGB bestimmt, dass Banken, auch wenn sie bei der Entstehung von Ansprüchen gegen Unternehmen noch von der Bestellung oder Verstärkung von Sicherheiten abgesehen haben, dennoch später eine Besicherung unter bestimmten Umständen fordern dürfen. Diese Umstände sind

- eine Verschlechterung oder drohende Verschlechterung der wirtschaftlichen Verhältnisse des Unternehmens und/oder
- eine Verschlechterung oder drohende Verschlechterung bereits vorhandener Sicherheiten der Bank.

---

[72] Vgl. KÄSTLE (2003), S. 93.
[73] Vgl. THIEßEN (1996b), S. 26.

Bei diesem letzten Recht der zweiten Art von Generalklauseln sind allerdings drei Einschränkungen zu beachten.

Zum Ersten lässt es sich nicht durchsetzen, soweit eine ausdrückliche Vereinbarung besteht, dass das Unternehmen lediglich bestimmte oder aber keine Sicherheiten stellen muss.

Zum Zweiten muss die Bank bei der Bestellung zusätzlicher Sicherheiten gemäß Art. 13 Abs. 3 der Banken-AGB dem Unternehmen eine angemessene Frist zur Stellung der Sicherheiten gewähren.

Eine dritte Einschränkung für die Sicherheitenbestellung ergibt sich daraus, dass die Bank nach Art. 16 Abs. 1 Banken-AGB nur so lange Sicherheiten fordern kann, wie der realisierbare Wert dieser Sicherheiten den Gesamtbetrag aller Ansprüche aus der Geschäftsverbindung nicht übersteigt. Übersteigt er ihn, so muss die Bank auf Verlangen des Unternehmens Sicherheiten nach ihrer Wahl in Höhe des übersteigenden Betrags nach Art.16 Abs. 2 Banken-AGB freigeben.

Aufgrund der Banken-AGB gilt in Deutschland, dass Financial Covenants häufig nur ergänzend abgeschlossen werden und sich auf jene Fälle beschränken, in denen sich die Konkretisierung der Generalklauseln ohne genauere Spezifikation, z.B. wann eine wesentliche Verschlechterung eintritt, schwierig gestaltet.[74] Werden Financial Covenants allerdings abgeschlossen, so bergen sie zugleich das Risiko, dass der Abschluss derart detailreicher Covenants als eine Konkretisierung der generalklauselhaften AGB aufgefasst wird. Dann greifen die Generalklauseln bei unvorhergesehenen Ereignissen nicht mehr, weil die nicht aufgenommenen möglichen Gründe für eine wichtige Kündigung nicht mehr zum Tragen kommen.[75] In der Praxis hat sich darum eingebürgert, die Generalklauseln als solche durch einen expliziten Einbezug in einem separaten Covenant ausdrücklich einzubeziehen, um so die generalklauselartigen Bestimmungen der Banken-AGB zusätzlich abzusichern.[76]

[74] Vgl. LEUZ/DELLER/STUBENRATH (1998), S. 123; KÄSTLE (2003), S. 76 f., Fn. 210.
[75] Vgl. KÄSTLE (2003), S. 121 f.
[76] Vgl. zu den letzten beiden Sätzen WEITNAUER (2005), S. 1447.

II.4.2 Die Eingriffsrechte aktueller Fremdkapitalgeber

Zugleich umfassen die Rechte der Fremdkapitalgeber - wenngleich in weit schwächerem Umfang als bei den Eigenkapitalgebern - abhängig vom eingegangenen Kreditvertrag auch Eingriffsrechte in Form von Corporate Covenants. Mit diesem Begriff werden alle Formen von Covenants bezeichnet, welche Restriktionen für die künftige qualitative Unternehmensführung formulieren.[77] In der Regel sind sie so ausgestaltet, dass mit einer sich sukzessive verschlechternden Situation ohne weiteres Zutun des Fremdkapitalgebers Restriktionen in Bezug auf die Verwendung der Ressourcen durch das Unternehmen in Kraft treten.[78] In der Praxis räumen diese einem Fremdkapitalgeber allerdings weniger ein in jedem Fall durchgesetztes Recht ein; vielmehr stellen sie ihn vor die Entscheidung, ob er die aus Corporate Covenants resultierenden Rechte wahrnehmen will oder nicht.[79] Aufgrund dessen erfolgt eine Darstellung im Rahmen der aktuellen Fremdkapitalgeber.

Corporate Covenants lassen sich in

- Operating,
- Investment,
- Financing und
- Legal Covenants

unterteilen.

(1) Operating Covenants

Operating Covenants formulieren Restriktionen für Entscheidungen des Unternehmens, z.B. durch die Verpflichtung zur Aufrechterhaltung der Unternehmenstätigkeit, zum Unterhalt von Liegenschaften und Maschinen, zur Sicherstellung eines erfahrenen Managements,[80] zu eingeschränktem Wechsel von Schlüsselpersonal oder durch Vorgaben hinsichtlich der Veränderung der Differenz zwischen Umlaufvermögen und kurzfristigen Verbindlichkeiten.[81]

[77] Vgl. WEITNAUER (2005), S. 1444.
[78] Vgl. auch THIEßEN (1996b), S. 21, S. 22.
[79] Vgl. z.B. RUNGE (2010), S. 58, S. 309. Zu beachten ist freilich, dass die Duldung, z.B. durch das Ausstellen einer zeitlich befristeten Verzichtserklärung (sog. waiver), gegebenenfalls zum Verlust des jeweiligen Rechts führt. Dem kann aber durch vorherige Abmahnung entgegengewirkt werden, vgl. KÄSTLE (2003), S. 120.
[80] Vgl. KÄSTLE (2003), S. 53.
[81] Vgl. SMITH/WARNER (1979), S. 129; THIEßEN (1996), S. 145. Z.T. wird hier explizit gefordert, dass außerhalb eines durch einen Wirtschaftsprüfer geprüften Unternehmensplans weder Investitionen noch Betriebsausgaben ohne Zustimmung vorgenommen werden dürfen, vgl. WEITNAUER (2005), S. 1445.

(2) Investment Covenants

Investment Covenants beschränken z.B. den Verkauf sachzielnotwendigen Vermögens, eines substanziellen Teils des Gesamtvermögens oder von Teilbetrieben, verbieten die Weitergabe von Vermögen an Dritte oder verpflichten zur Aufrechterhaltung bestimmter Anlagenparks. Sie können auch Beschränkungen für den Aktienkauf, Investitionen in andere Unternehmen oder Mergers & Acquisitions vorsehen.[82] Möglich sind ferner Beschränkungen hinsichtlich des Abschlusses, der Änderung oder der Kündigung wichtiger Verträge, insbesondere Unternehmensverträge (z.B. Spaltungs-, Verschmelzungs-, Beherrschungs- und Gewinnabführungsvertrag),[83] soweit diese nicht dem gewöhnlichen Geschäftsbetrieb entsprechen.[84]

(3) Financing Covenants

Financing Covenants umfassen zum Ersten Schranken für die Rückzahlung von Gesellschafterdarlehen,[85] Vorauszahlungen an andere Unternehmensbeteiligte, Zinszahlungen an bestimmte Kapitalgeber,[86] Finanzierungsleasing, langfristige Mietverträge und Sale-and-Lease-back.[87]

Zum Zweiten regeln sie die Aufnahme und Besicherung weiterer oder die Ausweitung bestehender Verbindlichkeiten - zumindest soweit diese gegenüber dem eigenen gewährten Kredit vorrangig zu befriedigen wären -[88] oder legen, z.B. in Form einer pari-passu-Klausel, den Rang der Verbindlichkeit des Fremdkapitalgebers im Verhältnis zu anderen existierenden Schulden des Unternehmens fest.[89] Gleichermaßen sind Beschränkungen der Aufnahme weiterer Bankbeziehungen anzutreffen.[90] Möglich sind darüber hinaus Bestimmungen, welche die Übernahme von Garantien, bedingten Verbindlichkeiten oder langfristigen Fixverträgen untersagen.[91]

[82] Vgl. SMITH/WARNER (1979), S. 124-126, S. 129; THIEßEN (1996), S. 145; DUKE/HUNT (1990), S. 47. Ziel derartiger Beschränkungen ist zu vermeiden, dass die Risikostruktur des Unternehmens durch Substitution von Alt- durch riskantere Neuinvestitionen in für den Gläubiger nachteiliger Weise verändert wird, vgl. GABER/KANDEL (2008), S. 10.
[83] Vgl. WEITNAUER (2005), S. 1445.
[84] Vgl. LUTZ (2005), S. 6.
[85] Vgl. WEITNAUER (2005), S. 1445.
[86] Vgl. THIEßEN (1996b), S. 20.
[87] Vgl. SMITH/WARNER (1979), S. 125, S. 138; THIEßEN (1996), S. 145; DUKE/HUNT (1990), S. 47.
[88] Vgl. SMITH/WARNER (1979), S. 136.
[89] Vgl. THIEßEN (1996b), S. 20.
[90] Vgl. LUTZ (2005), S. 6.
[91] Vgl. SMITH/WARNER (1979), S. 137.

Zum Dritten existieren Klauseln, welche eine Regelung zur Sicherheitenverwendung treffen. Einerseits kann es sich um Klauseln handeln, welche ein Recht auf bestimmte Sicherheiten oder eine Gleichstellung in Bezug auf Sicherheit mit anderen Gläubigern einräumen.[92]

Möglich ist aber auch, dass die Vergabe weiterer Sicherheiten bzw. deren Verkauf entweder verboten oder solange an die Zustimmung des Fremdkapitalgebers gebunden wird,[93] bis die Schuld getilgt ist.[94]

Zum Vierten können auch nachteilige Eigentümerwechsel[95] und die Ausgabe von Anteilen an neu eintretende Eigner beschränkt werden.[96]

(4) Legal Covenants

Legal Covenants wiederum verpflichten zur Einhaltung der für das Unternehmen relevanten Gesetze, z.B. zum Umweltschutz, zur Einholung aller notwendigen behördlichen Genehmigungen und Lizenzen sowie zur Zahlung der Steuern, sobald diese fällig sind u.ä.[97] Dadurch kann sich der Gläubiger gegen negative Folgen von Gesetzesverstößen seines Schuldners abzusichern suchen.

Bei den hier aufgezählten vertraglich vorgesehenen Einschränkungen des Handlungsspielraums der Geschäftsleitung, wie sie insbesondere bei Operating und Investment Covenants vorliegen, ist jedoch für Deutschland auf einen limitierten Einsatz in der Praxis hinzuweisen. Der Grund hierfür liegt im Zusammenwirken der Covenants mit gesetzlichen Schranken für die Einflussnahme des Fremdkapitalgebers auf die Unternehmensleitung.

Sobald die durch Covenants formulierten Restriktionen eintreten, muss der Fremdkapitalgeber über seine Zustimmung entscheiden. Erteilt er die Zustimmung, hebt er faktisch die Wirkung des Covenants auf. Erteilt er die Zustimmung beim vorzunehmenden und gegen den

[92] Vgl. auch RUNGE (2010), S. 20.
[93] Vgl. dazu auch GABER/KANDEL (2008), S. 10.
[94] Vgl. SMITH/WARNER (1979), S. 127; THIEßEN (1996b), S. 20.
[95] Dies wäre die sogenannte Owner-Maintenance-Ship-Klausel, vgl. THIEßEN (1996), S. 145.
[96] Vgl. SMITH/WARNER (1979), S. 125, S. 138; THIEßEN (1996), S. 145; DUKE/HUNT (1990), S. 47.
[97] Vgl. KÄSTLE (2003), S. 53, S. 56; RUNGE (2010), S. 27.

fraglichen Covenant verstoßenden Geschäft nicht, so besteht die Gefahr, dass das Geschäft allein durch den Covenant blockiert oder gänzlich unterbunden wird.[98]

Daraus können zum Ersten Haftungsrisiken für den Fremdkapitalgeber aus einer möglicherweise vorliegenden faktischen Geschäftsführung entstehen.[99] Dies kann für den Fremdkapitalgeber zu Haftungsrisiken führen, die letztlich den Haftungsrisiken eines Vorstands entsprechen.[100]

Zum Zweiten setzt die AGB-Kontrolle nach § 307 Abs. 2 Nr. 2 BGB solchen Corporate Covenants eine Schranke, welche dem Fremdkapitalgeber einen Einfluss auf die Geschäftsführung einräumen, zumindest soweit diese Klauseln nicht ausgehandelt wurden, d.h. explizit Gegenstand der Kreditvertragsverhandlungen waren.[101]

Selbst wenn sie ausgehandelt wurden, besteht zum Dritten die Gefahr einer sittenwidrigen Knebelung im Sinne des § 138 BGB, da die unternehmerische Freiheit im Tagesgeschäft nicht beschränkt werden darf.[102] Aus einer Knebelung drohen Haftungsrisiken gemäß § 826 BGB, soweit der Fremdkapitalgeber die Geschäftsleitung wesentlich zu seinem Vorteil und zum Nachteil des Unternehmens und anderer Gläubiger beeinflusst hat.[103]

Deshalb beschränken sich die Entscheidungsalternativen des Fremdkapitalgebers regelmäßig darauf, beim drohenden Bruch von Corporate Covenants

- zusätzliche Kreditsicherheiten einzufordern,
- Kreditvertragskonditionen abzuändern,
- auf die Einschaltung externer Berater zu drängen oder

[98] Vgl. WEITNAUER (2005), S. 1446.
[99] Vgl. KÄSTLE (2003), S. 144-148. Haftungsrisiken aus der übermäßigen Einflussnahme sind auch in den USA unter ähnlichen Umständen nicht unüblich, vgl. SMITH/WARNER (1979), S. 147 f.; FLEISCHER (1998), S. 319 m.w.N.
[100] Vgl. LUTZ (2005), S. 21. Vgl. zu dem Diskussionsstand zu Indikatoren für das Vorliegen einer faktischen Geschäftsführung auch KÄSTLE (2003), S. 146-148.
[101] Vgl. dazu auch KÄSTLE (2003), S. 90-92. Bei ernsthaften Verhandlungen liegen gemäß § 305 Abs. 1 Satz 3 BGB keine AGB vor, vgl. auch RUNGE (2010), S. 76.
[102] Vgl. dazu auch WEITNAUER (2005), S. 1446; KÄSTLE (2003), S. 84, S. 100 f.; deutlich enger ist die Auslegung von RUNGE (2010), S. 137, die davon ausgeht, dass eine Unterlassensforderung z.B. bei Investitionen unproblematisch sei, weil sie kein Initiativrecht beinhaltet, welche den Vorstand in eine bestimmte Richtung beeinflussen würde. Sie sieht Probleme in erster Linie bei Change-of-Control-Klauseln, die den Austausch von wesentlichem Schlüsselpersonal untersagen, vgl. RUNGE (2010), S. 141.
[103] Vgl. WITTIG (1996), S. 1385, S. 1390; FLEISCHER (1998), S. 314; KÄSTLE (2003), S. 143.

- einen Verkauf von nicht betriebsnotwendigem Vermögen zu fordern.[104]

Ein direkt eintretender Einfluss auf die Geschäftsführung durch die Verweigerung der Zustimmung zu den jeweiligen Geschäften wird hingegen regelmäßig aufgrund der Haftungsgefahren unterlassen werden.

II.4.3 Die Schutzrechte aktueller Fremdkapitalgeber

Aufgrund ihrer im Vergleich zu den Eigenkapitalgebern hinsichtlich der Lenkung der Geschicke des Unternehmens schwächeren Stellung besitzen Fremdkapitalgeber abhängig von dem Eintritt wohldefinierter Bedingungen gesetzliche Schutzrechte gegenüber dem Unternehmen. Diese sollen einer Entwertung ihrer finanziellen Rechte vorbeugen, nämlich in der Form, dass

- bei ordentlichen Kapitalherabsetzungen oder solchen durch den Einzug von Aktien Sicherheitsleistungen an diejenigen Fremdkapitalgeber zu leisten sind, welche sich innerhalb von sechs Monaten nach Bekanntmachung der Kapitalherabsetzung melden und keine Befriedigung verlangen können, wobei die Fremdkapitalgeber deutlich machen müssen, dass sie eine Sicherheit und in welcher Höhe sie diese begehren[105] (§225 Abs. 1 AktG sowie § 237 Abs. 2 AktG i.V.m. § 225 Abs. 2 AktG).
- bei der Eingliederung nach § 321 AktG den Gläubigern mit Forderungen, für die sie bei einer Insolvenz nicht bevorzugt Befriedigung verlangen können, aus der Zeit vor der Bekanntmachung der Eingliederung, soweit sie sich binnen sechs Monaten melden, Sicherheit zu leisten ist.
- bei der Verschmelzung nach § 22 UmwG und der Umwandlung nach § 204 i.V.m. § 22 UmwG den Gläubigern mit Forderungen, für die sie bei einer Insolvenz nicht bevorzugt Befriedigung verlangen können, aus der Zeit vor der Bekanntmachung der Verschmelzung/Umwandlung, soweit sie sich binnen sechs Monaten melden und eine Gefährdung der Forderung durch die Verschmelzung oder Umwandlung glaubhaft machen können, Sicherheit zu leisten ist. Im Fall einer internationalen Verschmelzung nach § 122 j UmwG, in der auf eine Gesellschaft ausländischen Rechts verschmolzen wird, gilt dies, soweit die Fremdkapitalgeber binnen zweier Monate ihren Anspruch

---

[104] Vgl. auch THIEßEN (1996b), S. 29.

[105] Vgl. HÜFFER (2008), § 225, Rn. 6.

geltend machen und dabei glaubhaft begründen können, dass die Verschmelzung die Erfüllung ihrer Forderungen gefährdet.

- bei einem Vertragskonzern bei Beendigung des Beherrschungsvertrags mit der Tochter nach § 303 AktG das Recht auf Befriedigung aus gesamtschuldnerischer Haftung auch durch die Konzernmutter besteht, soweit der Fremdkapitalgeber nicht vorzugsweise abgesichert ist und er sich innerhalb von sechs Monaten nach der Bekanntmachung der Beendigung meldet.

Auch diese Rechte können durch Covenants zusätzlich abgesichert werden. Möglich ist beispielsweise, durch Dividend Covenants maximale Ausschüttungen oder Aktienrückkäufe festzulegen oder fremd- und liquidationsfinanzierte Ausschüttungen zu verbieten.[106] In Deutschland ist dies im Gegensatz zum angloamerikanischen Rechtskreis aus zwei Gründen selten. Der erste Grund liegt in den (vorhandenen) gesetzlichen Schutzrechten. Der zweite Grund liegt darin, dass in Deutschland die Hauptversammlung und nicht der Vorstand über die Höhe der Ausschüttung der Dividenden entscheidet, so dass der Vorstand allein die Einhaltung derartiger Covenants gar nicht sicherstellen kann.[107] In der Regel liegen derartige Beschränkungen nur in Ausnahmefällen wie Management Buy-Outs, Projektfinanzierungen und Kreditnehmern mit schlechtem bankinternen oder -externen Kreditrating vor.[108] Begründet sind diese Ausnahmefälle dadurch, dass von einem erhöhten Risiko oder erhöhten Informationsasymmetrien und damit einer hohen Ausbeutungsgefahr auszugehen ist. Liegen solche Beschränkungen vor, so ist bei einem Bruch derartiger Covenants seitens des Fremdkapitalgebers erneut über das weitere Vorgehen zu entscheiden.

II.4.4 Die Klagerechte aktueller Fremdkapitalgeber

Gesetzlich stehen Fremdkapitalgebern wohldefinierte Klagerechte zu, soweit ihnen durch das Unternehmen Schäden entstanden sind. Dies sind die Rechte darauf,

- Schadensersatz wegen gröblicher Verletzung der Sorgfaltspflicht gemäß § 93 Abs. 5 AktG für die Gesellschaft gegen den Vorstand der Aktiengesellschaft sowie Schadensersatz wegen gröblicher Verletzung der Sorgfaltspflicht gemäß § 116 AktG für die Gesellschaft gegen den Aufsichtsrat der Aktiengesellschaft geltend zu machen. Voraussetzung ist nach § 93 Abs. 5 (im zweiten Fall i.V.m. § 116 AktG), dass der Fremd-

[106] Vgl. SMITH/WARNER (1979), S. 124, S. 131-132.
[107] Vgl. dazu näher KÄSTLE (2003), S. 103-106.
[108] Vgl. zu den letzten beiden Sätzen auch die Befragung von LEUZ/DELLER/STUBENRATH (1998), S. 122.

kapitalgeber eine fällige und unbefriedigte geldwerte Forderung gegen die Gesellschaft hat.[109]

- einen Ersatzanspruch der Gesellschaft gegenüber Vorstand, Aufsichtsrat und Dritten gemäß § 117 Abs. 5 AktG geltend zu machen, soweit die Fremdkapitalgeber von der Gesellschaft keine Befriedigung erlangen können und die genannten Personenkreise zum Schaden der Gesellschaft oder ihrer Aktionäre handelten.
- auf Antrag bei Gericht einen besonderen Vertreter zu bestellen, welcher für bei einer Verschmelzung entstandene Schäden gegen Vertretungsorgan und Aufsichtsorgan der übertragenden Rechtsträger gemäß § 26 Abs. 1 Satz 2,3 i.V.m. § 25 Abs. 1 UmwG Schadensersatz geltend macht. Voraussetzung ist, dass von dem übernehmenden Rechtsträger bei der Verschmelzung keine Befriedigung erlangt werden kann. Gleiches gilt bei Formwechseln gemäß §§ 206 Satz 2 i.V.m. 205 Abs. 1 UmwG.
- einen Ersatzanspruch nach § 309 Abs. 4 Satz 3 AktG geltend zu machen, der durch Zahlung an den Fremdkapitalgeber zu begleichen ist, soweit die gesetzlichen Vertreter des herrschenden Unternehmens im Vertragskonzern ihrer Sorgfaltspflicht nicht nachkamen und der Fremdkapitalgeber von der Tochter keine Befriedigung erhält.[110]
- einen direkten Fremdkapitalgeberzugriff auf die Regressforderungen der Gesellschaft gegen Vorstands- und Aufsichtsratsmitglieder aus der Verletzung ihrer Pflichten beim Beherrschungsvertrag nach § 310 Abs. 1 AktG bzw. ihrer Pflichten zur Angabe von nicht ausgeglichenen nachteiligen Rechtsgeschäften zwischen Mutter und Tochter im faktischen Konzern nach § 318 Abs. 2 AktG gemäß § 310 Abs. 4 bzw. § 318 Abs. 4 AktG vorzunehmen.[111]
- Strafanzeige gemäß § 158 StPO zu erstatten, um eine strafrechtliche Sanktionierung von Eigentümern und Managern im Interesse des Fremdkapitalgebers zu bewirken, soweit nach § 283c StGB andere Gläubiger begünstigt wurden oder der Fremdkapitalgeber nach § 265b StGB über die tatsächlichen Verhältnisse des Unternehmens getäuscht wurde, d.h. Kreditbetrug vorliegt.[112]

[109] Vgl. auch POTTHOFF/TRESCHER/THEISSEN (2003), Tz. 2220, S. 532.
[110] Vgl. HÜFFER (2008), § 309, Rn. 23.
[111] Vgl. POTTHOFF/TRESCHER/THEISSEN (2003), Tz. 2223, S. 533.
[112] Vgl. KROLAK/MORZFELD/REMMEN (2009), S. 1418.

II.4.5 Die Informationsrechte aktueller Fremdkapitalgeber

In unterschiedlichem Umfang umfassen Kreditverträge Klauseln, welche bestimmen, dass das Unternehmen über die gesetzliche Pflichtpublizität hinausgehende Informationen für den Fremdkapitalgeber bereitzustellen hat. Dadurch kann der Fremdkapitalgeber z.B. entscheiden über die Auswertung

- von BWA's, Finanzplänen, Businessplänen, Investitionsplänen, Planbilanzen, internen Prognosen und internen Geschäftsentscheidungen. [113]
- von Informationen über die Entwicklung des Werts von Sicherheiten, z.B. durch Forderungslisten bei Globalzessionen oder in Form von Übersichten über das inländische Grundvermögen unter Angabe von Verkehrswerten und Belastungen.[114]
- von Informationen über die Entwicklung von Kreditlinien und Sicherheitenvereinbarungen bei anderen Fremdkapitalgebern.
- von Informationen aus regelmäßigen Gesprächen zwischen Kreditbetreuer und Unternehmensleitung.
- weitergehender Informationen aus faktischen Machtpositionen heraus, wobei diese allerdings durch § 117 Abs. 1 Satz 1 AktG begrenzt sind.

Auch diese Informationsmöglichkeiten haben eine Erweiterung in Form von Information Covenants erfahren, z.B. in Form von Inspektionsrechten der Fremdkapitalgeber im Unternehmen.[115]

II.4.6 Die Entscheidungsmöglichkeiten potentieller Fremdkapitalgeber

Potentielle Fremdkapitalgeber treffen Entscheidungen über die Konditionen des Kreditvertrags in Bezug auf Laufzeit, fixe oder variable Verzinsung, Tilgungsbedingungen, Sicherheiten und Nebenabreden/Covenants,[116] mit Hilfe derer sie ihre zukünftige Stellung als Inhaber von Fremdkapitalgeberrechten ausgestalten können. Ihre Verhandlungsposition hängt hierbei an der Abhängigkeit des Unternehmens von dem fraglichen Kredit, über welche sie jedoch zunächst (vor Beginn der Verhandlungen) wenig oder keine Informationen besitzen.[117]

---

[113] Vgl. bereits KELLERHOF (1983), S. 306 sowie m.w.N. auch KÄSTLE (2003), S. 54.
[114] Vgl. auch KÄSTLE (2003), S. 54 m.w.N.
[115] Vgl. dazu z.B. RUNGE (2010), S. 138.
[116] Vgl. KLEMPT (2004), S. 32; SCHILDBACH (1975), S. 250.
[117] Vgl. KLEMPT (2004), S. 32.

Inwieweit sie faktisch weitergehende Informationsmöglichkeiten erhalten, hängt vom Interesse des Unternehmens am Kredit ab.[118]

Gesetzlich haben die Fremdkapitalgeber dabei zu berücksichtigen, dass ihre Interessen nach Abschluss des Kreditvertrags in Bezug auf zukünftige Entwicklungen lediglich in Form von Schutzrechten gewahrt werden, d.h. vor allem

- durch die gesetzliche Rücklage nach § 150 AktG.
- durch eine Gewinnausschüttungssperre bei vereinfachten Kapitalherabsetzungen nach § 233 Abs. 1 AktG, die solange greift, bis die gesetzliche Rücklage 10% des Grundkapitals überschreitet. Zudem ist eine Dividende von mehr als 4% des Gewinns in den zwei auf die Herabsetzung folgenden Geschäftsjahren verboten.
- bei Aktienrückkäufen im Sinne von § 71 AktG durch eine ausschüttungsgesperrte Rücklage, die gemäß § 272 Abs. 4 HGB gebildet werden muss. Dadurch wird der Rückkauf aus freien Finanzmitteln gesichert, d.h. Mitteln, die auch sonst an die Aktionäre ausgeschüttet werden könnten.
- durch das Recht der Fremdkapitalgeber auf gesamtschuldnerische Haftung auch der Hauptgesellschaft nach einer Eingliederung einer anderen Gesellschaft für diejenigen Verbindlichkeiten, welche vor der Eingliederung bei der anderen Gesellschaft begründet wurden (§ 322 AktG). Gleiches gilt bei der Spaltung gemäß § 133 UmwG und der Verschmelzung, bei der die Verbindlichkeiten automatisch auf den neuen Rechtsträger nach § 20 Abs. 1 Nr. 1 UmwG übergehen.
- durch die Verpflichtung zu einem Nachteilsausgleich der Konzernmutter gegenüber der Konzerntochterbei einem faktischen Konzern gemäß § 311 AktG.

Hinzu kommt die Entscheidung über die Vereinbarung der oben genannten, für eine spätere Auswertungsentscheidung zur Verfügung zu stellenden Informationen, wie auch gezielter Pflichten des Unternehmens zur Frühwarnung. Das geschieht beispielsweise, indem der Kreditnehmer verpflichtet wird, im Rahmen eines Material Adverse Change anzugeben, wenn sich die wirtschaftliche und/oder finanzielle Situation stark verschlechtert[119] oder indem eine Angabe zu allen Fällen von Zahlungsverzug des Unternehmens nach Art und aktuellem Stand

[118] Vgl. VOLK (1987), S. 726.
[119] Vgl. THIEßEN (1996), S. 145; KÄSTLE (2003), S. 54.

bzw. eine Negativerklärung gefordert wird, die durch eine schriftliche Bestätigung des Managements abgesichert wird.[120]

Eine Zwitterstellung nehmen aktuelle Fremdkapitalgeber ein, welche auf Basis der bisherigen Informationen über eine Reduktion, Prolongation oder Ausweitung von Krediten entscheiden. Diese Zwitterstellung trifft für die meisten Hausbanken zu, deren Beziehung zu dem Unternehmen von dem Nebeneinander neuer und alter Geschäfte geprägt ist.

II.5 Die Ausgangsbedingungen und grundsätzliche Wertungen der Kapitalgeber

Selbst wenn die Rechte in der beschriebenen Weise fixiert sind, werden die Kapitalgeber allerdings weiterhin keine Gruppe mit homogenen Fragestellungen bilden. Vielmehr verbleiben faktische Ausgangsbedingungen und grundsätzliche Wertungen der Kapitalgeber wie auch die von ihnen wahrgenommene Unternehmenslage dafür verantwortlich, dass die beschriebenen Rechte und Möglichkeiten nicht in gleicher Weise wahrgenommen werden. Zu untersuchen ist darum, welche Einflüsse von diesen unterschiedlichen Ausgangsbedingungen und Wertungen auf die Wahrnehmung der dargestellten Handlungsalternativen ausgehen.

II.5.1 Die Ausgangsbedingungen und Wertungen der Eigenkapitalgeber

Verantwortlich für Unterschiede bei den Eigenkapitalgebern sind einerseits unterschiedliche Ausgangsbedingungen in Bezug auf die Möglichkeiten, durch die Ausübung von Rechten etwas zu bewirken. Andererseits sind der unterschiedliche Arbeitseinsatz und Zeithorizont hierfür verantwortlich.[121] So lässt sich in polarer Typisierung nach der Höhe der Beteiligung und den damit i.d.R. einhergehenden Einflussmöglichkeiten auf der Hauptversammlung zwischen Groß- und Kleinaktionär, nach dem intendierten Arbeitseinsatz zwischen Rentenbezieher und professionellem Finanzaktionär und nach dem Zeithorizont zwischen dem kurzfristig orientierten Spekulanten und dem langfristig orientierten Investor unterscheiden.[122]

Für den Großaktionär ist festzustellen, dass ein vollständiger Verkauf seiner Anteilsrechte nur unter großen Schwierigkeiten realisiert werden kann. Der Kleinaktionär vermag seine Anteile

[120] Vgl. SMITH/WARNER (1979), S. 125, S. 145.
[121] Auch diese Typisierungen sind nicht unproblematisch. Vgl. zu Problemen z.B. HABERSACK (2005), S. 140.
[122] Vgl. auch POTTHOFF/TRESCHER/THEISSEN (2003), Tz. 130, S. 34.

problemlos zu veräußern.[123] Zwar steht auch dem Großaktionär die Alternative des Verkaufs offen, doch wird er über längere Zeiträume diese Alternative allein wegen der entstehenden Transaktionskosten, z.B. bei der Suche nach einem Käufer, oder aufgrund fehlender Nachfrage nicht in Betracht ziehen.

Das umgekehrte Bild zeichnet sich ab, wenn nicht die finanziellen Wiederverkaufsrechte, sondern die Eingriffsrechte ins Blickfeld rücken. Um Eingriffsrechte wirksam ausüben zu können, muss bereits ein höherer Anteil an der Aktiengesellschaft gehalten werden, da sonst kaum eine Einflussnahme zur Erzielung der notwendigen Mehrheiten bei den jeweiligen Abstimmungen denkbar ist.[124] Hier wiederum ist für den Kleinaktionär zu konstatieren, dass Eingriffsrechte kaum eine Rolle spielen.[125] Damit steht die Wirksamkeit von Eingriffsrechten wie der Erwerb faktischer Machtpositionen in einem Spannungsverhältnis zur Wahrnehmbarkeit von Wiederverkaufsrechten. Eigenkapitalgeber müssen also zu einem gewissen Grad zwischen dem Recht auf Wiederverkauf und dem Recht auf Eingriff wählen.[126] Insofern wird sich bei einem Kleinaktionär (Großaktionär) der Unwille über das Handeln der Verwaltung weniger (mehr) in der Wahrnehmung der Eingriffsrechte und mehr (weniger) im Verkauf des Anteils, ggf. nach vorheriger Kritik in der Hauptversammlung, widerspiegeln.[127] Zugleich gilt auch, dass im Fall einer Strukturveränderungsmaßnahme, z.B. einer Verschmelzung oder Spaltung, nur für den Großaktionär ein möglicher Einflussverlust droht, dem er kritisch gegenüberstehen könnte, nicht aber für den Kleinaktionär.[128]

---

[123] Vgl. EGNER (1974), S. 32; Konsequenz ist jedoch für den Kleinaktionär nicht, dass Gewinnausschüttungen irrelevant werden, weil sie auch durch die Veräußerung von Anteilen realisiert werden könnten, so z.B. WAGNER (1982), S. 751; dies gälte nur, soweit vernachlässigt werden kann, dass ausgeschüttete Gewinne in den Herrschaftsbereich der Anteilseigner zurückkehren und damit deren Investitionsmöglichkeiten relevant werden, während sie ohne Ausschüttung im Herrschaftsbereich der Unternehmensleitung bleiben, die diese nach ihrem Wissen über Investitionsalternativen einsetzen wird. Vernachlässigt werden könnte das z.B., wenn Unternehmensleitung und Anteilseigner über dieselben Investitionsalternativen verfügen oder ein identisch informierter Anlegerkreis, der zudem die jeweiligen Informationen auch noch identisch bewertet, jederzeit bereit wäre, jegliche Ausschüttung ohne Transaktionskosten sofort durch eine kostenlose Kapitalerhöhung zu ersetzen. Beides sind zwar häufig implizit getroffene, aber darum nicht weniger unrealistische Annahmen.

[124] Die Einflussmöglichkeiten können dabei nicht allgemeingültig festgelegt werden, da sie u.a. von der ansonsten vorhandenen Eignerstruktur abhängen, z.B. davon, ob weitgehend free float gegeben ist oder aber weitere Großaktionäre existieren. Ein möglicher Anhaltspunkt liegt z.B. in der Sperrminorität nach § 179 Abs. 1 AktG, vgl. auch VOLK (1987), S. 723.

[125] Vgl. auch HOMMELHOFF (1983), S. 243 f.

[126] Ein Ausweg bietet der Anschluss und die Übergabe des Stimmrechts an eine Aktionärsvereinigung, die dann ihre Mitglieder in den Hauptversammlungen vertritt, vgl. dazu auch SCHREIB (1983), S. 317. Gleiches gilt für institutionelle Investoren, welche die Interessen von Kleinaktionären zusammenfassen und dadurch häufig letztlich wie Großaktionäre agieren können.

[127] Vgl. SCHREIB (1983), S. 321.

[128] Vgl. hierzu auch EGGERT (2007), S. 68 f.

Auch hinsichtlich der Bereitschaft, Zeit in die Analyse bestimmter Fragestellungen zu investieren, werden sich Großaktionär und Kleinaktionär regelmäßig unterscheiden. Zu erwarten ist, dass der Kleinaktionär meist wenig Zeit in die Beantwortung von Fragestellungen zur optimalen Ausübung der Eingriffsrechte investieren wird, da seine Ausübung regelmäßig wirkungslos bleiben wird. Hinsichtlich der Ausübung der finanziellen Rechte kann hier anderes gelten, steigt doch mit einer relativen oder absolut in Bezug auf das eigene Vermögen sich erhöhenden Kapitalbeteiligung das Informationsinteresse des Eigenkapitalgebers unabhängig von seiner Beteiligungshöhe an.[129] Allerdings wird auch hier, wenn ein Verkauf ansteht, seitens der Großaktionäre regelmäßig mehr Zeit investiert werden, da bei einem Wechsel der Anteile zwischen Großaktionären beide Seiten aufgrund ihres faktischen Einflusspotentials befürchten müssen, dass sie durch den Einfluss der jeweilig anderen Seite auf die Unternehmensleitung übervorteilt werden könnten[130] - eine Überlegung, die bei einem Anteilstausch zwischen Kleinaktionären bzw. kleineren Aktienpaketen mangels Einflusspotential auf die Unternehmensleitung kaum eine Rolle spielen wird.

Der kurzfristig orientierte Spekulant und der langfristige orientierte Investor unterscheiden sich wiederum im Zeithorizont, auf den bezogen sie beurteilen, wie sie ihre Entscheidungsrechte ausüben wollen. Der zeitliche Rahmen legt fest, welche Informationsbedürfnisse für die Kapitalgeber im Vordergrund stehen.[131] Der kurzfristig orientierte Spekulant hat ein Interesse an präziser Kenntnis der kurzfristigen Unternehmensentwicklung.[132] Er wird sich darum auf Gewinnausschüttungen und alle Fakten konzentrieren, die kurzfristig in der Lage sind, den Wert der Anteile zu beeinflussen,[133] z.B. auf mögliche Ankündigungen von Strategiewechseln, Massenentlassungen, Vorstandswechsel, technologisch vielversprechende Entwicklungen etc.

Der langfristig orientierte Investor hat demgegenüber ein Interesse an den langfristigen Zukunftsaussichten des Unternehmens sowie geplanten Maßnahmen zur Sicherung des Unternehmenserfolgs.[134] Ihn wird darum die eher unabhängig von kurzfristigen Reaktionen zu erwartende Nachhaltigkeit der unternehmerischen Entscheidungen interessieren.

[129] Vgl. HARTUNG (2002), S. 14.
[130] Vgl. auch STOBBE (1988), S. 304.
[131] Vgl. HARTMANN (2006), S. 19.
[132] Vgl. V. GAMM (1998), S. 277; PEIFFER (1974), S. 164.
[133] Vgl. CLEMM (1987), S. 97; CLEMM/REITTINGER (1980), S. 499; PEIFFER (1974), S. 164.
[134] Vgl. PEIFFER (1974), S. 164; CLEMM/REITTINGER (1980), S. 499.

Vielfach mögen sich kurzfristige und langfristige Eigenkapitalgeber in der Ausübung ihrer Rechte kaum unterscheiden, soweit die kurzfristigen als besonders gewinnträchtig angesehen Handlungen auch langfristig unproblematisch sind.

Unterschiede ergeben sich allein, wenn sich der kurzfristig interessierte Eigenkapitalgeber für den schnellen Gewinn auch dann interessiert, wenn er hoffen kann, dass unerkanntermaßen nicht er, sondern sein Rechtsnachfolger die langfristig zu erwartenden Scherben des Treibens ernten wird, d.h. sich aufgrund von Informationsasymmetrien oder auf Basis psychologischer Phänomene Momentumstrategien realisieren lassen. Diese führen zu einer anderen Ausübung von finanziellen Entscheidungsrechten und, z.B. im Fall von Private Equity Investoren, auch von Eingriffsrechten. Allerdings hat auch hier der langfristig interessierte Eigenkapitalgeber zumindest ein Interesse daran, nicht Opfer derartiger Strategien zu werden.

Rentenbezieher und Finanzaktionär wiederum unterscheiden sich in der Kontinuität der Beobachtung der Investition. Während ersterer sich einmal intensiv informiert, dann anlegt und die Aktien weitgehend unbeobachtet über Jahre oder Jahrzehnte liegen lässt, beobachtet Letzterer seine Investition kontinuierlich und intensiv. Die Folge ist, dass der Rentenbezieher eine Ausübung seiner Rechte selten, der Finanzaktionär hingegen kontinuierlich in Erwägung zieht.

Grundsätzlich prägen die genannten unterschiedlichen Typen von Eigenkapitalgebern die im Einzelfall nachgefragten und benötigten Informationen und die Richtung einer Analyse wie die Analyseintensität erheblich. Die Folge davon ist, dass deutlich unterschiedliche Informationsstände in Bezug auf die Ausübung der Handlungsalternativen angestrebt werden. Ein Analyseinstrument muss dem Rechnung tragen, indem die Richtung, der Zeithorizont und die Stabilität der eigenen Analyseentscheidungen variiert werden können.[135]

---

[135] Neben den Implikationen für Analysefragestellungen stellt die Existenz dieser unterschiedlichen Typen eine mögliche Informationseffizienz der Märkte deutlich infrage. Diese ist aufgrund der wechselseitigen Polarität der Aktionärstypen und der nicht eindeutigen Vorteilhaftigkeit eines Aktionärstyps über den anderen als undefinierbar einzustufen, da auch ein Arbitrageur nicht genau sagen könnte, an welchen unterschiedlichen Anlegertypen er seinen Informationsstand anknüpfen sollte, um Arbitrage zu betreiben, weil ein Anlegerkreis besser informiert sei und der andere schlechter. Tatsächlich sind alle Anleger für ihre Zwecke ggf. richtig, aber vor allem in nicht vergleichbarer Weise informiert – andere Zwecke aber benötigen zu ihrer Verfolgung andere Informationen und rufen darum auch unterschiedliche Wertschätzungen für gleiche Anlagealternativen hervor. Unberührt davon bleiben Differenzarbitragen zwischen den einzelnen Anlegertypen und ihren sich wechselseitig nur überschneidenden Informationsständen; freilich fußt eine solche Arbitrage auf Intransparenz und ist insofern bei zeitlich versetztem Kauf und Verkauf immer riskant, weil sie davon ausgehen muss, dass die

II.5.2 Die Ausgangsbedingungen und Wertungen der Fremdkapitalgeber

Auch Fremdkapitalgeber bilden in Bezug auf ihre faktischen Ausgangsbedingungen und Wertungen keine homogene Gruppe. So sind die Informationsbedürfnisse stark von der Gestaltung der Kreditvergabe abhängig. Auch hier lässt sich typisierend unterscheiden, vor allem zwischen Groß- und Kleingläubigern, besicherten und unbesicherten Gläubigern sowie langfristig und kurzfristig engagierten Gläubigern.

Gerade wegen des dispositiven Rechts müssen Fremdkapitalgeber zwischen den Vorteilen zusätzlicher Informationen einerseits und den dadurch verursachten Kosten nicht nur bei ihnen, sondern auch beim Kreditnehmer andererseits abwägen.[136] Großgläubiger werden darum häufig im Rahmen von Kreditfähigkeits- und -würdigkeitsprüfungen umfangreiche Informationen nachfragen.[137] Kleingläubiger hingegen werden sich nur oberflächlich informieren können, da eine Kreditvergabe sonst für beide Seiten nicht mehr lohnt. Soweit sich Kleingläubiger im Verhandlungsprozess durchsetzen können, werden sie sich darum eher durch Cross-Default-Klauseln abzusichern suchen, um eine Ausbeutung durch besser informierte Großgläubiger zu vermeiden.

Ebenso gilt, dass nur bei Fremdkapitalgebern ohne (im Wert relativ stabile und von der Branchensituation unabhängige) Kreditsicherheiten die allgemeine wirtschaftliche Lage des Unternehmens von hoher Bedeutung ist.[138] Gut besicherte Fremdkapitalgeber hingegen werden zunächst an Informationen über die Existenz und die Wertentwicklung der Sicherheiten interessiert sein und darüber hinausgehende Informationen weit gröber abfragen.[139]

Informationsstände stabil und unterschiedlich bleiben. Diese Konstanz muss überdies auch für die jeweiligen subjektiv unterschiedlich ausfallenden und nur den Anlegern selbst bekannten jeweiligen Zielsetzungen und alternativen Investitionsmöglichkeiten gelten. Überraschend ist immer wieder, wenn zuerst betont wird, der Wert von Information hänge von den subjektiver Zielsetzung und Entscheidungsfeldern des jeweiligen Individuums ab, um dann jedoch über den Wettbewerbsgedanken schnell dazu überzugehen, dass „der" Wert der Information (der sich dann unter der Hand in einen von subjektiver Zielsetzung und subjektivem Entscheidungsfeld unabhängigen absoluten Wert verwandelt hat) von dem einen Individuum schneller in den Markt gebracht werde als von dem anderen, so dass in der Folge beide Individuen gänzlich unindividuell darum konkurrieren, ob sie den jetzt objektivierten Informationswert am Markt zuerst realisieren können, so z.B. WAGNER (1982), S. 760-761. Dies ist zwar eine Vereinfachung, um die Wirkung von Wettbewerb um eindeutige Informationen logisch eindeutig und isoliert zu bezeichnen, aber, wie u.a. der Teil B der Arbeit deutlich werden lässt, keine Realitätsbeschreibung.

[136] Vgl. WITTIG (1996), S. 1384.

[137] Vgl. STOBBE (1988), S. 304.

[138] Vgl. JONAS (1983), S. 111; STOBBE (1988), S. 304.

[139] Vgl. zu den Wirkungen von Kreditsicherheiten auch RUDOLPH (1984), S. 25-43.

Auch variieren die Informationsinteressen der Fremdkapitalgeber abhängig davon, über welchen Zeitraum ihre Kredite laufen.[140] Während kurzfristig Kredit vergebende Fremdkapitalgeber an Informationen über langfristige strategische Entscheidungen keinen Bedarf haben, da das Fremdkapital zu diesem Zeitpunkt wieder getilgt sein wird, ist dies bei langfristig Kredit vergebenden Fremdkapitalgebern anders. Diese müssen gerade darauf achten, dass das Unternehmen nicht für kurzfristige Vorteile seine langfristige Stabilität auf das Spiel setzt.

Auch hier prägen folglich die genannten unterschiedlichen Typen an Fremdkapitalgebern die nachgefragten und benötigten Informationen erheblich. Darum ist es ebenfalls notwendig, eine Analysemethodik in Bezug auf Richtung, Intensität und Zeithorizont variabel auszugestalten.

II.5.3 Die Ausgangsbedingungen und Wertungen abhängig von der Lage des Unternehmens

In der Regel ist der Informationsbedarf gerade in Bezug auf Eingriffsrechte, Schutzrechte speziell der Fremdkapitalgeber und zumeist auch auf Klagerechte von der wirtschaftlichen Lage des Unternehmens abhängig. Solange es dem Unternehmen - relativ betrachtet zu anderen Unternehmen - gut geht und auch eine andersartige zukünftige Entwicklung nicht erkennbar ist, besteht für die Eigen- wie Fremdkapitalgeber weder Bedarf zum Eingriff noch ein solcher, Klagerechte geltend zu machen. Geht es dem Unternehmen hingegen schlecht, so werden die Eingriffsrechte genutzt, um die Verfügungsgewalt zu übernehmen – zunächst von der Hauptversammlung, dann von den Fremdkapitalgebern.[141] Zugleich werden dann möglicherweise auch Klagerechte ausgeübt, um gegebenenfalls - den Ursachen der Unternehmensentwicklung nachspürend - die Verantwortlichen zu identifizieren und für ihre potentiellen vergangenen Fehlhandlungen zur Rechenschaft zu ziehen.

[140] Vgl. KELLERHOF (1983), S. 299.
[141] Vgl. JONAS (1983), S. 106.

II.6 Die Zielsetzungen der Kapitalgeber

II.6.1 Einschränkung auf eigene finanzielle Zielsetzungen

Um Informationen zu ermitteln, die Hinweise geben können, wie die umrissenen Entscheidungsrechte von Kapitalgebern auszuüben sind, ist festzulegen, an welchen Maßstäben die Konsequenzen der Ausübung einzelner Handlungsalternativen gemessen werden sollen. Dazu ist es zweckmäßig, die Zielsetzungen der Kapitalgeber einzugrenzen und ihre Ausgestaltung zu untersuchen.

Eingeschränkt werden die Zielsetzungen zunächst durch zwei Prämissen. So wird einerseits angenommen, Kapitalgebern sei gemeinsam, dass sie letztlich allein ihren eigenen finanziellen Nutzen verfolgen, und andererseits vorausgesetzt - soweit die Kapitalgeber Finanzintermediäre darstellen - dass die Finanzintermediäre allein nach dem finanziellen Nutzen ihrer Auftraggeber trachten.

Beide Annahmen sind nicht unproblematisch. Die erste Annahme soll weder darüber hinwegtäuschen, dass es andere qualitative Zielsetzungen gibt, noch, dass diese zu vernachlässigen wären. Die zweite sollte wiederum nicht verdecken, dass Finanzintermediäre nicht unbedingt darauf aus sind, allein den finanziellen Nutzen ihrer Auftraggeber zu maximieren.

Begründet ist die erste Annahme vor allem dadurch, dass eine Beschränkung auf finanzielle Ziele eine Komplexitätsreduktion auf nur wenige materielle Fragestellungen ermöglicht,[142] welche bei Einbezug weiterer qualitativer Zielsetzungen nicht erreicht werden könnte. Das wird deutlich, wenn die möglichen Wertungen unterschiedlicher Milieus einer pluralistischen Gesellschaft z.B. darüber in Betracht gezogen werden, ob und wie ein Unternehmen Umweltschutz, gesellschaftliches oder kulturelles Engagement usw. betreiben sollte. Gerechtfertigt werden kann diese Beschränkung ferner dadurch, dass auch nichtfinanzielle Ziele in der Regel finanziell abgebildet und damit gegen die im Folgenden angestellten Überlegungen zur finanziellen Zielverfolgung individuell abgewogen werden können.[143]

[142] Vgl. zur Auffassung von Zielsetzungen als einer Komplexitätsreduktion auch BRETZKE (1978), S. 108. Formal wird dies deutlich bei WILHELM (1975), S. 5 f.

[143] Zu möglichen weiteren nichtfinanziellen Interessen basierend auf ethisch-religiösen Motiven, Macht, Prestige und intrinsischer Motivation, vgl. z.B. EGNER (1974), S. 29 f.

Die zweite Annahme lässt sich durch drei Argumente rechtfertigen. Zum Ersten sind nicht immer Finanzintermediäre, sondern häufig auch originäre Kapitalgeber tätig; immer aber stehen hinter Finanzintermediären letztlich originäre Kapitalgeber. Zum Zweiten können die Zielsetzungen der Finanzintermediäre tatsächlich mit den hier dargestellten Zielsetzungen übereinstimmen. Zum Dritten aber muss zunächst definiert werden, wie sich die Zielsetzungen von Kapitalgebern auf Analysehandlungen auswirken, bevor Überlegungen zu einer adäquaten Delegation möglich werden. Erst wenn dieser „Eichstrich" existiert, kann eine Aussage darüber getroffen werden, wann überhaupt die Interessen der Kapitalgeber durch Finanzintermediäre verfolgt und wann sie verfehlt werden.[144]

II.6.2 Eine Reformulierung finanzieller Zielsetzungen für Konsumpläne

Trotz der beiden einschränkenden Prämissen bleibt eine Verfolgung finanzieller Zielsetzungen noch ausgesprochen komplex.

Darum wird die Darstellung in drei Abschnitte eingeteilt. Zunächst wird in Abgrenzung zur Literatur erläutert, warum schon die Formulierung finanzieller Zielsetzungen bereits an umfangreiche Informationsvoraussetzungen gebunden ist. Dann wird geklärt, welche Schlussfolgerungen sich aus den Informationsvoraussetzungen ergeben, bevor in einem dritten Schritt auf die aus den Zielformulierungen ableitbaren Informationsanforderungen eingegangen wird.

(1) Die Abhängigkeit der Zielformulierung vom Informationsstand

In der Literatur ist eine Verfolgung finanzieller Ziele regelmäßig durch den Verweis auf die optimale Realisierung von Konsumzahlungen, d.h. den Abgleich alternativer Konsumzahlungsstrompläne unter Zugrundelegung von persönlichen Nutzenüberlegungen konkretisiert worden.[145] Zu vergleichen wären zu diesem Zweck alternativ realisierbare

[144] Ebenso lässt sich auch erst dann zielgerichtet hinterfragen, ob eventuelle Abweichungen in der Zielerreichung auf das Umfeld, auf die Unfähigkeit der Finanzintermediäre oder auf die Interessen der Finanzintermediäre zurückzuführen sind.

[145] Vgl. z.B. für viele KRUSCHWITZ (1995), S. 15, S. 36.

Konsumpläne nach Höhe, zeitlicher Struktur und Zukunftslagenabhängigkeit[146] der Konsumzahlungen.[147]

Genau genommen impliziert eine solche Vorgehensweise, dass ein Individuum für den gesamten Zeitraum seines möglicherweise verbleibenden Lebens die Menge aller alternativen zukünftigen Konsumzahlungsstrompläne bzw. aller möglichen Einflüsse erst in der Zukunft zugänglicher Zusatzinformationen auf diese Pläne formulieren kann, wobei jeder Konsumpfad eines Konsumplans die Form eines Vektors $KP = (C_0, C_1, ... C_{T-1}, V_T)$ aufweist. Hierbei steht C_j für die eingetretenen, konsumplan-, zukunftslagen- und pfadabhängigen Konsumauszahlungen im Zeitpunkt j $(j = 0...T-1)$ und V_T für die Vererbung der konsumplan-, zukunftslagen- und pfadabhängigen, nicht konsumierten finanziellen Vermögensgüter am Lebensende T.[148] Da das Lebensende T ebenfalls zum Vergleichszeitpunkt unsicher ist, bedarf es hierbei einer Planung für alle alternativ denkbaren Lebensdauern.

Diese Informationsvoraussetzungen erweisen sich als notwendig, weil mit Hilfe eines Vergleichs alternativer Konsumpläne Optimierungsentscheidungen gefällt werden sollen,

- zwischen einem beliebigen Konsumplan, welcher eine Konsumauszahlung zu einem dieser Zeitpunkte bzw. Zukunftslagen vornimmt,
- mit einem beliebigen anderen Konsumplan, welcher eine zur fraglichen Konsumauszahlung alternative Konsumauszahlung zu einem anderen Zeitpunkt bzw. in einer anderen Zukunftslage mit Hilfe einer entsprechenden Ausübung der Kapitalgeberrechte vornimmt.

Solche Entscheidungen sind nur bei Kenntnis aller Interdependenzen zwischen heutigen und zukünftigen Entscheidungen über mögliche Konsumzahlungsströme zu unterschiedlichen Zeitpunkten und unter Berücksichtigung aller alternativen Entwicklungen der Zukunft eindeutig und abschließend zu beurteilen, da sich sonst jede vorläufige Entscheidung im

[146] Definitorisch wird in der Arbeit der durch Dieter Schneider geprägte Begriff der Zukunftslage dem in der Literatur gebräuchlicheren Begriff des Umweltzustands vorgezogen. Letzterer konnotiert nicht nur ökologische Überlegungen, die den betriebswirtschaftlich nicht vorbelasteten Leser leicht in die Irre führen, sondern verschleiert darüber hinaus, dass es sich um die Zukunft, nicht die Gegenwart handelt.
[147] Vgl. z.B. MOXTER (1982), S. 5-8; in neuerer Zeit z.B. auch NIETERT (2005), S. 545; WILHELM (2005), S. 635.
[148] Vgl. auch z.B. RUBINSTEIN (1976), S. 411.

Lichte der jeweils vernachlässigten Informationen, beispielsweise aufgrund eines zu kurz oder zu lang gewählten Planungshorizontes, als suboptimal erweisen kann.[149]

Man wird in der Realität eine auf solchen Konsumplanvergleichen basierende Verfolgung finanzieller Interessen bei keinem Individuum beobachten können. Verantwortlich dafür sind vor allem zwei Informationsdefizite. Das erste gerät aufgrund einer unzulässigen Wissensverkürzung nicht ins Blickfeld. Das zweite hingegen wird aufgrund einer unzulässigen Wissenserweiterung unterschlagen.

Eine unzulässige Wissensverkürzung liegt darin, dass allein auf die Konsum*zahlungen* abgestellt wurde und damit als bekannt vorausgesetzt wurde, was mit diesen Konsumzahlungen materiell erreicht werden soll. Konsumzahlungen müssen sich jedoch auf ganz konkrete Konsumaktivitäten beziehen – da ihnen eine Gegenleistung korrespondiert.[150] Diese wiederum setzen umfangreiche Informationsbeschaffungsmaßnahmen und persönliche Nutzenüberlegungen voraus. Weil Konsumzahlungsströme gar nicht bestimmt werden können, ohne zugleich zu bestimmen, was inhaltlich konsumiert werden soll, müsste für jede der alternativ zu vergleichenden Konsumzahlungen eine Vorstellung gebildet werden,

- was gekauft werden soll,
- welcher Nutzen aus dem zu erwerbenden Gegenstand gezogen werden kann und
- wie der Nutzen aus dem zu erwerbenden Gegenstand verglichen mit alternativen Kaufhandlungen zu beurteilen ist.

Realiter hängt die Bestimmung von Konsumzahlungen damit von sehr umfangreichen Vorüberlegungen ab. Die für den angestrebten Vergleich erforderliche Informationsbeschaffung erscheint damit regelmäßig zu kostspielig.

Das zweite Informationsdefizit in Form der unzulässigen Wissenserweiterung verweist darauf, dass die notwendigen, den präzise zu definierenden Konsumpfaden und Zukunftslagen zuordnungsfähigen Konsumzahlungsstrompläne für ein Individuum bestimmbar sein müssten.

[149] Vgl. bereits SAVAGE (1972), S. 16: „Carried to its *logical* [Hervorhebung durch den Autor] extreme, the 'Look before you leap' principle demands that one envisage every conceivable policy for the government of his whole life (at least from now on) in its most minute details, in the light of the vast number of unknown states of the world, and decide here and now on one policy."

[150] Die Bezeichnung Konsumaktivität ist hier nicht allein auf natürliche Personen zu beziehen – Kapitalgeber können auch Unternehmen sein, die ihrerseits unternehmerischen Leistungsverzehr planen müssen, der hier ebenfalls unter den Begriff Konsumaktivität subsumiert wird.

Realiter aber ist zu einem bestimmten Zeitpunkt nicht bekannt, welche Konsumauszahlungen überhaupt infrage kämen – eher im Gegenteil: Es liegt zumeist das Wissen vor, dass eigene, heute noch nicht bekannte Präferenzänderungen und/oder materielle Konsummöglichkeiten die augenblicklichen Überlegungen zu zukünftigen Konsumwünschen überholen. Eine schon jetzt erfolgende Planung erscheint unabhängig von den eigenen Nutzenvorstellungen nicht machbar, weil der Planungsprozess zu den Konsumzahlungen aufgrund der mit ihm verbundenen Komplexität mehr Zeit in Anspruch nehmen würde, als überhaupt zur Verfügung steht. Dies gilt schon darum, weil die Planungen bereits für die nächste vorzunehmende Handlung abgeschlossen sein müssten, um diese optimal ausgestalten zu können.

Beide Informationsdefizite zusammen lassen ein Abstellen auf das eingangs formulierte und für eine rationale Verfolgung finanzieller Interessen mit Hilfe von Konsumzahlungen notwendige Totalmodell irrational erscheinen.

Die Konsequenzen für die Verfolgung finanzieller Interessen bestehen zunächst darin, die Informationsdefizite ernst zu nehmen. So war der Kern der Einwände, dass eine Verfolgung finanzieller Zielsetzungen anhand *bestimmter* Konsum*zahlungen* zumindest bei *Konsum*zahlungen scheitern muss, weil dazu im luftleeren Raum als bestimmt angenommen werden muss, was nicht zu bestimmen ist. Angesichts der Wissensdefizite lässt sich dem auch nicht sinnvoll entgegenhalten, dass ohne eine solche Annahme für eine rationale Verfolgung von Konsuminteressen Informationen vernachlässigt werden: Das setzte voraus, dass die Informationen existieren und bereits beschafft wurden. Existierende und beschaffte Informationen werden hier aber nicht vernachlässigt – es werden nur nicht existierende bzw. aus Zeit- und Kostenrestriktionen heraus nicht beschaffbare existierende Informationen nicht vorausgesetzt.

Analysiert man den Prozess der Bestimmung von Konsumaktivitäten näher, so fällt auf, dass sich Konsumüberlegungen an drei verschiedenen Dimensionen orientieren:

1. die Dimension der Konsumbestimmung nach innen: Was will ich überhaupt konsumieren und zu welchem Grenzpreis?
2. die Dimension der Konsumabstimmung nach außen: Wer stellt mir welchen Konsum materiell wo und zu welchem Angebotspreis zur Verfügung?
3. die Dimension der Vorhersehbarkeit des Konsums nach innen und nach außen: Wie sicher ist es, dass es überhaupt zu dem bestimmten und abgestimmten Konsum kommt?

Die drei Dimensionen interagieren hierbei miteinander, sind jedoch nicht deckungsgleich. Die Konsumbestimmung ist eine Frage der aktiven Vorstellung eigener Konsuminteressen, die unabhängig von der Konsumabstimmung erfolgen kann, z.B. wenn der persönliche Nutzen einer Konsumaktivität in der Zukunft vorgestellt wird, ohne dass bereits bekannt ist, wer genau die relevanten Konsumgüter bereitstellen soll.[151] Im Gegensatz zur Konsumbestimmung ist es das Wesen der Konsumabstimmung, durch Kontakt mit anderen Personen sicherzustellen, dass und unter welchen Bedingungen die jeweilige Konsumaktivität ganz konkret vollzogen werden kann. Zuletzt betrifft die Dimension der Vorhersehbarkeit die Stabilität der jeweils nur zu einem bestimmten Zeitpunkt erfolgten Bestimmung und Abstimmung, weil sowohl eigene, bereits bestimmte Konsumwünsche, als auch bereits vorgenommene Abstimmungen nicht vorhersehbaren Änderungen unterliegen können. Beispielsweise bleibt ein einmal offerierter, im Gedächtnis haften gebliebener Angebotspreis nicht notwendigerweise konstant und auch das Bedürfnis nach dem Konsum eines bestimmten Gutes ändert sich häufig.

Letztlich folgt angesichts der vielfach fehlenden Konsumbestimmung, -abstimmung und -vorhersehbarkeit, dass es sich bei den Entscheidungen über die Ausübung von Kapitalgeberrechten nur sehr selten um Entscheidungen über die Verschiebungen von bereits bestimmten, abgestimmten und vorhersehbaren Konsumzahlungen handeln kann. Weiter liegt nahe, dass die Unvorhersehbarkeit der Zukunft selbst schon vollständig bestimmte und abgestimmte Konsumaktivitäten gefährdet. Dabei dürfte dieser Unvorhersehbarkeit nur selten der Charakter eindeutig benennbarer alternativer Zukunftslagen mit klar definierten Wahrscheinlichkeiten zukommen.[152]

Realistisch ist bei Introspektion auf das eigene Konsumverhalten wohl anzunehmen, dass entlang der drei Dimensionen unterschiedliche Genauigkeitsgrade vorliegen.

Dann gilt erstens, dass auf Konsumaktivitäten basierende Zielsetzungen nur sehr partiell festgelegt sind und graduell bis hin zu einem vollständigen Unwissen über die eigenen Konsumaktivitäten in Bezug auf jede der drei Dimensionen variieren. Ferner gilt zweitens,

---

[151] Ganz lassen sich realistische Bestimmung und Abstimmung jedoch nicht trennen, da die Vorstellung eines Konsumwunsches, wenn sie Realitätsnähe beanspruchen will, eine Abstimmung zumindest als möglich erachten muss.

[152] Vgl. diesbezüglich auch die auf Konsumaktivitäten übertragbaren Überlegungen in Kapitel V.4.1 und V.4.2.

dass selbst die festgelegten jeweiligen Zielsetzungen in unterschiedlichem Grade durch neue Informationen beeinflusst werden können, so dass ein starres Zielsystem nicht sinnvoll zu etablieren ist: Die Zielsetzungen müssen jeweils beweglich auf neue Informationen über Konsummöglichkeiten (Abstimmung) oder Konsumwünsche (Bestimmung) oder sich andeutende Unvorhersehbarkeiten reagieren können.

Im Folgenden beschränken sich die Ausführungen darauf, zunächst für eine rationale Verfolgung finanzieller Zielsetzungen und dann für die daraus ableitbaren Informationsnotwendigkeiten bei der Ausübung von Kapitalgeberrechten Schlussfolgerungen zu ziehen.

(2) Folgerungen für eine rationale Verfolgung finanzieller Zielsetzungen

Was lässt sich nun aus den vorherigen Ausführungen für die Verfolgung finanzieller Interessen schließen?

Eine erste Schlussfolgerung besteht darin, das Informationsstandsprinzip zu beachten. Als solches sei bezeichnet, dass Schlüsse allein aus dem jeweils zu einem Zeitpunkt vorhandenen Informationsstand gezogen werden können. Der Informationsstand ändert sich im Zeitablauf, da jeweils zum vorherigen Zeitpunkt nicht vorhersehbare Informationen auftreten.

Um das aus dem Informationsstandsprinzip resultierende variable und sich stetig verändernde teils lose, teils feste und teils überhaupt nicht zusammenhängende Netz an Schlussfolgerungen für finanzielle Zielsetzungen adäquat zu beschreiben, werden weitere Forschungen notwendig sein. An dieser Stelle beschränkt sich die Arbeit auf die für Analysefragestellungen notwendigen Aspekte.

Eine erste Konsequenz des Informationsstandsprinzips ist, dass die Verfolgung finanzieller Ziele abhängig davon differenziert werden muss, wie viel und was bereits über die eigenen Konsumvorstellungen in der Zukunft bekannt ist.

Festzuhalten ist dabei, dass die Bestimmungs- und Abstimmungsüberlegungen dem ökonomischen Nutzenmaximierungsgedanken teilweise entgegenstehen: Je bestimmter und abgestimmter Konsumüberlegungen bereits umrissen sind und je mehr Aufwand für die Bestimmung/Abstimmung bereits betrieben wurde, desto höherer Widerstand besteht, sie für Nutzenmaximierungsüberlegungen infrage zu stellen. Der Grund dafür liegt darin, dass

Nutzenmaximierungsüberlegungen auf beliebigen gedanklichen Verschiebungen von Zahlungsströmen basieren, Bestimmung und Abstimmung jedoch eine nicht mehr beliebig änderungsfähige Festlegung beinhalten.

Unbehindert können Nutzenmaximierungsüberlegungen im Sinne beliebiger gedanklicher Verschiebungen deshalb nur dann Anwendung finden, wenn gerade noch keine Bestimmung oder Abstimmung erfolgte.

Haben solche bereits stattgefunden, dann muss für einen adäquaten Vergleich der bestimmten und abgestimmten Konsumalternative mit neuen noch nicht bestimmten Konsumalternativen zumindest einbezogen werden, dass für die späteren Konsumalternativen gegebenenfalls mit hohen Informationsbeschaffungskosten verbundene zusätzliche Aktivitäten zur Bestimmung und Abstimmung anfallen.[153]

Auch einzubeziehen wäre, wobei gerade dieser Aspekt mangels Wissen nicht bewertbar ist, dass die noch nicht erfolgte Bestimmung bzw. Abstimmung der späteren Konsumalternative beinhaltet, dass deren momentane Wertbemessung eine unterspezifizierte Vorstellung darstellt.

Zu betonen ist allerdings, dass eine Bestimmung und Abstimmung des Konsums vielfach auch nicht notwendig ist.[154] So ist mit Geld als einem universellen Tauschmittel ein Medium verfügbar, welches inhaltlich genauso unbestimmt und unabgestimmt ist, wie vielfach die

---

[153] Wenn bei intuitivem Verhalten regelmäßig nur Widerstand besteht, aber kein genaueres Vergleichskalkül unter Einbezug der jeweiligen Informationsbeschaffungskosten aufgestellt wird, dürfte dies daran liegen, dass die Aufstellung eines solchen Kalküls in Bezug auf die noch nicht erfolgten Informationsbeschaffungen zur Bestimmung wie zur Abstimmung des unbestimmten zukünftigen Konsums aufgrund des aktuell vorliegenden Informationsstands als unsinnig erachtet wird. Sicherlich ließe sich die unter Unwissenheit hernach getroffene Entscheidung in verschiedenster Weise reproduzieren, sei es als ein exakt erwartetes Kalkül über eine vorgestellte hinreichend geringe Varianz zukünftiger materieller Konsummöglichkeiten eines risikoaversen Entscheidungssubjekts, die eine weitere Information über deren genaue Ausprägung nicht notwendig werden lässt, sei es als Ergebnis eines evolutionstheoretischen Trainingsprozesses, welcher den Menschen als einstiges Beutetier auffasst, welches schnell entscheiden musste, um nicht durch feindliche Tiere vernichtet zu werden, vgl. z.B. ZYLBERBERG/DEWEESE (2011), S. 1, sei es psychologisch als eine Aversion, die Implikationen des eigenen Handelns ohne genauere Informationen und damit einer Vielzahl sich widersprechenden denkbaren Möglichkeiten vollständig durchzuspielen, vgl. TVERSKY/SHAFIR (1992), S. 360. All diesen Möglichkeiten ist gemeinsam, dass sie über das eigentliche Phänomen eine Erklärung legen, die der Introspektion gerade nicht entspricht: Das eigentliche Phänomen wird durch eine deren Ergebnis reproduzierende Erklärung ersetzt. Davon wird hier bewusst abgesehen.

[154] Man unterstellt damit ein Prinzip der Irrelevanz noch vollständig unbekannter Aspekte für die eigenen Nutzenmaximierungsüberlegungen.

eigenen Konsumpläne auf aktuellem Stand ausfallen. Dadurch lässt sich Konsum als bloßes, inhaltlich noch nicht konkretisiertes Konsumpotential begreifen. Das korrespondiert auf Ebene der Gegenleistung zum materiellen Konsum mit einem aktuell inhaltlich leeren Zahlungsstrompotential, welches zugleich in der Zukunft eine Transformation in bestimmte und abgestimmte Konsumvorstellungen zulässt.[155]

Ein Spannungsfeld ergibt sich auch zwischen gedanklichen Nutzenmaximierungsüberlegungen und dem Grad an Vorhersehbarkeit. Je weniger vorhersehbar die eigenen Konsumpräferenzen oder Konsummöglichkeiten ausfallen, desto mehr - gegebenenfalls allerdings ex post unnötige - Flexibilität ist erforderlich, um möglicherweise eintretenden Änderungen Rechnung zu tragen: Auch nur gedanklich durchgeführte Verschiebungen von Konsumzahlungsströmen erscheinen wenig sinnvoll, wenn bekannt ist, dass die Annahmen über Präferenzen und Konsummöglichkeiten sich beispielsweise aufgrund der eigenen Spontaneität, der Weiterentwicklung der eigenen Persönlichkeit oder eines schnellen technologischen Fortschritts beständig verschieben.

Finanziell lässt sich dem durch ein korrespondierend zur erwarteten Unvorhersehbarkeit ausgestaltetes Vorhalten von Liquidität Rechnung tragen. Soweit Liquidität aus diesem Grunde[156] vorgehalten wird, lassen sich allerdings im fraglichen Zeitraum keine oder nur noch sehr beschränkte[157] Maximierungsüberlegungen anstellen:[158] Man kann nur entweder

[155] Genutzt wird hierbei, dass Geld ebenso wie z.B. Macht ein generalisiertes Medium darstellt, welches noch keiner konkreten Bestimmung bedarf, vgl. dazu auch LUHMANN (1973), S. 205-211.

[156] Zu beachten ist, dass sich Liquidität auch dadurch begründen lässt, dass sowohl Konsum- als auch Investitionsmöglichkeiten gegenüber dem einfachen Verschieben von Liquidität in eine andere Periode inferior sind, vgl. NIETERT/WILHELM (2004), S. 3, S. 7; sie kann auch gehalten werden, weil die vorhandenen Investitionsmöglichkeiten nicht präzise genug durch z.B. Kredite in die Zeitpunkte des präferierten Konsums verschoben werden können, so dass die diesbezügliche Unvollständigkeit eines Kapitalmarkts durch Liquiditätshaltung überbrückt werden muss. Diese Gründe für Liquidität sind hier nicht angesprochen.

[157] Dadurch erklärt sich auch die Existenz von Tagesgeldkonten, Geldmarktfonds oder liquiden Aktienmärkten.

[158] Dabei ist zu betonen, dass sich die Notwendigkeit des Vorhaltens von Liquidität nicht axiomatisch erfassen lässt. Erfassen ließe sich, inwieweit die eigene Reaktion auf Unvorhersehbarkeit der vorgehaltenen Liquidität entspricht. Weil aber Liquidität gerade dem nicht (!) kalkulierbaren bzw. vorhersehbaren Sachverhalt Rechnung tragen soll, ist es zumindest bei einer Quantifizierung eine (unvermeidbare) Form der gedanklichen Vergewaltigung von Unvorhersehbarkeit, einen nicht kalkulierbaren oder vorhersehbaren Sachverhalt in einen auf ganz bestimmte Weise vorhergesehenen und entsprechend kalkulierten Sachverhalt umzuformen – hier wird Nichtwissen durch außerordentlich viel Wissen ersetzt. Zu beachten ist ferner, dass ein Vorhalten von Liquidität nur eine erste, auf Zahlungsströme ausgerichtete Variante einer ganzen Reihe von Reaktionsmöglichkeiten auf das Problem der Unvorhersehbarkeit darstellt. Andere Möglichkeiten wären Selbstbindungen, vgl. z.B. BECKMANN (2007), die wechselseitige Stabilisierung von Verhaltenserwartungen, institutionelle Vorkehrungen, wie z.B. das Rechtssystem, oder Vertrauen.

Geld direkt oder indirekt über einen bestimmten Zeitraum investieren oder liquide bleiben – nicht aber beides zugleich.

Zusammengefasst resultieren aus genaueren Vorstellungen über die Ausprägungen von Bestimmtheit und Abgestimmtheit einerseits sowie über einen weitgehend unvorhersehbaren Konsum andererseits Nebenbedingungen, welche ökonomische Maximierungsüberlegungen bei der Verfolgung finanzieller Interessen einschränken. Dabei ist es kein Zufall, dass alle drei Dimensionen Probleme bei Vergleichsüberlegungen hervorrufen, weil die bestimmten, abgestimmten und/oder unvorhersehbaren Konsumaktivitäten mit einer zahlungsstrompotentialbasierten unbestimmten, unabgestimmten und vorhersehbaren Konsumpotentialmaximierung nicht durch ein exaktes Kalkül verglichen werden können: Es fehlen die notwendigen Informationen, um die zu vergleichenden Größen an demselben Maßstab zu messen. Genau das dürfte auch der Grund gewesen sein, die drei Aspekte bislang zu vernachlässigen.

Im Weiteren wird vorgeschlagen, mit den drei Dimensionen wie folgt umzugehen:

Finanzielle Zielsetzungen werden auf eine Zahlungsstrompotentialoptimierung bezogen, d.h. es wird angenommen, dass eine Konsumpotentialoptimierung ungestört von Bestimmungs-, Abstimmungs- und Unvorhersehbarkeitsüberlegungen in Bezug auf zukünftige Konsumaktivitäten erfolgen kann. Ausgegangen wird ferner davon, dass - sofern dies nicht zutrifft - fixe Nebenbedingungen in Form von bereits bestimmten und abgestimmten Konsumaktivitäten sowie einer hinreichenden Vorsorge gegenüber unvorhersehbaren Änderungen in Form von Liquidität zu berücksichtigen sind.

Für die Zahlungsstrompotentialoptimierung können dann weitgehend die üblichen, nun allerdings nicht mehr über bestimmte Konsumzahlungen, sondern allein über ein unbestimmtes Zahlungsstrompotential gerechtfertigten Überlegungen übertragen werden.

Um den Begriff der Unvorhersehbarkeit für Konsumaktivitäten zu reservieren und die Terminologie der Betriebswirtschaftslehre nicht unnötig zu erweitern, wird der Sachverhalt, welcher bei Konsumaktivitäten als Unvorhersehbarkeit bezeichnet wurde, bei der Beurteilung der Entscheidungsrechte der Kapitalgeber mit dem bekannten Terminus Unsicherheit belegt.

Im Sinne der durch Knight begründeten Unterteilung sei darum zwischen einem mathematisch handhabbaren (berechenbaren) Risiko, und einer nicht mathematisch handhabbaren (nicht berechenbaren) Unsicherheit unterschieden.[159]

Die von einem Kapitalgeber bei der Ausübung von Kapitalgeberrechten gleichzeitig verfolgten, gegebenenfalls allerdings nicht separat verfolgbaren, weil interagierenden Zielsetzungen für die Zahlungsstrompotentialoptimierung lauten dann:

- Maximierung der Höhe der Zahlungsströme in jeder Zukunftslage,
- Minimierung der Zeitspanne bis zu Anfall und Reinvestition/Konsum der Zahlungsströme (Opportunitätskostenüberlegungen),
- Optimierung in Bezug auf Risikoüberlegungen,[160]
- Optimierung in Bezug auf nicht berechenbare Unsicherheitsüberlegungen i.w.S.[161]

Die gegebenenfalls angesichts der Resultate aus Kapitalgeberentscheidungen zu modifizierenden Nebenbedingungen hinsichtlich der bereits genauer spezifizierten Konsumteilpläne beinhalten die Sicherstellung

- der Durchführung bereits bestimmter und abgestimmter Konsumaktivitäten und
- von Liquidität für unvorhersehbare Änderungen von bestimmten und abgestimmten Konsumaktivitäten.

Angesichts der Bedeutung für die weiteren Ausführungen soll die vierte, weniger häufig benannte Zielsetzung der Unsicherheitsberücksichtigung im weiteren Sinne noch eine tiefergehende Erläuterung erfahren. Sie rechtfertigt sich aus der Tatsache, dass auch der weite Bereich an nicht direkt berechenbaren Konsequenzen aus Handlungsalternativen durch die

---

[159] Vgl. dazu auch KNIGHT (1957), S. 223-232.

[160] Die konkrete Risikooptimierung kann hier ganz unterschiedlich aussehen, sie kann beispielsweise für einen risikoaversen Anleger auch beinhalten, eine für sich betrachtet riskantere Strategie bei dem konkreten Kapitalgeberrecht vorzuziehen, weil dies innerhalb seines Gesamtportfolios risikomindernd wirkt, vgl. WILHELM (2005), S. 651; sie kann intertemporale Risiken, d.h. Schwankungen von Zahlungsströmen im Zeitablauf, auszugleichen versuchen, vgl. z.B. BAMBERG/PAPATRIFON (2008), S. 180, S. 186; zuletzt kann sie auch die Risikobeziehungen zwischen einer beliebigen Anzahl von Zeitpunkten bzw. Zuständen zu optimieren versuchen, wie dies beispielsweise durch Kopulaüberlegungen geschieht, vgl. dazu z.B. BUCH/DORFLEITNER (2007), S. 148. Zuerst hat m.W. WILHELM (1975), S. 53, auf solche Zusammenhänge im Kontext von Mehrfachzielsetzungen aufmerksam gemacht.

[161] Ob und wie diese einzelnen Ziele gegeneinander gewichtet werden, wird hier nicht betrachtet. Die klassische individualistische Unternehmensbewertungsliteratur zieht die vierte Anforderung regelmäßig nicht in Betracht und schließt auch die Bewertung von Pfadabhängigkeiten und damit intertemporalen Risikostrukturen regelmäßig aus, vgl. DYCKHOFF (2007), S. 984 m.w.N.

Kapitalgeber berücksichtigt werden muss.[162] Für den Kapitalgeber bedeutet dies zu berücksichtigen, dass sich das jeweilige Unternehmen und sein Umfeld auch in nicht präzise mit Hilfe von Risikoüberlegungen einzufangender Weise verändern können. Wenngleich solche Überlegungen zu ungenau ausfallen, um in Form von Risikoüberlegungen berücksichtigt zu werden, lässt sich nur schwer negieren, dass sie für die zu fällenden Entscheidungen von Bedeutung sein können (das gilt schon darum, weil solche, nicht durch Risikoüberlegungen und in unterschiedlichem Ausmaß durch Unsicherheitsüberlegungen i.w.S. vorhergesehenen Ereignisse bei retrospektiver Betrachtung der Vergangenheit andauernd eingetreten sind).[163]

Grundsätzlich könnte man der Auffassung sein, Unsicherheitsüberlegungen ließen sich problemlos in die berechenbaren Risikoüberlegungen überführen. Schließlich müssen die aus der Reaktion auf das eigene Unwissen erwachsenden Handlungen in jedem Fall fixiert und damit ihrerseits hinsichtlich ihrer heutigen Konsequenzen präzisiert werden.[164]

Sicherlich steht dieser Weg, z.B. in Form einer mehr oder weniger rein spekulativen Formulierung einer Zukunftslage „nicht berechenbare Unsicherheiten" und der Zuweisung einer Wahrscheinlichkeit und eines Wertes und der damit einhergehenden Konkretisierung gedanklich jederzeit offen – fraglich ist nur, ob es zweckmäßig ist, so vorzugehen. Die Wirkung einer derartigen Berücksichtigung ist, dass die Unsicherheit in einer Form abgebildet wird, die bekanntermaßen das Resultat einer nicht kontrollierbaren Transformation der Unsicherheit darstellt: aus der unexakten Form, in der sie vorliegt, in eine exakte Form, in der sie gerade *nicht* vorliegt.[165] Schließlich ist die Transformation allein dadurch begründet, dass nicht sein soll, was nicht sein darf: das Vorliegen einer Form von Unsicherheit, bei der über einen adäquaten Umgang zumindest keine direkt berechenbaren Aussagen getätigt werden können. Wenn man dieses Tor zu unkontrollierbaren Transformationen allerdings öffnet, kann

[162] Vgl. auch SCHNEIDER (1997), S. 92.

[163] Eine beliebte Alternative ist natürlich, einfach Risikoüberlegungen für Einzelfälle in einer Form auszuweiten, dass sie alle möglichen Entwicklungen der Zukunft mit einer Wahrscheinlichkeitsdichte von jeweils 0 abdecken. Dabei handelt es sich um die Wahl einer nicht mehr falsifizierbaren und insofern empirisch nicht mehr gehaltvollen statistischen Verteilung zum Zweck der Selbstimmunisierung gegen eine möglicherweise falsche Einschätzung der Zukunft.

[164] Mit anderen Worten muss sich das unpräzise Wissen über die Zukunft in ein präzises Sicherheitsäquivalent heute tauschen lassen, welches seinerseits durch eine Verteilung über die bereits bekannten Zukunftslagen oder eine zusätzliche, neuformulierte Zukunftslage ausgedrückt werden könnte.

[165] Das Kernproblem ist, dass es sich um eine Transformation handelt, nicht allein um eine Komplexitätsreduktion durch Informationsreduktion – es wird etwas an präzisierter Information hinzugefügt, was sich aus der eigenen Wahrnehmung der Realität gerade nicht entnehmen lässt.

man anhand des nach der jeweiligen Transformation resultierenden Modells der zukünftigen Wirklichkeit in letzter Konsequenz gegebenenfalls auch nicht mehr unterscheiden, zwischen

- einer Formulierung von Zukunftslagen und zugehörigen Wahrscheinlichkeiten unter Hinzuziehung von Kenntnissen über eingrenzbare Zukunftsentwicklungen einerseits und
- der Formulierung von Zukunftslagen und Wahrscheinlichkeiten als Phantasieprodukten im luftleeren Raume in Form bloßer spekulativer Setzungen andererseits.

Wird der genannten Unterscheidung nicht Rechnung getragen, beinhaltete dies folglich, dass in der Darstellung der Entscheidungssituation die den eigenen Entscheidungen zugrunde liegende Qualität einzelner Prämissen vollkommen ausgeblendet werden dürfte. Zugleich kann durch die unkontrollierte Formulierung und Wahrscheinlichkeitsbemessung für einen Tatbestand „Unsicherheit i.w.S." jede Entscheidung beliebig beeinflusst werden - es würde akzeptiert, dass Entscheidungen mit späteren realen Konsequenzen gegebenenfalls durch reine Metaphysik begründet werden.[166]

Um das zu vermeiden, wird hier vorgeschlagen, die durch die Berücksichtigung subjektiv durch den Risikobegriff erfassten, auf Basis von Informationen fixierbaren und damit präzise berücksichtigungsfähigen Formen der Unsicherheit von anderen Formen der Unsicherheit zu trennen. Das erlaubt ein Bewussthalten der Qualität eigener Analyseergebnisse.

Die zu berücksichtigenden Formen der Unsicherheit i.w.S. neben dem Risiko lassen sich in zwei Kategorien unterteilen, nämlich danach, ob

- alles über die von der Unsicherheit betroffene Zukunft unbekannt ist (2.1) oder ob
- in Zwischenformen zwischen vollkommen unbekannten Unsicherheiten und Risiko mehr oder weniger genau ein Nichtwissen oder alternatives Wissen bezeichnet werden kann (2.2).

Beiden Formen wird ein Kapitalgeber, soweit er in Bezug auf den graduell variierenden Tatbestand seines eigenen Unwissens und seiner eigenen Unklarheiten nicht indifferent ist, Rechnung tragen.

---

[166] Für die Schlussfolgerungen, die aus den gesetzten Prämissen folgen, ist diese Frage irrelevant, höchst relevant ist sie allein, um zu beurteilen, ob das Gebilde aus Prämissen und Schlussfolgerungen zur Fundierung der eigenen Entscheidung dienen sollte.

(2.1) Fall vollkommen unbekannter Unsicherheiten

Im Fall einer Unsicherheit aufgrund völliger Unbekanntheit der später eintretenden Zukunft lässt sich keinerlei allgemeingültige Aussage treffen, wie eine Verfolgung finanzieller Interessen beim Vergleich von Kapitalanlagealternativen eines Kapitalanlegers aussieht oder aussehen sollte, weil dem Kapitalanleger ex ante nicht bekannt ist, wie sich diese Zielsetzung konkretisieren lässt. Das Wissen um eigenes Nichtwissen basiert allein auf der Übertragung der in der Vergangenheit gewonnenen Erfahrung, dass solche unerwarteten und in keiner Weise voraussehbaren Abweichungen auftreten können, als einer abstrakten Struktur auf die Zukunft: Es handelt sich um reine Spekulation oder subjektspezifische Erfahrung, dass, um auf unerwartete Abweichungen von den angenommenen Konsequenzen eigener Entscheidungen reagieren zu können, bei vorausgesetztem Willen über eigene Reaktionsmöglichkeiten zu verfügen, die Notwendigkeit besteht, z.B. mit Hilfe von Liquidität oder Liquidierbarkeit, flexibel zu bleiben.[167] Der Umfang wird subjektspezifisch variieren und im Folgenden nicht näher betrachtet.

(2.2) Fall der Zwischenformen

Im Fall eines mehr oder weniger genau bezeichnungsfähigen Nichtwissens oder des Vorherrschens von nicht mit Hilfe von Risikoüberlegungen berücksichtigungsfähigen Wissens über alternative Deutungen der Zukunft eines Unternehmens liegt jedoch ein qualitativ vollkommen anderer Fall vor: Hier kann zumindest in das eigene Kalkül einbezogen werden,

- wo, von wie vielen und wie bedeutsamen Informationen in welchem Genauigkeitsgrad bekannt ist, dass ex ante nichts gewusst wird, d.h. wo erwartet wird, dass unerwartete Abweichungen auftreten können bzw.
- welche alternativen Deutungen vorliegen, bei denen nicht genau geklärt werden kann, wie sie zueinander stehen.[168]

[167] Anhand der Ausführungen wird deutlich, dass es sich in diesem Fall nicht um eine Reaktion auf die Zukunft handeln kann, sondern nur auf eine Reaktion auf eine vollständig abstrakte Struktur aus der eigenen Vergangenheit. Darum lässt sich hierauf auch nicht mit Versicherungen reagieren, da unbekannt ist, wogegen man sich versichern wollen würde.

[168] Ließe sich die Relation unterschiedlicher Deutungen eines vorhandenen Datenmaterials in Bezug auf die Zukunft eindeutig klären, so lägen wiederum Risikoüberlegungen vor. Die dazu notwendigen Informationshandlungen werden in Kapitel V. noch genauer behandelt.

Diese Informationen erlauben dann, ebenso wie bei den unvorhersehbaren Konsumwünschen, eine zwar vielleicht nicht exakte, aber zumindest genauere Bestimmung des notwendigen Maßes an Flexibilität. Notwendig ist eine solche, falls es den Nutzenvorstellungen entspricht, zu vermeiden, dass durch zu umfangreiche Festlegungen trotz eigenem Nichtwissen oder unklaren Wissen eine Verfolgung der finanziellen Zielsetzungen gefährdet wird.

Verdeutlichen lässt sich das am Beispiel zweier zu vergleichender Entscheidungsalternativen: Angenommen sei, dass ein Kapitalgeber über ein Unternehmen nur wenige Informationen erhält, die ihm zwar erlauben, durch ergänzende Vorstellungen nach Höhe, Zeit und alternativen zukünftigen Zukunftslagen eine bestimmte Zukunft in mathematisch handhabbarer Form zu prognostizieren, von denen er aber weiß, dass sie nur einen kleinen Teil der verfügbaren Informationen ausmachen. Vergleicht er dieses Unternehmen und ein anderes bei identischer prognostizierter Zukunft, welches ihm aber auch ansonsten in jeder Hinsicht wohlbekannt ist, so erscheint es – zumindest wenn er eine größere Unsicherheit als schlechter wertet – rational, dass er sich, z.B. bei einer Kreditvergabe, für das besser bekannte Unternehmen entscheidet.

Neben den bisherigen Überlegungen zu der Formulierung der Zielsetzung auf Basis des aktuellen Informationsstands ist zu beachten, dass das Informationsstandsprinzip noch eine wichtige zweite Konsequenz mit sich bringt.

So gilt, dass der Informationsstand hinsichtlich der Beziehung zwischen den Zielsetzungen und den Nebenbedingungen vorläufig ausfällt. Darum lassen sich immer gezielte Informationsbeschaffungsmaßnahmen durchführen. Diese können in Grenzen die bislang erfolgte Bestimmung und Abstimmung konkretisieren und ihre Gefährdung durch unvorhersehbare Entwicklungen abmindern.[169]

Festzuhalten ist für die Fragestellung der Arbeit, dass hieraus Ansatzpunkte für Informationsbeschaffungsmaßnahmen resultieren, welche bei der Ausübung von Kapitalgeberrechten erlauben, auch dann bestimmte Handlungsalternativen anderen vorzuziehen,

[169] Mit Abmindern ist hierbei gemeint, dass relativ zum vorher vorliegenden Informationsstand eine genauere Information vorliegt. Ob tatsächlich eine Abminderung der Unvorhersehbarkeit eintritt, lässt sich nicht beurteilen – weil der Einzelne nicht über eine absolute, sondern nur über eine informationsstandsbezogene Perspektive verfügt.

wenn dies zunächst anhand des als Ausgangspunkt der Analyse genommenen Informationsstands über die finanziellen Zielsetzungen nicht möglich erschien. Derartige Informationsbeschaffungsmaßnahmen werden relevant, sobald der bislang vorliegende Informationsstand über die finanziellen Zielsetzungen nicht ausreicht, um eine Entscheidung für die Ausübung der Kapitalgeberrechte zu formulieren und die Kosten für Informationsbeschaffungsmaßnahmen zur Konkretisierung von Konsumplänen geringer eingeschätzt werden als die Nachteile einer Fehlentscheidung bei der Ausübung der Kapitalgeberrechte. In diesem Fall wird rückwirkend, je nach den verbleibenden Problemen bei der Beurteilung der Investitionsalternativen die Bestimmung der finanziellen Zielsetzungen und der Nebenbedingungen mit Hilfe zusätzlicher Informationshandlungen abgeändert.

Anzumerken ist - wenngleich nicht Gegenstand dieser Arbeit -, dass sich die Auswahl der Handlungsalternativen durch die Verfolgung der genannten finanziellen Zielsetzungen durch vorhandene Kapitalmarktinstrumente, z.B. Finanzinstrumente, verändern kann.[170] So gilt, dass Kapitalmarktinstrumente, wie z.B. Finanzinnovationen, teilweise durch die Ausübung der Kapitalgeberrechte erreichbare Zahlungsströme so transformieren können, dass vorher nicht erreichbare Nutzenniveaus erreichbar werden und vorher nicht gewahrte Nebenbedingungen eingehalten werden können. Dadurch können andere Ausübungen von Kapitalgeberrechten vorteilhaft werden.

Beispielsweise lässt sich durch eine Kreditlinie gegebenenfalls Flexibilität sicherstellen, so dass das Ausmaß an Kassenhaltung oder Fungibilität eigener Kapitalgeberrechte für unberechenbare Konsumentscheidungen geringer ausfällt, oder durch ein Währungsderivat ein Wechselkursrisiko eliminieren. Solche Transformationen können die Ausübung von Kapitalgeberrechten mit Blick auf die Verfolgung der eigenen finanziellen Zielsetzungen durch Nutzensteigerungen in zwei Richtungen abändern.[171]

---

[170] Sie können sich natürlich auch in Interaktion mit nichtfinanziellen Zielen verändern – das wird hier jedoch nicht weiter betrachtet.

[171] Beides zusammen markiert, was sich aus der Fisher-Separation unter Sicherheit für Zeitaspekte bzw. in Risikosituationen für Risikoaspekte, vgl. dazu z.B. WILHELM (1983), auf den hier gezeichneten Rahmen übertragen lässt. Zu beachten ist, dass an dieser Stelle nur von den Wirkungen der jeweils genau bekannten Kapitalmarktinstrumente ausgegangen wird, nicht aber von einem vollständig bekannten Preisfunktional. Aus subjektiver Perspektive wird dann anhand der bekannten Kapitalmarktinstrumente oder den problembezogenen Ergebnissen bei der Suche nach Kapitalmarktinstrumenten versucht, eigene Nutzenverbesserungen im Abgleich der finanziellen Interessen mit den Handlungsalternativen mit Hilfe der bekannten Kapitalmarktinstrumente zu realisieren. Für die hier angesprochenen Transformationen reicht es dabei aus, dass ein Kapitalmarktinstrument Zielbeiträge so ineinander umformen kann, dass ein betrachteter Kapitalgeber sich dadurch besser stellt und ihm

Zum Ersten bewirken sie eine Veränderung, wenn eine Nutzensteigerung durch Transaktionen mit einem Bündel aus Kapitalmarktinstrumenten verbunden mit einer Ausübung von Kapitalgeberrechten möglich wird, welche sich von der vorher nutzenmaximalen Ausübung der Kapitalgeberrechte unterscheidet. So könnte ein solches Bündel z.B. aus einer Putoption auf eine bestimmte Aktie und einer Kreditlinie bestehen – wobei die Putoption das Verlustrisiko der Handlungsalternative des Verkaufs der Aktie begrenzt, die Kreditlinie hingegen ermöglicht, bereits bestimmte und abgestimmte Konsumaktivitäten durchzuführen.

Zum Zweiten bewirken Kapitalmarktinstrumente eine Nutzensteigerung, wenn sie sich gegenüber den hier vorgestellten Ausübungen von Kapitalgeberrechten als vorteilhaft erweisen, so dass der Erwerb bzw. Besitz der genannten Kapitalgeberrechte gegenüber dem Erwerb von Kapitalmarktinstrumenten insgesamt suboptimal wird und es zugleich möglich ist, gegebenenfalls bereits besessene Rechte in entsprechende Kapitalmarktinstrumente zu transformieren.

Die durch Kapitalmarktinstrumente erweiterten Handlungsmöglichkeiten entbinden jedoch nicht von dem Abgleich der Zahlungsströme von Kapitalmarktinstrumenten mit den Zahlungsströmen aus der Ausübung von Kapitalgeberrechten und den eigenen finanziellen Zielsetzungen: Sind nicht alle drei abzugleichenden Aspekte bekannt, kann nicht eingeschätzt werden, ob eine Änderung der Ausübung von Kapitalgeberrechten oder ein Ersatz von Kapitalgeberrechten durch Kapitalmarktinstrumente vorteilhaft ist oder nicht. Eine Delegation der Investitionsentscheidung auf Basis eines alleinigen Abgleichs von Kapitalmarktinstrumenten und Zahlungsströmen aus der Ausübung von Kapitalgeberrechten und eine Separierung von der Konsumentscheidung ist folglich nur möglich, wenn die Delegation bereits überflüssig ist: Alle drei Aspekte müssen bereits vorher miteinander abgestimmt worden sein.[172]

---

zugleich kein Kapitalmarktinstrument bekannt ist, welches demgegenüber eine weitere Besserstellung bewirken könnte. Das schließt nicht aus, dass ein Erwerb von umfangreicheren Informationsständen Kapitalmarktspezialisten dauerhaft (solange sie nicht bekannt werden bzw. sofern entsprechendes Angebot und entsprechende Nachfrage gefunden wird) Arbitragegelegenheiten eröffnet.

[172] Das lässt sich anhand der grafischen Darstellung der Fisher-Separation unter Sicherheit veranschaulichen: Hier werden für zwei Zeitpunkte eine konkav zum Ursprung geformte Kurve als Ausdruck verfügbarer Investitionsmöglichkeiten, eine fallende Gerade als Ausdruck für den Kapitalmarkt sowie konvex geformte Indifferenzkurven als Ausdruck für jeweils identische Nutzenniveaus bestimmt. Die Fisher-Separation entspricht dann der doppelten Tangentenlösung der Kapitalmarktgerade jeweils mit dem effizienten Rand der

Auch in Bezug auf Kapitalmarktinstrumente gilt das Informationsstandsprinzip: Informationen über die Existenz geeigneter Kapitalmarktinstrumente werden allenfalls lückenhaft vorliegen. Soweit sie existieren, sind sie bei der Verfolgung finanzieller Interessen einzubeziehen.

Soweit sie nicht vorliegen, spielen sie im vorliegenden Kontext nur soweit eine Rolle, als sie gegebenenfalls beschafft werden können, wenn sich aus den Ausübungen der Kapitalgeberrechte Konsequenzen abzeichnen, die mit den verfolgten finanziellen Zielen zunächst nicht in Übereinstimmung zu bringen sind bzw. keine klaren Präferenzen zulassen.

Analog zu den Informationsbeschaffungsmaßnahmen hinsichtlich der eigenen finanziellen Zielsetzungen wird dies dann geschehen, wenn die Informationsbeschaffung über Kapitalmarktinstrumente verspricht, eine Entscheidung zu ermöglichen, welche kostengünstiger ausfällt als eine Konkretisierung der finanziellen Zielsetzungen oder der Bestimmung von Konsequenzen aus Kapitalgeberrechten.

In der Gesamtschau kristallisiert sich ein im Vergleich zu den eingangs dargestellten konsumzahlungsstrombasierten Überlegungen vollkommen andersartiger Charakter der finanziellen Zielverfolgung heraus. Bei der hier dargestellten Zielverfolgung liegt ein Agieren auf schwankendem Boden vor, weil sowohl bei den eigenen Konsumaktivitäten als auch bei

---

Investitionsmöglichkeitenkurve und der nutzenmaximalen Indifferenzkurve, vgl. z.B. RUDOLPH (1983), S. 265-267.Der Entscheidende muss alle drei Bestandteile kennen, sonst könnte er sich täuschen,
a) ob die Krümmung der Kurve der Investitionsmöglichkeiten richtig bestimmt wurde, sonst würden nämlich c.p. gegebenenfalls unrentable Investitionen von rentablen mit Hilfe der Kapitalmarktgerade nicht korrekt getrennt, weil der Agent zur delegierten effizienten Investitionswahl nicht fähig war oder die Differenz in die eigene Tasche wirtschaftet.
b) ob der Kapitalmarktzins richtig ist, d.h. die Kapitalmarktgerade die korrekte Steigung aufweist. Täuscht er sich darüber, realisiert er einen suboptimalen Nutzen, weil er den falschen Konsumplan einer suboptimalen Indifferenzkurve realisiert.
c) wie seine alternativen Nutzenniveaus alternativer Konsumpläne aussehen, damit er nicht die falsche Indifferenzkurve wählt. Damit wäre man erneut bei dem bereits oben verworfenen Totalmodell.
Eine bloße Annahme der Geltung der Fisher-Separation, die die Bestimmung der Investitionsmöglichkeitenkurve sowie die Lage und Steigung der Kapitalmarktgeraden einem Agenten überlässt, kommt insofern einer Bitte darum gleich, möglichst umfangreich betrogen zu werden. Abgemildert würde dieser Anreiz nur durch Wettbewerb, dessen Intensität allerdings daran hängt, dass sich der Delegierende erneut genau informiert und gerade nicht blind delegiert. Insofern empfiehlt es sich auch nicht, einfach daran zu glauben, dass die entsprechenden Kapitalmarktinstrumente im Fall der Fälle vorhanden sein werden. Ähnliche Überlegungen gelten für eine arbitragetheoretische – marktbasierte - Bewertung der Konsequenzen eines Kapitalgeberrechts, die bei hinreichend vollständigen Märkten eine subjektive Bewertung überflüssig machen würde, vgl. WILHELM (2005), S. 650. Gegen eine solche ist nichts einzuwenden, nur muss eben zunächst einmal die vollständige Identität (Spanning) des Kapitalgeberrechts mit dem Portfolio aus Kapitalmarktinstrumenten ermittelt werden. Schon ersteres setzt, wie die Folgekapitel zeigen, sehr umfangreiche Informationsbeschaffungen voraus.

den Konsequenzen aus Kapitalgeberrechten und den verfügbaren Kapitalmarktinstrumenten berücksichtigt wird, dass stete Informationsmängel und Unschärfen bestehen. Solche Defizite werden häufig auch nicht beseitigt, da es zu teuer ist, die dafür notwendigen Informationen zu beschaffen oder gar keine Möglichkeiten bestehen, an die relevanten Informationen zu gelangen. An die Stelle von Schlussfolgerungen aus Prämissen über ein vollständiges Wissen über alle alternativen, bereits gegebenen und bekannten Konsumzahlungsstrompläne, Anlagemöglichkeiten am Kapitalmarkt und Konsequenzen aus der Ausübung von Kapitalgeberrechten treten darum tastende, sich durch eine wechselseitige Konkretisierung erst aus dem vorhandenen unvollkommenen Informationsstand sukzessiv herausbildende, den Informationsstand selbst erweiternde Konsequenzen. Hierbei wird beständig angesichts neuer Informationen zwischen möglichen Konsumentscheidungen, Kapitalmarktinstrumenten und dem vorliegenden Informationsstand über mögliche Konsequenzen aus Kapitalgeberrechten hin- und her gewechselt, um dem eigenen Unwissen je nach Notwendigkeit problembezogen so viel wie nötig und aufgrund der Kosten so einfach wie möglich abzuhelfen.[173]

Weil der eigene Informationsstand zu jedem Zeitpunkt unvollständig ist, lässt sich nicht vermeiden, dass ständige Korrekturen und Präzisierungen der Zielsetzungen in Bezug

- auf Konsumpläne,
- auf Transformationsmöglichkeiten mit Kapitalmarktinstrumenten und zuletzt auch
- auf Ausübungsvarianten und die Genauigkeit der Einschätzungen von Konsequenzen aus unterschiedlichen Ausübungen von Kapitalgeberrechten notwendig werden.

An die Stelle eines intertemporalen Vergleichs vollkommen bestimmter Konsumzahlungspläne tritt damit eine nutzenorientierte Abwägung, die neben den bekannten Überlegungen zu Höhe, zeitlichem Anfall und Wahrscheinlichkeitsverteilungen von Zahlungsströmen, noch zusätzlich einbezieht, dass Informationsdefizite und korrespondierend dazu nicht zu bereinigende Unsicherheiten bestehen.

---

[173] Darum ließe sich die Grundstruktur der im V. Kapitel vorgestellten offenen, erweiterten Jahresabschlussanalyse problemlos analog auf die Informationserhebung in Bezug auf Kapitalmarktinstrumente oder Konsumentscheidungen übertragen.

Abwägungsprozesse auf Basis subjektiver Nutzenvorstellungen brauchen für die Erarbeitung der weiteren Analyseinstrumente allerdings nicht zu interessieren und werden darum nicht weiter diskutiert.[174]

(3) Informationsanforderungen aus den Zielsetzungen

Aus den formulierten finanziellen Zielsetzungen und Nebenbedingungen lassen sich korrespondierend vier verschiedene Anforderungen an Informationen über die Konsequenzen der Ausübung von Kapitalgeberrechten ableiten. Diese bezeichnen, in welchen Dimensionen Ausprägungen messbar sein müssen, um eine spätere Ordnung der Handlungsalternativen nach ihren Konsequenzen mit Blick auf die Zielerreichung zu ermöglichen.

So sind zu erwartende Zahlungsströme aus den verfügbaren Handlungsalternativen des Kapitalgebers zu bestimmen

- zum Ersten hinsichtlich der erwarteten Höhe des Zahlungsanfalls in einzelnen Zukunftslagen,
- zum Zweiten hinsichtlich des erwarteten Zeitpunkts des Zahlungsanfalls und etwaiger Pfadabhängigkeiten von Zahlungen,
- zum Dritten hinsichtlich der erwarteten Zukunftslagen und ihrer durch Wahrscheinlichkeitsverteilungen gekennzeichneten Zusammenhänge[175] und
- zum Vierten hinsichtlich der erkennbaren Unsicherheiten in Bezug auf die ersten drei Aspekte.

Die an dritter Stelle genannten Bestimmungen beziehen sich hierbei allein auf die Formulierung von alternativen, einander wechselseitig ausschließenden und insgesamt die mit Hilfe der vorhandenen Informationen postulierbaren Zukunft vollständig bezeichnenden und darum einem Wahrscheinlichkeitskalkül zugänglichen erwarteten Zukunftslagen.[176]

---

[174] Vgl. zu Fragen, wie einzelne Ziele interagieren und gegebenenfalls in Relation zu neuen anderen Zielen treten, von Zielen zu bloßen Mitteln oder von Mitteln zu Zielen werden, auch genauer BRETZKE (1978), S. 118-126; zu Problemen einer als unabhängig vom Informationsstand vorliegenden Zielgewichtungsfunktion ebendort, S. 134 f. Vgl. zu den beiden möglichen Abwägungsmechanismen der lexikographischen Ordnung oder der Gewichtung in Bezug auf die Erreichung eines übergeordneten Ziels, in das die einzelnen Teilziele dann in einander nach bestimmten Regeln überführbar sein müssen auch SCHNEIDER (1997), S. 91 f.

[175] Vgl. SCHILDBACH (1975), S. 24.

[176] Diese Form der Risikoberücksichtigung zeichnet sich dadurch aus, dass sie einer exakten mathematischen Berechenbarkeit zugänglich ist, vgl. dazu bereits KNIGHT (1957), S. 214.

Unsicherheitsbestimmungen betreffen alle unterschiedlichen möglichen Kriterien und Ausprägungen, welche Zwischenformen betreffen, die noch nicht durch Risikoüberlegungen erfasst werden können,[177] die aber auch keine vollkommen unbekannte Unsicherheit darstellen.

II.7 Der Zweck als Ausgangspunkt der Analyse: Informationsbedarf aus Kapitalgeberrechten und Zielsetzungen

Relevante Informationen stellen nach hier vertretenem Verständnis zweckorientiertes Wissen dar.[178] Unter einem, ggf. aber auch mehreren Zwecken, wird hierbei ein für die vorzunehmenden Entscheidungen handlungsleitender vorgestellter Erfolg bzw. je nach Anzahl der Handlungsalternativen und möglichen zukünftigen Entwicklungen des Unternehmens mehrere solcher unterschiedlicher vorgestellter Erfolge im Sinne von Zielerreichungsgraden in Bezug auf die angesprochenen Ziele verstanden.[179] Der Zweck setzt also sowohl die

[177] Technisch handelt es sich bei den ersten drei Zielsetzungen um eine Sonderform einer zwar bedingten, aber nicht wahrscheinlichkeitstheoretisch bedingten Wahrscheinlichkeitsverteilung, bei der ein möglicher, in der Vorstufe anzutreffender vorgängiger Stichprobenraum nicht mehr eindeutig festgelegt werden kann, sondern sich allenfalls durch die nachfolgend diskutierte vierte Form der Unsicherheit mehr oder weniger umfangreich in Form von Alternativen eingrenzen lässt, über deren adäquate Formulierung nicht genügend gewusst wird, um eine wahrscheinlichkeitstheoretische Formulierung zuzulassen. Die postulierbare Zukunft der Risikoüberlegungen ist damit diejenige, bei der die vorhandenen Informationen gerade noch ausreichen, um sie wahrscheinlichkeitstheoretisch exakt zu beschreiben. Vgl. zu Wahrscheinlichkeitsraum, bedingten Wahrscheinlichkeiten und der hier verwendeten Deutung absoluter Wahrscheinlichkeiten als relativer Wahrscheinlichkeiten auch STEGMÜLLER (1973), S. 136 f., S. 150-155.

[178] Vgl. bereits WITTMANN (1959), S. 14. Die Kritik von Schneider, vgl. SCHNEIDER (1997), S. 80 f., am Begriff des zweckorientierten Wissens greift hierbei nicht, weil (zu a) ebenda) hier die Zwecke mit finanziellen Zielsetzungen allein für den Untersuchungsgegenstand eingeschränkt werden und eine möglichst vollkommene Entscheidung mit Hilfe eines bereits vor Informationseinholung vollkommenen Wissens aufgrund der oben anhand der Konsumpläne erläuterten Irrationalität von Totalmodellen nicht angestrebt wird. Deshalb wird auf jeweils anhand einer vor Informationseinholung gegebenen Informationsbasis vorgestellte Erfolge abgestellt. Sie greift weiterhin nicht, weil (zu b)) es ausgeschlossen ist, dass im Holmes-Moriaty-Fall beide wechselseitig alles voneinander wissen, weil sich beide auf dieses Wissen bereits zu diesem Zeitpunkt wieder reflexiv beziehen und insofern neues wechselseitig noch nicht wieder angeeignetes Wissen schaffen – mithin es vollkommene Information bei Wissen um noch nicht der Vergangenheit angehörende Entscheidungen, die allein von diesem Wissen abhängig sind, logisch nicht geben kann. Eine solche Argumentation unterschlägt zugleich, dass Holmes wie Moriaty den Zug verpassen, wenn sie nicht nach einer geeigneteren Problemkonzeptualisierung suchen, welche verhindert, dass sie sich in einem logisch nicht lösbaren strategischen Spiel gedanklich paralysieren. Schneiders Kritik greift ferner nicht, weil (zu c)) die Anwendung der Logik in dem Sinne, dass auch das Wissen um nicht zweckorientiertes Wissen als Negation zu dem zweckorientierten Wissen als zweckorientiertes Wissen gewusst werden müsse, auf einen Fall abzielt, der erst dann greift, wenn alles annähernd positiv als zweckorientiert angesehenes Wissen bereits verarbeitet wurde – in der Regel wird selbst dieses nicht vollständig verarbeitet. Darum wird die Analyse der logischen Negativrelation kaum sinnvoll sein; wer diesen Einwand stark macht, muss zumindest begründen, warum man, um ein Entscheidungsproblem zu lösen, als erstes damit beginnen sollte, sich ausgiebig mit allen für dieses Entscheidungsproblem als irrelevant angesehenen Tatsachen zu beschäftigen. Richtig ist an dieser Bemerkung, dass sie darauf hinweist, dass der Zweckbegriff zunächst unscharf gehandhabt werden muss, weil zumeist noch nicht eindeutig bekannt ist, ob eine bestimmte Information hernach wirklich zweckorientiert ausfällt.

[179] Vgl. WEBER (1956), S. 226.

Notwendigkeit einer Handlung als auch ein Ziel voraus, auf das die Handlung auszurichten ist. Gerade der Zielerreichungsgrad und seine Beeinflussbarkeit durch die Handlungsalternativen des Kapitalgebers sind zunächst unbekannt. Darum versucht ein Kapitalgeber in einem ersten Schritt zunächst, sich jeweils für sein gerade relevantes Recht aus dem Kreis der beschriebenen Rechte mögliche Ausübungen vorzustellen. Dann wird er ermitteln, welche Informationen notwendig wären, um die Konsequenzen dieser Ausübungen in Bezug auf die genannten Zielsetzungen möglichst präzise, einfach und verlässlich bezeichnen zu können. Dies verweist ihn auf Informationsmängel, welche dafür verantwortlich sind, dass ihm eine Beurteilung noch nicht möglich ist. Informationen, die diesem Mangel abhelfen, stellen auf die Entscheidungen bezogenes zweckorientiertes Wissen dar.[180]

Unter einer Analyse werden nun alle Maßnahmen über die Aneignung und Ordnung von Informationen verstanden, die diesen Informationsmängeln abhelfen. Wichtig ist hierbei anzumerken, dass das direkte Ziel der Analyse nicht ist, finanzielle Ziele des Kapitalgebers zu verwirklichen, z.B. die Risikoreduktion. Vielmehr ist das Ziel, die Orientierungsbasis dafür zu liefern, dass der Kapitalgeber sich durch seine Entscheidungen so positionieren kann, dass sie seinen Zielsetzungen entsprechen. Eine der Verfolgung finanzieller Zielsetzungen dienliche Analyse kann auch beinhalten, dass gerade Unsicherheiten in Bezug auf eine Investition aufgespürt werden, d.h. die Informationseinholung Unsicherheit schafft und nicht reduziert.[181] Solange diese durch Informationen erzeugten Unsicherheiten auf guten Gründen basieren, hat die Analyse auch dann ihren Zweck erfüllt.

Die vorherige Darstellung von Entscheidungsrechten und damit Handlungsalternativen sowie Zielsetzungen war dennoch zwingend notwendig, denn

- nur, soweit Entscheidungen gefällt werden können, ist es angesichts der Kosten der Informationsverarbeitung und der Beschränkung auf finanzielle Interessen rational, Informationen für eine Entscheidungsvorbereitung gezielt zu erzeugen und

  nur, soweit die vorhandenen Zielsetzungen bekannt sind, lässt sich nach Informationen suchen, die über Konsequenzen der Ausübung von Rechten bei Entscheidungen als Entscheidungshilfe in Bezug auf die Zielsetzungen Signalwirkung entfalten.[182]

---

[180] Vgl. auch ZEPP (2007), S. 83.

[181] Ähnlich auch SCHNEIDER (1997), S. 78.

[182] Vgl. auch VOLK (1987), S. 723; SCHILDBACH (1986), S. 6 f.; WAGNER (1982), S. 750. Konsequenzen hat jede Entscheidung, die Zweck-Mittel-Relation (wobei hier die Informationen das Mittel zum Zweck

Die bis zu diesem Moment vorgenommene Komplexitätsreduktion bezeichnet den Ausgangspunkt der jeweiligen Analyse: Konkrete Fragestellungen in Bezug auf den Erfüllungsgrad von konkreten Zielsetzungen im Hinblick auf konkret zu treffende Entscheidungen.

markieren) zeichnet sich jedoch dadurch aus, dass sie die Konsequenzen in solche einteilt, welche für eine bestimmte Fragestellung relevant sind und darum für die Entscheidungsfindung einbezogen werden und andere, bei denen dies nicht der Fall ist, die folglich in Bezug auf die Entscheidungsfindung neutralisiert werden, vgl. LUHMANN (1973), S. 61.

III. Die (unerreichbare) Idealinformation für die Analyseaufgabe

III.1 Der Ausgangspunkt einer idealen Finanzberichterstattung für Kapitalgeber

Bevor an die eigentliche Analyseaufgabe, d.h. die Vorgehensweise bei einer zielgerichteten Informationserhebung und -auswertung herangetreten wird, ist es sinnvoll, sich zu vergegenwärtigen, inwieweit die Finanzberichterstattung eines Unternehmens überhaupt zur Beantwortung der Fragestellungen der Kapitalgeber dienlich sein kann.

III.1.1 Umfang und Art finanzieller Idealinformationen

Ausgangspunkt hierfür ist das (nur ideal denkbare) Maximum an potentiell verfügbarer Unternehmensinformation, welches die zum Betrachtungszeitpunkt bestmögliche Information der Kapitalgeber beinhalten würde. Die gedankliche Ermittlung dieses Ideals als Orientierungspunkt erlaubt, Rückschlüsse auf das eigene Unwissen bei einem konkret analysierten Unternehmen zu ziehen, d.h. eine Vorstellung über die Quellen bestehender Unklarkeiten und eigenes fehlendes Wissen auszubilden.

Als Zweck von Unternehmen wird regelmäßig die Gewinnmaximierung angesehen.[183] Freilich ist, solange nicht geklärt wird, was die Gewinngröße genau bezeichnet, damit eher schlecht umrissen, welche Bezüge sich aus diesem Unternehmenszweck für die Analyse der an ihren finanziellen Zielsetzungen orientierten Kapitalgeber ableiten lassen.[184] Sinnvoller ist es darum, denjenigen Ausgangspunkt zu wählen, der der Gewinndefinition und -ermittlung vorgeordnet ist[185] und einen direkten Bezug zu den finanziellen Kapitalgeberinteressen zulässt.

---

[183] Vgl. bereits MORGENSTERN (1965), S. 125.

[184] So gilt auch hier, dass Gewinn als Konstrukt erst durch die Formulierung von Gewinnermittlungsregeln entsteht und nicht die Realität „abbildet“, vgl. auch BALLWIESER (2001), S. 646, unter Bezugnahme auf den Einkommensbegriff von SCHNEIDER (1997b), S. 35 – allenfalls lässt sich ein bestimmtes Konstrukt „Gewinn“ mit alternativen Konstrukten in Bezug auf seine Eigenschaften vergleichen.

[185] Zumindest, wenn die Gewinnermittlung das Kongruenzprinzip wahrt und dieses nicht durch Inflationswirkungen, Währungsumstellungen oder Eignern, die in verschiedenen Währungen rechnen, seinen Sinn verliert sowie, wenn immer eine Möglichkeit besteht, Kongruenzverstöße zu bereinigen, vgl. dazu auch SCHILDBACH (1999), S. 1812-1814.

Ein solcher lässt sich formulieren, wenn Unternehmen als Organisationen begriffen werden, die aus dem Einsatz von Geld mehr Geld erwirtschaften, d.h., die mit Auszahlungen Einzahlungen erzielen, welche die Auszahlungen übersteigen.[186] Weil hiermit umrissen wird, wie und warum die Zahlungen des Unternehmens angefallen sind und wie sie zusammenhängen bzw. wie und warum sie voraussichtlich anfallen werden, ergibt sich ein direkter Bezug zu den finanziellen Kapitalgeberinteressen. Schließlich könnten Kapitalgeber anhand der betreffenden Informationen zu den Zahlungen exakt überprüfen, inwieweit die zu erwartenden alternativen und mit ihren finanziellen Rechten wählbaren sowie mit ihren Eingriffs- und Klagerechten beeinflussbaren Unternehmensentwicklungen mit ihren Zielsetzungen konform gehen.

Informationen über vergangene wie zukünftige Aus- und Einzahlungen sind in jedem Unternehmen vorhanden. Letztlich lassen sich damit die Zahlungen des Unternehmens in der Vergangenheit eindeutig und in der Zukunft je nach Informationslage, d.h. im Unternehmen vorhandenem Wissen über zukünftige Entwicklungen mehr oder weniger eindeutig erfassen. Zugleich lassen die Strukturierungen der Zahlungsströme eine Abschätzung der Unterschiede zwischen Unternehmen zu. Bereits die in der Vergangenheit einander zugeordneten Aus- und Einzahlungen können abhängig vom jeweiligen Unternehmen gänzlich unterschiedlich strukturiert sein. Handelt es sich beispielsweise um einen Energieversorger, so stehen den Auszahlungen gegebenenfalls noch Einzahlungen über dreißig oder mehr Jahre gegenüber. Handelt es sich dagegen um einen Differenzarbitrageur, so fallen Aus- und Einzahlungen gegebenenfalls (nahezu) gleichzeitig an. Auch existieren einmalige Auszahlungen, die sich auf mehrere Einzahlungen verteilen, beispielsweise Server, mit denen eine Vielzahl an Online-Kunden bedient werden, bzw. Einzahlungen, für die eine Vielzahl von Auszahlungen notwendig sind, z.B. in Form von Löhnen, Materialkosten u.ä. Gleichermaßen können auch die Einzahlungen vor den Auszahlungen anfallen, beispielsweise bei Versicherungen, die Prämien erhalten und nur im Schadensfall zahlen. Ebenso gibt es Auszahlungen, die nur dazu

[186] Vgl. MARX (1972), S. 31. Wird davon ausgegangen, dass die Zahlungen Nutzen widerspiegeln, entspricht das letztlich auch der gesamtgesellschaftlichen Funktion von Unternehmen, nützlichere Leistungen zu erbringen als Ressourcen bei der Erstellung der Leistungen vernichtet werden. Drei Problemkomplexe werden mit der hier gewählten Herangehensweise ausgeklammert: Einerseits wird auf Verzerrungen des Wertmaßstabes Geld, d.h. Inflationseffekte nicht eingegangen (vgl. dazu z.B. SCHILDBACH (1979)), andererseits wird die Möglichkeit von Sacheinlagen nicht berücksichtigt. Zum Dritten wird bewusst darauf verzichtet, direkt Opportunitätskostenüberlegungen über Kapitalwertkalküle oder aber aktuelle Marktpreise zu berücksichtigen, da diese aufgrund der formulierten Zielsetzungen und dem jeweils subjektiv vorherrschenden Informationsstand nicht für alle interessierten Kapitalgeber eine inhaltlich klar interpretierbare Bedeutung aufweisen.

dienen, die Unternehmenstätigkeit überhaupt zu ermöglichen, ohne dass sie spezifischen Einzahlungen zugeordnet werden können. Diese basieren jeweils auf der Überlegung, dass die durch sie ermöglichten Geschäftsaktivitäten ausreichend vorteilhaft sind, um auch diese Auszahlungen zu rechtfertigen. Beispiele sind Gründungskosten des Unternehmens, aber auch Kosten von zentralen Abteilungen, wie Personal, Rechnungswesen oder Geschäftsleitung, die sich aufgrund von Spezialisierungseffekten herausgebildet haben. Zuletzt können auch Auszahlungen vorliegen, denen sich später keine Einzahlungen zuordnen lassen, z.B. bei Fehlinvestitionen.

Grafisch lässt sich das beispielsweise wie folgt skizzieren, wobei +/-z jeweils Ein- bzw. Auszahlungen darstellen, während die Bögen den inneren Zusammenhang des Erzeugens von mehr Geld durch die Investition von Geld umreißen:[187]

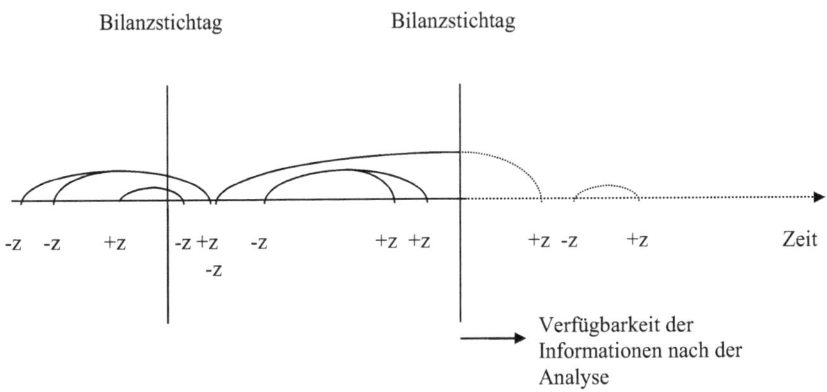

Abbildung 1: Zahlungsstromstruktur des Unternehmens

Die grafische Darstellung umreißt zugleich das Prognoseproblem, welches vor die Aufgabe stellt, aus den vergangenen Unternehmenstransaktionen und weiteren Informationen auf zukünftige Unternehmenstransaktionen zu schließen. Prognostiziert werden muss hierbei sowohl die zukünftige Entwicklung noch nicht abgeschlossener Geschäfte, d.h. bei denen entweder Ein- oder Auszahlungen bereits anfielen, als auch noch nicht einmal begonnene Geschäftsaktivitäten.

[187] Vgl. auch RIEGER (1964), S. 210.

Dabei besitzen alle Unternehmen Informationen über geplante Aus-[188] bzw. bereits vertraglich fixierte oder zumindest sich anhand der Geschäftskontakte andeutende Ein- und Auszahlungen der Zukunft, z.B. weil Kunden seit Jahren in bestimmten Abständen Waren bestellen oder andere Kunden mit einer Beendigung der Geschäftsbeziehung aufgrund schlechter Qualität der unternehmenseigenen Leistungen gedroht haben. Auch bestehen in Form von Auftragsbeständen, Vorverträgen oder Kaufabsichtserklärungen direkte Informationen über die Zukunft, weil hier der Verlauf der Zukunft - in unterschiedlichem Ausmaß - bereits in der Gegenwart festgelegt wurde.

Ebenso existieren jedoch in jedem Unternehmen Bereiche,[189] in denen noch gänzlich unklar ist, welche Ein- und Auszahlungen die Zukunft bringen wird und die umso umfangreicher werden, je ferner die Zukunft und je kurzlebiger das eigene Geschäft ist. Hier ist nicht zu leugnen, dass keine Informationen existieren, weshalb sich auch bei idealer Information der Kapitalgeber nicht mehr aus Unternehmenssicht bereitstellen lässt, als die Information, dass darüber noch nichts bekannt sei.

Zugleich können sich in der Vergangenheit begonnene Geschäfte unter internem oder externem Einfluss in eine ganz neue Richtung entwickeln.[190] Das kann einerseits dazu führen, dass die Zahlungen früher, später oder gar nicht, höher oder niedriger ausfallen. Es kann aber auch dazu führen, dass der Zusammenhang zwischen einzelnen Zahlungsströmen vollkommen neu aufgefasst wird, d.h. Investitionen der Vergangenheit nun dazu dienen, gänzlich

[188] Die Differenzierung zwischen Aus- und Einzahlungen wird an dieser Stelle durchgeführt, um den heutigen, regelmäßig anzutreffenden Käufermärkten Rechnung zu tragen. Auszahlungen können geplant und dann aller Voraussicht auch durchgeführt werden; Einzahlungen sind jedoch deutlich stärker von Informationen darüber abhängig, was denn der jeweilige Käufer in der Zukunft plant – wobei gerade an dieses Wissen aus Unternehmenssicht nicht so einfach gelangt werden kann. Aussagen über Einzahlungen werden darum auf den Bereich der objektivierbaren Anzeichen für Einzahlungen beschränkt. Es wird damit angenommen, dass nicht die Schätzungen des Managements, z.B. im Sinne eines Management Approach, sondern die Informationsgrundlagen dieser Schätzungen das eigentlich wesentliche Element für eine Idealinformation von Kapitalgebern sind.

[189] Derartige Unwissenheitsbereiche lassen sich nur negieren, wenn man
a) voraussetzt, dass der Mensch determiniert ist, d.h. keine Freiheit hat, wobei dies erkenntnistheoretisch nicht beweisbar ist, weil das eigene Ich nur durch dieses Ich ihrerseits bereits determinierende Erkenntnisformen wahrgenommen werden kann und nicht so, wie es an sich ist, vgl. dazu auch KANT (2000), S. 121 f.
b) annimmt, dass sämtliche relevanten Informationen im Rahmen der eigenen Kapazitäten verarbeitbar sind. Insbesondere beinhaltet dies, dass auch die Fehlentscheidungen anderer Marktteilnehmer auf Basis von deren unzureichendem Wissen antizipiert werden können.
Hier wird SHACKLE (1992), S. 3, gefolgt: „The history-to-come which will flow from men's decisions is non-existent until those decisions themselves are made. What does not yet exist cannot now be known." Vgl. auch SHACKLE (1992), S. 122. Freilich folgt aus "cannot be known", d.h. einer Nichtverfügbarkeit über exaktes Wissen, nicht, dass sich nicht unscharf und spekulativ einiges über Tendenzen erkennen lassen könnte.

[190] Vgl. auch SHACKLE (1992), S. 301.

andere Einzahlungen zu erzeugen, als dies ursprünglich geplant war. Ebenso bestimmt der Kontext, in dem das Geschäft des Unternehmens betrieben wird, auch, inwieweit das Unternehmen erzielte Überschüsse ausschütten kann oder diese im Unternehmen halten muss.[191] Erhielten die Kapitalgeber die beschriebenen Informationen über die Zahlungsströme durch die Pflichtpublizität des Unternehmens, so könnten sie in jedem Fall ihre Entscheidungen, soweit sie von den jeweiligen Unternehmen abhängen und Informationen überhaupt existieren, durch den Abgleich ihrer Pläne mit den Unternehmensinformationen so justieren, dass sie ihren finanziellen Zielsetzungen in optimaler Weise entsprechen. Schließlich wüssten sie einerseits, was das Unternehmen und damit sie selbst wirklich über die Zukunft wissen können und andererseits, was als Wissen nicht verfügbar, weil noch gar nicht existent ist.

Umgekehrt gilt, dass, sofern eine solche Idealinformation nicht erreicht werden kann, der alternativ erreichbare Informationsstand der Kapitalgeber nur noch allenfalls zufällig eine derart genaue Entscheidungsabstimmung auf die Informationen zulässt – dann nämlich, wenn sich fehlende Informationen in ihrer Aussage zufällig exakt kompensieren sollten.

Zwei Gründe lassen es jedoch utopisch erscheinen, dass Kapitalgeber diese Informationen erhalten können.

III.1.2 Grenzen der Bereitstellung finanzieller Idealinformationen

III.1.2.1 Berichterstattungsgrenzen aufgrund der Informationsmasse

Es ist unmittelbar einsichtig, dass die hier betroffenen Zahlungsströme und die Zusammenhänge, in denen sie stehen, je nach Unternehmensgröße in die Abertausende, wenn nicht Millionen gehen. Darum ist es bereits aus Kapazitätsgründen ausgeschlossen, dass ein Unternehmen über jeden einzelnen Zahlungsstrom und seine Zusammenhänge mit anderen Zahlungsströmen Bericht erstatten oder ein Kapitalgeber eine solche Berichterstattung

[191] Oberflächlich betrachtet stellt sich die Frage, warum nicht einfach refinanziert werden könne. Verantwortlich für Friktionen zwischen Refinanzierungsmöglichkeiten und Refinanzierungsnotwendigkeiten sind u.a. Informationsasymmetrien über das zukünftige Verhalten der Vertragspartner. Abhängig ist dies von zwei verschiedenen Aspekten: einmal davon, was das leistungswirtschaftliche Geschäft an Kapital erfordert und zum anderen davon, wie die Einschätzungen der Kapitalgeber über die Profitabilität des leistungswirtschaftlichen Geschäfts ausfallen. Entsprechend verhalten sich Unternehmen auch häufig: Befürchten sie schlechte Einschätzungen durch die Kapitalgeber und darum eine schlechte Refinanzierung, so horten sie ihre Liquidität und suchen noch schnell zu vermeintlich vorteilhaften Konditionen Geld zu akquirieren; sehen sie gute Zeiten, so schütten sie entsprechend aus, vgl. für typische Praxisfälle z.B. HARRIS/ESTRIDGE/NISSIM (2008), S. 216.

verarbeiten kann.[192] Die Informationen müssen zusammengefasst werden. Über welche Informationen faktisch verfügt werden kann und wie nahe diese an die Informationen heranreichen, welche eine optimale Abstimmung ermöglichen würden, ist dann von den Kriterien der Zusammenfassung abhängig. Die gewählten Kriterien können die Informationen entweder in für Prognoseschlussfolgerungen besonders geeigneter Form zusammenfassen oder aber in wenig aufschlussreicher Form, je nachdem, welcher Informationsverlust mit den Kriterien für die Zusammenfassung bezogen auf eine Idealinformation für die Kapitalgeber einhergeht.[193] Theoretisch ist das Spektrum der Möglichkeiten zunächst einmal sehr reichhaltig, wäre doch eine periodische retrospektive Zahlungsüberschussrechnung oder Kapitalflussrechnung, die die obigen Zahlungsströme am Periodenende zusammenfasst, soweit sie anfielen, ebenso denkbar, wie eine prospektive Kapitalflussrechnung, die die in der Zukunft anfallenden Zahlungsströme gemäß der Prognose des Unternehmens aggregiert.[194] Ein Finanzplantableau für die in der Zukunft anfallenden Zahlungsströme ist ebenso im Rahmen der Möglichkeiten,[195] wie eine zeitliche Übersicht über die in der Vergangenheit angefallenen Zahlungen. Eine Gruppierung und Saldierung der Zahlungen soweit als möglich nach dem ökonomischen Zusammenhang einzelner Ein- und Auszahlungen miteinander (dynamische Bilanz) ist ebenso denkbar,[196] wie eine Konzentration allein auf diskontierte zukünftig anfallende Zahlungsströme im Sinne einer kapitaltheoretischen (statischen) Bilanz[197] usw.

Aus der Analyseperspektive sind allerdings - anders als aus der Perspektive des Gesetzgebers - aktuell vorherrschende bilanzielle Normen, die regelmäßig vollkommen unterschiedliche bilanztheoretische Konzepte miteinander mischen, vorgegeben.[198] Hier ist allein sicherzustellen, dass die zulässigen Alternativen eines Unternehmens bei der Darstellung anfallender Zahlungsströme mittels bilanzieller Normen bekannt sind, um so Rückschlüsse auf das Spektrum der hinter dem jeweiligen Jahresabschluss möglicherweise verborgenen

---

[192] Es handelt sich um einen typischen Anwendungsfall von bounded rationality, vgl. dazu z.B. SIMON (1982), S. 409, S. 413.

[193] Denkbar ist auch eine fehlleitende Überdetermination, nämlich dann, wenn die Unternehmensleitung Aussagen zu Sachverhalten trifft, über die sie noch gar keine Aussagen treffen kann.

[194] Vgl. dazu grundlegend BUSSE VON COLBE (1966).

[195] Vgl. dazu grundlegend MOXTER (1966), S. 37-59.

[196] Vgl. dazu grundlegend PATON/LITTLETON (1967), S. 13-18.

[197] Vgl. zu den Implikationen einer kapitaltheoretischen Bilanz z.B. SCHNEIDER (1997b), S. 264-273.

[198] Abgesehen wird damit von möglichem Lobbying bei dem Gesetzgeber oder entsprechenden Standardsettern, vgl. zu einem Überblick über die Lobbyingprozesse bei der Rechnungslegung und die unterschiedlichen Interessenlagen ZÜLCH/GEBHARDT/HOFFMANN (2008), S. 4-11. Aktuell ist die Analyseseite beim Lobbying weitgehend unterrepräsentiert, vgl. dazu SCHILDBACH (2010), S. 2052.

tatsächlichen Zahlungsstromstrukturen näher eingrenzen zu können bzw. ein Bewusstsein dafür zu entwickeln, inwieweit sich dieses Spektrum überhaupt eingrenzen lässt.

Immer aber werden die in der Finanzberichterstattung anzutreffenden Informationen weit hinter den Idealinformationen zurückbleiben.

III.1.2.2 Berichterstattungsgrenzen aufgrund der Informationswirkungen

Angesichts der Unsicherheiten bei der Schätzung von Zahlungsströmen der Zukunft bzw. der Möglichkeit, durch Transaktionen Zahlungsströme der Zukunft durch die Wahl geeigneter Konditionen gegenüber Geschäftspartnern, Verbriefung zukünftig erwarteter Erträge und alle möglichen Formen des financial engineering in die Gegenwart zu verlagern oder umgekehrt in eine bewusst vertraglich beeinflusste Zukunft zu verschieben,[199] ist offensichtlich, dass die Antizipation von Wirkungen der durch die Finanzberichterstattung bereitgestellten Informationen durch ein Management nicht vernachlässigt werden darf.

So ist davon auszugehen, dass ein Management den bilanziellen Gewinnausweis in hohem Umfang durch seine Entscheidungen beeinflussen kann.[200] Weil die Informationen in die Entscheidungsgrundlagen Unternehmensbeteiligter, aber auch und vor allem der Konkurrenten eingehen und damit die zukünftige Ausgestaltung der Leistungsbeziehungen beeinflussen, haben sie direkte Rückwirkungen auf das Unternehmen. Darum kann der Gewinnausweis durch das Management nicht nur beeinflusst werden, sondern er wird es auch. Insofern gilt, „daß Jahresabschlüssen ein Prämissensystem zugrunde liegt, in das [...] die Ziele und Interessen derjenigen eingehen, die Jahresabschlüsse aufstellen. Diese Ziele und Interessen befinden sich – vor allem abhängig von [des Managements Auffassung von, Ergänzung von mir, M.G.] der jeweiligen Lage der Unternehmung – in stetem Wandel [...].“[201]

Auch hier spielt das vorherrschende Bilanzierungssystem eine zentrale Rolle. So entscheidet es nicht nur über die zugelassenen unterschiedlichen Grade an Verlässlichkeit der Bilanz-

[199] Vgl. auch MACINTOSH/SHEARER/THORNTON/WELKER (2000), S. 28.
[200] Dies zeigt sich auch in dem regelmäßig in der Praxis betriebenen Vorgehen, zuerst den auszuweisenden Gewinn zu bestimmen und hernach die Bilanzierung so umzusetzen, dass dieser Gewinn auch ausgewiesen werden kann, vgl. dazu bereits MORGENSTERN (1965), S. 79.
[201] LEFFSON (1976), S. VII.

zahlen.[202] Es bestimmt vielmehr auch die Art der bilanzpolitischen Möglichkeiten, d.h. darüber, welche Ansätze zur Bilanzpolitik es gibt, wie aufwendig es ist, mit Hilfe von Bilanzpolitik gegebene Ziele zu erreichen und wie schwierig es wird, die Bilanzpolitik von außen zu durchschauen.

Ohne weitere Informationen über Interessenlage und Hintergründe lässt sich diese Bilanzpolitik mit Glück und hohem analytischen Aufwand allenfalls hinsichtlich der Richtung der Beeinflussung einschätzen. Aufgrund der Unkenntnis der dahinter verborgenen Unternehmensrealität sowie der konkret eingegangenen Ziele und Interessen der aufstellenden Personen scheint es jedoch sehr unwahrscheinlich zu sein, dass allein mit Hilfe des Jahresabschlusses etwas darüber ausgesagt werden könne, warum die jeweiligen bilanzpolitischen Maßnahmen wahrgenommen wurden. Auch hier bestehen insofern unüberbrückbare Informationsdefizite.

III.2 Die Rolle nichtfinanzieller Informationen

Da die Darstellung der für die Kapitalgeber relevanten Informationen anhand der Bilanz nicht nur stark verkürzt ausfallen muss, sondern sich auch umfangreich beeinflussen lässt, besteht gegenüber einer alleinigen Orientierung der Kapitalgeber am Zahlenwerk und seinen Erläuterungen ein erhebliches Verbesserungspotential. Dieses wird umso größer, je weniger sich anhand des Zahlenwerks über das Spektrum an Möglichkeiten, in dem sich die zukünftigen Zahlungsströme bewegen, und damit über die Spielräume für eine Verfolgung unbekannter Ziele und Interessen schlussfolgern lässt.

Ein möglicherweise hilfreicher Ansatz, Unvollkommenheiten bei der Analyse allein finanzieller Informationen zu begegnen, könnte darin bestehen, nichtfinanzielle Informationen in die Analyse mit einzubeziehen. Fraglich ist dann, wo anzusetzen ist und wie quantitative und nicht quantitative Informationen genau kombiniert werden sollen.[203]

---

[202] Vgl. bereits eindrücklich MORGENSTERN (1965), S. 75-78, S. 84-86.
[203] Vgl. zu diesem Problem grundsätzlich auch MORGENSTERN (1965), S. 2.

III.2.1 Der Ansatzpunkt für den Einbezug nichtfinanzieller Informationen

Ein Ansatzpunkt für das Auffinden und die Zuordnung qualitativer Informationen liegt in einer zweiten Perspektive auf die Struktur von Unternehmen begründet. So lassen sich Unternehmen auch als Kern eines Beziehungsgeflechts verstehen, wobei die Beziehungen darin bestehen, dass das Unternehmen Geldmittel gegen Leistungen oder Rechte an zukünftigen Geldzahlungen eintauscht et vice versa. Aus dieser Perspektive ist das Unternehmen ein Vertragsgeflecht, welches Leistungen und Gegenleistungen zwischen den einzelnen Stakeholdern miteinander vermittelt:[204]

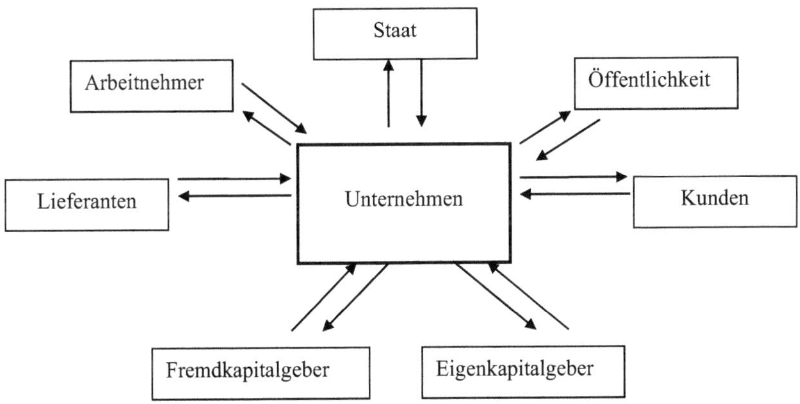

Abbildung 2: Das Unternehmen als Kern eines Beziehungsgeflechts

Betrachtet man die einzelnen Leistungsbeziehungen zwischen dem Unternehmen und den Stakeholdern, so fällt mit Blick auf die oben angeführte rein zahlungsstrombasierte Betrachtungsweise auf, dass bei der rein finanziellen Betrachtungsweise ein wichtiger Aspekt weitgehend ausgeblendet wird, nämlich die jeweilige nichtfinanzielle Gegenleistung zu den Ein- und Auszahlungen. So erfolgen Lohnzahlungen an Arbeitnehmer, damit diese ihre Arbeitsleistung dem Unternehmen zur Verfügung stellen, ebenso erhalten Lieferanten Zahlungen für ihre Produkte oder Dienstleistungen; Kunden zahlen entsprechend für die Leistungen des Unternehmens usw. Es ist also im „do ut des" jedes Einzelvertrages immer die Doppelstruktur von Leistung und Gegenleistung verankert. Dadurch eröffnet sich jeweils eine zweite, komplementäre Darstellungsebene für das Unternehmen, wenn nunmehr statt der

[204] Diese Betrachtungsweise geht letztlich zurück auf die Interpretation von Unternehmen als Koalitionen, wie sie von Cyert und March entwickelt wurde, vgl. z.B. CYERT/MARCH (1988), S. 127 – 129.

Zahlungsströme die jeweiligen Gegenleistungen ins Blickfeld gerückt werden. Bilanziell wird die komplementäre Form der Darstellung nur soweit berücksichtigt, als die bilanzrechtlichen Kriterien einzelne Zeitpunkte aus den Leistungsbeziehungen[205] herausgreifen, die dann (vielleicht) an die Gegenleistungen geknüpft sind.[206] Ein bekanntes Beispiel ist der Zeitpunkt, zu dem ein Lieferant bei der Lieferung alles in seiner Macht stehende getan hat (Realisationszeitpunkt).[207] Außerhalb dieser Kriterien werden die Gegenleistungen und ihre Konsequenzen allerdings nicht berücksichtigt. Dabei sind die Gegenleistungen alles andere als unwesentlich: Sie sind es, die letztlich die finanziellen Leistungen begründen und darum in jedem Einzelvertrag die jeweilig gegenläufig fließenden Geldmittel rechtfertigen.[208] Zudem ist es erst die Kombination dieser Gegenleistungen, welche erkennen lässt, warum ein Geschäftsmodell erfolgreich ist. Aus dieser Perspektive skizziert das Pendant zu der oben aufgeführten Grafik eine ganz andere Welt:[209]

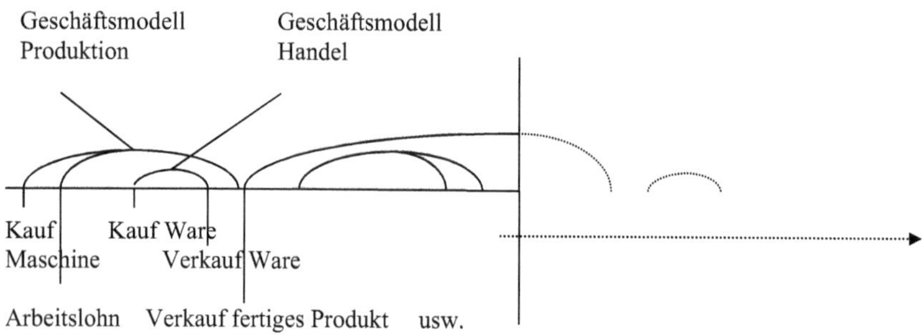

Abbildung 3: Zu den Zahlungsströmen gehörige Gegenleistungen

[205] Oder an von diesen Beziehungen gänzlich unabhängigen Sachverhalten. Liegt beispielsweise eine erfolgswirksame Marktwertbewertung vor, dann spiegeln sich in der G.u.V. allein Marktwertschwankungen, d.h. Leistungsbeziehungen von dritten Unternehmen mit weiteren dritten, von dem Unternehmen unabhängigen Unternehmen; allein durch die erfolgsneutrale Umbuchung Kasse an Wertpapier bei Verkauf lässt sich dann noch erkennen, dass das Unternehmen selbst aktiv wird.

[206] Vgl. zur Diskussion möglicher, unterschiedlich aussagekräftiger Anhaltspunkte auch ORDELHEIDE (1988), S. 288-290.

[207] Vgl. zu der diesbezüglich idealtypischen Ausprägung im Handelsrecht SCHILDBACH (2009), S. 90-93.

[208] Vgl. ebenso MORGENSTERN (1965), S. 86. De facto sind es immer diese Gegenleistungen, die bei einem Bilanzskandal aus dem Blick geraten – und letztlich sind sie es dann auch, die offenbaren, dass ein Unternehmen aus rein finanzieller Perspektive ganz anders schien, als es tatsächlich auf Basis der Gegenleistungen um es bestellt war. Ein exemplarisches Beispiel stellt hier ein Skandal wie Comroad dar, bei dem Gegenleistungen de facto gar nicht vorhanden waren, vgl. DAUM (2003), u.a. S. 66-78.

[209] Auf die kaum zu überschätzende Bedeutung der Ausblendung dieser anderen Welt bei rein finanzieller Betrachtung verweist im Kontext der Unternehmensbewertung auch DYCKHOFF (2005), S. 441 f. Dem Leser dürfte nicht entgangen sein, dass die in Kapitel II.6 skizzierte materielle Seite der Konsumaktivitäten sich hier in der materiellen Seite der Investitionsaktivitäten spiegelt.

Insofern ist für die Analyseperspektive die Frage von Interesse, welche Gegenleistungen das Unternehmen erstellt bzw. erhält, da es an diesen hängt, ob vorteilhafte Ein- und Auszahlungen in der Gegenwart bewirkt oder in der Zukunft gesichert werden können. De facto scheint diese Perspektive sogar von weit höherer Relevanz als die bislang angeführte rein finanzielle Perspektive, kann doch die finanzielle Perspektive allein nur die Zahlungsströme als Symptom für die Unternehmensleistungen abbilden, während mit den jeweiligen Gegenleistungen direkt die Ursache für die Zahlungsströme ins Blickfeld gerückt wird. Auch hier sind jedoch unüberbrückbare Grenzen anzusprechen, die einer Idealinformation der Kapitalgeber entgegenstehen.

III.2.2 Berichterstattungsgrenzen bei nichtfinanziellen Informationen

III.2.2.1 Berichterstattungsgrenzen aufgrund der Informationsmasse

Ebenso wie bei den Zahlungsströmen zuvor gilt, dass nichtfinanzielle Informationen eine Aggregation von abertausenden nichtfinanziellen Gegenleistungen darstellen. Erschwerend kommen prinzipielle Probleme bei der Aggregation hinzu. So sind die nichtfinanziellen Gegenleistungen nach qualitativen Aspekten zusammenzufassen, wobei angesichts der Vielfalt unternehmerischer Betätigungen eine einheitliche Darstellung über alle Unternehmen, wie sie mit dem Jahresabschluss und seinem direkten Zahlenbezug vorliegt, noch nicht einmal denkbar ist.[210] Es werden also durchaus unterschiedliche Kriterien in der Finanzberichterstattung anzutreffen sein. Zugleich wird anders als bei der rein bilanziellen Erfassung auch die Heterogenität und schwierige Vergleichbarkeit der Gründe für einen Unternehmenserfolg und damit der Bewertung von Investitionsalternativen nicht nur nicht verdeckt, sondern besonders grell ins Licht gerückt.[211] Dabei gilt, dass - gerade weil nichtfinanzielle Informationen bei den mehr oder weniger schemenhaft erkennbaren Gegenleistungen und damit an den späteren Ursachen für Zahlungen ansetzen - auch keinerlei Scheinsicherheiten darüber bestehen, was tatsächlich über ein Unternehmen bekannt ist. Regelmäßig ist das allerdings viel zu wenig, um zu einer fundierten Einschätzung darüber zu gelangen, was das Unternehmen wirklich ausmacht.

---

[210] Diese Vielfalt wurde bereits bei der rechtlichen Ausgestaltung als Hindernis für eine zwingende Schematisierung angeführt, vgl. z.B. GREINERT (2004), S. 56; PALMES (2008), S. 76 f.

[211] Bei der rein zahlenbasierten Analyse verlagerten sich solche Überlegungen konsequenterweise auf die Abwägung der Vor- und Nachteile der Komplexitätsreduktionen verschiedener, alternativer bilanzieller Vorschriften, die, je nach welchem Maßstab sie gemessen werden, vor- oder nachteilhaft erscheinen.

III.2.2.2 Berichterstattungsgrenzen aufgrund der Informationswirkungen

Da bei qualitativen Informationen noch nicht einmal der Maßstab festgelegt ist, an dem die Informationen gemessen werden sollen, potenzieren sich zugleich auch die Möglichkeiten, die Darstellung zu beeinflussen. Noch deutlicher als im Fall der quantitativen aggregierten Darstellung besteht die Gefahr, die Entscheidung von Unternehmensbeteiligten zu beeinflussen, soweit diese die vorgetragenen Argumente direkt auf sich beziehen können. Gerade weil es sich um die Ursache und nicht nur um das Symptom eines Unternehmenserfolges dreht, kann eine Firmenleitung auch gar nicht offen berichten, da sie schon zum Wohl des Unternehmens, beispielsweise gegenüber Konkurrenten, Geheimhaltung betreiben muss.[212]

Angesichts dessen kann auch bei der qualitativen Darstellung kaum gehofft und schon gar nicht davon ausgegangen werden, dass in der Finanzberichterstattung immer ein objektiv richtiges Bild des Unternehmens gezeichnet wird.

III.3 Das Zusammenwirken beider Bestandteile

Selbst wenn eine ideale Information durch Unternehmen im Rahmen der Finanzberichterstattung möglich wäre und die Grenzen für die Berichterstattung nicht existierten, wird an den vorherigen Ausführungen vor allem deutlich, dass eine Beschränkung der Analyse auf allein finanzielle Größen nicht ausreicht – obwohl diese zunächst bei der Verfolgung finanzieller Interessen der Kapitalgeber zunächst näher zu liegen scheint.

Pointiert zusammengefasst liegt der Grund darin, dass eine rein finanziell ausgerichtete Sichtweise ohne qualitativen Inhalt leer ist und unliebsame Überraschungen von einer durch die Gegenleistungen gekennzeichneten tatsächlichen Unternehmensrealität geradezu herausfordert.[213] Natürlich genügt auch eine rein qualitative Sichtweise aus der Perspektive finanzieller Interessen nicht. Ohne Strukturierung gemäß den finanziellen Zielsetzungen von Kapitalgebern bleiben die qualitativen Ausführungen für die Kapitalgeber blind, weil sie

---

[212] Vgl. HENSELMANN (2005), S. 296; EGNER (1974), S. 41; SCHÖN (2008), S. 2.

[213] MACINTOSH/SHEARER/THORNTON/WELKER (2000), S. 31-36 haben in diesem Kontext auch von einer Hyperrealität gesprochen, einer sich von dem realen Unternehmensalltag ablösenden rein zahlenorientierten Finanzberichterstattung. Auch derartige Entwicklungen verweisen auf die Notwendigkeit der qualitativen Dimension.

zunächst nur eine unstrukturierte Informationsmasse darstellen, deren finanzielle Auswirkungen vollkommen unklar bleiben.[214]

Das Nadelöhr, in dem beide Perspektiven zusammentreffen, sind die Verträge über Leistungen und Gegenleistungen, deren Charakteristika, innerem Zusammenhang, Konsequenzen und zukünftiger Stabilität darum sowohl mittels der finanziellen Analyse als auch der nichtfinanziellen Analyse so nahe als möglich zu kommen ist.

Sicherheit, soweit diese überhaupt in Form des zu einem Zeitpunkt bestehenden Wissens in Bezug auf zukünftige Zahlungsströme existieren kann, besteht dabei letztlich nur dann, wenn tatsächlich zu einem Wissen über vereinbarte Leistungen und Gegenleistungen in der Zukunft gelangt werden könnte.

In welchem Umfang zumindest eine Annäherung gelingt, hängt jedoch nicht allein nur von der Finanzberichterstattung, sondern ebenso von der Qualität der Analyse ab. Deren grundsätzliche Schwierigkeiten und Lösungsmöglichkeiten werden deshalb in den folgenden beiden Kapiteln IV und V im Vordergrund stehen.

[214] Ganz bewusst wird an dieser Stelle eine Parallele der gewählten Darstellungsform zu Kants erkenntnistheoretischem Diktum: „Gedanken ohne Inhalt sind leer, Anschauungen ohne Begriffe sind blind." KANT (2002); S. 120, gesucht. Erneut ist auch auf die Parallele zur Diskussion um allein zahlungsbasierte Konsumpläne aus Kapitel II.6 hinzuweisen.

IV. Probleme der erweiterten Jahresabschlussanalyse

IV.1 Der Vorwurf der mangelhaften theoretischen Fundierung der Jahresabschlussanalyse

Im letzten Kapitel wurde begründet, warum es prinzipiell sinnvoll ist, die Analyse auf beide angesprochenen Informationsarten, d.h. finanzielle wie nichtfinanzielle Informationen zu beziehen. Weil nichtfinanzielle Informationen im Folgenden explizit einbezogen werden, wird von einer erweiterten Jahresabschlussanalyse gesprochen.

Allerdings gilt bereits die sich auf finanzielle Informationen beschränkende Jahresabschlussanalyse als theoretisch mangelhaft fundiert.[215] Vorgeworfen wird ihr, sie sei nicht in der Lage, falsifizierbare empirische Gesetzmäßigkeiten für Prognosen und Handlungsempfehlungen abzuleiten.[216] Verstanden wird hierunter, dass die Jahresabschlussanalyse zeigen können müsse, ob „der Bedingungsteil einer Hypothese (die Wenn-Komponente) erfüllt ist und damit der Folgerungsteil der Hypothese (die Dann-Komponente) zur Prognose auf die zu beurteilende Unternehmung angewendet werden darf"[217].

Diese Mängel ließen sich nun allein auf die gerade dargestellten Grenzen bei der Erzeugung des Jahresabschlusses zurückführen und damit als Konsequenz der erfolgenden Informationsverdichtungen mit Hilfe von Klassifizierungen anhand bilanzrechtlicher Kriterien begreifen. So ließe sich vertreten, dass gar nicht erwartet werden könne, die genannte Forderung zu erfüllen, sollen die Jahresabschlussadressaten die Informationen noch verarbeiten können – eine mangelnde theoretische Fundierung läge also gar nicht in der Analyse, sondern in der Berichterstattung selbst begründet. In der Tat: Sofern den Wenn-Komponenten, die in der Finanzberichterstattung zu beobachten sind, realiter völlig unterschiedliche und aus Analyseperspektive nicht erkennbare Wenn-Komponenten in dem Bericht erstattenden Unternehmen zugrunde liegen können, sind anknüpfende Hypothesen und damit Dann-Komponenten selbst für eine perfekte Analysetechnologie nicht möglich, weil auch diese nur verarbeiten kann, was ihr präsentiert wird. Plakativ formuliert lässt sich mit Zahlen und verbalen Informationen, welche mitunter auch das Gegenteil von dem darzustellen vermögen, was tatsächlich der Unternehmensrealität entspricht, nicht nur theoretisch, sondern auch

[215] Vgl. KÜTING/WEBER (2009), S. 2; KÜTING/LAM/MOJADADR (2010), S. 2289.
[216] Vgl. BALLWIESER (1993), Sp. 219.
[217] SCHNEIDER (1989), S. 2.

praktisch nicht mehr viel anfangen. Da dies für finanzielle wie nichtfinanzielle Informationen gilt, wäre damit zugleich auch das Verdikt über eine erweiterte Jahresabschlussanalyse gesprochen.

Freilich lässt sich so die Koexistenz und Heterogenität der bislang existierenden Analyseansätze nicht erklären. Diese reichen im Rahmen der traditionellen Jahresabschlussanalyse quantitativ von Kennzahlen und Kennzahlensystemen,[218] statistisch basierten Verfahren,[219] auf neuronalen Netzen basierenden Ansätzen[220] bis hin zu fundamentalanalytischen Bewertungsansätzen. Qualitative Aspekte einbeziehend reichen sie von der strategischen Jahresabschlussanalyse,[221] der Unternehmensanalyse,[222] der Hauschildt'schen Finanz- und Erfolgsanalyse mit Hilfe von Frageketten,[223] typologischen Bilanzanalysen[224] und dem Saarbrücker Modell[225] bis hin zu nutzwertbasierten Scoringmodellen.[226] Gerade diese, mit den genannten Ansätzen nur andeutungsweise umrissene Vielfalt spricht dafür, dass die Probleme nicht nur in der Berichterstattung, sondern auch in nicht eindeutig geklärten oder zu klärenden Fragen bei der Analyse selbst liegen könnten, sodass alternative Lösungsansätze in einen nicht so ohne weiteres entscheidbaren Wettbewerb zueinander treten. Bevor ein eigener Lösungsansatz formuliert werden kann, sollen zunächst die Probleme Erwähnung finden, denen sich jede Analyse stellen muss. Hierbei wird angestrebt, die Kernprobleme wirklich so klar und zugleich so einfach zu bezeichnen, dass an ihnen nicht vorübergegangen werden kann. Diese Bezeichnung ist notwendig, weil sonst Scheinlösungen wahrscheinlich werden, welche unterschlagen, woran sich Lösungsansätze zu messen haben. Nach der Destruktion folgt in Reaktion auf die identifizierten Schwierigkeiten die Konstruktion des angekündigten eigenen Analyseansatzes.

---

[218] Vgl. für einen Überblick z.B. HAIL (2002).
[219] Vgl. bereits BAETGE (1980), S. 655-665.
[220] Vgl. z.B. BAETGE/SIERINGHAUS (1996), S. 229-236; BAETGE/BAETGE/KRUSE (1999).
[221] Vgl. COENENBERG (2003).
[222] Vgl. KÜTING (2002).
[223] Vgl. HAUSCHILDT (1995), insbesondere S. 14.
[224] Vgl. z.B. HÜTTCHE (2005), insbesondere S. 321.
[225] Vgl. dazu KÜTING/WEBER (2009), S. 423-430.
[226] Vgl. dazu z.B. BAETGE/KIRSCH/THIELE (2004), S. 524-528.

IV.2 Erkenntnistheoretische Probleme jeder erweiterten Jahresabschlussanalyse

IV.2.1 Die Aufgaben der Analyse

Die erweiterte Jahresabschlussanalyse soll ein möglichst zutreffendes Bild der tatsächlichen Unternehmenslage rekonstruieren. Dazu soll sie zunächst Daten erfassen und dann diese erfassten Daten zu Informationen derart verarbeiten, dass sich mit Blick auf subjektiv vorgegebene Ziele und Handlungsalternativen des Analysierenden eine Entscheidungsgrundlage ableiten lässt, auf deren Basis Handlungsalternativen nach Vorziehenswürdigkeit geordnet werden können. Die auftretenden Probleme lassen sich anhand der folgenden vier Fragenkomplexe verdeutlichen:

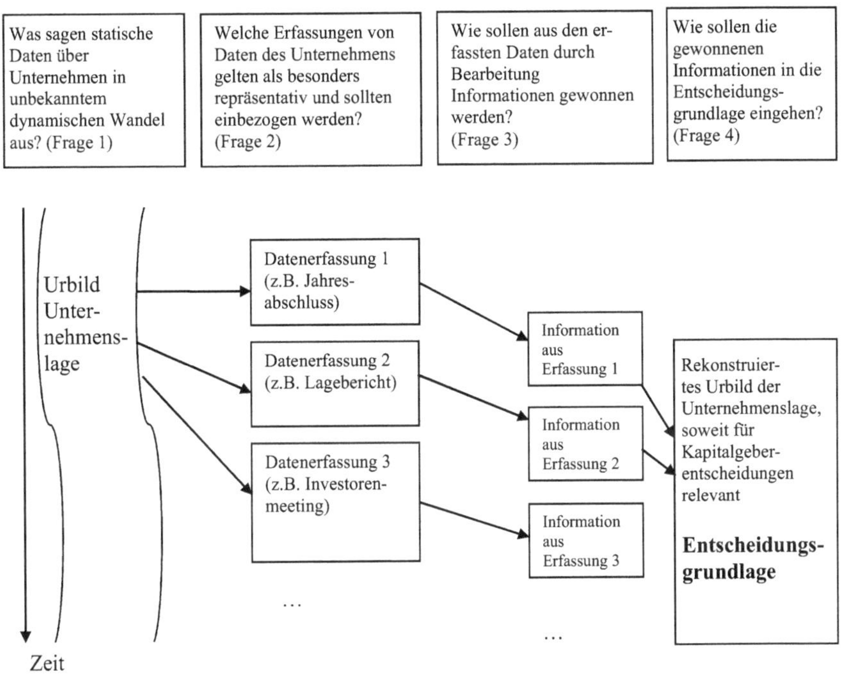

Abbildung 4: Der Weg von den Urinformationen zur Entscheidungsgrundlage

IV.2.2 Der Umfang der erfassten Daten und ihre Auswertung bei fehlendem Zugang zum Urbild

Jede für die Analyse erfasste Datenquelle, welche potentiell ein Bild von der Unternehmenslage zeichnen könnte, ist in ihrer Aussagekraft dadurch beschränkt, dass sie nicht selbst ist, was sie abzubilden vorgibt, nämlich das Urbild der wahren Unternehmenslage. Sie kann lediglich die Unternehmensgeschehnisse reduziert nachzeichnen, d.h. in irgendeiner Form verarbeitet und modellhaft präsentieren. Für den eigenen Informationsstand des Analysierenden bedeutet dies, dass er immer nur einen Zugang zu der reduzierten Nachzeichnung hat – nicht aber zu dem, was in dieser nicht dargestellt wurde.

Dies gilt unabhängig davon, ob die Präsentation des Unternehmens auf einen subjektiven Eindruck, z.B. im Rahmen einer subjektiven Gesamtwürdigung der Risikosituation im Lagebericht durch einen Vorstand, oder auf eine allein durch Regeln bestimmte Form, z.B. die Berechnung des Kassenbestands zum 31. 12. des Jahres in der Bilanz, zurückgeht. Im ersteren Fall ist die Verarbeitung durch die Subjektivität der jeweiligen Perspektive und damit die hierbei eingehenden Ziele, Interessen und Vorerwartungen verkürzt, im letzteren hingegen durch die eingeschränkte Reichweite der Regel hinsichtlich einer vollständigen Repräsentation der Unternehmenslage.

Hierbei kann eine Analyse allenfalls einen sehr kleinen Teil aller verfügbaren Daten über das Unternehmen überhaupt erfassen. Der Analysierende ist folglich gefordert, eine Beschaffungsentscheidung darüber zu treffen, welche Daten erfasst werden sollen.

Zudem wird ein Analysierender die erfassten Daten nicht so aufnehmen, wie sie sind – vielmehr wird er sie verarbeiten. Er wird also hervorheben, was ihm gemessen an bestimmten unbewusst oder bewusst angewendeten Kriterien bedeutsam erscheint, und weglassen, was er gemessen an diesen Kriterien als irrelevant erachtet. Das bedeutet, er trifft eine Auswertungsentscheidung, wenn er die erfassten Daten in einem weiteren Verarbeitungsschritt mittels der von ihm herangezogenen Kriterien in weiter verarbeitbare Informationen transformiert.[227]

Beide Entscheidungen determinieren das Analyseergebnis maßgeblich, denn je nachdem, welche Daten der Analysierende dem Umfang nach erfasst, wird sich seine spätere

[227] Vgl. zur Unterscheidung von Beschaffung und –auswertung auch SCHNEIDER (1997), S. 73 f.

Entscheidungsgrundlage anders gestalten und je nachdem, wie er die erfassten Daten auswertet, kann er mehr oder weniger viele bzw. andere Aspekte aus den erfassten Daten in seine Entscheidungsgrundlage herüberretten, die damit mehr oder weniger repräsentativ für das tatsächliche Urbild der Unternehmenslage ausfällt.[228]

Hinsichtlich beider Entscheidungen, die in der Abbildung 4 des Überblicks die Fragen 2 und 3 betreffen, gilt jedoch aufgrund eines in weiten Teilen identischen erkenntnistheoretischen Grundproblems, dass sie sich nicht allgemeingültig und damit vor der konkreten Analyse lösen, sondern nur anhand immer unvollkommener Entscheidungsregeln entscheiden lassen. Das Grundproblem zeichnet sich dadurch aus, dass eine möglichst zutreffende Aussage über ein unbekanntes Erkenntnisobjekt „Unternehmenslage" anhand einer begrenzten Auswahl von Teilaussagen getroffen werden muss,[229] wobei die Teilaussagen mittels vorab festgelegten Regeln selektiert werden, d.h. zu einem Zeitpunkt, in dem der Inhalt der ausgewählten Teilaussagen noch nicht bekannt ist. Das Grundproblem charakterisiert sowohl die Beschaffungsentscheidung über zu erfassende Daten (welche Datenquellen werden angezapft?) als auch die Auswertungsentscheidung bei beschafften Daten (wie viel Zeit verwendet man darauf, die jeweilige Datenquelle durchzuarbeiten und zu verinnerlichen? Was notiert man sich?).

Die Beschaffungsentscheidung versucht, für die Unternehmenslage aussagekräftige Daten zu erfassen. Die Auswertungsentscheidung versucht, diejenigen Informationen aus den erfassten Daten zu isolieren, welche über die Unternehmenslage informativ sein sollen.

In einem ersten Schritt wird bei der Schilderung des Problems die Frage ausgeklammert, inwieweit die Beschaffungs- und Auswertungsentscheidung überhaupt unabhängig von dem analysierten Unternehmen oder der Konkurrenz getroffen werden können.

Dass eine gesetzesartige Entscheidung über die optimale Beschaffung und Auswertung von Datenquellen bereits vor der eigentlichen Analyse prinzipiell nicht möglich ist, lässt sich nun leicht einsichtig machen, wenn als Ausgangspunkt auf die beiden verfügbaren Möglichkeiten

---

[228] Vgl. auch SHACKLE (1992), S. 341. Wie repräsentativ die Informationenabsolut gesehen ausfallen, lässt sich hierbei nicht beurteilen; beurteilen lässt sich allein die relative Repräsentativität verglichen mit anderen verfügbaren Informationen.
[229] Vgl. auch LAUX (2005), S. 375.

zur Bildung von Entscheidungsregeln, d.h. denkende Durchdringung oder Theorie sowie empirische Erfahrung oder auch Praxis, zurückgegriffen wird: Beide würden unter bestimmten Bedingungen „vollkommene" Entscheidungsregeln erzeugen. Zu hinterfragen ist dann in einem zweiten Schritt, ob die jeweiligen Bedingungen überhaupt gegeben sein können.

(1) Die Grenzen (modell-) theoretischer Überlegungen

Theoretische Überlegungen ersetzen ein unbekanntes Erkenntnisobjekt durch ein vorgestelltes Erkenntnisobjekt mit bestimmten Eigenschaften und spielen die Beziehung zwischen dem vorgestellten Erkenntnisobjekt und den durch Regeln ausgewählten Teilaussagen gedanklich durch. So treffen sie dann Aussagen darüber, welche Regeln[230] anhand dieses vorgestellten Erkenntnisobjekts mit seinen ganz bestimmten Eigenschaften sinnvolle Ergebnisse erzeugen.[231] Argumentiert wird damit im Rahmen eines Abbildungsmodells. Die Auswahlregeln bilden hierbei homomorph[232] bestimmte Elemente des vorgestellten Erkenntnisobjekts durch Teilaussagen ab, d.h. sie vereinfachen im Rahmen eines Modells, wobei jedoch sehr genau überlegt wird, wie hier vereinfacht wird und warum gerade so vereinfacht wird – es wird also gewusst, welche Konsequenzen die gewählten Vereinfachungen aufweisen. Der Theoretiker begründet beispielsweise in Abbildung 5,[233] dass eine Vernachlässigung der Elemente E und F unproblematisch sei, weshalb die auszuwählenden Teilaussagen auf die Elemente A bis D beschränkt werden könnten:

[230] Im ersteren Fall der Beschaffungsentscheidung wären dies bspw. Regeln, welche z.B. nahe legten, den Jahresabschluss zu beschaffen, aber keinen Quartalsbericht usw. Im zweiten Fall der Auswertungsentscheidung bestünde eine solche Regel z.B. darin, nur bestimmte Kennzahlen aus den Jahresabschlussdaten zu berechnen und anhand dieser, nicht aber aus den weiteren Informationen des Jahresabschlusses Rückschlüsse zu ziehen.

[231] Vgl. z.B. auch BAMBERG/COENENBERG (2002), S. 13, die diesbezüglich von Abbildung und Realsystem sprechen.

[232] Eine homomorphe Abbildung ist dadurch gekennzeichnet, dass aus dem abzubildenden Urbild nur ein Teil bei der Abbildung bewahrt und ein anderer Teil an Informationen hingegen unterdrückt wird.

[233] Ganz bewusst wird hier um der Deutlichkeit (nicht Exaktheit) willen eine grafische Darstellung gewählt und nicht z.B. eine formale, wie z.B. $f: X \rightarrow Y; X := \{A,..,F\}; Y = \{X \setminus \{E,F\}\}$; es geht schließlich gerade darum, offen zu legen, wie problematisch die jeweils konkret zugrunde liegende Informationsbasis des Theoretikers ist.

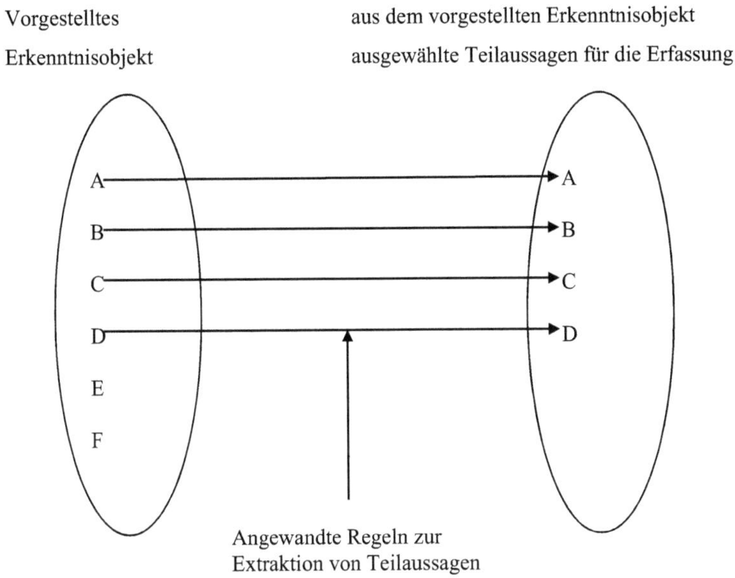

Abbildung 5: Theoretische Überlegungen bei der Analyse

Wäre die Bedeutung dieser Beziehung festgelegt, d.h. eine eindeutige Festlegung des Erkenntnisobjekts auf die vorgestellten und bestimmten Eigenschaften möglich, bestünde kein Problem. Fraglich ist jedoch, woher der Theoretiker um die von ihm bestimmten Eigenschaften seines vorgestellten Erkenntnisobjektes weiß, anhand derer er diejenigen Regeln festlegt, welche es ihm ermöglichen, einen beschränkten Kreis von Teilaussagen auszuwählen, d.h. woher das Wissen um die Eigenschaften und Konsequenzen von A bis F stammt. Nun ist die Antwort hierauf ebenso einfach zu finden, wie das in der Antwort angetroffene Problem höchst schwierig ist: Es werden bei der theoretischen Konstruktion eben nicht nur die dargestellten Regeln zur Auswahl von Teilaussagen angewendet, welche A-D von dem durch den Theoretiker vorgestellten Erkenntnisobjekt in die Ebene der Teilaussagen projizieren. Vielmehr wurde bereits zuvor die gesamte Bestimmung des vorgestellten Erkenntnisobjekts vorgenommen, indem diese durch nicht weiter erläuterte Teilaussagen als mit bestimmten Eigenschaften ausgestattet angenommen wurde. Die Regeln zur Auswahl dieser Teilaussagen sind jedoch nicht theoretisch gerechtfertigt und werden auch nicht erläutert:

Urbild der Unternehmenslage (unbestimmtes Erkenntnisobjekt) | vorgestelltes Erkenntnisobjekt des Theoretikers

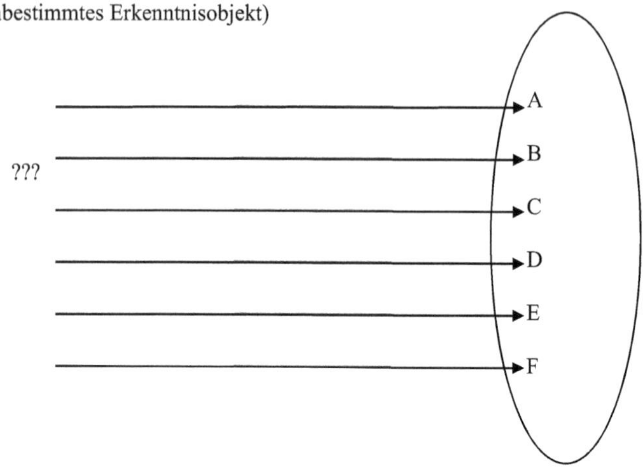

Abbildung 6: Fehlende Erläuterung der Herkunft des postulierten Urbilds

Problematisch ist daran, dass gar nicht klar ist, wie das durch den Theoretiker vorgestellte Erkenntnisobjekt zu dem tatsächlichen, unbekannten Erkenntnisobjekt „Unternehmenslage" steht. So wären die Aussagen des Theoretikers zwar richtig, wenn folgendes gelten würde:

Urbild der Unternehmenslage (unbestimmtes Erkenntnisobjekt) | vorgestelltes Erkenntnisobjekt des Theoretikers

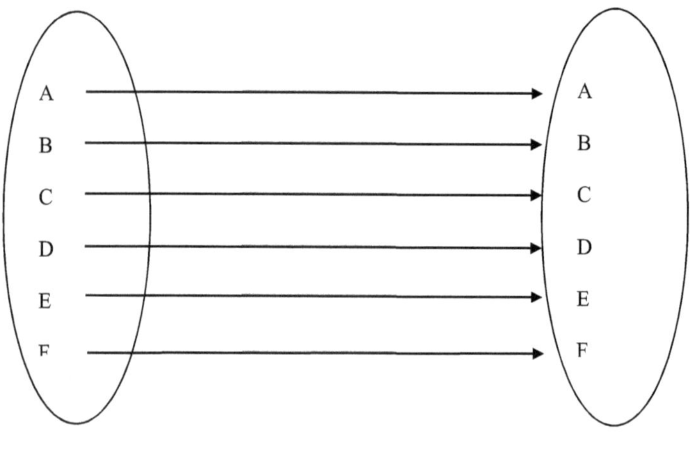

Abbildung 7: Unproblematisches Urbild

Was aber wäre über den Sinn der theoretischen Erfassung zu sagen, wenn das Urbild und damit die Beziehung von diesem Urbild zum vorgestellten Urbild wie folgt aussähe?

Urbild der Unternehmenslage (unbestimmtes Erkenntnisobjekt) — vorgestelltes Erkenntnisobjekt des Theoretikers

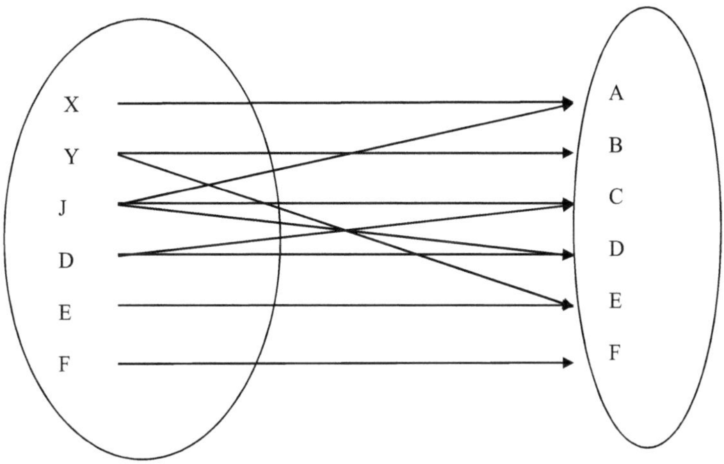

Abbildung 8: Hochproblematisches Urbild

Läge dieser Fall vor, so führte das postulierte Erkenntnisobjekt ebenso wie die gewählten Entscheidungsregeln völlig in die Irre: Große Teile (A, B, C) existieren nicht oder wurden falsch interpretiert, da sie in Wahrheit für andere Informationen stehen. Doppeldeutigkeiten, wie sie durch die diagonal verlaufenden Pfeile (Y, J, D) angedeutet wurden, sind gar nicht erst mit einbezogen worden und gerade die durch die Erfassungsregel unterdrückten Eigenschaften E und F erweisen sich als für eine Erfassung noch am aussagefähigsten.

Tatsächlich müsste ein Theoretiker sicher sein können, dass sein vorgestelltes Erkenntnisobjekt die Realität isomorph[234] erfasst hat – eine Sicherheit, die grundsätzlich nicht möglich ist, weil er von dieser Realität immer nur über bereits verarbeitete Erfassungen von Daten und seinen eigenen jeweiligen Informationsstand vor Einholung der Informationen weiß. Weil insofern eine theoretische Erfassung nicht als abschließend richtig gelten kann,

[234] Unter einer isomorphen Abbildung versteht man eine strukturidentische Abbildung, bei der keine Informationen des abgebildeten Sachverhalts verloren gehen.

bleibt jeder allein theoretische Versuch der Rechtfertigung bestimmter Auswahlregeln als vorziehenswürdig bereits aufgrund seiner eigenen Konstruktionsprobleme uneindeutig. Denn der Theoretiker kann keine theoretischen Aussagen darüber machen, was eine homomorphe Teilaussagen über das von ihm vorgestellte Erkenntnisobjekt generierende Erfassungsregel im konkreten Fall und damit für ein noch unbekanntes Erkenntnisobjekt mit z.T. unbekannten Eigenschaften genau bewirkt.

Dem kann ein Theoretiker einerseits dadurch versuchen zu entgehen, dass er in kreativer Weise zusätzliche Teilaussagen bedenkt und in sein mit bestimmten Eigenschaften ausgestattetes postuliertes Erkenntnisobjekt einbezieht, um an diesen seine Auswahlregeln zu prüfen. Abschwächen kann er diese Problematik auch, indem er zumindest solche Aussagen im postulierten Erkenntnisobjekt vermeidet, von denen er sich aufgrund aller seiner empirischen Erfahrungen relativ sicher ist, dass sie in dem von ihm nicht bestimmten Erkenntnisobjekt zufolge nicht vorliegen. Immer aber schiebt er die Frage der korrekten Beschränkung auf ausgewählte Teilaussagen, welche eine Beschaffungs- bzw. Auswertungsentscheidung eindeutig erleichtern und einen unzweifelhaften Vorteil bedeuten könnten, lediglich hinaus, ohne sie beseitigen zu können.[235] Zugleich gilt, dass die von ihm vorgeschlagene Methodik für gerade dieses Defizit blind sein muss, weil die Frage nach Defiziten des vorgestellten bestimmten Erkenntnisobjektes nicht durch Überlegungen gestellt werden kann, welche die Selektion der aus dem vorgestellten bestimmten Erkenntnisobjekt zu wählenden Teilaussagen betreffen. Sie ist nur aus einer jeweils anders gewählten, im jeweiligen Abbildungsmodell aber durch die Definition des vorgestellten Erkenntnisobjektes ausgeblendeten theoretischen Perspektive möglich.

Insofern lassen sich auf Basis vorgestellter Beziehungen zwischen einem bestimmten und in seinen Eigenschaften als bekannt vorausgesetzten Erkenntnisobjekt und den ausgewählten Teilaussagen keine absolut eindeutig überlegenen Entscheidungen für eine praktisch durchzuführende erweiterte Jahresabschlussanalyse ableiten, weil jede vor Informationseinholung erfolgende Bestimmung des Erkenntnisobjekts immer nur eine Vorstellung bleibt.

---

[235] Vgl. auch SCHELLING (1990), S. 68: „Als das An-sich musste es ein absolut-Objektives schlechthin außer dem Ich sein. Dies ist undenkbar, indem ja eben dieses außer-dem-Ich-Setzen wieder ein Setzen für das Ich und demnach auch im Ich ist. Dieses ist der ewige und unauflösliche Zirkel der Reflexion.“

Da das unbestimmte Erkenntnisobjekt nicht in Gänze zugänglich ist, kann bei der Anwendung theoretischer Überlegungen nicht ausgeschlossen werden, dass sich das unbestimmte Erkenntnisobjekt gänzlich anders verhalten kann, als es von den theoretischen Überlegungen vorausgesetzt wurde.[236] Zugleich wird deutlich, dass die Theorie von vornherein nur von Modellen, vorgestellten Erkenntnisobjekten reden kann, die miteinander verglichen werden, nie aber von der unstrukturierten, nicht modellierten Realität, deren tatsächliche Verfasstheit der Ausgangspunkt für eine Bewertung der Qualität der Theorie sein müsste. Was somit in der Theorie sicherlich - aber eben auch nur - formuliert werden kann, sind relativ überlegene Entscheidungen, die geeignete Regeln zur Auswahl von nach bestimmten Kriterien besonders aussagefähigen Teilaussagen aus einem vorgestellten Erkenntnisobjekt identifizieren – doch bleibt immer offen, welche Relation dieses seinerseits durch ungerechtfertigte Teilaussagen zusammengesetzte vorgestellte Erkenntnisobjekt zu dem im konkreten Fall tatsächlich vorliegenden unbestimmten Erkenntnisobjekt aufweist.[237]

(2) Die Grenzen rein erfahrungsbasierter, praktischer Überlegungen

Ein häufig als besser vorgeschlagener Weg scheint darin zu liegen, dass einfach der Pfad der reinen Empirie beschritten wird. Dann wird anstelle der bei der theoretischen Analyse denkbaren Teilaussagen auf praxiserprobte Teilaussagen zurückgegriffen. Hier wird die relevante Entscheidungsregel zur Auswahl von Teilaussagen nach empirischen Erfahrungen festgelegt. Es werden also diejenigen Teilaussagen, welche sich erfahrungsgemäß für das Treffen von Entscheidungen als besonders nützlich erwiesen, ausgewählt und diejenigen Teilaussagen eliminiert, deren Nutzen sich nicht bestätigt hat. Die Frage, ob die Erfassung tatsächlich korrekt ausfällt, wird zugleich vollständig ausgeklammert, weil weder ein vorgestelltes noch

[236] Dem ließe sich nun freilich entgegnen, dass auch die hier geschilderte Differenz zwischen unstrukturierter Realität und lediglich vorgestellten Erkenntnisobjekt nur eine derartige theoretische und damit vorgestellte Konstruktion ist, die bei einer anders postulierten Vorstellung anders ausfallen könnte. Das gibt der Autor auch freimütig zu. Fraglich ist hierbei weniger, wie zutreffend die geschilderte Differenz ist, denn das lässt sich ebenso wenig entscheiden wie, ob ihr Gegenteil, nämlich die Vorstellung im konkreten Fall anwendbar ist, dass das unbestimmte Erkenntnisobjekt im vorgestellten Erkenntnisobjekt vollständig erfasst ist. Meist wird hierüber zu unterschiedlichen Zeitpunkten (z.B. vor oder nach einem Bilanzskandal, vor oder nach der Subprime-Krise) unterschiedlich gedacht. Wichtig ist an dieser Stelle allein, ob eine solche Auffassung neue Perspektiven darauf eröffnet, wie Jahresabschlussanalyse betrieben werden kann und ob bzw. welche Vorgehensweisen für die Jahresabschlussanalyse fruchtbar erscheinen. Dafür wird sprechen, dass der hier vorgeschlagene Weg, der auf dieses (und andere) Probleme reagiert, in Teilen deutlich von den bislang in der bilanzanalytischen Literatur erwogenen Vorgehensweisen abweicht.

[237] Das hat die in der Praxis leider nur zu häufig ignorierte Konsequenz, dass der Anwender zumindest bei Jahresabschlussanalysen inhaltlich verstehen muss, was eine Theorie leistet, um ihre Schwächen im Anwendungsfall zu kennen; er muss insofern selbst Theoretiker sein und kann sich nicht einfach auf die Richtigkeit der von der Theorie vorgegebenen Abbildungsregeln verlassen.

ein reales Erkenntnisobjekt zu irgendeinem Zeitpunkt anders begriffen wird als durch die anhand der Erfahrungsregeln ausgewählten Teilaussagen.[238]

Doch auch hier bestehen nicht zu beseitigende Probleme. Zum einen käme es allein auf praktischer Basis nie zum Einbezug neuer Teilaussagen, da lediglich Aussagen über die Nützlichkeit bereits bekannter Teilaussagen aus vergangenen Erfahrungen möglich sind.[239] Neue Teilaussagen können folglich nur entweder anhand der oben geschilderten theoretischen Überlegungen identifiziert oder aber in völlig willkürlicher Form einbezogen werden. Schließlich liegen noch gar keine Erfahrungen darüber vor, ob das Heranziehen dieser neuen Teilaussagen nützlich ist. Insofern ist ein durchgängig erfahrungsbasiert vorgehender Ansatz gar nicht möglich.[240]

Zum anderen ist es ebenso problematisch, den durch Erfahrung vorgezeichneten status quo fortzuschreiben, da hierfür erneut Konstanz und Kenntnis des unbestimmten Erkenntnisobjekts „Unternehmenslage“ in dem Sinne vorausgesetzt werden müsste, dass die über dieses Erkenntnisobjekt generierten Teilaussagen weiterhin nützlich sind. Genau das ist für das jeweils aktuell zu analysierende Unternehmen nur gesetztes Postulat, aber eben nicht gewusst.[241] Mangels einer Auseinandersetzung mit dem Verhältnis zwischen durch die ausgewählten Teilaussagen erzeugtem und einem vorgestellten Erkenntnisobjekt lässt sich zudem gar nicht begründen, ob und in welchen Fällen die anhand der Erfahrungsregeln gewählten Teilaussagen ein (un-) zureichendes Bild zeichnen könnten.

De facto ist damit die Anwendung der praktischen Erfahrung entweder willkürlich oder sie beinhaltet dasselbe Problem wie die Anwendung theoretischer Überlegungen: Auch die

---

[238] Ausgegangen wird hier von einem naiven Positivismus; philosophisch ist ein solcher bereits seit langem nicht mehr haltbar, weil ein theoriefreier, allein unvoreingenommen beobachtender Zugang zur Realität gar nicht möglich ist, vgl. bereits ursprünglich HEGEL (1999), S. 65 f., ebenso im Rahmen des Positivismusstreites auch POPPER (1978), S. 112, S, 119. Vgl. dazu auch die Kritik Hayeks an Comte, einem der Urväter des französischen Positivismus, vgl. HAYEK (1979), S. 328 f. Der Ausgangspunkt wird hier bewusst gewählt, nicht weil er haltbar wäre, sondern weil er das gegenteilige Extrem zu der vorherigen theoretischen Vorgehensweise markiert.

[239] Mit anderen Worten muss bereits irgendwo mitgedacht worden sein, dass bestimmte Teilaussagen zu erfassen, nützlich sein könnte. Zwar lassen sich z.B. neuronale Netze mit beliebig vielen Kennzahlen füttern, nicht aber mit denen, für die die Datenerhebung noch gar nicht erdacht worden ist. Wie man auf Kennzahlen kommt, kann so ein Ansatz nicht beantworten, er kann nur aufnehmen und verarbeiten, was bereits gegeben ist.

[240] So bereits FICHTE (1977), S. 63.

[241] Dies betrifft insbesondere Ratingverfahren, welche anhand eines Lernens mittels einer Vielzahl von vergangenen Fällen Erfahrungsregeln erzeugen, wie z.B. das zu Beginn des Kapitels angeführte, auf neuronalen Netzen basierende Baetge Bilanzrating.

Erfahrung postuliert ein „wahres" Erkenntnisobjekt, welches sich aus denjenigen Teilaussagen zusammensetzt, die wegen ihrer Nützlichkeit eingeholt wurden und denjenigen Teilaussagen, die mangels Nutzenstiftung in der Vergangenheit nicht mehr eingeholt werden.

Der Unterschied ist hier allein, dass gar nicht erst versucht wird, zu verstehen, warum die Erfahrungsregeln funktionieren (könnten). Vielmehr wird dies auf einer theorielosen Basis assoziativ aufgrund des in der Vergangenheit beobachtbaren gemeinsamen Auftretens negativer oder positiver Konsequenzen für die eigenen Interessen und bestimmten Ausprägungen der eingeholten Aussagen angenommen. Ob eine solche Umsetzung von Erfahrungen in eine Rekonstruktion des tatsächlichen Erkenntnisobjekts jedoch zukünftig maßgeblich ist und die eigenen Selektionsregeln adäquat sind, ist alles andere als gesichert.

Hat sich die Relation des unbestimmten Erkenntnisobjekts zu den herangezogenen Teilaussagen hinsichtlich der Vorteilhaftigkeit dieser Teilaussagen verändert, kann gerade das Vertrauen auf die vergangenen Erfahrungen in die Irre führen. Ebenso können vorher als nicht relevant erachtete Teilaussagen im aktuell zu analysierenden Fall höchst relevant sein, wiewohl dies nicht erkennbar ist, da sie eben nicht mehr herangezogen werden. Ebenso können die weiterhin herangezogene Teilaussagen im aktuell zu analysierenden Fall höchst irrelevant sein, wobei dies unerkannt bleibt, weil die Irrelevanz nur dann deutlich werden würde, wenn die nunmehr relevanten Teilaussagen eingeholt worden wären.

Zusammenfassend besteht theoretisch wie praktisch das Problem, dass das unbekannte Erkenntnisobjekt nicht oder zumindest nicht notwendigerweise mit der von ihm erzeugten Rekonstruktion identisch ist, die anhand von ex ante vorgegebenen theoretischen oder erfahrungsgeleiteten Beschaffungs- oder Auswertungsregeln erzeugt wurde. Hat es sich unbemerkt verändert, so entzieht es sich der durch vorgegebene Regeln gebildeten Schlinge[242] und verlagert die relevanten Informationen in diejenigen Teilaussagen, die aufgrund der bislang verwendeten Regeln gerade nicht in die durch eine Analyse erstellte Entscheidungsgrundlage gelangen.

---

[242] BRETZKE hat dies in Bezug auf die Anwendung statistischer Schlussverfahren einmal mit einem Spielverderber verglichen, der beständig Anzahl und Zusammensetzung verschiedener Kugeln in einer Urne austausche, über die der Analysierende verzweifelt versuche, mit Hilfe statistischer Überlegungen Schlussfolgerungen zu ziehen, vgl. BRETZKE (1978), S. 235 Fn. 1.

Jeder Analysierende steht damit in der Situation, dass sein Wissen in Relation zu einem ihm nicht bekannten Maßstab falsch sein kann und zugleich jede Annahme über den nicht bekannten Maßstab diesen Zustand immer nur partiell verbessern, ggf. sogar verschlechtern, jedenfalls nicht abschließend klären kann. Eine Entscheidung in dieser Situation ist folglich absolut gesehen immer mit einem Moment der Unentscheidbarkeit und darum Willkür behaftet.[243]

(3) Einbezug strategischer Überlegungen unter Unsicherheit

Nun könnte die ihrerseits nicht als überlegen zu rechtfertigende Entscheidung getroffen werden, dieses Problem aufgrund seiner Unlösbarkeit einfach auszuklammern und davon auszugehen, dass das unbestimmte Erkenntnisobjekt dem durch empirisch oder theoretisch abgeleitete Teilaussagen rekonstruierten Erkenntnisobjekt entspricht. Diesen Lösungsweg schlägt letztlich jedes geschlossene und ex ante bereits strukturierte Entscheidungsfeld, jeder axiomatisierte Algorithmus und jede Checkliste anhand von ex ante vorgegebenen Kriterien ein. Das entfernt das Problem aus dem Blickfeld, weil es wegdefiniert wird, doch löst es dieses nicht nur nicht, es verschärft es sogar. Diese Verschärfung wird an zwei Aspekten besonders einsichtig:

Erstens werden durch die Analyse berührte Interessen des Erstellers ganz konkrete - nämlich für den Ersteller vorteilhafte - Änderungen des Aussagegehalts der durch den Analysierenden eingeholten und ausgewerteten Teilaussagen für das unbestimmte Erkenntnisobjekt „Unternehmenslage" bewirken. So wird beispielsweise eine standardisierte Analyse auf Basis allein theoretischer oder erfahrungsbasierter Überlegungen bewirken, dass der Ersteller mehr oder weniger schnell lernt, der Auswertung in für ihn vorteilhafter, für den Analysierenden hingegen nachteilhafter Weise Rechnung zu tragen.[244]

Zum Zweiten wird auch die gleichfalls analysierende Konkurrenz immer dann einen Grund zur Abänderung ihrer eigenen Auswahl- bzw. Beschaffungsentscheidungen haben, wenn sich Vorteile aus den anhand der jeweiligen Rekonstruktion des Erkenntnisobjekts konstant für optimal gehaltenen Beschaffungs- und Auswertungsentscheidungen eines betrachteten

[243] Auf einem anderen Blatt steht, dass Konventionen, wie Analyse zu betreiben sei, dieses Problem partiell verschleiern, weil sie aus dem Bewusstsein drängen, dass auch ganz anders vorgegangen werden könnte.

[244] Ein berühmtes Beispiel ist der Fall Enron: In diesem Fall fokussierten sich Finanzintermediäre übermäßig auf die earnings per share (Aktionäre) bzw. investment grades (Fremdkapitalgeber) unter Ausblendung der vielfältigen Anzeichen für den nahenden Bilanzskandal, vgl. dazu MC LEAN/ELKIND (2004), S. 232, S. 236.

Analysierenden ziehen lassen. Das ist der Fall, soweit die Konkurrenz auf diese Weise zu gegenüber dem betrachteten Analysierenden vorteilhafteren Analyseergebnissen gelangt.[245]

Durch beide Reaktionen verändert sich der Aussagegehalt der standardisiert erhobenen und ausgewerteten Teilaussagen, ohne dass diese Änderung in den Analyseergebnissen reflektiert würde:

Während sich das Unternehmen im ersten Fall vielleicht ganz anders entwickelt, werden jeweils diejenigen Informationen bereitgestellt, auf welche der betrachtete Analysierende positiv reagiert. Abweichungen der tatsächlichen Unternehmenslage von der durch die Informationen erfassten Unternehmenslage werden hingegen in nicht durch die Informationsauswertung erfasste Bereiche verlagert.

Im zweiten Fall wird die Konkurrenz zwischen Unternehmen auf Basis weiterer Kriterien differenzieren, welche bei nahezu gleicher Erfassung des Unternehmens durch den betrachteten Analysierenden doch nicht hinsichtlich ihrer wirtschaftlichen Lage - gemessen an den weiteren Kriterien - gleich sind.

Hiergegen hilft auch eine stete Anpassung nur beschränkt weiter, wie sie beispielsweise durch Hinzufügung vorteilhafter und Elimination unzureichender Erfahrungsregeln und durch ein Lernen neu auftretender Fälle vorgenommen werden könnte. Schließlich besteht für Unternehmen und Konkurrenz immer die Möglichkeit, sowohl auf die eliminierten wie auf die neu hinzugefügten Regeln zurückzugreifen, so dass sich ein Analysierender durch geeignete Eliminationen oder Hinzufügungen niemals hinreichend absichern kann.

Damit gilt auch hier, dass der Nutzen der gewählten Teilaussagen in Bezug auf das aktuell richtige Erkenntnisobjekt „Unternehmenslage“ immer ungewiss bleibt, weil unsicher ist, wie Unternehmen und Konkurrenz gerade agieren.[246]

---

[245] Angeführt wird dies häufig für den Wettbewerb von Kreditinstituten bei der Kreditvergabe, vgl. dazu z.B. HARTMANN-WENDELS/GRUNDKE/SPÖRK (2002), S. 918.

[246] Es erscheint notwendig dies von der Spieltheorie abzugrenzen: Diese lässt sich mit RUBINSTEIN (1991), S. 910, wie folgt definieren: „The standard interpretation of a game form is that it represents an exact and full description of the physical rules of a given of a situation. It includes a list of decision problems for each of the participants in the game. The information sets itemize the information available to the decision makers concerning random events and other player's previous moves. The game tree presents a chronology of potential events. The standard view is that this description is exhaustive.” Im hier vorausgesetzten Fall ist die

Abstrakt verbirgt sich hinter der dargestellten Situation das Problem, dass eine bestimmte Weise, ein Unternehmen zu beobachten, immer selbst Gegenstand von Beobachtungen zweiter Ordnung (hier durch Unternehmen und Konkurrenz) ist. Diese versuchen auszunutzen, dass die Analyse sich auf eine bestimmte Art und Weise der Beobachtung festgelegt hat und damit aus ihrer Beobachtung Teilaspekte herausfallen. Diese herausfallenden Teilaspekte, welche Informationsasymmetrie fixieren, werden unter rational Eigennutz maximierenden Konkurrenten und zu analysierenden Unternehmen bevorzugt Gegenstand von Überlegungen, wie sich aus dem Verhalten des jeweils Analysierenden ein Nutzen durch Fehlwahrnehmung ziehen lässt.

In jeder Festlegung auf die Beobachtung nur bestimmter Bereiche, d.h. der Festlegung auf bestimmte zu erhebende Teilaussagen anhand von Kriterien, ist folglich deren Aushöhlung durch Umgehungsstrategien von vornherein angelegt.[247]

Darum wird eine Festlegung auf bestimmte Kriterien auf Dauer immer den Schaden aus Informationsasymmetrie in dem jeweils ausgeblendeten Bereich maximieren.[248] Dadurch wird jede ausschließlich standardisierte, auf einen reinen Rechenvorgang reduzierte Form der erweiterten Jahresabschlussanalyse, ob sie nun auf theoretischen oder auf empirischen Grundlagen beruht, ausgehebelt.

Beschreibung weder vollständig noch exakt, die Situation nicht gegeben, die Liste der Entscheidungsprobleme verändert sich ständig, die Teilnehmer des Spiels und die Informationen, die interagieren sind nur teilweise bekannt, insbesondere ihre Interaktion ist nicht bekannt, ob es sich um Zufallsereignisse handelt, ist nicht bekannt und auch die Züge der anderen Spieler sind nur teilweise bekannt. Der Autor hat zehn verschiedene Geschäftsführer unterschiedlicher Unternehmen zu in der Literatur anzutreffenden, typischen spieltheoretischen Situationen (Unraveling Modellen und Cheap Talk Ansätzen, konkret von EWERT/WAGENHOFER (1992) sowie GIGLER (1994)) befragt und von allen zehn, jeweils mit anderen Gründen unterlegt, die Antwort erhalten, dass spieltheoretische Situationen mit solchen Informationsvoraussetzungen in der Praxis überhaupt keine Rolle spielen. Die wesentlichen Gründe liegen regelmäßig darin, dass die benannten Definitionsbestandteile nicht fixiert werden können. Sie liegen also nicht in einem Theoriedefizit der Praxis, sondern darin, dass sich die theoretischen Überlegungen wegen der zugrunde gelegten Prämissen nicht auf die Praxis anwenden lassen. Auf dieses Problem hat bereits früh SHACKLE (1992), S. 161, hingewiesen.

[247] Insofern stellt es auch keine Lösung dar, die Perspektive zu wechseln und anhand anderer Kriterien standardisiert zu analysieren oder alle möglichen Kriterien einzubeziehen und zu gewichten – denn dann werden die anderen Kriterien oder die Gewichtungen das Ziel von Unternehmen und Konkurrenz, welche in Versuch und Irrtum herausfinden, welche Umgehungsstrategien bestehen.

[248] Das Problem lässt sich darum nicht beheben, weil die Beobachtungskriterien bestimmte sein müssen. Bestimmte Kriterien sind jedoch durch ihre Bestimmung immer zugleich abgegrenzt von anderen Kriterien, sonst wären sie nicht bestimmt. Insofern aber stehen für den Beobachter zweiter Ordnung immer jene anderen Kriterien zur Verfügung, welche von dem Beobachter erster Ordnung aufgrund der Bestimmtheit seiner Beobachtung nicht gesehen werden, vgl. auch LUHMANN (2006), S. 132 f. Umgehbar ist das nur durch Oszillation zwischen einander widersprechenden Bestimmungen.

IV.2.3 Die Mehrdeutigkeit und Kontextabhängigkeit von Informationen

Weil die bislang besprochenen Beschaffungs- und Auswertungsprobleme nicht behoben werden können, steht der Analysierende bei der Zusammenschau der erhobenen Informationen vor einer weiteren, sehr komplexen Frage (vgl. Frage 4 in Abbildung 4): Informationen, selbst scheinbar ganz objektive reine Zahlenangaben, besitzen regelmäßig die Eigenschaft, inhaltlich in unterschiedlichem Grade bezüglich ihrer Bedeutung auslegungsfähig zu sein und darum chamäleonartig, je nachdem, in welchen Zusammenhang sie eingebettet werden, einen anderen Sinngehalt anzunehmen.[249] Diese jedem Analysierenden bekannte Eigenschaft des „man könnte das so, aber auch so sehen" sorgt erneut für Schwierigkeiten. So weisen Informationen in Kombination mit anderen Informationen häufig positive oder negative Synergien in Form von Bedeutungen auf, die sie für sich allein genommen nicht oder zumindest nicht mit ausreichender Sicherheit beinhalten. Diese Eigenschaft sei an zwei kurzen Beispielen aufgezeigt.

Im ersten, verbal gehaltenen Beispiel finde sich in einem Prognosebericht die Bemerkung: „Die Unternehmensgruppe ist davon überzeugt, ihren Umsatz auch im folgenden Jahr steigern zu können." Was gibt diese Information her? Für sich genommen lässt sich jedenfalls mit einer solchen Information nicht viel anfangen. Anderes gilt jedoch, wenn die Information mit anderen Informationen kombiniert wird. Sie kann beispielsweise in der Zeit einer allgemeinen Branchenkrise oder im Kontext glänzender wirtschaftlicher Aussichten gegeben werden. Je nach Konstellation werden dann sofort unterschiedliche Interpretationsspektren auf den Plan gerufen. Bei einer Branchenkrise ließe sich die Information als mutige Prognose einordnen, als eine Information, welche sich nur anhand weiterer Informationen als begründet herausstellen kann oder als eine Information, die für die Wirklichkeitsfremdheit des Managements spricht. Umgekehrt wäre sie bei glänzenden Aussichten ggf. als sehr vorsichtig oder auch banal einzustufen. Ferner könnte sie, sind hohe Auftragseingänge bekannt, im Vergleich zum

[249] Das ist in Forschungen zur Semantik ausgiebig diskutiert worden. Unterschiedlich sind die Lösungsvorschläge, die von Überlegungen der Aufteilung von Bedeutungen von Informationen in feste Basisbestandteile und erweiternde fakultative Elemente reichen, vgl. dazu bereits GROSSE (1974), S. 98, S. 111-118; GREIMAS (1971), S. 38 und „nihilistischen" Ansätzen, die davon ausgehen, dass die Wortbedeutung allein kontextuell bestimmt wird, so dass noch nicht einmal einheitliche Basisbedeutungen existieren, so z.B. Wittgenstein's Familienähnlichkeiten, vgl. WITTGENSTEIN (2005), §§ 66, 67. Darauf verweist speziell für die Interaktion von Mathematik und Wirklichkeitswahrnehmung auch SHACKLE (1992), S. 184 f. oder früher bereits HAYEK (1972), S. 19. Das für Mathematik und Statistik entstehende Problem der Wirklichkeitswahrnehmung besteht hierbei darin, dass sich die Beziehungen zwischen den einzelnen Elementen nicht „einfrieren" lassen, weil sie nicht zureichend spezifiziert werden können, um sie einer Formalisierung zuführen zu können – wenn sich aber Beziehungen beständig unvorhersehbar ändern oder Problemlösungen unterdeterminiert sind, lassen sich auch keine stabilen Implikationen ableiten.

Wissensstand des Managements als sehr vage eingestuft werden oder darauf hindeuten, dass unangenehme zukünftige Ereignisse vorenthalten werden.

Wieder anderes gilt, wenn persönliche Eigenschaften des Managements bekannt sind, z.B., dass dieses immer sehr vorsichtig prognostiziert. Dann ist davon auszugehen, dass der Information substanzieller Gehalt zukommt. Ist hingegen bekannt, dass das Management immer sehr optimistisch prognostiziert, dann wäre der Information eher weniger Gehalt zuzuordnen.

Im zweiten Beispiel sei eine Zahlenangabe gegeben. Beispielsweise sei auf den in einer Bilanz aufgeführten hohen Kassenbestand zum 31.12. des Jahres verwiesen. Je nachdem, ob etwa die Zusatzinformationen bestehen, dass entweder am 1.1. des Folgejahres kurzfristige Verbindlichkeiten mit dem Kassenstand getilgt werden, der Kassenbestand gehalten wird, oder aber die Zusatzinformation vorliegt, dass der Kassenbestand weitgehend in langfristige, riskante Anlagegüter investiert wird, ergeben sich hinsichtlich der Bewertung der Information über die Höhe des Kassenbestands für einen Fremdkapitalgeber vollkommen andere Schlussfolgerungen.[250] Wird eine Zahlenangabe nicht allein auf Ebene der Zahl betrachtet, sondern zu weiteren Inhalten in Bezug gesetzt, wirkt sich die Mehrdeutigkeit der Bezugsangaben sofort auch auf die Bedeutung der Zahl aus. Wie in Kapitel III dargelegt, muss jedoch - soll nicht eine Beschränkung allein auf Symptome erfolgen - die nichtfinanzielle Perspektive einbezogen werden.

Es zeigt sich, dass die Einzelinformationen für sich genommen wenig aussagekräftig sind; vielmehr lassen sich erst aus ganzen Informationsbündeln Schlussfolgerungen ziehen.[251]

Da angesichts der oben beschriebenen Probleme der adäquaten Beschaffung und Auswertung nicht eindeutig entschieden werden kann, welche Informationen aus welchen Daten über ein Unternehmen miteinander verknüpft werden sollen, liegen unter einzelnen Analysierenden aufgrund der Kontextabhängigkeit und Mehrdeutigkeit gegebenenfalls höchst

---

[250] Vgl. zu solchen und weiteren Überlegungen auch LEFFSON (1976), S. 85 f.

[251] Vgl. auch MORGENSTERN (1965), S. 88.

unterschiedliche Informationsbündel und in der Konsequenz höchst unterschiedliche Deutungen der Unternehmenslage vor.[252]

Zugleich ist für den einzelnen Analysierenden immer unsicher, wie eine Kennzahl oder eine nichtfinanzielle Information ex post zu bewerten sein wird, denn er weiß, dass ihm möglicherweise unbekannte Informationen den aktuellen Eindruck aufgrund des neuen Kontextes, den sie aufrufen, vollständig verändern könnten. Daher weiß er, dass seine zukünftige Einschätzung des Unternehmens nicht nur durch den alleinigen Gehalt neuer Informationen verändert werden kann, sondern auch seine aktuelle Einschätzung bereits bekannter Informationen im Lichte von zusätzlichen, aktuell unbekannten Informationen eine ganz andere Bedeutung erlangen kann.[253]

Ob eine Information „entscheidungsnützlich" ist, lässt sich angesichts dessen nicht abschließend daran bemessen, wie sie die aktuelle Entscheidung verändert. Jede Veränderung einer Entscheidung kann bei Aktivierung eines „falschen" Kontexts durch die bislang vorliegenden Informationen irrig sein und läuft immer Gefahr, sich durch andere Informationen erneut völlig zu verändern.

Auch die Probleme der Mehrdeutigkeit kann eine Theorie der erweiterten Jahresabschlussanalyse nicht vorab lösen, da vor der Analyse nicht bekannt ist, ob die Informationen in eine richtige oder aber in eine falsche Richtung weisen. Zwar könnte man angesichts derartiger Probleme meinen, dass mehrdeutige und qualitative Aspekte von Informationen nicht den notwendigen Anforderungen der Objektivität genügen und darum aus der Analyse auszuschließen seien.[254] Dies entspricht letztlich der Strategie, sich bewusst hinsichtlich weiterer

[252] Das schließt nicht aus, dass das Verhalten der Analysierenden aus dem Herdentrieb heraus dennoch identisch ausfällt, vgl. dazu z.B. GRAHAM/HARVEY/RAJGOPAL (2005), S. 52 f., doch ist dies ein gemäß Kapitel II.6 ausgeklammertes Problem – hier wird davon ausgegangen, dass sich der Analysierende nach seinem eigenen Erkenntnisstand richtet.

[253] Anders ausgedrückt: Informationen sind i.d.R. nicht wertadditiv. Auf den ersten Blick ließe sich dies zwar bereinigen, indem der neuen Information die positiven oder negativen Synergieeffekte zugeordnet werden. Auf den zweiten Blick ist das jedoch eine inadäquate Beschreibung der sich tatsächlich vollziehenden Prozesse: Beobachtet man den eigenen Bewusstseinsprozess bei der Informationsauswertung, so wird der Wert von Informationen regelmäßig erst nach einer ausdauernden wechselseitigen Konfrontation miteinander, verbunden mit vielen probehalber eingeschlagenen Interpretationsversuchen, deutlich: nämlich dann, wenn sich bestimmte Informationen zu einer überlegenen einheitlichen Deutung zusammenschließen, in der die Einzelinformationen aufgehen. Ähnlich auch SHACKLE (1992), S. 118.

[254] Nicht ohne Grund vergleicht SHACKLE (1992), S. 246, eine solche Vorgehensweise mit der Erkundung eines unbekannten Landes anhand eines ex ante festgelegten Planes, der auch nach neuen Erkundungen im Land

Deutungen auszuwertender Informationen ungeachtet deren Relevanz die Augen zu verbinden und solche Deutungen als nichtexistent zu betrachten. Eine standardisierte Jahresabschlussanalyse, welche versucht, eine Scheinobjektivität durch die Fixierung bestimmter Interpretationsformen zu erreichen, würde jedoch einen hohen Preis dafür zahlen, dass sie für die Variabilität der Interpretationen unanfällig ist, weil sie alles außerhalb des durch ihre Regeln Erfassbaren übersieht. Überdies wird eine Analyse mit solchen Sicherheitsvorkehrungen gegen Mehrdeutigkeit erst recht für die oben geschilderten strategischen Überlegungen unter Unsicherheit anfällig.

Zugleich unterschlägt sie, dass später auch die vermeintlich „objektiven" Ergebnisse interpretiert werden müssen und werden. Geht man davon aus, dass einer Wahrnehmungslenkung in Form subjektiv gefärbter Aussagen alternativ durch einzelfallbezogene Denkarbeit begegnet werden kann, erscheint sie darum nicht als besonders vorteilhafte Strategie.[255]

IV.2.4 Die Grenzen des Einsatzes logisch-deduktiver Überlegungen

Angesichts der bislang dargestellten Probleme hinsichtlich des Aussagegehalts durch Analyse gewonnener Informationen scheint es nahe zu liegen, gegebene Informationen sukzessive mit Hilfe anderer Informationen auf logische Widerspruchsfreiheit hin zu überprüfen. So könnten verzerrende oder verkürzende Aussagen über die Unternehmenslage identifiziert und bei der weiteren Analyse eliminiert werden. Das wäre ein Lösungsansatz für Frage 4 (vgl. Abbildung 4).[256] Aber selbst dieser Vorschlag ist nur in engen Grenzen und keinesfalls als unanfechtbare Lösung anzusehen. Verantwortlich ist dafür, dass nur solche Überlegungen sinnvoll zur Lösung praktischer Analyseprobleme eingesetzt werden können, die (auch) logisch offen sind, d.h. bei denen nicht bereits allein ihre logische Struktur über die Wahrheit oder

selbst, wider besseres Wissen, nicht mehr abgeändert wird. Dass man auf diese Weise in den nächsten Abgrund stürzt, darf niemand verwundern.

[255] Anders hingegen SCHNEIDER (1997), S. 76 f., der solche Zusammenhänge aus dem Informationsbegriff herauslösen möchte, weil sie zu unterschiedlichen Schlussfolgerungen aus derselben Information führen. Das freilich führt nach Ansicht des Autors der Arbeit, wenn ernsthaft durchgeführt, entweder zu einer absoluten Inhaltsleere der jeweiligen Informationen oder aber zu einer in ihrer Variabilität unreflektierten Information, die nur deswegen und solange als eindeutig angesehen wird, wie die Kreativität fehlt, alternative Bedeutungen zu erkennen.

[256] Letztlich entspräche dieser Ansatz der Popper'schen Falsifizierbarkeit, die ausnutzt, dass sich aus rein deduktiven Schlüssen aus besonderen „empirischen" Aussagen auf die Falschheit von allgemeinen Sätzen schließen lässt, vgl. POPPER (1973), S. 16. Popper nutzt dabei die Asymmetrie aus, dass sich eine Aussage bereits durch eine andere Aussage logisch widerlegen lässt, aber auch durch tausende andere Aussagen nicht abschließend verifizieren.

Falschheit der Aussage entscheidet.[257] Als logisch offene Analyseansätze werden hierbei solche bezeichnet, welche weder tautologisch, d.h. immer richtig, noch kontradiktorisch, d.h. immer falsch, sind. Konsequenz der Offenheit ist, dass es nicht allein von der Logik abhängt, ob eine Aussage richtig oder falsch ist, sondern auch beobachtbare Tatsachen für die Richtigkeit oder Falschheit von Belang sind.[258] Dann aber beinhaltet ein logischer Widerspruch immer nur, dass logisch unvereinbare Axiome in den Aussagen aufeinander stoßen, bei denen es nicht allein von der Logik abhängt, welches der beiden Axiome als richtig angesehen werden kann, wenngleich die Logik den Widerspruch hervortreten lässt.[259] Weil jeder sinnvolle Analyseansatz auf logisch offene Überlegungen rekurrieren muss, da er sonst nie empirisch gehaltvoll Informationen über ein Unternehmen erzeugen könnte, lässt sich auf eine Verfälschung von Informationen mit den Mitteln der Logik.ausschließlich relativ mittels eines Vergleichs prüfen. Der Vergleich setzt wiederum seinerseits voraus, dass die dazu herangezogenen anderen Informationen richtig sind. Dafür wären diese anderen Informationen jedoch ihrerseits erst auf ihre Widerspruchsfreiheit mit allen weiteren (gerade auch den noch nicht bekannten) Informationen hin zu untersuchen. Immer könnten sich die zuletzt als Maßstab gebrauchten Informationen anhand weiterer Informationen als logisch widersprüchlich und darum (vorläufig) falsch erweisen.

Damit wäre dann ggf. eine ganz zu Beginn der Prüfungskette aufgrund eines Widerspruchs als falsch eingestufte Information vielleicht doch nicht verfälscht gewesen.[260] Es folgt also nicht

[257] Vgl. bereits HAYEK (1972), S. 14: „Genau gesagt gibt es keine geschlossenen Systeme innerhalb des Universums. Wir können lediglich die Frage stellen, ob in dem betreffenden Fall die Anzahl der Kontaktstellen, durch die das übrige Universum auf das von uns zur Isolierung vorgenommene System einwirkt (und die für die Theorie zu den Daten werden), groß oder klein ist."

[258] Die Logik, so hat dies einmal Lakatos ausgdrückt, kann nur eine bereits vorher gegebene Wahrheit oder aber Falschheit übertragen, sie kann nicht begründen, vgl. LAKATOS (1974), S. 92.

[259] Vgl. auch bereits SAVAGE (1972), S. 59; LAKATOS (1974), S. 92. Für praktische Beispiele sei auf die im Teil B befindlichen Kapitel zum Widerspruch bei der unzuverlässigen Information einerseits, sowie zur Tautologie im Bereich der Boilerplate-Analyse andererseits verwiesen.

[260] Es mag auf den ersten Blick verwunderlich erscheinen, dass an dieser Stelle nicht darauf verwiesen wird, dass zumindest bei zahlreichen Informationen, die logisch miteinander vereinbar sind und einer einzigen Information, bei der dies nicht gilt, das Urteil ganz deutlich dahingehend ausfallen könne, dass diese zahlreichen Informationen aufgrund ihrer empirischen Validität richtig und die eine Information falsch sei. Das entspricht zumindest der Alltagserfahrung. Selbst diese ist jedoch trügerisch, zieht man in Betracht, dass z.T. PR-Agenturen genau darauf spezialisiert sind, falsche Gerüchte für ihre Mandanten im Sinne eines Meinungsmanagements effektiv in der Weise zu streuen, dass sie sich möglichst weitflächig verbreiten, d.h. in einer ganzen Menge an Informationen angetroffen werden dürften. So auch z.B. SCHNEIDER (1997), S. 75. Es lenkt zugleich davon ab, dass die empirische Validität anhand von logischen Kriterien einer anderen Theorie gemessen wird, nämlich in dem Sinne, dass auch die „Realität" nichts anderes ist, als eine auf *bestimmte* Weise aufgefasste Realität, eine von dieser bestimmten Realität negierte Auffassung hingegen mit dieser auf bestimmte Weise aufgefassten Realität *logisch* kollidiert. Kollidiert sie nicht, kann dies immer noch implizieren, dass man die „Realität" eben *falsch bestimmt* hat, so dass der Widerspruch nicht deutlich wurde. Insofern muss eine

zwingend die Falschheit der einen, geprüften Information, sondern lediglich, dass eine von zwei einander widersprechenden Informationen aus Perspektive der jeweils anderen Information falsch ist, wobei unklar bleibt, welche der beiden Informationen es ist. Immer lässt sich die Setzung des Maßstabs und der anhand des Maßstabs als verzerrt identifizierten Information umkehren, so dass dann die andere - zuvor als Maßstab angelegte - Information verzerrt wäre.

Im Umkehrschluss wird so auch problematisch, eine Information darum als zutreffend anzusehen, weil sie mit anderen Informationen logisch vereinbar ist, denn beide Informationen könnten gleichermaßen verzerrt sein, so dass die bloße logische Relation die Irreführung bestärkt, statt zu einer Aufklärung beizutragen.[261]

Auch diese Folgewirkung der notwendigen logischen Offenheit eines Analyseansatzes beinhaltet ein zentrales Problem für die Jahresabschlussanalyse. Offensichtlich lässt sich die Masse an Informationen allein auf logischem Wege nicht reduzieren. Logische Widersprüche zwingen zwar zu einer Entscheidung zwischen verschiedenen Informationen, klären aber nicht, in welche Richtung diese Entscheidung gefällt werden soll.[262] Dass Informationen einander nicht widersprechen, bestärkt zwar darin, dass Informationen gemessen an ihrer logischen Struktur zusammengehören, anhand allein der Logik lässt sich aber nichts darüber aussagen, wie gut der zusammengehörende Informationsblock und seine logische Struktur die Realität erfassen.[263]

Widerlegung immer nicht allein zweiseitig, sondern vielseitig erfolgen: empirische Tests sind vielseitige Kämpfe zwischen theoretischen Rivalen und der sich in ihnen spiegelnden und ohne sie unzugänglichen Realität, vgl. dazu auch LAKATOS (1974), S. 112.

[261] So war eines der Ergebnisse von Shell bei Forschungen über das Zustandekommen von Zukunftsprognosen, dass diese stark konvergierten – nicht, weil sich alle in Bezug auf die später dann auch ganz anders ausfallende Zukunft sicher waren, sondern, weil eine starke wechselseitige Beeinflussung und Homogenisierung in Bezug auf den eigenen Prognosen jeweils zugrunde gelegten Informationsbestand stattfand, vgl. BECK (1982), S. 14. Wenn überhaupt erkannt werden soll, dass eine Wenn-Komponente zweifelhaft ist, dann durch sorgfältige inhaltliche Analyse der einander widersprechenden Informationen auf Plausibilität, in kaum einem Fall aber wird sich das anhand der Masse der vorhandenen Informationen feststellen lassen.

[262] Dabei sollte nicht verunsichern, dass sie in der Praxis klärend zu wirken scheinen – dies liegt daran, dass die eingeschlagene Denkrichtung bereits eine der beiden einander widersprechenden Informationen als richtig setzt.

[263] Die zentrale erkenntnistheoretische Implikation einer Selbstbeschränkung auf rein logische Ableitungen bringt SHACKLE (1992), S. 85, hierbei sehr gut auf den Punkt, wenn er sagt: „Such a criterion [gemeint ist: strict rationality, the claim of a chosen action to be based on full relevant information and to be demonstrably superior in its results to any other available, [Anmerkung von mir, M.G.] forbids the study of the question of what men in any given context and situation can know.“ Denn entweder man setzt voraus, dass es schon gewusst wird oder dass es nicht gewusst wird. Es lässt sich so aber schlicht nicht fragen, wovon es abhängt, ob es gewusst werden kann.

Zwar können nach unterschiedlichen Kriterien widerspruchsfrei organisierte Übersichten, z.B. unterschiedliche Kennzahlensysteme, welche Unternehmensdaten in bestimmten Relationen fixieren, durchaus einen unterschiedlichen Informationsgehalt aufweisen, da jeweils ein nach anderen logisch kohärenten Kriterien organisiertes Netz auf die Realität ausgeworfen wird.[264] Der unterschiedliche *Informations*gehalt ist jedoch anhand dessen zu beurteilen, ob und wie gut sich die gegebenen Informationen in jedem dieser Netze einordnen und speichern lassen bzw. wie transparent sie dadurch in ihrem Zusammenspiel werden, nicht aber anhand dessen, wie die Netze außerhalb ihrer Relation zur Realität, d.h. auf rein logischer Ebene beschaffen sind. Abzuwägen sind insofern immer (auch) die Axiome und - soweit die Anwendung einer logischen Relation eine Verkürzung mehrdeutiger Relationen in eine eindeutige Relation bedeutet - auch die Relationen, um die die Interpretation verkürzt wurde. Zugleich können als Maßstab nur logisch anders strukturierte Netze dienen, die die Realität auf andere Weise einfangen.[265]

IV.2.5 Das Problem des Ressourceneinsatzes (Zeit und Kosten)

Eine Jahresabschlussanalyse verursacht Kosten. Insofern ist eine unbeschränkte Dateneinholung und Auswertung in Bezug auf einen Zeitpunkt allenfalls dem Historiker, nicht aber dem Praktiker möglich. Zugleich steigt mit jedem Moment die Anzahl neuer zu verarbeitender Informationen an. Es müssen also Kriterien gefunden werden, welche bestimmen, in welchem Ausmaß Kosten eingegangen werden, um eine entscheidungsunterstützende Analyse vorzunehmen.

Die Jahresabschlussanalyse kostet zudem Zeit. Da jede Information zu einem gewissen Zeitpunkt entwertet ist, weil sie von Konkurrenten bereits genutzt wurde bzw. mittlerweile aufgrund der Fortentwicklung des Unternehmens (vgl. Frage 1 in Abbildung 4) an Bedeutung verloren hat, muss dem Zeitfaktor bei der Analyse Rechnung getragen werden.

Zwar gilt das ökonomische Prinzip, so dass schnellere und kostengünstigere Analysen bei gleicher Qualität bzw. qualitativ besseren Analysen bei gleich bleibender Zeit und konstanten Kosten vorzuziehen sind. Auch hier müssen jedoch - und hier bleibt die Trivialität auf der Strecke - Kriterien gefunden werden, wie vorzugehen ist, ohne genau zu wissen, was die noch

[264] Vgl. auch POPPER (1973), S. 13.

[265] Angedeutet wird dies auch bei POPPER (1973), S. XXV: „Unser Wissen ist ein kritisches Raten; ein Netz von Hypothesen; ein Gewebe von Vermutungen."

einzuholenden Informationen an Nutzen beinhalten werden und wie sich dadurch der Bedeutungsgehalt der schon eingeholten Informationen verändert.

Dabei stellt sich heraus, dass der Ansatzpunkt, welche konstanten Kosten und welcher konstante Zeitraum bzw. welche gleiche Qualität als Ausgangspunkt zu nehmen wäre, nur in absoluten Ausnahmefällen bereits im Vorfeld eindeutig zu beantworten ist, weil die unbestimmte Unternehmenslage weder bekannt noch jemals in Gänze zugänglich ist. Sicher ist, dass das Problem dann über Erwartungen des jeweiligen Analysierenden angegangen werden muss – unsicher jedoch, wie diese sinnvoll ausgestaltet werden können.

IV.3 Schlussfolgerungen

Vorausgesetzt seien nun die genannten vier Probleme, die sich regelmäßig in der Realität wieder finden. In Erinnerung zu rufen sind überdies die bereits in Kapitel III ausgeführten Grenzen für eine ideale Finanzberichterstattung. Fraglich ist, ob sich noch etwas vernünftig über die Entscheidungsnützlichkeit einer erweiterten Jahresabschlussanalyse aussagen lässt, obgleich nicht ausgeschlossen werden kann, dass in der Finanzberichterstattung anzutreffende Wenn-Komponenten aufgrund

- der Grenzen der Finanzberichterstattung oder
- der Grenzen jeder Analyse

falsch eingeschätzt werden.

Verabschieden muss man sich angesichts der geschilderten Probleme von der Illusion, es gebe empirische Gesetzmäßigkeiten, welche eine Mechanisierung oder Standardisierung ermöglichen, die die Analyse einer Maschine überantworten könnten. An ihre Stelle ist ein Konkurrieren von Informationen im konkreten Fall zu setzen – der Wettbewerb löst das eindeutig überlegene Verfahren ab. Freilich ist damit noch nicht beantwortet, wie sich sinnvoll zwischen den - gegebenenfalls auch durch bereits existierende Verfahren erzeugbaren Informationen - wählen lässt.

Um diesbezüglich einen vernünftigen Analyseansatz zu formulieren, der die Analysehandlungen organisiert, ist argumentativ darüber Rechenschaft abzulegen,

- wie vorgegangen werden sollte, um Informationen zu erheben und zu verdichten, die im Einzelfall eine möglichst treffgenaue Rekonstruktion der Unternehmenslage trotz der geschilderten Probleme ermöglichen, und
- wie sich aus dieser Rekonstruktion der Unternehmenslage in eine klare entscheidungsbezogene Struktur – hier für Kapitalgeberentscheidungen – überleiten lässt.

„Möglichst treffgenaue Rekonstruktion“ bedeutet, dass zu ermitteln ist, welcher Raum an Interpretationsmöglichkeiten in Bezug auf das Unternehmen zu einem bestimmten Zeitpunkt anhand des eigenen Informationsstands besteht.

Die Forderung, dass die Informationen in ein klares Entscheidungsproblem münden sollen, beinhaltet wiederum, die erhobenen Informationen so zu strukturieren, dass sie für die verfolgten Fragestellungen Entscheidungen fundieren können.

V. Offene, erweiterte Jahresabschlussanalyse

Korrespondierend zu den beiden Anforderungen an eine vernünftige Vorgehensweise werden zunächst zwei erst einmal leere Begrifflichkeiten als Ausgangspunkt der Analyse gewählt: Orientierungsbasis und Entscheidungsgrundlage.

Die zu einem Entscheidungszeitpunkt verfügbare Gesamtmenge an Informationen wird im Folgenden als Orientierungsbasis bezeichnet. Die aus der Orientierungsbasis für die jeweilige Entscheidung herangezogene Teilmenge an Informationen wird hingegen mit dem Begriff Entscheidungsgrundlage belegt. Während die Orientierungsbasis, die auch die Entscheidungsgrundlage enthält, alle für eine Interpretation verfügbaren erfassten Daten hinsichtlich der Unternehmenslage speichert, zeichnet sich die Entscheidungsgrundlage dadurch aus, dass sie eine Teilmenge von Informationen aus der Orientierungsbasis so strukturiert, dass sie die Anforderungen der traditionellen Entscheidungslogik erfüllt. Es wird also eine durch die herangezogenen Informationen gerechtfertigte eindeutige Entscheidung in der Entscheidungsgrundlage formuliert – die inhaltlichen Zweifel an der Zulässigkeit dieser Entscheidung werden hingegen in der restlichen Orientierungsbasis erfasst.

Der für die Konkretisierung von Entscheidungsgrundlage und Orientierungsbasis vorgeschlagene Ansatz zum Umgang mit den beschriebenen Problemen wird als offene, erweiterte Jahresabschlussanalyse bezeichnet. Er soll darstellen, wie die zur inhaltlichen Füllung von Entscheidungsgrundlage und Orientierungsbasis notwendigen Informationen zu erheben sind. Mit dem Attribut „offen" wird gekennzeichnet, dass die Informationserhebung abgesehen von

- bereits aus der Struktur der auszuübenden Entscheidungsrechte und damit potentiellen Handlungsalternativen folgenden Vorgaben,
- den aus den finanziellen Zielsetzungen eines Kapitalgebers folgenden Vorgaben und
- der Annäherung an eine aus der Struktur von Unternehmen folgenden idealen (finanziellen und korrespondierenden nichtfinanziellen) Information für Kapitalgeberzwecke

keine weiteren Vorgaben an die Analyse heranträgt, die nicht aus den geschilderten Problemen selbst folgen.

Anstelle von Vorgaben wird der Weg beschrieben, der von einer unstrukturierten Informationsmasse zu einer Entscheidungsgrundlage führt. Letztere legt eine unter Zuhilfenahme der hier nicht untersuchten subjektiven Zielgewichtungsfunktion des jeweiligen Kapitalgebers allein auf logisch-deduktivem Wege ableitbare Entscheidung nahe - zumindest wenn dies anhand der ausgewerteten Informationen möglich ist.

Im Folgenden wird eine Beschreibung der offenen, erweiterten Jahresabschlussanalyse aus zwei Perspektiven gewählt.

Aus einer ersten, prozessualen Perspektive heraus werden in den folgenden acht Unterkapiteln mögliche Analysehandlungen auf dem Weg von den unstrukturierten, noch nicht bekannten Informationen bis hin zur allein logisch-deduktiv lösbaren Entscheidung skizziert.

Aus einer zweiten, statischen Perspektive heraus wird im letzten, neunten Unterkapitel untersucht, welche unterschiedlichen Informationsklassen während des Informationsverarbeitungs- und -gewinnungsprozesses neben der Entscheidungsgrundlage entstehen.

V.1 Überblick

Den angeführten Problemen jeder erweiterten Jahresabschlussanalyse trägt die vorgeschlagene Analyse durch vier Eigenschaften Rechnung:

- Offenheit und Vorläufigkeit
- Problembezogenheit
- Aufspaltung von Mehrdeutigkeit in Eindeutigkeiten
- Einfachheit der Analyseinstrumente

1) Offenheit und Vorläufigkeit

Weil nicht bekannt ist, wie noch unbekannte Informationen die Analyseergebnisse verändern, werden die Analyseergebnisse zu jedem Zeitpunkt als vorläufig angesehen und für alle Konsequenzen aus neuen Informationen aber auch alle sich daraus ableitenden Maßnahmen offen gehalten.

Bewusst werden vor Kenntnis des konkreten Einzelfalls standardisierte Lösungen vorschlagende Informationsverarbeitungen vermieden.[266]

Neu eingeholte Informationen sind vielmehr gezielt daraufhin durchzusehen, in welcher Form sie sich durch ihren vorher unbekannten Gehalt auf die gesamte vorherige Orientierungsbasis auswirken. Gegebenenfalls kann es sogar notwendig sein, bereits für die Entscheidungsgrundlage verworfene Informationsbestandteile zu rehabilitieren.[267] Dies stellt einerseits eine Maßnahme gegen die Grenzen allein theoretischer oder allein praktischer Ansätze dar. Andererseits schwächt es die Nachteile aus der Begrenztheit logisch-deduktiver Überlegungen ab. Zuletzt sorgt es dafür, dass einer notwendigen Abänderung der eigenen Orientierung aufgrund neuer Informationen sofort Rechnung getragen wird.

2) Problembezogenheit

Der Kern der geschilderten Probleme theoretischer und praktischer Ansätze war, dass erst, wenn alle Informationen bekannt wären, Schlussfolgerungen darüber gezogen werden könnten, welche Teilmenge an Informationen für die Analyse bereits ausreichend wäre; dann jedoch wären solche Schlussfolgerungen überflüssig. Soweit sie auf allein theoretische Überlegungen abstellen, setzen logisch deduktive Ermittlungen von Lösungen der Informationsbeschaffungsprobleme für die Entscheidungsprobleme der Praxis insofern immer entweder zu viel an Wissen voraus oder sie sind überflüssig, weil bereits bekannt ist, welches Wissen relevant ist. Darum werden sie im Folgenden durch problembezogenes Denken ersetzt. Dieses beschränkt sich darauf, Probleme anhand der aktuell bekannten Informationen aufzudecken, um so Informationsbeschaffungsmaßnahmen zu stimulieren.[268] Dazu wird jeweils die gesamte Orientierungsbasis, d.h. der aktuelle Informationsstand, daraufhin durchleuchtet, an welchen Stellen Informationen fehlen, angreifbar oder überflüssig sind.[269] Die Problemorientierung

---

[266] Unter einem standardisierten Lösungsansatz wird hierbei jedes Modell verstanden, dessen Eingangsparameter exogen oder endogen durch die Modellstruktur vorgegeben sind, d.h. welches die eigene Modell*struktur* nicht flexibel an die jeweils vorherrschenden, ex ante unbekannten konkreten Umstände anpassen will. In diesem Sinne ist auch ein Rollbackverfahren der dynamischen Programmierung ein standardisierter Ansatz, vgl. zum Einsatz der dynamischen Programmierung in der Entscheidungstheorie z.B. BAMBERG/COENENBERG (2002), S. 276-279.

[267] Da eine Ablehnung einer bestimmten Interpretation immer nur auf dem aktuellen Informationsstand erfolgt, ist es selbstverständlich möglich, dass ein neuer Informationsstand diese Ablehnung revidiert. Vgl. dazu im wissenschaftstheoretischen Kontext auch LAKATOS (1974), S. 106.

[268] Ähnlich für eine problembezogene Sichtweise stark gemacht hat sich auch Popper im Rahmen des Positivismusstreites, vgl. POPPER (1978), S. 104.

[269] Beispiele dafür, wie sich dies ganz praktisch umsetzen lässt, finden sich im zweiten Teil der Arbeit in den Kapiteln Boilerplate-Analyse, Nullpositionen-Analyse und Analyse unzuverlässiger Informationen.

ersetzt als Handlungsanweisung sowohl ein theoretisch fixiertes Modell als auch eine mechanistische erfahrungsbasierte Auswertung.[270] An die Stelle eines Veränderungen nicht mehr zugänglichen theoretischen Gebäudes tritt ein sich beständig an den neuen Informationsstand anpassender Werkzeugkasten aus möglichen Problemsuch- und -lösungsanweisungen. Hierbei stellt die Problembezogenheit das Pendant zur Offenheit dar: Während mit Hilfe der Offenheit der unvorhersehbaren Veränderlichkeit eigener vorläufiger Analyseergebnisse durch neue Informationen Rechnung getragen werden soll, ist die Problembezogenheit eine Reaktion darauf, dass nur aus den bislang vorliegenden Informationen überhaupt Schlüsse auf weitere Informationsbeschaffungsmaßnahmen abgeleitet werden können.

3) Aufspaltung von Mehrdeutigkeit in mehrere Eindeutigkeiten

Auf die Mehrdeutigkeit und Kontextabhängigkeit von Informationen wird durch einen Aufspaltungsprozess reagiert. Mehrdeutigkeiten werden in mehrere Eindeutigkeiten zerlegt, die ihrerseits in einem Wettbewerb daraufhin gegeneinander auszuspielen sind, welche der alternativen Sichtweisen am meisten für sich hat.[271] Auf dieser Basis entstehen Rohbestandteile für alternative Entscheidungsgrundlagen.

Dadurch wird das oben formulierte Problem der Mehrdeutigkeit und Kontextabhängigkeit als Chance begriffen. Mehrdeutige Informationen werden als ein Weg aufgefasst, sehr viele eindeutige Informationen effizient zu übertragen. Je mehr eindeutige Informationen aus der Mehrdeutigkeit heraus erschlossen und zu anderen Informationen widerspruchsfrei in Beziehung gesetzt werden können, desto dichter knüpfen sich alternative Informationsnetze,[272] in denen sich die selbst außerhalb der Netze nicht zugängliche Realität spiegelt.

4) Einfachheit der Analyseinstrumente

Zuletzt wird die Ausgestaltung der Werkzeuge so einfach wie möglich gehalten und auf deren unmittelbare Anwendbarkeit wie auf eine mit wenig negativen Folgen behaftete Vernach-

---

[270] Dass theoretische Zusammenhänge und mechanistische erfahrungsbasierte Auswertungen dennoch eingesetzt werden, dann allerdings problembezogen, wird in Kapitel V.3.2 noch diskutiert werden.

[271] Wie dies genau vor sich gehen kann, wird einerseits bei den Erstellungsüberlegungen unter V.4 geschildert; andererseits sei auf die Ausführungen des Kapitel VI im Teil B der Arbeit verwiesen.

[272] Zurück geht der Begriff des Informationsnetzes im vorliegenden Fall auf WITTGENSTEIN (1963), Satz 6.341-6.35.

lässigung[273] geachtet. Dahinter steht die Überlegung, dass methodische Vorentscheidungen immer die eigene Flexibilität des Umgangs mit einer noch unbekannten Realität einschränken. Wurde dem in Bezug auf die Ergebnisse mit Hilfe von Offenheit Rechnung getragen, so geschieht dies in Bezug auf die Analyseinstrumente, indem die zeitgleich verwendete Anzahl methodischer Vorentscheidungen im Analyseinstrument selbst zurückgeschraubt wird. Solche Entscheidungen sind stattdessen von dem Analysierenden in der konkreten Anwendungssituation anhand seines Informationsstands zu treffen. Bildlich gesprochen, handelt es sich um ein sich im jeweiligen Einzelfall aus einzelnen problembezogen gewählten Mosaiksteinchen (Werkzeugen) je nach bereits sukzessive kennengelernten Informationen zusammenfügendes und hernach wieder in seine Einzelbestandteile zerfallendes Instrumentarium.[274]

Meist finden heuristische Begrifflichkeiten Anwendung, d.h. unmittelbar einsichtige Handlungsanweisungen, welche an den konkreten Anwendungsfall anzupassen sind – so lässt sich sicherstellen, dass der einzelne Entscheidende zu jedem Zeitpunkt weiß, was er tut. Zugleich kann er hierdurch aufgrund der direkten Möglichkeit, die Brauchbarkeit eines Analyseinstruments für das jeweilige Entscheidungsproblem zu beurteilen, auch relativ schnell bei der Lösung seiner Entscheidungsprobleme voranschreiten. Dadurch wird Zeit- und Kostenbeschränkungen Rechnung getragen.[275]

Weil die vorgefundenen Informationen und die mit ihrer Hilfe ausgebildeten Strukturen jeweils die Anknüpfungspunkte für Überlegungen auf dem Weg zu der endgültigen Entscheidungsgrundlage bilden, wird keine Rangordnung vorgegeben, welche Maßnahmen

[273] Wird eine Ratingsoftware für viele tausende Euro erworben, so verwundert es psychologisch nicht, wenn sodann versucht wird, die Investition jederzeit durch den auch unpassenden Einsatz zu rechtfertigen, auch wenn Kurse zum entscheidungstheoretisch adäquaten Umgang mit sunk costs besucht wurden. Das gilt schon darum, weil die Kosten regelmäßig als Fixkosten z.B. einer Kreditanalyseabteilung belastet werden, so dass sich ein Abteilungsleiter, wenn er das Rating nicht einsetzt, umfangreich zu rechtfertigen hätte. Die hier angestrebte Zersplitterung der Methoden in einzelne Kleinteile hat darum zum Ziel, einen nicht mehr auftrennbaren Investitionskoloss zu vermeiden und an dessen Stelle einzelne kleine Analyseinstrumente zu setzen, die für sich genommen relativ einfach und billig einsetzbar sind und darum auch nur eingesetzt werden, wenn sie hilfreich zu sein versprechen.

[274] Es ist, um auf eine ideengeschichtliche Parallele hinzuweisen, ein Ensemble von Modellanalysen im Sinne der negativen Dialektik Adornos, vgl. dazu ADORNO (1975), S. 38-42.

[275] Man ist zunächst versucht, einzuwenden, mit Hilfe von Routine könne mehr Zeit gespart werden als durch die hier vorgeschlagene Vorgehensweise. Das unterschlägt, dass sich auch bei den vorgeschlagenen Instrumenten Lerneffekte einstellen, die aber nicht zu unabänderlichen Routinen werden. Eine Routine, die zeitgleich eine Methodik blind einsetzt, kann angesichts der oben geschilderten Probleme nicht sinnvoll sein – wenn sie ihre Methodik aber nicht blind, sondern reflektiert einsetzt, dann unterscheidet sie sich nicht mehr von den hier vorgeschlagenen Vorgehensweisen.

zuerst und welche in der Folge zu ergreifen sind. Stattdessen erfahren die Überlegungen im Weiteren nur eine Unterteilung.

Sämtliche Konkretisierungen der Entscheidungsgrundlage und der Orientierungsbasis lassen sich andeutungsweise als ein dynamischer Prozess des folgenden Musters begreifen:

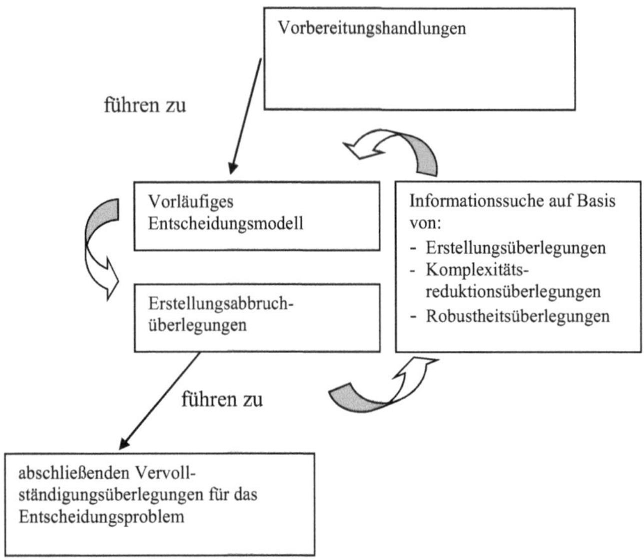

Abbildung 9: Vorgehensweise bei einer offenen, erweiterten Jahresabschlussanalyse

V.2 Vorbereitungshandlungen

Ein Kapitalgeber, der sich seinen Entscheidungsproblemen erstmals nähert, wird zunächst einmal feststellen müssen, dass diese noch weit von einer logisch-deduktiven Struktur entfernt sind. In der Regel ist anfangs noch nicht einmal klar, welche der möglichen Entscheidungsrechte auszuüben überhaupt sinnvoll in Betracht zu ziehen wäre oder in welcher Reihenfolge über ihre Ausübung entschieden werden sollte.

Will ein Kapitalgeber ein rationales Handeln anstreben, dann muss er nach den Konsequenzen seiner Entscheidung für seine Zielsetzungen fragen; er muss also Vorstellungen über mögliche Konsequenzen abhängig von seinen Handlungsalternativen ausbilden und eine Entscheidungsgrundlage erarbeiten.[276]

Die Analyse setzt voraus (sonst würde sie nicht vorgenommen), dass ein Analysierender eine Entscheidung treffen und sich damit auf eine seiner Handlungsalternativen festlegen will.[277]

Aus dieser Voraussetzung lässt sich folgern, dass, unabhängig davon, wie er sich entscheidet, jeweils nur bestimmte Entscheidungsgrundlagen denkbar sind, welche gerade diese Entscheidung logisch-deduktiv rechtfertigen können. Darum ist es sinnvoll, eine Entscheidungsgrundlage zu formulieren, welche eine logisch-deduktiv formulierbare Entscheidung impliziert. Denn dies ermöglicht, ausgehend von der Entscheidung offen zu legen, welche Informationen herangezogen und welche unterdrückt werden müssen, um die Entscheidung logisch-deduktiv werden zu lassen.

Vorbereitungshandlungen bezeichnen alle Aktivitäten, die darauf zielen, den Ausgangspunkt für nachfolgende Informationsbeschaffungsmaßnahmen zu bestimmen. Hier muss ein Kapitalgeber zwei Fragen klären, für welche die Grundlagen in Kapitel II und III gelegt wurden:

- Welche Handlungsalternativen bestehen überhaupt und welche Beziehungen sind zwischen ihnen möglich?
- Welche finanziellen Ergebnisausprägungen sind angesichts des eigenen Informationsstands und der sonstigen eigenen Ausgangsbedingungen für die finanziellen Zielsetzungen von Interesse?

(1) Präzisierung der vorläufigen Handlungsalternativen

Für die erste Frage ist zu bestimmen, welche der im ersten Kapitel dargestellten Entscheidungsrechte und -möglichkeiten für den Kapitalgeber auch faktisch bestehen. Beispielsweise kann eine zu investierende Summe zu gering sein, um Eingriffsrechte wirksam ausüben zu können, so dass deren weitere Betrachtung entfällt.[278]

---

[276] Vgl. auch SIEBEN/SCHILDBACH (1990), S. 15.

[277] Nur aus diesem Wollen folgt die Berechtigung der nachfolgenden Überlegung, eine entscheidungslogische Situation anzustreben: Der Entscheidende muss, wenn er rational entscheiden will, sich über die Grundlagen seiner Entscheidung auch und gerade im Verhältnis zu anderen möglichen Grundlagen klar werden.

[278] Zu verweisen ist allerdings auf die Möglichkeit von Minderheiten, sich auf dem Aktionärsforum nach § 127 a AktG zu organisieren.

Um die Entscheidungsgrundlage auf reine Entscheidungen auszurichten, sind zudem die faktischen Entscheidungsrechte so zu gruppieren, dass die daraus hervorgehenden Handlungsalternativen sich zum einen gegenseitig ausschließen, zum anderen jedoch eine der Handlungsalternativen in jedem Fall ergriffen werden muss.[279] Häufig werden spätere Entscheidungen von früheren beeinflusst. Beispielsweise bedingt die anfängliche Vereinbarung bestimmter Informationsrechte bei Abschluss eines Kreditvertrags die spätere Möglichkeit, Informationen zu beschaffen und auszuwerten. Hier sind provisorisch lockere Beziehungsstränge zu bilden, welche die Grundlage für mögliche, spätere Entscheidungsabfolgen bilden, die in Entscheidungsbäumen[280] abgebildet werden können.

Aus dieser Vorbereitung wird für spätere logisch-deduktiv angelegte Entscheidungsgrundlagen der vorläufige Aktionsraum A aller als faktisch möglich angesehenen Handlungsalternativen und der vorläufige Beziehungsraum B aller als faktisch möglich angesehenen Beziehungen zwischen Handlungsalternativen gewonnen.

(2) Präzisierung der Ergebnisausprägungen für eine finanzielle Zielverfolgung

Nach der Bestimmung von Aktionsraum und Beziehungsraum ist festzulegen, welche Informationsanforderungen für die Verfolgung der finanziellen Zielsetzungen angesichts des eigenen Informationsstands im konkreten Fall erwachsen. Hieraus sind die Kriterien abzuleiten, anhand derer nach Informationen über die Konsequenzen aus der Ausübung der jeweiligen Handlungsalternativen zu suchen ist. Die Konsequenzen werden in der Ergebnismenge E erfasst. Auch hier können faktische Ausgangsbedingungen dazu führen, dass bestimmte Informationen nicht ermittelt werden müssen, z.B. weil die in Kapitel II.6 genannten Nebenbedingungen nicht greifen. Sind beispielsweise eigene Konsumpräferenzen unvorhersehbar, kann dem bereits durch anderweitig vorgehaltene Liquidität hinreichend Rechnung getragen worden sein. Dann entfällt eine Suche nach Informationen, die eine Beurteilung erlauben, ob die Kapitalgeberrechte des gerade analysierten Unternehmens dafür tauglich sind, aktuelle Entscheidungen mit Kapitalbindungen über längere Zeiträume relativ

---

[279] Vgl. auch SIEBEN/SCHILDBACH (1990), S. 16; BAMBERG/COENENBERG (2002), S. 16.
[280] Vgl. zu Entscheidungsbäumen auch BALLWIESER (2007), S. 49-51.

einfach zu revidieren oder gegebenenfalls finanzielle Möglichkeiten bestehen, Auswirkungen aus nicht vorhergesehenen Konsumaktivitäten zu überbrücken.[281]

Festzuhalten ist zuletzt, welcher Planungshorizont des Kapitalgebers existiert, weil dieser die Suche nach Informationen über Handlungskonsequenzen über diesen Horizont hinaus überflüssig werden lässt.[282] Mit diesen beiden Schritten ist der vorbereitende Teil abgeschlossen.

V.3 Vorüberlegungen zu Informationsarten und Informationssuche

V.3.1 Informationsarten

Das allgemeine Wissen um die Struktur von Idealinformationen für Kapitalgeber wirkt sich - anders als in traditionellen entscheidungslogischen Modellen - so aus, dass alle inhaltlichen (z.B. Ergebnis) wie strukturellen Merkmale (z.B. Wahrscheinlichkeiten) der Entscheidungsgrundlage auf eine Doppelstruktur ausgerichtet werden: Zugeordnet wird jeweils sowohl eine aus der Entscheidungslogik bekannte Ausprägung, z.B. eine Zahl bei zu erwartenden Zahlungsströmen als Ergebnis, *als auch* eine verbale Begründung, z.B. welche Überlegungen dazu führen, gerade diesen Zahlungsstrom anzunehmen. So kann beispielsweise eine erwartete Steigerung zukünftiger Zahlungsströme als Konsequenz verstärkter heutiger Marketingaktivitäten begriffen werden, wobei, je nachdem, wie klar der Zusammenhang zwischen heutigen Marketingaktivitäten und zukünftigen Zahlungsströmen bezeichnet werden kann, unterschiedlich viele Zukunftslagen mit eindeutigen Zusammenhängen und Zahlungsströmen aber unterschiedlichen Glaubwürdigkeitsurteilen versehen werden.

Mit der Doppelstruktur wird einerseits erreicht, dass die Entscheidungsgrundlage nicht mehr als gegeben angesehen, sondern ihre Begründung in das Zentrum der Überlegungen gestellt wird. Auf diese Weise wird eine Brücke zwischen der zahlenmäßigen Prognose der Konsequenzen in der Entscheidungsgrundlage und den maßgeblichen Gründen für die Prognose geschlagen sowie unmittelbar offen gelegt, wie fundiert die Prognose überhaupt ausfällt.

---

[281] Zu denken ist beispielsweise an eine Aktienanlage, bei der berücksichtigt werden muss, dass das investierte Kapital gegebenenfalls in einer Baisse nur mit hohen Verlusten abgezogen werden kann. Dann müsste vorher überlegt werden, ob alternative Möglichkeiten verfügbar sind, einen solchen Zeitraum zu überbrücken.

[282] Zu denken ist hier einerseits an investitionsspezifische Zeiträume, z.B. an die Kreditvergabe für einen bestimmten Zeitraum, vgl. auch SCHNEIDER (1997), S. 88; andererseits ist derjenige Zeitpunkt in Betracht zu ziehen, zu welchem das vorläufige Streben nach Zahlungsstrompotential erneut geprüft werden soll.

Zum anderen wirkt die Strukturvorgabe der Entscheidungslogik auf die verbalen Begründungen zurück, weil eine logisch-deduktive Struktur nicht auf verbale a-logische, d.h. einander widersprechende oder sich überschneidende Begründungen gestützt werden kann. So wird an vielen Stellen sichtbar werden, dass die verbalen Bestandteile präzisiert und aller Mehrdeutigkeiten entkleidet werden müssen. Nicht in der gewählten Entscheidungsgrundlage verwendete Informationen werden dann als Rohbestandteile alternativer Entscheidungsgrundlagen in die restliche Orientierungsbasis umgeordnet. Dadurch entsteht auch auf der verbalen Seite der Begründung soweit als möglich diejenige Klarheit und Eindeutigkeit, welche die Entscheidungslogik auszeichnet.

Bevor an Erstellungsüberlegungen herangetreten wird, soll noch eine Unterscheidung von Idealtypen möglicher Informationsarten erfolgen, die bei der Erstellung Verwendung finden.

Ziel einer solchen Unterscheidung ist, zumindest gedanklich sorgfältig zu trennen,
- was wirklich gewusst wird,
- was auf eigenen Erfahrungswerten basiert und
- wo lediglich spekuliert wird.[283]

Entscheidungen basieren letztlich auf dem Zusammenspiel aller dieser Arten von Informationen. Häufig wird es sich auch als zu aufwändig erweisen, auseinanderzudividieren, aus welchen Informationsarten genau eine Entscheidungsbasis letztlich zusammengesetzt wird, so dass allenfalls eine tendenzielle Unterscheidung greift. Dennoch sollte bewusst gehalten werden, welche Bestandteile bei der Entscheidung zusammenwirken; dies gilt schon allein darum, weil nur auf diese Weise Klarheit darüber erzielt werden kann, wie die eigenen Entscheidungen zustande kamen. Unterscheiden lassen sich damit drei verschiedene Informationsarten:
- Wissen
- Erfahrung und
- Spekulation.

[283] Vgl. bereits MORGENSTERN (1965), Vorwort zur 2. Auflage.

(1) Wissen

Als Wissen werden beobachtbare Sachverhalte bzw. die zuverlässige[284] Erinnerung an diese bezeichnet.[285] Beispiele sind ein auf Vertragsunterlagen zurückgehender Auftragseingang, ein bereits feststehendes Ereignis wie eine Messe o.ä.

Wissen weist den Vorteil auf, dass es objektivierbar ist. Sein Nachteil besteht darin, dass aus ihm direkte Aussagen für die Zukunft allein dann abgeleitet werden können, wenn die Zukunft in der Gegenwart festgelegt wurde, wie dies z.B. in Form von Absichtserklärungen oder Vorverträgen der Fall ist, die in der Gegenwart erfolgten, aber sich erst in der Zukunft (ggf. relativ unsicher) auswirken.

(2) Erfahrung

Unter dem Begriff Erfahrung wird demgegenüber erfasst, dass Strukturen eines bereits geschehenen Sachverhalts[286] an eine Stelle in der Zukunft gesetzt werden. Zu denken ist beispielsweise an erfolgreiche vergangene Restrukturierungsbemühungen eines Sanierungsexperten, der nunmehr auch bei dem betrachteten Unternehmen eingesetzt werden soll und dessen Erfolg in der Vergangenheit auf die Zukunft bei dem betrachteten Unternehmen projiziert werden könnte.[287]

Zu unterteilen ist hierbei zwischen unternehmensbezogenen und nicht unternehmensbezogenen Erfahrungen. Bei Ersteren handelt es sich um vergangene Sachverhalte, die im analysierten Unternehmen vorgefallen sind und nun auf dessen Zukunft übertragen werden. Letztere beziehen sich auf vergangene Sachverhalte, die bei anderen Unternehmen oder in nicht unternehmensbezogenen Kontexten vorfielen und nunmehr auf die Zukunft des Unternehmens übertragen werden.

---

[284] Dass diese häufig nicht gegeben ist, sondern im Akt der Erinnerung die Erinnerung selbst neu formuliert wird und sich analog zu einem „Stille-Post-Spiel" verändert, vgl. dazu z.B. SINGER (2002), S. 78-86, ist eines der Ergebnisse der Hirnforschung, die dieser zuverlässigen Erinnerung deutliche Grenzen setzt.

[285] Ähnlich SCHNEIDER (1997), S. 71: „Wissen als persönliche Wahrnehmung von Sachverhalten, verbunden mit einer Erinnerung daran".

[286] Vgl. auch SHACKLE (1992), S. 285.

[287] Auf Ebene der Zahlen lassen sich solche Effekte durch die Identifikation von Stationarität oder Autoregressivität bei entsprechend gewählten Zeitreihen ebenfalls erfassen, vgl. dazu z.B. HACKL (2005), S. 217, S. 221 f. – auch dann gilt jedoch, wie in Kapitel III bereits ausgeführt, dass damit auf Symptome, nicht Ursachen abgestellt würde.

Erfahrung weist den Vorteil auf, dass eine bestimmte Struktur bereits beobachtbar war. Das kann als Garant dafür stehen, dass die fragliche Struktur auch in Zukunft empirisch zumindest möglich sein könnte. Ihre Übertragung sichert dadurch ein weit umfangreicheres Spektrum einer Fortschreibung der Vergangenheit in die Zukunft ab, als dies mit Wissen möglich ist. Ihr Nachteil ist, dass nie ausgeschlossen werden kann, dass die für eine Übertragung herangezogene Struktur auch durch nicht übertragene, weil in ihrer Bedeutung nicht erfasste Faktoren beeinflusst wurde, so dass die Übertragung zu Unrecht erfolgt.

(3) Spekulation

Als Spekulation wird bezeichnet, dass an den strukturgleichen Überlegungen der Vergangenheit oder dem Wissen Änderungen vorgenommen werden, die allein auf in der eigenen Vorstellung anzutreffenden Überlegungen basieren und die das Ziel verfolgen, Wissen oder Erfahrung für eine Übertragung auf den konkreten Fall anzupassen.

Spekulation hat den wesentlichen Vorteil, eine Zukunft auch dann erfassen zu können, wenn diese vollkommen anders ausfällt, als die Vergangenheit nahe legt, d.h. wenn Strukturbrüche auftreten.[288] Ihr wesentlicher Nachteil ist, dass sie dem Informationsstand des Analysierenden zufolge noch nie empirisch beobachtbar war und insofern Hindernisse für den spekulativ formulierten Eintritt der zukünftigen Wirklichkeit übersehen werden können. Dieser Nachteil wiegt umso schwerer, je mehr spekulative Elemente zusammenwirken. Gewöhnlich äußert sich ein Bewusstsein für vermehrte Spekulation darin, dass die Variabilität der spekulativen Elemente es dem Entscheidenden schwer macht, sich darauf festzulegen, dass bestimmte Vorstellungen gegenüber anderen Vorstellungen eindeutig glaubwürdiger seien.[289]

Neben den drei idealtypischen Informationsarten lässt sich ferner unterscheiden, ob der Entscheidende selbst die Informationen verarbeitet oder auf bereits verarbeitete Informationen zurückgreift.

---

[288] Vgl. diesbezüglich in kritischer Abgrenzung zu rein zahlenbasierten Verfahren der Zeitreihenanalyse auch BRETZKE (1975), S. 187.

[289] Besonders deutlich werden derartige Probleme bei selbstbezüglichen Spekulationen, wie z.B. „Alle Kreter lügen, sagt ein Kreter“, oder dem bereits in Fußnote 175 angeführten Holmes-Moriaty-Fall. Wesen solcher Spekulationen ist immer, rekursiv eine auf einer Spekulation beruhende Spekulation anzustellen, die direkt einen erneuten Anknüpfungspunkt für die erste Spekulation bietet, so dass ein Zirkel in Gang gesetzt wird. Solche Spekulationen werden hier bewusst ausgeklammert, weil aus ihnen nach Ansicht des Autors zur Lösung realer Entscheidungsprobleme nichts gefolgert werden kann, außer, dass sie nicht durchzuspielen sind, sondern vielmehr nach Informationen darüber, was denn nun der Fall sei oder aber sinnvolleren Problemkonzeptualisierungen zu suchen ist.

Unter der Bezeichnung Verdichtungen werden Informationen verstanden, die vom Analysierenden selbst nicht vollständig nachvollzogen wurden, er greift also auf anderweitig erstellte Analyseergebnisse aus Wissen, Erfahrung, Spekulation oder Kombinationen dieser Informationsarten zurück.

Verdichtungen können durch andere Personen vorgenommen werden und/oder das Resultat mechanischer Informationsverarbeitung sein. Verdichtungen durch andere Personen bezeichnen das Ergebnis der gedanklichen Arbeit dieser Personen, wobei das Zustandekommen dieses Ergebnisses nicht vollständig selbst nachvollzogen wurde. Hierunter fällt beispielsweise die Anlageempfehlung einer Bank oder eines Anlegermagazins, aber auch der Rat eines Insiders. Verdichtungen durch mechanische Informationsverarbeitung bezeichnen das Ergebnis einer bestimmten automatisierten Vorgehensweise, deren Resultat der Analysierende erhält, ohne genau zu wissen, ob die angewendete Vorgehensweise gerechtfertigt war und häufig auch ohne zu wissen, wie diese Vorgehensweise genau funktioniert. Darunter fällt beispielsweise die bei Eingabe einer Bilanz in ein Ratingsystem resultierende Ratingnote. Verdichtungen beinhalten aus der Perspektive des Entscheidenden insofern immer eine bewusst in Kauf genommene Informationslücke.

Der Vorteil von Verdichtungen besteht darin, eine kosten- und zeitintensive Aneignung von Informationen zu vermeiden, während die Konsequenzen der Informationen dennoch beachtet werden können. Der Nachteil ist, dass die Konsequenzen aus diesen Informationen immer mit zwei möglichen und zuvor unbekannten Fehlerarten behaftet sind. Erstens können sie mit unbekannten Fehlern behaftet sein, weil die Fähigkeiten der anderen Person bzw. die Leistungsfähigkeit des Verfahrens falsch eingeschätzt wurden. Zweitens können sie mit unbekannten Fehlern behaftet sein, weil die Vertrauenswürdigkeit der anderen Person bzw. die Angemessenheit des Verfahrenseinsatzes falsch eingeschätzt wurden.

V.3.2 Informationssuche

Da unbekannte Informationen nicht vorher gewusst werden können, muss etwas anderes an ihre Stelle treten, um eine Orientierung für die Informationssuche zu erhalten. Hier muss heuristisch vorgegangen werden: Die an die Stelle der unbekannten Informationen tretenden Bestandteile sind zwar tatsächlich nichts anderes als die kritisierten theoretischen Zusammenhänge und Erfahrungsregeln. Sie werden allerdings in einem wichtigen Punkt nach einem anderen Kriterium eingesetzt, nämlich nicht als theoretisch oder empirisch geeignet, sondern danach, ob sie für vorliegende Probleme heuristische Anknüpfungspunkte bereitstellen.

Hierbei hat eine Informationssuche vier verschiedene Ansatzpunkte, wobei die letzteren beiden Ansatzpunkte nur Weiterentwicklungen aus den ersteren beiden darstellen: Erfahrung, Spekulation, Musterhypothesen und theoretische Zusammenhänge. Musterhypothesen und theoretische Zusammenhänge stellen geronnene Erfahrung bzw. Spekulation dar.

Grundsätzlich gilt, dass sämtliche Erfahrungen und Spekulationen zunächst hypothetisch Anwendung finden, um Informationsbeschaffungsmaßnahmen zu motivieren. Die Informationssuche mit Hilfe von Erfahrung und Spekulation beruht darauf, dass zunächst an die eine Leerstelle markierende Zukunft eine Vorstellung gesetzt wird, um sodann diese Vorstellung durch eingeholte Informationen darauf zu überprüfen, was für oder gegen sie spricht. Die Vorstellung läuft folglich immer voraus und wird dann von den nachfolgenden Informationen bestätigt, widerlegt oder modifiziert. Zu keinem Zeitpunkt wird jedoch geglaubt, dass bestimmte aus Erfahrung und Spekulation heraus eingesetzte Heuristiken per se wegen vergangener Erfahrungen oder Spekulationen überlegen seien – ausgewählt werden die Erfahrungen und Spekulationen vielmehr jeweils ausgehend von konkreten Problemen und dem auf Basis des aktuell vorliegenden Informationsstands denkbaren Möglichkeitenspektrum unterschiedlicher Entwicklungen.

(1) Musterhypothesen

Bei dem Hinzuziehen vergangener Erfahrungen erweisen sich insbesondere solche Erfahrungstatbestände als ertragreich, welche sich als Musterhypothesen erwiesen haben, d.h. zusammenhängende, immer wiederkehrende Strukturen, an welche zahlreiche weitere Erfahrungstatbestände andocken können. Musterhypothesen leiten ihren Wert nicht daraus ab, dass sie direkt Voraussagen aus der Kenntnis von Randbedingungen ermöglichen.[290]

---

[290] Das kann nicht genügend hervorgehoben werden, andernfalls begibt man sich direkt in die Gefolgschaft der vielen gescheiterten Versuche, Induktionsprinzipien zu rechtfertigen, die Schlüsse aus besonderen vergangenen Erfahrungen auf die Zukunft ermöglichen sollen, vgl. dazu auch POPPER (1973), S. 3-5.

Ihre Aufgabe besteht also nicht darin, allgemeine empirische Gesetzmäßigkeiten zu identifizieren.[291] Vielmehr sollen sie ein Bündel zusammenhängender Informationen als Ausgangspunkt bereitstellen, dessen Weiterentwicklung im jeweiligen Einzelfall angepasste Voraussagen ermöglicht.

Musterhypothesen stellen damit eine besonders effiziente Form dar, empirisch verbreitete und schnell zu überprüfende Ausgangspunkte für die Konstruktion von einzelfallbezogenen weitergehenden Überlegungen zu speichern. Bei der konkreten Anwendung sind sie in ihrer Aussage umzukehren, um so als heuristische Suchanweisungen eingesetzt zu werden. Das geschieht beispielsweise, indem eine hohe Eigenkapitalausstattung nicht per se als ausreichende Haftungsmasse für einen Kredit angesehen, sondern hinterfragt wird, ob und welche Anzeichen im konkreten Fall dafür sprechen, dass die Eigenkapitalausstattung ihre aus der Erfahrung heraus angenommene Signalfunktion einbüßen könnte.

(2) Theoretische Zusammenhänge

Ebenso werden theoretische Zusammenhänge mit einem anderen Charakter versehen - sie dienen nicht mehr als Beweis für eine besonders geeignete standardisierbare Lösung von Anwendungsproblemen der Praxis. Auch sie werden vielmehr zu Heuristiken umfunktioniert: ihre Anwendbarkeit ist also nicht gegeben, sondern zu prüfen. Es geht nicht darum, relativ zu einem postulierten Erkenntnisobjekt gerechtfertigte, aber für die im Einzelfall vorliegende Wirklichkeit blinde Auswertungsregeln anzuwenden. Vielmehr sind die Voraussetzungen für die Annahme des postulierten Erkenntnisobjekts zu validieren und bei fehlender Anwendbarkeit die Annahmen und die aus ihnen folgenden logischen Konsequenzen entsprechend zu modifizieren. Können die theoretischen Zusammenhänge nach eingehender Prüfung nicht angewendet werden, so sind sie für den Einzelfall entsprechend zu verwerfen. Auch hier existieren theoretische Zusammenhänge, deren Annahmen sich in der Realität als besonders

[291] Warum das schlichtweg nicht möglich ist, zeigen insbesondere die Beispiele von D. Schneider selbst, z.B. „Wenn mehr als das Nominalkapital einer GmbH als Reinvermögen am Jahresende vorhanden ist, kann der Mehrbetrag ohne zusätzliche Gefährdung der Gläubigeransprüche ausgeschüttet werden." (SCHNEIDER (1997b), S. 76). Die Frage ist z.B.: Auch bei Geltung eines Fair Value Accounting vor der Finanzkrise? Auch bei hohen Deflationserwartungen? Natürlich ist es möglich, „Wenn-Komponenten" zu sammeln, unter denen bestimmte Aussagen wahr sind und einen solchen Kranz an Vorbedingungen für jede einzelne Wenn-Komponente zu schaffen. Realiter werden dann aber höchstens ein paar der jeweils tausenden von Vorbedingungen greifen, deren Durchsicht extrem zeitäufwändig ist. Zudem kann man auch nie sicher sein, ob alle Wenn-Komponenten erfasst sind. Darum scheint es sinnvoller, nach Wegen zu suchen, die erlauben, die Wenn-Komponenten und Vorbedingungen des konkreten Falls zu identifizieren.

fruchtbar erweisen, weil sie häufig bestätigt wurden oder zu nützlichen Zusatzüberlegungen führten, wie z.B. der Zusammenhang zwischen Verschuldungsgrad und Fremdkapitalzins.[292]

V.4 Erstellungsüberlegungen

Erstellungsüberlegungen lassen sich in drei, wechselseitig voneinander abhängige Schritte unterteilen. Diese betreffen die Informationssuche

- nach Zukunftseigenschaften zur Unterteilung in bestimmte Zukunftslagen, d.h. alternative Entwicklungen des Unternehmens,
- zur Gewinnung von subjektiven Glaubwürdigkeitsurteilen über den Eintritt der Zukunftslagen,
- nach den Ergebnisausprägungen in diesen Zukunftslagen je nach Handlungsalternative
- nach wechselseitigen Abhängigkeiten zwischen Zukunftslagen, Glaubwürdigkeitsurteilen, Ergebnisausprägungen und Handlungsalternativen sowie
- zur Absicherung der Zweckadäquanz der gesamten Entscheidungsgrundlage.

V.4.1 Ermittlung der Zukunftslagen

Erstellungsüberlegungen müssen in einem ersten Schritt nach Informationen suchen, welche Zukunftslagen denkbar sind und welche der denkbaren Zukunftslagen für die Zielerreichung des Entscheidenden eine Rolle spielen.[293] Zukunftslagen stellen Kombinationsmengen aus voneinander wechselseitig unabhängigen Zukunftseigenschaften dar. Hierfür sind Informationen darüber einzuholen, welche möglichen Zukunftseigenschaften einer Unternehmensentwicklung als logische Gliederungskriterien verfügbar sind.[294] Hierbei lässt sich die Darstellung dadurch relativ übersichtlich halten, dass die wechselseitige Beeinflussung von Informationen, die oben als Problem der Mehrdeutigkeit angeführt wurde, aktiv genutzt wird. So lassen sich ganze Informationsbündel zu einer einzigen Zukunftseigenschaft verschmelzen

---

[292] Vgl. GUTENBERG (1980), S. 208-214 im Rahmen der klassischen Finanzierungstheorie bzw. insbesondere MERTON (1974), S. 460-464 im Rahmen der modernen Finanzierungstheorie basierend auf vgl. MODIGLIANI/MILLER (1958), S. 268. Die Nützlichkeit einer solchen Theorie für die praktische Anwendung wird schnell deutlich, wenn die Kritik an der vereinfachten Orientierung am Verschuldungsgrad, wie sie sich z.B. bei LEFFSON (1976), S. 79-81 findet, in heuristische Fragen umgewandelt wird, die klären, unter welchen Bedingungen der genannte Zusammenhang vernünftigerweise angenommen werden darf.

[293] Vgl. SCHNEIDER (1979), S. 97.

[294] Bereits die Ableitung der möglichen logischen Gliederungskriterien, d.h. der einer Wahl aus den möglichen Kriterien für Zukunftslagen vorausgehende Schritt der Bewusstwerdung, dass zahlreiche derartige Kriterien existieren, ist ein geeignetes Mittel, sich die Unsicherheit der Zukunft vor Augen zu führen, vgl. auch SCHNEIDER (1997), S. 90.

und unterschiedliche Zukunftseigenschaften ihrerseits so formulieren, dass sie keine Beziehungen mehr zu anderen Informationsbündeln aufweisen. Ausgenutzt wird, dass ein solches Informationsbündel eine (relativ) stabile Festlegung ermöglicht, die eine Vielzahl an Informationen zu einem bestimmten Bild verdichtet. Dazu werden die Informationen jeweils auf logische Querverbindungen untereinander und auf gleichgerichtete Tendenzen abgeprüft, welche es erlauben, mehrere Informationen unter übergeordnete Zusammenhänge zu subsumieren. Dadurch ergeben sich über kurz oder lang ganze Informationsnetze bzw. unterschiedliche, mehrere Informationen integrierende alternative Interpretationsansätze, die ihrerseits geschlossen mit anderen Interpretationsansätzen kombiniert werden können.

Zu fordern ist hierbei, dass die verwendete Gliederung widerspruchsfrei ausfällt, d.h. jede Zukunftslage in Bezug auf die Kombination der sie kennzeichnenden Zukunftseigenschaften nur ein einziges Mal vorkommt.[295] Zugleich müssen in Bezug auf die verwendeten Zukunftseigenschaften jeweils logisch vollständige Gliederungen vorliegen, d.h. es müssen jeweils sämtliche logischen Kombinationsmöglichkeiten aus den verschiedenen herangezogenen Zukunftseigenschaften für die Bildung der Zukunftslagen ausgeschöpft werden.[296]

An dieser Stelle besteht eine erste bedeutende Abwägung darüber, ob mögliche Zukunftseigenschaften entweder in die Entscheidungsgrundlage oder aber in die restliche Orientierungsbasis eingehen. So beinhaltet die Aufspaltung der zukünftigen Entwicklungen in verschiedene Zukunftslagen mit Hilfe bestimmter Zukunftseigenschaften immer auch, dass

[295] Vgl. bereits SHACKLE (1992), S. 19, S. 369;SCHNEIDER (1979), S. 97 oder auch SCHNEIDER (1997), S. 86. Notwendig ist dies, weil zumindest die im Entscheidungsfeld erfasste zukünftige Welt jeweils durch Zukunftslagen gekennzeichnet sein muss, welche sich gegenseitig logisch ausschließen – sonst lassen sich später nicht jeweils allein auf die jeweilige Zukunftslage bezogene Wahrscheinlichkeiten ermitteln. Allerdings zeigt gerade die Kriterienwahl für die Zukunftslagen auch immer, dass das aufgebaute Entscheidungsfeld in Bezug auf alternative, nicht gewählte Kriterien unvollständig ist. Dies wiederum muss jedes Entscheidungsfeld notwendig schon aus Komplexitätsreduktionsgründen sein – hier lässt sich nur ein Bewusstsein für die Angemessenheit der eigenen Komplexitätsreduktion erzeugen.

[296] Dies ist die notwendige Voraussetzung, um hernach quantitative Wahrscheinlichkeiten berechnen zu können, weil dadurch in Bezug auf die jeweiligen Merkmale die Existenz eines Mengenkörpers hergestellt wird: So wird abgesichert, dass für jede Teilmenge an Zukunftslagen automatisch auch ihr Komplement existiert, vgl. auch SCHNEIDER (1997), S. 175 f. Einsichtig wird die Voraussetzung intuitiv, wenn das La Place'sche Gleichverteilungsprinzip Anwendung findet: Sind nicht alle logisch möglichen Alternativen einbezogen, sondern werden die Wahrscheinlichkeiten gleichermaßen auf zu wenige Zukunftslagen verteilt, weil bestimmte Zukunftslagen fälschlicherweise Kombinationsfälle von Zukunftseigenschaften zusammenfassen, dann verteilen sich die Wahrscheinlichkeiten falsch auf die möglichen Zukunftslagen, vgl. SCHNEIDER (1992), S. 437. Praktisch wird dies nicht immer umsetzbar sein – dann ist es jedoch sinnvoll, sich des damit möglicherweise einhergehenden Defizits der Zukunftslagen bewusst zu sein und dieses im Sinne der Logik der Sache gering zu halten, z.B. indem lediglich Zukunftseigenschaften herangezogen werden, welche mit den in Frage stehenden Handlungsalternativen in Beziehung stehen.

andere bestimmte Zukunftseigenschaften als Auslöser für unterschiedliche Zukunftslagen wegen ihres zu den gewählten Zukunftseigenschaften ungeklärten Verhältnisses abgelehnt werden müssen. Beispielsweise lässt sich, wenn nicht bekannt ist, wie die als positiv eingestuften Ertragsaussichten eines Produkts sich auf zwei zu prognostizierende geographische Segmente verteilen, zunächst einmal keine Aussage über dieses Produkt treffen, sofern sich die anderen gewählten Zukunftseigenschaften auf die Segmententwicklungen beziehen. Gleiches gilt für die Anzahl an Aufspaltungen in Zukunftslagen, die vorgenommen wird und deren Untergliederung. Beispielsweise kann entweder in eine vorteilhafte oder unvorteilhafte Entwicklung unterschieden werden oder in einen best/middle/worst case, es kann die Unternehmensentwicklung entweder nach Regionen oder nach Produkten auf einer Ebene aufgespalten werden usw. Beides zugleich auf einer Ebene ist jedoch nicht möglich. Teilweise kann dem durch die Ausbildung von Hierarchien der Zukunftseigenschaften, klare Abgrenzungen oder die genaue Festlegung der Art des Zusammenspiels unterschiedlicher Zukunftseigenschaften entgegengewirkt werden. Lassen sich jedoch keine klaren Hierarchien oder Abgrenzungen definieren oder ist das Zusammenspiel unterschiedlicher Zukunftseigenschaften mit Hilfe der vorhandenen Informationen nicht festzulegen, so muss auf den Einbezug einzelner Zukunftseigenschaften in der Entscheidungsgrundlage verzichtet werden. Solche Zukunftseigenschaften werden dann in der restlichen Orientierungsbasis aufgefangen.

V.4.2 Ermittlung zukunftslagenbezogener personaler Wahrscheinlichkeiten

Für jede Strukturierung nach alternativ eintretenden Zukunftslagen bedarf es in einem zweiten Schritt einer Zurechnung von Wahrscheinlichkeiten.

Inhaltlich sind die heranzuziehenden Wahrscheinlichkeiten als personale Wahrscheinlichkeiten auszugestalten.[297] Unter personalen Wahrscheinlichkeiten lassen sich nach einer

[297] Für objektive Wahrscheinlichkeiten in unterschiedlichen Formen besteht hier darum kaum Verwendung, weil in der Regel die hierfür notwendigen Informationen nicht vorhanden sind, vgl. dazu z.B. auch SIEBEN/SCHILDBACH (1990), S. 58 f.; LAUX (2005), S. 314. Darauf verweist insbesondere SHACKLE (1992), S. 19 f., S. 385, der den für objektive Wahrscheinlichkeiten notwendigen Wissensbestand betont: Objektive Wahrscheinlichkeiten basieren darauf, dass aus einer Vielzahl *bekannter* Fälle ein Fall betrachtet wird, dessen Wahrscheinlichkeit auf dem Vergleich der Häufigkeit der bekannten Anzahl dieses Falles mit der bekannten Anzahl aller Fälle verglichen wird. Sie sind schon darum nicht möglich, weil hier direkt einbezogen wird, dass häufig erst die Kreativität des Analysierenden die Entscheidung entscheidbar macht und Teile der Ergebnismatrix, der Eintrittswahrscheinlichkeiten und der Zukunftslagen durch Spekulation konkretisiert. Für Spekulationen über die Zukunft lassen sich jedoch ganz sicher keine objektiven Wahrscheinlichkeiten bestimmen.

Definition von Savage subjektive Glaubwürdigkeitsurteile eines Entscheidenden über das Eintreten einer Zukunftslage verstehen, welche in bestimmter Hinsicht argumentativ vernünftig sind,[298] die aber zulassen, dass zwei vernünftige Individuen angesichts derselben Daten unterschiedliche Glaubwürdigkeitsurteile fällen.[299] Diese Definition ist insofern für die hier entworfene Konzeption sinnvoll, als Erfahrung und Spekulation bei unterschiedlichen Personen aufgrund ihrer unterschiedlichen Vergangenheit und Kreativität regelmäßig unterschiedlich ausfallen werden. Darum können auch dieselben Daten unterschiedliche Reaktionen hervorrufen, weil sie bei dem Verarbeitungsprozess in unterschiedlichen herangezogenen Informationen resultieren.

Die Formulierung von personalen Wahrscheinlichkeiten stellt dabei jeweils vor die Aufgabe, aus den vorhandenen und zusätzlich einzuholenden Informationen eine Struktur von Glaubwürdigkeitsurteilen abzuleiten, welche bestimmten, nachfolgend noch zu erläuternden Konsistenzeigenschaften entspricht, die näherungsweise erlauben, sie in Wahrscheinlichkeiten zu übersetzen.

Angenommen sei nun, dass eine unendliche Menge M aller potentiellen (unbekannten) durch eineindeutige Kombinationen von Zukunftseigenschaften gekennzeichneten Zukunftslagen existiere und eine Mengenalgebra F, die die Menge aller Teilmengen (Kombinationsmengen der potentiellen Zukunftslagen) aus M erfasst. Die Menge M aller potentiellen Zukunftslagen wird hierbei von vornherein als unendlich tief zergliederbar und damit - aus Zeitrestriktionen heraus - für die Fundierung konkret durchdrungener menschlicher Entscheidungen unbrauchbar angenommen. Entscheidend für die weitere Herleitung ist darum auch nicht sie, sondern die Mengenalgebra F: Diese beinhaltet neben den aus Zeitrestriktionen nicht bekannten Zukunftslagen mit ihren unbekannten Zukunftseigenschaften als Teilmengen auch die bekannten Zukunftslagen und Zukunftseigenschaften, denen Wahrscheinlichkeiten zugeordnet werden sollen.

Soweit für die Lösung eines Entscheidungsproblems quantifizierbare Wahrscheinlichkeiten notwendig sind, müssten diese hinsichtlich ihres Eintretens eigentlich den fünf üblichen

[298] Darauf muss man sich hier beschränken, weil m.W. bislang keine eindeutige Verbindung zwischen den inhaltsbasierten Informationen über die Realität und den Glaubwürdigkeitsurteilen besteht.
[299] Vgl. SAVAGE (1972), S. 3. Zu beachten ist, dass hierunter nicht verstanden wird, was ein Teil der Literatur unter Rückgriff auf De Finetti und Ramsey als personelle Wahrscheinlichkeiten bezeichnet, vgl. dazu z.B. JUNGERMANN (1974), S. 53.

Axiomen der Wahrscheinlichkeitsrechnung genügen. Demnach muss für die Menge der Elementarereignisse (potentiellen Zukunftslagen) M und die zu dieser gehörige Menge F folgendes gelten:

Zum Ersten muss jeder Teilmenge u (z.B. einer Zukunftslage) aus der Mengenalgebra F eine Wahrscheinlichkeit $p(u) \geq 0$ zugeordnet werden können (Nichtnegativitätsaxiom).

Zum Zweiten muss gelten, dass sich die Wahrscheinlichkeiten bei dem Zusammenfügen zweier einander nicht überschneidender Teilmengen (z.B. Zukunftslagen) addieren müssen, d.h. u_i, u_j seien disjunkt => $p(u_i \cup u_j) = p(u_i) \quad p(u_j) \quad i \neq j$ (Additivitätsaxiom).[300]

Zum Dritten müssen allen Teilmengen (z.B. Zukunftslagen) Wahrscheinlichkeiten zugeordnet werden, die sich insgesamt zu 1, d.h. dem durch die Entscheidungsgrundlage als sicher angenommenen Ereignis addieren (Normierungsaxiom).[301]

Zum Vierten muss F eine Mengenalgebra[302] sein.

Zum Fünften muss F die Menge M enthalten.[303]

Im Folgenden wird dargelegt, warum sich die Axiome nicht vollständig erfüllen lassen und wie sie zumindest so weit als möglich erfüllt werden können. Zunächst ist jedoch aufzuzeigen, was die Erfüllung der Axiome nicht beinhaltet.

Die Entscheidungsgrundlage verfügt als Unterbau über eine Orientierungsbasis, welche alternative Überlegungen beinhaltet. Insofern können sich die Glaubwürdigkeitsurteile nur auf den klar abgegrenzten Bezugsgegenstand der in die Entscheidungsgrundlage eingehenden Informationen beziehen. Darum ist zu betonen, dass die Wahrscheinlichkeiten ausschließlich eine

---

[300] Vgl. SAVAGE (1972), S. 33. Das Axiom ist hier allerdings bereits durch die Anforderungen an die logisch überschneidungsfreien Zukunftseigenschaften und die Ausschöpfung aller Kombinationsmöglichkeiten für Zukunftslagen erfüllt.

[301] Vgl. z.B. SIEBEN/SCHILDBACH (1990), S. 56 f. m.w.N.; SAVAGE (1972), S. 33.

[302] Eine Menge von Teilmengen ist ein Mengenalgebra, wenn sie nicht leer ist, für zwei beliebige Teilmengen aus dieser Menge auch die Vereinigung der beiden Teilmengen in der Mengenalgebra enthalten ist sowie für jede beliebige Teilmenge das Komplement in der Teilmenge enthalten ist. Diese Eigenschaften werden bei den betrachteten Zukunftslagen durch die Vorgehensweise bei der Bildung der Zukunftseigenschaften gewährleistet.

[303] Vgl. zu den fünf Axiomen auch KOLMOGOROFF (1977), S. 2.

Aussage über die konkret formulierte Entscheidungsgrundlage und die von dieser erfassten Zukunft treffen. Sie treffen keine Aussage darüber, ob die Entscheidungsgrundlage selbst adäquat formuliert ist. Anders formuliert erfassen die Wahrscheinlichkeiten nur die einer exakten Bezeichnung zugänglichen Risikoüberlegungen in Bezug auf eine präzise definierte Zukunft, nicht aber den möglichen Eintritt anderer Formen der Unsicherheit.

Solche Überlegungen sind in bewusst separat gehaltenen Schritten einzubeziehen, nämlich durch Komplexitätsreduktionsüberlegungen einerseits und Robustheitsüberlegungen andererseits[304] sowie durch die Berücksichtigung der daraus resultierenden Unsicherheit bei den hierfür vorgesehenen Ergebnisfeldern in der Entscheidungsgrundlage.

Um Wahrscheinlichkeiten bestimmen zu können, die zumindest den Axiomen 1-3 und näherungsweise den Axiomen 4-5 genügen, besteht ein Weg[305] darin, Überlegungen durch-

---

[304] SCHNEIDER (1997) formuliert drei Axiome, die an dieser Stelle nicht in der von ihm vorgeschlagenen Form berücksichtigt werden, weil ihnen anders Rechnung getragen wird:
Axiom 2: „Jede Zukunftslage ist mindestens so glaubwürdig wie das im Modell ‚unmögliche Ereignis'."
Axiom 4: „[D]ie Gesamtheit aller im Entscheidungsmodell enthaltenen Zukunftslagen ist strikt glaubwürdiger als das im Entscheidungsmodell unmögliche Ereignis." (SCHNEIDER (1997), S. 170 f.).
Axiom 11: „Es besteht vollständige Gewissheit über die Ungewissheit. Im Entscheidungsmodell nicht enthaltene Zukunftslagen [...] werden als empirisch unmögliche Ereignisse angesehen." (SCHNEIDER (1997), S. 178).
Vgl. zu Axiom 2 auch WALLEY/FINE (1979), S. 340 f. Es bezieht sich inhaltlich nicht, wie zunächst zu vermuten, auf das unmögliche Ereignis der Wahrscheinlichkeitsrechnung, sondern auf die nicht in der Entscheidungsgrundlage erfassten Zukunftslagen.
Aufgrund der vorgenommenen gedanklichen Auftrennung zwischen Entscheidungsgrundlage und Orientierungsbasis wird die Frage, ob die Entscheidungsgrundlage adäquat ist, von der Formulierung von Glaubwürdigkeiten in der Entscheidungsgrundlage getrennt. Damit erübrigen sich Schneiders nicht berücksichtigten Axiome 2 und 4 für nominale Wahrscheinlichkeiten, vgl. SCHNEIDER (1997), S. 170 f., S. 178, weil diese sich allesamt auf die Beziehung zwischen den in der restlichen Orientierungsbasis und den in der Entscheidungsgrundlage berücksichtigten Zukunftslagen beziehen. Den Anforderungen wird also dadurch Rechnung getragen, dass in die Entscheidungsgrundlage jeweils die Ordnung der vorhandenen Informationen eingeht, welche unter der Nebenbedingung der Erfüllung der Vorgaben der logisch-deduktiven Entscheidungstheorie die vorhandenen Informationen am besten erfasst.
Den Axiomen 2 und 4, die letztlich Glaubwürdigkeitsurteile über alternative Entscheidungsgrundlagen erfordern, kann schon deshalb nicht gefolgt werden, weil bereits bei drei alternativen Kandidaten für eine Entscheidungsgrundlage eine Rangfolge existieren kann, bei welcher die beiden nicht gewählten, einander wechselseitig ausschließenden alternativen Entscheidungsgrundlagen zusammen aus der Perspektive eines Metaentscheidungsproblems zwischen Entscheidungsgrundlagen die Glaubwürdigkeit der gewählten Entscheidungsgrundlage übersteigen können: Man würde sich trotzdem für die gewählte Entscheidungsgrundlage aussprechen, weil die alternativen beiden Entscheidungsgrundlagen im Paarvergleich weniger überzeugend sind und die Eindeutigkeit der Entscheidung eine Festlegung auf eine Entscheidungsgrundlage erzwingen kann. Nur wenn die beiden anderen Entscheidungsgrundlagen beide dieselbe Handlungsalternative nahe legen, kann es sinnvoll sein, anders vorzugehen. Axiom 11 wird durch die Berücksichtigung von Unsicherheit über die Richtigkeit der Formulierung der Entscheidungsgrundlage in der Entscheidungsgrundlage selbst Rechnung getragen.

[305] Ein zweiter Weg besteht in einer direkten Schätzung oder dem Weg der Schätzung über Lotterien, vgl. z.B. ROBERTS (1985), S. 373. Diese Wege werden hier nicht beschritten, weil sie nicht in gleichem Maß dazu zwingen, sich über das Zustandekommen der Glaubwürdigkeitsurteile strengste Rechenschaft abzugeben.

zuführen, deren Sinn letztlich darin liegt, eine derart genaue Präzisierung von persönlichen Glaubwürdigkeitsurteilen zu erreichen, dass diese sich in einen strukturellen Zusammenhang einbetten lassen, der einen Teil derjenigen Strukturen abbildet, die durch die Axiome postuliert werden und die somit Voraussetzung für eine Wahrscheinlichkeitsrechnung sind.[306]

In einem ersten Schritt sind dazu Rangfolgen zwischen den Zukunftslagen in Bezug auf die Glaubwürdigkeit ihres Eintritts zu bilden: Da die quantitativen Wahrscheinlichkeiten eine Rangfolge zwischen den Zukunftslagen fixieren, müssen sich zur Abbildung der eigenen Glaubwürdigkeitsurteile in quantitativen Wahrscheinlichkeiten auch bei den Glaubwürdigkeitsurteilen solche Rangordnungen für alle bekannten Zukunftslagen formulieren lassen.

Dazu müssen solche Informationen gesucht werden, die dem Entscheidenden erlauben, abzuwägen, ob eine Zukunftslage im Vergleich zu einer anderen glaubwürdiger, weniger glaubwürdig oder gleich glaubwürdig ist.[307] Mögliche Ansatzpunkte für das verbale Pendant derartiger Glaubwürdigkeitsurteile sind dabei einerseits Glaubwürdigkeitsüberlegungen inhaltlicher Natur, beispielsweise dazu, wie gut sich eine Verbindung zwischen dem status quo und der zukünftigen Zukunftslage herleiten lässt. Ferner lassen sich Glaubwürdigkeitsüberlegungen vergleichender Natur nutzen, beispielsweise in der Form, dass eine Kausalüberlegung mehr für sich hat als eine andere. Andererseits spielen auch Überlegungen dazu eine Rolle, welche Informationsarten in die Formulierung der Ergebnisse der Zukunftslagen eingegangen sind. Zu beachten ist, dass nur solche Argumente Verwendung finden können, welche sich auf die in der Entscheidungsgrundlage verwendeten alternativen Zukunftseigenschaften beziehen. Andere Argumente müssen in die Orientierungsbasis umgeordnet werden, weil sie in Bezug auf die konkrete Entscheidungsgrundlage Unsicherheits- nicht aber Risikoüberlegungen darstellen, sie dürfen auch nicht in die Glaubwürdigkeitsschätzungen einfließen.[308]

---

[306] Man kann sich natürlich fragen, ob es nicht l'art pour l'art darstellt, eine solche Übersetzung anzustreben, denn in dem Moment, in dem man die Voraussetzungen dafür geschaffen hat, ist die Übersetzung eigentlich nicht mehr notwendig – jede Glaubwürdigkeitsbeziehung, die dann in der mathematischen Wahrscheinlichkeitstheorie auf Basis der fünf Axiome formulierbar ist, hat man dann schließlich bereits ebenso exakt durchdacht. Diese Auffassung wird hier jedoch nicht geteilt. Sinn und Zweck dieser Übung ist, Klarheit bei der Formulierung der eigenen Entscheidungsgrundlage zu erzeugen. Die Übersetzung zwingt dazu, in allen Bereichen Klarheit zu erlangen, in denen Klarheit vorliegen muss, bevor wahrscheinlichkeitstheoretische Überlegungen formuliert werden können, vgl. ebenso auch SAVAGE (1972), S. 57.

[307] Vgl. dazu auch SCHNEIDER (1997), S. 171; LAUX (2005), S. 329.

[308] Das schließt nicht aus, dass sie in alternativ entworfenen Entscheidungsgrundlagen die Funktion von Glaubwürdigkeitsurteilen übernehmen – je nach Strukturierung der Informationen bzw. Blickwinkel der aktuell

Um eindeutige Rangfolgen für die Gesamtheit aller zu fällenden Glaubwürdigkeitsurteile herzustellen, ist zum Zweiten sicherzustellen, dass bereits formulierte Rangfolgen von Zukunftslagen nach ihrer Glaubwürdigkeit transitiv sind.[309] Es muss also gelten, dass immer wenn eine Zukunftslage u_i gegenüber einer Zukunftslage u_j glaubwürdiger ist, sie auch gegenüber einer Zukunftslage u_k glaubwürdiger ist, sofern die Zukunftslage u_j gegenüber u_k als glaubwürdiger eingeschätzt wird.

Ist das nicht der Fall, d.h. sollte der Analysierende angesichts der aktuellen Informationslage intransitive Rangfolgen formulieren können, ist das regelmäßig auf die Mehrdeutigkeit von Informationsinhalten oder auf die Informationsart bezogene Überlegungen zurückzuführen. Dann stehen zwei Möglichkeiten offen. Entweder ist gezielt nach Informationen zu suchen, welche eine eindeutige Rangfolge nahe legen, weil eine eindeutige Auslegung der bislang mehrdeutigen Information möglich wird. Oder die Entscheidungsgrundlage ist so umzustrukturieren, dass eine transitive Rangfolge möglich wird, weil die Mehrdeutigkeit in mehrere Eindeutigkeiten aufgetrennt und der Grund für die intransitive Rangfolge in die Orientierungsbasis umgeordnet wurde.

Um dem Negativitätsaxiom zu genügen, muss zum Dritten die Zusammenfassung von mehreren Zukunftslagen mindestens ebenso glaubwürdig sein, wie die einzelnen zusammengefassten Zukunftslagen.[310] Auch das muss angesichts des verbalen Pendants der formulierten Glaubwürdigkeitsurteile zunächst nicht notwendigerweise gelten, weil – wie oben dargestellt – die einzelnen verbalen Informationen einander beeinflussen können. Auch hier muss Klar-

---

gewählten Entscheidungsgrundlage können die Informationen also die Funktion von Glaubwürdigkeitsurteilen oder Unsicherheitsüberlegungen einnehmen.

[309] Vgl. dazu ebenfalls SCHNEIDER (1997), S. 172. Das Unabhängigkeitsprinzip, welches eine Unabhängigkeit der Rangordnungen zwischen bestehenden Zukunftslagen von dem Entfall oder Hinzukommen weiterer Zukunftslagen fordert, erübrigt sich hingegen: Das Hinzutreten oder Entfallen weiterer Zukunftslagen wird durch eine ständige Analyse der Wirkungen von Informationen auf das gesamte Entscheidungsfeld und damit auch der Wahrscheinlichkeiten überprüft; angesichts der oben umrissenen Problematik der Mehrdeutigkeit von Informationen wäre eine Garantie für das Unabhängigkeitsprinzip für noch nicht eingeholte Informationen nach Einschätzung des Autors utopisch. Kritisch zur empirischen Erfüllbarkeit auch SCHNEIDER (1992), S. 439. Der fehlenden Unabhängigkeit wurde hier darum durch den nicht-theoretischen, immer nur vorläufig und sukzessiv ablaufenden Entscheidungsprozess sowie durch die Kritik an der aktuell vorliegenden Verkürzung des eigenen Informationsstands in der Entscheidungsgrundlage mit Hilfe der Orientierungsbasis Rechnung getragen. Diese Vorgehensweise lässt sich aber auch theoretisch rechtfertigen: Entweder die Zukunftslagen sind bereits erfasst oder sie sind noch nicht erfasst, je nachdem, was gilt, handelt es sich um einen anderen Informationsstand, der mit dem vorherigen gar nicht in Bezug auf Glaubwürdigkeiten vergleichbar ist. Eine andere Möglichkeit besteht auch nicht: Es lässt sich nur entweder über die Rationalität der auf dem eigenen Wissen basierenden Handlungen urteilen oder es muss generell aus der Perspektive der nicht einbeziehbaren noch unbekannten Informationen alles Handeln als nicht rational zu rechtfertigend angesehen werden.

[310] Vgl. dazu auch SCHNEIDER (1997), S. 171.

heit hergestellt werden, indem die Einzelaussagen aufeinander abgestimmt und darum in ihrer Bedeutung festgelegt werden.

Zum Vierten muss sichergestellt werden, dass eine Ergänzung von Rangordnungen durch Glaubwürdigkeitsurteile über Differenzen zwischen einzelnen Glaubwürdigkeitsurteilen nicht widersprüchlich ist.[311] Sonst wären keine eindeutigen Ergebnisse bei der Addierbarkeit der Wahrscheinlichkeiten mehr möglich.

Um eine solche Vollständigkeit der Glaubwürdigkeitsurteile für jeden beliebigen Anwendungsfall sicherzustellen, müssten zwei hinsichtlich ihrer Anforderungen hochproblematische Axiome eingehalten werden. Weil es ausgeschlossen ist, diese Axiome in einer praktischen Entscheidungssituation zu erfüllen, zeitgleich aber eine Zusammenfassung von Glaubwürdigkeitsurteilen unterschiedlicher Zukunftslagen durch Addition dennoch ermöglicht werden soll, ist es notwendig, sich darüber klar zu werden, warum diese beiden

[311] Vgl. hierzu auch das folgende Beispiel bei SCHNEIDER, mit dem durch Widerspruch bewiesen wird, dass miteinander nicht widersprüchliche Rangordnungen widersprüchliche Ergebnisse bei der Addition von Wahrscheinlichkeiten erbringen, vgl. SCHNEIDER (1992), S. 442. Zurück geht das Beispiel auf KRAFT/PRATT/SEIDENBERG (1959), S. 414 f. Gegeben seien folgende Rangurteile:

1) $u_A \succ u_B \succ u_C \succ u_D \succ u_E \vee$

2) $u_B \succ u_C \cup u_E \vee$

3) $u_C \cup u_D \succ u_E \cup u_B \vee$

4) $u_E \cup u_A \succ u_C \cup u_B \vee$

5) $u_B \cup u_C \cup u_E \succ u_A \cup u_D$.

Für mit den Rangfolgen kompatible Wahrscheinlichkeiten ist aus der Summation der Ungleichungen aus den Rangfolgen 2-4 ein Widerspruch mit Rangfolge 5 ableitbar (vgl. Zeile 6):

1) $p(u_A) > p(u_B) > p(u_C) > p(u_D) > p(u_E) \vee$

2) $p(u_B) > p(u_C) \quad p(u_E) \vee$

3) $p(u_C) \quad p(u_D) > p(u_E) \quad p(u_B) \vee$

4) $p(u_E) \quad p(u_A) > p(u_C) \quad p(u_B) \vee$

5) $p(u_B) \quad p(u_C) \quad p(u_E) > p(u_A) \quad p(u_D)$.

6) $p(u_A) \quad p(u_D) > p(u_B) \quad p(u_C) \quad p(u_E)$.

Freilich liegt dieser Widerspruch zumindest bei dem gegebenen Beispiel in der Unvollständigkeit der widerspruchsfreien Rangordnungen begründet. So lässt sich zeigen, dass sich diese nicht widerspruchsfrei vervollständigen lassen. Ausgangspunkt für die Konstruktion ist hierbei, dass die Rangordnungen 2 und 5 eine Untergrenze für u_B formulieren, während 3 und 4 eine Obergrenze setzen. Herangezogen sei nun zur Abstandsmessung eine Hilfsgröße u_Δ, welche die Differenz zwischen Zukunftslage D und E erfasst.
Dann lässt sich der Widerspruch in den Rangfolgen leicht identifizieren, denn:

$u_D \sim u_\Delta \cup u_E$

3) $u_C \cup u_\Delta \cup u_E \succ u_E \cup u_B \Rightarrow u_\Delta \cup u_C \succ u_B$

2) $u_B \succ u_E \cup u_C$

2) u. 3) $u_C \cup u_\Delta \succ u_B \succ u_C \cup u_E \Rightarrow u_\Delta \succ u_E$

5) $u_B \cup u_C \cup u_E \succ u_A \cup u_D \Rightarrow u_B \cup u_C \cup u_E \succ u_A \cup u_\Delta \cup u_E$

$\Rightarrow u_B \cup u_C \succ u_A \cup u_\Delta$

4) $u_E \cup u_A \succ u_C \cup u_B$

4) u. 5) $u_E \cup u_A \succ u_C \cup u_B \succ u_A \cup u_\Delta \Rightarrow u_E \succ u_\Delta$

2) u. 3. vs. 4) u. 5) widersprechen sich. Vorausgesetzt werden muss die Zulässigkeit von Differenzenbildung.

Axiome eingeführt werden. Dadurch lässt sich eine intuitive Vorstellung gewinnen, welche Konsequenzen aus der Verletzung der Axiome resultieren, in welchem Bereich die vollständige Übersetzung in Wahrscheinlichkeiten misslingen muss und wie hiermit umgegangen werden kann.

Das erste Axiom ist das Stetigkeitsaxiom. Hierzu wird zunächst eine Abfolge von Zukunftslagen als gegebenen angenommen, bei denen die jeweils spezifischere Zukunftslage in der jeweils unspezifischeren Zukunftslage enthalten ist ($u_1 \subset u_2 \subset u_3 \subset \ldots \subset u_j$), wobei die Abfolge gegen u_j konvergiert. Damit das Stetigkeitsaxiom gewahrt wird, muss hierbei gelten, dass für eine beliebige Zukunftslage $u_i \prec u_j$ eine ganze Zahl N in der Form existiert, dass für ein $n \geq N$ gilt, dass $u_i \prec u_n$, wobei u_n eine gegenüber u_j spezifischere Zukunftslage aus der Abfolge ist. Mit anderen Worten muss immer ein u_n existieren, welches in Bezug auf seine Glaubwürdigkeit noch zwischen u_i und u_j eingepasst werden kann.[312] Klar ist, dass sich dies empirisch nicht umsetzen lässt, weil jeder Entscheidende auch unendlich viel Zeit benötigte, um sich darüber ein Bild zu verschaffen, wie die Glaubwürdigkeitsurteile für diese feineren Zergliederungen argumentativ zu stützen wären. Wollte er dieser Anforderung Genüge tun, könnte er nie eine Entscheidung treffen.[313] Für eine Handlung bzw. im Entscheidungsfeld können darum immer nur ganz bestimmte zueinander komplementäre Mengen von Zukunftseigenschaften konkretisiert und mit Glaubwürdigkeitsurteilen belegt werden, nie jedoch alle in unendlicher Anzahl vorhandenen alternativen Zergliederungen von Zukunftslagen.

Das zweite notwendige Axiom der Nichtexistenz sogenannter Wahrscheinlichkeitsatome sorgt wiederum dafür, dass nur eine einzige numerische Repräsentation der Glaubwürdigkeitsurteile existiert.[314] Dazu wird als ein Wahrscheinlichkeitsatom eine Zukunftslage bezeichnet, in Bezug auf die gilt, dass für alle Zukunftslagen, die eine feinere Zergliederung derselben darstellen, festzustellen ist, dass sie entweder gleichwahrscheinlich mit dieser Zukunftslage sind oder aber gleichwahrscheinlich mit einem unmöglichen Ereignis.[315] Durch das Axiom, dass Wahrscheinlichkeitsatome nicht existieren dürfen, wird sichergestellt, dass jede beliebig spezielle Zukunftslage zu anderen Zukunftslagen in ein eindeutiges Verhältnis

[312] Vgl. auch VILLEGAS (1964), S. 1789, S. 1794.
[313] Ähnlich auch SCHNEIDER (1979), S. 113.
[314] Vgl. VILLEGAS (1964), S. 1794 f.
[315] Vgl. für eine formale Darstellung KRANTZ/LUCE/SUPPES/TVERSKY (1971), S. 216.

gesetzt werden kann, weil beide zu vergleichenden Zukunftslagen als aus gleichwahrscheinlichen Zukunftslagen zusammengesetzt begriffen werden können.

Es ist hilfreich, die Gründe für diese Axiome intuitiv auf zwei Arten zu begreifen.[316] Der erste Weg besteht darin, dies über eine Verhältnisskala zu tun. So sicherten die zuvor durchgeführten Überlegungen lediglich ab, dass einzelne Glaubwürdigkeitsurteile zu gegebenen Zukunftslagen in eine widerspruchsfreie Rangfolge gebracht werden können. Sie beschreiben jedoch kein in Zahlen eindeutiges Verhältnis nach dem Muster „eine erste Zukunftslage sei anderthalbfach so glaubwürdig wie eine zweite Zukunftslage". Um das zu ermöglichen, müsste das Verhältnis zwischen der ersten und der zweiten Zukunftslage eindeutig sein. In einer solchen eindeutigen Verhältnisdefinition steckt jedoch eine neue Aussage in Form eines Glaubwürdigkeitsurteils über die Differenz zwischen der ersten und der zweiten Glaubwürdigkeitseinschätzung.[317] Erst das exakte Wissen um diese Differenz erlaubt, die Wahrscheinlichkeiten zueinander in Beziehung zu setzen. Da diese Differenz ihrerseits als ein neues Glaubwürdigkeitsurteil zu allen bisherigen Urteilen ins Verhältnis zu setzen und zu durchdenken ist, verursacht sie ihrerseits neue Glaubwürdigkeitsurteile usf. Das Stetigkeitsaxiom sichert hierbei allgemein, d.h. in Unkenntnis der konkret auftretenden Verhältnisse von Glaubwürdigkeitsurteilen zueinander für alle möglichen Fälle, eine widerspruchsfreie Rangfolge ab. Das Axiom zum Verbot von Atomwahrscheinlichkeiten sichert wiederum, dass diese widerspruchsfreie Ordnung auch bis in die Unendlichkeit für alle, möglicherweise neu auftretenden Glaubwürdigkeitsurteile gilt. Nur so sind Verhältnisaussagen über zwei Wahrscheinlichkeiten vollständig abgesichert möglich.[318] Dabei sind die Axiome auch insofern intuitiv nachvollziehbar, als dass jeder Entscheidende regelmäßig in Probleme gerät, wenn er urteilen soll, ob nun eine Zukunftslage u_A 1,4999 oder 1,5000 Mal so wahrscheinlich ist wie

---

[316] Auf die Übersetzung mit der häufig gebrauchten Erklärung durch irrelevante Ereignisse wie denkbaren Münzwürfen, vgl. z.B. SAVAGE (1972), S. 38 f.; KRANTZ/LUCE/SUPPES/TVERSKY(1971), S. 207, wird hier verzichtet, da es für einen Einsatz als Heuristik in der Praxis unsinnig ist, sich bei einem konkreten Entscheidungsproblem damit zu beschäftigen, unendlich viele für dieses Entscheidungsproblem irrelevante Münzwürfe mit dem Entscheidungsproblem zu verknüpfen.

[317] Hierzu ein Beispiel bereits auf der Ebene der numerischen Wahrscheinlichkeit. Es gelte

$$\frac{P(u_1)}{P(u_2)} = 1,5$$

$$\Leftrightarrow P(u_1) = 1,5 \cdot P(u_2) = P(u_2) \quad P(u_{neu})$$

mit $u_{neu} \subset u_1$

[318] Anderes gilt nur bei Einschränkung der Allgemeinheit auf einen ganz bestimmten Spezialfall, nämlich, sofern der Fall gleichwahrscheinlicher Wahrscheinlichkeitsatome bereits bekanntermaßen vorliegt, vgl. dazu auch KRANTZ/LUCE/SUPPES/TVERSKY (1971), S. 216.

eine andere Zukunftslage u_B. Aus solchen Unschärfen in den eigenen bislang erfolgten Glaubwürdigkeitsurteilen lassen sich jedoch exakt die in der Fußnote 311 beschriebenen Widersprüche konstruieren. Weil sich die Nachkommastellen beliebig verlängern lassen, werden die Axiome notwendig.

Der zweite Weg besteht darin, sich die feineren Untergliederungen als eine Form der Duplikation einer Zukunftslage durch mehrere künstlich erzeugte Zukunftslagen vorzustellen. Dabei ist klar, dass die künstlich erzeugten Zukunftslagen nicht nur den Inhalt, sondern auch die Glaubwürdigkeitsurteile exakt reproduzieren müssen, da sonst „Glaubwürdigkeitsarbitrage" betrieben werden kann oder anders formuliert, Inkonsistenzen auftreten. Weil dies für jede mögliche, noch so wenig wahrscheinliche Zukunftslage allgemein sichergestellt werden muss, geht auch diese Konsistenzprüfung ins Unendliche fort, soll eine vollständige Absicherung der Zulässigkeit des Rechnens mit Wahrscheinlichkeiten erfolgen.[319] Die Axiome haben folglich einen durchaus relevanten und darum nicht zu vernachlässigenden Hintergrund.

Da sich ihre Einhaltung dennoch nicht vollständig sicherstellen lässt, stellt sich die Frage, wie mit den dann in Kauf zu nehmenden Unschärfen der eigenen Glaubwürdigkeitsurteile umgegangen werden soll. Formal ließe sich dies dadurch charakterisieren, dass die Mengenalgebra F nicht vollständig bekannt ist, sondern lediglich einige ihrer Teilmengen mit ihren jeweiligen Komplementen. Inhaltlich liegen dadurch zwei Erwägungen nahe.

Zum Ersten sorgt die empirische Unmöglichkeit, diese Axiome einzuhalten, dafür, dass auch bei Zugrundelegung einer quantitativen Wahrscheinlichkeitsverteilung mögliche Inkonsistenzen existieren können, von denen auf aktuellem Informationsstand keine Vorstellung besteht. Darunter sind solche zu verstehen, die für Glaubwürdigkeitsurteile aus einer Zergliederung der aktuell bezeichnungsfähigen Zukunftslagen anhand weiterer Informationen bzw. aus nicht durchdachten Verhältnissen von Glaubwürdigkeitsurteilen zueinander resultieren könnten (wenn also neue Informationen über Teilmengen der Mengenalgebra F auftreten). Solange keine Informationen über die Zergliederungen vorliegen, ist es zwar unsinnig, diese Zergliederungen durch Duplikation von Zukunftslagen in vorauseilendem Gehorsam mittels

[319] Vgl. hier zu Beispielen für Arbitrageüberlegungen auch SCHNEIDER (1979), S. 110 f. und ELLSBERG (1961), S. 647.

fiktiver Zufallsexperimente zu produzieren. Es ist aber im Hinterkopf zu behalten, dass möglicherweise ein detaillierterer Informationsstand im Widerspruch zu den bislang in Erwägung gezogenen Glaubwürdigkeitsurteilen stehen kann, dass also auch die erfolgten Konkretisierungen nicht vollständig verlässlich sind, auch wenn sie nun in numerischen Berechnungen ausgedrückt werden.

Zweitens ist zu beachten, dass jede Berechnung, die mit Wahrscheinlichkeiten vorgenommen wird, zumindest die ganz konkret bei den Rechenoperationen eingehenden Glaubwürdigkeitsurteile rechtfertigen und Unschärfebereiche durch gerade noch tolerierbare Minima und Maxima von Verhältnissen der Glaubwürdigkeitsurteile feststellen muss. Zwar werden nicht alle Verhältnisse gebildet und alle Zukunftslagen bis in die Unendlichkeit dupliziert. Wenn aber Rechnungen vorgenommen werden, welche voraussetzen, dass bestimmte Glaubwürdigkeitsurteile bekannt sind, dann muss geprüft werden, ob die vorgenommene Rechnung tatsächlich mit den auf aktuellem Informationsstand alternativ formulierbaren Zusammenhängen von Glaubwürdigkeitsaussagen in jedem Fall vereinbar ist oder aber über dieses hinausgeht. Letzteres ist der Fall, wenn die Entscheidung nicht mit allen als möglich erachteten Zusammenhängen von Glaubwürdigkeitsaussagen zu rechtfertigen ist.

Beim praktischen Vorgehen ist darum zunächst sicherzustellen, dass die anhand der Informationen über die Zukunftslagen fundierbaren Glaubwürdigkeitsurteile formuliert werden.

Nach der Formulierung sollte geprüft werden, ob sich eventuell eine Entscheidung bereits ohne das Heranziehen numerischer Wahrscheinlichkeiten allein über Rangfolgeüberlegungen treffen lässt.

Ist das nicht möglich, muss eine - eben auf schwankendem Boden agierende - numerische Wahrscheinlichkeitsverteilung formuliert werden. Hierzu lässt sich die Formulierung alternativer Minima und Maxima bei Verhältnissen von Glaubwürdigkeitsurteilen praktisch nutzen. Aus diesen Verhältnissen lassen sich dann regelmäßig in Verbindung mit dem Normierungsaxiom quantitative Wahrscheinlichkeiten durch die Bildung von Gleichungssystemen errechnen oder zumindest durch die Formulierung von Maximierungs- oder

Minimierungsprogrammen unter Nebenbedingungen näher eingrenzen.[320] Es ist zu beachten, dass damit bereits die Geltung der Wahrscheinlichkeitsrechnung und bei den Verhältniszahlen die Geltung der darin enthaltenen beiden eben beschriebenen Axiome postuliert wurde: Es wurde vorausgesetzt, man hätte alle notwendigen Glaubwürdigkeitsurteile, ohne dass man sie tatsächlich gebildet hat.[321] Um zu überprüfen, ob die eigenen Auffassungen zur Glaubwürdigkeit mit den errechneten Wahrscheinlichkeiten übereinstimmen oder die Gesamtheit aller gebildeten Glaubwürdigkeitsurteile bzw. Wahrscheinlichkeitsbemessungen neu justiert werden muss, hat darum zumindest eine Konfrontation der eigenen materiellen Glaubwürdigkeitsüberlegungen und der errechneten Wahrscheinlichkeiten erfolgen. Das lässt sich auch für die weitere Informationssuche nutzen, sofern die errechneten Wahrscheinlichkeiten als Hypothese angesehen werden, deren Richtigkeit durch zusätzliche Informationen zu bestätigen oder zu widerlegen ist.

V.4.3 Ermittlung der von Zukunftslagen, personalen Wahrscheinlichkeiten, Handlungsalternativen und Orientierungsbasis abhängigen Ergebnisse

Für die nach unterschiedlichen Gliederungskriterien verfügbaren Zukunftslagen sind - abhängig von den eigenen Handlungsalternativen - Informationen zu suchen, aus denen sich Aussagen über die Ergebnisausprägungen in den einzelnen Zukunftslagen ableiten lassen. Dazu ist die Höhe der Zahlungsströme zu bestimmen und Zeitpunkt und Zukunftslage zuzuordnen. Hierfür bedarf es der Suche nach Informationen, welche entweder direktes Wissen über die Zukunft aufgrund bereits heute vorgenommener Vorfestlegungen beinhalten oder aber bei der Hypothesenbildung in Form der Übertragung von Erfahrungen auf die

---

[320] Vgl. zu ersterem SCHNEIDER (1979), S. 107 und zu letzterem auch LAUX (2005), S. 315 f. Der in der Literatur häufig angeführte Weg, Glaubwürdigkeiten über Wettsituationen bzw. Präferenzen für unterschiedliche Handlungsalternativen abzuleiten, vgl. z.B. SCHNEIDER (1992), S. 446-447 f., SCHNEIDER (1979), S. 94 oder SAVAGE (1972), S. 30 f. wird hier bewusst nicht eingeschlagen: Diese Überlegungen basieren darauf, dass die Präferenzen für Handlungsalternativen des Entscheidenden nicht zu seinen Rangfolgeurteilen im Widerspruch stehen dürfen, so dass sich aus den geäußerten Präferenzen auf die Rangfolgen schließen lässt. Wenngleich hier von personalen Wahrscheinlichkeiten in dem Sinne ausgegangen wird, dass sich objektive Wahrscheinlichkeiten nicht finden lassen, gilt doch, dass die Glaubwürdigkeitsurteile nach hier vertretener Auffassung zwar personenabhängig unterschiedlich ausfallen können, dies aber (noch) nichts mit Präferenzen sondern nur mit unterschiedlichen Deutungen zu tun hat, welche sich prinzipiell auf die in dem Urteil zum Ausdruck kommenden Erfahrungs-, Spekulations-, und Wissensbestandteile zurückführen lassen. Damit entfällt die Möglichkeit einer Präzision durch Wetten, bei der Präferenzen wie z.B. die eigene Risikoaversion mit ins Spiel kommen. Auch hinsichtlich der Abfolge wäre dies ein falscher Weg: Man würde, wenn Präferenzurteile als Maßstab gebraucht werden, um die Glaubwürdigkeitsurteile anzupassen, voraussetzen, dass in den Präferenzurteilen bereits richtige Glaubwürdigkeitsurteile enthalten sind und dann ausgehend hiervon bestimmen, welche Informationsbasis notwendig ist, um diese Glaubwürdigkeitsurteile hervorzurufen. Hier aber geht es darum, die Informationsbasis für die Präferenzurteile erst zu bestimmen, nicht darum, sie vorauszusetzen.

[321] Vgl. auch SCHNEIDER (1992), S. 441.

Zukunft und der Identifikation der hierfür notwendigen Kausalketten zur Verankerung in der Gegenwart behilflich sind.[322]

Eine Sonderstellung nehmen dabei die Unsicherheitsüberlegungen in Bezug auf das eigene, nicht in präzise Risikoüberlegungen überführbare Nichtwissen und das Wissen um alternative, nicht in der aktuell gewählten Entscheidungsgrundlage verwendete Zukunftseigenschaften ein.

Die Funktion dieses Ergebnisfeldes lässt sich besonders eingängig erläutern, wenn zunächst davon ausgegangen wird, dass die Entscheidungsgrundlage vollkommen unzweifelhaft richtig sei.[323] Das lässt sich auch so übersetzen, dass für die zu treffenden Entscheidungen irrelevant ist, was in allen anderen, nicht in der Entscheidungsgrundlage erfassten Zukunftslagen geschieht. In einem zweiten Schritt ist zu fragen, was geschieht, wenn eine derartige Sicherheit über die Konzeptualisierung der eigenen Entscheidungsgrundlage nicht besteht, gerade weil in mehr oder minder großem Umfang Informationen unterdrückt wurden, um den Anforderungen einer entscheidungslogisch sauberen Strukturierung Rechnung zu tragen. Hierbei ist zwischen drei verschiedenen Arten der Berücksichtigung zu unterscheiden, der einzelnen Zukunftslagen, Glaubwürdigkeitsurteilen oder Handlungsalternativen zuordnungsfähigen Unsicherheit, der grundsätzlichen eingrenzbaren Unsicherheit über die Richtigkeit der Entscheidungsgrundlage bzw. Orientierungsbasis und der keiner Konkretisierung zugänglichen, vollkommen unbekannten Unsicherheit.

Beispielsweise habe sich ein Analysierender dazu entschieden, zu vernachlässigen, dass der Firmensitz einer Tochtergesellschaft abbrennen könnte, und dass angesichts bereits identifizierter Bilanzpolitik eventuell die herangezogenen Informationen weit unzuverlässiger

---

322 Vgl. auch SCHNEIDER (1997), S. 158. Damit wird auch die (banale) Voraussetzung dafür gelegt, dass sich später Wahrscheinlichkeiten identifizieren lassen, nämlich, dass es Zukunftslagen gibt, denen sich die Wahrscheinlichkeiten zuordnen lassen, vgl. dazu auch SCHNEIDER (1997), S. 170. Ansatzpunkte für die Gewinnung solcher Zukunftslagen sind insbesondere bei der im Teil B der Arbeit dargestellten Veränderungsstrukturanalyse zu erwarten.

323 Inhaltlich entspricht dieser Ausgangspunkt dem von Savage formulierten „sure thing principle", d.h. dem Prinzip, dass, wenn bekannt ist, dass ein Ereignis B eintritt, Handlungsalternativen nur noch in Bezug auf dieses Ereignis B beurteilt werden und nicht mehr hinsichtlich des komplementären Ereignisses nicht-B, vgl. SAVAGE (1972), S. 21-23. Genau hier liegt schließlich auch das Problem – man kann nicht genau sagen, ob die Entscheidungsgrundlage in der angefertigten Formulierung (= Ereignis B) richtig ist, d.h. nicht doch ganz andere, unvorhergesehene Konsequenzen (= Ereignis nicht-B) eintreten. Im Unterschied zu Savage ist das „Komplement" zu B, d.h. nicht-B, aber nicht dingfest zu machen, d.h. kein Komplement innerhalb eines Mengenkörpers, sondern die mehr oder weniger scharf erkennbare Unsicherheit über eine möglicherweise falsch formulierte Entscheidungsgrundlage.

sind, als sie sich in der Entscheidungsgrundlage widerspiegeln. Diese Zukunftseigenschaften spielen dann in der Formulierung der Zukunftslagen der Entscheidungsgrundlage selbst keine Rolle. Trotzdem wird, um im Beispiel zu bleiben, die Vernachlässigung eines Abbrennens des Firmensitzes lediglich in solchen Zukunftslagen relevant sein, in denen davon ausgegangen wird, dass die Tochtergesellschaft vor dem Abbrennen nicht verkauft werden wird, nicht aber in jenen Zukunftslagen, in denen angenommen wird, dass die Tochtergesellschaft vor dem Abbrennen verkauft werden wird. Umgekehrt lässt sich die Projektion einzelner, kritischer bilanzpolitischer Maßnahmen auf alle Schlussfolgerungen aus den Jahresabschlusszahlen gerade nicht so einfach zurechnen. Sie betrifft die gesamte Entscheidungsgrundlage. Beide im Beispiel angesprochenen Unsicherheitsformen stellen jedoch keine Inhalte der anderen Ergebnisfelder dar, weil sie bei der entscheidungslogischen Konstruktion der Entscheidungsgrundlage ausgeklammert wurden.

Da sich das Ergebnisfeld trotz des Beispiels weiterhin besonders schwer inhaltlich vorstellen lässt, sei die Auflösung des im Folgenden geschilderten ersten Teils des Ellsberg-Paradoxons als weitere Illustration herangezogen. Das Beispiel von Ellsberg lautete:

> Gegeben seien zwei Urnen mit jeweils insgesamt 100 Kugeln. Urne I enthält rote und schwarze Kugeln in einem unbekannten Verhältnis. Urne II enthält 50 rote und 50 schwarze Kugeln. Für das Ziehen einer roten Kugel wird ein Preis in Höhe von 100 € ausgelobt, für das Ziehen einer schwarzen Kugel 0 €. Dabei müsse sich der Entscheidende zwischen dem Ziehen aus Urne I und Urne II entscheiden.[324]

Angenommen sei nun, dass eine eindeutige Entscheidungsgrundlage aufgestellt würde, ohne dass der Unterschied zwischen beiden Urnen Berücksichtigung fände. Um die Wahrscheinlichkeiten für beide Handlungsalternativen identisch zu halten, habe sich der Analysierende dafür entschieden, das La Place'sche Prinzip vom unzureichenden Grund auf Urne I anzuwenden.[325] Diese Entscheidungsgrundlage lautete:

	Ziehung rot (0,5)	Ziehung schwarz (0,5)
a_1: Ziehung aus Urne I	100	0
a_2: Ziehung aus Urne II	100	0

Abbildung 10: Entscheidungsgrundlage bei Unsicherheit I

[324] Vgl. ELLSBERG (1961), S. 650 f.
[325] Allerdings könnte er auch eine der anderen möglichen 98 Verteilungen wählen.

Unabhängig von dem Entscheidenden würde hier ausgehend allein von der Entscheidungsgrundlage eine Indifferenz zwischen beiden Handlungsalternativen bestehen. Das entspricht – zu Recht – nicht der Intuition: a_2 basiert darauf, dass man eine echte Risikosituation ohne Unsicherheit hat. a_1 basiert hingegen darauf, dass man eine Risikosituation durch Unterdrückung weiterer Informationen erzeugt hat, wobei über die Berechtigung der Informationsunterdrückung nichts bekannt ist, weil man die tatsächliche Verteilung nicht kennt. Darum werden sich unsicherheitsaverse Entscheidende für die zweite Alternative,[326] unsicherheitsfreudige Entscheidende hingegen für die erste Alternative entscheiden. Das Unsicherheitsfeld soll genau diesen Arten von nicht als Risiko in der Entscheidungsgrundlage berücksichtigungsfähigen Unsicherheiten Rechnung tragen, z.B. indem die Entscheidungsgrundlage im konkreten Fall verbale Bemerkungen der folgenden Art enthält:

	Ziehung rot (0,5)	Ziehung schwarz (0,5)
a_1: Ziehung aus Urne I	100; Wahrscheinlichkeit kann zwischen 0,01 und 0,99 schwanken.	0; Wahrscheinlichkeit kann zwischen 0,01 und 0,99 schwanken.
a_2: Ziehung aus Urne II	100; keine Unsicherheit	0; keine Unsicherheit

Abbildung 11: Entscheidungsgrundlage bei Unsicherheit II

Es wird hier nicht behandelt, wie der Unsicherheit Rechnung zu tragen ist, d.h. z.B.

- ob anderweitig versucht wird, zu mit besonders viel Unsicherheit behafteten Zeitpunkten besonders viel Stabilität herzustellen,
- ob Flexibilität im Sinne von Kündigungsoptionen für einen solchen Fall bei Fremdkapitalgebern vereinbart werden,
- ob Informationsbeschaffungsmaßnahmen in sehr kurzen Zeitabständen eingeplant werden oder
- ob ein Kauf nur von besonders fungiblen Aktien bei Eigenkapitalgebern in Erwägung gezogen wird.

Der Unsicherheit lässt sich durch zahlreiche Maßnahmen unterschiedlicher Dimensionen Rechnung tragen. Deshalb erscheint es wenig aussichtsreich, die Maßeinheit für die

[326] Dies war die Reaktion der Mehrheit der befragten Personen bei ELLSBERG (1961), S. 651.

Berücksichtigung der Unsicherheit analog zu Risiko, Höhe und Zeitpunkt in allein einer Dimension festzulegen: Dieses Feld transportiert schließlich in verkürzter Form alle Kritikpunkte aller denkbaren Dimensionen an der Entscheidungsgrundlage bei der Entscheidung in die Entscheidungsgrundlage. Die jeweilig notwendig erscheinende Reaktion, um der identifizierten oder der prinzipiell nicht identifizierbaren Unsicherheit Rechnung zu tragen, wird dann als zu beachtende Einflussgröße in die Entscheidungsgrundlage eingefügt.[327]

V.4.4 Interdependenzen zwischen Zukunftslagen, Ergebnisausprägungen, Wahrscheinlichkeiten und Handlungsalternativen

Eine erste einfache Interdependenz zwischen Zukunftslagen, Ergebnisausprägungen, Wahrscheinlichkeitseinschätzungen und Handlungsalternativen besteht darin, dass regelmäßig eine Änderung einer der vier Größen zahlreiche weitere Änderungen nach sich zieht. Da diese jedoch ihrerseits noch nicht durch Informationen unterlegt sind, werden neue Informationsbeschaffungsmaßnahmen erforderlich. Unmittelbar einsichtig ist dies bei Zukunftslagen und Wahrscheinlichkeiten: Werden neue Zukunftslagen bestimmt oder alte abgeändert oder eliminiert, so ändert sich dadurch nicht nur die Wahrscheinlichkeit für die neue, abgeänderte oder eliminierte Zukunftslage, sondern es ändern sich auch die Wahrscheinlichkeiten für die verbleibenden Zukunftslagen. Gleiches gilt für Änderungen bei Ergebnisausprägungen, die durch bestimmte Entwicklungen gerechtfertigt sind. Deren Wahrscheinlichkeiten sind dann neu einzuschätzen, was wiederum eine Vielzahl weiterer Neueinschätzungen von Wahrscheinlichkeiten notwendig werden lässt.

Ebenso bestehen Interdependenzen zwischen Unsicherheitsformen und Zukunftslagen. So gilt, dass eine Untergliederung von Zukunftslagen nur soweit erfolgt, als die dafür notwendigen Informationen bekannt sind. Beispielsweise können genauere Überlegungen in Bezug auf eine zukünftige Entwicklung einzelner Produktlinien nur dann erfolgen, wenn in einem Geschäftsfeld Informationen darüber vorliegen, wie sich einzelne Produktlinien entwickeln. Wenn allerdings bekannt ist, dass das andere Geschäftsfeld ebenfalls über mehrere

[327] Notwendig ist dieser Kunstgriff, weil in einem entscheidungslogisch sauber strukturierten Entscheidungsfeld inhaltlich kein Platz für andere, der gewählten Strukturierung widersprechende Strukturierungen, z.B. in Form von Alternativdeutungen, vorhanden ist. Die Unklarheit der tatsächlichen Entscheidungssituation wird dort gerade ausgeklammert, um logisch-deduktive Eindeutigkeit zu gewährleisten. Andere Möglichkeiten des Umgangs wären eine Residualzukunftslage „black box“ für alle nicht berücksichtigten Zukunftslagen oder das Ignorieren der Unsicherheit in der Entscheidungsgrundlage, vgl. SHACKLE (1992), S. 22 f. Der Autor lehnt beide alternativen Möglichkeiten ab: Erstere, wie bei der Erläuterung der Unsicherheit im zweiten Kapitel dargestellt, weil sie Informationen hinzufügt, von denen bekannt ist, dass sie gerade nicht existieren; Letztere, weil sie Informationen unterdrückt, von denen bekannt ist, dass sie existieren.

Produktlinien verfügt, aber über deren Entwicklung keine Informationen bestehen, so ist es notwendig, dies korrespondierend als Wissen um das Nichtwissen über die Entwicklung dieser Produktlinien zu berücksichtigen und entsprechend gröber zu prognostizieren; wobei dann auch mehr Unsicherheit zu berücksichtigen ist. Das entspräche der Übertragung des Beispiels von Ellsberg auf realistischere Fälle.

Ferner können aus der Unsicherheit Rückwirkungen auf die Handlungsalternativen resultieren. So können sich Verschiebungen in Bezug auf die Ausübung von Handlungsalternativen ergeben, sollte zeitlich ungefähr bezeichnet werden können, zu welchem Zeitpunkt ein Nichtwissen oder Unklarheiten durch Wissen ersetzt werden können.[328] Gleichermaßen kann die vorliegende Unsicherheit dazu führen, dass Handlungsalternativen entfallen, weil z.B. aufgrund von notwendig werdenden Flexibilitätsüberlegungen verstärkt Liquidität vorgehalten werden muss. In solchen Fällen könnten diejenigen Handlungsalternativen entfallen, welche Eingriffsrechte betreffen, weil der Entscheidende seinen gehaltenen Anteil reduzieren muss.

Werden Handlungsalternativen einbezogen, kann dies auch dafür sorgen, dass sich Wahrscheinlichkeiten in der Entscheidungsgrundlage für den Eintritt bestimmter Zukunftslagen ändern oder die Zukunftslagen vollkommen verschwinden. Das kann beispielsweise der Fall sein, weil durch Covenants bestimmte Geschäftsmaßnahmen untersagt werden können oder durch die eigene zusätzliche Vergabe von Krediten an den Kreditnehmer dessen Insolvenzwahrscheinlichkeit aufgrund drohender Zahlungsunfähigkeit gemildert werden kann. Liegt ein solcher Fall abhängig von Handlungsalternativen unglaubwürdiger oder aber glaubwürdiger werdender Zukunftslagen vor, kann es sinnvoll sein, die jeweils für die Zukunftslagen geltenden Wahrscheinlichkeiten abhängig von den Handlungsalternativen zu bestimmen.[329]

Umgekehrt bestehen Interdependenzen zwischen Zukunftslagen und in Erwägung gezogenen Handlungsalternativen. Die gewählten Zukunftslagen können Handlungsalternativen als sinnvoll oder sinnlos erscheinen lassen, da die Einflussnahme eigener Handlungen auf Ergebnisausprägungen durch die zukünftig angenommenen Welten beschränkt wird. So hängt

[328] Vgl. auch SHACKLE (1992), S. 214 f.; SAVAGE (1972), S. 17.
[329] Vgl. zu diesem Fall auch STEGMÜLLER (1973), S. 295.

beispielsweise bei der Vereinbarung eines Financial Covenant in Form einer Eigenkapitalkennziffer die Aussagefähigkeit der Zukunftslagen davon ab, ob sich zukünftige negative Umweltentwicklungen in der Eigenkapitalkennziffer widerspiegeln, d.h. ob das jeweilige Covenant bei kritischen Fällen in zukünftig angenommenen Konstellationen von Zukunftseigenschaften Wirkung entfaltet.[330] Daher werden zusammen mit den jeweils aus der Entscheidungsgrundlage fallenden Kriterien häufig auch Handlungsalternativen in die Orientierungsbasis umzuordnen sein.

Hierbei zeigen die Interdependenzen auf, dass die Bestimmung der Entscheidungsgrundlage nicht anhand von Optimierungsüberlegungen in Bezug jeweils auf allein die Informationen über die Ergebnisfelder, die Wahrscheinlichkeiten, die Zukunftslagen oder die Glaubwürdigkeitsurteile bestimmt werden kann. Vielmehr bestimmt das Zusammenwirken aller vier Bestandteile darüber, ob eine Entscheidungsgrundlage angesichts des jeweiligen Informationsstands gegenüber anderen sich in der restlichen Orientierungsbasis befindlichen Rohbestandteilen für alternative Entscheidungsgrundlagen als jeweils überlegen einzustufen ist.

All dies ruft zu Beginn der Konstruktion der Entscheidungsgrundlage ein hohes Maß an Unsicherheit hervor und fordert die Kombinationsfähigkeit des Entscheidenden heraus. Gleichzeitig ist es andererseits jedoch von großem Vorteil. Gerade weil mit der Wahl eines Gliederungskriteriums für Zukunftslagen die dadurch tangierten Handlungsalternativen, Glaubwürdigkeiten und Ergebnisfelder noch nicht festgelegt sind, liegen identifizierbare problembezogene Informationsdefizite vor, welche eine zielgerichtete Informationssuche ermöglichen. Weil einzelne Handlungsalternativen, Zukunftseigenschaften für Zukunftslagen, Ergebnisfelder und Glaubwürdigkeitserwägungen gleichermaßen als Ausgangspunkt für die Informationssuche dienen können, lässt die eigene Orientierungsbasis einen relativ sinnvollen Umgang mit dem Problem zu, dass nur aus aktuell vorliegenden Informationen darauf geschlossen werden kann, welche Informationen als nächstes einzuholen sind.

Das bekämpft zugleich auf wirkungsvolle Weise eine fehlende Realitätsnähe eigener Entscheidungen: Allein spekulative Überlegungen zu einem der drei zusammenwirkenden

[330] Vgl. zu diesem Problemkomplex auch BRETZKE (1978), S. 172.

Aspekte werden häufig dadurch schnell entlarvt, dass keinerlei mit der Spekulation über eine Größe zusammenhängende Informationen in Bezug auf die anderen Größen gefunden werden.

V.4.5 Zweckadäquanz der Entscheidungsgrundlage

Ziel der Informationssuche ist, eine fundierte Basis für ganz konkrete Entscheidungen zu schaffen. Nicht immer wird aber eine Entscheidungsgrundlage, welche die bislang diskutierten vier Schritte durchlaufen hat, hierzu in der Lage sein. Ist sie dazu vorläufig nicht in der Lage, so sind ganz gezielt Informationen zu suchen, die diesem Missstand abhelfen können, weil sie

- eine Entscheidung zwischen verschiedenen Handlungsalternativen ermöglichen oder zumindest erleichtern. Dazu müssen die Informationen versprechen, entweder die eine oder die andere Handlungsalternative vorteilhafter erscheinen lassen. Dabei sind allerdings mögliche, bereits in der Suche angelegte Verzerrungen zu beachten, z.B. in Form von Informationen, deren Inhalte bekanntermaßen ein oder mehrere Handlungsalternativen von vornherein begünstigen,
- bereits identifiziertes aber noch nicht hinreichend genau umrissenes Nichtwissen in Wissen oder Mehrdeutigkeiten in Eindeutigkeit und damit Unsicherheitsüberlegungen in Risikoüberlegungen überführen,
- den Informationsstand über Zielsetzungen erhöhen und dadurch die passenderen Handlungsalternativen besser identifizieren können,
- mögliche Auswege aus Nachteilen bestimmter Handlungsalternativen präzisieren helfen, z.B. durch den Einsatz von risikomitigierenden Kapitalmarktinstrumenten, die bestimmte Handlungsalternativen gegenüber anderen vorteilhaft erscheinen lassen,
- Überlegungen zur Verschiebung von Handlungsalternativen in die Zukunft betreffen, wenn die aktuelle Unsicherheit zu hoch erscheint, um klare Entscheidungen treffen zu können,[331]
- aus anderen Bausteinen der Orientierungsbasis eine alternative Entscheidungsgrundlage zu entwickeln erlauben.

[331] Vgl. SHACKLE (1992), S. 78.

V.5 Komplexitätsreduktionsüberlegungen

De facto stellen bereits die Formulierung von Entscheidungsgrundlage und Orientierungsbasis Komplexitätsreduktionen dar. So reduziert jede Aufspaltung von Mehrdeutigkeit in Eindeutigkeit und jedes Schaffen von Ordnung überhaupt bereits Komplexität. So wird die chaotische Realität gerade nicht isomorph abgebildet, weil sie dann nicht verarbeitbar wäre. Im Unterschied zu den folgenden Überlegungen, besteht bei Erstellungsüberlegungen allerdings gar keine andere Alternative zu dieser Vorgehensweise, wenn nicht willkürlich gehandelt werden soll.[332]

Auch wenn bereits geordnete Bestandteile vorliegen, bleiben Komplexitätsreduktionsüberlegungen notwendig. So gilt, dass bei detaillierterer Informationssuche schnell die Anzahl der Zukunftslagen, Wahrscheinlichkeitseinschätzungen und Ergebnisfelder übermäßig ansteigt, insbesondere, weil jeweils alle logischen Kombinationsmöglichkeiten der für die Identifikation der Zukunftslagen angewendeten Zukunftseigenschaften ebenfalls in Betracht gezogen werden müssen.

So verdoppelt jedes nicht in einer lexikografischen Ordnung stehende Zusatzkriterium für Zukunftslagen deren Anzahl ebenso wie jedes in einer lexikografischen Ordnung untergeordnete (detaillierende) Kriterium die Anzahl all derjenigen Zukunftslagen verdoppelt, die von dem untergeordneten Kriterium betroffen sind. Zugleich steigt rein quantitativ die Anzahl an analysierten Informationen im Zeitablauf. Flankierend zu den Erstellungsüberlegungen muss darum mit dem Anstieg der problembezogen erfassten zusätzlichen Informationen immer zeitgleich nach Möglichkeiten gesucht werden, die Komplexität zu reduzieren.[333]

Komplexitätsreduktion beinhaltet immer eine Informationsreduktion. Unterschieden werden kann, ob die Komplexitätsreduktion passiv durch eine Informationsrestrukturierung erfolgt, die zumindest aus Sicht des Entscheidenden auf dessen aktuellen Wissensstand keine Infor-

---

[332] So auch BRETZKE (1978), S. 197.

[333] A.A. LAUX (2005), S. 376, wobei dieser von der Prämisse ausgeht, dass ein Entscheidungsmodell bereits vollständig geplant ist und insofern der Aufwand der Komplexitätsreduktion eher Zusatzaufwand beinhalte, weil die jeweilige Komplexität bereits bewältigt sei. Im Fall des vorliegenden Modells erfolgt die Komplexitätsreduktion jedoch ausdrücklich mit Blick auf die später erfolgende weitere Verarbeitung von Informationen in Zwischenstadien, in Bezug auf die zwar eine logisch konsistente Entscheidungsgrundlage vorliegt, aber noch unklar ist, ob diese Entscheidungsgrundlage wirklich diejenige sein wird, welche zuletzt die Entscheidung fundiert.

mationen zu unterdrücken scheint oder ob sie aktiv durch Unterdrückung bekannter Informationen vorgenommen wird.

(1) Passive Informationsreduktion durch Restrukturierung

Komplexitätsreduktion durch Informationsstrukturierung setzt bei der Suche nach Darstellungsformen an, welche dieselben Sachverhalte einfacher ausdrücken können, ohne die vom Ersteller als relevant erachteten Informationen zu reduzieren. Unterscheiden lässt sich hierbei, ob die Komplexitätsreduktion

- durch Zusammenfassungen bei der Darstellung oder
- durch Aufspaltungen bei der Darstellung erfolgt.

Bei der Suche nach Zusammenfassungen bei der Darstellung wird durch genauere logische Analysen offen gelegt, dass bislang in der Orientierungsbasis vorhandene Informationen - sofern als relevant erachtet - vollständig durch weniger andere Informationen beschrieben werden können, d.h. vorher Redundanzen vorlagen.[334] Ein typischer Anwendungsfall dieser Vorgehensweise auf verbaler Ebene ist, eine Auflistung von Einzelfällen bei der Beschreibung auf das als relevant erachtete Prinzip zurückzuführen. Zu suchen ist folglich nach der Mindestanzahl an Ausdrucksmöglichkeiten, um das vorliegende Entscheidungsproblem eindeutig und ohne Verlust von als relevant erachteten Informationen zu charakterisieren.[335] Ausgangspunkt für derartige Überlegungen ist die Suche nach aussagekräftigen, identischen Strukturen in den bislang ausgewerteten Informationen.

Bei der Suche nach Aufspaltungen besteht das Ziel darin, das Entscheidungsproblem in kleinere, übersichtlichere, voneinander weitgehend unabhängige und darum schrittweise lösbare Entscheidungsprobleme zu zerlegen. Zu suchen ist bei derartigen Überlegungen beispielsweise danach, an welchen Stellen im konkreten Entscheidungsproblem Interdependenzen zwischen einzelnen Teilproblemen so gering sind, dass sich die Teilprobleme voneinander trennen lassen und die Interdependenzen dann in separaten Schritten behandelt werden können.[336]

---

[334] Verwiesen sei hier für Beispiele auf das Kapitel zur Boilerplate-Analyse im Teil B der Arbeit.
[335] Vgl. auch HAYEK (1972), S. 13.
[336] Vgl. auch HAYEK (1972), S. 14.

(2) Komplexitätsreduktion durch aktive Informationsreduktion

Komplexitätsreduktion durch aktive Informationsreduktion heißt, dass nach bestimmten Kriterien bewusst Informationen aus der Entscheidungsgrundlage entfernt werden. Ausgangspunkt für die Identifikation solcher Kriterien sind jeweils Irrelevanzüberlegungen.[337] Diese lassen sich unterscheiden nach internen Irrelevanzüberlegungen hinsichtlich der Struktur der bislang erarbeiteten Entscheidungsgrundlage und Orientierungsbasis und externen Irrelevanzüberlegungen auf Basis einer gezielten Informationssuche.

Ein erstes Beispiel für eine interne Komplexitätsreduktionsüberlegung besteht darin, zu untersuchen, welche Handlungsalternativen für die Vorteilhaftigkeitsüberlegungen überhaupt relevant erscheinen und welche Handlungsalternativen bereits derart unbedeutend erscheinen, dass sie nicht mehr ernsthaft in Betracht gezogen werden.[338] Letztere, bereits eindeutig dominierten Handlungsalternativen werden aus der vorläufigen Entscheidungsgrundlage in die Orientierungsbasis umgeordnet, da die Entscheidung in Bezug auf diese Alternativen bereits so robust ist,[339] dass es auf aktuellem Informationsstand realitätsfern erscheint, dass neue Informationen die Rangfolge noch verändern könnten. Ebenso können alle als empirisch irrelevant eingeschätzten Zukunftslagen der Entscheidungsgrundlage, welche lediglich aus Gründen der kombinatorischen Vollständigkeit für Berechnung von Wahrscheinlichkeiten gebildet wurden, in einer Zukunftslage mit der Wahrscheinlichkeit 0 und ohne Untersuchung der Werte der Ergebnisfelder zusammengefasst werden.

Komplementär zur Entfernung der irrelevanten Bestandteile kann für eine interne Komplexitätsreduktionsüberlegung in Bezug auf die Entscheidung auch bei der Identifikation der relevanten Bestandteile angesetzt werden. In diesem Fall ist die Grundlage der Entscheidung auf überflüssige Bestandteile zu überprüfen. Dazu wird überlegt, wie viele Zukunftslagen und Ergebnisausprägungen bereits ausreichend sind, um die logisch-deduktiv

[337] Diese sind von den bei der Diskussion der Zielsetzungen in Kapitel II.6 kritisierten Vervollständigungen zu trennen. Dort wurde das Hinzufügen von Informationen ohne eine inhaltliche Begründung kritisiert – hier wird die Unterdrückung von Informationen direkt durch die im konkreten Fall schwerer wiegende Überkomplexität des Entscheidungsproblems gerechtfertigt.

[338] Vgl. zur Reduktion von Handlungsalternativen als Beitrag zur Komplexitätsreduktion auch BRETZKE (1978), S. 159. Dieser Schritt stellt zugleich eine Robustheitsüberlegung dar: Wird das Entscheidungsproblem nach Entfernung der für die Entscheidung irrelevanten Bestandteile als unzureichend angesehen, beinhaltet dies, dass die vorher abgeleitete Entscheidung in Bezug auf ihre Entscheidungsgrundlage noch unzureichend durchdacht war.

[339] Vgl. auch LAUX (2005), S. 379.

ableitbare Entscheidung hervorzurufen. So lässt sich ermitteln, ob einzelne Zukunftslagen und Ergebnisausprägungen für die Rechtfertigung der Entscheidung bereits überflüssig sind.[340]

Dann können die betroffenen Zukunftslagen und Ergebnisausprägungen in die Orientierungsbasis umgeordnet werden, zumindest, soweit sich alternative logisch überschneidungsfreie Gliederungskriterien für die Zukunftslagen finden lassen, d.h. die entfernten Zukunftseigenschaften in keinem Fall eine Rolle spielen.

Durch beide Maßnahmen können die weiteren Überlegungen darauf konzentriert werden, die Informationsgrundlagen für die verbleibenden Handlungsalternativen und Zukunftslagen zu verbessern.[341]

Ferner lassen sich interne Komplexitätsreduktionen dadurch vollziehen, dass aufgegeben wird, für alle Handlungsalternativen dieselben Zukunftslagen zu bezeichnen. An deren Stelle treten dann eigene Gliederungen der Zukunftslagen, geordnet nach bestimmten, in ähnlichen Zukunftslagen Wirkungen hervorrufenden Handlungsalternativen. Diese Vorgehensweise bietet sich immer dann an, wenn sich die vorliegenden Handlungsalternativen hinsichtlich ihrer Auswirkungen auf Ergebnisausprägungen in Klassen einteilen lassen, wobei die in einer Klasse vorhandenen Handlungsalternativen besonders homogen auf eine bestimmte Gliederung in Zukunftslagen reagieren und sich die Handlungsalternativen verschiedener Klassen besonders stark in ihrer Reaktion auf alternative Gliederungen in Zukunftslagen unterscheiden.[342]

Ein erstes Beispiel für eine externe Komplexitätsreduktionsüberlegung in Bezug auf die Struktur der Entscheidungsgrundlage besteht darin, gezielt nach solchen Informationen zu suchen, die Zukunftslagen oder Handlungsalternativen als faktisch nicht möglich aus-

[340] Bei den entsprechenden Sensitivitätsanalysen ist allerdings zu beachten, dass dieselbe Entscheidung auch durch jeweils unterschiedliche Zusammenstellungen von Zukunftslagen und Ergebnisausprägungen hervorgerufen werden kann. Dann muss ein ganzer Cluster aus den alternativen Zusammenstellungen beibehalten werden, weil ansonsten nicht deutlich wird, dass die Entscheidung durch unterschiedliche, alternative „Pfeiler" gestützt wird.

[341] Vgl. auch LAUX (2005), S. 373.

[342] Übertragen wird hier letztlich das Prinzip der geschichteten Zufallsstichproben, vgl. dazu z.B. SCHAICH/KÖHLE/SCHWEITZER/WEGNER (1990), S. 61-68. Diese Vorgehensweise ist allerdings insbesondere mit Blick auf wahrscheinlichkeitstheoretische Überlegungen riskant, weil so leicht die Beziehungen aus dem Blick geraten, welche zwischen den Wahrscheinlichkeitsbemessungen bestehen für die Zukunftslagen, die den einen Handlungsalternativen zugeordnet sind, und für die Zukunftslagen, die den anderen Handlungsalternativen zugeordnet sind; darin soll schließlich die Komplexitätsreduktion bestehen.

schließen. Ausgehend von konkreten Zukunftslagen bzw. Handlungsalternativen sind hierzu jeweils in einem ersten Schritt spekulativ bzw. mit Hilfe von Erfahrung Hypothesen zu bilden, welche den zukünftigen Eintritt von Zukunftslagen bzw. die zukünftige Nutzbarkeit von Handlungsalternativen ausschließen. Im zweiten Schritt ist gezielt nach Informationen zu suchen, welche darüber entscheiden können, ob die gebildeten Hypothesen begründet sind.[343] Ein zweites Beispiel für eine externe Komplexitätsreduktionsüberlegung besteht in dem Rückgriff auf Verdichtungen, um den eigenen Analyseaufwand für die Aneignung der Informationsgebiete zu minimieren. So lässt sich unterscheiden, ob das Wissen Dritter oder mechanistischer Auswertungsverfahren vollständig angeeignet wird und sich damit in der Entscheidungsgrundlage vollständig niederschlägt oder ob auf eine Aneignung verzichtet wird und allein anhand der verdichteten Informationen die Entscheidungsgrundlage geändert wird, z.B. indem einzelne Argumente oder Zukunftslagen entfernt, zusammengefasst oder hinzugefügt werden, weil als informiert eingeschätzte Marktteilnehmer diese für unwahrscheinlich oder wahrscheinlich halten. Wie solche Verdichtungen einbezogen werden, stellt eine Frage des Vertrauens in deren Qualität dar. So können solche Informationen direkt in die Entscheidungsgrundlage eingehen oder nur als Informationsbeschaffungsmaßnahmen stimulierende Hypothesen eingesetzt werden. Gegebenenfalls bedarf es zusätzlich gezielter Informationsbeschaffungen, um beantworten zu können, ob der Verdichtung vertraut werden kann.

Zuletzt lässt sich extern Komplexität reduzieren, indem nach Informationen gesucht wird, welche erlauben, andere Informationen als mittlerweile veraltet aus der Orientierungsbasis zu entfernen.

Betrachtet man die beiden grundsätzlichen Ansätze zur Komplexitätsreduktion, so zeigt sich, dass sie nie unproblematisch sind. Informationsreduktion beinhaltet aufgrund der Vorläufigkeit und Offenheit des hier vertretenen Ansatzes immer die Vernachlässigung potentiell doch relevanter Informationen. Darum müssen die durch die Komplexitätsreduktionen hervorgerufenen Informationsverluste in der Orientierungsbasis mitgespeichert werden. Auch sind sie entsprechend bei den Überlegungen zur Bemessung der Unsicherheit der Entscheidungsgrundlage zu berücksichtigen. Weil neue Informationen vorläufige Einschätzungen von

[343] Zunutze macht man sich bei dieser Überlegung, dass auch unter den Umständen einer nicht vollständig angeeigneten Realität die bereits angeeigneten Bestandteile durch Falsifikation aus der Entscheidungsgrundlage in die Orientierungsbasis umgeordnet werden können, vgl. ansatzweise auch HAYEK (1972), S. 11.

Grund auf revidieren können, muss zudem im weiteren Verlauf des dynamischen Erstellungsprozesses der Entscheidungsgrundlage immer noch geprüft werden, ob die Reduktionen weiterhin anhand des dann erreichten Informationsstands unproblematisch sind.

Es müssen also zumindest grobe Sensitivitätsanalysen hinsichtlich der früher vorgenommenen Komplexitätsreduktionen nach Einarbeitung neuer Informationen erfolgen, um ein Bewusstsein für eine veränderte Anfälligkeit der vereinfachten Entscheidungsgrundlage für Fehlentscheidungen zu erhalten. Zugleich sind die Informationen aus Komplexitätsreduktionen bei der Entscheidungsgrundlage soweit als möglich in alternative konkurrierende Entscheidungsgrundlagen einzugliedern.

V.6 Robustheitsüberlegungen

Robustheitsüberlegungen widmen sich der Frage, wie anfällig die Entscheidungsgrundlage für die Wirkungen neuer Informationen ist. Auch hier ist zunächst zu konstatieren, dass bereits bei der Erstellung Robustheitsüberlegungen zur Anwendung kommen – dann nämlich, wenn Zukunftseigenschaften aus ganzen Konglomeraten an Einzelinformationen gebildet werden, die sich wechselseitig stützen und so zugleich absichern.

Weitere Robustheitsüberlegungen sind in drei Richtungen anzustellen, in Bezug auf

- das Entscheidungsergebnis als solches,
- die Entscheidungsgrundlage als solche und
- die Orientierungsbasis als solche.

Auch sie sind immer problembezogen durchzuführen, d.h. sie sollen die - anhand der erarbeiteten Entscheidungsgrundlage mit Hilfe der subjektiven Gewichtung zwischen den verschiedenen Zielen logisch-deduktiv - abgeleiteten Entscheidungen absichern.

(1) Robustheitsüberlegungen in Bezug auf das Entscheidungsergebnis

In Bezug auf das Entscheidungsergebnis ist festzustellen, welche Informationsbestandteile die logisch-deduktive Lösung hervorrufen. In Bezug auf diese Informationen ist dann gezielt nach zusätzlichen Informationen zu suchen, um die fraglichen Informationen zu bestätigen oder zu widerlegen.[344]

Ist beispielsweise anhand des aktuellen Informationsstands eine Handlungsalternative gegenüber anderen Handlungsalternativen dominant, so ist gezielt an den für die Dominanz kritischen Stellen, d.h. Zukunftslagen, Wahrscheinlichkeiten oder Ergebnisausprägungen, danach zu suchen, ob weitere Informationen die bislang vorliegende Dominanz infrage stellen.

(2) Robustheitsüberlegungen in Bezug auf die Entscheidungsgrundlage

Selbst wenn das Entscheidungsergebnis auf vielen Informationen beruht, kann doch die Zusammenstellung der Informationen der Entscheidungsgrundlage nicht robust genug ausfallen – insbesondere, weil die Erzeugung logisch-deduktiver Entscheidungsgrundlagen ihrerseits bereits vorher (ggf. zu Unrecht) zahlreiche Mehrdeutigkeiten bereinigt.

Robustheitsüberlegungen in Bezug auf die Entscheidungsgrundlage suchen darum, anhand der Orientierungsbasis im Vergleich zur Entscheidungsgrundlage zu überprüfen, wie anfällig die Entscheidungsgrundlage für Änderungen ist. Dies geschieht mit Hilfe von Maßnahmen, die sich im Bereich zwischen zwei idealtypischen Polen bewegen:

- Bei der ersten idealtypischen Maßnahme wird untersucht, ob sämtliche nicht in die Entscheidungsgrundlage eingegangenen, aber im Verlauf ausgewerteten Einzelinformationen vielleicht doch für die Entscheidungsgrundlage relevant sind.
- Bei der zweiten idealtypischen Maßnahme wird überprüft, ob sich eine alternative Entscheidungsgrundlage, bestehend aus Informationen aus der aktuellen Entscheidungsgrundlage und der Orientierungsbasis, andeutet, die eine ernsthafte Konkurrenz für die bislang formulierte Entscheidungsgrundlage darstellt.[345]

Um Schwächen bei den einbezogenen Informationen zu finden, können beispielsweise alle in die Entscheidungsgrundlage eingehenden qualitativen Informationen identifiziert werden,

[344] Vgl. auch MORGENSTERN (1965), S. 109, der explizit darauf verweist, dass geringfügige Änderungen in der Formulierung eines Problems bereits zu völlig unterschiedlichen Lösungen führen können und darum sorgfältig zu untersuchen sind. Zu ermitteln sind diese über typische Sensitivitätsanalysen, vgl. zu deren Bedeutung bei Robustheitsüberlegungen auch SCHNEIDER (1997), S. 90, vgl. dort auch zu den hier im Vordergrund stehenden Rückwirkungen auf eine Intensivierung der Informationsbeschaffung und –auswertung.

[345] Wenig problematisch ist es hingegen, wenn jede alternative Konzeptualisierung in gleicher Weise darauf hindeutet, dass dieselbe Handlungsalternative vorteilhaft ist.

welche anhand von Erfahrung oder Spekulation als mehrdeutig eingeschätzt werden. In Bezug auf diese Informationen ist dann gezielt nach Zusatzinformationen zu suchen, die alternative Deutungen ausschließen können. Ansatzpunkte für Mehrdeutigkeiten liefert hier, rückwirkend zu prüfen, ob bei der Reformulierung von Informationen bei ihrer Eingliederung in die Entscheidungsgrundlage Symptome anstelle der eigentlich relevanten Ursachen als Platzhalter akzeptiert wurden. Beispielsweise findet eine solche Verkürzung von Wirkungen auf Symptome statt, wenn anstelle der möglicherweise eintretenden Wirkung einer Verbesserung des Betriebsklimas auf zukünftige Zahlungsströme das Symptom der besser messbaren, möglicherweise eintretenden Minderung der Fluktuationsrate als Indikator für die Wirkung des Betriebsklimas auf Zahlungsströme genommen wird.[346]

Um einer weiteren inadäquaten Konzeptualisierung der Entscheidungsgrundlage auf die Spur zu kommen, kann auch gezielt solchen Informationen nachgegangen werden, welche zunächst in keiner Weise in die bislang angenommenen Zukunftslagen hineinpassen. Gerade diese Informationen, beispielsweise in Form eines scheinbar irrationalen Handelns anderer Marktakteure,[347] können ein wichtiger Hinweis darauf sein, dass anstelle der eigenen Entscheidungsgrundlage möglicherweise eine ganz andere Entscheidungsgrundlage hilfreich wäre, für die lediglich aktuell zu wenige Informationen bekannt sind und die aufgrund eigener Vorerwartungen nicht ins Blickfeld gerät.

Zuletzt werden gegebenenfalls konkrete Informationsbeschaffungsmaßnahmen definiert, welche

- entweder darauf abzielen, über die Relevanz von solchen Einzelinformationen zu entscheiden, die nicht in die Entscheidungsgrundlage eingegangen sind, obwohl sie relevant sein könnten oder
- darauf abzielen zu überprüfen, ob konkurrierende Entscheidungsgrundlagen herangezogen werden müssen.

Diese Maßnahmen sind insofern sehr bedeutsam, als in der Entscheidungsgrundlage nicht abgebildete Informationen nur durch die global gehaltenen Unsicherheitsberücksichtigungen in die Entscheidung eingehen. Insgesamt lässt sich mit Robustheitsüberlegungen in Bezug auf

[346] Vgl. dazu auch BRETZKE (1978), S. 130.
[347] Vgl. auch SCHNEIDER (1997), S. 93 f.

die Entscheidungsgrundlage abschätzen, wie problematisch die Verkürzung ausfällt, die die in der Entscheidungsgrundlage gewählte Darstellung angesichts der mit der Orientierungsbasis erfassten Realität bezeichnet.

Ziel ist darum, die nicht berücksichtigten Informationen aus der restlichen Orientierungsbasis zumindest als unrealistisch einschätzen zu können.

(3) Robustheitsüberlegungen in Bezug auf die Orientierungsbasis insgesamt
Wird berücksichtigt, dass Schlussfolgerungen nur aus der eigenen, aktuell vorhandenen Orientierungsbasis gezogen werden können, nicht aber aus einer objektiv richtigen Orientierungsbasis, so wird hieran die beständige Gefahr deutlich, aufgrund einer unzureichenden Orientierungsbasis zu falschen Schlussfolgerungen zu gelangen. Diese Gefahr lässt sich mangels einer allwissenden Perspektive nur dadurch bekämpfen, dass aus dem vorhandenen Wissen heraus möglichst alle Ansatzpunkte identifiziert werden, welche auf Mängel des vorhandenen Wissens hindeuten. Auch hier spielt der Problembezug eine herausragende Rolle. Gegeben seien vier beispielhafte Ansätze für Robustheitsüberlegungen.

Ein erster möglicher Ansatzpunkt besteht darin, alle in der Orientierungsbasis inklusive Entscheidungsgrundlage vorhandenen Informationen über eigene Nichtwissensgebiete zu problematisieren, d.h. sie daraufhin zu überprüfen, ob die dahinter möglicherweise verborgenen (spekulativ[348] zu rekonstruierenden) Informationen die vorgenommene Konzeptualisierung des Entscheidungsproblems tangieren können. Beispielsweise lassen sich unter Zuhilfenahme des im vorigen Kapitel erarbeiteten Leitbilds optimaler Informationen für Kapitalgeberzwecke als eines Maßstabs zumindest Erkenntnisse über die verbleibenden Informationsdefizite eingrenzen. Mit Blick auf die dargestellten Grenzen der Finanzberichterstattung ist es wiederum möglich, Erkenntnisse über die Wahrnehmung der Unternehmenslage durch den Berichterstattenden, dessen Interessen, Ziele und Geheimhaltungsnotwendigkeiten zu sammeln. Auf diese Weise lässt sich dann rekonstruieren, wo im konkreten Fall ein Interesse an Unterschieden zwischen der tatsächlichen und der in der Finanzberichterstattung dargestellten Unternehmenslage besteht. Hierbei kann beispielsweise versucht werden, gezielt Informationen einzuholen, welche nicht auf der Wahrnehmung oder

[348] Gerade das ist wohl eine der wichtigsten Funktionen der Spekulation - sich das scheinbar unmögliche Ereignis oder Risiko vorzustellen, um dann auf dieser Basis prüfen zu können, ob Anzeichen existieren, dass es wirklich eintreten könnte.

Steuerung des Managements basieren. Schließlich lässt sich die Informationsqualität der durch das Management gesteuerten Informationen - abgesehen von interner Konsistenz - nur beurteilen, wenn daneben auch eine eigene Vorstellung über die Unternehmenslage und -zukunft anhand der eigenen Analyse und (zumindest partiell) abseits der Informationen aus der Finanzberichterstattung entwickelt wird.

Ein zweiter möglicher Ansatzpunkt für Robustheitsüberlegungen hinsichtlich der Orientierungsbasis besteht darin, am Grad des Misstrauens oder Vertrauens in die bereits vorhandenen Informationen anzusetzen. Dabei wird versucht, wichtige, aber bislang weniger vertrauenswürdige Informationen durch weitere Informationen zu validieren oder zu modifizieren.

Ein dritter möglicher Ansatzpunkt für Robustheitsüberlegungen in Bezug auf die Orientierungsbasis besteht darin, zu überprüfen, ob die verwendeten Informationen veraltet sind bzw. ob sie aufgrund der während der Erhebung und Verarbeitung verflossenen Zeit wesentlichen Änderungen unterworfen wurden.[349]

Viertens kann angestrebt werden, die Orientierungsbasis bewusst um Wissen zu erweitern, welches zunächst einen Überschuss an noch nicht verarbeiteten Informationen erzeugt, beispielsweise, indem alternative Einschätzungen anderer Personenkreise, z.B. Verdichtungen anderer Marktteilnehmer,[350] eingeholt werden, um diese mit eigenen Einschätzungen zu vergleichen.

Ebenso wie die Ergebnisse der Komplexitätsreduktionsüberlegungen sind auch die Ergebnisse der Robustheitsüberlegungen hernach bei der Bemessung der Unsicherheit in der Entscheidungsgrundlage zu berücksichtigen.

---

[349] Vgl. MORGENSTERN (1965), S. 45.

[350] Diese werden hier alles andere als absolut genommen, da es bei der Notwendigkeit eines Einsatzes von Spekulation oder der Übertragung von Erfahrung kein absolut eindeutig überlegenes Wissen gibt – in den Worten von SHACKLE (1992), S. 83: „The market cannot solve the problem of expectation".

V.7 Erstellungsabbruchüberlegungen

Grundsätzlich erfordert eine ökonomisch orientierte Erstellung von Orientierungsbasis und Entscheidungsgrundlage, dass Informationen nur so lange einzuholen sind, wie ihr erwarteter Nutzen die Kosten der Beschaffung und Verarbeitung übersteigt. Gerade bei der Bewertung von Informationen sind Messbarkeitsprobleme gegeben, welche einen derartigen Abgleich schwierig gestalten. Diese Überlegungen werden hier nur soweit behandelt, als sie nicht auf - in der Literatur bereits umfangreich durchdrungener[351] - Entscheidungslogik unter Vernachlässigung von Messbarkeitsproblemen basieren. Sie lassen sich in zwei verschiedene Aspekte unterteilen, nämlich grundsätzliche Fragen der Bedingung der Möglichkeit zu Aussagen von Abbruchüberlegungen einerseits und konkrete Abbruchüberlegungen andererseits.

V.7.1 Grundlagen: Das Informationsparadox

Es ist angeführt worden, dass das sogenannte Informationsparadox die Aufstellung eines rationalen Entscheidungskalküls über die Einholung weiterer Informationen unmöglich mache: Ohne vorherige genaue Kenntnis über den Inhalt der Informationen zu besitzen, könne kein Kalkül darüber angestellt werden, ob es einen Wert habe, diese einzuholen, weil ja nicht gewusst werden könne, was diese wert seien.[352] Wenn eine hinreichend genaue Kenntnis bereits vorhanden sei, um ein Kalkül anzustellen, sei es hingegen sinnlos, die Information überhaupt einzuholen, weil die Entscheidung, welche durch diese Informationen erzeugt werden könnte, bereits ohne Einholung der Information gefällt werden kann.[353] Letztlich wird mit diesem Paradox - jetzt auf die Bewertung von Informationen bezogen - formuliert, was im vierten Kapitel bereits als theoretisches und empirisches Grundproblem bei dem Umgang unter Unsicherheit herausgearbeitet wurde.

Grundsätzlich gilt dieses Paradox - wenn es stimmt und es sinnvoll ist, es auf menschliche Handlungen anzuwenden - nicht nur für Informationsbeschaffungsmaßnahmen für die Kapitalgeberentscheidung, sondern in gleicher Weise für die Informationsbeschaffung zur Abwägung über sämtliche menschliche Handlungen: Bevor sich abschließend beurteilen lässt, ob eine Handlung es wert ist, durchgeführt zu werden, müsste man sie bereits durchgeführt haben. Dann aber muss man ebenfalls kein Kalkül mehr darüber anstellen, ob die Handlung

[351] Vgl. zum Informationsbeschaffungsproblem näher z.B. LAUX (2005), S. 337-372.
[352] Vgl. z.B. SCHNEIDER (1997), S. 105.
[353] Vgl. SCHNEIDER (1997), S. 218. Das Informationsparadox geht zurück auf ARROW (1976), S. 152.

durchgeführt werden solle, denn dann hat man sie bereits durchgeführt. Vorher besteht immer nur eine Vorstellung darüber, was die Maßnahmen bringen werden.

Richtig an dem Paradox ist, dass sich rein logisch, aus einer vorausgesetzten allwissenden Perspektive über einen Informationsstand ex ante und ex post, die Wirkung einer inhaltlich noch nicht bekannten Information in zwei Bestandteile trennen lässt. Ein erster Bestandteil der Information umfasst den Inhalt, der bereits bekannt ist – und in Bezug auf den die Informationsbeschaffungsmaßnahme überflüssig ist. Der zweite Bestandteil umfasst den Inhalt, der noch nicht bekannt ist, für den aber dafür eine vorherige Informationsbeschaffung auch keiner rationalen Beurteilung zugänglich ist, weil ihr Vor- oder Nachteil nur mit dem Wissen beurteilt werden könnte, über welches der Entscheidende ex definitione nicht verfügt. Allerdings erscheint diese Problemkonzeptualisierung nur dann sinnvoll, wenn eine allwissende Perspektive tatsächlich eingenommen werden kann. Ansonsten führt das Paradox lediglich in fruchtlose Spekulationen über die Ausgestaltung einer nicht erreichbaren allwissenden Perspektive.

Sieht man eine solche Konzeptualisierung als fruchtlos an, dann lässt sich das Paradox durch eine andere Problemkonzeptualisierung weitgehend entschärfen, indem der Nutzen von Informationen allein aus der vorab zugänglichen Perspektive begründet wird. Dazu erweist sich erneut die zu Beginn des Kapitels eingeführte problemorientierte Herangehensweise als hilfreich. Ziel von Informationsbeschaffungsmaßnahmen muss nämlich gar nicht sein, einen Informationsmangel so auszufüllen, dass eine Information an die Stelle einer Lücke tritt.

Um zu verdeutlichen, welche Nutzenüberlegungen aus einer ex ante Perspektive von Bedeutung sind, seien zunächst zwei Fälle unterschieden.

Der erste Fall beinhaltet, dass die Information inhaltlich nichts Neues beitragen kann. Der zweite Fall beinhaltet, dass sie tatsächlich neue Inhalte bereitstellt.

Im ersten Fall kann der Wert einer Information immer noch darin liegen, dass sie einen vorher existierenden spekulativen Bedeutungs*überschuss* reduziert. Dabei ist wiederum zu unterscheiden zwischen

- dem Fall, in dem eine Information zwischen Alternativen entscheiden soll und
- dem Fall, in dem eine Information überprüft werden soll.

Soll die Information zwischen Alternativen entscheiden, so gilt: Weiß man nichts, so ist alles denkbar. Aus dieser Perspektive wird verständlich, wie eine Informationsbeschaffungsmaßnahme zu beurteilen ist: Sie soll den Entscheid zwischen übermäßig vielen denkbaren Alternativen reduzieren helfen, die ihrerseits zumindest partiell nur gedacht, aber noch nicht gewusst sind. Einer dieser gedachten Alternativen entspricht hierbei die (inhaltlich insofern vollständig bekannte) Information. Inhaltlich ist folglich spekulativ sogar mehr bekannt als diese Information. Nicht bekannt ist allein, welche der alternativen Informationen, die gedacht werden, auch in Wirklichkeit vorliegt. Weil von einer Information immer nur gewusst wird, dass sie diese Alternativen reduziert, aber nicht wie sie diese reduziert, kann ihr Wert anhand der Reduktionsleistung durchaus beurteilt werden, ohne dass bereits bekannt ist, wie sie den Bedeutungsüberschuss reduziert. Ihr Wert besteht dann darin, den in einer mangelnden empirischen Basis wurzelnden Bedeutungsüberschuss zu vernichten, um so Orientierung zu ermöglichen, nicht aber darin, neue Bedeutungen hervorzubringen: Der Wert der Information liegt in ihrem *Da*sein, nicht in ihrem *So*sein.

Nichts anderes gilt, wenn die Information allein steht, mit Ausnahme der Tatsache, dass hier der Bedeutungsüberschuss nicht in einer ausformulierten alternativen Information liegt, sondern einfach in der bloßen, inhaltlich nicht konkretisierten Möglichkeit, dass die bislang nur gedachte Information nicht stimmen könnte. Will man die Richtigkeit der bislang nur gedachten Information überprüfen, so wird man auch in diesem Fall zur Informationseinholung tendieren. Auch dann hat die einzuholende Information folglich einen Wert. Freilich wurzelt dieser erneut nicht in ihrem ex ante nicht bekannten Inhalt, sondern darin, dass ihr ex ante bereits gedachter Inhalt bestätigt oder widerlegt wird, wobei sich erneut aus den Konsequenzen von Negation oder Bestätigung ein Wert der einzuholenden Information bestimmen lässt. Erneut liegt der Wert der Information damit in ihrem *Da*sein, nicht in ihrem *So*sein.

Neben diesen Überlegungen stellt sich jedoch auch die Frage, ob die angedeutete klare Unterscheidung, was gewusst wird und was nicht gewusst wird, so eindeutig getroffen werden darf. So deutet sich hier an, wie bedeutsam die im vierten Kapitel als Mehrdeutigkeit kritisierte Eigenschaft von Informationen ist, sich auf andere Informationen auszuwirken und diese in einem anderen Licht erscheinen zu lassen. Schließlich beinhaltet Mehrdeutigkeit gerade die Zwischenstellung zwischen einem sicheren Wissen und einem sicheren Nichtwissen – es ist nicht sicher, ob etwas gewusst ist oder nicht gewusst ist. Weil bereits eingeholte Informationen durch ihre Mehrdeutigkeit nicht nur für sich selbst betrachtet Informationsgehalt haben, sondern auch die Möglichkeiten für die Inhalte noch nicht eingeholter, weiterer Informationen auf solche beschränken, die mit ihnen vereinbar sind,[354] lassen sie Spekulation nicht unbeschränkt, sondern nur eingeschränkt zu. Erst so ermöglichen sie genauere Einschätzungen darüber, welche Informationen überhaupt von Nutzen sein könnten, selbst wenn diese nur in den seltensten Fällen entscheidungslogisch bewertet werden können. Das erklärt auch, warum in der Praxis versucht wird, Informationsnutzen durch die gezielte Verbreitung von Halbwissen zu verdeutlichen, z.B. wenn glaubhaft versichert werden kann, dass die Informationen für die eigene Entscheidungsgrundlage nützlich sind. So wird beispielsweise der um seine Reputation bemühte und darum vertrauenswürdige Informationsanbieter anhand der Schilderung der Entscheidungsgrundlage einen möglichen Nutzen der angebotenen Informationen bestätigen oder verneinen, ohne die Information preiszugeben.

Das verbleibende Problem, dass nur anhand der ex ante Perspektive über das eigene weitere Vorgehen entschieden werden kann, d.h. auf dem Informationsstand vor Einholung der Information über die Einholung der Information und nicht auf dem Informationsstand nach Einholung der Information, ist hinzunehmen. Diesem Problem kann auch der offene Analyseansatz nur durch seine Verringerung methodisch weitreichender Vorentscheidungen über die Abfolge und Art der Informationseinholung begegnen.

V.7.2 Konkrete Abbruchüberlegungen

Grundsätzlich besteht bei Überlegungen, die Erstellung der Entscheidungsgrundlage fortzusetzen oder abzubrechen, regelmäßig das Problem, dass die Entscheidungsgrundlage noch nicht strukturiert genug ist oder aber die einzuholende Information hinsichtlich ihres Informationsgehalts nicht hinreichend umrissen werden kann, um eine logisch-deduktive Entscheidung fällen zu können. Trotzdem lassen sich auch unter diesen Bedingungen zumindest einige Abbruchüberlegungen finden. Unterteilt werden können sie in strukturierungsunabhängige Überlegungen einerseits und strukturierungsabhängige Überlegungen andererseits.

[354] Das wiederum hat auch ARROW (1976), S. 154, bereits gesehen. Verwiesen sei auf den konkreten Einsatz bei der Voraussetzungsanalyse im Kapitel der Nullpositionenanalyse im Teil B der Arbeit.

(1) Strukturierungsunabhängige Überlegungen

Strukturierungsunabhängige Überlegungen beziehen sich auf die Identifikation natürlicher Grenzen der ökonomischen Zweckmäßigkeit in Bezug auf Bekanntheit, Kosten und Zeit.

Hinsichtlich der Bekanntheit ergeben sich strukturierungsunabhängige Abbruchüberlegungen daraus, dass zu einem bestimmten Themenkomplex keine weiteren Quellen bzw. Suchmöglichkeiten mehr gewusst werden, aus denen geeignete Informationen gewonnen werden können.[355]

In Bezug auf die Kosten ergeben sich strukturierungsunabhängige Abbruchüberlegungen, soweit die zu erlangende Informationseinholung und -verarbeitung im Vergleich zur Wirkung einer geplanten Ausübung einer Handlungsalternative bereits unökonomisch ausfällt, z.B. weil die Informationskosten bereits den absoluten erwarteten Wert der in Kapitalgeberrechte investierten oder zu investierenden Summe übersteigen. Auch hier ergibt sich folglich ein Abbruch.

Gleiches gilt in Bezug auf die Zeit, wenn die Informationseinholung und -verarbeitung länger dauern würde, als überhaupt Zeit für die zu treffende Entscheidung zur Verfügung steht.

Analoge strukturierungsunabhängige Abbruchüberlegungen gelten für die Abwägungen bei Komplexitätsreduktions- und Robustheitsüberlegungen, wenn keine Ideen mehr bestehen, die Entwicklung von Ideen zu teuer ist oder die Zeit für die Entwicklung der Ideen den verfügbaren Zeitraum überschreitet.

(2) Strukturierungsabhängige Abbruchüberlegungen

Bei den strukturierungsabhängigen Abbruchüberlegungen lassen sich Überlegungen danach unterscheiden, ob sie sich auf die Entscheidung, auf die Entscheidungsgrundlage, auf die Orientierungsbasis oder auf bereits vorhandene Informationen über zu beschaffende Informationen beziehen. Angeführt werden hierbei nur Beispiele möglicher Überlegungen.

---

[355] Dies kann der Fall sein, weil selbst nach zahlreichen Recherchen, z.B. im Internet, zu dem Themenkomplex keine neue Erkenntnisse mit sich bringende Informationen gewonnen werden konnten oder weil erst gar keine Quellen bekannt sind, die derartige Informationen liefern könnten, z.B. weil bekannt ist, dass das entsprechende Unternehmen sich eigener Spuren im Internet sorgfältig enthält.

In Bezug auf die Entscheidung ist es beispielsweise nicht sinnvoll, Maßnahmen zu ergreifen, welche weder geeignet sind, die aktuell ableitbare Entscheidung zu ändern, noch Komplexität zu reduzieren, noch sie robuster werden zu lassen. Das ist der Fall, wenn die Entscheidungsgrundlage bereits so gut strukturiert ist, dass die Entscheidung eindeutig und unproblematisch ausfällt sowie kaum Unsicherheit vorliegt.

Bezüglich der Entscheidung können Abbruchüberlegungen ferner auch dann durchgeführt werden, wenn zwar die Entscheidungsgrundlage vor und/oder nach der Maßnahme nicht eindeutig, sondern nur ungefähr spezifiziert werden kann, diese Spezifikationen aber zumindest vergleichenden Überlegungen zugänglich sind. Hierzu muss es möglich sein, einzuschätzen, dass eine Maßnahme im Maximum immer noch weniger positive Wirkungen verspricht, als sie im Minimum an negativen Wirkungen (Kosten, Zeitverlust) verursacht bzw. im Minimum immer noch mehr positive Wirkungen verspricht, als sie im Maximum an negativen Wirkungen verursacht. So wird beispielsweise eine detaillierte Informationssuche in Bezug auf die Ergebnisse relativ unwahrscheinlicher Zukunftslagen häufig nicht lohnend sein.[356]

Bei der Absicherung der Entscheidungsgrundlage im Vergleich zur Orientierungsbasis kann versucht werden abzuschätzen, ob alternative Entscheidungsgrundlagen und Konsequenzen für die Handlungsalternativen bei Verwendung dieser Entscheidungsgrundlagen mit Blick auf Kosten, Zeitaufwand und Verfügbarkeit von Informationen eine weitere Überprüfung aussichtsreich erscheinen lassen. Legen beispielsweise alle alternativen Entscheidungsgrundlagen dieselbe Handlungsalternative nahe, wird ein Abbruch tendenziell sinnvoller sein.

In Bezug auf die Orientierungsbasis gilt es abzuwägen, ob der Wert des bislang erzielten Informationsstands während des Zeitraums der Einholung im Minimum einen höheren Wertverlust erleidet als von der einzuholenden und zu verarbeitenden Information an Wertzuwachs im Maximum erwartet werden kann,[357] beispielsweise, weil sich der Analysierende Spezialkenntnisse langwierig aneignen muss, um mit der eingeholten Information arbeiten zu können. So kann es sinnlos werden, Informationen einzuholen,[358] wenn während der Einholung die aktuell erreichte Orientierungsbasis aufgrund zu erwartender Änderungen zu schnell zu veralten droht.

---

[356] Vgl. auch LAUX (2005), S. 382.
[357] Vgl. auch MORGENSTERN (1965), S. 101.
[358] Vgl. auch SCHNEIDER (1997), S. 101.

Die Überlegungen sind auch davon abhängig, ob bekannt ist, wie konstant der Wert zusätzlicher Maßnahmen im Zeitablauf ausfällt. Gilt beispielsweise, dass bekannt ist, dass sich noch nicht eingeholte Informationen schnell überholen werden, aber nicht bekannt ist, wie sie sich ändern, macht es wenig Sinn, sich damit schon jetzt tiefer auseinanderzusetzen.[359]

Beispielsweise wird die Bilanzpolitik eines Finanzinstituts in zukünftigen Umweltlagen von den bilanzpolitischen Möglichkeiten zum dann herrschenden Zeitpunkt abhängig sein. Ist aktuell nur bekannt, dass die heute aktuellen Regeln des IAS 39 durch die Anwendung von neuen, heute noch nicht vollständig bekannten Regeln des IFRS 9 ersetzt werden, und bestehen noch keine Kenntnisse darüber, wie diese Regeln aussehen werden, ist es nicht sinnvoll, detaillierte Überlegungen zur möglichen zukünftigen Bilanzpolitik anzustellen.

Zuletzt kann in Bezug auf die Bekanntheit von Informationsbeschaffungsmaßnahmen ein übergeordnetes Informationsbeschaffungsproblem formuliert werden. Der Aufbau einer Entscheidungsgrundlage für dieses Problem versucht zu klären, ob Informationen beschaffbar sind, welche eine bessere Einschätzung der Vor- und Nachteile zusätzlicher Maßnahmen in Bezug auf Entscheidung, Entscheidungsgrundlage oder Orientierungsbasis ermöglichen. Zu denken ist hier beispielsweise an die Nachfrage bei Personenkreisen, die mit einer bestimmten Datenquelle vertraut sind, ob sich die Auswertung für das konkrete Entscheidungsproblem lohne.

In allen anderen Fällen kann es zu einem Analyseprozess kommen, der erst durch strukturierungsunabhängige Grenzen gestoppt wird.[360] Dieser Fall wird voraussichtlich selten eintreten, denn mit fortlaufenden Verbesserungen lässt sich das Entscheidungsproblem immer genauer umreißen, so dass dann verstärkt auch die hier nicht behandelten entscheidungslogisch zu rechtfertigenden Abbruchbedingungen greifen können.

Solange keinerlei Aussagen über die Vorteilhaftigkeit von Maßnahmen gemacht werden können, sollte zunächst auf die billigsten, am schnellsten auszuwertenden, leicht als geeignet identifizierbaren und leicht beschaffbaren Informationen gesetzt werden. Kosten- und zeit-

[359] Angedeutet ist dieses Problem auch bei SCHNEIDER (1992), S.472.

[360] Ein Regress ad infinitum, bis zu vernünftigen Erwartungen gelangt wird, ist damit in jedem Fall ausgeschlossen (so aber SCHNEIDER (1997), S. 162), weil hier die Kosten dem Ausmaß an Erreichbarkeit einer inhaltlich vernünftigen Entscheidung entgegenstehen, denn hier schlägt Vernunft Vernunft: Ist die vernünftige Entscheidung zu teuer, dann wäre es unvernünftig, in diesem Sinne vernünftig zu entscheiden.

intensive Maßnahmen, werden also, soweit möglich, verschoben. Zugleich wird abgewartet, wie sich dadurch die Gestalt von Entscheidung, Entscheidungsgrundlage und Orientierungsbasis verändert.

Bei allen genannten Kriterien ist der Abbruch auch davon abhängig, wie genau die Konsequenzen des eigenen Handelns gewusst werden müssen, denn, ob die Summe aus Informationserwerb und -verarbeitung deutlich teurer ist als der Ertrag wäre, das hängt auch davon ab, wie hoch das zu investierende Vermögen ausfällt, wie notwendig eine zielgenaue Abstimmung ist usw.

V.8 Vervollständigungen nach dem vorläufigen Abbruch

Wurde die Informationssuche bzw. die Erstellung des Entscheidungsproblems mit einem vorläufigen Abbruch beendet, so sind zwei Szenarien denkbar: Entweder es wurde anhand der vorhandenen Information tatsächlich ein vollständiges Grundmodell der Entscheidungstheorie bezogen auf die zu lösenden Fragestellungen bzw. ein erweitertes Grundmodell der Entscheidungstheorie in Form eines Entscheidungsbaums bezogen auf sequentiell zu lösende Fragestellungen entwickelt. Dann lässt sich die entsprechende Entscheidung unter Zuhilfenahme der hier nicht konkretisierten subjektiven Zielgewichtungen logisch deduktiv ableiten. Oder aber es liegt eine dieser beiden Varianten in unvollständiger Form vor.

Es ist zu betonen, dass es für ein vollständiges Grundmodell nicht immer notwendig (wenngleich möglich) ist, als Kapitalgeber die finanziellen Rechte am Unternehmen über ein Kapitalwertkalkül zu bewerten. Notwendig ist dies, wenn eine Abwägung zwischen Investition und in näherer Zeit zu bestimmendem Konsumpotential oder ggf. sogar bereits bestimmtem und abgestimmtem Konsum stattfindet. Vergleicht ein Kapitalgeber jedoch nur verschiedene Handlungsalternativen mit Blick auf eine Optimierung des Zahlungsstrompotentials, so kann die Ermittlung der Vorteilhaftigkeit einzelner Handlungsalternativen im Vergleich bereits dann eine hinreichende Basis für die Entscheidung liefern, wenn

- einerseits die heutige Tauschrelation von Unternehmensanteilen oder Kreditauszahlungen bzw. Forderungswerten betrachtet wird und

- andererseits die Relation der anhand der Analysetätigkeit erreichten Aussagen aus der Entscheidungsgrundlage zum Erwerb alternativer finanzieller Rechte an einem Unternehmen in Bezug auf die damit ermöglichte Zielerreichung bereits ausreicht.

Ist ein solcher Vergleich möglich, dann ist es nicht sinnvoll, auch noch die völlig unbekannten zukünftigen Zukunftslagen monetär eindeutig durch ein Bewertungsmodell zu fixieren.

Inhaltlich wird so die Prämisse gesetzt, dass die (für beide Handlungsalternativen) unbekannte Zukunft für die heutige Entscheidung irrelevant ist.

Eine solche Annahme ist zwar nicht unproblematisch, aber immer noch besser als die Alternative, über den Einfluss von Transversalitätsbedingungen, Terminal Values, Multiples o.ä. eine Entscheidung zu fällen, welche anstelle der zwar entscheidungsrelevanten aber unbekannten Zukunft ein Postulat über diese Zukunft ohne jede Informationsgrundlage setzt.[361] Der große Vorteil einer unterlassenen absoluten Bewertung ist, dass die Entscheidung allein anhand des Zeitraums abgewogen wird, für den auch auf informierter Basis entschieden werden kann. Werden dennoch längere Vertragsbindungen eingegangen, als Informationen existieren, welche eine fundierte Entscheidung ermöglichen, bedeutet das, bewusst die Alternative zu wählen, auf uninformierter Basis ins Blaue hinein zu handeln – ohne die Konsequenzen des eigenen Handelns abschätzen zu können. Auch dann war eine Analyse jedoch zumindest insofern sinnvoll, dass nunmehr bekannt ist, dass ohne Informationsgrundlage gehandelt wird.

Nichtsdestoweniger kann auch der Fall eintreten, dass sich noch nicht einmal bei einer Beschränkung auf einen relativen Vergleich die nähere Zukunft so eingrenzen lässt, dass sich Vorteilhaftigkeitsrelationen hinreichend klar abzeichnen. Dann bietet die auf Basis der offenen, erweiterten Jahresabschlussanalyse erarbeitete Entscheidungsgrundlage nur eine begrenzte Entscheidungshilfe, weil keine dominanten Handlungsalternativen identifiziert

[361]Treffend bemerkt WILHELM (2004), S. 20, dass sich so „eindeutige Lösungen *erzeugen*" [Hervorhebung von mir, M.G.] lassen. Begründen lassen sie sich so jedenfalls nicht. Fraglich ist, ob ein unendlicher Planungshorizont, der hier regelmäßig vorausgesetzt wird, ökonomischer Unsinn ist (vgl. SCHNEIDER (1997), S. 89). Es lässt sich gemessen daran, was letztlich in der Zukunft geschehen wird, noch nicht einmal aussagen, dass, weil hierüber keine Aussagen gemacht werden können, es vielleicht sinnvoller erscheint, den Planungshorizont möglichst aus der Entscheidungsfindung herauszulassen, denn schließlich kann auch die blühende Phantasie richtig liegen. Trotzdem erscheint es vernünftig, die Entscheidung über Unbekanntes auf später zu verschieben und soweit als möglich, anhand des zum aktuellen Zeitpunkt Gewussten zu entscheiden.

werden können.[362] Das ist der Nachteil eines Ansatzes, der darauf aus ist, nach Vorgabe von Handlungsalternativen und Zielen soweit als möglich das Ergebnis des Auswertungsprozesses der erfassten Daten selbst für die Entscheidung maßgeblich sein zu lassen. In diesem Fall sind – und zwar erst jetzt! – Erfahrungen, Spekulationen, Musterhypothesen und theoretische Zusammenhänge bewusst dort einzusetzen, wo nicht beschaffbare Informationen oder durchführbare Maßnahmen bzw. aus den Erstellungsabbruchüberlegungen heraus nicht beschaffte Informationen oder durchgeführte Maßnahmen Lücken hinterlassen haben. Diese lassen das Problem dann logisch-deduktiv entscheidbar werden.

Anders als bei dem vorherigen Einsatz übernehmen sie dann eine nicht mehr nur hypothetische, die Informationssuche stimulierende, sondern direkt eine - keiner ersichtlichen Rechtfertigung zugängliche - problemlösende Funktion.[363]

Vielmehr wird dann Nichtwissen bewusst durch die eigene Phantasie oder eigene Erfahrung ersetzt. Weil dieser Schritt besonders kritisch ist, bedarf er zugleich auch besonderer Hervorhebung. Dies ist schon darum sinnvoll, weil auf diese Weise ein Bewusstsein über die eigenen Wissenslücken trotz deren vorläufiger Auffüllung geschaffen wird, welches besonders sensibel und dadurch schneller auf zukünftige Informationen reagieren kann. Es ist auch darum wichtig, weil vor der Auffüllung jeweils analysiert werden kann, welche unterschiedlichen entscheidungslogischen Wirkungen durch mögliche alternative spekulative Auffüllungen für die Auswahl der Handlungsalternativen resultieren.[364]

V.9 Informationsklassen der offenen, erweiterten Jahresabschlussanalyse

Wie bereits deutlich wurde, ist es nützlich, die beim Analyseprozess erhobenen Informationen zu unterteilen, beispielsweise in die jeweils einander zugeordneten verbalen und finanziellen Informationen, in Wissen, Erfahrung und Spekulation oder in verdichtete oder nicht ver-

---

[362] Das wird häufig der Fall sein, vgl. auch SCHNEIDER (1997), S. 91; SHACKLE (1992), S. 184.

[363] So wird wenigstens vermieden, dass eine Entscheidungsgrundlage gewaltsam daraufhin verkürzt wird, de facto unentscheidbare Fragen entscheidbar zu machen, ohne zugleich darauf zu verweisen, dass sie unentscheidbar sind, vgl. zu diesem Problem auch BRETZKE (1978), S. 153. Wenn eine Entscheidung zu fällen ist, ist der hier benannte Schritt sowieso unvermeidlich, vgl. auch dazu BRETZKE (1978), S. 189.

[364] Vgl. SHACKLE (1992), S. 392.

dichtete Informationen. Hier sei jedoch noch eine andere, bislang nicht erwähnte Perspektive auf die im Analysevorgang erzeugten Informationsklassen geworfen.

Für die Analyse werden sukzessive Informationen aus Jahresabschluss, Lagebericht aber auch weiteren Informationsquellen erhoben, d.h. anhand einer quantitativ wie qualitativ sich stetig ausweitenden Orientierungsbasis identifiziert. Jede neu gewonnene Information geht entweder in die Entscheidungsgrundlage ein oder verbleibt in der restlichen Orientierungsbasis.

Angesichts der oben beschriebenen Relativität aller logisch offenen Analyseansätze und damit auch dieses Analyseansatzes wurden zwei Vorgehensweisen bei der Anfertigung der Entscheidungsgrundlage vermieden, nämlich die sofortige und endgültige Klassifizierung von Informationen als geeignet oder ungeeignet. Vielmehr wurden möglichst flexible Formen der vorläufigen Entscheidung über die Glaubwürdigkeit und Aussagekraft der Informationen gewählt, welche eine Fluktuation von Informationen zwischen ggf. wechselnden Entscheidungsgrundlagen und restlicher Orientierungsbasis ermöglichen.

Die sich aus dabei den Analyseschritten ergebenden Informationen lassen sich neben der jeweils aktuellen Entscheidungsgrundlage in drei weitere Klassen untergliedern.

Eine erste Informationsklasse besteht in Rohbestandteilen für Entscheidungsgrundlagen, wie alternativen Gliederungskriterien für Zukunftslagen, Glaubwürdigkeitsrangfolgen zwischen unterschiedlichen Zukunftslagen, Beziehungen zwischen Zukunftslagen und Ergebnisausprägungen und nichtfinanziellen Begründungen für die jeweiligen Ergebnisausprägungen sowie Beziehungen zwischen Handlungsalternativen und Glaubwürdigkeitsurteilen usw. Hier ist auch das für Unsicherheitsüberlegungen relevante Wissen um eigene Nichtwissensgebiete anzutreffen.

In dieser Klasse wird versucht, die nicht in die Entscheidungsgrundlage eingehenden Informationen zu konkurrierenden Entscheidungsgrundlagen auszubauen, so dass sie zwar aktuell als ungeeignet, jedoch nicht als irrelevant erscheinen, da sie durch neue Informationen bestätigt und aufgewertet werden könnten.[365] Diese Klasse lässt sich als Kritikbasis bezeichnen, weil sich aus ihr die Kritik und Alternativen für eine andere Formulierung der Entscheidungsgrundlage generieren lassen.

Eine zweite Informationsklasse besteht in allen unterdrückten Informationen, die aufgrund von Komplexitätsreduktionsüberlegungen aus der Entscheidungsgrundlage entfernt worden sind. Hier befinden sich Unsicherheitsüberlegungen aufgrund der vorgenommenen informationsreduzierenden Komplexitätsreduktionen. Sie soll hier als Vereinfachungsbasis bezeichnet werden.

Eine dritte Informationsklasse umfasst alle noch nicht verarbeiteten Informationen, die bei der Informationsbeschaffung angefallen sind, für welche jedoch ein Bezug zum Entscheidungsproblem nicht ersichtlich war, so dass auf die Auswertung vorläufig verzichtet wurde. Die folgende Abbildung fasst die vier Klassen, d.h. die Entscheidungsgrundlage und die drei weiteren Klassen von Informationen noch einmal zusammen:

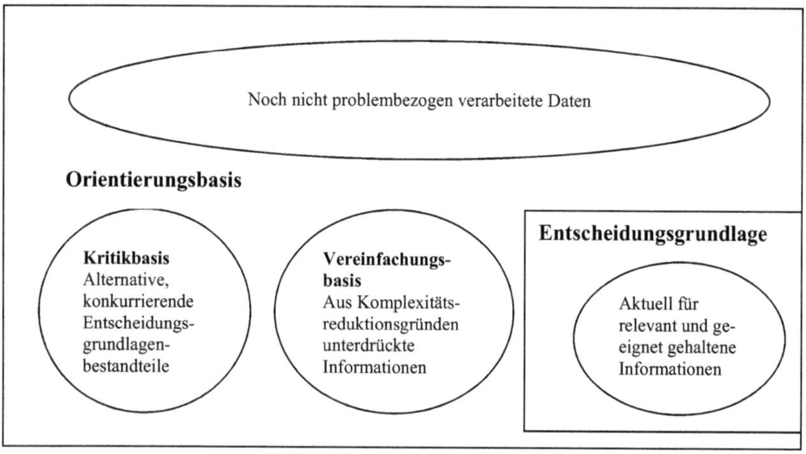

Abbildung 12: Informationsklassen bei der offenen, erweiterten Jahresabschlussanalyse

[365] Wie BRETZKE (1993), S. 41, zu bedenken gegeben hat, weist jede Erfassung der Realität in einer Entscheidungsgrundlage das Problem auf, dass ihre Qualität eigentlich am Maßstab des Unbestimmten, d.h. der ungeordneten und unstrukturierten Realität zu beurteilen ist. Genau dieses Problem wird hier alternativ gelöst, indem die unstrukturierte Realität in mehr oder weniger ausgebaute alternative und damit konkurrierende Ansätze aufgelöst wird, welche die nicht in die Entscheidungsgrundlage eingehenden Informationen erfassen.

V.10 Vor- und Nachteile der offenen, erweiterten Jahresabschlussanalyse

Die hier geschilderte offene, erweiterte Jahresabschlussanalyse weist angesichts der in Kapitel III dargestellten Grenzen der Finanzberichterstattung und der in Kapitel IV herausgearbeiteten erkenntnistheoretischen Schwierigkeiten fünf wichtige Vorteile sowie einen bedeutsamen Nachteil auf.

Zum Ersten kann trotz der Vorläufigkeit und Unsicherheit zu jedem Zeitpunkt eine Entscheidung anhand der momentan als am plausibelsten eingeschätzten Entscheidungsgrundlage gefällt werden, nämlich anhand der aktuell für geeignet befundenen und darum die Entscheidungsgrundlage bildenden Informationen, ggf. vervollständigt durch bewusst durchgeführten Einsatz von Spekulationen und Erfahrungen.

Zum Zweiten wird vermieden, dass bereits ausgewertete Informationen, welche anhand aktueller Eindrücke als falsch oder irrelevant eingeordnet werden, verloren gehen. Da lediglich eine Restrukturierung von Informationen erfolgt, stehen die Informationen weiterhin zur Verfügung, insbesondere für den Fall, dass ein neuer Kontext durch zusätzliche Informationen die vorläufige Einschätzung ihrer Bedeutung ändert.

Zum Dritten weisen Kritikbasis und Vereinfachungsbasis einen hohen Wert auf, weil sie mögliche, schon heute bekannte Gründe für Irrtümer bei der Bereitstellung der Entscheidungsgrundlage speichern und so dafür sorgen, dass derartige Irrtümer gegebenenfalls schneller als solche identifiziert und nachträglich berücksichtigt werden können. Dadurch wird die gesamte Orientierungsbasis für neue Informationen offen gehalten. An die Stelle eines starren und letztgültige Entscheidungen postulierenden Systems tritt ein für alle Arten von Entwicklungen sehr sensibles[366] und damit schnell auf die unvorhergesehene Entwicklungen produzierende Informationsumwelt reagierendes System.

Zum Vierten wird jede Scheinsicherheit und scheinbare Eindeutigkeit der Basis getroffener Entscheidungen vermieden, da die anderen Informationskategorien das eigene, aktuell ge-

[366] Werden mit Hilfe von Spekulation Erwartungen ausgebildet und in den konkurrierenden Deutungsansätzen zusammengefasst, sorgt dies dafür, dass den Erwartungen nicht entsprechende Ereignisse umso deutlicher wahrgenommen werden, weil sie den getroffenen Anordnungen und damit ganzen Informationszusammenhängen direkt widersprechen, vgl. auch SHACKLE (1992), S. 159.

troffene, plausibelste Werturteil bei der Entscheidung transparent werden lassen und der Grad an Entscheidbarkeit anhand der Analyse offengelegt wird. So zeigt die komplexere Tiefenstruktur der durch die Analyse bereitgestellten Orientierungsbasis auch dann die Probleme auf, wenn die Entscheidung selbst auf der nach entscheidungslogischen Überlegungen strukturierten Entscheidungsgrundlage basiert. Schließlich arbeitet die Analyse durch den bewusst betriebenen Ausbau konkurrierender Interpretationsansätze die Unsicherheit zugleich in der restlichen Orientierungsbasis deutlich heraus.[367] Zugleich wird diese Kritik über die Bewertung der allgemeinen Unsicherheit der eigenen Entscheidungsgrundlage in dem Ergebnisfeld der Unsicherheit bei der Entscheidung berücksichtigt.

Zum Fünften lässt sich die offene, erweiterte Jahresabschlussanalyse nicht mehr so einfach umgehen wie eine standardisierte Analyse. Weil die Informationsverarbeitung anhand eines dynamischen Prozesses auf Basis der individuell zugänglichen Vielfalt an Informationen erfolgt, muss jede interessengeleitete Verzerrung damit rechnen, dass sie durch die Analyse aufgedeckt wird. Eine solche Analyse schafft Unsicherheit bei denjenigen, die eine interessengeleitete Verzerrung im Sinne des variablen Prämissensystems bewirken wollen. So erschwert sie zielgerichtete Verzerrungen, weil sich nur bei sehr umfangreicher Kontrolle der Informationen sicherstellen lässt, dass die Verzerrungen keiner Aufdeckungsgefahr unterliegen.

Der Nachteil der vorgeschlagenen Vorgehensweise ist, dass Rationalisierungseffekte aus der Standardisierung und Mechanisierung der Analyse nicht gezielt genutzt bzw. gegebenenfalls sogar vernachlässigt werden. So fordert die Analyse eine problembezogene Ausrichtung an den Erfordernissen der sukzessive erhobenen Informationen, um möglichst vielen der ex ante nicht einschätzbaren Unsicherheiten zu begegnen. Zwar kann es und wird es auch hierbei immer wieder zu Maßnahmen kommen, die bereits bei früheren Analysen ergriffen wurden, weil schon früher getätigte Erfahrungen, Spekulationen, Musterhypothesen oder theoretische Zusammenhänge zur Anwendung gelangen. Nichtsdestoweniger wird dieser Vorteil der Kosten- und Zeitersparnis dem Analyseziel einer möglichst fundierten Entscheidung nicht a priori vorgeordnet.

[367] Wenn Schneider kritisch fragt, was die Anwendung von quantitativen subjektiven Wahrscheinlichkeiten bei der Vernachlässigung von empirisch möglichen Zukunftslagen noch vom Aberglauben trenne, vgl. z.B. SCHNEIDER (1992), S. 450, so ist dem zu entgegnen: Dass der Aberglaube - soweit das bei dem jeweiligen Informationsstand möglich ist - kritisch reflektiert wird.

V.11 Zwischenfazit und Ausgangspunkt für das weitere Vorgehen

Auf dem nunmehr erreichten Stand lassen sich drei verschiedene auf die Unternehmensberichterstattung gerichtete Raster unterscheiden. Zum Ersten ergibt sich das Raster der konkreten Handlungsalternativen und Zielsetzungen der Kapitalgeber, welches im zweiten Kapitel erarbeitet wurde. Zum Zweiten existiert ein Raster, welches sich aus den im dritten Kapitel anhand der Struktur von Unternehmen erarbeiteten, für eine ideale Lösung notwendigen Informationen für Kapitalgeber abstrahieren ließ. Zuletzt ergaben sich verschiedene Informationsarten aus der Vorgehensweise zur Schaffung einer geeigneten Informationsgrundlage unter Unsicherheit. Sie zu kennen ist für die Beantwortung der Fragestellungen der Kapitalgeber hilfreich, weil sie direkter Ausfluss der Vorläufigkeit jeder Analyse angesichts derjenigen erkenntnistheoretischen Probleme sind, welche der im vierten Kapitel referierten und erweiterten Kritik an der mangelnden theoretischen Fundierung der Jahresabschlussanalyse zugrunde lagen.

Bislang vollständig ausgeklammert wurde, wie sich die Informationsklassen konkret mit Leben füllen lassen. Diesbezüglich beschränkt sich die weitere Arbeit auf den noch wenig bearbeiteten Teilaspekt der Analyse verbaler Informationen. Ziel ist dabei zu verdeutlichen, wie an die Inhalte der verbalen Ergebnisfelder in Bezug auf die finanziellen Zielsetzungen gelangt werden kann, um finanzielle Luftschlösser ohne argumentativen und damit auch kritisierbaren Unterbau zu vermeiden. Diese Beschränkung wird getroffen, weil die finanzielle Seite der notwendigen Analyse und Prognose für derartige Entscheidungsfelder bereits in hohem Maße im Rahmen bilanzanalytischer Arbeiten durchleuchtet wurde.[368]

Hinsichtlich der Erarbeitung der zugehörigen Erläuterungen wurde hingegen regelmäßig allein der Intuition des Analysierenden vertraut, so dass noch erheblicher Forschungsbedarf besteht. So hat nach dem Wissen des Autors bislang neben Checklisten kaum eine methodische Auseinandersetzung mit einer einzelfallbezogenen analytischen Auswertung der qualitativen Seite der Unternehmen stattgefunden.[369]

[368] Beispielhaft sei für idealtypische, mit der hier vorgeschlagenen Vorgehensweise besonders gut kompatible Vorgehensweisen bei Eigenkapitalgebern auf HARRIS/ESTRIDGE/NISSIM (2008), S. 193-252, für Fremdkapitalgeber auf HAUSCHILDT (1995) verwiesen.

[369] Der einzige mir bekannte bilanzanalytische Ansatz, der ohne vorformulierte Checklisten zu agieren angelegt ist, ist derjenige von WERNER (1990); WERNER (1990b); WERNER (1991); Ansätze finden sich auch bei KÜTING (1992), S. 423-429 sowie KRUMBHOLZ (1994), S. 29-57;SCHMIDT (1981) und FINK (2007) wobei die letzteren drei Ansätze bereits wieder stark schematisiert vorgehen.

Beispielhaft zugrunde gelegt wird hierbei der Lagebericht des Unternehmens. Wenngleich der Ausgangspunkt der Informationsbeschaffung - wie im Rahmen der erkenntnistheoretischen Probleme dargelegt - nicht apodiktisch festzulegen ist, sprechen doch eine ganze Reihe von Gründen dafür, die prinzipiell auf sämtliche verbale Finanzmarktkommunikation anwendbaren Analyseinstrumente anhand des Lageberichts zu entwickeln:

So stellt der Lagebericht zum Ersten entsprechend den erörterten Abbruchbedingungen als Bestandteil der gesetzlichen Pflichtpublizität eine besonders billig zu erlangende Informationsquelle dar. Zum Zweiten korrespondiert er mit der in Kapitel II.1 angesprochenen Notwendigkeit der Kapitalgeber, auf ein ganzheitliches Bild des Unternehmens angewiesen zu sein.

Darüber hinaus spricht für ihn als Ausgangspunkt tieferer Analysen aber auch seine rechtliche Stellung. Im aktienrechtlichen Informationssystem nimmt der Lagebericht die Funktion einer Sockelinformation ein, die Ausgangspunkt nicht nur für weitere spezifische aktienrechtliche Berichtspflichten, wie die erwähnten Spaltungs- oder Verschmelzungsberichte, sondern auch für die unterschiedlichen Varianten aktionärsrechtlicher Auskunftsrechte bildet.[370] Ferner dient er den Aktionären als Vorbereitung auf die Hauptversammlung. Der Neuheitsgehalt der Erläuterung des Lageberichts durch den Vorstand könnte ansonsten ebenso wenig beurteilt werden,[371] wie eine zielgerichtete Ausübung des Auskunftsrechts ohne Kenntnis des Lageberichts durchführbar wäre, da nach der Rechtsprechung regelmäßig keine Fragen zu bereits im Lagebericht dargelegten Themengebieten mehr zugelassen werden müssen.[372] Nicht nur darum gilt er als eines der wichtigsten Informationsinstrumente des Aktionärs.[373]

Auch für den Fremdkapitalgeber nimmt der Lagebericht eine Grundlagenfunktion ein, wenngleich er bei diesen anstatt durch gesetzliche Vorschriften mit Hilfe zusätzlicher Informationsrechte vertraglicher Natur ergänzt wird.[374] Gerade weil der Kreditgeber darauf vertrauen muss, dass die auf vertraglicher Basis zusätzlich erhaltenen Informationen

---

[370] Vgl. auch PALMES (2008), S. 130, S. 135.
[371] Vgl. auch PALMES (2008), S. 125.
[372] Vgl. z.B. BVerfG (2000), S. 351; OLG Hamburg (2001), S. 513, S. 515.
[373] Vgl. auch KLEINDIEK (1998), S. 471.
[374] Vgl. PALMES (2008), S. 205.

wahrheitsgemäß erfolgen,[375] spielt jedoch die gesetzliche Pflichtpublizität und damit für die verbalen Informationen der Lagebericht als Kontrollinstrument eine wichtige Rolle.

Zuletzt spricht für den Lagebericht als Ausgangspunkt einer Analyse der nichtfinanziellen Informationen aber auch die Konzeption der gesetzlichen Pflichtpublizität: So ist der Lagebericht kein Bestandteil des Jahresabschlusses. Während der Anhang die Aufgabe hat, die Anwendung der Rechnungslegungsregeln und damit das Zustandekommen von Bilanz und Gewinn- und Verlustrechnung zu beschreiben, d.h. die finanziellen Informationen erläutert und ergänzt, ist der Lagebericht ein separater, wiewohl testierter Bestandteil der Finanzberichterstattung der Unternehmen.[376]

Dabei gilt, dass der Lagebericht auf den materiellen Gehalt, d.h. die Ursachen der Unternehmensentwicklung eingehen, diese zusammenfassend würdigen und insbesondere zukunftsbezogene Informationen über den Jahresabschluss hinaus bereitstellen soll.[377]

Hierdurch tritt der Lagebericht als zweite, unabhängige Säule der Informationsfunktion mit ausschließlichem Fokus auf nichtfinanziellen Informationen und deren Verbindungen zu den finanziellen Informationen neben den Jahresabschluss.[378]

---

[375] Vgl. KÄSTLE (2003), S. 222 f.
[376] Vgl. auch MARTEN/QUICK/RUHNKE (2007), S. 585.
[377] Vgl. KRAWITZ (2007), Rz. 36.
[378] So auch PALMES (2008), S. 114.

TEIL B:

Strukturale Lageberichtsanalyse

VI. Vorüberlegungen

VI.1 Das semantische Potential des Lageberichts

Bevor mit der Darstellung einzelner Analyseinstrumente begonnen wird, bedarf es einer Reflexion, warum eine Lageberichtsanalyse überhaupt nachprüfbar funktionieren kann und woran sie ansetzen sollte. Als Garanten für eine Nachprüfbarkeit und als Ansatzpunkte für die Analyse erweisen sich drei Merkmale, die jeden Lagebericht eindeutig charakterisieren können:

1. Fixiertheit: Jeder Lagebericht fixiert bestimmte Aussagen. In Bezug auf diese Aussagen ist er invariant.[379]
2. Begrenztheit: Jeder Lagebericht hat einen Anfang und ein Ende. Dadurch lässt sich zwischen Aussagen unterscheiden, die in ihm anzutreffen sind und solchen, die nicht in ihm anzutreffen sind.[380]
3. Strukturiertheit: Jeder Lagebericht etabliert durch die Anordnung der Aussagen eine eigene innere Organisation, weil er Aussagen in für ihn spezifischer Form verknüpft.[381]

Werden die drei Eigenschaften betrachtet, so wird deutlich, warum der Lagebericht aus sich heraus zumindest potentiell intersubjektiv eindeutig analysierbar sein muss: Da er Aussagen fixiert, kann deren Inhalt durch eine Auslegung nicht beliebig verändert werden. Da er begrenzt ist, muss auch die Anzahl der insgesamt möglichen analytischen Reorganisationen[382] der Lageberichtsinhalte, das semantische Potential des Lageberichts, begrenzt sein. Da er strukturiert ist, lassen sich Anhaltspunkte im Lagebericht finden, die festlegen, wie die einzelnen Aussagen zueinander stehen. Im Folgenden soll eine Analyse sich die drei genannten Eigenschaften zunutze machen.

---

[379] „Was geschrieben steht, das steht geschrieben" – das ist der Sinn dieser Aussage – d.h. im Lagebericht festgehaltene Aussagen sind nicht mehr änderbar.

[380] Vgl. LOTMAN (1972), S. 84, S. 85.

[381] Vgl. LOTMAN (1972), S. 85. Wäre dies nicht der Fall, so läge zwar derselbe, aber niemals der gleiche Lagebericht vor – eine eindeutige Interpretation der schwankenden Aussagefolgen wäre nicht mehr möglich.

[382] Der Begriff Reorganisation wird hier deshalb verwendet, weil eine Organisation bereits durch die Eigenschaft der Strukturiertheit vorliegt – Reorganisation ist damit jede Analysehandlung, die die Lageberichtsinhalte anders organisiert als sie im Lagebericht selbst organisiert sind.

VI.2 Subjektive Aneignung des semantischen Potentials im Wettbewerb der Interpretationsansätze

Als Analyseinstrumente der strukturalen Lageberichtsanalyse dienen heuristische Begrifflichkeiten. Heuristisch ausgestaltet sind sie deshalb, weil ihr Zweck darin besteht, das zunächst allein angelegte, aber noch nicht angeeignete semantische Potential eines Lageberichts durch die Analyse zu erfassen. Die Konfiguration der Analyseinstrumente macht zugleich eine häufig übersehene und gerade bei der Auswertung verbaler Finanzmarktinformation selten reflektierte Voraussetzung für die Aufnahme von Informationen bewusst, nämlich, dass sich die Informationen nicht von selbst erzeugen, d.h. nach einem einfachen Durchlesen allesamt vorhanden wären.[383] Der Text ist zwar aufgrund der drei genannten Eigenschaften ein statisches Gebilde, doch muss dieses Gebilde hinsichtlich seines Informationsgehalts stets durch den jeweiligen Analysierenden erschlossen, und dies bedeutet, subjektiv angeeignet werden. Dabei hängt es maßgeblich von den eingesetzten analytischen Instrumenten ab, bis zu welchem Grade es tatsächlich gelingt, das semantische Potential eines Lageberichts zu erschließen.

Da die möglichen anzutreffenden Inhalte vor der Analyse unbekannt sind, zeichnen sich die Analyseinstrumente durch einen hohen Grad an Abstraktion und insofern Offenheit aus. Mit Hilfe dieser Eigenschaften soll das im Folgenden dargestellte Instrumentarium genau dann seine Stärken beweisen, wenn qualitative inhaltliche Vorgaben aufgrund der Vielfalt, Dynamik und Unvorhersehbarkeit möglicherweise anzutreffender Aussagen versagen müssen.

Um Missverständnissen vorzubeugen, ist darauf hinzuweisen, dass eine Aneignung des semantischen Potentials eines Lageberichts nicht mit einer isomorphen, d.h. strukturgleichen Abbildung des semantischen Potentials eines Lageberichts gleichzusetzen ist. Es ist – wie im Vorabschnitt deutlich wurde – weder möglich, noch sinnvoll, so etwas anzustreben:

---

[383] Genau hierin liegt eines der zentralen Probleme der heutigen Finanzmarktkommunikation – werden eigene Erwartungen bedient oder wird diesen direkt widersprochen, so meint der Analyst bereits alles Wesentliche aus dem Lagebericht herausgezogen zu haben und unterzieht sich nicht mehr der Mühe, nachzusehen, welche weiteren Informationen dieser bereithält.

Das Sammelsurium unterschiedlicher Elemente und Strukturen, das in einem Lagebericht anzutreffen ist, als ein ebensolches beizubehalten, kann nicht Sinn einer Analyse sein.[384] Ziel der Analyse ist es vielmehr, die unstrukturierte und vieldeutige und darum vielen Strukturierungen zugängliche Informationsmasse des Lageberichts in Einzelteile aufzuspalten, welche ihrerseits strukturiert, eindeutig und übersichtlich sind.[385]

Es kann nicht ausgeschlossen werden, dass einzelne Elemente oder Beziehungen im Lagebericht unberücksichtigt bleiben.[386] Ob gerade diejenigen Elemente erfasst werden, welche informativ sind, und diejenigen Strukturen am Text hervorgehoben werden, welche die meisten und wichtigsten Informationen am Übersichtlichsten erfassen, liegt nur teilweise an der verwendeten Methodik. Zu einem guten Teil hängt es auch von theoretischer Kreativität[387] ab – oder anders formuliert – Intuition, die einer systematischen Lehr- oder Lernbarkeit nur bedingt zugänglich sein kann, weil sie erst in der Interaktion mit dem vorher unbekannten Text entsteht.

Methodisch kann lediglich sichergestellt werden, dass sich das Wirken theoretischer Kreativität, d.h. das Wirken einzelfallbezogener theoretischer Überlegungen in möglichst sinnvoller Weise entfaltet. Dazu ist zu vermeiden, durch starre Analyseraster lediglich „Vor-Urteile" an den Text heranzutragen.

---

[384] Abgesehen davon kann man auch nie wissen, ob denn nun wirklich alles erfasst wurde – Antworten gibt der Text nur auf die an ihn gerichteten Fragen, vgl. auch HAYEK (1972), S. 7 f.; ob alle Fragen gestellt wurden, das weiß man nicht. Insofern führen Überlegungen zu Isomorphie und Homomorphie an den hier zu lösenden Problemen vorbei: Der eigene Informationsstand lässt sich nur am eigenen Informationsstand, eigener Spekulation und den Ergebnissen weiteren Analysehandlungen überprüfen – das postulierte Abbildungsmodell, d.h. Urbild und Abbild fallen bereits in den eigenen Informationsstand.

[385] Dies geht bei verbalen Beschreibungen allerdings nur in Grenzen, da für die Einzelteile erneut nur unscharfe Begrifflichkeiten zur Verfügung stehen, vgl. zur dahinter verborgenen sprachphilosophischen Problematik der Familienähnlichkeiten von Begrifflichkeiten auch WITTGENSTEIN (2005), § 65, § 66. Umgehen lässt sich dies allenfalls, indem die Struktur der Analyseergebnisse, in welche die Begrifflichkeiten eingebettet werden, so gewählt wird, dass sie hinsichtlich der relevanten Bedeutung der unterschiedlichen vorliegenden zunächst mehrdeutigen Begriffe wechselseitig reduzierend wirkt oder die Begriffe durch eine künstliche Sprache vereindeutigt werden.

[386] Es lassen sich schlicht nicht alle Aussagen miteinander sorgfältig vergleichen; das lehrt bereits die Kombinatorik.

[387] So wird nicht vorab festgelegt, was genau als Element oder als Beziehung zwischen Elementen gefasst wird; es ist der Analysierende, welcher hier Elemente und Beziehungen bei der Lektüre so definiert, dass sie ihm Orientierung ermöglichen. Dabei greift er auf seine Erfahrung, die Interaktion dieser Erfahrung mit dem Text und eigene Spekulation zurück, die sich allein im Vergleich mit anderen Textauslegungen kenntlich machen lässt. Insofern grenzt sich die hier verfolgte Konzeption auch deutlich von Isotopien i.S.v. Greimas ab. Isotopien markieren einen engeren Spezialfall, vgl. dazu GREIMAS (1974), GREIMAS (1971), S. 42-46, S. 60-89, weil sie sich konventionalisierter sprachwissenschaftlicher Definitionen als Grundlage bedienen, auf deren Basis entsprechende Verständnisebenen (Isotopien) rekonstruiert werden.

Eine wie auch immer geartete Form der Validität wird folglich nicht angestrebt – denn diese würde nicht nur dem Analysierenden versagen, die im Text anzutreffenden Aussagen unter Zuhilfenahme aller seiner analytischen Erfahrungen zu erkennen (er dürfte sie nur so erkennen, wie es ihm eine bestimmte vorstrukturierte Methode erlaubt). Sie würde auch dem Text versagen, seine Inhalte in den an ihn angelegten Analysen frei zu spiegeln (spiegeln würden sich dann nur solche Analyseergebnisse, die in die jeweilige Vorstrukturierung passen).

Freilich entfällt damit nicht die Nachprüfbarkeit einer Auswertung, sie wird nur anspruchsvoller. So wird die Interaktion zwischen Analyseergebnissen stimuliert, indem die Analyseinstrumente klar strukturierte Ergebnisse hervorbringen, deren Überholung durch bessere Ergebnisse in der wechselseitigen Konfrontation aufgrund der Eindeutigkeit der Strukturen leichter fällt. Ziel ist, in der Interaktion verschiedener Rekonstruktionsentwürfe des Lageberichtsinhalts diejenigen Analyseergebnisse herauszufiltern, welche jeweils als besseres Netz erscheinen, um die dem Lagebericht zu entnehmende Unternehmensrealität einzufangen.[388] An die Stelle der Validität tritt damit ein Wettbewerb der Interpretationsansätze, den vorläufig dasjenige Analyseergebnis für sich entscheidet, welches den Text aus Sicht des Analysierenden besser erklären kann. Weil ein solcher Wettbewerb in Bezug auf einen vorher nicht bekannten Text ein sich wechselseitig antreibendes Entdeckungsverfahren darstellt, ist eine abschließende Darstellung aller Ansätze, die einem Text Informationen zu entlocken vermögen, ebenso wenig sinnvoll und möglich, wie ein Analyseergebnis jemals als abschließend richtig angesehen werden kann.[389]

[388] Letztendlich steht dahinter ein modifizierter Popper'scher Falsifizierungsgedanke –im Gegensatz zu Popper wird allerdings nicht vertreten, dass eine singuläre Aussage der „Realität" die Theorie falsifiziert – bejaht wird, dass eine unreflektierte realitätsgetränkte Theorie eine andere Theorie negiert, wobei die Kriterien der Negation unterschiedliche sein können: Nützlichkeit für die eigene Orientierung, Reduktion des Umfangs an Vorstrukturierung, die ihrerseits nicht realitätsgetränkt, sondern vorausgesetzt ist, Anzahl an erfassten informativen Elementen usw. An der unbestimmten und unstrukturierten Realität lässt sich nichts falsifizieren.

[389] Übertragen wird hiermit der Hayek'sche Gedanke des Marktwettbewerbs als eines Entdeckungsverfahrens auf den Individualkontext. Begründet ist dies mit der jedem mit der Hayek'schen Theorie vertrauten Leser sofort auffallenden Ähnlichkeit der zu lösenden Problematik. So ist Wettbewerb dort wie hier notwendig, weil gerade nicht alles bekannt ist, weil das Endresultat des Wettbewerbs nicht vorausgesehen werden und insbesondere von eigenen Vorerwartungen signifikant abweichen kann, sowie weil die überzeugendste Bedeutung des Lageberichts nicht gegeben ist, sondern erst durch den Wettbewerb ermittelt wird und damit den konkreten Leser überzeugen können muss, u.v.m., vgl. auch HAYEK (2002), S. 9 f., S. 13, S. 19.

Um die in diesem Wettbewerb als Quelle von Entdeckungen notwendige Subjektivität zu nutzen und ihr zugleich einen adäquaten Platz zuzuweisen, sind jedoch zwei Kriterien bei der Beurteilung unterschiedlicher Interpretationsansätze von herausragender Bedeutung.

Das erste Kriterium der Rechtfertigbarkeit erfasst, ob sämtliche bislang angetroffenen alternativen Deutungen des Textes, die dem zuletzt herangezogenen Analyseergebnis widersprechen, in Betracht gezogen und argumentativ als unterlegen eingestuft werden konnten.

Das zweite Kriterium der Belegbarkeit fordert, dass Analyseergebnisse lückenlos am Text nachweisbar zu sein haben oder die zu ihrer Erzeugung notwendigen Prämissen offen gelegt und begründet werden müssen.[390] Der Einsatz zusätzlicher eigener Hypothesen dient zwar dazu, dem Text Informationen zu entlocken (weshalb ein solcher Einsatz auch nicht limitiert werden sollte) – er dient aber nicht dazu, dem Text bewusst zusätzliche Bedeutungen unbekannter Herkunft hinzuzufügen. Es ist also zu beachten, dass ein Analyseansatz immer einen Interpretationsvorschuss, z.B. eine bestimmte Vermutung beinhaltet; dieser Vorschuss darf aber später möglichst nur noch so weit zur Geltung kommen, als er belegt werden konnte oder sein Einsatz aus anderen Gründen gerechtfertigt werden kann.

Beide Kriterien zusammen rechtfertigen die Bezeichnung der Analyse als struktural auch dann noch, wenn die Vorstellung aufgegeben wird, dass eine Textauslegung voraussetzungslos geschehen könnte: Sie stellen sicher, dass das besser belegbare Ergebnis jeweils zum Tragen kommt, d.h., soweit sich dies anhand des jeweils aktuellen Interpretationsstands beurteilen lässt, ein besserer Ansatz auch eine textadäquatere Auslegung beinhaltet: Es handelt sich um einen Findungsprozess derjenigen Darstellungsstruktur, welche die Informationen für die Fragestellung am Vorteilhaftesten aufbereitet.

Insgesamt wird damit die Zielsetzung der strukturalen Lageberichtsanalyse deutlich: Es geht darum, das eigene Wissen über das Unternehmen bezogen auf die in den Vorkapiteln erläu-

[390] Gemeint ist hiermit, dass eine Bedeutungskonstitution am Text möglich ist – gemeint ist nicht, dass der Text als objektive Realität mit einer nur vorgestellten Bedeutungskonstitution verglichen wird. Letzteres würde einen wichtigen Aspekt der hier behandelten Überlegungen nicht erfassen, nämlich, dass eine Bedeutung immer eine bewusstseinsinterne Leistung ist; dass diese zugleich nicht nur Vorstellung ist, also konstruktivistisch, sondern Realität in einer gewissen Form aufnimmt, d.h. rekonstruktivistisch ausfällt. Genau das soll das Kriterium der Belegbarkeit sicherstellen.

terten Fragestellungen anhand des Lageberichts so fundiert als möglich auszudehnen und in eine strukturierte Fassung zu bringen.

Dabei darf man jedoch nicht unterschlagen, dass häufig weiterhin Prämissen aus dem eigenen Verständnishorizont unreflektiert mit in den Text hineingelesen werden, weil nichts darauf deutet, dass sie falsch sein könnten bzw. dass sie überhaupt existieren. Solange keine Alternativdeutungen vorhanden sind, lassen sie sich regelmäßig nicht reduzieren, weil sie als solche nicht erkannt werden können. Insofern gehen Interpretationen auch bei sorgfältiger Anfertigung weiterhin häufig über das hinaus, was dem Text tatsächlich entnommen werden kann. Anders als durch möglichst kreative und vielfältige Auslegungen, die in einem Wettbewerbsverfahren gegeneinander ausgespielt und so wieder reduziert werden, wird man allerdings gegen diese Gefahr des Einbezugs unberechtigter Deutungsüberschüsse kaum angehen können.

VI.3 Einordnung des Analyseinstrumentariums in das Wettbewerbsverfahren

Die nachfolgend vorgestellten Analyseinstrumente sind im Wettbewerb der Interpretationsansätze zur Erzeugung sinnvoller Analyseergebnisse aus zwei Gründen relativ vielversprechend.

So bedienen sie sich als Ausgangspunkt vielfach gängiger und bewährter Verfahren der Literaturwissenschaft, die in einem wissenschaftlichen Wettbewerb um die heuristisch fruchtbarsten Analyseverfahren bereits an zahlreichen, höchst heterogenen Textarten zur Anwendung kamen und daher zum Standardrepertoire der Textanalyse gezählt werden dürfen.[391] Insofern spricht bereits empirisch viel dafür, dass sie - leicht angepasst - auch für die Lageberichtsanalyse gute Dienste leisten werden. Darüber hinaus sprechen vier Eigenschaften dafür, dass sie sich für die Analyse eines vorab unbekannten Textes gut eignen.[392]

---

[391] Das zeigt sich bereits daran, dass vielfach ganz bewusst auf Standardwerke und Lehrbuchliteratur zurückgegriffen wird; verwiesen sei hier nur auf die im Folgenden immer wieder zitierten Werke von Genette, Krah, Martinez/Scheffel, Stanzel oder Titzmann.

[392] Vgl. zum Folgenden in Übertragung von GRÄF/SCHMÖLLER (2009), S. 12-13.

Erstens lassen sie sich als Denkeinheit verwenden. Sie verleihen damit die Fähigkeit, einen zunächst ohne diese Begrifflichkeiten vorhandenen, auf den ersten Blick scheinbar unstrukturierten Text mittels der Ausbildung von Einheiten strukturiert zu denken. Dies bedingt auch, dass sich die Inhalte des Lageberichts besser behalten lassen. Das ist für die weitere Arbeit mit Analyseergebnissen von ebenso zentraler wie häufig vernachlässigter Bedeutung.

Zweitens sind sie Beschreibungskategorien. Sie ermöglichen, den Textinhalt in intersubjektiv verständlichen, eindeutigen und zugleich textspezifischen Kategorien zu beschreiben und zu ordnen.

Drittens zeichnet sie aus, dass sie - für sich betrachtet - regelmäßig in Form von relationalen, leeren Begriffen konfiguriert werden, d.h. aufgrund ihrer hochabstrakten Bezeichnung ihren konkreten Inhalt immer nur von und in Wechselbeziehung mit einem Text empfangen. Das stellt sicher, dass sie sich flexibel an den jeweiligen Text anpassen. So lässt sich vermeiden, die unbekannten Textinhalte allein darum falsch zu verstehen, weil sie bereits in umfänglich fixierten, bekannten Kategorien erfasst werden.

Viertens sind sie darauf angelegt, Fragen nach dem Sinn der vom Ersteller gewählten Darstellungselemente und -formen aufzuwerfen, welche eine problemorientierte und dadurch zielgerichtete Analysetätigkeit anregen.

Im Folgenden werden die Analyseinstrumente geordnet nach Berichtsstrategien überblicksartig vorgestellt, bevor auf ihre konkrete Ausgestaltung in Einzelabschnitten eingegangen wird.

VI.4 Überblick über das Analyseinstrumentarium

Grundsätzlich lässt sich für alle mit Hilfe des Lageberichts informierenden Unternehmen nach der durch eine Analyse rekonstruierbaren[393] Gestaltung der Unternehmensdarstellung zwischen vier Strategien unterscheiden. So kann ein Unternehmen im Lagebericht

[393] Nicht gemeint ist das tatsächliche Ausmaß der Gestaltung. Das ließe sich grundsätzlich nur bestimmen, wenn der Lageberichtersteller selbst (wahrheitsgemäß) berichtet, was er mit der Textaussage bezweckt hat. Das allerdings kann nicht Gegenstand der Lageberichtsanalyse sein – zumal schwer sichergestellt werden kann, dass der Ersteller seine eigenen Gedanken und den Wissensstand bei der Erstellung a) noch in Erinnerung hat und b)

- inhaltlich angemessene,
- inhaltlich verkürzte,
- inhaltlich leere oder
- inhaltlich falsche Informationen

bereitstellen.

Wenngleich Mischformen denkbar und üblich sind, ist es gedanklich von Vorteil, diese vier Varianten zunächst zu trennen, da sie unterschiedliche Probleme ansprechen. Die grundsätzlich anzuwendenden Instrumente veranschaulicht die folgende Grafik.

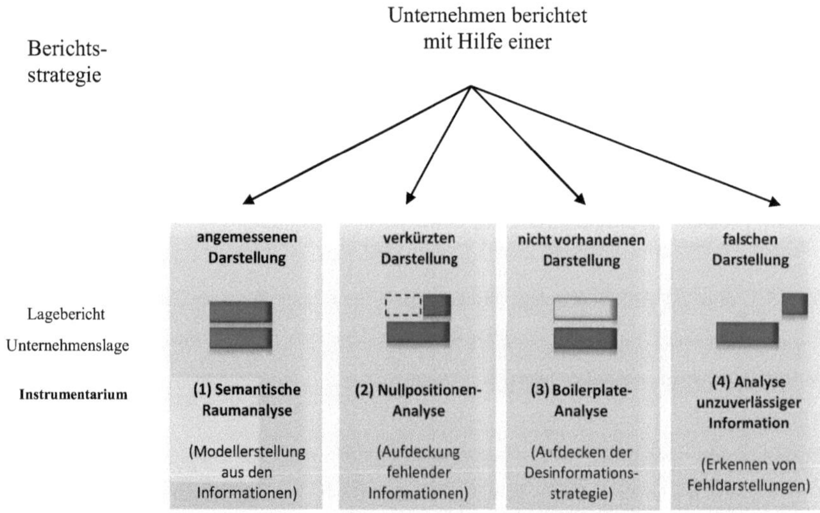

Abbildung 13: Informationsstrategien und korrespondierende Analyseinstrumente

Die erste Strategie bezeichnet den Fall, in dem der Ersteller die durch ihn beobachtete Realität des Unternehmens in der gesetzlich vorgeschriebenen Form (§§ 289, 289a, 312, 315 HGB) im Lagebericht abbildet. Die Aufgabe der Analyse ist es hier, die im Lagebericht anzutreffenden Informationen möglichst geordnet und robust in unternehmensspezifische Modelle zu übersetzen, welche sich für Nachfragen und als Ausgangspunkt von Informationserweiterungen, aber auch für die vorläufige Einschätzung der Unternehmenssituation in

auch freiwillig mitteilen will; es ist auch nicht möglich, sich die Gedanken des Erstellers aus weiteren Dokumenten direkt zu erschließen – diese lassen sich schließlich auch nur, ebenso wie der Lagebericht, analytisch auswerten, ohne dass bekannt ist, in welchem Ausmaß sie selbst verzerrt sind.

Entscheidungsgrundlage und Orientierungsbasis gut verwenden lassen. Das hierfür angewendete Instrument ist die semantische Raumanalyse. Mit ihrer Hilfe werden die im Lagebericht angesprochenen Tatbestände sukzessive in verschiedene übersichtliche Ordnungen gebracht.

Die zweite Strategie ist dadurch gekennzeichnet, dass der Ersteller für die Berichterstattung Informationen entfernt, d.h. im Lagebericht nur diejenigen Informationen selektiert und berichtet, die, für sich genommen, ein inadäquates, für den Ersteller aus bestimmten Gründen wünschenswertes Bild abgeben. Die berichteten Informationen würden jedoch, zusammen mit den zu ergänzenden, vom Ersteller weggelassenen Informationen, ein adäquates Bild zeichnen. Ziel der Analyse ist es daher, auf Signale aufmerksam zu machen, welche Weglassungen andeuten. Diese Weglassungen sind dann darauf zu analysieren, ob sie auf eine verzerrte Darstellung hindeuten. Ein angemessenes Instrument zur Analyse dieser Strategie stellt die Nullpositionenanalyse dar. Sie beinhaltet Verfahren, welche Weglassungen, sogenannte Nullpositionen, durch analytische Handlungen hervortreten lassen.

Bei der dritten Strategie beabsichtigt das berichtende Unternehmen, gar nicht zu informieren. Dann wird die Strategie eingeschlagen, Lageberichtsinhalte zu produzieren, welche uninformativ bleiben. Ziel der Analyse des Lageberichts ist in diesem Fall, darauf aufmerksam zu machen, dass der Lagebericht, wenn überhaupt, allenfalls informativ erscheint, dies jedoch nicht ist. Das angemessene Instrument stellt in diesem Fall die Boilerplate-Analyse dar. Sie zielt darauf ab, alle Lageberichtsinhalte zu identifizieren, die Boilerplate-Informationen, d.h. standardklauselhaft nichtssagend sind.

Bei der vierten Strategie werden vom Lageberichtersteller bewusst oder unbewusst falsche Informationen gegeben. Liegen solche Falschinformationen vor, so muss der Kapitalgeber darauf hoffen, dass er bemerkt, dass die Berichterstattung nicht der Realität entspricht. Ziel der Analyse des Lageberichts ist hierbei, auf solche Textsignale aufmerksam zu werden, welche sich aus Besonderheiten von Falschaussagen ableiten lassen. Darum werden diejenigen Textsignale vorgestellt, welche bei einer Falschaussage vermehrt zu erwarten sind. Das angemessene Instrument gegen diese Strategie stellt die Analyse unzuverlässiger Informationen dar.

Da vor der Analyse allenfalls ein anderweitig begründeter Verdacht besteht, welche der genannten Strategien durch den Lageberichtersteller an welchen Stellen des Lageberichts anzutreffen sein könnten, gegebenenfalls jedoch überhaupt keine Vorstellungen existieren, sind zunächst alle vier Analyseinstrumente anzuwenden. In welchem Umfang die einzelnen Analysen dann in der Folge vertieft werden, hängt von dem im Kapitel V dargestellten Entscheidungsprozess ab.

Im Folgenden wird zunächst der Einsatz der ersten drei Instrumente am Lagebericht selbst diskutiert, bevor eine Erweiterung der Analyse um lageberichtsexterne Quellen nach der geschlossenen Darstellung von semantischer Raumanalyse, Nullpositionenanalyse und Boilerplate-Analyse erfolgt. Separat wird aufgrund der unterschiedlichen Vorgehensweise die Analyse unzuverlässiger Informationen behandelt.

Zu beachten ist, dass eine systematische Darstellung gewählt wurde, um die jeweiligen Herangehensweisen an den Lagebericht zu illustrieren. Das hat zwar zur Folge, dass die Beispiele an Eindeutigkeit und Aussagekraft verlieren, da die Vernetzung einzelner Analyseergebnisse mit weiteren Analyseergebnissen in ein und demselben Lagebericht nicht aufgezeigt werden kann. Es hat jedoch auch mehrere Vorteile. Zum einen lässt sich auf diese Weise die Konzeption und der unterschiedliche systematische Ansatzpunkt der Analyseinstrumente besser herausarbeiten als das mit Fallbeispielen möglich wäre. Zum anderen aber fallen die Beispiele auf diese Weise weniger didaktisch vereinfachend aus. Da es ungeheuer schwierig ist, perfekt auf das jeweilige Analyseinstrument abgestimmte Einzelbeispiele anzutreffen, bei denen zugleich mit Hilfe anderer Analyseinstrumente keinerlei oder zumindest wenige zusätzliche Erkenntnisse auftreten, variiert die Qualität der Beispiele im Folgenden. Was zunächst als Qualitätsmangel erscheint, ist jedoch durchaus realistisch: So wird an weniger didaktischen Beispielen sofort deutlich, warum auch die vorgestellten Analyseinstrumente nicht als sakrosankt angesehen werden dürfen, sondern im Einzelfall selbstständig an die konkrete Textstelle anzupassen sind, um Informationen zu gewinnen. Das fordert dem Leser zwar ein Mehr an Mühe bei der Lektüre ab, es bewirkt aber auch ein tieferes Verständnis von der Funktionsweise des dargestellten Instrumentariums, welches sich schließlich nicht in einer idealen Lehrbuchwelt, sondern im praktischen Einsatz bewähren soll.

VII. Das Analyseinstrument der semantischen Räume

VII.1 Die Funktion der semantischen Raumanalyse

Die semantische Raumanalyse sucht die Aussagen des Unternehmens im Lagebericht geordnet zu erfassen. Dazu unterzieht sich der Analysierende dem mühsamen Geschäft, das semantische Potential des Lageberichts in Bezug auf berichtete Inhalte soweit als möglich modellhaft verfügbar werden zu lassen.

Hierbei sorgt die vorläufige Leere der nachfolgend vorgestellten semantischen Räume dafür, dass der strukturellen Variabilität von Wortbedeutungen Rechnung getragen wird. Zwar weist jedes sprachliche Element auch per se (unscharfe) Bedeutungen auf, aber seine konkrete Bedeutung hängt auch zu einem nicht geringen Maß von seinem Kontext ab. So kann der jeweilige Kontext bestimmte Wortbedeutungen eines mehrdeutigen Begriffs stärker gewichten oder sogar um zusätzliche Bedeutungen erweitern, indem diese Bedeutungen durch die strukturelle Umgebung innerhalb des Textes hervorgehoben oder anschlussfähig gemacht werden.[394]

Die semantische Raumanalyse sorgt darum dafür, dass die Wortbedeutungen immer zugleich auch intern konstituiert werden: So rufen die mehrdeutigen Worte und Sätze seitens des Lesers zunächst eine vage Menge im Text erwähnter oder nicht erwähnter Assoziationen auf und werden durch den mittels des Textes aufgerufenen, aber unthematisierten Verständnishorizont des Lesers gefärbt.[395] Sie lassen sich darum als eine Variable mit mehreren aus dem

[394] Vgl. LOTMAN (1972), S. 96. Von den Überlegungen Greimas' zu Isotopien (Verständnisebenen) grenzt sich dies insofern ab, als dass nicht vorausgesetzt wird, bestimmte kleinste Bedeutungseinheiten, d.h. Seme, erlaubten, aus kleinsten Spracheinheiten Isotopien aufzubauen, vgl. dazu z.B. GREIMAS (1974), S. 127, sondern vielmehr davon ausgegangen wird, dass „Synergieeffekte" zwischen Bedeutungen ihrerseits Bedeutungen hervorbringen können (nicht müssen), die keine der zu diesem Zweck benutzten Seme allein hervorbringen würden. Vergleichbar ist dies im ökonomischen Kontext damit, dass ein Geschäftsmodell sich schlecht allein durch die eingehenden Vermögensgüter erfassen lässt. Dem lässt sich nur gerecht werden, wenn letztlich variable Begriffe eingesetzt werden, welche auf der jeweiligen Bedeutungsebene ohne das Erfordernis einer Atomisierung dieser Bedeutungsebene bis auf kleinste Einheiten, anzusetzen erlauben. Dabei bleibt allein das Erfordernis, die jeweilig benutzte Bedeutungsebene belegen zu können. Lässt sich die gewählte Bedeutungsebene nicht eindeutig auf die einzelnen Seme und ihre Eigenschaften zurückführen, so ist lediglich eine Quelle für Mehrdeutigkeit des Textes bzw. für alternative eindeutige Interpretationen aufgedeckt worden. Zu konzedieren ist, dass GREIMAS (1974), S. 136, S. 145, das Problem der weder von vornherein eindeutigen noch unilinearen Kommunikation gesehen hat, so dass er insofern nur einen Vereinfachungsvorschlag unterbreitete. Nach hier vertretener Auffassung obliegt der Weg, die adäquatere Bedeutungsebene herauszufiltern, dem Wettbewerbsverfahren zwischen verschiedenen Interpretationen, d.h. der feinsinnigeren Interpretation, die bessere Argumente für ihre Auslegung beibringen kann, nicht jedoch notwendigerweise der Prämisse, zusammengesetzte Bedeutungen ließen sich auf ihre Einzelbestandteile zurückzuführen.

[395] Vgl. MARTINEZ/SCHEFFEL (2007), S. 124 f.

Alltag bzw. fach- oder branchenspezifisch bekannten Bedeutungen auffassen. Diese Mehrdeutigkeit ist durch die Relationen mit gleichartigen Variablen im jeweiligen Lagebericht systemintern mit Hilfe der Identifikation von Beziehungen zwischen den Variablen zu reduzieren. Durch diese Vorgehensweise kommen mit dem wechselseitigen Bezug weniger willkürliche und dafür umso besser belegbare Strukturen des konkreten Lageberichts ans Licht. Dies lässt, soweit überhaupt möglich,[396] eindeutige oder nur noch reduziert mehrdeutige Interpretationsergebnisse zu, welche erlauben, die Frage nach dem Informationsgehalt des Lageberichts textintern zu beantworten. Umgekehrt ist eine Beantwortung ohne einen solchen Strukturbezug nicht umsetzbar,[397] da ansonsten kontextspezifische Informationen unterschlagen würden. In der Praxis wird dadurch zumeist auch eine Reduktion aller zunächst offenstehenden Auslegungsvarianten auf sinnvolle Auslegungsalternativen bewirkt.

Die Funktion solcher Analysen ist es, mit Blick auf die offene, erweiterte Jahresabschlussanalyse aus den Aussagen des Unternehmens möglichst belastbar auf dessen Einschätzung seiner wirklichen Lage und seiner voraussichtlichen künftigen Entwicklung zu schließen. So lassen sich aus den an dieser Stelle gewonnenen Informationen heraus Ansatzpunkte für die Formulierung von Zukunftseigenschaften, die Definition von Zukunftslagen und das Auffinden alternativer Entscheidungsgrundlagenbestandteile gewinnen.

VII.2 Die semantische Raumanalyse – das Grundprinzip

Die semantische Raumanalyse beschäftigt sich mit durch bestimmte Merkmale hervorgerufenen Bedeutungen. Es geht also nicht um Geographie, sondern vielmehr um einen abstrakten Raumbegriff, der sich dadurch auszeichnet, dass in ihm eine bestimmte Anzahl von Elementen durch gemeinsame Bedeutungen gekennzeichnet wird.

Ein semantischer Raum lässt sich als eine Menge von mindestens einem Element mit einem oder mehreren gleichen oder ähnlichen mit Bedeutung versehenen Merkmalen oder Regularitäten[398] definieren.[399] Wie der jeweilige semantische Raum organisiert wird, d.h.,

---

[396] Ob eine absolute Reduktion von Mehrdeutigkeit gelingt, ist erneut textspezifisch – wenn sie jedoch nicht gelingt, eröffnet das die Frage, warum der Text an einer bestimmten Stelle mehrdeutig bleibt.

[397] Vgl. LOTMAN (1972), S. 31.

[398] Der eher ungewöhnliche Begriff der Regularität wird hier verwendet, weil die Art der Beziehungen, welche damit erfasst werden soll, nicht notwendigerweise einer etablierten Regel folgt, vielmehr kann es auch sein, dass eine solche Beziehung nur im vorliegenden Lagebericht und nirgendwo anders angetroffen wird. Dennoch ist sie

welche Merkmale oder Regularitäten zur Bildung des Raumes verfügbar sind, ist lageberichtsspezifisch.[400] Grundsätzlich gilt hierbei, dass der jeweilige semantische Raum umso reichhaltiger wird, je mehr Elemente er beschreibt bzw. durch je mehr abgrenzende[401] Merkmale oder Regularitäten er charakterisiert ist, wobei eine allgemeine Gewichtung zwischen Quantität (Elemente) und Qualität (Merkmale/Regularitäten) nicht möglich ist.

Diese Definition legt mit der Zusammenfassung von Elementen nach im Lagebericht selbst angeführten Merkmalen oder Regularitäten den Kern des ersten Schritts der Analysetätigkeit frei. Er besteht darin, alle gegebenen Merkmale und Regularitäten zu identifizieren und im Text alle Elemente mit gemeinsam auftretenden Merkmalen und Regularitäten zu suchen. Ausgangspunkt ist hierbei das Gebot der Berichtsökonomie, demzufolge alles, was gesagt wird, auch von Bedeutung ist,[402] weshalb alle Merkmale und Regularitäten Beachtung finden müssen. Soll der konkrete Lageberichtsinhalt möglichst selbst zur Geltung kommen, lässt sich diese Definition nur noch dadurch einschränken, dass für die Fragestellung und den Erhebungsprozess der offenen, erweiterten Jahresabschlussanalyse relevante Merkmale oder Regularitäten herangezogen und alle anderen Merkmale und Regularitäten ausgeblendet werden.[403]

Der zweite Schritt der Analysetätigkeit besteht darin, die angetroffenen semantischen Räume auf im Text selbst angelegte Beziehungen zwischen den sie konstituierenden Merkmalen und Regularitäten zu überprüfen und daraus hervorgehende Ordnungsmuster zur Anordnung und Hierarchisierung der einzelnen semantischen Räume zu verwenden. Auch dieser Schritt ließe sich allenfalls dadurch in seiner Allgemeinheit einschränken, dass aus der Fragestellung heraus bestimmte mögliche Beziehungen und Hierarchisierungen ausgeblendet werden, weil

---

für den anhand dieses Lageberichts zu bildenden semantischen Raum selbst nicht beliebig, sondern vielmehr konstitutiv und insofern Regularität (für den Einzelfall).

399 Vgl. allerdings enger TITZMANN (2002), S. 181.

400 Vgl. ebenfalls enger TITZMANN (2002), S. 181.

401 Abgrenzend müssen diese Merkmale sein, da sie sonst – als Allaussagen – für eine spezifische Bedeutungskonstitution allein anhand des Textes nicht brauchbar sind.

402 In Übertragung des Gebots der narrativen Ökonomie, vgl. dazu z.B. LAHDE (2005), S. 297; früher bereits TITZMANN (1977), S. 355.

403 Hier wird erneut die komplexitätsreduzierende Wirkung der vorab erfassten Wahl der Fragestellung deutlich, wären doch ohne eine solche aus dem gleichen Lagebericht noch weit mehr Zusammenhänge und Merkmalsmengen abstrahierbar, vgl. ähnlich auch DANNENBERG (2004), S. 60. Erst die Fragestellung reduziert die vielfältigen Ebenen, auf denen verbale Kommunikation für unterschiedliche Fragestellungen unterschiedliche Inhalte bereitstellen kann.

sie sich zu den jeweils verfolgten finanziellen Interessen neutral verhalten. Die Reihenfolge der beiden Schritte ist letztlich beliebig.

Das Ergebnis der zweistufigen Analysetätigkeit ist eine modellhafte Abbildung allein des Lageberichtinhalts. Sie erfasst, soweit textintern möglich, das vorhandene semantische Potential in semantischen Räumen und ordnet diese untereinander anhand textinterner Kriterien ordnet.

Die Analysetätigkeit beinhaltet dabei für den jeweiligen semantischen Raum eine Modellbildung, weil bestimmte Relationen durch die Merkmale/Regularitäten relevant gesetzt und andere Relationen, die diese Merkmale/Regularitäten nicht aufweisen, unterdrückt werden. Nur auf diese Weise können die einzelnen semantischen Räume, für sich betrachtet, eindeutig und damit robust, weil klar bezeichnet, werden. Verloren geht dabei solange zumindest keine erkannte strukturierbare Information,[404] wie solche Raumbildungen für alle im Text angetroffenen semantischen Räume vorgenommen werden. Dazu müssen in dem einen semantischen Raum unterdrückte Informationen ihrerseits durch andere semantische Räume absorbiert werden – es resultiert die bei der offenen, erweiterten Jahresabschlussanalyse angesprochene Aufspaltung einer unstrukturierten Masse an Informationen in eine Vielzahl ihrerseits strukturierter und übersichtlicher Informationsbestandteile. Im Folgenden wird beispielhaft die Analyse eines kurzen Lageberichtsabschnitts der Deutschen Bank AG mit Hilfe des vorgestellten Instrumentariums vorgenommen:

„Für die Banken zeichnete sich das Jahr 2007 durch zwei grundlegend verschiedene Hälften aus: In den ersten sechs Monaten blieb das freundliche Umfeld der Vorjahre weitgehend unverändert, auch wenn vom US-Immobilienmarkt bereits erste Warnsignale kamen. Die Weltwirtschaft setzte ihren deutlichen Wachstumskurs zunächst fort, Kapitalmarktaktivitäten florierten bis in den Sommer hinein und die Ausfallraten im Kreditgeschäft stiegen meist nur moderat. Die bedeutendste Ausnahme war das nordamerikanische Hypothekengeschäft, wo schon seit 2006 immer mehr Schuldner Zahlungsschwierigkeiten bekamen und gleichzeitig die Immobilienpreise zu sinken begannen. Dies führte schließlich seit Sommer 2007 zu zunehmenden Verlusten bei verbrieften Kreditforderungen, Ratingabstufungen, steigender Risikoaversion und einem Vertrauensverlust sowohl in die Werthaltigkeit von Kreditpapieren als auch in die Bonität von Finanzinstituten allgemein.

[404] Zu konzedieren ist, dass die Strukturierung natürlich den Informationsgehalt des Ausgangstextes verändert und insofern auch Informationen verloren gehen – was hier allerdings verloren geht, ist lediglich das, was den Text unstrukturiert und mehrdeutig wirken lässt.

Das Geschäft kam in weiten Teilen der Kapitalmärkte praktisch zum Erliegen [...].“[405]

Beispiel SR.1[406]

Die Ausgangsfrage für den Analysierenden ist, welche der verschiedenen Elemente des Textes er zur Bildung semantischer Räume zugrunde legt. Dafür gibt es keine allgemein überlegene Verfahrensweise.

Heuristisch fruchtbar ist - wird der erste Schritt als Ausgangspunkt gewählt - entweder die Rekurrenz, d.h. so vorzugehen, dass von häufiger angesprochenen Merkmalen des Textes zu den weniger häufig angesprochenen durchzustrukturieren ist. Ebenso hilfreich ist es, nach möglichst gleichartigen und gegensätzlichen Elementen zu suchen.

Ein anderer Ansatz - wird der zweite Schritt als Ausgangspunkt gewählt - besteht darin, auf die im Text selbst bereits verwendeten größeren Einheiten zurückzugreifen. Dieser auch für die Analyse des zitierten Beispiels herangezogene Ansatz beinhaltet, zunächst einmal die seitens des Textes relevant gesetzten beiden grundlegend verschiedenen Hälften (vgl. auch die Abbildung 14) festzuhalten, um ihnen die seitens des Textes angesprochenen Merkmale und Elemente zuzuordnen. Sodann können alle Elemente, welche die Verschiedenheit der beiden Hälften, die der Text postuliert, nicht bestätigen, d.h. die nicht allein den beiden so gebildeten semantischen Räumen zugeordnet werden können, ihrerseits isoliert und daraufhin analysiert werden, ob sie gemeinsame Merkmale aufweisen. Zuletzt kann zwischen den einzelnen Merkmalen der verschiedenen semantischen Räume nach Überschneidungen gesucht werden. Die Analyse ergibt Abbildung 14.

Deutlich wird, dass zwei verschiedene Ordnungen den Text strukturieren, welche einander inhaltlich widersprechen. Die erste Raumstruktur teilt den zeitlichen Ablauf in die grundverschiedenen Räume 1 und 2 ein. Sie zeichnet ein Bild, welches die Finanzkrise in Raum 2 als unerwartet darstellt, weil die Elemente aus Raum 2 in Raum 1 in keiner Weise angedeutet waren und ihm deutlich widersprechen. Die zweite Raumstruktur aus Raum 3 hingegen zeichnet das Bild einer kontinuierlich bereits seit 2006 beobachtbaren Abwärtsdynamik, welche aller Überraschung entbehrt.

[405] Deutsche Bank AG, Jahresabschluss und Lagebericht 2007, S. 2.

[406] Die Benennung der Beispiele erfolgt so, dass sie den jeweiligen Kapiteln zurechenbar ist. SR steht hierbei für semantische Raumanalyse, NP für Nullpositionenanalyse, BP für Boilerplate-Analyse, EW für Analyse bei extratextueller Erweiterung, UI für Analyse unzuverlässiger Informationen.

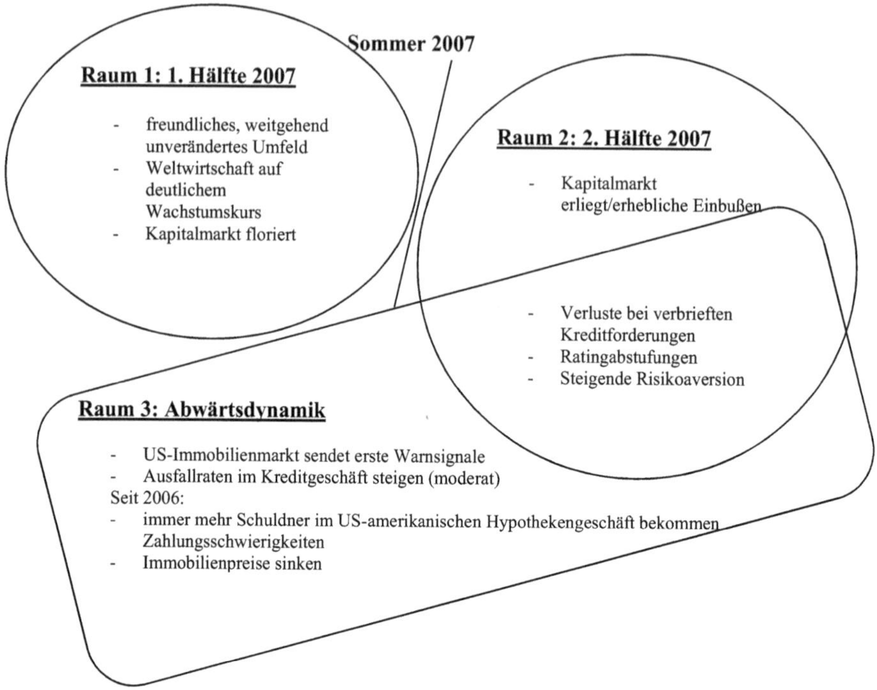

Abbildung 14: Beispiel für semantische Raumstrukturen

Analysiert man den Textabschnitt aus dem Lagebericht der Deutschen Bank AG auf die zeitliche Abfolge, so lässt dieser sich auch so auffassen, dass es erst das Ereignis des „Überschwappens“ von Elementen aus dem semantischen Raum 3 in den semantischen Raum 1 ist, welches den semantischen Raum 1 in den semantischen Raum 2 verwandelt. Das wirft allerdings die Frage auf, warum Raum 3 nicht bereits viel früher auf Raum 1 einwirkte.

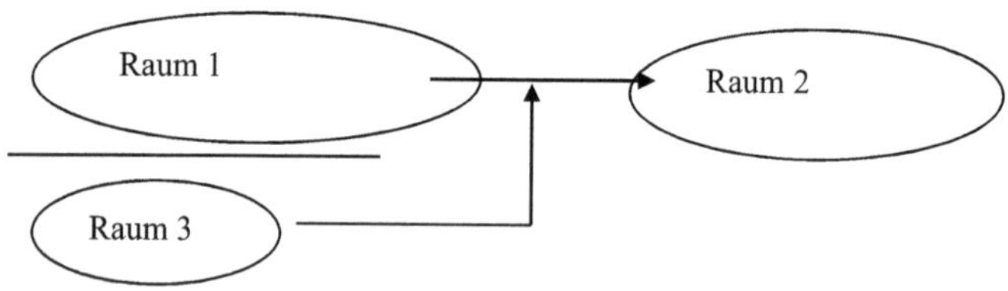

Abbildung 15: Raumveränderungen

Die Analyse dürfte der Realität, nämlich dem Fernhalten der Informationen über die tatsächliche Situation und Bonität der Schuldner auf dem amerikanischen Immobilienmarkt vom Kapitalmarkt bzw. dem Herunterspielen von bereits bekannten Problemen seitens der Banken bis zum Sommer 2007 ziemlich nahe kommen; einem Fernhalten bis zu dem Zeitpunkt also, zu dem sich die entsprechenden Informationen nicht mehr unterdrücken ließen, die Informationsasymmetrien schlagartig abgebaut wurden und der Abbau das Kapitalmarktumfeld veränderte. Die aufgeworfenen Fragen betreffen hierbei gerade die Verbindungsglieder zwischen beiden Märkten, d.h. Kapitalmarkt und Immobilienmarkt.

Das - im Folgenden nicht weiter ausgearbeitete - Beispiel zeigt auf, warum das vorgeschlagene Instrumentarium so allgemein figuriert wurde: Vorauszusehen, welche semantischen Räume existieren und in welcher Beziehung sie zueinander stehen, ist kaum möglich.

Wenngleich der eben eingeschlagene Weg der allgemeinste ist, um möglichst viel von dem semantischen Potential eines Lageberichts modellhaft zu erfassen, ist er doch für den Gebrauch häufig impraktikabel, weil man ohne umfangreiche Erfahrung und/oder Kreativität, hohe Konzentration und ausreichend Zeit schlicht nicht alle bedeutungstragenden semantischen Räume erschließen wird, die im Lagebericht potentiell Informationen vermitteln.

Darum wird durch die folgenden Erläuterungen die Leere der herangezogenen relationalen Begrifflichkeiten eingeschränkt, indem zusätzliche Vorgaben an den Text herangetragen werden.

VII.3 Analyseansätze auf Basis von semantischen Räumen

Als Analyseansätze werden sehr allgemein gehaltene Kategorien ausgewählt.[407] Die vorgeschlagenen Kategorien stellen zugleich bezüglich einer Verknüpfung von finanziellen und nichtfinanziellen Informationen sowie hinsichtlich des Analyseprozesses viel versprechende heuristische Ansätze dar, anhand derer semantische Räume relativ schnell identifizierbar sind.

Zugleich ist jedoch darauf zu verweisen, dass solche Kategorien bei unreflektierter Anwendung schnell dazu verführen, simplifizierend die bei einer allgemeineren Analyse

[407] Es werden nur solche Kategorien verwendet, die unschwer an jedem beliebigen Sachverhalt gekennzeichnet werden können.

verfügbaren Informationen auf diejenigen zu beschränken, welche den Kategorien entsprechen - dann wird mit den Kategorien der eigentliche Inhalt zuletzt mehr wegerklärt als erfasst, weil Denkarbeit durch mechanistisches Abhaken ersetzt wird.[408] Wichtig ist darum zu betonen, dass jeder Lagebericht weiterhin seine eigenen Merkmale aufweist. Eine alleinige Rasterung über die herangetragene Fragestellung hinaus nur mittels der hier vorgeschlagenen Kategorien verbietet sich deshalb.[409]

Bei den Analyseüberlegungen, hinsichtlich derer sich relativ problemlos semantische Räume identifizieren lassen, lässt sich zwischen Analysen auf Basis inhaltlicher Kategorien (Inhaltsanalysen) und Kategorien der Darstellung (Darstellungsanalysen) unterscheiden.

Die Inhaltsanalysen umfassen

- die Veränderungsstrukturanalyse (VII.4.1),
- die Beziehungsstrukturanalyse (VII.4.2),
- die Raumstrukturanalyse und (VII.4.3),
- die sachlich-inhaltliche Analyse (VII.4.4).

Die Darstellungsanalysen umfassen die

- implizite Wertungsanalyse durch die Form der Darstellung (VII.5.1),
- die explizite Wertungsanalyse (VII.5.2) sowie
- die Analyse der Perspektivierung der Darstellung, d.h. die Untersuchung, aus wessen Perspektive Informationen aufgenommen und weitergegeben werden (VII.5.3).

Allen angesprochenen Analyseformen ist gemeinsam, dass sie Spezialfälle des Grundprinzips der semantischen Raumanalyse sind. Sie unterscheiden sich dadurch, dass jeweils andere Merkmale für die Identifikation der semantischen Räume konstant gesetzt werden.

---

[408] Vgl. CHATMAN (1978), S. 91, S. 93 f.

[409] Dies gilt umso mehr, als dass herangetragene Prämissen Falschinformationseffekte auslösen können: Der Analysierende kann, wenn er nicht konkret überprüft, sondern sich ex post zu erinnern versucht, was er im Lagebericht gelesen hat, um mit Hilfe dieser Information ein Raster auszufüllen, tatsächlich sich an Informationen zu erinnern glauben, welche sich bei genauer Lektüre als im Lagebericht inexistent erweisen. Vgl. zu diesem Phänomen generell auch BAYEN (2009), S. 94, S. 92.

VII.4 Inhaltsanalysen

VII.4.1 Veränderungsstrukturanalyse

Eine Veränderungsstrukturanalyse dient den Fragestellungen von Kapitalgebern, indem aufgeschlüsselt wird, welche Ereignisse und Veränderungen das Unternehmensgeschehen im Zeitablauf geprägt haben und wie über diese zu urteilen ist. Fruchtbar ist dies insbesondere, weil im Lagebericht zu berichtende Sachverhalte häufig

- unter Angabe einer zeitlichen Dauer,
- als Veränderungen im Zeitablauf unterworfen oder
- in Relation zu Zeitpunkten dargestellt werden.[410]

So lassen sich aus einer Veränderungsstrukturanalyse zahlreiche Informationen darüber gewinnen, welche möglichen Entwicklungen für das Unternehmen in der Zukunft plausibel sein könnten und welche Entwicklungen eher auszuschließen sind.

Hierbei können in Bezug auf die zeitliche Dauer unterschiedliche Zeithorizonte unterschieden werden, z.B. kurz-, mittel-, langfristig, Saison und Nichtsaison, Zukunft, Gegenwart und Vergangenheit, nächstes Geschäftsjahr, aktuelles Geschäftsjahr und vergangenes Geschäftsjahr usw.

In Bezug auf Veränderungen im Zeitablauf können drei grundsätzliche Beschreibungsweisen unterschieden werden, die kausale Abfolge, die motivationale Abfolge und die zeitliche Sukzession.[411]

Die zeitlich sukzessive Beschreibung ist hierbei am wenigsten informativ, da sie allein darauf abstellt, Fakten und Ereignisse in einer zeitlichen Reihenfolge zu präsentieren.[412] Die kausale Abfolge kennzeichnet genannte Ursache-Wirkungs-Beziehungen, d.h. der Text liefert eine Information darüber, warum eine zeitliche Reihenfolge so und nicht anders eingetreten ist. Die motivationale Abfolge schließlich beschreibt den zeitlichen Ablauf menschlicher Entscheidungen oder Handlungsstränge. Diese zeichnen sich dadurch aus, dass bestimmte Gründe oder Ziele offen gelegt werden, die zu der jeweiligen Entscheidung bewogen.

---

[410] Zurückzuführen ist dies auf das Erfordernis nach § 289 Abs. 1 HGB bzw. § 315 Abs. 1 HGB, den Geschäftsverlauf darzustellen und zu analysieren.

[411] Vgl. ansatzweise auch bei MARTINEZ/SCHEFFEL (2007), S. 109.

[412] Die Unterscheidung erfolgt in Anlehnung an MARTINEZ/SCHEFFEL (2007), S. 25.

Ferner ist die Herausarbeitung der Nennung unterschiedlicher Zeitpunkte möglich, z.B. ein bestimmter Monat oder ein aus Unternehmenssicht als wichtig gesetztes Datum usw. Diese werden beispielsweise genutzt, um Unternehmensereignisse zeitlich einzuordnen.

Allerdings kann der Lagebericht auch hinsichtlich der zeitlichen Abläufe unklar bleiben, d.h. mehrere Möglichkeiten in Bezug auf die tatsächliche Zeitstruktur der Ereignisse offenlassen. Ein Ansatz für die Suche nach semantischen Räumen kann darin bestehen, in einem ersten Schritt die Art der Beschreibung zeitlicher Dauer, Abfolgen und Zeitpunkte im Lagebericht gesondert daraufhin zu analysieren, welche Elemente durch die jeweilige Beschreibung charakterisiert werden.

In einem zweiten Schritt können diese Elemente daraufhin untersucht werden, ob sie weitere, nicht mit den einzelnen Aspekten der Veränderungsstrukturanalyse in Verbindung stehende gemeinsame Eigenschaften aufweisen.

Zuletzt können die so gebildeten semantischen Räume danach analysiert werden, in welchen Beziehungen sie zueinander stehen. So lässt sich z.B. untersuchen, welche Beziehungen bestimmte Abfolgen zueinander haben, ob sie gleichgewichtig sind oder die eine für die andere den Hintergrund bildet, ob sie miteinander interagieren oder ob sie beziehungslos nebeneinander stehen, ob sich die Zeitspannen überlappen oder an einander anschließen etc.[413] Ebenso kann hinterfragt werden, ob die so gebildeten semantischen Räume im gesamten Lagebericht konstant oder aber Änderungen unterworfen sind und ob, bzw. wenn ja, welche Faktoren mit diesen Änderungen zusammen auftreten.

Hilfreich für eine hinsichtlich der Zeitaspekte übersichtlichen Bildung von semantischen Räumen ist es, eine Symbolik bei der Darstellung zu verwenden. Eine solche wird in der in Abbildung 16 abgebildeten Legende vorgeschlagen:

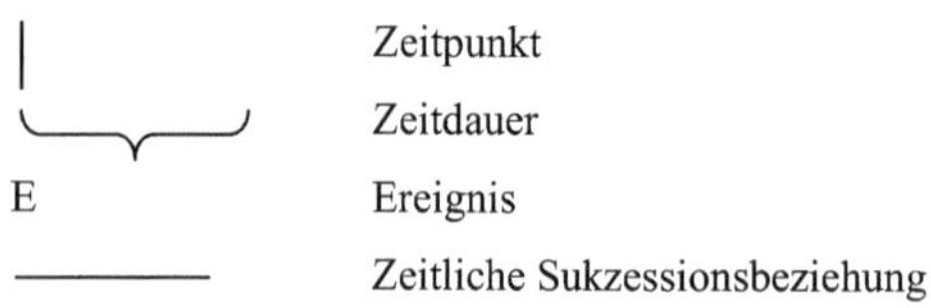

[413] Vgl. CHATMAN (1978), S. 66 f.

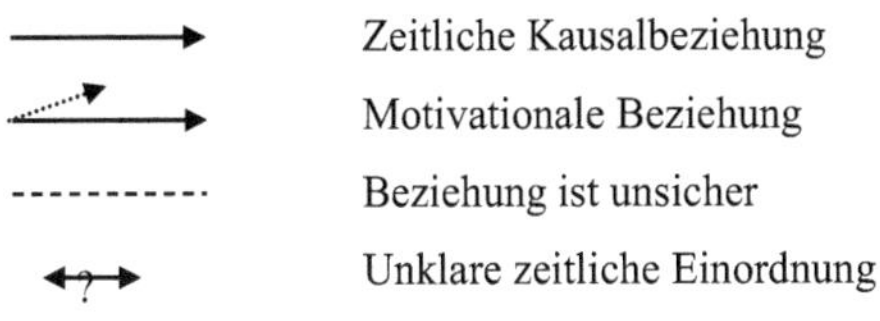

Abbildung 16: Legende für die Veränderungsstrukturanalyse

Ein Beispiel aus dem Lagebericht der Commerzbank soll eine solche Analyse verdeutlichen:

„Durch eine konsequente Fokussierung der Verantwortlichkeiten im Risikomanagement Private Kunden sowie den vollumfänglichen Einsatz eines automatisierten, trennscharfen Risikoklassifizierungsverfahrens im Bestand- und Neugeschäft konnte der Expected Loss im Bankbuch per ultimo 2008 mit 227 Mio Euro deutlich unter dem EL-Limit von 247 Mio Euro gehalten werden. Sehr erfreulich war die Entwicklung der Risikovorsorge, die mit Netto 163 Mio Euro nicht nur um 77 Mio Euro abgesenkt werden konnte, sondern in 2008 auch deutlich unter dem Expected Loss lag. Die Risikodichte im Weißbuch hat sich aufgrund konsequenter Derisking-Maßnahmen im Berichtszeitraum von 40 bp auf 37 bp verbessert, vor allem im größten Teilportfolio „Private Immobilienfinanzierung“ auch durch die Berücksichtigung des stark von Erstfinanzierungen geprägten Immobilienportfolios der Essenhyp. Für 2009 erwarten wir infolge der sich verschlechternden Umfeldbedingungen einen erneuten Anstieg der Risikodichte auf 40 bp und damit einhergehend einen Anstieg des Expected Loss und der Risikovorsorge im Segment.“[414]

Beispiel SR.2

Wird der Text mit Hilfe des genannten Instrumentariums aufgeschlüsselt, so ergibt sich:

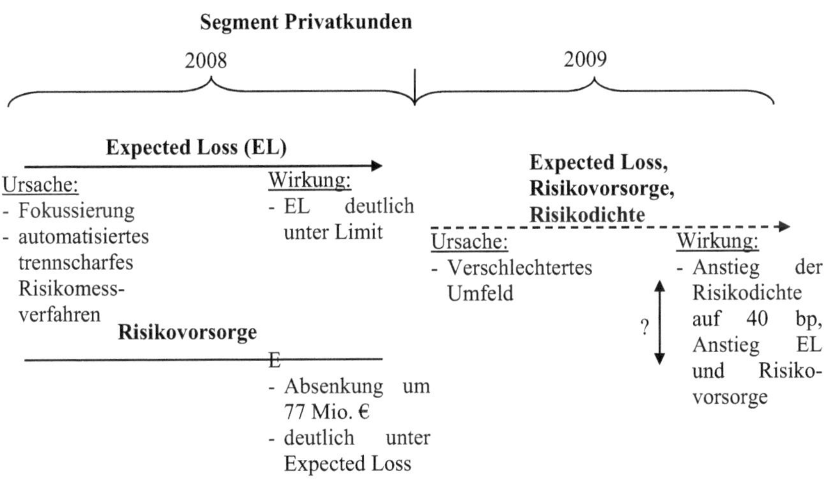

[414] Commerzbank AG, Geschäftsbericht 2008, S. 139.

Risikodichte

→

Ursache:	Wirkung:
- Deriskingmaßnahmen - Lokal v. a. im größten Teilportfolio; Immobilienportfolio der Essenhyp stark von Erstfinanzierungen geprägt	- Verbesserung von 40 bp auf 37 bp

Abbildung 17: Veränderungsstrukturanalyse zu Beispiel SR.2

Analysiert man die einzelnen Kausalbeziehungen und die durch sie erzeugten semantischen Räume, so fallen zahlreiche Aspekte auf. So zeigt sich zum einen, dass Ursachen nur bei Risikodichte und Expected Loss angeführt werden, nicht jedoch bei der Risikovorsorge, die ihrerseits nicht als Kausalbeziehung, sondern sukzessiv dargestellt wird. Das wirft die Frage auf, warum die Ursachen nur bei den zuerst genannten beiden Größen Erwähnung finden. Weiter zeigt sich, dass alle Wirkungen in 2008 positiv sind und alle genannten Ursachen unternehmensinterne Maßnahmen darstellen. Zugleich liegt in 2009 eine umgekehrte Relation vor: Nunmehr wird eine negative Wirkung erwartet, dafür aber das verschlechterte Umfeld verantwortlich gemacht.[415]

Insofern lassen sich drei übergeordnete semantische Räume bilden: Ein erster semantischer Raum, welcher die beiden Merkmale der Ursache-Wirkungsbeziehungen mit für das Unternehmen positivem Resultat sowie der durch das Unternehmen selbst initiierten Maßnahmen umfasst, ein zweiter, welcher als Merkmale Ursache-Wirkungsbeziehungen mit negativem Ausgang und als Ursache jeweils unternehmensexterne Umweltbedingungen umfasst sowie ein dritter Raum, in welchem eine Reduktion der Darstellung allein auf das positive Resultat erfolgt.

Zwei weitere übergeordnete semantische Räume erfassen, dass bei den Ursachen in 2008 sehr detaillierte Angaben gemacht werden, während in 2009 nur eine pauschale Ursache für alle drei Bereiche genannt wird.

[415] Das entspricht den in der internationalen Lageberichtsforschung ausgemachten Zurechnungen, vgl. dazu z.B. AERTS (1994), S. 346.

Konfrontiert man dieses Analyseergebnis mit der für die Wahrnehmung von Eingriffsrechten relevanten Grundproblematik der Agency-Theorie[416], Ergebnisse letztlich nicht eindeutig dem Manager bzw. der Umweltentwicklung zuordnen zu können, zeigt sich, dass in diesem Beispiel eine für die Unternehmensleitung ganz besonders vorteilhafte Darstellung vorliegt.[417]

VII.4.2 Beziehungsstrukturanalyse

Wie im III. Kapitel erläutert, setzen sich die Leistungsbeziehungen zwischen einem Unternehmen und den nicht dem Unternehmen zugehörigen Personenkreisen immer aus finanziellen Leistungen und korrespondierenden nichtfinanziellen Gegenleistungen zusammen. Um zu erfassen, mit welchen Geschäftspartnern überhaupt Leistungsbeziehungen bestehen und welche nichtfinanziellen Gegenleistungen jeweils erbracht werden, ist die Beziehungsstrukturanalyse als Ausgangspunkt zu wählen. In dieser geht es um die Schilderung der Personenkreise im Lagebericht, mit denen das Unternehmen Kontakt hat.

Die wichtigsten Ansatzpunkte für eine Suche nach semantischen Räumen sind die folgenden:

- Art
- Verhältnis
- Bedeutung
- Grad der Aggregation
- Einheit

Nach der Art ist zu trennen, welche Form der Beziehung zum Unternehmen besteht. Nach dem Verhältnis der Personen zum Unternehmen ist z.B. zu untersuchen, ob die Personenkreise eher Mitspieler oder Gegenspieler, eher aktiv oder passiv am Unternehmensgeschehen beteiligt sind.

---

[416] Die Agency-Theorie umfasst alle Ansätze, die sich damit beschäftigen, wie ein Prinzipal einen eigennutzmaximierenden Agenten durch geeignete Vertragsausgestaltung bzw. Kontrollmechanismen davon abhalten kann, für den Prinzipal suboptimale Handlungen vorzunehmen. Alternativ ließe sich die Darstellung auch mit der, der Psychologie entstammenden Self-presentation theory erklären, vgl. dazu z.B. AERTS (1994), S. 338.

[417] Eine Aussage darüber, ob diese Darstellung zu Recht erfolgt, lässt sich allerdings anhand des Abschnitts nicht beantworten, weil dieser lediglich den modellhaften Aufbau, nicht aber die Berechtigung des Textinhalts offenzulegen geeignet ist. Dafür legt die Analyse offen, wo eine Prüfung anzusetzen hat, nämlich bei dem Hinterfragen möglicher Gründe für die sukzessive Abfolge (liegt hier Bilanzpolitik vor?) und der Berechtigung der allein externen Begründung für die negativen Erwartungen in 2009 einerseits sowie der Frage, ob tatsächlich allein interne Maßnahmen für die positiven Entwicklungen in 2008 verantwortlich waren, andererseits. Als Ausgangspunkt muss eine derartige Informationspolitik zunächst im Modell erfasst werden, um dann anhand dieses Modells testen zu können, ob eine adäquate Realitätsbeschreibung vorliegt.

Nach der Bedeutung für das Unternehmen ist nach Charakterisierungen von Abhängigkeit, Stärke der Beziehungen mit dem Unternehmen u.ä. zu trennen. Hinweise hierauf gibt, ob die Personenkreise nach Funktionen beschrieben werden, innerhalb derer die konkreten Personen austauschbar sind, oder ob sie nach persönlichen Eigenschaften beschrieben werden, welche ihre Austauschbarkeit verhindern.[418]

Nach dem Grad der Aggregation ist zu trennen, ob die Personen einzeln, zu Personengruppen zusammengefasst oder in Schichten, z.B. Vorstand/Führungsebene/Mitarbeiter, segmentiert werden.

Nach der Einheit ist zu unterscheiden, ob Beziehungen zwischen wirtschaftlichen oder rechtlichen Einheiten vorliegen. Sind die entsprechenden semantischen Räume identifiziert, ist analog zur Veränderungsstrukturanalyse zu verfahren.

Auch hier ist es sinnvoll, eine Legende zur Kennzeichnung einzuführen:[419]

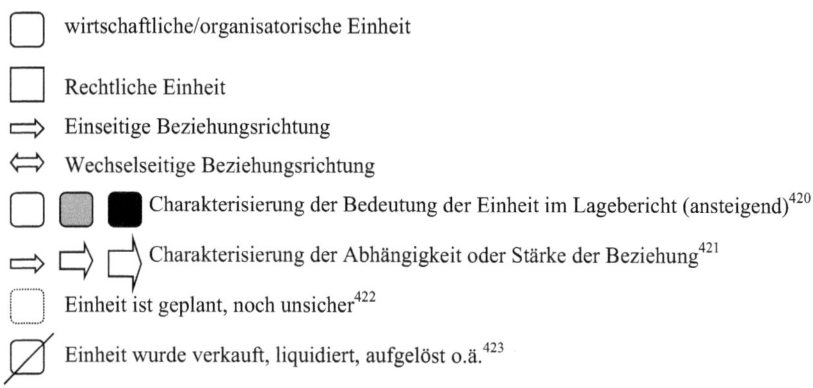

Abbildung 18: Legende zu personellen Beziehungsstrukturen

Dazu sei ein Beispiel anhand des Konzernlageberichts des Linde-Konzerns 2007 gegeben:

---

[418] Vgl. auch CHATMAN (1978), S. 90.

[419] Die gewählte Legende lehnt sich stark an die häufig für Analysen von Figurenkonstellationen bei Dramen verwandte an, vgl. dazu z.B. Krah (2006), S. 363.

[420] Dies gilt, anders als durch die Symbolik angedeutet, natürlich auch für rechtliche Einheiten.

[421] Dies gilt, anders als durch die Symbolik angedeutet, natürlich auch für wechselseitige Beziehungen.

[422] Dies gilt, anders als durch die Symbolik angedeutet, natürlich auch für rechtliche Einheiten.

[423] Dies gilt, anders als durch die Symbolik angedeutet, natürlich auch für rechtliche Einheiten.

„Mit der Akquisition von The BOC Group plc und der damit verbundenen globalen Aufstellung haben wir auch unsere Organisationsstruktur neu ausgerichtet. Der Konzern gliedert sich nun in die Gases Division und die Engineering Division sowie Sonstige Aktivitäten. In der Gases Division haben wir die Verantwortlichkeiten noch enger an die lokale Wertschöpfung geknüpft. So sind in dem neuen Organisationsmodell, das am 1. Januar 2007 in Kraft getreten ist, die Manager in den neun weltweit definierten Regional Business Units (RBUs) innerhalb der vier operativen Segmente Westeuropa, Amerika, Asien&Osteuropa sowie Südpazifik&Afrika verantwortlich für das Geschäftsergebnis und die mittelfristige Entwicklung der Produktbereiche. [...] Die Bereiche Tonnage (On-site) und Healthcare (Medizinische Gase) werden darüber hinaus von einer globalen Zentralfunktion verantwortet. Im On-site-Geschäft berücksichtigen wir damit die internationale Aufstellung unserer Großkunden. In dem Bereich Healthcare erlaubt uns die zusätzliche Zentralisierung, noch präziser und geordneter auf die spezifischen Anforderungen des zunehmend regulierten Gesundheitswesens einzugehen. [...] Nach der Übernahme der BOC Group im September 2006 haben wir im Verlauf des Geschäftsjahres 2007 unseren Umbau zu einem fokussierten, weltweit führenden Gase- und Anlagenbaukonzern abgeschlossen. Wir haben die kartellrechtlichen Auflagen im Zuge der BOC-Akquisition erfüllt und die entsprechenden Veräußerungen zügig und effizient umgesetzt.[...] Die Vorjahreswerte enthalten also die BOC-Aktivitäten über den vollen Zwölf-Monatszeitraum, während die im Jahr 2006 veräußerte Gabelstaplersparte KION, das Komponentengeschäft von BOC Edwards sowie die weiteren im Rahmen der BOC-Transaktion verkauften Gesellschaften [...] herausgerechnet wurden."[424]

Beispiel SR.3

Erfasst man dieses Beispiel mit der vorgeschlagenen Legende, so ergibt sich Abbildung 19.

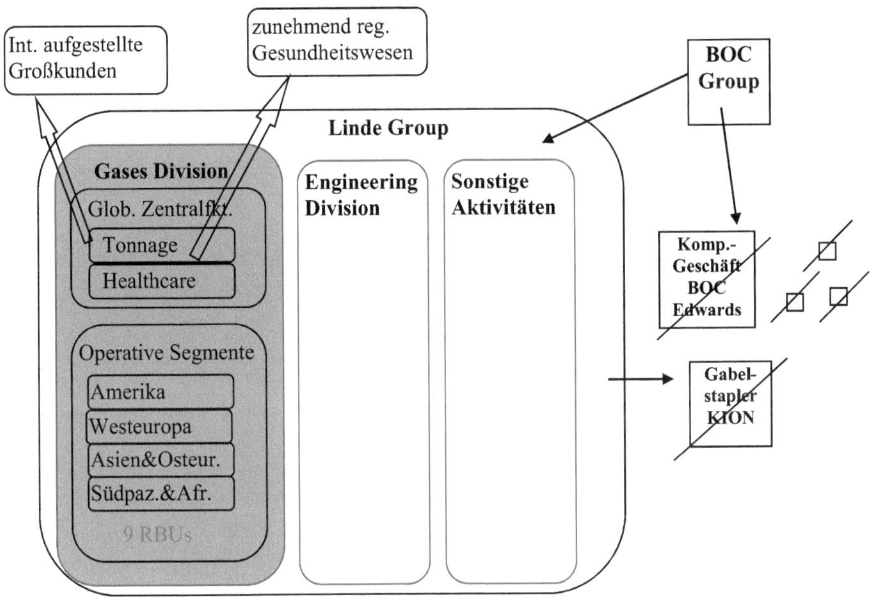

Abbildung 19: Beziehungsstrukturanalyse zu Beispiel SR.3[425]

[424] Linde AG, Geschäftsbericht 2007, S. 41-42.

[425] Zu beachten ist, dass die für Ursache-Wirkungsbeziehungen vorgesehene Symbolik aus der Veränderungsstrukturanalyse Anwendung findet.

Man sieht auf den ersten Blick, dass die Darstellung sehr stark auf die Gases Division eingeht und die anderen Divisionen lediglich nennt. Sie legt auch offen, dass die Akquisition der BOC Group eine Umstrukturierung verursacht hat. Ferner zeigt sich, dass eine sich überlappende Doppelstruktur in vier operative Segmente und 9 RBUs vorliegt. Zugleich lässt sich herausarbeiten, dass die Geschäftsbereiche zwei unterschiedlichen Gliederungskriterien folgen: Tonnage/Healthcare folgt einer inhaltlichen Gliederung – die operativen Segmente hingegen einer regionalen Gliederung. All das wirft Fragen auf, welche Gründe für diese Mehrfachstrukturen existieren, die von dem Lagebericht nur z.T. beantwortet werden.

VII.4.3 Raumstrukturanalyse

Eine Raumstrukturanalyse dient im Wesentlichen der Einordnung anderer Informationen. Das für die semantische Raumbildung konstant gesetzte Merkmal ist in diesem Fall ein bestimmter Ort. Da alle Unternehmensaktivitäten an bestimmte geographische Räume gebunden sind, bietet die Raumanalyse einen Ausgangspunkt für die Kapitalgeber, unterschiedliche Unternehmensaktivitäten getrennt zu betrachten, weil sie in unterschiedlichen Räumen stattfinden. Zugleich besteht die Möglichkeit, Verlagerungen in der Raumstruktur und das Herausheben bestimmter Räume durch das Management leichter nachzuvollziehen.

Im Lagebericht werden die genannten Sachverhalte sehr häufig räumlich angebunden.[426] Dabei kann unterteilt werden in topographische Schilderungen, z.B. wenn von geographischen Orten die Rede ist, und räumlich abstrakte Schilderungen, z.B. wenn davon die Rede ist, dass etwas im Unternehmen oder auf dem Markt (d.h. nicht konkret an einen geographischen Raum gebunden) oder im Segment xy (mit seinen Niederlassungen in verschiedenen geographischen Räumen) geschehen ist.

Die Ansätze für die Suche semantischer Räume auf der Raumebene können in solche

- der räumlichen Ausdehnung,
- der Raumangabe sowie
- der räumlichen Konstellation

eingeteilt werden.

[426] Hier bietet der Lagebericht zahlreiche Anknüpfungspunkte, da z.B. der Zweigniederlassungsbericht nach § 289 Abs. 2 Nr. 4 HGB, aber auch die Vorgaben des DRS 15.37 b) u. d) zur Konzernstruktur Angaben zu den hier angeführten Aspekten erfordern.

Die räumliche Ausdehnung behandelt, über welche Räume verteilt das Unternehmen betreffende Sachverhalte geschehen sind, z.B. in welchen Ländern das Unternehmen aktiv ist, an welchen Orten neue Produkte eingeführt wurden u.ä. Das beinhaltet auch die Suche nach Raumeinteilungen, z.B. in Inland und Ausland, welche einen vorliegenden Raum in irgendeiner Form in zwei oder mehr Bereiche spalten.

Raumangaben beinhalten wiederum wichtige Raumkoordinaten, z.B. die Errichtung eines neuen Hauptverwaltungsgebäudes, einer neuen Zweigniederlassung in einem anderen Land oder einer Fabrik, d.h. Raumkoordinaten, die für eine ganze Reihe weiterer Elemente als Bezugspunkt dienen.

Ansätze zur Suche von räumlichen Konstellationen beinhalten die Suche nach Raumbereichen, in denen eine Konstellation bestimmter Elemente konstant ist, z.B. bei Fertigung nur in den USA oder der Fertigung an allen wichtigen Absatzmärkten etc.

Erneut ist auch hier zu erfassen, ob die räumliche Positionierung von Sachverhalten mehrdeutig ist. Mit den gebildeten semantischen Räumen der Raumstrukturanalyse ist dann ebenso zu verfahren wie bei der Veränderungsstrukturanalyse. Nach der Feststellung von räumlicher Ausdehnung, Angaben und Konstellationen sind erneut die dem jeweiligen Raum zugeordneten Elemente zu identifizieren und daraufhin zu untersuchen, ob ihnen weitere gleiche Merkmale zukommen. Auch hier erweist es sich als sinnvoll, eine Legende für räumliche Ordnungsmuster zu verwenden. Eine solche wird in Abbildung 20 vorgeschlagen:

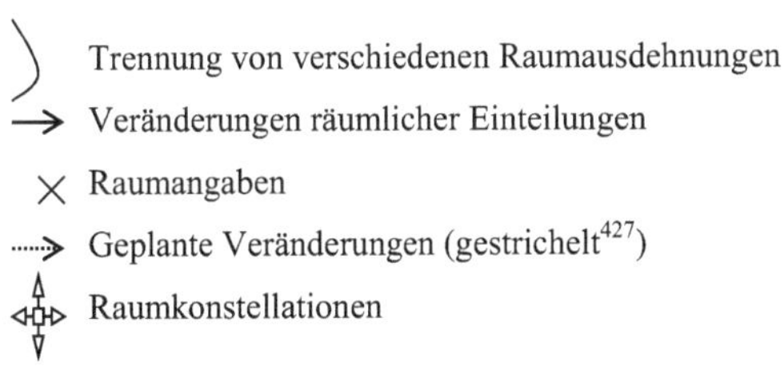

Abbildung 20: Legende für die Raumstrukturanalyse

Ein Beispiel aus dem Lagebericht der ThyssenKrupp AG soll das verdeutlichen:

[427] Die Kennzeichnung geplanter Größen als gestrichelt gilt auch für alle anderen Symbole.

„2008/2009 soll die Holding ihre Büros in das neu entstehende Unternehmensquartier in Essen verlegen. [...] Darüber hinaus bestehen Konzernrepräsentantenbüros in Berlin und Brüssel sowie an weiteren 31 Standorten in der Welt. [...] Insgesamt bilden weltweit rund 700 Unternehmen mit über 2.300 Produktionsstätten, Büros und Servicestützpunkten den Konzern, davon liegen zwei Drittel außerhalb Deutschlands. Von den international fast 1.200 Standorten, an denen die ThyssenKrupp-AG vertreten ist, liegen mehr als 200 in Deutschland. Größter Standort ist Duisburg mit nahezu 18.000 Mitarbeitern." [428]

Beispiel SR.4

Auch hier lassen sich weitere aufschlussreiche semantische Räume bilden. So gilt bei der in Abbildung 21 modellhaft erfassten räumlichen Struktur, dass sich nunmehr nach verbal detaillierter beschriebenen Räumen und verbal weniger detailliert beschriebenen Räumen trennen lässt. Ersteres hebt vor allem Deutschland hervor, werden doch mit Berlin, Essen und Duisburg gleich drei deutsche Städte erwähnt sowie eine Raumeinteilung in Deutschland und den Rest der Welt[429] vorgenommen. Zugleich kann nach zahlenmäßig bedeutsameren Räumen getrennt werden. Dann ergibt sich durch die angegebenen Zahlen ein gegenläufiger quantitativer Schwerpunkt, weil mit 31 weiteren Standorten mit Konzernrepräsentanz und insgesamt ca. 1.000 Standorten der Fokus weit stärker auf dem Ausland liegt; gleiches gilt für die Zahl der Unternehmen: 2/3 sind im Ausland angesiedelt.

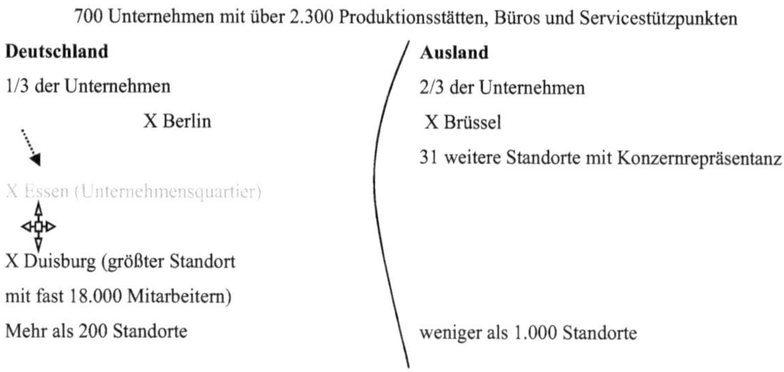

Abbildung 21: Raumstrukturanalyse zu Beispiel SR.4

Ferner ist auffällig, dass eine Raumkonstellation im Ruhrgebiet in Bezug auf den semantischen Raum des Betreibens des tatsächlichen Geschäfts vorliegt (geplante Leitung in Essen, größter Standort und einzige Nennung der Mitarbeiterzahl in Duisburg), während die

[428] ThyssenKrupp AG, Geschäftsbericht 2005/06, S. 39 f.

[429] Auch dieser ließe sich in den Teil aufspalten, welcher durch einen Namen gekennzeichnet (Brüssel) und den, welcher nicht durch einen Namen gekennzeichnet wird.

anderen Einzelnennungen von Städten mit Berlin und Brüssel gerade nicht das Ruhrgebiet betreffen. Letzteres lässt sich durch einfaches Hintergrundwissen als politisch motiviert auffassen, handelt es sich doch um den Sitz der Bundesregierung bzw. den Sitz der Europäischen Kommission; diese werden offenbar als bedeutender gesetzt als die anderen 31 Konzernrepräsentanzen. Bereits dieses kurze Beispiel zeigt, dass die Analyse der Raumebene fruchtbar sein kann, wenn es darum geht, Wertungen der Unternehmensleitung in Bezug auf Standorte ausfindig zu machen sowie strategische Veränderungen oder eine bestimmte Informationspolitik in Bezug auf die Standortpolitik zu lokalisieren.

VII.4.4 Sachlich-inhaltliche Analyse

Die sachlich-inhaltliche Ebene widmet sich sämtlichen weiteren Struktur verleihenden Elementen, die ihren Niederschlag im Lagebericht finden. Ebenso wie bei der Raumstrukturanalyse liegt die Funktion der sachlich-inhaltlichen Analyse darin, Ordnungsmuster zu identifizieren, die das Unternehmen besonders aussagekräftig erfassen können.

Da die inhaltliche Vielfalt möglicher Aspekte zu umfangreich ist, um einer den vorigen Analysen vergleichbaren Beschreibung zu gehorchen, beschränkt sich die Identifikation von semantischen Räumen hier auf logische, funktionale oder faktisch beobachtbare Beziehungen.

Logische Beziehungen betreffen die Identität von Merkmalen zur Identifikation von semantischen Räumen sowie den Gegensatz, die Neutralität, die Implikation, die Inklusion sowie die Überlappung zur Charakterisierung der Beziehungen zwischen verschiedenen semantischen Räumen.[430]

Die Analyse funktionaler Beziehungen schließt verschiedene Elemente aufgrund ihrer gleichen Funktion in einem semantischen Raum zusammen und bezieht diese auf diejenigen anderen Elemente, für die sie die Funktion innehaben, d.h. setzt sie in Bezug zu einem zweiten semantischen Raum. Das beinhaltet, dass die jeweiligen Merkmale dieses semantischen Raumes in durch menschliche Entscheidungen bewusst organisierten Zweck- bzw. Mittelrelationen zu anderen semantischen Räumen im Text stehen.[431] Zu beachten ist hierbei, dass ein identisches, mehrfach auftretendes Element des Textes unterschiedliche

[430] Vgl. auch WAISMANN (1968), S. 274.
[431] Vgl. ähnlich TITZMANN (1977), S. 358.

Funktionen, verschiedene Elemente aber ebenso eine Funktion haben können, d.h. dass Funktionaläquivalenz und Elementidentität und insofern logische und funktionale Beziehungen nicht zusammenfallen (müssen).[432] Eine für den Lagebericht besonders naheliegende funktionale Fragestellung besteht beispielsweise darin, zu analysieren, ob die Berichterstattung qualitativ oder quantitativ oder qualitativ und quantitativ ausfällt und welche Funktionen die beiden Berichtsweisen jeweils innehaben.

Die Analyse zwar nicht logischer oder funktionaler, aber im Lagebericht durch die Anordnung erkennbarer anderweitiger Beziehungen,[433] welche bestimmte Abfolgen und Hierarchisierungen in Form von Über- oder Unterordnungen, Gleichordnungen und Gegenüberstellungen bedingen,[434] zielt zuletzt als Auffangkategorie auf alle Arten von weder logisch noch inhaltlich funktional begründeten Regularitäten. Sie äußert sich in erster Linie durch Kohäsionsmittel. Kohäsionsmittel sind sprachliche Einheiten, welche an der Textoberfläche bestimmte Aussagen über Satzgrenzen hinweg miteinander in Beziehung setzen.[435] Hierzu zählen explizite gliederungstechnische Vorgaben, wie „erstens, zweitens, drittens"[436] oder implizite Vorgaben durch die Beibehaltung einer Gliederungsstruktur. Weitere Kohäsionsmittel sind Wiederaufnahmen durch Wiederholung eines Ausdrucks, inhaltlich ähnliche Ausdrücke oder Pronomen und Adverbien.[437] Hier ist zu hinterfragen, warum sie gewählt wurden.

VII.5 Darstellungsanalysen

Eine Darstellungsanalyse zielt darauf, zu erfassen, welche Gewichtungen der Ersteller den einzelnen Sachverhalten im Lagebericht beigemessen hat. Ziel ist es, ein Bewusstsein für alternative Gewichtungen zu entwickeln, um hieraus Rückschlüsse auf eine gegebenenfalls adäquatere Gewichtung der einzelnen Sachverhalte für die eigene Entscheidungsgrundlage zu gewinnen.

---

[432] Vgl. auch LEURS (2006), S. 49. Wäre dem nicht so, erübrigte sich eine separate Betrachtung der funktionalen Bezüge.
[433] Dass die Einbettung von Aussagen bestimmten nichtlogischen, nichtfunktionalen, nichtgrammatikalischen Regeln folgt, die eigene Bedeutung entfalten können, wurde insbesondere von Foucault hervorgehoben; vgl. z.B. FOUCAULT (2007), S. 130-133.
[434] Vgl. auch JAHN (2004), S. 34.
[435] Vgl. LEURS (2006), S. 92.
[436] Vgl. LEURS (2006), S. 78.
[437] Vgl. LEURS (2006), S. 93.

VII.5.1 Implizite Wertungsanalyse: Die Form der Darstellung

Nicht immer folgt die Darstellung im Lagebericht den bei der Analyse der Inhaltsebenen herausgearbeiteten semantischen Räumen und ihren semantischen Raumstrukturen.[438] Vielmehr werden bestimmte Strukturen des semantischen Potentials bei der Darstellung verstärkt, andere Strukturen hingegen eher verdeckt. Aufschlussreich ist dabei nicht die Tatsache, dass dies überhaupt geschieht, denn in der Regel existieren immer mehrere unterschiedliche Ordnungsmuster für zu schildernde Sachverhalte, so dass dies notwendigerweise geschehen muss. Aufschlussreich ist vielmehr, wie das geschieht. Um dies zu ermitteln, sind alternativ mögliche Anordnungen einander gegenüberzustellen. Dann ist zu überlegen, warum der Ersteller gerade diese Darstellungsweise gewählt und die alternativen Darstellungsweisen unterlassen hat, d.h. welche unterschiedlichen Eindrücke die unterschiedlichen Darstellungsweisen ohne tiefergehende Analysen hervorrufen. Die Gegenüberstellung solcher Darstellungsweisen miteinander ist also insbesondere darum wertvoll, weil erst der Vergleich verschiedener Darstellungsweisen eine (relativ auf die anderen Darstellungsweisen bezogene) Einordnung der gewählten Darstellungsweise ermöglicht.

So kann z.B. das Ergebnis eines Geschäftsjahres dargestellt werden, bevor erläutert wird, wie es dazu kam, oder eine inhaltlich schlechte Nachricht zur Abmilderung zwischen guten Nachrichten platziert werden, die eigentlich systematisch in ganz anderen Teilen des Lageberichts zu erwarten wären. Hinter der Darstellung im Lagebericht stecken folglich Entscheidungen des Erstellers, in welcher Reihenfolge die Sachverhalte zu präsentieren sind, um einen bestimmten Eindruck hervorzurufen. Sie können den Eindruck eines Lesers gerade darum massiv beeinflussen, weil sie nicht durch explizit wertende Ausdrücke erkennbar werden: Es handelt sich um implizite Wertungen, die bestimmte Ereignisse und Handlungen betonen oder herunterspielen, die den Leser zu anderen Querverbindungen führen und seine während des Lesens gebildeten Erwartungen steuern.[439]

[438] Diese Überlegung geht zurück auf TOMAŠEVSKIJ (1985), S. 218, der zwischen Fabel, d.h. der Gesamtheit der Motive in ihrer logischen, kausal-temporalen Verknüpfung, wie sie sich aus einem Text abstrahieren lässt und Sujet, d.h. der Gesamtheit derselben Motive in der Reihenfolge und Verknüpfung, in der sie im Text vorliegen, unterschied. Hier wird diese Überlegung insofern ausgeweitet, als prinzipiell jede aus dem Material der Lageberichtsinformation abstrahierbare Ordnung als Vergleichsmaßstab genommen werden kann, an der sich die im Lagebericht konkret gewählte Ordnung dann spiegelt.

[439] Vgl. CHATMAN (1978), S. 43.

Ein Beispiel für eine solche implizite Wertung allein durch die Anordnung lässt sich anhand des Risikoberichts der Hypo Real Estate AG 2006 identifizieren, wenn die folgenden drei Sätze einander gegenübergestellt werden:

> „Dies und der vermehrte Einsatz von derivativen Produkten zur Risiko- und Ertragsoptimierung stellt die erfolgreiche Risikosteuerung vor neue Herausforderungen."[440]

> „Neben dem beschriebenen Kreditgeschäft werden in der Hypo Real Estate Group auch der Ankauf, die Strukturierung und die Weiterplatzierung von Krediten bzw. Finanzinstrumenten (Securitization) als Möglichkeit zur Ertrags- und Risikooptimierung aktiv betrieben."[441]

> „Ein besonderes Augenmerk legt die Hypo Real Estate Group auf die branchenweite Standardisierung von Vertragsmustern. Diese hat[...] einen weiteren Effizienzgewinn und eine deutliche Risikominimierung zur Folge."[442]

Beispiel SR.5

Deutlich ist hier, dass die zu Beginn des Risikoberichts eingesetzte Reihenfolge, welche die Risikooptimierung vor den Ertrag setzt, sich im Laufe des Risikoberichts an bestimmten Stellen umkehrt, d.h. den Ertrag vor das Risiko setzt. Geht man davon aus, dass in einem Satz der bedeutendere Aspekt zuerst, der weniger bedeutende später genannt wird, lässt das darauf schließen, dass in diesen Bereichen andere Aspekte dem Risikoaspekt vorgeordnet werden. Wie die Ereignisse in der Folge gerade hinsichtlich der hier angesprochenen Bereiche zeigten, wäre das im Jahr 2006 eine nicht ganz unwichtige Information gewesen. Möglicherweise wollte der Ersteller mit der Anordnungsvariation, welche am Beginn des Risikoberichts das Risiko vor den Ertrag setzt, auch den aus der Psychologie bekannten Primateffekt nutzen. Dieser bezeichnet, dass zu Beginn ausgebildete Hypothesen und Erwartungen die Folgeaufmerksamkeit so prägen können, dass diesen Erwartungen und Hypothesen entgegenstehende Indizien übersehen oder fehlgedeutet werden.[443] Das würde bedeuten, dass die faktisch vorliegenden Umwertungen an späteren Stellen aufgrund ihrer späteren Anordnung übersehen werden würden. Ob dies eine mögliche Erstellerintention bildete, ist ebenfalls eine zu überprüfende Hypothese, welche für weitere Textstellen mitgeführt werden sollte.

Methodisch bedeutet dies: Um durch die Form der Darstellung erfolgende implizite Wertungen einer Beurteilung durch die Eröffnung neuer semantischer Räume zuführen zu

---

[440] Hypo Real Estate AG, Geschäftsbericht 2006, S. 63.
[441] Hypo Real Estate AG, Geschäftsbericht 2006, S. 68.
[442] Hypo Real Estate AG, Geschäftsbericht 2006, S. 74.
[443] Vgl. HARTMANN (2005), S. 159; ALLRATH (1998), S. 75.

können, müssen die auf den Inhaltsebenen oder anderweitig inhaltlich erarbeiteten Ordnungen mit ihrer Darstellung im Lagebericht in einem ersten Schritt in Bezug gesetzt werden. In einem zweiten Schritt sind die festzustellenden Abweichungen auf mögliche gemeinsame Merkmale zu analysieren.

Zwei grundsätzliche Verfahrensweisen sind hierbei zu unterscheiden:
- die Anordnungsanalyse
- die quantitative Häufigkeitsanalyse.

(1) Anordnungsanalyse

Die Anordnungsanalyse ist am Einfachsten umzusetzen, indem eine bei der Bildung der semantischen Räume gebildete Reihenfolge von Elementen mit Buchstaben, die im Lagebericht präsentierte Reihenfolge der Elemente hingegen mit Zahlen durchnummeriert wird.[444] Werden die Buchstaben dann den Zahlen zugeordnet, wird schnell deutlich, welche Anordnungen relativ bezogen auf den jeweiligen semantischen Raum stattgefunden haben.

Als Umstellung sei hierbei bezeichnet, wenn gegenüber der analytisch ermittelten Reihenfolge im Lagebericht eine Veränderung vorgenommen wird, indem einzelne Elemente, welche gemäß der analytischen Reihenfolge an einem bestimmten Ort auftreten müssten, nunmehr an anderer Stelle im Lagebericht präsentiert werden.

Als Rückwendung lässt sich bezeichnen, wenn das Element nachträglich dargestellt wird, welches gemäß analytischer Ordnung im Verhältnis zu den umgebenden Sachverhalten tatsächlich vorher hätte auftreten müssen.[445]

Als Vorgriff wird das Pendant bezeichnet, welches ein analytisch später auftretendes Element im Text zu einem früheren Moment darstellt.[446]

Unter dem Aspekt der Lücke lässt sich ansprechen, inwieweit das umplatzierte Element in der analytischen Ordnung an den restlichen Themenkomplex heranreicht oder ob eine mehr oder

[444] Vgl. auch DANNENBERG (2004), S. 58.
[445] Vgl. auch LÄMMERT (1993), S. 101 f.
[446] Vgl. auch LÄMMERT (1993), S. 139.

weniger große Lücke zwischen dem Element und dem restlichen dargestellten Themenkomplex verbleibt.[447]

Nach Zugehörigkeit lässt sich unterscheiden, ob das Element in den von dem Lagebericht betrachteten Zeitraum (d.h. das abgelaufene Geschäftsjahr bzw. im Prognosebericht der Prognosezeitraum) fällt oder aber diesen übersteigt.[448]

Nach der Zielsetzung lassen sich bestimmte Funktionen von Umordnungen feststellen. So kann eine Rückwendung das Ziel aufweisen, zunächst Hintergründe für ein im chronologischen Ablauf unvermitteltes Ereignis nachzuliefern.[449] Der Vorgriff wiederum kann dazu dienen, ein bislang lückenhaftes Geschehen so zu ergänzen, dass dieses einen Sinn erhält bzw. ein anderer Verstehenshorizont oder eine neue Perspektive eröffnet wird.[450] Eine weitere Zielsetzung einer Umordnung liegt vor, wenn hinsichtlich der präsentierten Abfolge eine Pause gemacht wird, d.h. die Darstellung auf eine andere Ebene wechselt. Beispiele hierfür bestehen in eingeschobenen Kommentaren zum beschriebenen Ablauf, Beschreibungen von Sachverhalten, Reflexionen auf das Geschehen u.ä.[451]

Zur Ermittlung der Zielsetzungen bei Pausen ist es oft auch hilfreich, in Hauptelemente und Zubringerelemente zu unterscheiden. Hauptelemente sind solche Elemente, welche nicht entfernt werden können, ohne dass die im Lagebericht dargestellten Ereignisse unverständlich werden. Zubringerelemente hingegen beinhalten Zusatzinformationen, Erweiterungen oder Vervollständigungen zu Hauptinformationen, welche einzelne Aspekte vertiefen und ausarbeiten; sie könnten jedoch auch weggelassen werden, ohne dass dadurch der Lagebericht unverständlich wird.[452]

---

[447] Vgl. MARTINEZ/SCHEFFEL (2007), S. 35.
[448] Vgl. GENETTE (1998), S. 41 f.
[449] Vgl. MARTINEZ/SCHEFFEL (2007), S. 36.
[450] Vgl. MARTINEZ/SCHEFFEL (2007), S. 36.
[451] Vgl. MARTINEZ/SCHEFFEL (2007), S. 44. Zu beachten ist, dass hier keine Analyse der eingeschobenen Kommentare usw. erfolgt – dies geschieht im Rahmen der expliziten Bewertungsebenen bei den Inferenzen.
[452] Diese Unterscheidung erfolgt in Anlehnung an die für die Narrativik formulierte Unterscheidung Chatmans in „Kernels“ und „Satellites“, vgl. CHATMAN (1978), S. 53 f.

(2) Quantitative Häufigkeitsanalyse

Die zweite implizite Wertung erfolgt durch quantitative Häufigkeiten, die erfassen, wie oft, wie quantitativ umfangreich und wie tief untergliedert Sachverhalte angesprochen werden, d.h. deren Frequenz, Umfang und Detailgrad.

Die Frequenz fragt nach dem Verhältnis zwischen der Anzahl der Erwähnungen eines Elements in einem Text im Vergleich zur Häufigkeit, mit der das Element in der alternativ gewählten Ordnung genannt wird. Dabei lassen sich drei verschiedene Verhältnisse ableiten.[453]

So kann ein Element n mal in der alternativen Ordnung vorhanden sein und n mal dargestellt werden, höchstens n-1 mal in der alternativen Ordnung vorhanden und n mal dargestellt werden oder zuletzt n mal in der alternativen Ordnung vorhanden und höchstens n-1 mal dargestellt werden.[454] Im ersten Fall der abbildenden Darstellung entsprechen sich die Anzahl der Darstellungen und die Anzahl des Vorhandenseins in der alternativen Ordnung. Im zweiten Fall der repetitiven Darstellung wird ein Element häufiger dargestellt, als es in der alternativen Ordnung vorhanden ist und damit in der Regel betont. Im dritten Fall der iterativen Darstellung wiederum wird ein Element seltener dargestellt, als es in der alternativen Darstellung anzutreffen ist und damit nach einem bestimmten Kriterium zusammengefasst oder auch abgeschwächt.[455]

Die Frequenz kann hierbei unterschiedliche Gründe haben. So kann es sich z.B. um die Kennzeichnung der Wichtigkeit eines Sachverhalts für das Management handeln oder um ein Element, welches das Unternehmen in vielfältiger Weise geprägt hat. Ein einfaches Beispiel findet sich im Lagebericht von HUGO BOSS 2000:

„Darüber hinaus wurden 13 HUGO Shops und ein BALDESSARINI Shop eröffnet.“[456]

Beispiel SR.6

Hier ließe sich theoretisch auch jede einzelne Ladeneröffnung der HUGO Shops erläutern. Stattdessen erfolgt jedoch eine Zusammenfassung nach Marken – der Vergleich der Shops nach den Marken erscheint wichtiger als die Einzeldarstellung.

[453] Vgl. MARTINEZ/SCHEFFEL (2007), S. 45.
[454] Vgl. GENETTE (1998), S. 34.
[455] Vgl. MARTINEZ/SCHEFFEL (2007), S. 46.
[456] HUGO BOSS AG, Geschäftsbericht 2000, S. 33.

Zugleich bezeichnet der (rein quantitative) Umfang den Textumfang in Zeichen, Worten oder Sätzen, welcher einem bestimmten Element im Vergleich zu einer analytisch abgeleiteten Ordnung eingeräumt wird.[457] So kann ein Element in der alternativen Ordnung des semantischen Raumes stark verdichtet sein, im Text jedoch in alle möglichen (für den strukturellen Zusammenhang der gewählten alternativen Ordnung irrelevanten) Facetten ausgedeutet werden.

Der Detailgrad beschreibt, in welchem (ebenfalls quantitativ zu bestimmenden) Grad bestimmte, festzuhaltende inhaltliche Kriterien in logisch untergeordnete Ebenen ausdifferenziert werden. Auch hieraus sind Rückschlüsse möglich: So kann z.B. auffallen, dass allein über ein bestimmtes Geschäftsgebiet detailliert berichtet wird, über andere hingegen nicht. Ähnlich kann ausschließlich über auch durch Bilanzzahlen abgedeckte Bereiche berichtet werden u.ä. Durch die eintretende Fokussierung auf bestimmte Bereiche wird die Aufmerksamkeit des Lesers auf den jeweiligen Bereich gelenkt.[458] Ein Beispiel für Variationen im Detailgrad lässt sich erneut dem Lagebericht von HUGO BOSS entnehmen. So stellt das Unternehmen seine Lizenzerträge, Eigenumsätze und Umsatzentwicklung in Amerika wie folgt dar:

„In allen laufenden Lizenzbereichen wurden zweistellige Umsatzzuwächse erwirtschaftet. [...] Im Bereich textiler Produkte waren das Bodyweargeschäft mit einem Plus von 56% und Knitwear mit +36% besonders erfolgreich. Lediglich die Einnahmen aus der Krawattenlizenz gingen wegen Auslaufens des Vertrages und Integration der Produktgruppe in den Konzern zurück. Bei den nicht textilen Lizenzerträgen sind die Zuwächse der Produktgruppen Schuhe (+61%) und Brillen (+49%) bemerkenswert. Ein besonderer Erfolg war die Einführung der BOSS Woman Duftlinie, wodurch der Lizenznehmer allein im zweiten Halbjahr 98 Mio. DM zusätzlichen Umsatz erzielte."[459]

„Im Geschäftsjahr 2000 haben alle HUGO BOSS Marken kräftige Umsatzanstiege erzielt. Die Kernmarke BOSS [...] wuchs um 22%. Wie schon in den Vorjahren erzielten die BOSS Sportswear Produkte besonders große Wachstumsraten. Sie legten im Jahr 2000 um 30% zu. Aber auch die klassische Konfektion wuchs um 16%. Weitgehend im Trend der Gesamtmarke entwickelte sich die BOSS Golf Kollektion, von der weltweit Produkte im Wert von 35 Mio. DM verkauft wurden (+23%)."[460]

„Gegen den Trend erzielte HUGO BOSS insgesamt eine sehr erfreuliche Umsatzentwicklung."[461]

Beispiel SR.7

---

[457] Vgl. MARTINEZ/SCHEFFEL (2007), S. 35; zum Einsatz bei Lageberichten vgl. auch SCHILDBACH/BEERMANN/FELDHOFF (1990), S. 2298 f.
[458] Vgl. STANZEL (1995), S. 152.
[459] HUGO BOSS AG, Geschäftsbericht 2000, S. 36.
[460] HUGO BOSS AG, Geschäftsbericht 2000, S. 33.
[461] HUGO BOSS AG, Geschäftsbericht 2000, S. 35.

In der ersten Textstelle liegt ein Detailgrad von 3 Ebenen vor (Lizenzgeschäft//textil/nicht textil//Aufteilung in Einzelsparten). In der zweiten hingegen wird der Detailgrad bereits auf 2 Ebenen (HUGO BOSS Marken gesamt//einzelne Marken) beschränkt. In der dritten Textstelle zu den Amerikaumsätzen von HUGO BOSS findet keinerlei Aufspaltung auf die unterschiedlichen Produkte mehr statt.

Der Lageberichtsleser kann hier erneut nach semantischen Räumen suchen, indem er die im Lagebericht dargestellten Elemente danach ordnet, in welcher Form ihnen die drei Kriterien Frequenz, Dauer und Detailgrad zukommen und dann weitere Gemeinsamkeiten derjenigen Elemente isoliert, welche die Eigenschaften in einer bestimmten Ausprägung aufweisen.

VII.5.2 Explizite Wertungsanalyse

Neben impliziten Wertungen sind regelmäßig auch explizite Wertungen im Lagebericht anzutreffen. Anders als die impliziten Wertungen, welche sich nur durch den Vergleich mit alternativ gewählten Ordnungen im relativen Vergleich ermitteln lassen, können explizite Wertungen alleinstehend identifiziert werden.

Hierbei lassen sich drei verschiedene Formen der Wertung unterscheiden:

- die Wertung über semantische Satzstrukturen,
- die Inferenz sowie
- das Werturteil.

(1) Semantische Satzstrukturen

Unter semantischen Satzstrukturen wird ein Bedeutungsgehalt verstanden, der allein durch den Aufbau der Satzstruktur unabhängig vom konkret besprochenen Inhalt erzeugt wird. So erzeugt beispielsweise das Begriffspaar „entweder – oder“ eine Alternativenwahl, das Begriffspaar „Ursache – Wirkung“ eine Kausalrelation oder die Wortkonstellation „im Gegensatz zu“ einen logischen Gegensatz. In ähnlicher Weise deuten Konnektoren wie „nachdem“ oder „und dann“ eine zeitliche Sukzession an, wo nicht notwendigerweise eine solche gegeben sein muss.[462] Der Lageberichtersteller kann sich diese Eigenschaft der Sprache zunutze machen, indem er die allgemeinen Strukturen einsetzt, um Alternativenwahlen, Kausalrelationen oder logische Gegensätze auch dort aufzubauen, wo sie inhaltlich

[462] Vgl. auch LEURS (2006), S. 77.

gar nicht (sicher) existieren: Er wertet dann implizit durchaus strittige Sachverhalte in eine bestimmte Richtung, wobei diese Wertung durch die Satzstruktur in das Gewand einer Tatsache, logischen Schlussfolgerung o.ä. gekleidet wird. Die Analyseseite muss darum entgegengesetzt den Lagebericht auf derartige Wertungen hin durchleuchten und nach weiteren Merkmalen suchen, welche den derart verfremdeten Inhalten gemeinsam sind, um damit zu aufschlussreichen semantischen Räumen zu gelangen.[463] Häufig liefert die Analyse semantischer Satzstrukturen Hinweise darauf, ob der Ersteller versucht, durch die Nutzung allgemeinsprachlicher Strukturen eigene Entscheidungen eindeutiger und richtiger darzustellen oder eigene Geschäftsprozesse in einem besseren Licht erscheinen zu lassen als sie es vielleicht sind. Ein Beispiel möge das erläutern:

„Bei der Beurteilung des Risikos berücksichtigen wir sowohl die Bonität des Geschäftspartners als auch die für die Kreditfazilität oder das Kreditengagement relevanten Risiken.“[464]

Beispiel SR.8

Aus der grammatikalischen Struktur „sowohl...als auch...“ folgt, dass die beiden hier genannten Sachverhalte unterschiedlich sein müssten. Tatsächlich ist dies jedoch zumindest allgemeinsprachlich nicht der Fall, denn die Bonität des Geschäftspartners und die für das Kreditengagement relevanten Risiken sind alles andere als überschneidungsfrei, beinhaltet doch eine schlechte Bonität, dass die relevanten Risiken für das Kreditengagement grundsätzlich erst einmal als hoch einzustufen sind. Möglicherweise legt die Bank hier eine intern verbreitete Begriffsdefinition zugrunde, welche die allgemeinsprachlichen Begriffe anders definiert und überschneidungsfrei auftrennt, z.B. weil bei den relevanten Risiken Sicherheiten berücksichtigt werden, welche die Position der Bank partiell von der Bonität des Kunden entkoppeln können; möglicherweise handelt es sich jedoch auch nur um eine Werbefloskel, welche möglichst gut beim Leser verankern soll, dass die Bank den Risiken intensiv Rechnung trägt.

---

[463] Man könnte versucht sein, einzuwenden, dass hier eine Menge an inhaltlichem Hintergrundwissen eingesetzt werde – stattdessen seien doch solche Phänomene, wie z.B. asymmetrische Oppositionen, einfach als von dem Text gesetzt hinzunehmen, da dieser Bedeutung auf diese Art und Weise konstituiere. Tatsächlich ist das falsch – denn damit wurde in der Interpretation gesetzt, dass das Hintergrundwissen um allgemeinsprachliche Strukturen festlegen darf, was konstituiert wird. Stattdessen könnten aber auch die inhaltlichen Strukturen, d.h. Bedeutungen einzelner im konkreten Fall genutzter Worte, die für die Festlegung relevanten Worte sein: Dann würden die allgemeinsprachlichen Strukturen vom Text mit anderen Bedeutungen konstituiert, z.B. bedeutete ein „entweder – oder“ dann keinen Gegensatz mehr. Der Leser würde in diesem Fall das angetroffene Spannungsfeld nur anders auflösen.

[464] Deutsche Bank AG, Finanzbericht 2008, S. 73.

Ferner muss auf semantische Satzstrukturen geachtet werden, weil gegebenenfalls allgemeinsprachlich anders gefüllte Begriffe auf diese Weise neue Inhalte erhalten. So lässt sich über geeignete Definitionen von Geschäftsbereichen die positive oder negative Berichterstattung gegebenenfalls massiv beeinflussen. Grundlage solcher unterschiedlicher Definitionen sind jeweils mehrdeutige Gliederungsstrukturen, von denen eine gewählt wird. Ein Beispiel lässt sich aus dem Risikobericht der Deutschen Bank AG 2006 entnehmen:

„Wir teilen unser Kreditrisikoengagement zudem in zwei Gruppen auf: das Firmenkreditengagement und das Konsumentenkreditengagement.
— Unser Firmenkreditengagement setzt sich aus allen Engagements zusammen, die nicht als Konsumentenkreditengagements definiert werden.
— Unser Konsumentenkreditengagement besteht aus kleineren standardisierten homogenen Krediten, insbesondere in Deutschland, Italien und Spanien. Es umfasst persönliche Kredite, Immobilienfinanzierungen für Wohnungsbau und Gewerbe, Kreditlinien sowie Ratenkredite an Selbstständige und Kleingewerbetreibende aus unserem Privatkunden- und Retailgeschäft."[465]

Beispiel SR.9

Die Bank baut also selbst einen Gegensatz zwischen Firmenkrediten und Konsumentenkrediten auf, wobei sie Firmenkredite logisch-allgemeinsprachlich als nicht zu den Konsumentenkrediten gehörig abtrennt. Dass diese Trennung durchaus nicht der üblichen entspricht, wird deutlich, wenn betrachtet wird, was alles unter die Konsumentenkredite fällt, nämlich u.a. gewerbliche Immobilienfinanzierungen sowie Kreditlinien an Selbständige und Kleingewerbetreibende. Diese könnten durchaus auch im Firmenkundengeschäft betreut werden. Derartige Trennungen sind nicht trivial. So verweist gerade die nicht allgemeinsprachliche Verwendung darauf, dass ein Unternehmen Definitionen entwickelt haben könnte, welche das Ergebnis hart ausgefochtener Bereichskämpfe zwischen Geschäftsbereichsvorständen darum sind, welcher Geschäftsbereich welche Teilbetriebe umfasst.

(2) Inferenzen

Eine Inferenz stellt einen Zusammenhang zwischen dem gerade dargestellten und einem anderen Themengebiet her, wobei aus der Zusammenschau des Dargestellten und des durch die Inferenz zusätzlich herangezogenen Themengebiets eine Schlussfolgerung nahe gelegt wird. Inferenzen beinhalten beispielsweise Vergleiche mit anderen möglichen Geschehnissen, Subsumtionen von Geschehnissen unter allgemeinere Ordnungen (z.B. durch eine Einordnung in Trends), Verdichtungen durch den Einbau korrelativer oder kontrastierender Parallel-

---

[465] Deutsche Bank AG, Finanzbericht 2006, S. 62.

handlungen sowie ausdrückliche Erklärungen zur Betonung bestimmter Aspekte eines gerade dargestellten Sachverhalts.[466]

Gerade das Heranziehen von Inferenzen kann interessante Aufschlüsse geben, deutet dies doch häufig darauf hin, dass die genannten Sachverhalte für sich genommen als nicht selbsterklärend oder für sich stehend erachtet werden, so dass zusätzliche – sehr stark variable Elemente – bei der Darstellung hinzugezogen werden.[467] Während Inferenzen allein identifizierbar sind, ist ein Rückschluss auf ihre Bedeutung häufig am besten dadurch zu erzielen, dass sie probehalber durch andersartige Inferenzen ersetzt werden, um einen Eindruck von ihrer Wirkung zu erhalten. Ein Beispiel für Inferenzen findet sich bei der Commerzbank im Risikobericht 2007:

„Investments in Sekundärmarkt-Papiere betragen konzernweit zum Jahresultimo 2007 insgesamt 14,2 Mrd. Euro (davon 2,1 Mrd. Euro im Handelsbuch), ein Anteil am Gesamtmarkt von weniger als 0,1% und etwa 2% an unserer Bilanzsumme."[468]

Beispiel SR.10

In diesem Fall sind die Inferenzen der Gesamtmarkt sowie die eigene Bilanzsumme. Ein ganz anderes Bild hätte sich hier z.B. ergeben, wenn die Investments zu dem haftenden Eigenkapital von 16,1 Mrd.[469] in Bezug gesetzt werden, denn daran bildet die Position einen Anteil von 88,2 %. Bereits dies zeigt auf, wie sorgfältig jeweils auf die verwendeten Inferenzen zu achten ist.

(3) Werturteile

Ein Werturteil stellt die explizite Wahl einer von mehreren möglichen Auffassungen als Ausgangspunkt für die Einordnung eines bestimmte Sachverhalts dar, welche sich anhand der weiteren dargestellten Sachverhalte nicht eindeutig logisch rechtfertigen lässt. Im Unterschied zur Inferenz wird die Wertung hierbei unmittelbar einsichtig, weil durch die Wortwahl oder die Nennung der bewerteten Sachverhalte erschlossen werden kann, dass keine logische Schlussfolgerung vorliegt. Solche Werturteile können beispielsweise in Form regulierender Adjektive (z.B. verstärkend, abschwächend) vorgenommen werden. Ein Beispiel für ein verstärkendes Adjektiv gibt die folgende Textstelle:

---

[466] Vgl. z.T. auch MARTINEZ/SCHEFFEL (2007), S. 147.
[467] Vgl. CHATMAN (1978), S. 244.
[468] Commerzbank AG, Geschäftsbericht 2007, S. 98.
[469] Vgl. Commerzbank AG, Geschäftsbericht 2007, S. U2.

„Die meisten der sonstigen europäischen Märkte wie Frankreich und Großbritannien zeigten im Laufe des Jahres ein moderates Konsumwachstum, von dem sich die Entwicklung der HUGO BOSS Konzernumsätze *deutlich* [Hervorhebung von mir, M.G.] abhebt.“ [470]

Beispiel SR.11

Im Beispiel wird durch das verstärkende Adjektiv „deutlich“ ein Unterschied zwischen den Konzernumsätzen des Unternehmens und dem allgemeinen Konsumwachstum aufgebaut. Mangels genauer quantitativer Wachstumsgrößen für Märkte und Konzernumsätze bleibt dies allerdings eine Wertung.

Die auftretenden semantischen Satzstrukturen, Inferenzen und Werturteile sind nun daraufhin zu analysieren, an welchen Schaltstellen sie implementiert werden, d.h. wann sie auftreten und wann der Lageberichtersteller bei einer allein deskriptiven bzw. implizit wertenden Darstellung bleibt.

Mit Hilfe der allein deskriptiven bzw. nur implizit wertenden Darstellung, den semantischen Satzstrukturen, der Inferenz und dem Werturteil kann ein ganz unterschiedliches Spektrum abgerufen werden. An dessen einem Ende steht die alleinige sachliche Beschreibung von Geschehen, d.h. die Beschreibung von Handlungen und Ereignissen. Am anderen Ende ist die vielfach beeinflusste Darstellung anzutreffen. Dies sei als Wertungsgrad bezeichnet. Der Wertungsgrad determiniert hierbei, inwieweit Sachverhalte in ihrer Bedeutung allein aus sich heraus durch den Leser bewertet werden können oder aber bereits explizit durch den Ersteller bewertet wurden.

Der Wertungsgrad kann einen Hinweis darauf geben, dass der Leser bewusst für eine Position eingenommen werden soll. Ein Beispiel kann dem Lagebericht der Deutschen Bank AG aus dem Jahr 2008 entnommen werden, welcher sowohl über Inferenzen als auch Wertungen das Zurückgehen der Kreditqualität zu rechtfertigen und als unproblematisch darzustellen sucht (in Klammern jeweils die vom Autor eingefügte Art der Wertung):

„Der Anteil der Kredite mit Investment Grade Rating an unserem Firmenkreditbuch ging von 70% am 31. Dezember 2007 auf 66% am 31. Dezember 2008 zurück *(Sachverhalt)*. Dies spiegelt die allgemeine Verschlechterung der Kreditbedingungen angesichts der Marktturbulenzen im Jahresverlauf 2008 wider *(Inferenz)*. Wie bereits oben erläutert, berücksichtigt das in der Tabelle dargestellte Kreditvolumen weder Kreditsicherheiten, Kreditverbesserungen noch andere Techniken zur Reduzierung des Kreditrisikos*(Inferenz)*.

[470] HUGO BOSS AG, Geschäftsbericht 2000, S. 35.

Wir sind der Meinung, dass wir nach Berücksichtigung solcher Kreditrisikoreduzierungen keine unangemessene Risikokonzentration haben und unser Kreditportfolio gut diversifiziert ist *(Wertung)*."[471]

Beispiel SR.12

Auch durch explizite Wertungen in unterschiedlichem Grade gekennzeichnete semantische Räume sind wiederum auf ihre weiteren gemeinsamen Merkmale hin zu betrachten. Des Weiteren ist zu analysieren, in welche Richtung die expliziten Wertungen wirken und bei welchen Sachverhalten Wertungen in welcher Stärke auftreten.

VII.5.3 Perspektivierungsanalyse

Der Lagebericht ist, zumindest bei größeren Unternehmen, faktisch das Ergebnis eines Zusammentragens von Informationen verschiedener bei der Verfassung beteiligter Personenkreise, z.B. von Abteilungsleitern verschiedener Sparten, externen PR-Agenturen, Rechtsanwaltskanzleien und Grafikbüros. Darum kann es sich als sinnvoll erweisen, eine weitere Ebene der Analyse zu unterziehen: die Perspektivierungen. Wertvoll ist die Analyse der Perspektivierungen für die Kapitalgeber insbesondere, weil sie offen legt, durch wessen Brille die dargestellten Sachverhalte jeweils vermittelt wurden, so dass jeweils vorliegende Informationsdefizite besser zugeordnet werden können.

Bei dieser sind zwei verschiedene Teilbereiche unterscheidbar:

- die Informationsaufnahme und
- die Informationsweitergabe.

(1) Informationsaufnahme – Wer sieht?

Der erste Teilbereich fragt: Wer sieht? Hier wird der Lagebericht auf Merkmale abgesucht, die Hinweise darauf liefern können, wer die entsprechenden Tatbestände für das Unternehmen erkannt hat, in wessen Fokus sie stehen. Das lässt sich auch als Fokalisierung bezeichnen.[472]

So werden z.B. Informationen über die Teilnahme an Messen von den Mitarbeitern an den dortigen Messeständen in das Unternehmen getragen,[473] Informationen über bestimmte

[471] Deutsche Bank AG, Finanzbericht 2008, S. 77.
[472] Vgl. zu Formen der Fokalisierung z.B. Krah (2006), S. 354.
[473] Wenn auf diese Informationen zurückgegriffen wird. Selbstverständlich ist auch möglich, dass die unternehmenseigene PR-Abteilung einen Abschnitt zu einer erfolgreichen Messeteilnahme verfasst, der

Geschäftsbereiche durch die jeweiligen Verantwortlichen. Dazu ist der Text auf Hinweise abzusuchen, die Rückschlüsse darüber zulassen, wer die Informationen für das Unternehmen aufnimmt und interpretiert. Diese Hinweise können darauf deuten, dass vor allem Informationen einer bestimmten Person relevant sind, d.h. deren Fokus relevant ist (konstante Fokalisierung), oder dass Informationen von unterschiedlichen Personenkreisen das Geschehen beschreiben, d.h. eine variable Fokalisierung vorliegt. Ebenso kann eine multiple Fokalisierung vorliegen, welche einen Sachverhalt aus der Perspektive verschiedener Personen beschreibt.[474] Eine solche Analyse über den jeweiligen Fokus ermöglicht eine Verantwortungszurechnung hinsichtlich der Qualität der Informationswahrnehmung. So gibt beispielsweise die folgende Textstelle aus einem Prognosebericht unmittelbar preis, von wem die Prognoseeinschätzung stammt:

„Das rasche Wachstum des Konzerns erfordert den weiteren Aufbau von Kapazitäten in Bereichen wie dem Handelsmarketing und der Logistik. Zusammen mit dem Einfluss der strategischen Projekte wird das *nach Einschätzung des Vorstands [Kursivsetzung vom Autor]* zu etwa proportional mit dem Rohertrag steigenden betrieblichen Aufwendungen führen.“[475]

Beispiel SR.13

Im Rahmen der Fokalisierung ist ein weiterer wichtiger Ansatzpunkt herauszufinden, ob die jeweils sehende Person über eine Innenperspektive, d.h. ein sichtbares Wissen über das Innenleben des Unternehmens bzw. die dort vorherrschende, auch affektive Einschätzung oder nur über eine Außenperspektive verfügt,[476] d.h. nur ein Wissen über die äußere Erscheinung des Unternehmens, besitzt.[477] So kann der Ersteller durch die Einnahme von Innen- oder Außenperspektive bewusst steuern, welche Informationen über unternehmensintern vorherrschende Auffassungen er preisgibt. Umgekehrt kann eine Analyse anhand der Perspektive vorsichtige Rückschlüsse darauf ziehen, in welchen Bereichen das Unternehmen transparent und in welchen es eine „black box“ darstellen möchte.

überhaupt nichts mehr mit der Messeteilnahme selbst zu tun hat und auch nicht auf die von Mitarbeitern erhältlichen Informationen rekurriert. Das ist durch einen Abgleich des Lageberichts mit externen Informationsquellen herauszufinden.

[474] Vgl. MARTINEZ/SCHEFFEL (2007), S. 66.

[475] HUGO BOSS AG, Geschäftsbericht 2000, S. 56.

[476] In Übertragung des Gedankens von Genette in Bezug auf Bewusstseinsinhalte, vgl. dazu z.B. JAHN (2004), S. 39, S. 44; STANZEL (1995), S. 84.

[477] Es ist zu beachten, dass diese Außenperspektive im Lagebericht problemlos existieren kann. Natürlich weisen Unternehmensmitarbeiter faktisch immer Wissen über das Innenleben des Unternehmens auf. Das aber gilt bereits nicht immer für die Agenturen, welche die Lageberichte häufig im Auftrag von Großkonzernen erstellen. Unabhängig davon geht es hier jedoch darum, inwieweit ein Wissen um die Innenperspektive auch belegbar anhand des Lageberichts in Erscheinung tritt.

(2) Informationsweitergabe: Wer spricht?

Der zweite Teilbereich fragt: Wer spricht?[478] Hier geht es darum, ob deutlich wird, wer die Informationen vermittelt, ob mehrere Personen diese vermitteln oder nur eine Person. So können stilistische Unterschiede häufig Hinweise darauf geben, dass der Lagebericht von unterschiedlichen Personenkreisen verfasst wurde. Der Einfluss von Rechtsanwaltskanzleien äußert sich beispielsweise durch das gehäufte Auftreten abschwächender Formulierungen, wie „nahezu", „überwiegend" usw. Dadurch soll vermieden werden, dass das Unternehmen für seine Aussagen haftbar gemacht werden kann. Hinweise auf die Verfassung durch nur eine einzelne Person bestehen hingegen, wenn erkennbar ist, dass der Text bestimmte Themenbereiche miteinander kombiniert, welche von den einzelnen, die Information bereitstellenden Geschäftsbereichen nicht hätten kombiniert werden können, da sie das Wissen übereinander nicht besitzen. Typischerweise sind solche Informationen bei Gesamtbeurteilungen der Unternehmenslage durch das Management oder bei der Darstellung übergeordneter für den Gesamtkonzern verfolgter Ziele, Akquisitionen, Desinvestitionen und Zentralbereiche anzutreffen. Dies ermöglicht wiederum eine Verantwortungszurechnung hinsichtlich der Frage der Integrität der Berichterstattung über einzelne Sachverhalte. Wichtig zu unterscheiden ist hier darum auch, in welchem Umfang der Berichtende an den berichteten Geschehnissen sich als aktiv beteiligt oder als passiv rezeptiv darstellt.[479]

Die Konfrontation der semantischen Räume, welche erfassen, wer spricht und wer sieht, kann Rückschlüsse auf die Verlässlichkeit des Berichteten ermöglichen,[480] z.B. dann, wenn der im Bericht Sprechende Wertungen äußert, die nicht mit den Wertungen derjenigen Person übereinstimmen, welcher die Sachverhalte gesehen hat. Informativ sind zugleich auch alle Stellen, an welchen deutlich wird, dass sich eine erste Einschätzung des damals Sehenden aus Sicht des nunmehr im Lagebericht Sprechenden verändert hat.[481] Von Relevanz ist auch, inwieweit sich der jeweils Berichterstattende bei der Darstellung der einzelnen Geschäftsbereiche mit dem Dargestellten identifiziert; sichtbar wird dies beispielsweise daran, ob er aus der „Ich-Perspektive" oder aus einer neutralen Außenperspektive über „das Unternehmen" spricht. Hierhinter können sich Anzeichen für Meinungsverschiedenheiten über unternehmensinterne Entscheidungen verbergen. Ebenso können hier Anzeichen dafür zu finden sein, dass der

[478] Vgl. auch MARTINEZ/SCHEFFEL (2007), S. 30, S. 68.
[479] Vgl. auch MARTINEZ/SCHEFFEL (2007), S. 81.
[480] Vgl. dazu auch STANZEL (1995), S. 149.
[481] Vgl. CHATMAN (1978), S. 81.

Sprecher im Lagebericht bestimmte Ziele gegenüber den Lageberichtslesern verfolgt oder eine bestimmte Haltung zu dem von ihm zu Berichtenden aufweist. Zugleich ist interessant zu analysieren, ob sie z.B. durch Beiworte wie „vielleicht", „eher so", „wahrscheinlich", „kaum vorhersehbar", usw. zu erkennen geben, wo Lücken im Verständnis des Geschehens oder Unsicherheit hinsichtlich weiterer erwarteter Entwicklungen bestehen.[482] Dadurch können Rückschlüsse auf die Verlässlichkeit der vorliegenden Perspektiven gezogen werden.

VII.6 Die Interaktion der verschiedenen Analysen

Nachdem dargestellt wurde, auf welchen Ebenen überhaupt nach Information gesucht werden kann, indem semantische Räume ausgebildet wurden, verbleibt in einem letzten Schritt die Aufgabe, die Interaktion der auf den verschiedenen Ebenen ausgebildeten semantischen Räume unter Einbezug von weiteren, nicht mit Hilfe der hier dargestellten spezifischeren Analyseverfahren gebildeten semantischen Räumen zu analysieren.

Hierbei ist beispielsweise zu ermitteln, welche gegensätzlichen semantischen Räume und welche sich wechselseitig überschneidenden Ordnungen durch semantische Räume etabliert werden.[483] Dann ist zu hinterfragen, wie diese Ordnungen zueinander stehen, d.h. welche gemeinsamen bzw. verschiedenen Merkmale sie aufweisen und in welchem hierarchischen Verhältnis sie zueinander stehen.[484]

Die Beantwortung all dieser Fragen führt zu einem komplizierten Netz von sich überlagernden, nur teilweise textintern hierarchisierungsfähigen Raumstrukturen, welches sich durch die verschiedenartigsten Beziehungen auszeichnet,[485]die durch den vorgeschlagenen Weg in seinen Facetten ans Licht gebracht werden. Dabei gilt bei der Zusammenführung der semantischen Räume verschiedener Ebenen, dass diese vielschichtig ineinander verzahnt sind, so dass keinesfalls so etwas wie eine additive oder geradlinige Zusammenfügung zu erwarten ist.[486] Das Ergebnis der Zusammenfügung von einzelnen semantischen Räumen zu Interpretationen führt dann zu den konkurrierenden Interpretationsergebnissen, die zuletzt in

[482] Vgl. auch CHATMAN (1978), S. 213.
[483] Vgl. für ein Beispiel, welches sehr schön herausarbeitet, wie ein mehrdeutiger Text in verschiedene eindeutige Bedeutungssysteme aufgespalten werden kann, RENNER (2004), S. 361 f.
[484] Vgl. TITZMANN (2002), S. 182.
[485] Vgl. LOTMAN (1972), S. 85.
[486] Vgl. ebenso JAHN (2004), S. 48.

die nichtfinanziellen Bereiche des Analyseprozesses der offenen, erweiterten Jahresabschluss-analyse eingehen: Die überzeugendsten Ergebnisse werden in die Entscheidungsgrundlage, die weniger überzeugenden in die Orientierungsbasis eingeordnet.

VIII. Die Nullpositionenanalyse

VIII.1 Die Funktionen der textinternen Nullpositionenanalyse

Umgangssprachlich lassen sich Nullpositionen als erkennbar fehlende Informationen bezeichnen. Aus einer Analyseperspektive hat ihre Erschließung drei zentrale Funktionen:

(1) Identifikation der Themengebiete zurückgehaltener Informationen

(2) Erhöhung des eigenen Irritationspotentials und Aufwerfen weitergehender Fragen

(3) Vermeidung falscher Spekulationen.

(1) Identifikation der Themengebiete zurückgehaltener Informationen

Ohne weitere Informationen ist die Nullpositionenanalyse der einzige Weg, mit Hilfe des semantischen Potentials des Lageberichtstextes zurückgehaltenen Informationen auf die Spur zu kommen. [487] Zwar beinhaltet jeder Lagebericht zahlreiche Nullpositionen, welche nicht durch eine bewusste Verzerrung des Erstellers verursacht werden. Sie entstehen dadurch, dass im Lagebericht nicht alles gesagt werden kann[488] und deshalb unter Berufung auf den Grundsatz der Wesentlichkeit[489] eine Beschränkung auf die bedeutsamen Informationen erfolgen muss. Um jedoch beurteilen zu können, ob die zurückgehaltenen Informationen nicht doch wesentlich sind, muss zunächst ermittelt werden, welche Informationen überhaupt fehlen (könnten). Dies dient insbesondere der Identifikation von Unsicherheiten bei der Formulierung der Entscheidungsgrundlage.

(2) Erhöhung des Irritationspotentials und weitergehender Fragen

Die in jedem Text anzutreffenden Nullpositionen haben die Wirkung, berichtete Inhalte in vielerlei Richtungen anschluss- und ergänzungsfähig zu halten. Dem Adressaten ermöglicht die Kenntnis der Nullpositionen, auf Informationen mit Bezug zu den nicht ausgefüllten Stellen aufmerksam zu werden.[490] Durch das Herausarbeiten von Nullpositionen kann er folglich sein Irritationspotential in Bezug auf zukünftige Informationen erhöhen, indem die eigene Sensibilität für mögliche Anschlüsse und Ergänzungen der gegebenen Informationen an bzw. durch anderweitige Informationen mit Hilfe der Nullpositionenanalyse geweckt wird.

---

[487] So lässt sich mit AERTS (1994), S. 338, darauf verweisen, dass ansonsten die Beeinflussung der normativen Basis der als Entscheidungsgrundlage dienenden Informationen durch den Ersteller ausgeblendet wird.

[488] Vgl. für das literarische Kunstwerk bereits INGARDEN (1979), S. 45.

[489] Der Grundsatz der Wesentlichkeit besagt, dass nur über Sachverhalte zu berichten ist, welche für die Adressaten des Lageberichts von Bedeutung sind, vgl. z.B. HARTUNG (2002), S. 56.

[490] Vgl. ISER (1971), S. 34.

Anders formuliert wirft eine Nullpositionenanalyse eine ungeheure Fülle an Fragen auf, welche zahlreiche, ansonsten in ihrer Bedeutung vernachlässigte zukünftige Informationen als Antworten relevant erscheinen lassen.

(3) Vermeidung falscher Spekulationen

Eine sorgfältige Nullpositionenanalyse ist zuletzt darum von sehr hoher Bedeutung, weil Leser dazu neigen, unbemerkt Nullpositionen mit ihnen als wahrscheinlich erscheinenden Lösungen zu füllen, um zu einem kohärenten Bild von Informationen zu gelangen.[491] Dadurch verbinden sich tatsächlich vorhandene Informationen mit Spekulationen und Erfahrungen: Es entsteht ein unkontrolliertes Gemisch. Hierbei verschließen die eingesetzten Spekulationen und Erfahrungen den Analysierenden für alternative Deutungen ebenso, wie sie seine mögliche Aufmerksamkeit für diejenigen Informationen verringern, welche den alternativen Deutungen höheres Gewicht verleihen. Auch dem kann nur durch eine bewusste Kontrolle der Nullpositionen entgegengetreten werden.

VIII.2 Die Nullpositionenanalyse – Grundprinzip und Ansätze

Unter einer Nullposition wird im Folgenden das Fehlen einer Information aus Sicht des Analysierenden verstanden, soweit sich die Lücke, welche die fehlende Information hinterlässt, mit Hilfe analytischer Reorganisationen des Textes rekonstruieren lässt. Aus dieser Definition folgt bereits, dass die Identifikation des Fehlens von Informationen nicht bei den fehlenden Informationen ansetzen kann. Damit systematisch Rückschlüsse auf die Nullposition möglich werden, muss vielmehr nach denjenigen Eigenschaften bzw. Reorganisationsformen der vorhandenen Informationen gesucht werden, welche die Nullposition als strukturelles Element hervortreten lassen.[492]

In Bezug auf den Ansatzpunkt bei der Suche lassen sich fünf verschiedene Ansätze unterscheiden:

- die Voraussetzungsanalyse[493] (VIII.3)

[491] Vgl. auch CHATMAN (1978), S. 49; INGARDEN (1979), S. 46 f., S. 52.
[492] Vgl. KRAH (2006), S. 92.
[493] In der Sprachwissenschaft wird darunter die Präsuppositionenanalyse verstanden; um die Lektüre für den sprachwissenschaftlich nicht bewanderten Leser nicht unnötig zu erschweren, wird dies durch den intuitiv verständlicheren Begriff Voraussetzungsanalyse ersetzt.

- die strukturabhängige Nullpositionenanalyse (VIII.4)
- die textoberflächensemantische Spiegelungsanalyse (VIII.5)
- die reorganisierte Spiegelungsanalyse (VIII.6)
- die Regelabweichungsanalyse (VIII.7).

Während der erste Ansatz eine Vorform der Nullpositionenanalyse darstellt, bauen die vier anderen Ansätze aufeinander auf, wobei die später erläuterte Analyse jeweils die vorher erläuterten als Spezialfall enthält. Im Folgenden wird zunächst der Ansatzpunkt der jeweiligen Analyse erläutert, bevor ihr Einsatz anhand von Beispielen illustriert wird. Anzumerken ist dabei, dass eine rein systematische Darstellung gewählt wird – es werden unterschiedliche Wege aufgezeigt, wie sich derartige Nullpositionen identifizieren lassen. Wie mit den auf diese Weise identifizierten Nullpositionen weiter verfahren werden kann und wovon es abhängt, ob sie für die Analyse hilfreiche Resultate erzeugen, wird in einem separaten Abschnitt nach der systematischen Identifikation diskutiert. Dort werden Ansätze für weitergehende Interpretationsmöglichkeiten der angetroffenen Nullpositionen und Überlegungen zu den Grenzen einer Nullpositionenanalyse dargestellt.

VIII.3 Voraussetzungsanalyse

Die Voraussetzungsanalyse zielt darauf ab, alle Voraussetzungen explizit ins Licht zu rücken, welche gelten müssen, damit ein angetroffener Satz in der geäußerten Form wahr ist.[494]
Sie beschäftigt sich folglich damit, Hintergrundannahmen herauszuarbeiten, die ein Text lediglich implizit kommuniziert. Es handelt sich darum nicht um eine Nullpositionenanalyse in dem Sinne, dass Informationen von einem Text überhaupt nicht gegeben werden. Fehlende Informationen sind solche Voraussetzungen zunächst nur in der Wahrnehmung des

[494] Ob die Voraussetzungsanalyse allein auf Basis der Semantik funktioniert oder aber pragmatisches, d.h. auf den Gebrauch der Aussagen im jeweiligen Kontext bezogenes Hintergrundwissen voraussetzt und insofern zusätzlich von dem Wissen von Ersteller und Analyst abhängig ist, ist stark umstritten, vgl. MEIBAUER (2008), S. 44. Diese Diskussion wird allerdings, da dem Autor noch keine direkt auf pragmatisches Hintergrundwissen angewiesene Voraussetzung im Lagebericht bekannt geworden ist, hier aufgrund ihres Seltenheitscharakters vernachlässigt. Allenfalls ist einzubeziehen, dass im Lagebericht ein stark reglementierter, d.h. durch Ausdrücke der Finanzwelt geprägter Diskurs herrscht, der aber über einen Gebrauch im Kontext hinausgeht und insofern nicht mehr als pragmatisch einzuordnen ist. Gleichermaßen wird vernachlässigt, dass die Voraussetzungsanalyse bei Hintergrundwissen über bestimmte Kontexte der Aussage nicht funktioniert, vgl. dazu ausführlich LEVINSON (2000), S. 204-241. Dies geschieht, weil ein unbekannter pragmatischer Kontext mit Folgen für eine korrekte Interpretation bei der Finanzberichterstattung selten auftreten sollte, da diese sich an die breite Öffentlichkeit richtet. Wird der Kontext unmittelbar gegeben, so wird die Voraussetzung automatisch als aufgehoben erachtet werden, ohne dass dies hier einer tieferen Analyse bedürfte.

Analysierenden: Es handelt sich um Informationen, die aufgrund der Art der Übermittlung im Text regelmäßig übersehen oder zumindest nicht in ihrer vollen Bedeutung wahrgenommen werden und darum ohne gesonderte Berücksichtigung bei eigenen analytischen Überlegungen leicht vernachlässigt werden.

Ihre Relevanz erhalten die bei der Voraussetzungsanalyse herausgearbeiteten Informationen einerseits dadurch, dass der Ersteller sie als wahr annehmen muss, damit er die im Text getätigten Aussagen überhaupt formulieren kann. Andererseits erhalten die so ermittelten Informationen ihre Bedeutung aus der praktisch häufig anzutreffenden Strategie, negative Nachrichten so unauffällig wie möglich zu kommunizieren, weshalb solche Nachrichten besonders häufig in Form von Hintergrundannahmen anzutreffen sind. Praktisch beinhaltet eine Voraussetzungsanalyse immer zwei Schritte:

(1) Identifikation

(2) Prüfung durch den Negationstest

Bei der Identifikation ist für jeden Satz die Frage zu beantworten, welche Aussagen zusätzlich wahr sein müssen, damit der Satz logisch wahr ist. Zum Vorschein kommt dadurch, welche logischen Voraussetzungen der Satz neben seiner Hauptaussage enthält.

Um sicherzustellen, dass es sich auch wirklich um eine Voraussetzung handelt, nicht aber um eine Schlussfolgerung aus dem vorliegenden Satz, ist der Negationstest ein einfacher Weg. Hierbei wird die Aussage, deren Voraussetzungen ermittelt werden sollen, negiert und geprüft, ob die als Voraussetzung identifizierte Aussage weiterhin erhalten bleibt.[495]

Illustriert werden beide Schritte am Beispiel einer Phrase aus dem Risikobericht der Commerzbank. Die zu testende Hauptaussage ist die folgende:

„Lessons learned“[496]

Beispiel NP.1

Die als logisch notwendig identifizierbare Voraussetzung für diese Aussage ist, dass Lektionen erfolgt sein müssen. Wird nun die Hauptaussage negiert, d.h. der Satz als „Lessons

---

[495] Vgl. MEIBAUER (2008), S. 44 f.; LEVINSON (2000), S. 193.

[496] Commerzbank AG, Geschäftsbericht 2007, S. 102.

not learned" formuliert, so bleibt die identifizierte Voraussetzung, dass Lektionen erfolgt sein müssen, dennoch wahr.[497] Zugleich wird der Nutzen der Voraussetzungsanalyse ersichtlich. So lenkt sie u.a. die Aufmerksamkeit von der Frage, wie die Lektionen bewältigt wurden, auf die Frage, welche Lektionen das eigentlich waren und warum es zu diesen Lektionen kam. Und tatsächlich lässt sich dies für das gewählte Beispiel anhand einer anderen Stelle im Lagebericht mit Hilfe einer weiteren, allerdings für die Bank im Ergebnis bereits weit unangenehmeren Voraussetzungsanalyse erschließen:

„Lessons learned: konzernweiter Know-How-Transfer wird sichergestellt."[498]

Beispiel NP.2

Wenn die gelernten Lektionen sind, dass nunmehr ein konzernweiter Know-how-Transfer sichergestellt wird, dann folgt daraus, dass sie sich darauf bezogen, dass vorher ein ebensolcher nicht sichergestellt war. Das wirft die Fragen auf, welche Informationen hier aus welchen Gründen nicht verbreitet wurden.

Hilfreich für den Identifikationsschritt der Voraussetzungsanalyse ist es, neben der abstrakten Vorgehensweise zwischen verschiedenen Typen von Voraussetzungen zu unterscheiden, die anhand von immer wiederkehrenden konkreten Auslösern im Text identifiziert werden können. Als aufschlussreich erweisen sich regelmäßig insbesondere

- Existenzvoraussetzungen,
- faktive und nicht-faktive Voraussetzungen,
- temporale Voraussetzungen und
- kontrafaktische Konditionalsatzvoraussetzungen.

(1) Existenzvoraussetzungen

Existenzvoraussetzungen verweisen auf Voraussetzungen, die besagen, dass etwas existiert bzw. geschehen ist. Diese Voraussetzungen lassen sich immer anhand weiterer Eigenschaften feststellen, wie sie z.B. durch Genitive eingeführt werden. Deutlich wird dies am folgenden Beispiel:

[497] Zumindest gilt dies, soweit die Prämisse unterstellt werden kann, dass die Lektionen überhaupt erkannt wurden; da sie explizit Erwähnung finden, ist davon allerdings auszugehen.
[498] Commerzbank AG, Geschäftsbericht 2007, S. 118.

„Erfreulich entwickelten sich die Auslieferungen des neu im US-Markt eingeführten Touareg.“[499]

Beispiel NP.3

Der Fokus der Aussage liegt hierbei auf der erfreulichen Entwicklung der Auslieferungen des Touareg. Abgelenkt wird hierbei von der nur adjektivisch kennzeichnend eingeführten und darum leicht überlesenen Existenzvoraussetzung. Diese lautet:

Der Touareg ist im US-Markt neu eingeführt worden.[500]

Beispiel NP.4

Die Umformulierung lenkt den Adressaten automatisch auf die bei der Diskussion des Irritationspotentials angeführten anderen Informationsanschlüsse. So gilt, dass nun Fragen möglich werden, wie beispielsweise: Wurde der Touareg nur am US-Markt eingeführt? Wo soll oder sollte er noch eingeführt werden? Ohne eine solche Umformulierung hingegen wären eher Fragen zu erwarten wie: Wie drückt sich die erfreuliche Entwicklung in Zahlen aus? Spiegeln sich die Auslieferungen auch in bereits erfolgten Zahlungsströmen oder wurden sie durch Zahlungsziele ermöglicht?

(2) Faktive und nicht-faktive Voraussetzungen

Faktive Voraussetzungen werden durch faktive Verben, wie die epistemischen „bemerken“, „erkennen“, „wissen“ und die emotiven „bereuen“, „stolz sein“ usw. gekennzeichnet. Diese Verben zeichnet aus, dass sie die Wahrheit des durch sie hervorgerufenen Nebensatzes voraussetzen.[501] Hierzu möge das folgende Beispiel aus dem Forschungs- und Entwicklungsbericht der Deutschen Telekom dienen:

„Sicherheit ist integraler Bestandteil von Produkten, Diensten und Lösungen der Deutschen Telekom. Dies beinhaltet auch, dass Anwender verlässlich wissen, mit wem sie über das Netz kommunizieren, um Transaktionen oder Verträge sicher abschließen zu können.“[502]

Beispiel NP.5

Die Voraussetzung ist hier, dass die Anwender für den gesicherten Abschluss von Transaktionen und Verträgen mit lokalisierbaren anderen Personen über das Netz kommunizieren. Tatsächlich stellt die Wahrheit dieser Voraussetzung eine wesentliche

---

[499] Volkswagen AG, Geschäftsbericht 2003, S. 34.
[500] Vgl. LEURS (2006), S. 81.
[501] Vgl. MEIBAUER (2008), S. 46.
[502] Deutsche Telekom AG, Geschäftsbericht 2008, S. 86.

Grundlage für den Erfolg des Geschäftsmodells der Telekom dar, die auch deutlich macht, warum die Sicherheit für die Telekom eine derart wichtige Rolle einnimmt: Gelingt es nicht, Anwender von der Sicherheit der Vertragsabschlüsse über Produkte, Dienste und Lösungen für den Geschäftspartner zu überzeugen, so werden diese gegebenenfalls davon absehen, das Netz für ihre Vertragsabschlüsse weiterhin zu nutzen.

Auch das Gegenstück zur faktiven Voraussetzung, die nicht-faktive Voraussetzung, lässt sich für die Voraussetzungsanalyse nutzen. Abgestellt wird dann auf nicht-faktive Verben wie „vorgeben", „vorschweben", „vorstellen" usw.[503] Diese sorgen jeweils dafür, dass die im Nebensatz geäußerte Aussage (noch) nicht wahr ist.

(3) Temporale Voraussetzungen

An dritter Stelle sind temporale Voraussetzungen zu nennen, welche ermöglichen, aus bestimmten zeitlichen Worten wie „nicht mehr", „wieder", „immer noch", „früher als erwartet" usw. Informationen zu folgern.[504]

„Extra zählt nicht mehr zum Vertriebsmarken-Portfolio der METRO Group und wird als nicht fortgeführte Aktivität dargestellt."[505]

Beispiel NP.6

Die Aussage beinhaltet als Voraussetzung, dass „Extra" früher zu dem Vertriebsmarken-Portfolio der METRO Group zählte. Erneut wird durch die Voraussetzung der Fokus umgelenkt. So lässt sich fragen, warum Extra zu dem Portfolio zählte, warum man sich seinerzeit dafür entschied, Extra aufzunehmen, und warum die damals relevanten Gründe nun nicht mehr von Bedeutung sind. Aufschlussreich ist also regelmäßig die nicht explizit genannte Bedingung bzw. der nicht explizit offen gelegte Bezugspunkt der Aussage. Hierzu sei ein weiteres Beispiel angeführt:

„Der Ergebnissprung resultierte vor allem aus dem Geschäftsbereich Omnibus, der mit einem EBIT von 5 Mio € (-72 Mio €) ein Jahr früher als erwartet einen Turnaround um 77 Mio € geschafft hat."[506]

Beispiel NP.7

[503] Vgl. MEIBAUER (2008), S. 46.

[504] Vgl. LEURS (2006), S. 66. Levinson fasst diese unter den sogenannten Spaltsätzen, vgl. LEVINSON (2000), S. 199.

[505] Metro AG, Geschäftsbericht 2007, S. 25.

[506] MAN AG, Geschäftsbericht 2003, S. 28.

Der nicht offen gelegte Bezugspunkt, der für die Aussage Voraussetzung ist, besteht darin, dass die Erwartung bestand, dass ein Turnaround erst ein Jahr später eintreten würde. Er lenkt auf die Fragen, warum diese (schlechteren) Erwartungen bestanden und warum sie nicht eintraten.

(4) Kontrafaktische Konditionalsatzvoraussetzungen

Kontrafaktische Konditionalsätze beschreiben aufgrund ihrer konditionalen Form eine hypothetische alternative Situation oder Entscheidungsalternative, die nicht eingetreten ist bzw. durchgeführt wurde. Hypothetisch wird diese Alternative dadurch, dass eine andere Situation vorlag, bzw. eine andere Entscheidung getroffen wurde. Die nicht vorliegende Situation bzw. nicht gewählte Entscheidungsalternative lassen sich anhand des Konditionals als Voraussetzung herausarbeiten.[507] Dazu sei das folgende Beispiel gegeben:

„Im Berichtsjahr kam es aufgrund der fortgesetzten Finanzkrise zu Limitüberschreitungen bei einzelnen Einheiten. Diese wurden teilweise toleriert, da in der vorherrschenden Marktsituation ein Positionsabbau zur Rückführung des Value-at-Risk unter Limit zu akzeptablen Kosten nur schwermöglich gewesen wäre."[508]

Beispiel NP.8

Die Aussage der Dresdner Bank im Jahr 2008 enthält als kontrafaktische Konditionalvoraussetzung die Information, dass ein Abbau von Positionen mit Risiken, die das jeweilige Limit überschritten, hätte erfolgen können, aber nicht erfolgte.

Wichtig ist die Analyse solcher Voraussetzungen vor allem darum, weil Misserfolge, obsolet gewordene frühere Erwartungen, aber auch problematische strategische Entscheidungen häufig im Nebensatz erledigt werden. Der Lageberichtsleser lenkt erst durch die Analyse der Voraussetzungen den Fokus darauf, welche Alternativen bestanden hätten, weil dadurch die vorher bestehende Situation bzw. die jeweilige getroffene Entscheidung wieder ins Bewusstsein gerückt wird. Dadurch tauchen jeweils weitere Fragen auf, welche ihrerseits auf nicht gegebene Informationen und damit Nullpositionen hinweisen.

Ein abschließendes Beispielzeigt, in welchem Umfang bereits in einem einzigen Satz zahlreiche Voraussetzungen deutlich werden können, die ihrerseits viele Fragen aufwerfen:

---

[507] Vgl. auch LEVINSON (2000), S. 201.

[508] Dresdner-Bank-Konzern, Finanzbericht 2008, S. 80.

„Die Deutsche Telekom setzt die geplante deutliche Reduzierung ihres Personalbestands fort.“[509]

Beispiel NP.9

Aus diesem Satz gehen neben der Hauptaussage noch die folgenden Voraussetzungen hervor:

1: Es existiert ein Plan, den Personalbestand deutlich zu reduzieren (Existenzvoraussetzung).

2: Der Personalbestand wurde bereits reduziert (temporale Voraussetzung).

3: Die Reduktion des Personalbestands ist noch nicht abgeschlossen (temporale Voraussetzung).

An diesem Beispiel lässt sich verdeutlichen, wie die Offenlegung der Voraussetzungen selbst weitere Nullpositionen hervorruft. Diese sind z.B.

1. Wie hoch war dieser Personalbestand? Wann, wo und von wem wurde die Reduktion aus welchen Gründen geplant?

2. Wo wurde reduziert, wer wurde entlassen, wie erfolgten diese Entlassungen? Welche Geschäftsgebiete könnten dadurch leiden? Welche Kunden könnten dadurch abspringen?

3. Wer wird noch entlassen, warum ist dieses Personal entbehrlich, wann wird die Entlassungswelle beendet?

VIII.4 Strukturabhängige Nullpositionenanalyse

Der zweite Ansatz besteht darin, ein im Text anzutreffendes Element als Teil einer Struktur zu begreifen, deren weitere Elemente zumindest zum Teil nicht anzutreffen sind. Der Ansatz benötigt folglich immer zweierlei,

(1) mindestens ein Element mit mindestens einem zu einer Struktur gehörigen Merkmal und mindestens einem nicht zu der Struktur gehörigen Merkmal

(2) eine Struktur, deren Einzelelemente nur unvollständig Erwähnung finden.

Da diese Formulierung sehr abstrakt erscheint, sei ein allgemeines[510] Beispiel formuliert. Gegeben sei in einem Text ein Element, welches sich durch die beiden Merkmale a (z.B. „Im ersten Quartal“) und 1 (z.B. „stieg der Umsatz“) auszeichne. Zugleich werde als Struktur die Reihe a, b, c (z.B. die Quartale 1,2 und 3) angesprochen. Im Beispiel ergibt sich folgendes Bild:

---

[509] Deutsche Telekom AG, Geschäftsbericht 2003, S. 53.

[510] Es ist zu betonen, dass sowohl Element als auch Struktur definitionsabhängig sind und ganz unterschiedlich ausfallen können – das Beispiel wurde ganz bewusst so gewählt, dass keine direkte Übertragung möglich ist, um nicht von der Vielfalt möglicher Ansätze abzulenken.

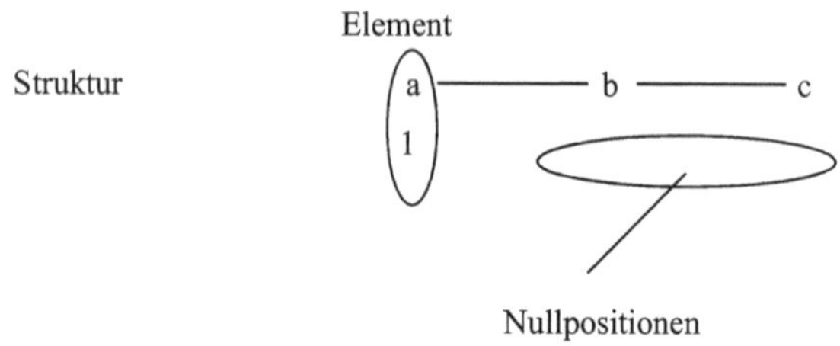

Abbildung 22: Strukturabhängige Nullposition

Die Nullpositionen, die auf diese Weise erschließbar werden, sind folglich die zu b und c gehörigen Elemente (die Umsatzentwicklung in den Quartalen 2 und 3). Erschließbar werden diese Nullpositionen, weil beides vorliegt. Die Struktur einerseits, die a b c kommuniziert, wäre allein nicht ausreichend, weil sie ohne Element mit nicht strukturgebundenen Merkmalen keine Nullposition aufzeigt. Gleiches gilt für das Element, welches zwar a und darüber hinaus 1 kommuniziert, seinerseits aber keinen Verweis auf b und c erlaubt. Es ist also weder allein die Struktur noch allein ein einzelnes Element, sondern immer das Zusammenwirken von Struktur und einzelnen ihrer Elemente, welche die Identifikation von Nullpositionen ermöglicht. Ihre Relevanz erhalten solche Nullpositionen daraus, dass durch die zumindest teilweise erfolgende Konkretisierung auf der Hand liegt, dass der Ersteller sich zumindest ein oder einige Male dafür entschieden hat, konkrete Informationen mit Bezug zu der Struktur zu geben, so dass sich die Frage stellt, warum er dies in den anderen Fällen nicht getan hat.

Die strukturabhängige Nullpositionenanalyse ist – wie dargestellt – darauf angewiesen, dass eine Struktur nur teilweise inhaltlich bedient wird. Die Anknüpfungspunkte für solche Strukturen sind zu vielfältig, um auf hinnehmbarem Raum dargestellt werden zu können. Darum erfolgt eine Beschränkung auf die beispielhafte Darstellung solcher Strukturen, wie sie anhand der Einzelanalysen der semantischen Raumanalyse nahe liegen, d.h. wie sie

- bei Veränderungsstruktur-,
- Beziehungsstruktur-,
- Raumstruktur-,
- sachlich-inhaltlicher
- impliziter und expliziter Wertungs- sowie
- Perspektivierungsanalyse

auftreten.

(1) Nullpositionen bei der Veränderungsstrukturanalyse

Bei der Veränderungsstrukturanalyse lassen sich Nullpositionen in Bezug auf die Abfolge zunächst einmal anhand von Zeitsprüngen identifizieren.[511] Nullpositionen ergeben sich hierbei, weil die geschilderten Ereignisse in der Regel nicht die gesamte Periode beschreiben, sondern nur bestimmte seitens des Unternehmens als wichtig erachtete Ereignisse zeitlich hervorheben. Die herangezogene Struktur ist dabei der Zeitverlauf, die Elemente sind die Beschreibungen von Einzelereignissen, die zugleich darauf verweisen, dass andere Einzelereignisse nicht oder nur hinsichtlich bestimmter Merkmale beschrieben werden.

Unterschieden werden kann, in welcher Weise auf die Nullposition verwiesen wird. So gilt, dass bei rein zeitlicher Sukzession eine unvollständige zeitliche Abfolge von Handlungen strukturell allein erschließbar werden lässt, dass Informationen über Geschehnisse zu bestimmten Zeiträumen fehlen. Liegt hingegen eine Ursache vor, so kann spezifiziert werden, dass die Wirkung fehlt et vice versa; liegt eine Entscheidung vor, kann das Ziel bzw. der Zweck fehlen, welche ihren Sinn erklärt; umgekehrt kann der Zweck und das Ziel vorhanden sein, während die zugehörigen Entscheidungen fehlen.

Des Weiteren können die Anfangs- und Endzeitpunkte nicht dargestellter Sachverhalte entweder durch die Angabe exakter Zeitpunkte (z.B. vom 1.1.X bis zum 31.3.X) oder durch die Angabe der exakten Dauer erkennbar werden (z.B. „einen Monat später“);[512] ebenso können Zeitpunkte oder Zeitdauern nur unscharf angegeben werden, z.B. „im Jahr 2007“ oder „einige Monate später“.[513] Möglich ist auch, dass gar keine Zeitangabe ersichtlich ist, sondern sich lediglich aus dem Zusammenhang erschließen lässt, dass zeitliche Nullpositionen existieren. Das ist beispielsweise der Fall, wenn die zeitliche Ausdehnung der dargestellten Sachverhalte nicht ausreicht, den Berichtszeitraum zu füllen, aber mangels der Angabe einer zeitlichen Markierung der vorhandenen Sachverhalte auch nicht genau erschlossen werden kann, welche Zeiträume durch diese belegt werden und in Bezug auf welche Zeiträume sich der Lagebericht inhaltlich hinsichtlich der Ereignisse ausschweigt. Ein Beispiel für eine Nullposition in Bezug auf zeitliche Abfolgen (Ursache-Wirkungsbeziehungen) findet sich im Risikobericht 2007 der Commerzbank:

[511] Vgl. auch GENETTE (1998), S. 34.

[512] Vgl. GENETTE (1998), S. 76-78, der in seiner Terminologie fehlende Schilderungen bestimmter Zeiträume als Ellipsen bezeichnet.

[513] In Genette's Terminologie wäre hier von bestimmten und unbestimmten Ellipsen die Rede, vgl. GENETTE (1998), S. 76.

„Non-impaired-Bestände gibt es schwergewichtig bei den RMBS-Tranchen der Eurohypo, die wir einer sehr detaillierten Analyse auf Basis individueller Credit-Pool-Daten unterzogen haben und künftig weiter unterziehen."[514]

Beispiel NP.10

Hier bleibt ebenso ungeklärt, welche Auslöser zu der sehr detaillierten Analyse führten und warum diese künftig weiter betrieben wird, wie die Gründe fehlen, warum nicht abgewertet wurde. Erhöht wird dadurch das Irritationspotential für zukünftige Abwertungen, da das umfangreiche Schweigen des Unternehmens Fragen nach möglichen zukünftigen Abwertungsgefahren aufwirft.

(2) Nullpositionen bei der Beziehungsstrukturanalyse

Nullpositionen bei der Beziehungsstrukturanalyse beschreiben, ob und in welchem Umfang im Lagebericht erwähnte Personen in unterschiedlichem Umfang, z.B. nach Art, Verhältnis, Bedeutung, Aggregation o.ä. beschrieben werden.

So ließe sich beim bei der Beziehungsstrukturanalyse angesprochenen Linde-Beispiel (Beispiel SR.3) fragen, ob für die Engineering-Aktivitäten oder die sonstigen Aktivitäten ebenfalls regionale Einheiten oder aber zentral geführte Einheiten vorliegen. Es wird also genau gegenläufig zur semantischen Raumanalyse vorgegangen, indem nicht gefragt wird, ob eine Beziehung detaillierter als die andere beschrieben wird, sondern welche, möglicherweise verborgenen Merkmale hinter der weniger detailliert beschriebenen Beziehung stecken können. Dazu werden die Merkmale aus der detaillierter beschriebenen Beziehung auf die weniger detailliert beschriebene Beziehung übertragen.

(3) Nullpositionen bei der Raumstrukturanalyse

Bei der Raumstrukturanalyse lassen sich Nullpositionen analog zur Veränderungsstrukturanalyse dann identifizieren, wenn nur bestimmte Sachverhalte mit einer Raumangabe versehen werden. Bei allen anderen Sachverhalten ohne eine räumliche Darstellung, liegt damit eine Nullposition vor. Häufig lassen sich solche Nullpositionen nachträglich auffüllen, z.B. wenn an einer Stelle ohne räumliche Markierung ausgesagt wird, dass im vergangenen Jahr von Typ a eine gewisse Anzahl an Teilen gefertigt wurde und an einer anderen Stelle bezeichnet wird, dass die an einem bestimmten Ort produzierende Fabrik xy Teile vom Typ a

[514] Commerzbank AG, Geschäftsbericht 2007, S. 99. Non-impaired bedeutet, dass die Bestände nicht im Wert reduziert wurden.

fertigt. Es ist jedoch noch häufiger kaum oder nur sehr unvollkommen möglich, die Nullpositionen aufzufüllen und den jeweils angesprochenen Raum zu spezifizieren. Das gilt z.B., wenn festgestellt wird, dass Typ b nicht in der Fabrik xy gefertigt worden sein kann, im Übrigen aber völlig unbekannt ist, woher nun Typ b stammt. Unscharf wäre diese Nullposition, wenn z.B. zumindest bekannt wäre, dass Typ b in einer der anderen (bekannten) Fabriken gefertigt worden sein muss, völlig unbestimmt hingegen, wenn die unterschiedlichen Fertigungsstätten des Unternehmens anhand des Lageberichts nicht bekannt gegeben werden bzw. es sich auch um eine Fremdfertigung handeln könnte.

Ebenso kann eine Nullposition sein, auf welchen Märkten ein Umsatzeinbruch oder ein starkes Umsatzwachstum etc. erfolgte, ob ein solcher/-s auf externen Problemen bzw. Gegebenheiten oder aber auf Problemen und Gegebenheiten im Unternehmen basierte usw. Ein einfaches Beispiel für eine Identifikation von Nullpositionen bei Raumstrukturen gibt der folgende Lageberichtsabschnitt:

„In den osteuropäischen Märkten, in Lateinamerika und in Südostasien profitierte HUGO BOSS vom positiven Konsumklima.“[515]

Beispiel NP.11

Im Beispiel lässt sich jeweils aus der Bezeichnung der Regionen erschließen, dass andere Regionen fehlen. So beinhaltet Osteuropa im Teilwort Europa die Struktur Ost und West – genannt wird jedoch nur Osteuropa. Südostasien verweist auf die Struktur Süd und Nord sowie Ost und West – genannt wird aber nur Südostasien. Strukturell rekonstruierbare Nullpositionen dieses Satzes sind insofern Westeuropa, Nordwest-, Nordost- und Südwestasien. Zu fragen wäre folglich, ob HUGO BOSS auch in diesen Gebieten aktiv war und/oder von einem positiven Konsumklima profitierte bzw., ob in den nicht genannten Regionen überhaupt ein positives Konsumklima herrschte. Gerade, wenn eine Entscheidung über ein Unternehmen im Vergleich mit anderen Unternehmen gefällt werden soll, lassen sich auf diese Weise schnell weiße Flecken in Wachstumsgebieten oder schwer abbaubare Standorte in wenig vielversprechenden Regionen identifizieren, die sich dann miteinander abgleichen lassen.

---

[515] HUGO BOSS AG, Geschäftsbericht 2000, S. 35.

(4) Nullpositionen auf sachlich-inhaltlicher Ebene

Auf sachlich-inhaltlicher Ebene lassen sich Nullpositionen anhand der Analyse
- von logischen und
- von funktionalen Relationen

zwischen Bedeutungsklassen erschließen.

(4.1) Nullpositionen auf Basis logischer Relationen

Durch logische Relationen erzeugte Nullpositionen entstehen durch Inklusionsrelationen (Schlüsse von einer hierarchisch übergeordneten Oberklasse auf die hierarchisch tiefer liegende Teilklasse), Implikationsrelationen (Schlüsse von der Teilklasse auf die Oberklasse), Identitätsrelationen und Gegensatzrelationen.[516] Eine Nullposition ergibt sich, wenn sich die Darstellung auf die Ausführungen nur zu einer der Klassen und die logische Relation beschränkt. Nullpositionen ergeben sich dann hinsichtlich der Merkmale von Elementen der nicht genannten Klasse außerhalb der logischen Relation, sofern solche Merkmale für die genauer ausgeführte Klasse gegeben wurden und nicht das unterscheidende Kriterium selbst charakterisieren. Dies sei zunächst abstrakt anhand des Kerns derartiger Relationen ohne Nullpositionen verdeutlicht:

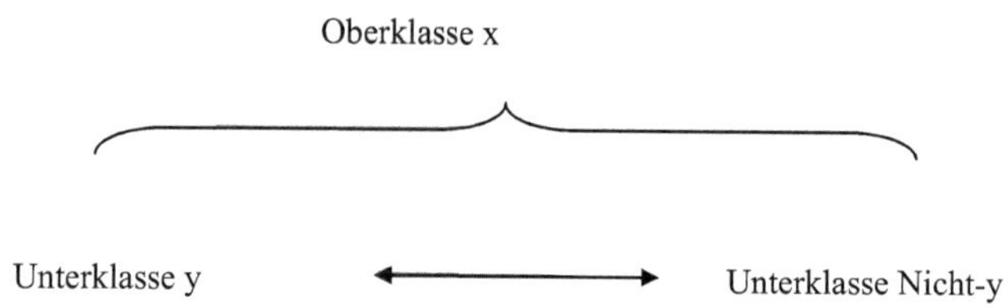

Abbildung 23: Nutzung logischer Beziehungen zur Identifikation von Nullpositionen

Im Beispiel reicht die Angabe der Negationsbeziehung und der Unterklasse in Bezug auf das Merkmal y aus, um zunächst auf die Unterklasse Nicht-y, dann anhand der Gemeinsamkeit, auf deren Basis die Unterteilung erfolgte, auf die Implikationsrelation und damit auf die Existenz einer Oberklasse x zu schließen, welche y und Nicht-y umschließt.

Deutlich wird am Beispiel, warum die Analyse derartiger Nullpositionen ihrerseits auf weitere Nullpositionen verweist. So wird die Unterklasse Nicht-y nur hinsichtlich der Negation des Merkmals y erschließbar, nicht hinsichtlich ihrer weiteren Eigenschaften. Gleichermaßen

[516] Vgl. dazu ausführlich auch TITZMANN (1977), S. 35 f.

wird die Oberklasse x nur hinsichtlich der genannten Gemeinsamkeiten von y und Nicht-y erschließbar, nicht aber hinsichtlich ihrer weiteren Eigenschaften. Die weiteren Eigenschaften bilden darum wiederum neue, sekundäre Nullpositionen aus. Dabei ist klar, dass sich weit kompliziertere, hier nicht ausgeführte, Relationskombinationen denken lassen, welche über mehrere Klassen hinweg derartige Schlüsse ermöglichen und damit entsprechende Nullpositionen erkennbar werden lassen. Eine logisch erschließbare Nullposition liegt bei dem folgenden Beispiel vor:

„Insgesamt wird das Volumen der Kreditderivate im Jahr 2008 durch aktiven Positionsabbau sukzessive reduziert, dieser konnte aber vor allem wegen der fehlenden Marktliquidität nicht im gewünschten Umfang durchgeführt werden."[517]

Beispiel NP.12

Die Worte „vor allem" zeigen hier an, dass zwei Teilgründe unterschieden werden müssen: derjenige, welcher die fehlende Marktliquidität betrifft und derjenige oder diejenigen, über welche(n) sich der Ersteller ausschweigt.

De facto existiert eine ganze Reihe von Indikatoren, welche ähnliche Funktionen übernehmen, wie sie „vor allem" im gerade angeführten Beispiel hatte. Solche Indikatoren verweisen auf Inklusionsrelationen auch dann, wenn die Oberklasse selbst nicht genannt wird; zu nennen sind Worte wie „insbesondere", „besonders" „wesentlich" u.ä., die eine Teilklasse hervorheben und damit zugleich markieren, dass es weitere nicht genannte Sachverhalte gibt, die in einer nicht genau bekannten Oberklasse mit dem hervorgehobenen Sachverhalt zusammengefasst werden können.

(4.2) Nullpositionen bei funktionalen Beziehungen

Bei funktionalen Beziehungen liegen Nullpositionen vor, wenn funktionale Zusammenhänge angesprochen werden, aber nur teilweise genauer ausgeführt wird, welche Elemente die einzelnen Funktionen übernehmen. Voraussetzung für eine textinterne Identifikation ist dann, dass der Funktionszusammenhang bereits präzisiert wurde. Häufig lässt sich, abhängig vom vorliegenden Funktionszusammenhang dann im weiteren Verlauf genauer präzisieren, welche möglichen Elemente die jeweiligen Funktionen übernehmen könnten. Die herangezogene

[517] Commerzbank AG, Geschäftsbericht 2008, S. 156.

Struktur ist folglich die Funktionaläquivalenz der Elemente, anhand derer sich auf Fehlendes zurückschließen lässt. Dies zeigt das folgende Beispiel:

„In 2003 flogen rund 75% der Gäste von TUI Belgium mit Sobelair, die übrigen mit verschiedenen Charterfluggesellschaften aus den Zielgebieten. Nach der Insolvenz von Sobelair hat TUI Belgium für 2004 eine eigene Fluggesellschaft aufgebaut.“[518]

Beispiel NP.13

Wird das Beispiel aufgeschlüsselt, so ergibt sich folgendes Bild:

Funktionaläquivalenz	Übernahme der Flüge für die Gäste der TUI	Übernahme der Flüge für die Gäste der TUI
Fluggesellschaft	Sobelair	Eigene Fluggesellschaft der TUI
Aufteilung	75% mit Sobelair; Rest mit anderen Charterfluggesellschaften aus Zielgebieten	**Nullposition**

Abbildung 24: Nullpositionenanalyse zu Beispiel NP.13

Deutlich wird, dass die neue Fluggesellschaft die zuvor von Sobelair ausgefüllte Funktion übernimmt, die Aufteilung jedoch nicht so detailliert erläutert wird, wie dies für Sobelair geschah.

(5) Nullpositionen bei impliziten und expliziten Wertungen

Nullpositionen liegen ferner bei impliziten und expliziten Wertungen nahe. Bei impliziten Wertungen lässt sich für Häufigkeitsanalysen hinterfragen, warum nebeneinander angeführte Sachgebiete stärker oder weniger stark untergliedert sind.[519]

Bei expliziten Wertungen beinhalten semantische Satzstrukturen, Inferenzen und Werturteile allein durch ihre Eigenschaft, nur eine von mehreren Möglichkeiten zu sein, immer den Hinweis auf neue Nullpositionen: Sie verweisen immer darauf, dass weitere anders lautende

[518] Tui AG, Geschäftsbericht 2003, S. 43.

[519] Anzumerken ist - abgrenzend zur Analyse von detaillierter und weniger detailliert dargestellten inhaltlichen Aspekten-, dass es hier um eine rein quantitative Überlegung geht, nicht um eine inhaltliche.

explizite Wertungen existieren, die ihrerseits allerdings wieder Nullpositionen darstellen.[520] Wenngleich die alternativen expliziten Wertungen nicht bekannt sind, kann sich doch gerade an diesen Stellen die Suche nach alternativen Deutungen, herangezogenen Vergleichen usw. anbieten, um so die Berichtspolitik des jeweiligen Unternehmens besser einschätzen zu können. Nullpositionen bei Inferenzen sind häufig aufschlussreich, wenn Aussagen zu Zahlen in der Bilanz getätigt werden. So liegt z.B. eine Nullposition auf Ebene der Zahlendarstellung im Lagebericht vor, wenn eine Prozentzahl ohne Vergleich, z.B. zum Vorjahr oder ohne Bewertung gegeben wird, da dann für den Leser keine Möglichkeit zur Einordnung besteht.[521] Eine bereits genauer einzuordnende Nullposition liegt vor, wenn eine verbale Relation wie z.B. „besser", „schlechter" usw. genannt wird, da dann zwar nicht der Vergleichsmaßstab, aber zumindest der Vergleich bereits deutlicher erkennbar wird etc. Erneut zeigt sich hier der komplementäre Charakter der Nullpositionenanalyse zur semantischen Raumanalyse: Dort wurden alternative explizite Wertungen aufgesucht, um das getätigte Werturteil einschätzen zu können. Hier wird die vorliegende explizite Wertung als Ausgangspunkt genommen, um darauf zu verweisen, dass alternative explizite Wertungen existieren. Das folgende Beispiel illustriert die Bedeutung dieser Nullpositionen:

„Das Finanzergebnis verbesserte sich gegenüber dem Vorjahr um 2,0 Milliarden €. Dies ist zum einen darauf zurückzuführen, dass im Vorjahr kursbedingte Sonderabschreibungen auf den Beteiligungsbuchwert France Télécom in Höhe von 0,6 Milliarden € sowie Wertberichtigungen auf Wertpapiere des Anlagevermögens in Höhe von 0,4 Milliarden € das Ergebnis negativ beeinflussten; diesen Maßnahmen stehen im Berichtsjahr keine vergleichbaren Wertberichtigungen gegenüber. Zum anderen entwickelten sich sowohl das Beteiligungsergebnis, als auch das Zinsergebnis in der Berichtsperiode positiv. Ursächlich hierfür waren beim Beteiligungsergebnis im Wesentlichen der konsolidierungsbedingte Wegfall von Aufwendungen im Vorjahr at equity bilanzierter Unternehmen und die Zuschreibung des Beteiligungsbuchwertes der comdirect bank AG. Diesen positiven Effekten standen in der Berichtsperiode Aufwendungen für Toll Collect in Höhe von 0,4 Milliarden € gegenüber. Das Zinsergebnis verbesserte sich vor allem auf Grund der gesunkenen Finanzverschuldung sowie auf Grund der Realisierung von Zinserträgen im Zusammenhang mit der Auflösung nicht mehr erforderlicher Zinsderivate."[522]

Beispiel NP.14

Hier wird das Finanzergebnis sehr positiv dargestellt. Verschwiegen wird dabei, dass, wie sich an anderer Stelle rekonstruieren lässt, das Finanzergebnis absolut -4 Milliarden € beträgt,[523] eine Information, die angesichts des Bemühens, alle Zahlenrelationen so darzustellen, dass sie einen positiven Eindruck erwecken, durchaus das gezeichnete Bild zu trüben vermag.

[520] Vgl. ISER (1971), S. 21.
[521] Vgl. LEURS (2006), S. 166.
[522] Vgl. Deutsche Telekom AG, Geschäftsbericht 2003, S. 32.
[523] Vgl. Deutsche Telekom AG, Geschäftsbericht 2003, S. 108, S. 132.

(6) Nullpositionen bei Perspektivierungen

Auch im Text gewählte Perspektivierungen können bestimmte Nullpositionen hervorrufen. So wird es durch Einnahme einer Außenperspektive automatisch unmöglich, nicht mitgeteilte Innenereignisse zu beschreiben, durch eine Ich-Perspektive können hingegen alle anderen Perspektiven – sofern sie dem sprechenden Ich nicht bekannt sind, nicht eingehen. Insofern wird durch die Wahl der Perspektive automatisch eine Informationsregulierung vorgenommen,[524] so dass bestimmte Informationen Externer nicht mehr zur Geltung kommen. Darum ist immer zu hinterfragen, welche Informationsgrenzen mit der gewählten Perspektivierung gesetzt werden, weil sich hierdurch auf die Nullpositionen in Bezug auf die Informationen jenseits der gesetzten Grenzen schließen lässt.

VIII.5 Textoberflächensemantische Spiegelungsanalyse

Die textoberflächensemantische Spiegelungsanalyse erweitert die strukturabhängige Spiegelungsanalyse in einem wichtigen Bereich. Sie nutzt nicht nur alle direkt an der Textoberfläche etablierten Strukturen und spiegelt diese auf andere Textstellen, die mit der Textoberfläche, welche die Struktur beinhaltet, thematisch verwandt sind. Der Unterschied zum vorherigen Ansatz ist vielmehr, dass die Strukturen jeweils wechselseitig von *anderen* Textstellen entlehnt und aufeinander gespiegelt werden. Erst dadurch wird es möglich, die vollständigen Strukturen aufzudecken. Auch dies sei an einem allgemeinen Beispiel erläutert: Gegeben seien zwei Teilstücke aus dem Text, welche sich durch die folgenden Merkmale auszeichnen mögen:

Teilstück 1	Teilstück 2
A	B
B	C
D	E
E	F

Abbildung 25: Ausgangspunkt der oberflächensemantischen Spiegelungsanalyse

Anhand der Spiegelung der Strukturen der beiden Teilstücke aufeinander lassen sich nun die folgenden Nullpositionen identifizieren:

[524] Vgl. auch LEURS (2006), S. 42.

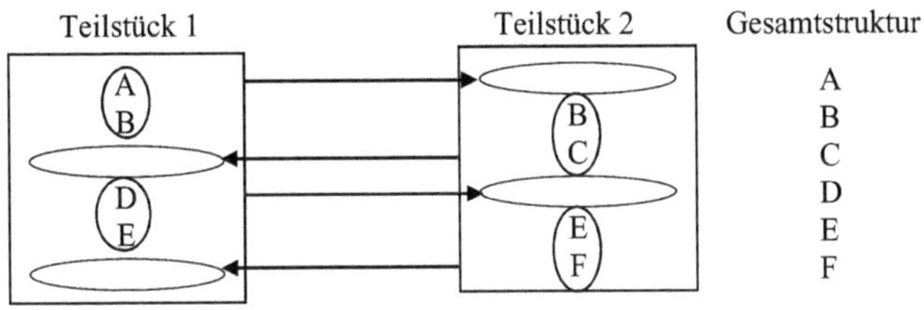

Abbildung 26: Ergebnis einer oberflächensemantischen Spiegelungsanalyse

So zeigt sich bei Einsatz des Spiegelungsverfahrens, dass teilweise der Gesamtzusammenhang von Strukturen erst durch die wechselseitige Spiegelung deutlich wird, die anhand der einzelnen Bestandteile selbst nicht erschließbar wäre. Ein Beispiel gibt der folgende Lageberichtsausschnitt der BMW AG zu den Investitionen in die BMW Mini Produktionswerke in Großbritannien:

„In das Werk Hams Hall sind rund 30 Millionen britische Pfund für die Fertigung einer neuen Familie von Benzinmotoren für den MINI investiert worden. Bei Erreichen der vollen Produktionskapazität des neuen MINI erhöht sich damit mittelfristig die Gesamtzahl der produzierten BMW und MINI Motoren im Werk Hams Hall von ursprünglich 180.000 auf mehr als 300.000 Einheiten. Die Zahl der Mitarbeiterin dem Motorenwerk wird entsprechend von 750 auf mindestens 1.000 steigen.
Im Werk Oxford wurden über 100 Millionen britische Pfund investiert, um die maximale Fertigungskapazität von rund 200.000 Einheiten auf 240.000 zu erhöhen und den Karosseriebau, die Lackiererei und die Fahrzeugmontage mit modernster Prozesstechnologie auf die Fertigung des neuen MINI vorzubereiten. Mit Erreichen der vollen Produktionskapazität entstehen im Werk 200 zusätzliche Arbeitsplätze, so dass dann bis zu 4.700 Mitarbeiter im Werk Oxford beschäftigt sein werden.
In das Werk Swindon hat die BMW Group rund 60 Millionen britische Pfund für die Fertigung von Pressteilen und die Vormontage von Karosseriebauteilen investiert. Das Werk mit seinen rund 1.100 Mitarbeitern hat in den vergangenen drei Jahren ein umfangreiches Modernisierungsprogramm durchlaufen und arbeitet mit neuester Press- und Fügetechnologie.“[525]

Beispiel NP.15

Wird dieser Textabschnitt mit Hilfe der beschriebenen textoberflächensemantischen Spiegelungsanalyse analysiert, ergeben sich verkürzt die in Abbildung 27 dagestellten drei semantischen Räume mit den jeweilig angeführten Nullpositionen.

Auffällig ist also, dass bei dem Werk Swindon die Auswirkungen auf Mitarbeiter ebenso wenig genannt werden wie die Investitionswirkungen, obwohl die Investitionen hier weit höher sind als in dem ausführlich erläuterten Hams Hall. In Hams Hall und Oxford wird wiederum im Gegensatz zu Swindon kein Vergangenheitsbezug dargestellt, wobei dieser seinerseits in Swindon in den letzten drei Jahren sehr positiv ausfiel. Auch hier zeigt sich der

[525] BMW AG, Geschäftsbericht 2006, S. 18.

komplementäre Charakter der Nullpositionenanalyse zur semantischen Raumanalyse: Erstere betont, was weggelassen wird, letztere, was zusätzlich angeführt wird.

Werk	Hams Hall	Oxford	Swindon
Investitionsvolumen	rund 30 Mio.	über 100 Mio.	rund 60 Mio.
Ziel der Investition	Fertigung einer neuen Familie von Benzinmotoren für den MINI	Fertigungskapazität erhöhen, Modernisierung von Karosseriebau, Lackiererei und Fahrzeugmontage für Fertigung neuer Mini	Fertigung von Pressteilen und Vormontage von Karosseriebauteilen
Wirkung der Investition	Mittelfristige Erhöhung der Gesamtzahl produzierter Motoren von 180.000 auf mehr als 300.000	Erhöhung Fertigungskapazität von 200.000 auf 240.000	**Nullposition**
Mitarbeiterwirkung	Steigt von 750 auf 1.000, wenn volle Produktionskapazität	200 neue Arbeitsplätze; 4.700 Mitarbeiter, bei voller Produktionskapazität	**Nullposition**, genannt wird nur der Stand
Vergangenheitsbezug	**Nullposition**	**Nullposition**	Umfangreiches Modernisierungsprogramm innerhalb der letzten drei Jahre

Abbildung 27: Nullpositionenanalyse zu Beispiel NP.15

VIII.6 Reorganisierte Spiegelungsanalyse

Der vierte Ansatz erweitert die textoberflächensemantische Spiegelungsanalyse erneut um ein wichtiges Detail. So werden hier aus dem Text entnommene Informationennach anderen als an der Textoberfläche selbst angelegten Gliederungskriterien aufeinander gespiegelt. Von der strukturabhängigen Nullpositionenanalyse unterscheidet sich die reorganisierte Spiegelungsanalyse dadurch, dass sie nicht mehr lediglich auf einzelne kleine Textstellen, sondern auch auf weit auseinanderliegende, thematisch jedoch zusammenhängende Textstellen Bezug nimmt, wenn diese in einem semantischen Raum zusammengefasst werden können.

Bei der reorganisierten Spiegelungsanalyse erfolgt darum zunächst eine Auflösung der direkt an der Textoberfläche beobachtbaren Anordnung mit Hilfe der zuvor erläuterten Analyse semantischer Räume. Die Einzelelemente werden nach anderen, ebenfalls im Text angelegten, dort aber nicht umgesetzten Gliederungskriterien reorganisiert. Anhand dieser Reorganisation identifizierte Muster werden sodann erneut daraufhin aufeinander gespiegelt, ob die ermittelten Elemente bzw. Zusammenhänge bei anderen reorganisierten Textinformationen vollständig sind, die ebensolche oder zumindest ähnliche Elemente oder Zusammenhänge aufweisen. Auch dies sei an einem allgemeinen Beispiel dargelegt. Gegeben sei der folgende Textabschnitt:

1 A
3 F
2 B
1 C
2 A
2 D
1 B

Abbildung 28: Ausgangspunkt einer reorganisierten Spiegelungsanalyse

Dieser Textabschnitt wird nun in einem ersten Schritt in der folgenden Weise in - in diesem Fall zwei - Teilstücke gemäß der semantischen Raumanalyse reorganisiert; zu diesem Zweck wird das nicht für die Spiegelung benötigte Element 3 F für den Augenblick unterdrückt:

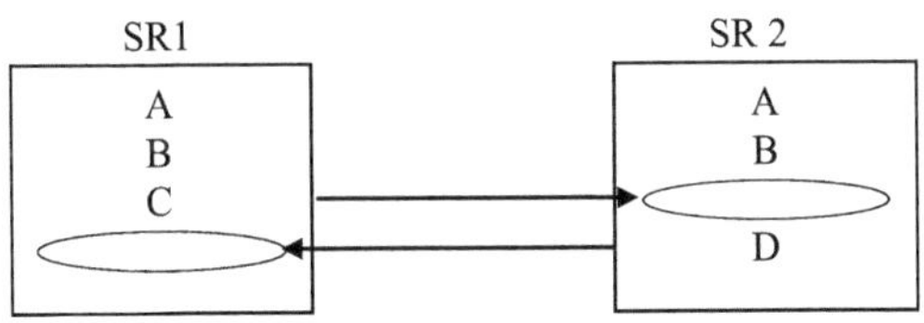

Abbildung 29: Ergebnis einer reorganisierten Spiegelungsanalyse

Im zweiten Schritt verfährt man wie bei der textoberflächensemantischen Spiegelungsanalyse. Es lassen sich also im Beispiel über die Rekonstruktion nach dem Gliederungsprinzip 1 und 2 bzw. der alphabetischen Reihenfolge Nullpositionen identifizieren. An dem Beispiel lässt sich aufzeigen, dass die reorganisierte Spiegelungsanalyse in gewissem Sinne ebenso wie strukturabhängige Nullpositionenanalysen und textoberflächensemantische Spiegelungsanalysen ein Komplement der semantischen Raumanalyse darstellt. Während erstere jeweils darauf fokussiert, was textintern mit Hilfe unterschiedlicher Strukturen rekonstruierbar *ist* (ABC in SR 1; ABD in SR 2), schließt die Nullpositionenanalyse komplementär darauf, was textintern mit Hilfe unterschiedlicher Strukturen rekonstruierbar *fehlt* (D in SR 1; C in SR 2).

Ein Beispiel, das die Bedeutung dieser Nullpositionen hervorhebt, gibt die Berichterstattung der Salzgitter AG im Jahr 2008 über die Zielsetzungen, Befragungen und Maßnahmen im Bereich Personal. Hier postuliert die Salzgitter AG auf Ebene der Ziele, wie wichtig die

Sicherung des Fachkräftenachwuchses und der Arbeitsplatzsicherheit sei; auch werden externe Wertschätzungen bekannt gegeben:

„Um den Mitarbeitern ein erfülltes und wertschöpfendes Leben bis zum Rentenalter zu ermöglichen […] wird sukzessive das Konzept eines umfassenden betrieblichen Gesundheitsmanagements umgesetzt.“[526]

„Da ein wesentlicher Erfolgsbeitrag hierbei von unseren Mitarbeitern in allen Bereichen ausgeht, sehen wir in der zukunftsorientierten Ausbildung und dem systematischen Fördern der Qualifikation unserer Belegschaft eine bedeutende Aufgabe.“[527]

„Der Erfolg unserer kontinuierlichen und strukturierten Anstrengungen zur Steigerung der Attraktivität des Salzgitter-Konzerns als Arbeitgeber zeigt sich auch darin, dass die SZAG erneut in den Kreis der TOP-Arbeitgeber Deutschlands gewählt wurde.“[528]

Beispiel NP.16

Die Textstellen zeichnen sich dadurch aus, dass jeweils eine Ziel-Mittel-Relation, eine Ursache-Wirkungsrelation und eine Handlungs-Ergebnis-Relation inhaltlich detailliert werden. An einer anderen Textstellen berichtet die Salzgitter AG ebenfalls von mitarbeiterbezogenen Aspekten, doch hier ist auffällig, dass weder die konkreten Ergebnisse noch die konkreten aus den Ergebnissen folgenden Handlungen dargestellt werden, obwohl, wie der Kontext deutlich werden lässt, diese im Konzern bekannt sind:

„Im Jahr 2007 befragten wir erstmals unsere Mitarbeiter […]. Die Ergebnisse dieser „IMPULS 2007“ genannten Befragung lagen Anfang 2008 vor und wurden anschließend in den Gesellschaften bekannt gegeben und analysiert. Erste Maßnahmen wurden eingeleitet.“[529]

Beispiel NP.17

Hier liegen – gerade im Vergleich zu den vorherigen Angaben – hinsichtlich der Ergebnisse wie der Maßnahmen bewusst im Konzern gehaltene Informationen vor. Auch unterscheidet sich dieser Abschnitt von den vorherigen Abschnitten dadurch, dass er eine dreiteilige Ablaufstruktur (Handlung-Ergebnis-Handlung) aufweist. Angesichts der Nullpositionen sowohl hinsichtlich der Ergebnisse als auch der Maßnahmen wird dieser Bereich aus Analysesicht besonders interessant für Nachforschungen.

Hilfreich ist diese Form der Nullpositionenanalyse häufig bei semantischen Räumen auf den Wertungsebenen.

---

[526] Salzgitter AG, Geschäftsbericht 2008, S. 46.
[527] Salzgitter AG, Geschäftsbericht 2008, S. 58.
[528] Salzgitter AG, Geschäftsbericht 2008, S. 58.
[529] Salzgitter AG, Geschäftsbericht 2008, S. 46.

Bei impliziten Wertungen (Umordnung, Frequenz, Umfang und Detailgrad) können Nullpositionen systematisch offen gelegt werden, wenn sich hinsichtlich der impliziten Wertung bestimmte Gemeinsamkeiten identifizieren lassen, welche dann gespiegelt auf andere Stellen nicht durchgehalten werden, z.B. weil Gliederungsebenen beim Detailgrad oder Umordnungen plötzlich unterbleiben, die ansonsten bei einer bestimmten Menge von Aussagen immer eingefügt bzw. vorgenommen wurden. Offen legen lassen sich so z.B. die Fragen, warum genau eine Umordnung im einen Fall stattfand, aber nicht im anderen; ein Sachverhalt zahlreiche Male genannt, ausgiebig behandelt oder sehr detailliert geschildert wurde und andere Sachverhalte lediglich einmal Erwähnung fanden.

Bei expliziten Wertungen lassen sich Nullpositionen durch unterschiedlich ausgeprägte, aufeinander gespiegelte Wertungsgrade fixieren. Beispielsweise lässt sich über die Spiegelung nicht kommentierter Sachverhalte auf kommentierte Sachverhalte auf die Dimensionen der Kommentierung schließen, d.h. welche Kommentierungen der Lageberichtersteller bei den hinreichend ähnlichen, aber nicht kommentierten Sachverhalten ebenfalls hätte vornehmen können. Angesichts der identifizierten Nullposition stellt sich dann die Frage, warum der Lagebericht aus Sicht des Erstellers an einigen Stellen der Kommentare bedarf, an anderen Stellen hingegen nicht.[530] Die Analyse derartiger Nullpositionen im Wertungsgrad kann damit z.B. herausarbeiten, inwieweit das Unternehmen eine Einsicht in die eigenen Motivationen zulässt.[531]

VIII.7 Regelabweichungsanalyse

Der fünfte und letzte Ansatz der Regelabweichungsanalyse stellt darauf ab, eine ganz bestimmte Form von Nullposition anhand der vorher durchgeführten Analysen zu ermitteln. Dazu setzt sie jeweils an den drei vorherigen Analysen an. Die Regelabweichungsanalyse kommt allerdings im Ergebnis nicht zu den vorher besprochenen Nullpositionen, weil die Strukturen mit den Elementen vollständig aufgefüllt, die textoberflächensemantischen Spiegelungen vollständig bedient und auch reorganisierte Spiegelungen vollständig sind. Sie kommt aber z.B. zu dem folgenden Bild:

---

[530] Vgl. ISER (1971), S. 19.
[531] Vgl. auch STANZEL (1995), S. 204.

Teilstück 1	Teilstück 2
A 1	A 4
B 2	B 3
C 3	C 2
D 4	D 1

Abbildung 30: Ausgangspunkt einer Regelabweichungsanalyse

Zwar fehlen keine Elemente oder Zusammenhänge, denn es sind schließlich einander wechselseitig zugeordnete Elemente und Zusammenhänge vorhanden. Was hier aber fehlt, ist eine Erklärung für die Abweichung von den anders lautenden Erwartungen, die das jeweilige andere Teilstück formuliert, d.h. warum es jeweils zu Regelabweichungen kommt, wie sie sich im Beispiel in Gleichläufigkeit und Gegenläufigkeit äußern.[532] Regelabweichungsanalysen lassen sich in

- materielle und
- formelle

unterteilen.

Materielle Regelabweichungen liegen vor, wenn bereits per se bedeutungstragende Regeln in zwei ähnlichen Textstellen unterschiedlich konstituiert werden.

Formelle Regelabweichungen liegen vor, wenn allein normalerweise nicht bedeutungstragende Regeln verletzt und dadurch bedeutungstragende Fragen aufgeworfen werden. In beiden Fällen muss aus dem Text hervorgehen, dass er einer bestimmten Regel folgen will.

VIII.7.1 Materielle Regelabweichungsanalysen

Im Konzernlagebericht der Allianz Gruppe des Jahres 2008 findet sich die folgende Gliederung für die zwei Segmente „Bankgeschäft" und „Asset Management":

[532] Tatsächlich ist der Zusammenhang etwas komplizierter. So stellen letztlich Regelabweichungsanalysen und reorganisierte Spiegelungsanalysen zumindest zum Teil konkurrierende Interpretationsansätze dar, weil jede Regelabweichung theoretisch auch als eine reorganisierte Spiegelungsanalyse aufgefasst werden kann, dann nämlich, wenn die beiden einander bei der Regelabweichung gegenüberstehenden Elemente als jeweils andere Elemente aufgefasst werden. Nur soweit diese Konkurrenz zugunsten der Regelabweichungsanalyse aufgelöst wird, lässt sich die Regelabweichungsanalyse auch als die generellere Analyseform begreifen.

Bankgeschäft

Ergebnisübersicht

Operative Erträge

Operatives Ergebnis

Nichtoperatives Ergebnis

Jahresüberschuss (-fehlbetrag)

aus fortzuführenden Geschäftsbereichen

Bankgeschäft nach Regionen

Asset Management

Vermögensverwaltung durch Dritte

Ergebnisübersicht

Operative Erträge

Operatives Ergebnis

Nichtoperatives Ergebnis

Jahresüberschuss[533]

Beispiel NP.18

Interessant daran ist im Sinne der faktischen Abfolge, dass ein Teil der Gliederung gleich bleibt, nämlich in Form der Elemente Ergebnisübersicht, operative Erträge, operatives Ergebnis, nichtoperatives Ergebnis und Jahresüberschuss, ein anderer Teil hingegen abweicht. So wird nur im Bankgeschäft auf die Regionen eingegangen, während wiederum nur im Asset Management der Aspekt „Vermögensverwaltung durch Dritte“ angesprochen wird. Hinzu kommt, dass der variable Bestandteil beim Bankgeschäft hintan-, beim Asset Management hingegen vorangestellt wird. Zugleich wird nur beim Bankgeschäft ein Fehlbetrag erwähnt und auf eine Fortführung verwiesen. Bereits auf der Gliederungsebene spiegeln sich dabei zentrale Änderungen bei der Allianz in 2008, die eine detailliertere Lektüre offen legen würde. So war das Bankgeschäft 2008 im Gegensatz zum Asset Management verlustreich und wurde z.T. (Dresdner Bank) abgegeben. Die Voranstellung der Vermögensverwaltung durch Dritte im Asset Management erfährt zugleich dadurch ihre Rechtfertigung, dass die Allianz im Jahr 2008 einen Rückgang der verwalteten Gelder um 62 Mrd. € auf 703 Mrd. € hinnehmen musste.[534] Nicht nur im Beispiel, sondern ganz allgemein ist Analyse von Regelabweichungen etablierter Reihenfolgen besonders fruchtbar, gilt doch, dass Abweichungen von zuvor im konkreten Lagebericht faktisch etablierten Strukturen häufig aufschlussreiche Hinweise auf kritische Änderungen geben.

VIII.7.2 Formelle Regelabweichungsanalysen

Formelle Regelabweichungsanalysen beziehen sich auf Verletzungen von Syntax und Grammatik. Da eine Missachtung von Syntax und Grammatik nicht üblich ist, kann es sinnvoll sein, syntaktische und grammatikalische Fehler als Regelabweichung zu begreifen.

---

533 Vgl. Allianz Gruppe, Geschäftsbericht 2008, S. 64-69.

534 Vgl. zu den letzten beiden Sätzen auch Allianz Gruppe, Geschäftsbericht 2008, S. 64-66.

Auf syntaktischer Ebene können Nullpositionen durch formale Regelabweichungsanalysen erschließbar werden, wenn z.B. syntaktisch notwendige Satzglieder fehlen oder falsch platziert sind. Gleichermaßen lassen sich Rechtschreib- oder Satzzeichenfehlern gegebenenfalls Verweise auf Nullpositionen entnehmen. Um Nullpositionen aufgrund formeller Regelabweichungen handelt es sich, weil die verweisende Information hier nicht auf dem konkreten Inhalt, sondern vielmehr auf der Möglichkeit beruhen, eine syntaktische oder grammatische Abweichung bedeutungstragend interpretieren zu können. So verweist die Abweichung von einer syntaktisch korrekten Formulierung nicht nur auf die syntaktisch korrekte(n) Form(en), sondern auch auf mögliche Gründe für das Begehen des Fehlers in Form eines alternativen Satzes, der dem Ersteller vorschwebte. So findet sich im Risikobericht der Commerzbank 2006 die folgende Formulierung:

„…wird auch hier besonderes Augenmerk auf die Überwachung durch das Beteiligungs- und Risikomanagement gelegt, um einerseits den ökonomischen Kapitalverbrauch für einzelne Beteiligungen zu begrenzen und andererseits *signifikante Auswirkung* [Kursivsetzung vom Autor] auf Neubewertungsreserve beziehungsweise P&L des Konzerns zu vermeiden."[535]

Beispiel NP.19

Hier wird der Singular statt des notwendigen Plurals „Auswirkungen" gewählt. Möglicherweise hatte der Ersteller hier eine ganz konkrete Auswirkung im Kopf.

Bei Rechtschreib- und Satzzeichenfehlern wiederum kann es sich um eine Form von freudschen Versprechern handeln. Ein solcher Versprecher findet sich z.B. im folgenden Fall:

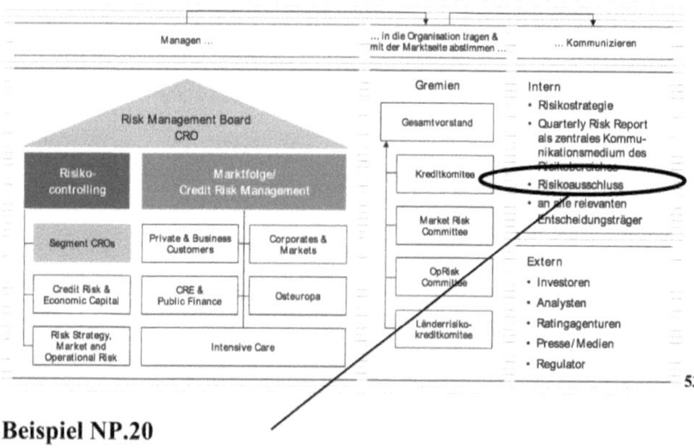

536

Beispiel NP.20

---

[535] Commerzbank AG, Geschäftsbericht 2006, S. 89.

[536] Commerzbank AG, Geschäftsbericht 2007, S. 103.

Hier ist von einem Risikoausschuss die Rede, der aber durch das Wort Risikoausschluss gekennzeichnet wird. Ob dem eine Bedeutung zukommt, d.h. der Risikoausschuss vom Erkennen der Risiken beispielsweise ausgeschlossen wurde, ob der Risikoausschuss systematisch die Existenz von Risiken ausgeschlossen hat, obwohl sie existierten, oder ob es sich allein um einen Tippfehler handelte, kann nur über zusätzlich eingeholte Informationen geklärt werden.

VIII.8 Weiterführende Analysen und Grenzen der Interpretation von Nullpositionen

Sind die Nullpositionen identifiziert worden, besteht abschließend die Aufgabe, sämtliche angetroffenen Nullpositionen bzw. diejenigen Informationen, welche ihre Identifikation ermöglichen, ihrerseits einer Analyse auf gemeinsame Merkmale zu unterziehen. So lässt sich näher spezifizieren, welche Arten von Informationen verschwiegen werden. Dazu ist zu ermitteln, ob die nicht gegebenen Informationen bestimmte Merkmale teilen, welche erlauben, sie einer gemeinsamen Kategorie zuzuordnen. Hiermit lassen sich über einen möglichen Zufall hinaus Schlussfolgerungen hinsichtlich der Zielsetzung der Auslassungen vornehmen. Beispielsweise macht es regelmäßig einen Unterschied, ob die Nullpositionen vermehrt bei der Darstellung, d.h. auf den Wertungsebenen oder beim Inhalt auftreten.[537]

Hierbei lassen die im Rahmen der weiterführenden Analysen identifizierten Charakteristika der angetroffenen Nullpositionen zugleich Rückschlüsse auf die Grenzen zu, die der Nullpositionenanalyse im konkreten Fall gesetzt sind.

Hilfreich für die weitergehende Analyse sind eine Reihe abstrakter Kriterien, anhand derer die Informationen, die die Nullpositionen erkennbar werden lassen, geordnet werden können. Diese Kriterien lassen sich danach unterscheiden, ob sie Bezug nehmen auf

- den Schwierigkeitsgrad bei der Ermittlung einer Nullposition
- den Aufwand der Ermittlung des Inhalts einer Nullposition oder
- die Verlässlichkeit der Nullposition.

[537] Vgl. auch ISER (1971), S. 23.

(1) Schwierigkeitsgrad bei der Ermittlung der Nullposition

Es lassen sich drei Hinweise auf den Schwierigkeitsgrad der Identifikation von Nullpositionen unterscheiden:

Zum Ersten lassen sich Verweisinformationen nach dem Grad ihrer Dimensionalität unterscheiden, d.h. danach, ob sie eindimensional oder mehrdimensional auf die Nullposition verweisen. Ein eindimensionaler Verweis lässt die Nullposition nur in einem einzigen semantischen Raum erscheinen. Ein mehrdimensionaler Verweis auf eine Nullposition wird hingegen durch mehrere semantische Räume hervorgehoben. Der Schwierigkeitsgrad, die Nullposition zu ermitteln, steigt, je weniger Dimensionen die Nullposition erschließbar werden lassen.[538]

Zum Zweiten lassen sich die Verweisinformationen nach dem Grad ihrer Spezifikation unterscheiden. Darunter wird verstanden, mit wie vielen - allerdings einem semantischen Raum, d.h. einer Dimension zugehörigen - Merkmalen die Nullposition in Bezug auf ihren Inhalt determiniert wird.[539] Auch hier gilt, dass je weniger Merkmale in einem semantischen Raum auf die Nullposition verweisen, desto geringere Chancen bestehen, die Nullposition zu ermitteln.

Zum Dritten lassen sich Verweisinformationen nach dem Grad ihrer Verrauschtheit unterscheiden. Hierunter wird einerseits der quantitative Umfang an Information verstanden, der zunächst entfernt werden muss, um diejenigen Informationen isolieren zu können, welche auf die Nullposition verweisen. Andererseits wird hierunter die inhaltliche Ferne der zu unterdrückenden Informationen von dem Inhalt des Verweises auf die Nullposition verstanden. Ist eine Verweisinformation stark verrauscht, so ist viel und inhaltlich in ganz andere Richtungen verweisende Information zu entfernen. Ist sie nur schwach verrauscht, bedarf es der Entfernung nur weniger anderweitiger Informationen.

(2) Aufwand einer Ermittlung des Inhalts einer Nullposition

Die nächsten drei Unterkriterien geben Hinweise darauf, wie aufwändig es wird, den fehlenden Inhalt einer Nullposition zu ermitteln.

---

[538] Vgl. TITZMANN (1977), S. 241.

[539] Vgl. auch TITZMANN (2003), S. 3046.

So lassen sich Verweisinformationen zum Ersten danach unterscheiden, ob sie echte oder auffüllbare Nullpositionen bezeichnen.[540]

Bei den zuerst genannten erlaubt es der Text nicht, durch anderweitig zur Verfügung stehende Informationen das Fehlende aufzufüllen. Bei ihnen liegt folglich anhand des Verweises eine Information vor, die nur darüber informiert, dass etwas verschwiegen wird, ohne inhaltlich anzugeben, was verschwiegen wird. Auch das stellt ein zu interpretierendes Faktum dar,[541] legt es doch nahe, dass das Unternehmen über den betroffenen Bereich nicht nur an dieser Stelle, sondern generell nicht informieren will. Derartige Positionen sind darum – mangels Information über den Inhalt – durch eine Negativabgrenzung möglichst präzise einzugrenzen. Bei auffüllbaren Nullpositionen ist eine Angabe des Inhalts hingegen verfügbar;[542] der Inhalt wird ermittelt, indem ein anderweitig identifizierter Inhalt in die Nullposition hineinprojiziert wird. Eine solche Projektion ist zwar sinnvoll, um Fragen auszulösen, sollte jedoch zunächst nur als vorläufige Auffüllung gelten, nicht als endgültige. Zwar ist durchaus möglich, dass eine weitere, in anderem Kontext angeführte Information ohne Verweiseigenschaften die gesuchte Information für die Nullposition bildet. Allerdings ist die Zulässigkeit der Auffüllung durch die Information jeweils anhand von Spezifikation und Dimensionalität mit den Verweisinformationen auf die Nullposition abzugleichen.

Gleichermaßen lässt sich zweitens danach unterscheiden, ob auf Nullpositionen in sehr vielen verschiedenen Themenkomplexen eines Textes oder in Bezug auf immer nur ein Thema oder wenige Themenbereiche verwiesen wird.[543] Während der zuerst genannte Fall beinhaltet, dass die Nullposition zeitlich aufwändig zu füllen ist, die Unternehmensleitung aber grundsätzlich informationsbereit sein dürfte, gilt beim zweiten Fall voraussichtlich, dass zwar wenige Informationen genügen würden, aber die Unternehmensleitung häufiger signifikante Widerstände gegen die Auffüllung leisten wird, weil sie Aussagen über die verschwiegenen Themenbereiche ganz bewusst ausgespart hat.

---

[540] Vgl. bereits INGARDEN (1979), S. 43.
[541] Vgl. TITZMANN (1977), S. 245.
[542] Vgl. KRAH (2006), S. 93; TITZMANN (1977), S. 241.
[543] Letztlich handelt es sich hierbei um eine zweifach andere Blickrichtung auf Spezifizierung und Dimensionalität: Einerseits werden die Themenbereiche, d.h. Merkmalsklassen und Dimensionen festgehalten. Dabei wird geprüft, wie viele Themenbereiche existieren, während vorher die Nullposition der Ankerpunkt war. Andererseits ändert sich die Zielrichtung, denn bei Spezifizierung und Dimensionalität geht es um die Identifikation, hier hingegen dreht es sich um die Auffüllung bereits identifizierter Nullpositionen.

Zuletzt lässt sich untersuchen, ob die angetroffenen Nullpositionen ihrerseits neue Nullpositionen formen, soweit sie über sich hinaus verweisen – beispielsweise indem eine Nullposition festgestellt wird, für deren Auftauchen mehrere mögliche Erklärungen existieren. Interessant dabei ist, welche Arten von sekundären Nullpositionen hervorgerufen werden, weil hieraus Rückschlüsse ableitbar sind, welche Geschehnisse die Unternehmensleitung, z.B. über Voraussetzungen, zwar nicht unterschlagen, aber auch nicht im Vordergrund der Berichterstattung sehen wollte.

(3) Verlässlichkeit der Nullpositionenermittlung

Die folgenden vier Kriterien untersuchen, wie verlässlich die identifizierten Nullpositionen sind. Ihnen kommt insofern eine hohe Bedeutung zu, als die Nullpositionen systematisch erschlossen wurden, ohne Rücksicht darauf, welche Ursachen ihnen bei der Textproduktion zugrunde gelegen haben könnten. Vielfach können sie vollkommen unproblematisch und irrelevant sein, wobei sich dies erst nach weiteren Analysen herausstellt. Inwiefern die ermittelten Nullpositionen Eingang in Orientierungsbasis und Entscheidungsgrundlage finden, hängt zwar vor allem von der konkret verfolgten Fragestellung, Wissen, Erfahrung und Spekulation ab. Es lassen sich aber bereits bei der Erschließung einige Faktoren berücksichtigen, welche eine (Nicht-) Berücksichtigung nahe legen.

Zum Ersten ist zu untersuchen, inwieweit bei der Voraussetzungsanalyse ermittelte Voraussetzungen an anderer Stelle offen ausgesprochen oder durch anderweitige Aussagen in ihrer Bedeutung verändert werden.

Zum Zweiten ist bei den Spiegelungsanalysen zu prüfen, wie naheliegend die vorgenommenen Spiegelungen bzw. reorganisierten Spiegelungen für den Ersteller waren (Grad der Erstellerrelevanz).

Zum Dritten können die gewählten unterschiedlichen Auffüllungen durch anderweitig verfügbare Inhalte selbstverständlich unterschiedliche Nullpositionen hervorheben, so dass die Wahl der herangezogenen anderweitigen Informationen immer mitzureflektieren ist (Grad der Differenzerklärung). Darum sind zwei Bedingungen an Spiegelungsanalysen zu stellen. Die erste Bedingung besteht darin, dass inhaltlich hinreichend viele Merkmale zwischen der

Textpassage, in welcher die Nullposition vorliegt, und der Textpassage bestehen, welche die Identifikation erlaubt.[544] Es muss also ein hinreichender Zusammenhang zwischen den Textpassagen bestehen, um überhaupt eine Anwendung einer Textpassage auf eine andere Textpassage zu rechtfertigen. Die zweite Bedingung fordert, dass die aus dem Vergleich von Textpassagen resultierenden Nullpositionen nicht durch die verbleibenden differierenden Merkmale der beiden Vergleichsgrößen erklärt werden können.

Zuletzt muss bei der Regelabweichungsanalyse geprüft werden, wie etabliert die Regeln waren, für deren Abweichungen kausale Nullpositionen formuliert wurden (Grad der Regelfestigkeit).

[544] Vgl. TITZMANN (1977), S. 233.

IX. Die Analyse von Boilerplate-Informationen

Bislang wurden umfangreich Instrumente diskutiert, die in der Lage sind, tatsächlich im jeweiligen Lagebericht enthaltene Informationen oder aber zumindest Verweise auf solche zu extrahieren und zu systematisieren. Häufig wird jedoch selbst eine derart tiefgehende Analyse nicht übermäßig viel Information zutage fördern können. So lässt sich ein Lagebericht auch in einer Form verfassen, die keine Informationsextraktion zulässt - wenn im Lagebericht nichts drin steht, kann auch nichts herausgelesen werden. Darum muss einer Sonderform von Informationserzeugung durch die Analyse Rechnung getragen werden: sogenannten Boilerplate-Informationen, d.h. grob formuliert, für den Kapitalgeber uninformativ gehaltenen Darstellungen.

IX.1 Die Funktionen der Boilerplate-Analyse

Eine Analyse von Boilerplate-Informationen kann aufgrund des fehlenden Inhalts nicht das Ziel der direkten Informationsextraktion verfolgen. Dennoch muss sie aus vier Gründen einen Teilaspekt einer Lageberichtsanalyse bilden.

So ist eine Analyse von Boilerplate-Informationen zum Ersten notwendig, um den Aussagegehalt eines Lageberichts nicht in dem Sinne zu überschätzen, dass Lageberichtsinhalte für Information gehalten werden, welche de facto keinen Informationsgehalt aufweisen.

Zum Zweiten ist sie wichtig, um aus dem Auftreten von Boilerplate-Informationen Rückschlüsse auf die Informationspolitik des jeweiligen Unternehmens zu ziehen. So ermittelt sie, wie viel und welche unverdaulichen Steine bzw. Unkrautsorten von der Unternehmensleitung in das notwendige Nahrungsmittel Information gemischt werden.[545]

Zum Dritten informieren Boilerplate-Informationen zwar nicht über die durch sie verdeckten Sachverhalte; dafür aber liefern sie häufig (unfreiwillig) Hinweise auf Motivationen, Intentionen oder Sorgen des Managements, die mit den inhaltsleer dargestellten Sachverhalten verbunden sind: Sobald das semantische Potential der Aussagen, d.h. die Frage nach dem rekonstruierbaren Inhalt, entfällt, rücken verstärkt pragmatische Aspekte in den

[545] Vgl. PIPER (1970), S. 1141.

Vordergrund, die eine Erklärung dafür liefern könnten, warum der Ersteller eine Boilerplate-Information eingefügt hat. Die Begründung für die Formulierung der Aussagen wird dann aufgrund der inhaltlichen Irrelevanz also darauf untersucht, ob ihr Informationsgehalt auf der Ebene von Interaktion und Kontext der Aussagen anzutreffen ist.

Zum Vierten ist die Boilerplate-Analyse für eine zielgerichtete Reaktion der Kapitalgeber von Bedeutung. So können Kapitalgeber mit einer entsprechenden Machtposition durch genaue Benennung von Boilerplate-Informationen und einer Bitte um Änderung oder zumindest Unterlassung derartiger Informationen bzw. dem Hinweis auf ein mögliches Abstrafen eine bessere Informationspolitik des Unternehmens erzwingen. Kapitalgeber ohne eine solche Machtposition können wiederum ihr Wissen um die mangelnde Informationsbereitschaft des Managements in ihr eigenes Kalkül bei der Ausübung der Kapitalgeberrechte einfließen lassen. Zudem lassen sich zumindest außerhalb des Lageberichts die durch Boilerplate-Informationen verdeckten Informationen gezielt suchen und gegebenenfalls beschaffen.

Alle vier Aspekte spielen bei der Erstellung von Entscheidungsgrundlage und Orientierungsbasis eine wesentliche Rolle. So können sie einerseits Hinweise auf fehlendes Wissen aber auch fehlende Vertrauenswürdigkeit der Aussagen eines Managements geben. Andererseits können sie auch auf eine sorgfältig durchdachte Informationspolitik hindeuten, welche Wettbewerbsvorteile nicht unvorsichtig preisgibt und das Unternehmen vor den Gefahren aus unbedacht preisgegebenen Informationen schützen soll. Zuletzt hilft die Boilerplate-Analyse jedoch auch bei der Komplexitätsreduktion, weil sie erlaubt, gegebenenfalls Redundanzen zu beseitigen.

IX.2 Boilerplate-Analyse – Grundprinzip und Ansätze

Da eine umfassende Definition von Boilerplate-Information für Analysezwecke bislang nicht existiert, ist diese zunächst zu entwickeln. Anleihen lassen sich hierbei insbesondere bei dem internationalen Rechnungslegungsstandardsetzer IASB und der amerikanischen Aufsichtsbehörde SEC machen. So lässt sich als Ausgangspunkt eine erste Definition von Boilerplate-Information dem Diskussionspapier zum Management Commentary des IASB entnehmen:

„The term boilerplate in this context means a unit or section of writing that can be reused over and over without change. An entity could, for example, make a statement that `it operates strong corporate governance practices´. This would be considered a boilerplate statement because it is generic and does not relate the practices to the circumstances of the entity.“[546]

Problematisch an dieser Definition ist, dass sie weder allgemein gültig noch treffgenau ausfällt, würde sie doch z.B. bereits auf die Überschrift "Konzernlagebericht" zutreffen, die allgemein ist, jedes Jahr erneut auftaucht und sich nicht konkret auf die Umstände des Unternehmens bezieht.

Weitere originäre Definitionen sind nicht anzutreffen – der Begriff wird benutzt und seine Bedeutung vorausgesetzt; definiert wird er nicht. So gebraucht die SEC den Begriff Boilerplate in ihrer Interpretation zum amerikanischen Äquivalent des deutschen Lageberichts, dem Managements discussion and analysis (MD & A), wenn sie feststellt:

„As is true with all sections of MD & A, boilerplate disclaimers [...] are not helpful in providing useful information [...].“[547]

Auch der Working draft zum Exposure Draft des Management Commentary des IASB gebraucht den Begriff, um eine bestimmte Form von Analysen zu kennzeichnen:

„boilerplate analyses [...] do not provide any insight into the entity's past performance or prospects as understood by management.“[548]

Eine Analyse der letzten beiden angeführten Zitate zeigt jedoch zumindest, dass Boilerplate-Informationen zum Ersten eine wirkungsbezogene Komponente aufweisen: Die Informationen wirken sich auf die Entscheidungen nicht aus, sie sind nicht nützlich, sondern irrelevant. Würde eine Definition auf dem aus den Zitaten abstrahierbaren allgemeinen Niveau belassen, wäre das allerdings wenig hilfreich.

Zunächst müsste spezifiziert werden, welche Adressaten gemeint sind, was für ihre an den Lagebericht herangetragenen Fragestellungen nützliche Informationen wären und wie mit nur für bestimmte Fragestellungen relevanten Informationen umzugehen wäre u.ä. Ohne solche Präzisierungen hinge eine Definition ähnlich in der Luft wie der Allgemeinplatz der

[546] IASB (2005),Fn. 5, S. 11.
[547] SEC (2003), III.A. Vgl. zum Gebrauch ohne Erläuterung in der Literatur beispielhaft auch SCHROEDER/GIBSON (1990), S. 80.
[548] IASB (2009), S. 8.

Entscheidungsnützlichkeit und ließe in analoger babylonischer Sprachverwirrung zu, dass jegliche Form von Boilerplate-Information durch Heranziehen von Kontext in Form geeigneter Beispiele als Information gerechtfertigt oder aber auch verworfen werden könnte.

Im diskutierten Kontext lassen sich Boilerplate-Informationen jedoch wirkungsbezogen zum Ersten präzise anhand des Nutzens der Informationen für die Kapitalgeber in Bezug auf denjenigen Informationsbedarf definieren, der in Kapitel II bei der Darstellung der Ausgangssituation der Kapitalgeber herausgearbeitet wurde. Auch lässt sich der Kreis der Kapitalgeberinteressen auf die dort explizierten finanziellen Interessen beschränken.[549]

Als zweites wirkungsbezogenes Kriterium lässt sich dasjenige des relativen Nutzens anführen: Eine Informationsweitergabe darf nicht relativ zu alternativen, nach geeigneten Maßstäben analyseseitig identifizierbaren Informationsweitergaben, die nicht stattfinden, aber hätten stattfinden können, in einem völlig disproportionalen Nutzenverhältnis stehen.

Andererseits zeigen das erste und das dritte Zitat auch, dass Boilerplate-Informationen eine unternehmensbezogene Komponente beinhalten. Boilerplate-Information ist in diesem Sinne auch jede Aussage, welche mit dem Unternehmen und seiner Entwicklung nicht mehr in einer Form in Zusammenhang gebracht werden kann, die Rückschlüsse von der gegebenen Information als eines Abbilds auf das Urbild der Lage des Unternehmens und dessen Entwicklung im Zeitablauf zulässt.

Ein dritter Aspekt neben den unternehmensbezogenen und wirkungsbezogenen Komponenten sei zusätzlich eingeführt. So kann die Nutzlosigkeit von Information auch darin wurzeln, dass die Information schlicht bereits bekannt und darum redundant ist.

Zusammenfassend lässt sich Boilerplate-Information damit - immer noch relativ vage - definieren als jede Aussage, die alternativ

- keine Rückschlüsse auf Lage und/oder Entwicklung des Unternehmens zulässt,
- die redundant ist,

[549] Zu beachten ist, dass eine umfassende Definition nicht angestrebt wird; dazu fehlt es an den hierfür notwendigen Analysen des Informationsbedarfs aller Unternehmensbeteiligter. Es handelt es sich lediglich um eine solche Definition, die bei der Durchsetzung von Informationsansprüchen von Kapitalgebern wertvolle Dienste leisten soll.

- die hinsichtlich der aktuellen Kapitalgeberfragestellungen vom relativen Nutzen her in disproportionalem Verhältnis zu nicht gegebenen Informationen steht oder
- die nicht auf deren finanzielle Interessen bezogen ist.

Dieser Definition liegt zugleich die Grundstruktur des mit dem Lagebericht vorgenommenen Kommunikationsaktes zugrunde, welcher über den Sender mit Hilfe einer Botschaft einen Empfänger informieren soll. Das ist nicht zufällig. Eine Information wird nämlich genau dadurch nutzlos, dass der Informationsfluss auf einer dieser drei Ebenen unterbrochen wird. So können Informationen einerseits auf Ebene der Information über das den Lagebericht erstellende Unternehmen (den Sender), auf Ebene des Lageberichts selbst (der Botschaft) oder auf Ebene des Bezugs zum Lageberichtsadressaten (des Empfängers), d.h. hier, den Kapitalgebern, gezielt in Boilerplate-Informationen transformiert worden sein. Systematisch folgen damit aus der Definition für die Erzeugung von Boilerplate-Informationen drei Prinzipien (vgl. Abbildung 31):

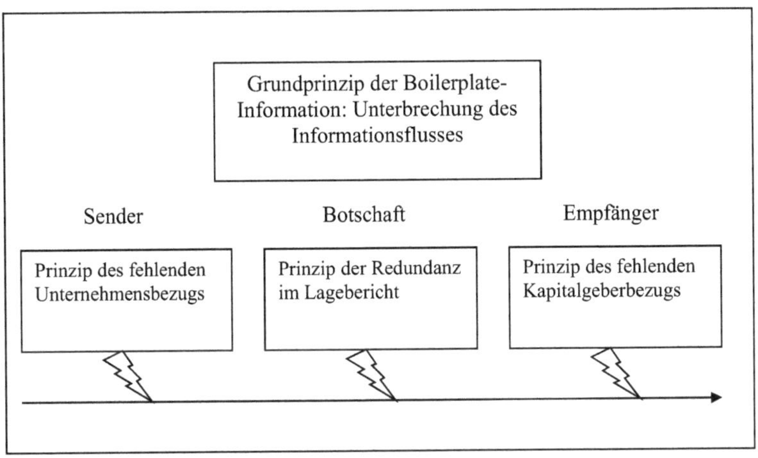

Abbildung 31: Der Kommunikationsakt bei der Produktion von Boilerplate

Im Folgenden werden die Erscheinungsweisen von Boilerplate-Informationen anhand der drei Prinzipien dargestellt. Dabei wird keine Vollständigkeit angestrebt,[550] da das Phänomen der Boilerplate-Information zu vielschichtig ist. Vielmehr werden die Ausführungen auf solche

[550] Möglicherweise liegt in dieser Vielfältigkeit der Grund für den überraschenden Befund, dass m.W. bislang keinerlei Literatur existiert, welche die Erscheinungsformen von Boilerplate-Information umfassend systematisiert und eine annähernd zweifelsfreie, objektivierbare Identifikation zulässt.

Aspekte beschränkt, die entweder von derart hoher Bedeutung sind, dass selbst eine unscharfe Bezeichnung wertvolle Dienste bei der Analyse liefert oder die aus Sicht der Analyse eindeutig festgestellt werden können.

IX.3 Prinzipien der Produktion von Boilerplate-Information

IX.3.1 Unternehmensbezogener Boilerplate - Prinzip des fehlenden Unternehmensbezugs

Das Prinzip des fehlenden Unternehmensbezugs beinhaltet, dass eine verbale Darstellung von Sachverhalten erfolgt, welche alle Informationen entfernt, die inhaltlich auf die aktuelle Lage und/oder Entwicklung des Unternehmens bezogen sind. Unternehmensbezogene Informationen lassen sich hierbei systematisch analog zu den Kategorien bei den semantischen Räumen sowohl auf Ebene der Inhaltsanalysen als auch auf Ebene der Darstellungsanalysen entfernen.

(1) Boilerplate-Information bei der Veränderungsstrukturanalyse im Lagebericht
Boilerplate-Information auf Ebene der Veränderungsstrukturen liegt vor, wenn im Lagebericht Sachverhalte erwähnt werden, welche zu aktueller Lage und dem Geschäftsverlauf des Unternehmens in keinerlei direktem zeitlichen Bezug stehen.

Identifizierbar ist diese Form von Boilerplate-Information zum einen vergangenheitsbezogen anhand der Beantwortung der Frage, ob bereits Tatsachen existieren, die den aktuellen Stand mit Blick auf seine Bedeutung in der Zukunft bereits hinreichend beschreiben können, so dass Informationen über weiter in der Vergangenheit liegende Ereignisse überflüssig werden. Dies ist beispielsweise der Fall, wenn nicht (nur) auf die letzten bekannten Glieder einer Kausal-, Motivations- oder Sukzessionskette eingegangen wird, sondern stattdessen auf früher liegende Glieder, häufig ohne eine Verbindung zu den letzten Gliedern zu schaffen. Handelt es sich beispielsweise um die Unternehmenslage z, so wird nicht oder nicht nur auf das direkt vorher stattfindende y, sondern auch oder nur auf das noch früher eingetretene x eingegangen:

$$x \longrightarrow y \longrightarrow z$$

Ein Beispiel hierfür lässt sich im Lagebericht 2010 von Daimler finden:

„Vor 125 Jahren haben wir mit der Erfindung des Automobils die Mobilität grundlegend verändert. Auch für die Zukunft bleibt es unser Anspruch, richtungweisend bei der Weiterentwicklung der Mobilität zu sein.“[551]

Beispiel BP.1

Hier wird ein Ereignis aus der Geschichte der Daimler AG gewählt, welches mit dem heutigen Konzern nur noch sehr bedingt in Zusammenhang gebracht werden kann. Sicherlich gibt es für den Anspruch, in Zukunft, bei der Weiterentwicklung der Mobilität richtungweisend zu sein, Ereignisse der jüngeren Vergangenheit, welche dieses Ansinnen der Akteure bei Daimler besser belegen könnten. Auf pragmatischer Ebene legt die Textstelle die Vermutung nahe, das Unternehmen wolle sein Image bewusst mit einem zwar inhaltlich überflüssigen, aber positiv belegten Ereignis der Vergangenheit verknüpfen.

Boilerplate bei Veränderungsstrukturen kann auch daraus resultieren, dass zu große zeitüberspannende Einheiten gebildet werden, um Entwicklungen zu illustrieren. So ist eine Zeitspanne zu lang, wenn sie so weit in die Vergangenheit zurückgeht, dass sich leicht eine kürzere Zeitspanne benennen lässt, um die jeweilige Entwicklung aufzuzeigen. Ist die Unternehmenslage z das Ergebnis einer Entwicklung, welche durch die Elemente x und y bereits hinreichend deutlich wird, so stellt die Beschreibung durch weitere Elemente, z.B. v und w, welche ebenfalls durch diese Entwicklung gekennzeichnet sind, aber zum Erklärungsgehalt der Entwicklung nichts mehr beitragen, Boilerplate-Information dar:

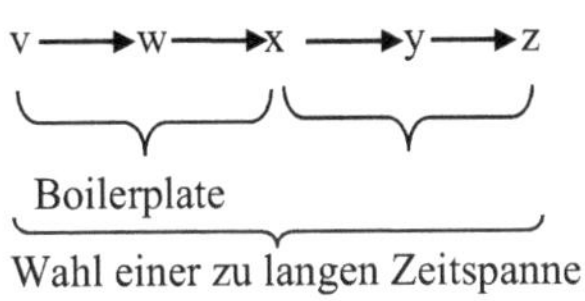

Abbildung 32: Zeitbedingte Boilerplate-Information

Dies zeigt das folgende Beispiel:

„GfE beherrscht seit 75 Jahren Produktionsprozesse, die unseren Kunden durch ständige Optimierung eine überlegene Technik sichern und durch steigende Umweltschutzmaßnahmen dazu beitragen, den Bestand einer starken heimischen Ferrolegierungsindustrie zu garantieren.“[552]

Beispiel BP.2

---

[551] Daimler AG, Geschäftsbericht 2010, S. 65.

[552] GfE mbH, Geschäftsbericht 1987, BaBJ 1989, S. 1651, zitiert nach KUHN (1992), S. 12.

Wenngleich nicht beurteilt werden kann, welcher Zeitraum notwendig ist, um die Aussagen zu belegen, kann doch als sicher gelten, dass ein weit kürzerer Zeitraum als 75 Jahre hierfür ausreichend wäre.

Zu beachten ist zugleich, dass nicht in die Aussage hineininterpretiert werden darf, was inhaltlich nicht (!) drin steht. So kann ein Satz wie der letzte schnell dahingehend gelesen werden, dass sich das Unternehmen bestimmten über lange Zeiträume hinweg bestätigten Erfahrungswerten usw. verpflichtet fühlt und der Satz insofern ganz und gar kein Boilerplate darstellte. Dann ließe sich schließlich daraus folgern, dass das Unternehmen bewusst ein Trägheitsmoment in das eigene Verhalten einbaut, weil sich dieses Verhalten über sehr lange Zeit bewährt hat. Tatsächlich ist eine solche Auslegung der obigen Aussage jedoch falsch, denn schließlich hätte genau das dann auch formuliert werden können, z.B. so:

Die Erfahrungen aus 75 Jahren der Beherrschung von Produktionsprozessen führen dazu, dass wir unser Augenmerk zuerst darauf legen, unseren Kunden durch ständige Optimierung eine überlegene Technik zu sichern und durch steigende Umweltschutzmaßnahmen dazu beizutragen, den Bestand einer starken heimischen Ferrolegierungsindustrie zu garantieren.

Beispiele wie dieses zeigen, wie genau Aussagen gelesen werden müssen, um zwischen bestimmten Formen der Boilerplate-Information und tatsächlicher Information korrekt zu trennen und nicht auch Boilerplate-Informationen als informativ einzuordnen, weil sie bei erster flüchtiger Lektüre aufgrund eigener spekulativ vorgenommener Ergänzungen informativ zu sein scheinen.

Eine zukunftsbezogene Form von Boilerplate-Information liegt schließlich vor, wenn hypothetische Aussagen ohne Festlegung getätigt werden. Derartige Aussagen zeichnen sich dadurch aus, dass sie zunächst eine Wenn-Dann-Anweisung formulieren, diese aber im zweiten Schritt dadurch abschwächen, dass entweder die Wenn-Komponente (Antezedent) oder die Dann-Komponente (Konsequent) auf eine reine Möglichkeit reduziert wird. Inhaltlich ist damit keine Aussage über tatsächliche Handlungen des Unternehmens oder Kausalzusammenhänge mehr möglich. Im ersten Fall gilt, dass, so der Antezedent „Wenn“ eintritt, daraus der Konsequent „Dann“ nicht mehr mit Notwendigkeit folgt. Gleichermaßen wird die Dann-Komponente im zweiten Fall unzuverlässig, weil der Eintritt der Wenn-Komponente nicht mehr abgesichert ist. Für jeden der beiden Fälle sei ein Beispiel angeführt:

„Um uns gegen eine Wertminderung solcher Beträge zu schützen, können wir zu marktüblichen Konditionen Hedges zur Absicherung von Marktrisiken abschließen."[553]

Antezedent:

„Um uns gegen eine Wertminderung solcher Beträge zu schützen,"

nicht abgeschwächter Konsequent:

„schließen wir zu marktüblichen Konditionen Hedges zur Absicherung von Marktrisiken ab."

Der hier verwendete, abgeschwächte Konsequent ist jedoch:

„*können* wir zu marktüblichen Konditionen Hedges zur Absicherung von Marktrisiken abschließen."

Beispiel BP.3: Abschwächung des Konsequent

„Wenn es uns erforderlich erscheint, schließen wir Versicherungen für operationelle Risiken ab."[554]

Nicht abgeschwächter Antezedent:[555]	Konsequent:
„Wenn es erforderlich ist,"	„schließen wir Versicherungen für operationelle Risiken ab."

Der hier verwendete, abgeschwächte Antezedent ist jedoch:

„Wenn es uns erforderlich *erscheint*"

Beispiel BP.4: Abgeschwächter Antezedent

Folge aus der Abschwächung von Antezedent oder Konsequent ist jeweils, dass der Adressat mit der Aussage nichts mehr anfangen kann, da sich die Bank alle Möglichkeiten des eigenen Handelns offen hält. Erneut lässt sich zumindest noch aus dem Kontext entnehmen, dass eine Information über den Markt gegeben wird, der Hedges und Versicherungen für operationelle Risiken anbietet. Eine Information über das Verhalten der Bank hingegen ist gerade nicht zu verzeichnen.

(2) Boilerplate-Information bei Beziehungs- und Raumstrukturanalyse

Denkbar, jedoch eher selten anzutreffen, ist Boilerplate-Information auch bei der Beziehungsstrukturanalyse und bei der Raumstrukturanalyse. Dies ist der Fall, wenn z.B.

[553] Deutsche Bank AG, Finanzbericht 2008, S. 81.

[554] Deutsche Bank AG, Finanzbericht 2008, S. 109.

[555] Dass auch der nicht abgeschwächte Antezedent wenig informativ wirkt, liegt daran, dass an dieser Stelle zusätzlich noch ein zweites Verfahren zur Produktion von Boilerplate-Informationen angewendet wird, nämlich die unter (4) dargestellte Wertung ohne Bezugspunkt.

bestimmten, aufgrund von Ereignissen des vergangenen Jahres positiv belegten geographischen Regionen oder Orten oder Kenntnissen über Kunden, Aktionäre, Gläubiger des Unternehmens, die kaum einen direkten Unternehmensbezug aufweisen, viel Platz bei der Beschreibung eingeräumt wird, während für das Unternehmen weit wichtigere Sachverhalte wesentlich weniger umfangreich gewürdigt werden. So sind beispielsweise bei Linde teilweise detailliertere Aufführungen der Konzernstrukturen von Kunden zu finden als vom eigenen Geschäft:

„Im Segment Sonstige Aktivitäten haben wir Gist – unser Geschäft mit Logistikdienstleistungen – und unsere Tochtergesellschaft Cleaning Enterprises (umweltfreundliche Textilreinigung mit Kohlendioxid) zusammengefasst. [...] Unser Großkunde Marks& Spencer, eine Handelskette mit einem Netz von über 450 Filialen in Großbritannien, hat Gist im Berichtsjahr als Versorgungskettenpartner für die Warenbelieferung seines Kunden BP ausgewählt.“[556]

Beispiel BP.5

Im Beispiel ist nicht ersichtlich, inwieweit die Klärung der Frage, wo und wie viele Filialen der Linde-Kunde Marks & Spencer betreibt, für eine Analyse des Linde Konzerns von höherer Relevanz ist als der Bericht über Gist und seine Leistungen selbst. Vielmehr wird der Unternehmensbezug entfernt, indem Details dargestellt werden, welche mit dem Unternehmen selbst keinen ersichtlichen Zusammenhang mehr aufweisen.

(3) Boilerplate-Information bei der sachlich-inhaltlichen Analyse

Boilerplate auf sachlich-inhaltlicher Ebene kann sich in zahlreichen Formen vollziehen. Unterscheiden lässt sich hierbei häufig in solche Boilerplate-Formen, die aus logischen Gründen uninformativ sind und solche, die dies aus sachlichen Gründen sind.

(3.1) Boilerplate mit Hilfe logischer Strukturen

Zum einen besteht die Möglichkeit, auf logischer Basis Aussagen zu tätigen, die immer wahr und insofern in Bezug auf das konkrete Unternehmen nicht informativ sein können. Hierbei handelt es sich um sogenannte analytische Sätze. Analytische Sätze zeichnen sich dadurch aus, dass sie immer wahr sind,[557] unabhängig davon, wie sich die Realität entwickelt. Hierbei sind drei Arten von analytischen Sätzen zu unterscheiden, axiomatische Ableitungen, Definitionen und Tautologien. Bei den ersteren beiden liegt nicht notwendigerweise Boilerplate-Information vor, solange die Ableitungen oder Definitionen nicht als Allgemein-

[556] Linde AG, Geschäftsbericht 2007, S. 56.
[557] Vgl. z.B. SEARLE (2005), S. 8.

gut betrachtet werden können, denn in diesen Fällen stellen sie gegebenenfalls nützliche Erläuterungen bereit. Erst wenn das nicht mehr der Fall ist, d.h. wenn die Ableitungen oder Definitionen bereits so allgemein bekannt sind, dass sie Trivialcharakter aufweisen, handelt es sich um Boilerplate-Information. Ein Beispiel möge das erläutern:[558]

„... unsere Planungen werden Konsequenzen haben."

Hier liegt ein trivialer Rückgriff auf die Definition von Planung vor. Planungen, welche keine Konsequenzen haben, sind in ökonomischem Kontext nicht denkbar, denn dann wären sie nutzlos, hätten aber vorher Kosten verursacht. Insofern informiert eine solche Aussage nicht.
Im letzteren Fall der Tautologien handelt es sich hingegen immer um Boilerplate-Informationen.[559]

Tautologien bestehen nach hier vertretenem Verständnis aus einer Kombination von Einzelaussagen, welche immer wahr ist. Sie kennzeichnen jene Grenzform der Logik, welche der Realität allein durch die Aussagestruktur keinen Spielraum mehr lässt, Einfluss auf den Wahrheitsgehalt der Aussage zu nehmen. Darum sagen sie auch nichts über ein Unternehmen aus. Erzeugen lassen sich Tautologien, indem Aussagen in einer solchen Kombination zusammengesetzt werden, dass sie sämtliche Möglichkeiten eines logischen Raumes in sich einschließen. Ein logischer Raum besteht hierbei jeweils aus einer Menge disjunkter Alternativen, welche in Bezug auf ein Kriterium formuliert werden können und von denen nur je eine eintreten kann.[560] Gilt beispielsweise über die zu prognostizierende Zukunft entweder die Aussage „p" oder die Aussage „nicht-p" als wahr, so entsteht eine Tautologie, indem die kombinierte Aussage formuliert wird, dass „p oder nicht-p" eintreten werde: Eine der beiden Möglichkeiten wird eintreten, die andere dann jedoch nicht. Wird gesagt, dass wenn „p" nicht eintreten wird, „nicht-p" eintreten werde, resultiert eine andere Form der Tautologie, sobald die Kombination beider Aussagen durch eine Wenn-Dann-Klausel verbunden wird. Auch diese Aussage ist immer wahr, weil die beiden einander logisch ausschließenden Alternativen nicht gleichzeitig eintreten können.

[558] Vgl. inhaltlich zu dem Beispiel auch DROBECK (1998), S. 93.
[559] Es handelt sich um die unter IV.2.4 bereits dargestellten, für jegliche Analyse wertlosen logisch geschlossenen Informationen.
[560] Vgl. dazu ursprünglich WITTGENSTEIN (2005), Sätze 4.442-4.46.

Tautologien beinhalten folglich eine so umfassende Abbildung aller möglichen Alternativen, dass sie nicht mehr gehaltvoll über die Realität informieren können. Eindeutige Tautologien wird man in den Lageberichten kaum vorfinden. Häufig aber werden Sätze geäußert, welche einer Tautologie sehr nahe kommen. Ein typisches Beispiel für einen solchen nahezu tautologischen Satz gibt das folgende Beispiel:

„Wir erwarten, dass die notwendigen Maßnahmen zur strategischen Neuausrichtung unser Ergebnis und unseren Cashflow im positiven wie im negativen Sinne beeinflussen werden.“[561]

Beispiel BP.6

Tautologisch ist der Satz, wenn das Wort „wie“ so gedeutet wird, dass p = Beeinflussung im positiven Sinne und nicht-p = Beeinflussung im negativen Sinne sich wechselseitig ausschließen, eines von beiden jedoch immer eintritt und damit den Satz wahr werden lässt. Nahezu tautologisch ist er, wenn das Wort „wie“ im Sinne eines „und auch“ gedeutet. Dieses ist leer, weil allein die Beeinflussungen erwähnt wird, ohne dass konkret bezeichnet wird, worauf sich die positiven Beeinflussungen im Gegensatz zu den negativen Beeinflussungen beziehen. Allerdings kann es auch im Sinne eines sich auf unterschiedliche Beeinflussungen beziehenden „und“ gedeutet werden – dann liegt zwar keine Tautologie vor,[562] dafür aber akuter Informationsbedarf darüber, was sich hinter der Differenzierung verbirgt.

(3.2) Boilerplate-Informationen auf Basis von Form und Inhalt

Eine Entfernung des Unternehmensbezugs auf sachlich-inhaltlicher Ebene, die auf andere Weise als unter Nutzung logischer Strukturen vorgenommen wird, nutzt aus, dass sich die Unternehmenslage und -entwicklung nach unterschiedlichen inhaltlichen Kriterien zusammenfassen lässt.

Diese Kriterien könnten darauf ausgerichtet werden, dass sie die Spezifika der Lage und Entwicklung des Unternehmens besonders gut beschreiben. In diesem Fall wären sie jeweils danach auszusuchen, welche Kriterien die wichtigsten Faktoren der aktuellen Lage des Unternehmens kennzeichnen und welche Kriterien die Veränderungen im Unternehmen

[561] Siemens AG, Geschäftsbericht 2005, S. 51.

[562] Es handelt sich hier zugleich um ein sehr treffendes Beispiel für zunächst nicht reflektierte Mehrdeutigkeit – so wirkt der Satz bei flüchtiger Lektüre zunächst eindeutig als Tautologie; erst, wenn gezielt hinterfragt wird, welche Auslegungsalternativen bestehen, um den Satz nicht als Tautologie zu verstehen, wird deutlich, dass solche existieren – nämlich dann, wenn die Prämisse gesetzt wird, dass unterschiedliche Beeinflussungen für die positiven bzw. negativen Effekte verantwortlich zeichnen.

besonders gut erfassen. Boilerplate-Information auf der sachlich-inhaltlichen Ebene wäre dann gegeben, wenn Kriterien gewählt werden, welche dazu gerade nicht geeignet sind und insofern das Unternehmen nicht informativ darstellen. Analyseseitig ist es ohne detaillierte Zusatzinformationen, die ihrerseits die Lageberichtsanalyse überflüssig machen würden, allerdings relativ aussichtslos, die sich auf den Vergleich von Unternehmenslage und -entwicklung mit den gewählten Kriterien beziehende Beurteilung vorzunehmen.

Darum muss eine analyseseitige Identifikation der Entfernung des Unternehmensbezugs einen anderen Weg einschlagen, der anhand des extern zu beobachtenden Materials durchführbar ist. Möglich ist eine Identifikation von Boilerplate-Information regelmäßig, indem zwischen der Form von Unternehmensabläufen, -organisation usw. und deren Inhalt unterschieden wird. Diese gedankliche Unterscheidung lässt jeweils im konkreten Fall die Ableitung von gezielten Testfragen zu. So kann bezogen auf einen dargestellten Sachverhalt immer hinterfragt werden, ob zu der dort dargestellten Form ein nicht dargestellter Inhalt existiert oder ob auch der Inhalt dargestellt wird.[563] So ist häufig in den Lageberichten auffällig, dass ausschließlich die Form beschrieben wird, in der sich die Geschäftsprozesse vollziehen, z.B. in Form von institutionellen und allgemeinen Rahmenbedingungen oder einer umfangreichen Wiedergabe von Lehrbuchdefinitionen, Routineabläufen, Unternehmensrichtlinien u.ä. Verschwiegen werden hingegen konkrete Auswirkungen der Inhalte dieser Formalia auf die aktuelle Unternehmenslage. Teilweise zeichnet sich eine solche Darstellung auch dadurch aus, dass anstelle inhaltlicher Erläuterungen die angesprochene Form durch weitere allein auf die Form bezogene Aussagen erläutert wird.

Als Beispiel diene die Darstellung der Risikopolitik der Sachsen LB aus dem Jahr 2005.Aus deren Lektüre kann der Leser keinerlei Vorstellung gewinnen, welche Risikopolitik die Sachsen LB tatsächlich verfolgte, d.h. ob sie aggressiv oder konservativ investierte:

„Der Vorstand trägt die Gesamtverantwortung für die Überwachung des Risikomanagements in der Sachsen LB. Er legt die Risikostrategie der Bank und damit den Handlungsrahmen zu deren Umsetzung fest. Auf Basis eines umfassenden und effizienten Risikomanagementsystems werden risikorelevante Steuerungsinformationen für die operativen und strategischen Geschäftsentscheidungen der Sachsen LB generiert. Dazu dienen verschiedene Limit- und Anreizsysteme sowie die dafür notwendigen Kontrollmechanismen. Eine nachhaltige, erfolgreiche Geschäftsentwicklung erfordert ein enges Zusammenspiel der Geschäftsausrichtung der Bank mit der Risikostrategie. Wesentlicher Bestandteil der Risikostrategie der Sachsen LB ist auf Grund der Bedeutung des Geschäfts die Kreditpolitik der Bank. Die kreditpolitische Ausrichtung der Sachsen LB wird durch den Vorstand festgelegt und durch die Gremien genehmigt. Sie findet ihren Ausdruck in der Kreditrisikostrategie sowie den

---

[563] Zurück geht diese Trennung u.a. auf PIAGET (1973), S. 28.

Methoden und Prozessen zum Risikomanagement von Adressenausfallrisiken. Im abgelaufenen Geschäftsjahr ist die Kreditrisikostrategie um die Risikostrategie für Beteiligungen erweitert worden. Des Weiteren wurde eine im Geschäftsjahr 2006 noch zu verabschiedende Gesamtbankstrategie verfasst, die neben der Darstellung der Strategien der Geschäftssegmente auch Teilstrategien zu allen wesentlichen Risikoarten beinhaltet."[564]

Beispiel BP.7

Deutlich ist hier anhand der formulierten Testfrage zu beobachten, dass immer von der Form die Rede ist, z.B. der Festlegung der Risikostrategie, nicht aber vom Inhalt, d.h. beispielsweise eines maximalen Verlustrisikos. Auch ist der angesprochene Ersatz von inhaltlichen Erläuterungen durch weitere auf die Form bezogene Erläuterungen zu verzeichnen, wenn z.B. darauf verwiesen wird, dass für die Risikostrategie die Kreditpolitik wesentlich sei.

(4) Boilerplate-Information auf den Wertungsebenen: Wertungen ohne Bezugspunkt

Eine andere Form von Boilerplate-Information liegt vor, wenn Aussagen eine Wertung enthalten, deren Berechtigung und Substanz mangels weiterer Informationen nicht eingeschätzt werden kann. Die zuletzt genannten Bedingungen unterscheiden diese Form zugleich von expliziten Werturteilen und strukturellen Nullpositionen. Eine Prüfung der Berechtigung und Substanz einer Wertung setzt immer die Kenntnis einer dreiteiligen Struktur voraus. Sie bezieht sich zum Ersten auf einen Inhalt, zum Zweiten bewertet sie diesen Inhalt, indem sie ihn mit einem anderen Inhalt vergleicht, wozu sie zum Dritten Prämissen benötigt, welche den Rückschluss erlauben, dass der Vergleich des Inhalts mit dem als Vergleich herangezogenen Inhalt anhand der verwendeten Prämissen für den verglichenen Inhalt positiv oder negativ ausfällt. Die abstrakte Struktur dieser Form von Boilerplate-Information lässt sich dadurch kennzeichnen, dass alle Prämissen und Vergleichsmöglichkeiten, die eine Beurteilung der Wertung eines Inhalts ermöglichen, aus der Berichterstattung entfernt werden. Gegebenenfalls wird durch die bloße Kennzeichnung eines Tatbestands unter Entfernung des konkreten Inhalts, auf den sich die Wertung bezieht, zusätzlich sichergestellt, dass auch der Leser selbst keine Möglichkeit hat, die Wertung anhand eigener Informationen in Form von eigenen Prämissen und Vergleichsmaßstäben zu beurteilen. Dies ist nicht gleichbedeutend damit, dass die Wertung allein steht. Vielmehr wird die Wertung zwar in weitere Aussagen eingebettet, doch weisen diese eben gerade keinen Bezug zu der Wertung auf. Ein typisches Beispiel stellt die folgende Aussage dar:

---

[564] Sachsen LB, Geschäftsbericht 2005, S. 45.

„Der Vorstandsvorsitzende hat bei Erreichen bestimmter *anspruchsvoller* [Hervorhebung von mir, M.G.] Akquisitions-, Desinvestitions- und Integrationsziele vertraglich zugesicherte Ansprüche auf Bonuszahlungen, [...].“[565]

Beispiel BP.8

Die Wertung durch das Adjektiv „anspruchsvoll“ kann hier mangels Einblick in die konkrete Ausgestaltung der Ziele, den Vergleich dieser Ausgestaltung mit anderen möglichen Zielausgestaltungen und den Prämissen, welche diesen Vergleich als anspruchsvoll qualifizieren würden, in keiner Weise verifiziert werden. Die Wertung ist damit für den Adressaten wertlos (nicht jedoch die Aussage, dass derartige Ziele vertraglich existieren). Weitere gern für diese Art von Boilerplate-Information verwendete Adjektive sind „effektiv“, „angemessen“, „entsprechend“, „stark“, „erheblich“, „nach bestem Ermessen“, „gerecht“, „korrekt“, „hoch“, „zu vernachlässigen“, „leistungsfähig“ usw.

IX.3.2 Boilerplate-Information auf Ebene des Lageberichts – Prinzip der Redundanz

Für Boilerplate-Information auf der Ebene des Lageberichts ist kennzeichnend, dass Redundanz vorherrscht, d.h. eine vorliegende Aussage eine inhaltliche Kopie anderweitig als bekannt vorauszusetzender Aussagen darstellt. Da die Aussagen bereits allgemein bekannt sind, tragen sie zur Informationsvermittlung nichts bei. Bei den Formen der Redundanz lassen sich lageberichtsinterne und lageberichtsexterne Redundanz unterscheiden.

(1) Lageberichtsinterne Redundanz

(1.1) Lageberichtsinterne Redundanz bei jahresabschlussunabhängigen Sachverhalten

Häufig werden implizit getroffene Aussagen expliziert, um den Fokus des Lesers auf die betreffende Information zu lenken. Die folgenden Beispiele mögen dies verdeutlichen:

„[...] sieht der Plan die Auszahlung von [...] maximal 150% eines individuell für jedes Vorstandsmitglied festgesetzten Basisbetrages vor. *Die Auszahlung ist damit nach oben begrenzt (Cap)* [Hervorhebung von mir, M.G.].“[566]

„Bandbreite der Zielerreichung: 0%-200%, d.h. der Jahresbonus ist nach oben begrenzt und ein Totalausfall ist möglich.“[567]

Beispiele BP.9/10

---

[565] Linde AG, Geschäftsbericht 2006, S. 25.
[566] Adidas AG, Jahresabschluss und Lagebericht 2008, S. 55.
[567] Daimler AG, Geschäftsbericht 2008, S. 122.

Hier sind die Aussagen, dass eine Obergrenze bestehe und im Extremfall ein Totalausfall möglich sei, bereits in den Prozentzahlen enthalten, d.h. die Erläuterungen sind inhaltlich überflüssig. Häufig ergeben sich erneut pragmatische Gründe für die Redundanz; über die zunächst nur spekuliert werden kann. Im vorliegenden Fall könnte der Grund für die redundante Information darin liegen, dass der Fokus auf höhenmäßige Begrenzungen von Vorstandsgehältern und die damit verbundenen Diskussionen gelenkt werden soll. Dafür können unterschiedliche Motivationen verantwortlich sein. Einerseits kann die Betonung dieses Inhalts gerade daran liegen, dass tatsächlich ein wunder Punkt zu sehen ist. Zum anderen kann signalisiert werden, dass eine öffentliche Debatte aufgegriffen wurde und deren Forderungen umgesetzt wurden. Steht bei der Kapitalgeberfragestellung das Entscheidungsrecht über die Vorstandsentlastung im Vordergrund, können derartige erkennbare, redundante Hervorhebungen eine wichtige Information darstellen, weil sie zeigen, wie sehr dem Ersteller daran gelegen ist, sein Vorstandsgehalt nicht maßlos wirken zu lassen. Redundanz kann aber auch bei (hier nicht vorliegenden) komplexeren Sachverhalten die Funktion haben, ein falsches Verständnis des Sachverhalts zu vermeiden.

(1.2) Lageberichtsinterne Redundanz durch Paraphrasierung des Jahresabschlusses

Boilerplate-Information liegt auch dann vor, wenn aus dem Zahlenmaterial des Jahresabschlusses ableitbare Zahlenverhältnisse im Lagebericht paraphrasiert werden, ohne dass zusätzliche Erläuterungen folgen.[568] Keine Boilerplate-Information liegt hingegen vor, wenn hinter der Nennung der jeweiligen Zahl eine nicht aus dem Jahresabschluss ableitbare Erläuterung folgt.[569] Die abstrakte Struktur dieser Boilerplate-Information besteht darin, dass ein Themenbereich angesprochen wird und die Informationen zu diesem Themenbereich sich auf die quantitative Darstellung von Jahresabschlusszahlen, Jahresabschlussrelationen und aus dem Jahresabschluss ableitbare Kennzahlen beschränken.[570] Da für den spezifischen Themenbereich allein bereits in Bilanz, G.u.V. und Anhang verfügbare Informationen verwendet werden, resultiert kein zusätzlicher Informationsgehalt. Ein Beispiel hierfür gibt die folgende Aussage:

---

[568] Vgl. auch SEC (2003), B. Anzumerken ist, dass in der juristischen Literatur ob der Zulässigkeit einer Erfüllung des Analyseerfordernisses durch eine alleinige Paraphrasierung zumindest Bedenken angemeldet wurden, vgl. z.B. PALMES (2008), S. 48. In der Begründung zum Referentenentwurf zum Bilanzrechtsreformgesetz wurde sogar ausdrücklich darauf hingewiesen, dass sich Erläuterung und Kommentierung nicht auf eine Wiederholung der reinen Zahlenangaben des Jahresabschlusses beschränken sollen, vgl. Begründung Referentenentwurf Bilanzrechtsreformgesetz (2004), S. 25.

[569] Vgl. dazu auch SEC (2003), V.

[570] Vgl. auch PIPER (1970), S. 1141 f.

„Das Ergebnis der gewöhnlichen Geschäftstätigkeit der Gesellschaft konnte im Vergleich zum Vorjahr verbessert werden. Der Rohertrag ist unterproportional zum Umsatz gestiegen […].“[571]

Beispiel BP.11

Da sämtliche Angaben auch aus der G.u.V. abgelesen werden können, handelt es sich um eine typische Paraphrasierung der G.u.V.-Daten, welche zur inhaltlichen Erkenntnis des Adressaten nichts beitragen kann. Freilich ist zu betonen, dass auch hier eine pragmatische Funktion vorliegen kann, da durch die Paraphrasierung eine Fokussierung auf bestimmte Bilanz- bzw. G.u.V.-Kennzahlen erfolgt.[572]

(2) Lageberichtsexterne Redundanz

(2.1) Redundanz in Form konstanter Textpassagen im Vergleich mit dem Vorjahr

Boilerplate-Information kann auch darin bestehen, dass weder inhaltlich (z.B. in Form von über Jahre bestehenden, für die Lage des Unternehmens besonders beurteilungsrelevanten Sachverhalten) noch gliederungstechnisch gerechtfertigte Aussagen (wie z.B. die Überschriften „Konzernlagebericht“, „Prognosebericht“ usw.) alle Jahre wieder in den Lagebericht kommen. Diese Boilerplate-Information entsteht, wenn das Unternehmen diejenigen Informationen für die Berichterstattung auswählt, welche über Jahre hinweg im Wortlaut un- oder allein durch Umformulierungen leicht verändert berichtet werden.[573] Als Beispiel diene der folgende Abschnitt aus dem jeweils identischen Risikobericht der Deutschen Bank AG in den Jahren 2007 und 2008:

„**KREDITENGAGEMENT AUS DERIVATEN**

Zur Reduzierung des derivatebezogenen Kreditrisikos sind wir üblicherweise bemüht, Rahmenverträge mit unseren Kunden abzuschließen (wie beispielsweise den Rahmenvertrag der International Swaps and Derivatives Association für Derivate). Mithilfe eines Rahmenvertrags können die Verbindlichkeiten sämtlicher vom Rahmenvertrag erfassten Derivatekontrakte genettet werden, wenn der Geschäftspartner seinen Verpflichtungen nicht nachkommt, sodass eine einzige Nettoforderung gegenüber dem Geschäftspartner verbleibt (sogenanntes Close-out Netting). Für Teile unseres Geschäfts mit Derivaten schließen wir auch sogenannte Payment-Netting-Vereinbarungen ab, mit denen wir für sämtliche dieser Vereinbarung unterliegenden Transaktionen die fälligen Zahlungen eines Tages in derselben Währung zur Verringerung unseres Kapitalausfallrisikos verrechnen.

Zur internen Messung von Kreditengagements setzen wir Nettingverfahren nur dann ein, wenn wir sie für die jeweilige Jurisdiktion und den jeweiligen Geschäftspartner für rechtlich durchsetzbar halten. Wir gehen auch Sicherheitenvereinbarungen ein, um unser derivatebezogenes Kreditrisiko zu verringern. Diese Sicherheitenvereinbarungen führen in der Regel zur Risikominderung durch periodische (meist tägliche) Bewertung des betreffenden Portfolios beziehungsweise der Transaktionen sowie zur Kündigung des Rahmenvertrags, falls der Geschäftspartner einer Aufforderung zur Sicherheitenleistung nicht nachkommt.

---

[571] Sennebogen Maschinenfabrik GmbH, Geschäftsbericht 2007, S. 1.

[572] Vgl. zu Beispielen verschiedener pragmatischer Funktionen, die u.a. Redundanzen aufweisen können, auch MEIBAUER (2008), S. 154-155.

[573] Vgl. dazu auch SEC (2003) III.A.

Wenn wir davon ausgehen, dass die Sicherheitenvereinbarung durchsetzbar ist, spiegelt sich dies, wie auch beim Netting, in unseren Engagementmessverfahren wider."[574]

Beispiel BP.12

Hierbei ist die Konstanz im Zeitablauf nicht allein auf rechtliche Passagen (wenngleich diese sich, mit Ausnahme der Steuergesetzgebung und der International Financial Reporting Standards (IFRS), besonders dafür eignen) beschränkt, sondern betrifft bisweilen auch Ursachenerklärungen. Letzteres lässt jeweils Zweifel daran aufkommen, ob die alten Erklärungen zu ersetzen vergessen wurde oder diese auch inhaltlich weiter vorliegen. So findet sich erneut bei der Deutschen Bank AG in 2006 und 2007 die folgende Passage:

„Dieser Zuwachs war das Ergebnis einer selektiven Engagementsausweitung in bevorzugten Emerging-Markets-Ländern auf Grund verbesserter Kreditqualität."[575]

Beispiel BP.13

Die Passage lässt freilich auch deutlich werden, dass diese Form von Boilerplate-Information vor allem dann problematisch ist, wenn sie sich auf Vorgänge bezieht, die im Unternehmen nicht notwendigerweise konstant bleiben müssen. Dabei besteht ein Problem darin, dass eine derartige Boilerplate-Information für sich genommen kaum identifiziert werden kann, da im Lagebericht immer auch Informationen notwendig sind, welche über lange Zeit unverändert bleiben. Boilerplate-Information ist dies allein, wenn bekannt wird, dass sich unter der Oberfläche der Konstanz wesentliche, ihrerseits nicht berichtete, Veränderungen zutragen. Sind oder werden allerdings derartige Veränderungen bekannt, liegen in Bezug auf die konstant berichteten Informationen auch eindeutige Boilerplate-Informationen vor, weil ein disproportionales Nutzenverhältnis zwischen den konstant berichteten und den tatsächlich geschehenen zahlreichen Veränderungen der zugrunde liegenden Sachverhalte besteht. Eindeutige Boilerplate-Informationen liegen ferner vor, soweit die Sachverhalte problemlos in ein Glossar ausgegliedert werden könnten, auf welches verwiesen werden kann.

Ein zweites Problem besteht hierbei darin, dass nie sicher ist, ob die seit Jahren unverändert berichteten Sachverhalte auch in Zukunft unverändert berichtet werden. Insofern kann immer argumentiert werden, dass eben nur bislang keine veränderten Sachverhalte aufgetreten seien.

---

574 Deutsche Bank AG, Finanzbericht 2007, S. 69; Deutsche Bank AG, Finanzbericht 2008, S. 79.
575 Deutsche Bank AG, Finanzbericht 2006, S. 67; Deutsche Bank AG, Finanzbericht 2007, S. 73.

Die Glaubwürdigkeit einer solchen Argumentation dürfte allerdings im Laufe der Jahre stark sinken.

(2.2) Redundanz durch Kopie oder Paraphrasierung gesetzlicher oder privater Standards
Boilerplate-Information wird hier erzeugt, indem gesetzliche Vorschriften (z.B. Aktiengesetz, Solvabilitätsverordnung (SolvV) bei Banken etc.) oder Regelungen von privaten Standardsettern oder anderen privaten Gremien (z.B. Deutsche Rechnungslegungsstandards (DRS), Deutscher Corporate Governance Kodex (DCGK)) im Lagebericht abgeschrieben bzw. bedeutungsgleich umformuliert werden. Informiert wird insofern nur über den allgemeinen Gesetzes- bzw. Standardinhalt, nicht jedoch über das Unternehmen. Keine Boilerplate-Information liegt vor, wenn geschildert würde, wie die rechtlichen Vorgaben im Unternehmen umgesetzt werden oder welche Wirkungen und Relevanz sie für das Unternehmen haben und auf die Vorschriften in diesem Kontext nur Bezug genommen wird. Im Folgenden seien zu typischen Boilerplate-Informationen zwei Beispiele gegeben:

Abschnitt 4.2.2 DCGK:

„Kriterien für die Angemessenheit der Vergütung bilden insbesondere die Aufgaben des jeweiligen Vorstandsmitglieds, seine persönliche Leistung, die Leistung des Vorstands sowie die wirtschaftliche Lage, der Erfolg und die Zukunftsaussichten des Unternehmens unter Berücksichtigung seines Vergleichsumfelds."

Aus einem Vergütungsbericht:

„Kriterien für die *Höhe* [Kursive Schreibweise des einzigen abweichenden Wortes von mir, M.G.] der Vergütung bilden insbesondere die Aufgaben des jeweiligen Vorstandsmitglieds, seine persönliche Leistung, die Leistung des Vorstands sowie die wirtschaftliche Lage, der Erfolg und die Zukunftsaussichten des Unternehmens unter Berücksichtigung seines Vergleichsumfelds."[576]

Beispiel BP.14

§ 90 Abs. 1 AktG:

„Der Vorstand hat dem Aufsichtsrat zu berichten über
1. die beabsichtigte Geschäftspolitik und andere grundsätzliche Fragen der Unternehmensplanung (insbesondere die Finanz-, Investitions- und Personalplanung), wobei auf Abweichungen der tatsächlichen Entwicklung von früher berichteten Zielen unter Angabe von Gründen einzugehen ist;
2. die Rentabilität der Gesellschaft, insbesondere die Rentabilität des Eigenkapitals;
3. den Gang der Geschäfte, insbesondere den Umsatz, und die Lage der Gesellschaft;
4. Geschäfte, die für die Rentabilität oder Liquidität der Gesellschaft von erheblicher Bedeutung sein können."

Aus einem Wirtschaftsbericht:

[576] Vgl. E.ON AG, Geschäftsbericht 2006, S. 197.

„Der Vorstand hat dem Aufsichtsrat regelmäßig Bericht zu erstatten, insbesondere über die beabsichtigte Geschäftspolitik und Strategien, die Rentabilität des Geschäfts, den laufenden Geschäftsbetrieb und alle sonstigen Geschäfte, die für die Rentabilität und Liquidität von erheblicher Bedeutung sein können.“[577]

Beispiel BP.15

IX.3.3 Kapitalgeberspezifische Boilerplate-Informationen – Prinzip des fehlenden Adressatenbezugs

Kapitalgeberspezifische Boilerplate-Informationen lassen sich in zwei verschiedene Bestandteile aufspalten. Einerseits liegt eine materielle kapitalgeberspezifische Boilerplate-Information vor, wenn der Inhalt der Informationen für die Fragestellungen des Kapitalgebers irrelevant oder unbrauchbar ist. Andererseits ist der Fall formeller kapitalgeberspezifischer Boilerplate-Information gegeben, wenn – insofern unabhängig von der Bedeutung der dargestellten Inhalte – allein durch die Art der Darstellung die Aufnahmekapazität des Kapitalgebers für die gegebenen Informationen beeinträchtigt wird.

(1) Materielle kapitalgeberspezifische Formen von Boilerplate-Information

(1.1) Nicht auf das Erkenntnisinteresse der Adressaten bezogene Aussagen

Nicht auf das Erkenntnisinteresse der Adressaten bezogene Boilerplate-Information liegt vor, wenn Aussagen getätigt werden, bei denen bereits auf den ersten Blick deutlich wird, dass sie für die Entscheidungsprobleme der Adressaten des Lageberichts irrelevant sind. Folgende Beispiele aus Lageberichten mögen das Gesagte illustrieren:

„Wir danken unseren Mitarbeitern für die im Berichtsjahr geleistete Arbeit. Unser Dank gilt auch dem Betriebsrat für die konstruktive Zusammenarbeit bei der Bewältigung gemeinsamer Probleme.“ [578]

„Für 25jährige Betriebszugehörigkeit konnten wir folgende Mitarbeiter ehren: […].“[579]

„Der wichtigste Erfolgsfaktor von HUGO BOSS sind seine motivierten und leistungsfähigen Mitarbeiter. Jedem von ihnen hat der Vorstand im letzten Jahr als Dank für die Leistungen eine wertvolle BOSS Uhr geschenkt.“[580]

Beispiele BP.16/17/18

Weder der geäußerte Dank für die geleistete Arbeit noch die Ehrung von Mitarbeitern für die Betriebszugehörigkeit und die Beschenkung der Mitarbeitersind für die Kapitalgeber sonderlich entscheidungsrelevant. Weitere typische Beispiele für solche irrelevanten Infor-

---

[577] Vgl. Fresenius AG, Geschäftsbericht 2006, S. 60.
[578] Gestra AG,Lagebericht und Konzernlagebericht 1988, BaBJ 1989, S. 5506, zitiert nach KUHN (1992), S. 20.
[579] Brauerei Cluss AG, Lagebericht 1988, BaBJ 1989, S. 3179, zitiert nach KUHN (1992), S. 20.
[580] HUGO BOSS AG, Geschäftsbericht 2001, S. 44.

mationen wären Nachrufe für ehemalige Vorstands- oder Aufsichtsratsmitglieder oder andere Betriebsangehörige.[581] Selbst wenn die Informationen ganz entfernt Interessen der Kapitalgeber tangieren, gilt doch, dass angesichts des relativen Informationsnutzens andere Informationen existieren, welche weit eher verdienen, im Lagebericht Erwähnung zu finden. Ein auch intersubjektiv anwendbarer Maßstab hierfür lässt sich beispielsweise dadurch gewinnen, dass auf Informationen in anderen Lageberichten von Konkurrenten verwiesen wird, welche das konkrete Unternehmen nicht nennt, die aber aus Kapitalgebersicht auch in Bezug auf das konkrete Unternehmen weit wichtiger zu wissen wären als die dargestellten Aussagen.

(1.2) Nicht für Entscheidungen verwertbare Informationen

Boilerplate-Information durch wirtschafts-, branchen- oder unternehmensspezifische Redundanz entsteht dadurch, dass keine unternehmensspezifischen Inhalte dargestellt werden, weil die dargestellten Informationen so gewählt sind, dass sie auch auf die Allgemeinwirtschaft, jedes andere Unternehmen derselben Branche oder überhaupt jedes andere Unternehmen gleichermaßen zutreffen würden. Es wird also für die Auswahl der dargestellten Sachverhalte auf Kriterien zurückgegriffen, welche das mit anderen Unternehmen gemeinsame genus proximum als Information erzeugen. Gleichzeitig werden solche Kriterien vermieden, welche die dem Unternehmen eigene differencia specifica als Information weitergeben würden. Angeführt werden auf diese Weise standardisierte Formulierungen, welche von mehreren Unternehmen unterschiedslos genutzt werden können.[582]

Wirtschaftsspezifische Boilerplate-Information zeigt sich in dem folgenden Beispiel:

> „Die zukünftigen Chancen und Risiken der Gesellschaft stehen im Einklang mit der weltweiten Branchenlage. [...] Die Gesellschaft tätigt in branchenüblichem Umfang Entwicklungen zur technischen Weiterentwicklung vorhandener Produkte sowie Neueinführungen."[583]

Beispiel BP.19

Die getätigten Aussagen könnten faktisch für jedes Unternehmen hinsichtlich der nicht unternehmensspezifischen Informationen angeführt werden. Denn inhaltlich sind die Unternehmen schließlich Teil ihrer Branche, d.h. der Spielraum, ab wann sie nicht mehr branchenüblich handelt, ist extrem weit gespannt. Ähnlich stellen umfangreiche Aus-

[581] Vgl. auch PIPER (1970), S. 1141.
[582] Vgl. hierzu auch IASB (2005), Fn. 5, S. 11; vgl. auch HOFMANN (2008), S. 149.
[583] Sennebogen Maschinenfabrik GmbH, Geschäftsbericht 2007, S. 1.

führungen zu Weltwirtschaft oder nationaler Wirtschaft ohne Unternehmensbezug Boilerplate-Informationen dar.[584]

Als branchenspezifische Boilerplate-Information dienen in der Regel Branchenstandards. Das sei am folgenden Beispiel erläutert.

„Wir verwenden Stresstests zur Messung von potenziellen Risiken unserer Handelspositionen […].“[585]

„In Übereinstimmung mit den Marktstandards und den aufsichtsrechtlichen Anforderungen berechnet die Commerzbank ihre Marktrisiken auf der Grundlage des Value-at-Risk-Konzeptes. […] Im Jahresverlauf wurde die Eignung des Internen Marktrisikomodells der Commerzbank im Rahmen der Prüfung bestätigt […].“[586]

Beispiele BP.20/21

Dass solche Informationen im Lagebericht einer Bank Boilerplate-Informationen, d.h. nicht informativ sind, wird sofort deutlich, wenn ein Blick in weitere Lageberichte von Banken getätigt wird, denn jeder Lagebericht wird hier dieselben Aussagen enthalten. Die Aussage orientiert sich folglich gänzlich am genus proximum aller Banken, nicht aber an der differencia specifica der konkreten Bank. Die Berichterstattung gibt darum nur Informationen preis, die bereits vor Lektüre des Lageberichts dadurch bekannt sind, dass es sich um eine Bank handelt. Zugleich ist klar, dass relevante Informationen existieren; so ließe sich z.B. bei dem ersten Beispiel mit den Informationen, welche Handelspositionen von gerade dieser Bank gehalten werden, welchen potentiellen Risiken gerade diese Bank ausgesetzt ist sowie, wie die Stresstests bei gerade dieser Bank aus ihren Erfahrungen heraus ausgestaltet sind, durchaus bankspezifisch informieren.

Unternehmensspezifische Boilerplate-Information ist in der Regel das Ergebnis von Moden, die nahezu alle Unternehmen erfassen. Ein Beispiel gibt das folgende Zitat:

„Unser Ziel ist es, den Unternehmenswert systematisch und kontinuierlich zu steigern – mit Hilfe eines wertorientierten Managementsystems.“[587]

Beispiel BP.22

---

[584] Vgl. PIPER (1970), S. 1141; HOFFMANN/LÜDENBACH (2007), S. 2215.
[585] Deutsche Bank AG, Finanzbericht 2008, S. 81.
[586] Commerzbank AG, Geschäftsbericht 2006, S. 88.
[587] ThyssenKrupp AG, Geschäftsbericht 2007/2008, S. 63.

Da seit der Verbreitung der wertorientierten Steuerungssysteme dieser Satz in beinahe jedem Lagebericht eines börsennotierten Unternehmens zu lesen ist, informiert er nicht mehr. Für den Kapitalgeber ist diese Form von Boilerplate-Information besonders ärgerlich, da er häufig aus dem Vergleich von Unternehmen wichtige Schlüsse zieht. Das ist bei Informationen, die für alle Unternehmen gelten, nicht mehr möglich.

(2) Erkennbar nicht auf die Aufnahmekapazität der Kapitalgeber bezogene Aussagen

(2.1) Erzeugung von Langeweile bei der Lektüre

Um zu ermitteln, warum eine Lektüre am Text manifestierbar als langweilig eingestuft werden muss, wird zunächst der logisch entgegen gesetzte Weg eingeschlagen: So wird zunächst der Frage nachgegangen, welche Elemente textgebunden Spannung erzeugen können. Langeweile entsteht dann umgekehrt dadurch, dass genau diese Textelemente entfernt werden.

Elementar ist hierbei, dass Spannung entsteht, wenn der Leser zu eigener Denkaktivität und damit der Ausbildung von Erwartungen einerseits sowie von persönlicher Involviertheit und Emotionen andererseits angeregt wird.

Für ersteres dient als Ausgangspunkt jeder Spannung die partielle Informiertheit des Lesers:[588] Er weiß einige Dinge bereits, andere hingegen nicht. In den Worten eines berühmten Dramentheoretikers formuliert:

> „Spannung realisiert sich […] immer im ‚Spannungsfeld' von Nichtwissen und antizipierender Hypothese aufgrund gegebener Informationen. Eine total offene Zukunft würde die völlige Unmöglichkeit antizipierender Hypothesenbildung implizieren und somit den einen Pol des Spannungsfeldes ausschalten, während totale Informiertheit jedes Nichtwissen aufheben und damit den anderen Pol ausschalten würde."[589]

Daraus lässt sich im Umkehrschluss folgern, welche Eigenschaften der im Lagebericht gegebenen Informationen dessen Lektüre zu einem langweiligen Unterfangen machen, indem genau die beiden Extrempole durch die Informationen bedient werden. Je mehr Informationen des Lageberichts also bereits allgemein und vollständig bekannt sind, desto mehr wird die Lektüre des Lageberichts Langeweile hervorrufen, da immer nur bereits Gewusstes

---

[588] Vgl. PFISTER (1977), S. 142 sowie WIENOLD (1972), S. 90.
[589] PFISTER (1977), S. 143.

wiederholt wird.[590] Gleichermaßen wird jede Information, welche keinerlei Mehrwert für eine Hypothesenbildung über die Zukunft beinhaltet, langweilig, weil sie die Offenheit der Zukunft nicht einschränkt. Spannung ergibt sich schließlich dadurch, dass der Leser bestimmte Informationen zunächst hypothetisch erschließen muss,[591] d.h. ist nichts zu erschließen, so wird der Lagebericht langweilig zu lesen sein.

Dabei ist zu beachten, dass es sich - bis auf auch nach der Lektüre nicht erschließbare Nullpositionen - um eine rein technische Verfahrensweise handelt. Sie besteht darin, Verweise von Informationen auf spätere Informationen, welche die zwischenzeitliche Hypothesentätigkeit des Lesers anregen, sorgsam zu entfernen. Zugleichtritt Langeweile auch als Nebeneffekt vieler bereits angeführter inhaltlicher Boilerplate-Informationen auf. Dies ist beispielsweise der Fall bei lageberichtsexterner und -interner Redundanz, Tautologien, analytischen Sätzen, hypothetischen Aussagen ohne Festlegung oder Wertungen ohne Bezugspunkt. All diese Formen weisen genau die angesprochenen Eigenschaften auf – sie informieren nicht nur nicht, sie langweilen auch.

Langeweile dieser Art muss jedoch nicht nur auf der inhaltlichen Ebene erzeugt werden. Ebenso kann sie erzeugt werden, indem über eine ganze Reihe von Sätzen hinweg dieselbe syntaktische Struktur beibehalten wird oder auch nur jeder Satz mit demselben Subjekt, z.B. „wir“ beginnt.[592] In solchen Fällen kann der Inhalt hochrelevant sein – dennoch wird die Lektüre solcher Textabschnitte ermüden. Behoben werden könnte diese Struktur, indem eine Subjekt-Prädikat-Objekt-Struktur sich mit Nebensätzen und solchen Sätzen abwechselt, welche Satzumstellungen enthalten.[593] Als Beispiel für Boilerplate-Informationen unter Nutzung einer gleich bleibenden syntaktischen Struktur möge der folgende Abschnitt dienen:

„Für die Marke Continental wurde ein neuer Anhängerreifen eingeführt. Die Produktpalette der Marke Uniroyal wurde ebenfalls in diesem Segment ergänzt und durch einen neuen Lenkachsreifen erweitert. Das Angebot der Marke Semperit wurde in der Reifenlinie ‚Euro Front’ erneuert. In Nordamerika wurden sieben neue Continental Lkw-Reifen eingeführt.“[594]

Beispiel BP.23

---

[590] Vgl. auch LEURS (2006), S. 163.
[591] Vgl. LEURS (2006), S. 113.
[592] Vgl. LEURS (2006), S. 121-123.
[593] Vgl. LEURS (2006), S. 122.
[594] Continental AG, Geschäftsbericht 2003, S. 36.

Wird die sprachliche Darstellung völlig unpersönlich verfasst, d.h. die oben angesprochene persönliche Involviertheit vermindert, dann liegt eine zweite, Langeweile erzeugende Struktur vor. Die abstrakte Struktur dieser Boilerplate-Informationen besteht darin, alle Elemente aus dem Lagebericht zu entfernen, welche gemäß der Kognitionsforschung dafür sorgen, dass sich die dargestellten Sachverhalte besser erinnern lassen. Solche Elemente sind insbesondere Personalpronomen und aktivische Verben, welche persönliches Engagement und damit auch Interesse an den Inhalten signalisieren.[595] Gleichermaßen sorgt die Entfernung aller bildlichen Elemente für schwierigere Verständlichkeit.[596]

Auch diese Langeweile lässt sich nicht nur inhaltlich, sondern ebenso auf rein formaler Ebene erzeugen. Das geschieht, indem zwar eine bildliche Sprache benutzt wird, aber dabei auf lageberichtstypische Allgemeinplätze abgestellt wird, deren Bildhaftigkeit längst vergessen ist, um so von den beim Leser auftretenden Abnutzungserscheinungen zu profitieren.[597]

(2.2) Erzeugung kognitiver Überforderung durch künstliche Komplexität

Werden Inhalte, die in einfachen, kurzen Sätzen unter Verwendung eines einfachen Vokabulars formuliert werden können, in einer hochkomplexen Weise dargestellt, so liegt eine weitere adressatenbezogene Form der Boilerplate-Information vor.

Diese Form manifestiert sich einerseits darin, dass die Anzahl an fachspezifischem Vokabular, an wenig bekannten Abkürzungen und an Neologismen (Wortneuschöpfungen) erhöht wird, um das intuitive Verständnis von mit dem Fachvokabular nicht vertrauten Personenkreisen zu erschweren. Gerade vor dem Hintergrund der in der Praxis bei der Auswertung regelmäßig vorherrschenden Zeitknappheit kommt es dann - da nicht jedem einzelnen Fachbegriff nachgegangen werden kann - zu Wissensdefiziten, weil ohne Zusatzaufwand nicht einschätzbar ist, inwieweit die seitens des Unternehmens gegebene Information ein komplex formulierter Werbespruch ist oder aber materiell gehaltvolle Information darstellt. Andererseits wird künstliche Komplexität erzeugt, indem einfache kurze Sätze, die aufgrund der Beschränkungen des menschlichen Kurzzeitgedächtnisses besser aufgenommen werden können, durch lange, komplexe Sätze ersetzt werden, die die Aufnahme der

---

595 Vgl. bereits ADELBERG/LEWIS (1980), S. 46; SCHROEDER/GIBSON (1990), S. 80.
596 Vgl. ADELBERG/LEWIS (1980), S. 48.
597 Vgl. auch LEURS (2006), S. 116.

Informationen signifikant erschweren.[598] Es werden also an sich nacheinander formulierbare Aussagen durch komplizierte Schachtelsatzstrukturen verbunden. So kann Komplexität z.B. bewusst dadurch erhöht werden, dass Subjekt und Prädikat im Satz durch Einschübe weit voneinander getrennt werden,[599] indem für das Verständnis des Satzbeginns notwendige Informationen erst später gegeben werden oder logische Ordnungsstrukturen angelegt, aber nicht durchgeführt werden.[600] Als Beispiel für die Überforderung durch Fachvokabular, Neologismen und Abkürzungen mögen die folgenden drei Beispiele dienen:

„Das Immunzytokin Tucotuzumab Celmoleukin huKS-IL2 (EMD 273066) wird zurzeit in Phase-I- und Phase-II-Studien bei verschiedenen Tumoren geprüft, die das Zelladhäsionsmolekül EPCAM exprimieren, beispielsweise bei Eierstockkrebs und kleinzelligem Lungenkarzinom."[601]

„Erbitux® ist ein monoklonaler Antikörper vom Typ IgG1, der gezielt den Rezeptor des epidermalen Wachstumsfaktors (Epidermal Growth Factor Receptor) blockiert. EGFR-Moleküle befinden sich auf der Zelloberfläche vieler Tumoren und fördern Zellwachstum und –teilung, wenn sie von Wachstumsfaktoren angeregt werden. Als monoklonaler IgG1-Antikörper scheint Erbitux® das Immunsystem in Alarmbereitschaft zu versetzen und die sogenannte antikörperabhängige zelluläre Zytotoxizität (ADCC) auszulösen."[602]

„Die konzernweite Messung und Überwachung wird von ZRC (zukünftig ZMO) wahrgenommen. Die Steuerung des Refinanzierungsrisikos erfolgt zusätzlich zu den aufsichtsrechtlich geforderten und vom Zentralen Stab Bilanz und Steuern (ZBS) ermittelten Kennziffern (im Berichtszeitraum Grundsatz II) über ein differenziertes Limitsystem der ZMO auf Basis der errechneten verfügbaren Liquidität (Available Net Liquidity Concept) sowie des Stable Funding Concepts."[603]

Beispiele BP.24/25/26

Eine tendenzielle Überforderung durch die Wahl komplexer Satzstrukturen liegt hingegen bei den folgenden beiden Formulierungen vor, wie sich anhand der jeweils nachfolgend erstellten Alternativformulierungen für den angesprochenen Sachverhalt schnell verdeutlichen lässt:

„Des Weiteren betrachten wir das Marktliquiditätsrisiko, das Fälle abdeckt, in denen es der Bank aufgrund unzureichender Marktliquidität nicht möglich ist, risikobehaftete Positionen zeitgerecht im gewünschten Umfang zu liquidieren oder abzusichern."[604]

Alternative Formulierung:

Des Weiteren betrachten wir das Marktrisiko. Es deckt Fälle ab, in denen die Marktliquidität der Bank nicht erlaubt, risikobehaftete Positionen zeitgerecht im gewünschten Umfang zu liquidieren oder abzusichern.

Beispiel BP.27

---

[598] Vgl. LEURS (2006), S. 54; SCHROEDER/GIBSON (1990), S. 80.
[599] Vgl. LEURS (2006), S. 54.
[600] Vgl. ADELBERG/LEWIS (1980), S. 48.
[601] Merck KGaA, Geschäftsbericht 2006, S. 49.
[602] Merck KGaA, Geschäftsbericht 2006, S. 42.
[603] Commerzbank AG, Geschäftsbericht 2006, S. 89.
[604] Commerzbank AG, Geschäftsbericht 2006, S. 87.

„Da größere Beteiligungen aus Risikosicht mit Klumpenrisiken im Kreditbereich vergleichbar sind, wird auch hier besonderes Augenmerk auf die Überwachung durch das Beteiligungs- und Risikomanagement gelegt, um einerseits den ökonomischen Kapitalverbrauch für einzelne Beteiligungen zu begrenzen und andererseits signifikante Auswirkung[en] auf Neubewertungsreserve beziehungsweise P & L des Konzerns zu vermeiden."[605]

Alternative Formulierung:

Größere Beteiligungen sind aus Risikosicht mit Klumpenrisiken im Kreditbereich vergleichbar. Darum legt das Beteiligungs- und Risikomanagement bei der Überwachung hierauf ein besonderes Augenmerk. Dies soll einerseits den ökonomischen Kapitalverbrauch für einzelne Beteiligungen begrenzen. Andererseits sollen so signifikante Auswirkungen auf Neubewertungsreserve und P & L des Konzerns vermieden werden.

Beispiel BP.28

(2.3) Erzeugung kognitiver Überforderung durch künstliche Detaillastigkeit

Boilerplate-Information wird hier erzeugt, indem die Anzahl uninformativer oder wenig informativer Elemente in die Höhe getrieben wird. Dies beinhaltet u.a. eine extreme Detaillastigkeit.[606] Der Eindruck von gegen die Konzentrationsfähigkeit des Lesers gerichteter Detaillastigkeit lässt sich auf mehrere sprachliche Strategien zurückführen. Zum einen wird der Eindruck derselben dadurch hervorgerufen, dass die einzelnen Details zwar in sich stimmig sind, aber unzusammenhängend und strukturlos vermittelt werden.[607] Da die Funktion der Details uneinsichtig bleibt, müssen sie im Kurzzeitgedächtnis zwischengespeichert werden, welches hiermit schnell überfordert wird.

Der Eindruck kann aber auch dadurch hervorgerufen werden, dass Randthemen unter Einsatz von viel Platz und Variationen ausführlich behandelt werden, z.B. wenn ein unwichtiges Thema über längere Textpassagen beibehalten wird.[608] Genau bezeichnen lässt sich dies aus Kapitalgebersicht, wenn es relativ wichtigere Themen gibt, denen weniger Platz gewidmet wird.

Zuletzt kann Detaillastigkeit hervorgerufen werden, indem anstelle einer intensionalen Darstellung, d.h. einer Darstellung des Prinzips, eine extensionale Darstellung und damit eine Aufzählung aller dem jeweiligen Prinzip gehorchenden Sachverhalte vorgenommen wird.

---

[605] Commerzbank AG, Geschäftsbericht 2006, S. 89.
[606] Vgl. auch IASB (2005), Tz. 68.
[607] Vgl. LEURS (2006), S. 168.
[608] Vgl. LEURS (2006), S. 112.

Zu beachten ist, dass Boilerplate-Informationen durch Detaillastigkeit international sehr bekannt und verrufen sind. So wird als Befolgung einer „'buried facts' doctrine“[609] bezeichnet, wenn ein Lageberichtersteller in einem Wust an Details die wirklich wichtigen Informationen versteckt.[610] Auch konstatiert die amerikanische Finanzanalystenvereinigung CFA: "fourth type of problematic disclosure occurs when useful information is embedded in multiple pages of otherwise uninformative prose."[611]

IX.4 Probleme und Grenzen der Boilerplate-Analyse

Wie bereits in einigen Fällen angedeutet, sind einer kategorischen, d.h. eindeutig und objektivierbar Boilerplate-Informationen identifizierenden Analyse häufig Grenzen gesetzt. Das liegt zum einen daran, dass Unternehmen bei verbaler Information schlicht deren Eigenschaft, vielschichtig Inhalte zu übertragen, bewusst ausnutzen können. Dazu senken sie den Informationsgehalt zwar im Sinne einer der genannten Formen von Boilerplate-Information, drücken ihn aber eben doch nicht auf eine vollständige Inhaltslosigkeit. Für das Unternehmen ist eine solche Form von Boilerplate-Information attraktiv, weil sich dann argumentativ darauf verweisen lässt, dass auf der weniger informativen Ebene informiert worden sei. Es ist sogar anzunehmen, dass bei der Formulierung entsprechende Ausflüchte oft mitgedacht werden. Deshalb sollte aus externer Perspektive wie folgt vorgegangen werden: Es ist nicht auf die wenig bis überhaupt nicht informative Boilerplate-Information als solche einzugehen, sondern vielmehr muss ein Aufzeigen des konkreten Informationsmangels erfolgen. Dazu kann analyseseitig anhand der dargestellten Systematisierung der jeweilige Boilerplate-Anteil problemlos herausgearbeitet werden: Es wird einfach an Gegenbeispielen aufgezeigt, wie sich jeweils durch Bereinigung des Anteils an Boilerplate-Information informativere Darstellungen erzeugen ließen.

---

609 SEC (2003), III.A.
610 Vgl. SEC (2003), III.A.
611 CFA (2007), S. 41.

X. Die Erweiterung und Beurteilung des semantischen Potentials mit Hilfe lageberichtsexterner Informationen

Nach der Analyse des Lageberichts mit Hilfe der bislang dargestellten drei Instrumente verfügt der Analysierende über eine große Anzahl semantischer Räume, über zahlreiche systematisch erschlossene Nullpositionen sowie über ein hohes Wissen über den Umfang an Boilerplate-Informationen. All dies zusammen erweckt einen spezifischen Eindruck von dem Unternehmen, das in Teilen über sich informiert, in Teilen Informationen rekonstruierbar verkürzt und in anderen Teilen nur scheinbar informiert.

Analog zu dem alten Unternehmensbewertungsgrundsatz „Bewerten heißt vergleichen" gilt jedoch auch hier, dass die Bedeutung der erarbeiteten Analyse erst dann richtig verstanden werden kann, wenn die Ergebnisse mit anderen Informationen abgeglichen werden – das nichtfinanzielle Korrelat lässt sich darum auch in ganz analoger Form formulieren: „Beurteilen heißt vergleichen".

Allerdings ist damit die Aufgabe einer lageberichtsexternen Erweiterung nicht hinreichend umrissen, denn neben dem Vergleich geht es - bei Nullpositionen und Boilerplate-Informationen ist dies unmittelbar einsichtig - zugleich um Vervollständigung der Analyseergebnisse.

Es liegt also immer eine Doppelfunktion der zusätzlichen Informationen vor, die einerseits in die alten Analyseergebnisse eingegliedert werden (Erweiterungsfunktion), andererseits jedoch auch einen Vergleichsmaßstab für die alten Analyseergebnisse bilden (Beurteilungsfunktion).

X.1 Grundsätzliche Herangehensweise an eine Erweiterung des semantischen Potentials

Werden lageberichtsexterne weitere Informationen in die Analyse einbezogen, ist die Ebene des Kontexts eröffnet.

Für die Nutzung des dargestellten Instrumentariums zur Erweiterung der Analyseergebnisse anhand des zusätzlichen semantischen Potentials[612] ändert sich dadurch grundsätzlich nichts.

---

[612] Vgl. LOTMAN (1972), S. 81.

Allerdings wird das semantische Potential der Analyseschlussfolgerungen durch den Aufbau von Verbindungen zu zusätzlichen Textkorpora jeweils spezifisch für die herangezogenen Textkorpora insgesamt. Zwar liegt weiterhin ein invarianter Text im Sinne der unter VI.1 gegebenen Charakterisierung zugrunde. Dennoch verändert sich der Informationsgehalt auch des analysierten Lageberichts je nachdem, welche zusätzlichen Informationen einbezogen werden, weil der Leser den Text in den Kontext weiterer (ihrerseits ebenfalls invarianter) Texte stellt.[613] Dies ist die Folge des strukturellen Interpretationsansatzes, der Bedeutung nicht an sich, sondern immer nur in Relation zu der in einem vorher definierten Textkorpus etablierten Ordnung in Form von semantischen Räumen generiert.[614] Bewirkt eine neue Information eine andere semantische Raumaufteilung, können sich entsprechend auch andere Bedeutungen ergeben, bzw. verschieben sich alte Bedeutungsmuster.[615] Ebenso werfen zusätzliche Boilerplate-Informationen oder neu erkennbare Nullpositionen in Bezug auf bislang noch nicht angesprochene Aspekte neue Fragen auf.

In Bezug auf die Beurteilungsfunktion ergeben sich aus der Isolation der zusätzlichen Bezüge bei semantischen Räumen, der Nullpositionen, die durch die Erweiterung der Analyse um textexterne Informationen erzeugt werden, und der möglichen Erklärungen für Boilerplate-Informationen wichtige Indizien über die Informationspolitik des Unternehmens. So ist es regelmäßig nützlich, die Informationen des Lageberichts nach Quantität und Qualität mit denjenigen zu vergleichen, welche sich aus anderen Quellen ergeben. So kann z.B. eine Darstellung innerhalb des Lageberichts lediglich solche Informationen bereitstellen, die der Kapitalgeber bereits anderweitig kennt, weniger Informationen über das Unternehmen bereitstellen, als der Kapitalgeber aus anderen Quellen kennt, oder mehr Informationen bereitstellen. Nicht zuletzt gibt dies Hinweise darauf, welcher Stellenwert dem Lagebericht bei der Analyse überhaupt eingeräumt werden sollte.

Für die Erweiterungs- wie Beurteilungsfunktion ist jeweils abzuwägen, welche Chancen und welche Risiken die Verwendung textexterner Informationen birgt.

Eine Chance der Erweiterung ist, dass semantische Räume dadurch bedeutungstragend, Nullpositionen gefüllt und weitere Nullpositionen identifiziert werden können, welche allein

613 Vgl. LOTMAN (1972), S. 37.
614 Vgl. in anderem Kontext auch RENNER (2004), S. 370; LOTMAN (1972), S. 333.
615 Vgl. LOTMAN (1972), S. 333.

anhand des Lageberichts nicht erkennbar wären, sowie Gründe und Hintergründe für Boilerplate-Informationen aufgedeckt werden können. Eine weitere Chance liegt darin, dass der Aufbau der Bezüge zwischen den Informationen nicht additiv, sondern vernetzend ist, sodass die Informationen zusammengenommen mehr Informationsgehalt vermitteln, als durch die Einzelinformationen vermittelt werden kann.

Eine Chance für die Beurteilung ist, dass sie so erst möglich wird, weil die Analyseergebnisse mit anderen Analyseergebnissen verglichen werden können.

Ein Risiko der Erweiterungsfunktion ist, dass allein die zusätzlichen Informationen die Bedeutung der zusätzlichen semantischen Räume bzw. das Fehlen einer bestimmten Information kennzeichnen. Dadurch besteht die Gefahr, dass der Leser seinerseits überinterpretiert, d.h. in den Text Informationen anhand der zusätzlichen Textkorpora hineinprojiziert, welche seitens des Erstellers nicht oder zumindest nicht bewusst in den Text hineingedacht wurden und welche darum einen anderen Stellenwert aufweisen, als dies bei unreflektiertem Einbezug zunächst der Fall zu sein scheint.[616]

Ein Risiko für die Beurteilungsfunktion ist, dass die falschen Informationen als Maßstab gewählt werden. Um diesen Risiken Rechnung zu tragen, muss darum immer eine Differenzerklärungsalternative geprüft werden.

Mit der Differenzerklärungsalternative wird erfasst, dass immer zwei potentielle Erklärungen für die zusätzlichen Bezüge der semantischen Raumanalyse bzw. die zusätzlich aufgefundenen Nullpositionen oder die Hintergründe für Boilerplate-Informationen existieren: Entweder sie sind dadurch verursacht, dass die zusätzlichen Informationen zu Unrecht Überlegungen in den Text hineinprojizieren, die dort zu Recht nicht anzutreffen sind. Oder aber sie sind dadurch verursacht, dass für die durch den betreffenden Text – unter Einbezug seines Kontextes – zu beschreibende Realität tatsächlich diese semantischen Räume Nullpositionen oder Hintergründe für Boilerplate-Informationen zu konstatieren sind.

Zu prüfen ist die Differenzerklärungsalternative sowohl in Bezug auf den Informationsinhalt als auch hinsichtlich der Glaubwürdigkeit der herangezogenen textexternen Informationen.

---

[616] Vgl. LOTMAN (1972), S. 46.

Dem Inhalt nach bedarf der Analyse, ob sich die zusätzlichen Bezüge, Nullpositionen oder Hintergründe für Boilerplate-Information gegebenenfalls bereits aus der Andersartigkeit der jeweiligen Informationsquellen erklären. Dann kann es sinnvoll sein, die Bezüge nicht aufzubauen, die Nullpositionen nicht in die Analyse einzubeziehen und die Hintergründe für Boilerplate-Information zu ignorieren.

In Bezug auf die Glaubwürdigkeit muss immer hinterfragt werden, welche Qualität die zusätzlichen Informationen aufweisen. Anhand dessen ist zu prüfen, ob bereits die Informationsquellen eine bestimmte Hierarchisierung implizieren, welche beim Aufbau von Bezügen bzw. der Identifikation der Nullpositionen einzubeziehen ist. Das kann dazu veranlassen, inhaltlich existierende Bezüge, Nullpositionen oder Boilerplate-Informationen als nachrangig einzustufen.

Im Folgenden wird kurz auf diejenigen Quellen textexterner Informationen eingegangen, bei denen sich relativ genau bezeichnen lässt, welche alternativen inhaltlichen Erklärungen für die neuen Bezüge bzw. Nullpositionen verfügbar sind.

Zu unterscheiden sind hierbei:

- sonstige zeitgleiche unternehmensspezifische Informationen (X.2),
- sonstige zeitgleiche Informationen zum Unternehmensumfeld (X.3),
- sonstige zeitgleiche Informationen vergleichbarer Unternehmen (X.4),
- sonstige lageberichtsspezifische Informationen im Zeitablauf (X.5),
- sonstige rechtsspezifische Informationen (X.6),
- sonstige Erfahrung und Spekulation (X.7).

X.2 Sonstige zeitgleiche unternehmensspezifische Informationen

Der erste textexterne Vergleichsmaßstab besteht in allen sonstigen Informationsquellen über das Unternehmen selbst.

Anderweitige, insbesondere informelle Informationen des Unternehmens sind als Vergleichsmaßstab von hohem Interesse. Sie erlauben Rückschlüsse darauf, inwieweit das Unternehmen im Lagebericht Themenbereiche ausspart, über welche an anderen Stellen relativ frei Informationen vergeben werden. So werden durch den Abgleich Rückschlüsse über die Qualität der extern verfügbaren Informationen wie die Informationspolitik des Unternehmens im Lagebericht möglich.

So hat es sich teilweise eingebürgert, eine Art Ersatzsprache für alle Sachverhalte zu wählen, die das Unternehmen in ein negatives Licht rücken könnten. Aus Qualitätsproblemen werden dann berichtete „übliche Qualitätssicherungsmaßnahmen", aus Überlegungen zur Verlagerung der Fertigung in Billiglohnländer werden „Überlegungen zur Kostensenkung" oder aus dem sehr wahrscheinlichen Verlust des bedeutendsten Kunden werden allgemein „Kundenrisiken".[617] Es wird also bewusst gerade diejenige Formulierung gewählt, welche noch nicht alles, aber beinahe alles verdeckt, was tatsächlich im Argen liegt. Wenn ein Unternehmen sich entscheidet, eine sprachliche Verharmlosung von Problemen vorzunehmen, ist es für den Kapitalgeber von hoher Bedeutung, den Gebrauch einer solchen „Spezialsprache" zu erkennen. Nur so kann er schließlich zu einer adäquaten Einschätzung des Unternehmens gelangen. Kennen lernen kann er die Spezialsprache wiederum nur, wenn er aus anderen Quellen etwas über die tatsächliche Bedeutung der jeweiligen Sachverhalte erfährt.

Die zusätzlichen Bedeutungen, dadurch aufgedeckten Nullpositionen oder Boilerplate-Informationen können durch zwei Differenzerklärungsalternativen begründet sein.

So gilt zum einen, dass der Regulierungsumfang bei anderen Dokumenten neben dem Lagebericht regelmäßig weit geringer ist und die Dokumente weit weniger umfangreich geprüft wurden. So deutet einiges darauf hin, dass das Management aufgrund von Haftungsgefahren und der intensiven Korrekturgänge beim Lagebericht weit weniger informationsfreudig ist als in anderen Quellen.[618]

Zum anderen können sich diese Informationen auch spezifisch auf die Informationsbedürfnisse anderer Unternehmensbeteiligter, z.B. Arbeitnehmer (Karrieremessen, Arbeitsangebote), Kunden (Prospekte zu Produkten u.ä.), Lieferanten, Presse (Interviews mit Unternehmensvertretern, Presseberichte auf Basis von unternehmensinternen Informationen), Regulierungsbehörden usw. beziehen. Diese Differenzerklärungsalternative ist immer dann zu

[617] Vgl. für die Berichterstattung im Aufsichtsratsbericht WILDE (1998), S. 440. Dem Autor selbst sind derartige - nicht immer, aber doch häufiger - verbreitete Verfahrensweisen aus Gesprächen mit Praktikern bekannt.
[618] Vgl. z.B. für Prognosen PELLENS/NÖLTE/BERGER (2007), S. 24.

prüfen, wenn es sich nicht um sonstige Finanzmarktkommunikation handelt (sonstiger Geschäftsbericht, Investorenmeetings, Firmenbesuche, Ad-hoc-Meldungen, Zwischenberichte). Sie ist allerdings auch dann zu prüfen, wenn die Informationsbedürfnisse anderer Unternehmensbeteiligter Rückwirkungen auf die berichteten Informationen haben könnten. Mögliche Erklärungen für neue Bezüge und hierdurch aufgedeckte oder aufgefüllte Nullpositionen liegen in diesen Fällen darin, dass die Zwecksetzung dieser Informationen nicht oder zumindest nicht nur in der Finanzmarktkommunikation liegt.

X.3 Sonstige zeitgleiche Informationen zum Unternehmensumfeld

Von Interesse sind ebenfalls zeitgleiche Informationen zum Unternehmensumfeld, z.B. hinsichtlich der Branchen- oder Konjunkturlage u.ä. Diese ermöglichen im Abgleich mit den vom Unternehmen selbst gegebenen Informationen eine Einschätzung darüber, was das Unternehmen – rekonstruierbar – über sein Umfeld wahrnimmt bzw. durch den Filter der Berichterstattung weiterleitet.

Die Differenzerklärungsalternative in Bezug auf die Einschätzung des Unternehmensumfelds liegt darin, dass die Informationsgrundlage unterschiedlich war, z.B. das Unternehmen mehr oder weniger über sein Umfeld wusste, als aus der zusätzlichen Informationsquelle hervorgeht. Ein Beispiel für eine solche textexterne Analyse kann anhand der Berichterstattung der Commerzbank im Jahre 2006 gegeben werden:

„Die Büromärkte in den USA haben sich im vergangenen Jahr positiv entwickelt, was an sinkenden Leerständen und steigenden Mieten deutlich wurde. Dies wird sich 2007 fortsetzen. Auch der Einzelhandel hat sich 2006, getragen vom starken privaten Konsum, günstig entwickelt. Mittelfristig wird auch hier von einer anhaltend positiven Weiterentwicklung ausgegangen."[619]

Beispiel EW.1

Die Nullpositionen im Text der Commerzbank ergeben sich anhand einer strukturabhängigen Nullpositionenanalyse. Diese überträgt die Differenzierung in kurz-, mittel- und langfristig in den ersten beiden Sätzen auf die alleinige Relevantsetzung der mittelfristigen Entwicklung in der letzten Aussage. Das verweist darauf, dass die Commerzbank verschweigt, wie es mit der kurz- und langfristigen Weiterentwicklung des privaten Konsums in den USA aussieht.

[619] Commerzbank AG, Geschäftsbericht 2006, S. 52.

Wird die Nullposition hinsichtlich der kurzfristigen Weiterentwicklung im Kontext der Nachforschungen der Senior Supervisors Group (2008) zur Finanzkrise analysiert, erhält sie eine ganz neue Bedeutung:

„At some firms, however, managers escalated their concerns about emerging risks [...] as early as the summer of 2006. [...]For example, some firms that avoided significant losses sought insights from consumer and financing businesses and used their understanding of changes in default rates on the underlying assets to scale the risk in the CDO warehouse businesses."[620]

Soweit die Commerzbank zu jenen Unternehmen gehörte, welche bereits im Sommer 2006 die bevorstehende Finanzkrise anhand der Konsumkreditentscheidungen antizipierten,[621] wird es nicht in ihrem Interesse gelegen haben, jene Geschäftspartner darauf aufmerksam werden zu lassen, an die die kritischen Portfoliopositionen weiterverkauft werden sollten. Das könnte erklären, warum sich der Konzern in Bezug auf eine mögliche Interpretation des Privatkonsums als eines Frühindikators im Konzernlagebericht in der rekonstruierten Form ausschwieg.

X.4 Sonstige zeitgleiche Informationen vergleichbarer Unternehmen

Ein weiterer textexterner Vergleich besteht darin, Lageberichtsbestandteile des betrachteten Unternehmens mit zeitgleichen Berichtsbestandteilen solcher Unternehmen zu vergleichen, welche in Bezug auf den jeweiligen Berichtsbestandteil gleichartig sind. Nullpositionen ergeben sich dabei, indem diejenigen Aspekte, welche nur bei dem einen, nicht jedoch dem anderen Unternehmen vorliegen, als Nullposition in den jeweiligen anderen Lagebericht hineinprojiziert werden. Boilerplate-Informationen werden daran deutlich, dass eines der beiden Unternehmen dort informiert, wo das andere nur scheinbar informiert. Neue Bezüge für semantische Räume wiederum resultieren, weil bestimmte Lageberichtsinformationen im Kontext der gegebenen Zusatzinformationen der anderen Unternehmen eine andere Bedeutung erhalten können.[622]

Die zu berücksichtigenden möglichen Differenzerklärungsalternativen liegen darin, dass Unterschiede zwischen den Unternehmen für die Berichtsunterschiede verantwortlich sein könnten. Diese Differenzerklärung ist jedoch nicht allein ein Ausschlussgrund für die Berech-

[620] SENIOR SUPERVISORS GROUP (2008), S. 9.
[621] Hierfür gibt es noch weitere, hier nicht diskutierte Hinweise, vgl. dazu GROTTKE (2011), S. 96-98.
[622] Vgl. zu Beispielen auch GROTTKE (2011), S. 103 f

tigung eines Vergleichs zur Generierung von Informationen über das betrachtete Unternehmen. Sie kann vielmehr zugleich ganz bewusst bei der Analyse eingesetzt werden, um aus unterschiedlichen Interessenlagen heraus resultierende Verzerrungen zu identifizieren. Dazu sind ansonsten ähnliche Unternehmen mit erkennbar stark unterschiedlichen Interessenlagen zu vergleichen. Das ist insbesondere notwendig, um die bei den Analysebeispielen bereits deutlich gewordenen Anzeichen für Verzerrungen bei der Informationspolitik zu neutralisieren.

Eine derartige Neutralisierung der Informationspolitik kann auf zwei Weisen bewusst angestrebt werden.

Zum Ersten lässt sie sich umsetzen, indem für sämtliche Informationen in einem analysierten Lagebericht, bei denen Agency-Probleme im Sinne des Managements aufgelöst werden oder eine Darstellung des Unternehmens übermäßig positiv erscheint, nach themengleichen Darstellungen in anderen Lageberichten gesucht wird, soweit dort die Agency-Probleme anders gelagert und Anreize für eine übermäßig positive Darstellung nicht erkennbar sind. Gleichermaßen lässt sich bei identifizierten Nullpositionen oder Boilerplate-Informationen danach suchen, wie andere Unternehmen über diese Gegenstände berichten, um eine Vorstellung davon zu erhalten, welche Informationen sich hier verbergen könnten.

Zum Zweiten lässt sich eine Neutralisierung durch einen Differenzansatz erreichen, indem aus anderen Lageberichten alle Sachverhalte herausgearbeitet werden, welche in dem zu analysierenden Lagebericht keine Erwähnung finden. Diese Informationen sind dann daraufhin zu hinterfragen, ob sie auch für das analysierte Unternehmen Gültigkeit besitzen könnten. Ist dies der Fall, sind sie dem zu analysierenden Textkorpus hypothetisch hinzuzufügen. Gerade wenn ein Unternehmen sich für eine positiv verzerrende Berichtsstrategie entscheidet, kann es hier zur Neutralisierung wertvoll sein, einerseits positive, potentiell auch für das Unternehmen relevante Informationen eines anderen Unternehmens hypothetisch auf dieses umgekehrt als negativ zu projizieren: So lässt sich untersuchen, ob sie bei dem betrachteten Unternehmen darum nicht berichtet wurde, weil dort nichts Positives dazu zu verzeichnen war. Ein wichtiger Spezialfall dieser Vorgehensweise besteht darin, die seltenen selbstkritischen und negativen Informationen von anderen Unternehmen auf das betrachtete Unternehmen zu übertragen, um einen Anhaltspunkt dafür zu erhalten, ob diese bei dem betrachteten Unternehmen tatsächlich nicht vorlagen oder aber verschwiegen wurden.

X.5 Sonstige lageberichtsspezifische Informationen im Zeitablauf

Der zweite textexterne Vergleichsmaßstab besteht in den Lageberichten der Vor- und Folgejahre. Hier werden die Lageberichte anhand des wechselseitigen Vergleichs miteinander daraufhin analysiert, welche Angaben neu hinzukommen, eliminiert oder geändert werden. Die Analyse im Zeitablauf ermöglicht, Entscheidungen des Erstellers transparent werden zu lassen: Dieser nimmt regelmäßig den Vorjahreslagebericht als Ausgangspunkt, um dann mit Hilfe von Anpassungen den aktuellen Lagebericht zu formulieren. In Bezug auf semantische Räume wird so deutlich, welche Änderungen der zuvor aufgebauten Bezüge vorgenommen wurden. In Bezug auf Nullpositionen und Boilerplate-Informationen werden die Entscheidungen des Lageberichterstellers offen gelegt, über jeweils andere Inhalte zu schweigen oder zu berichten.

Die Differenzerklärungsalternative kann dabei in eingetretenen Veränderungen zwischen den Erstellungszeitpunkten der beiden Lageberichte liegen.

Bei der Analyse sind solche Informationen häufig sehr aufschlussreich, was an zwei Beispielen exemplarisch vorgeführt sei.

So lässt sich auf der beobachtbaren Ebene mit Hilfe von Nullpositionen letztlich in Teilen die unternehmensspezifische Berichtsstrategie in Bezug darauf ableiten, worüber berichtet wird und worüber nicht berichtet wird.[623] So ist bei z.B. ThyssenKrupp auffällig, dass im Zeitablauf jeweils der Detailgrad der Berichterstattung über die Ursachen der Erfolgserzielung in den Segmenten variiert wird. So werden im Geschäftsjahr 2005/2006 für jedes Segment bis auf Elevator die wesentlichen Ursachen der Erfolgsentwicklung angegeben:

„Im Segment Steel stieg das Ergebnis vor Steuern und Zinsen dank der positiven Preis- und Mengenentwicklung [...]
Das Ergebnis vor Steuern und Zinsen von Stainless stieg [...] im Wesentlichen als Folge der Anfang 2006 eingesetzten Nachfragebelebung in nahezu allen Marktsegmenten [...].
Bei Automotive ist das Ergebnis vor Steuern und Zinsen gesunken. [...] Diese Verschlechterung ist vor allem auf außerplanmäßige Abschreibungen im Zusammenhang mit Desinvestitionen in Nordamerika, aber auch auf außerplanmäßige Abschreibungen und Restrukturierungsmaßnahmen in verschiedenen anderen Segmentbereichen zurückzuführen. Darüber hinaus ließen sich die Stahlpreiserhöhungen nur teilweise an die Kunden weitergeben.
Das Ergebnis vor Steuern und Zinsen von Technologies stieg im Berichtsjahr [...]. Dabei konnten in allen Business Units deutliche operative Verbesserungen erzielt werden. Positiv wirkte sich auch die Abgabe von ertragsschwachen Bereichen im Verlauf der Geschäftsjahre 2004/05 und 2005/06 aus.

[623] Vgl. allgemein FRANK/LUKAS (2004), S. 21.

Im Segment Services konnte das Ergebnis vor Steuern und Zinsen […] gesteigert werden. Zu verdanken war dies vor allem der besseren Konjunktur auf den internationalen Werkstoff- und Rohstoffmärkten, aber auch dem Wegfall von zwischenzeitlich veräußerten Verlustbereichen […].“[624]

Beispiel EW.2

In 2007 wird demgegenüber nur noch bei Elevator und Steel über die Ursachen berichtet, obwohl angesichts der weltweit schwierigeren Lage und dem gleichzeitig verbesserten Konzernergebnis die Frage nach den Ursachen in diesem Jahr besonders interessant erscheint. Zudem ist die Berichterstattung über Elevator unproblematisch, diejenige über Steel hingegen sehr pauschal:

„Im Segment Steel ist das Ergebnis […] dank der positiven operativen Entwicklung […] gestiegen.
Im Segment Elevator sank das Ergebnis vor Zinsen und Steuern. [...] Dies ist im Wesentlichen auf die Ergebnisbelastung aus dem von der EU-Kommission verhängten Bußgeld zurückzuführen.“[625]

Beispiel EW.3

Offensichtlich hat ThyssenKrupp spezifische Gründe dafür, den Detailgrad der Berichterstattung bei den anderen Segmenten in 2006/2007 zu reduzieren. Damit nach diesen Gründen gesucht wird, muss die Reduktion des Berichtsumfangs aber erst einmal aufgedeckt werden.

Ein anderes Beispiel zeigt, wie sich im Zeitablauf gute Rückschlüsse in Bezug auf die Qualität der Informationspolitik des Unternehmens im Lagebericht ziehen lassen. So zeichnet sich der Strategiebericht von Fresenius vor allem dadurch aus, dass sich der jeweils nächste große strategische Schritt des Unternehmens gerade nicht entnehmen lässt. So erfolgt im Jahr 2007 die Aufspaltung des Unternehmensbereichs Fresenius Proserve in Fresenius Helios und Fresenius Vamed. Im Lagebericht 2006 waren zu Fresenius Proserve im Vergleich zu den anderen Unternehmensbereichen die folgenden Anmerkungen zu verzeichnen:

„Fresenius ist ein internationaler Gesundheitskonzern mit Produkten und Dienstleistungen für die Dialyse [Fresenius Medical Care], das Krankenhaus und die ambulante medizinische Versorgung von Patienten [Fresenius Kabi]. Weitere Arbeitsfelder sind das Krankenhausträgergeschäft sowie Engineering- und Dienstleistungen für Krankenhäuser und Gesundheitseinrichtungen [Fresenius Proserve].“[626]

„Fresenius ProServe betreibt über die HELIOS Kliniken Gruppe Krankenhäuser hauptsächlich in Deutschland. Zur HELIOS Kliniken Gruppe gehören neben der HELIOS Kliniken GmbH auch die Wittgensteiner Kliniken

[624] ThyssenKrupp AG, Geschäftsbericht 2005/2006, S. 93.
[625] ThyssenKrupp AG, Geschäftsbericht 2006/2007, S. 58.
[626] Fresenius AG, Geschäftsbericht 2006, S. 59.

GmbH und die HUMAINE Klinken GmbH. Außerdem bietet Fresenius ProServe über die VAMED Engineering- und Dienstleistungen für Krankenhäuser und Gesundheitseinrichtungen an."[627]
„Mit der HELIOS Kliniken Gruppe eröffnen sich Fresenius ProServe aus einer starken Position heraus weitere Wachstumschancen [...]."[628]

Beispiel EW.4

In 2007 erfährt der Leser dann:

„Seit dem 1. Januar 2008 sind an die Stelle des bisherigen Unternehmensbereichs Fresenius ProServe zwei neue Unternehmensbereiche – Fresenius Helios und Fresenius Vamed – getreten. [...] Mit diesem Schritt haben wir der wachsenden Bedeutung des Krankenhausträgergeschäfts (HELIOS) sowie des Engineering- und Dienstleistungsgeschäfts für Krankenhäuser (VAMED) Rechnung getragen."[629]

Beispiel EW.5

Hierbei gilt, dass in Bezug auf die Gewichtung von Fresenius ProServe als nur weiteren Arbeitsfeldern einerseits nicht damit zu rechnen war, dass gerade dieser aus Gesamtkonzernsicht scheinbar unwichtigste Unternehmensbereich aufgespalten werden würde. Insofern kommt die Umstrukturierung mehr als überraschend. Andererseits aber war die Zweiteilung bereits rechtlich angelegt, auch die Begründung war zumindest für Fresenius Helios bereits in 2006 gegeben. Da letztere jedoch in nahezu identischem Wortlaut bereits in 2005 gegeben wurde,[630] bestand wiederum kein Anlass zu vermuten, dass gerade in 2007 eine Aufspaltung stattfinden würde. Dieselbe Berichtsstrategie liegt in 2007/2008 hinsichtlich des Konzernbereichs Fresenius Kabi vor. Diesem Bereich werden in 2006 und 2007 im Gegensatz zu der weltweit agierenden Fresenius Medical Care die folgenden Regionen zugeordnet:

„Fresenius Kabi nimmt in Europa führende Marktpositionen ein und hat in den Wachstumsmärkten Asien-Pazifik, Lateinamerika und Südafrika führende Positionen inne."[631]

„Fresenius Kabi ist in Europa führend in der Infusions- und Ernährungstherapie. Das Unternehmen plant in den Wachstumsmärkten weitere Produkte aus seiner Palette einzuführen, um diese Position zu stärken. Außerdem will das Unternehmen den Marktanteil durch die Einführung neuer Produkte [...] weiter ausbauen."[632]

Beispiel EW.6

In 2008 wird der Lageberichtsleser dann mit der folgenden Nachricht überrascht:

---

[627] Fresenius AG, Geschäftsbericht 2006, S. 60.
[628] Fresenius AG, Geschäftsbericht 2006, S. 63.
[629] Fresenius AG, Geschäftsbericht 2006, S. 67.
[630] Fresenius AG, Geschäftsbericht 2005, S. 63-64.
[631] Fresenius SE, Geschäftsbericht 2007, S. 69; Fresenius AG, Geschäftsbericht 2006, S. 60.
[632] Fresenius SE, Geschäftsbericht 2007, S. 71; Fresenius AG, Geschäftsbericht 2006, S. 63.

„Mit dem Erwerb von APP Pharmaceuticals, Inc., einem führenden nordamerikanischen Hersteller intravenös zu verabreichender generischer Arzneimittel, trat Fresenius Kabi in den US-Markt ein."[633]

Beispiel EW.7

Auch hier gilt, dass vorher gerade aufgrund der Angabe der Konzentration von Fresenius Kabi auf bestimmte Regionen keinesfalls mit dem Markteintritt in Nordamerika gerechnet werden konnte: Nordamerika fiel gerade nicht unter die anvisierten Regionen. Dafür, dass Fresenius hier eine bewusste Berichtsstrategie der Nichtinformation über wichtige strategische Ziele verfolgt, spricht auch, dass es Alternativen für die Berichtserstattung gibt, wie z.B. ein Blick in den Lagebericht von ThyssenKrupp 2005/2006 verdeutlicht:

„In der Nafta-Region verfolgen wir verschiedene Möglichkeiten. Durch eine Übernahme des kanadischen Stahlherstellers Dofasco könnten wir kurzfristig eine starke Position auf dem nordamerikanischen Markt für höherwertige Stahlflachprodukte erreichen. Daher hat die Übernahme für uns hohe Priorität. Alternativ zum Erwerb von Dofasco prüfen wir, ob wir ein Werk in den USA errichten sollen [...]."[634]

Beispiel EW.8

ThyssenKrupp löst hier folglich das mögliche Problem eines Scheiterns von Übernahmeverhandlungen, indem von vornherein auf Alternativen verwiesen wird.

X.6 Erweiterung des semantischen Potentials um eine Rechtsanalyse

Gerade mit Blick auf die Beurteilungsfunktion scheint eine Analyse, ob ein Lagebericht den gesetzlichen Vorschriften entspricht, besonders aufschlussreich zu sein.

So könnte sich einerseits daraus schließen lassen, wie gesetzestreu ein Unternehmen ist. Ebenso könnte sich aus der Manifestation von erkennbaren Unternehmensreaktionen auf gesetzliche Erfordernisse, getreu dem Motto „Melden macht frei" folgern lassen, in welchen Bereichen sich eine Unternehmensleitung absichern will.

Zu identifizieren wäre dies in beiden Fällen anhand des Maßstabs von Gesetz und Rechtsprechung. Genau hier allerdings wirft der Lagebericht eine Fülle an Problemen auf. So sind die gesetzlichen Normen der §§ 289, 289a, 312 und 315 HGB zum Lagebericht durch eine

633 Fresenius SE, Geschäftsbericht 2008, S. 59.
634 ThyssenKrupp AG,Geschäftsbericht2005/2006, S. 88.

Vielzahl unbestimmter Rechtsbegriffe wie „Risiko“ „Lage“ „Geschäftsverlauf“ usw. geprägt, die weite Spielräume bei der Auslegung bedingen und eine verbindliche Vorgabe von Pflichtinhalten für den Einzelfall mit deutlichen Unschärfen versehen.[635]

Darum ist, sofern nur irgendetwas zu den jeweiligen gesetzlichen Erfordernissen geschrieben wird, die Berichtspflicht mehr oder weniger als erfüllt anzusehen. Weil eine Rechtsprechung zur Lageberichterstattung bis in die jüngere Zeit hinein nahezu inexistent war, waren auch von dort keine Hilfen zu erwarten. Im Moment allerdings steigt die Anzahl an gerichtlichen Entscheidungen zum Lagebericht, da die deutsche Prüfstelle zahlreiche Lageberichtsinhalte börsennotierter Unternehmen moniert hat und es vereinzelt bereits zu gerichtlichen Auseinandersetzungen kam. Im Ergebnis allerdings sind auch diese Urteile noch wenig restriktiv. Aus den Entscheidungen ergibt sich inhaltlich lediglich,

a) dass es nicht erlaubt ist, gesetzliche Pflichtbestandteile gänzlich zu unterlassen:
   Nach einem ersten Urteil hat der Lagebericht erhebliche Prognose- und Bewertungselemente zu enthalten, weil er die Lage für die Zukunft fortschreiben müsse.[636] Darum ist ein vollständiges Unterlassen einer Prognoseberichterstattung unter Verweis auf erhebliche Unsicherheiten der Prognose mit den zwingenden gesetzlichen Vorschriften von § 289 Abs. 1 Satz 4 und § 315 Abs. 1 Satz 5 HGB nicht vereinbar und verstößt gegen die Rechnungslegungsvorschriften.[637] Bereits früher wurde in mehreren Urteilen klargestellt, dass ein Entlastungsbeschluss gegen den Vorstand und den Aufsichtsrat anfechtbar ist, soweit kein Abhängigkeitsbericht vorgelegt wurde.[638]

b) dass objektiv absehbare extern verursachte Vorzieheffekte zukünftiger Gewinne als Risiken für die künftige Gewinnsituation Erwähnung finden müssen:
   In einem Urteil wurde die fehlende Risikoberichterstattung über objektiv absehbare Vorzieheffekte, die durch einen externen Faktor ausgelöst werden und welche die aktuelle Ertragslage spürbar positiv, die zukünftige jedoch spürbar negativ beeinflussen, als nicht

[635] Vgl. dazu die sehr umfangreiche Analyse von PALMES (2008), die am Ende schließt, „dass in Wissenschaft und Praxis eine erhebliche Unsicherheit im Hinblick auf die Auslegung der Tatbestandsmerkmale des § 289 HGB besteht.“ (PALMES (2008), S. 76).
[636] Vgl. OLG Frankfurt a.M. (2010), S. 64.
[637] Vgl. OLG Frankfurt a.M. (2010), S. 64.
[638] Vgl. LG Berlin (1997), S. 183; LG Köln (1992), S. 238.

zulässig eingestuft.[639] Im Urteil handelte es sich um die vorgezogenen Abschlüsse von Lebensversicherungen durch Kunden einer Versicherungen verkaufenden Gesellschaft aufgrund des Entfalls eines Steuerprivilegs im Folgejahr. Die Gesellschaft unterließ es hierbei, darauf hinzuweisen, dass es sich um Ertragseffekte auf Kosten zukünftiger Erträge handelte.

Ferner kann nach der einschlägigen Literatur festgehalten werden, dass eindeutig als falsch nachweisbare Tatsachen und offensichtlich schlechthin unvertretbare Beurteilungen nicht zu lässig sind. Viel weiter wird man aktuell in der Auslegung jedoch kaum gehen können.[640]

Zusätzlich zu beachten ist, dass die Lageberichterstattung stark von der prüfenden Wirtschaftsprüfungsgesellschaft und der Börsennotierung des Unternehmens abhängt. So gilt, dass die extensiven, checklistenartigen Vorgaben der DRS 5, 5-10, 5-20, 15 und 17, welche für die Konzernlageberichterstattung durch den Deutschen Standardisierungsrat[641] eingeführt wurden, in der Praxis nur partiell Verbreitung gefunden haben. Hier war seit der Einführung der Vorgaben vielmehr eine de-facto-Differenzierung der Rechtsanwendung zu beobachten. Eine Umsetzung der Checklisten und entsprechend umfangreich ausfallende Lageberichte fand vor allem bei von den vier großen Wirtschaftsprüfungsgesellschaften Ernst & Young, Deloitte & Touch, KPMG und PwC geprüften Unternehmen statt. Der weitgehend von mittelständischen Wirtschaftsprüfungsgesellschaften betreute Mittelstand hingegen ignorierte die Vorgaben mehr oder weniger und beschränkte sich auf die Gesetzesanwendung.[642]

Möglich wurde diese Differenzierung dadurch, dass die DRS durch den DSR und damit durch ein privatwirtschaftliches Gremium verabschiedet wurden und darum keine Gesetzeskraft erlangen konnten, andererseits aber das Bundesministerium der Justiz die in ihrer Bedeutung

[639] Vgl. OLG Frankfurt a.M. (2007), S. 2060, S. 2062 f.

[640] Vgl. zu einer umfangreichen Diskussion des Rechtsstands auch PALMES (2008), S. 311-334.

[641] Vgl. DRSC (2010).

[642] Vgl. dazu auch die Befragung von KAJÜTER/BACHERT/BLAESING (2010), S. 460, S. 465. Für den Mittelstand kann der Autor aus eigenen Gesprächen mit Wirtschaftsprüfern und Steuerberatern mittelständischer Kanzleien bestätigen, dass die DRS bei der Erstellung von Lageberichten nicht herangezogen werden. Aus Gesprächen mit Mitarbeitern der Big Four, d.h. der genannten vier Wirtschaftsprüfungsgesellschaften, kann er bestätigen, dass Prüfer der Big Four die Vorgaben routinemäßig ihren Prüfungen zugrunde legen.

sehr umstrittene[643] Vermutung äußerte, die DRS seien Grundsätze ordnungsgemäßer Buchführung.

Da die Lageberichterstattung bei Anwendung der privatwirtschaftlichen Vorgaben des DSR einen deutlichen Streitpunkt zwischen den Unternehmen und den Wirtschaftsprüfungsgesellschaften bildete und aktuell eine umfangreiche Überarbeitung der Standards erfolgt, ist in Bezug auf diese Standards fraglich, wie sie die zukünftige rechtliche Auslegung bei der Lageberichterstattung beeinflussen werden. Dies gilt umso mehr, als mit dem im Dezember 2010 verabschiedeten Practice Statement IASB Management Commentary eine weit weniger umfangreiche Alternative zu den DRS eingeführt wird, die für Unternehmen gegebenenfalls auch in Europa alternativ für eine Rechtsanwendung verfügbar ist.[644]

Es kann auf derzeitigem Stand mit Blick auf die sich sukzessive häufenden konkreten Urteile zur Lageberichterstattung einerseits nicht ausgeschlossen werden, dass sich eine formelhafte, absichernde Sprache der Unternehmen im Lagebericht ähnlich der bei Arbeitszeugnissen herausbildet, da sich Unternehmen vor Klagen bei unbestimmten Rechtsbegriffen schützen wollen. Dadurch würde eine rechtliche Analyse notwendig werden, um die eigentliche Bedeutung des Lageberichtes zu dekodieren.[645]

Andererseits kann jedoch angesichts der internationalen Entwicklungen auch nicht ausgeschlossen werden, dass die Rechtsanwendung der gesetzlichen Normen auf ein sehr allgemein gehaltenes Niveau zurückkehrt.[646]

Insgesamt ist die Rechtslage aktuell zu sehr im Wandel, um längerfristig stabile Aussagen zu ermöglichen, die einen validen und allgemeinen Vergleichsmaßstab darstellen könnten. Darum wird an dieser Stelle auf die Erarbeitung eines lageberichtspolitischen Analogons zu den Spielräumen der rechtlich verfügbaren Bilanzpolitik verzichtet.

---

[643] Hierbei lässt sich grob in zwei Richtungen unterteilen, die internationale Richtung, welche die Vermutung, es handele sich um GoB, in den Fakt transformiert, es handele sich um GoB, vgl. dazu z.B. MÜßIG (2006), S. 122 f. und die traditionelle Richtung, welche davon ausgeht, dass die DRS ebenso wie die Kommentarliteratur Meinungen darstellen, deren GoB-Konformität sich letztlich allein inhaltlich anhand ihrer Vereinbarung mit Gesetz und Rechtsprechung bestimmen müsse, vgl. dazu z.B. BUDDE/STEUBER (1998), S. 1185; SCHEFFLER (1999), S. 414; BALLWIESER (1999), S. 445; ERNST (1998), S. 1031.

[644] Vgl. zu dem IASB Management Commentary und den diesbezüglichen Entwicklungen auch GROTTKE/STROBL (2009), S. 485.

[645] Angedeutet wird eine solche Entwicklung analog zu den USA z.B. durch WAGENHOFER (2010), S. 12.

[646] Vgl. auch GROTTKE/HÖSCHELE (2010), S. 156.

X.7 Erweiterung des semantischen Potentials mit Hilfe von Erfahrung und Spekulation

Erst im letzten Schritt ist die wohl am häufigsten anzutreffende Vorgehensweise zu nutzen: Die Erweiterung des semantischen Potentials mit Hilfe von Erfahrungen und Spekulationen. Bei semantischen Räumen beinhaltet dies, dass einzelne aufgebaute semantische Räume gegebenenfalls gegenüber der im Text erkennbaren Gewichtung umgewichtet werden und zusätzliche erfahrungsbasierte oder spekulativ gesetzte Informationen neue semantische Räume eröffnen, die allein anhand des Textes nicht vorliegen.

Bei Nullpositionen und Boilerplate-Informationen beinhaltet dies, eine im Text anzutreffende Information als Teil einer aus der eigenen Erfahrung bekannten Struktur zu erkennen, deren weitere Elemente zumindest zum Teil nicht oder nur als Scheininformationen anzutreffen sind.

Bei beidem ist jeweils zu reflektieren, ob die herangezogenen Strukturen bei der Identifikation selbstverständliches, allgemeines oder branchenspezifisches Hintergrundwissen verwenden oder relativ angreifbar sind.

Erfahrung wie Spekulation lassen die Analyse subjektspezifisch werden.[647] Weil sie jedoch angesichts der regelmäßig unterdeterminiert bleibenden Information unverzichtbar sind, ist lediglich zu fordern, dass die Herkunft von Erfahrung und Spekulation für die gezogenen Analyseschlussfolgerungen genau dokumentiert wird, um diese intersubjektiv nachvollziehbar zu gestalten.

---

[647] Vgl. für Kunstwerke auch LOTMAN (1972), S. 44.

XI. Der Analyseansatz zur Identifikation unzuverlässiger Informationen[648]

XI.1 Die Funktion des Analyseansatzes

Mit Blick auf die Erarbeitung von Entscheidungsgrundlage und Orientierungsbasis von Kapitalgebern weist der Analyseansatz zur Identifikation unzuverlässiger Informationen eine zentrale Funktion auf. Er soll bei entsprechenden Informationsmöglichkeiten klären, inwiefern und an welchen Stellen die Kosten intensiver Nachforschungen über das Unternehmen eingegangen werden müssen oder ob und zu welchem Grade der Berichterstattung eines Managements ohne weitere Nachforschungen vertraut werden kann. Mit anderen Worten soll der Ansatz dabei helfen, zu bestimmen, in welchem Umfang Unsicherheiten über eine mögliche Unglaubwürdigkeit des Managements in die eigene Entscheidungsgrundlage einzubeziehen sind.

Drei Gründe sind dafür maßgeblich, einem solchen Analyseansatz trotz der unzweifelhaften Schwierigkeiten eine überragende Bedeutung beizumessen.

Erstens hat sich die Gefahr erhöht, Opfer von Wirtschaftskriminalität und Bilanzskandalen zu werden. Diese Gefahr existierte wohl schon immer, während der letzten zwei Jahrzehnte ist sie allerdings - zwar in Wellen - aber doch deutlich beobachtbar angestiegen.[649] Der Ansatz begegnet dieser Entwicklung durch die Identifikation von Warnsignalen für eine mögliche Unzuverlässigkeit von Informationen in der verbalen Berichterstattung. Indem Problemfelder frühzeitig identifiziert und bei der eigenen Entscheidung berücksichtigt werden können, sollen Vermögensschäden bei Kapitalgebern aufgrund krimineller Akte des Managements vermindert werden.

---

[648] Bei der Entwicklung des nachfolgend erläuterten theoretischen Analyseansatzes wurde vor allem auf die in der Literaturwissenschaft anzusiedelnde Forschung zum unzuverlässigen Erzählen, auf die forensische Psychologie, insbesondere die in Deutschland verbreitet vor Gericht Anwendung findende Aussagenanalyse sowie auf die Kriminalistik zurückgegriffen. Dabei gilt, dass die Textsignale in ihrem jeweiligen Bereich zum Großteil sehr gut bestätigt sind.
Weil für den Lagebericht bislang jedoch weder eine direkte empirische Analyse von Textsignalen erfolgte, noch eine theoretische Konzeption existiert, wird im Folgenden der Schwerpunkt auf die Entwicklung der theoretischen Konzeption gelegt, deren Eignung beispielhaft belegt wird, deren breitflächige empirische Überprüfung aber noch aussteht.

[649] Vgl. dazu auch PEEMÖLLER/HOFMANN (2005), S. 17-19, m.w.N.

Zweitens ist für Kapitalgeber die Gefahr gestiegen, Opfer einer Selbstbereicherung des Managements in (noch) nicht gesetzlich geregelten Bereichen zu werden.

Auch dieses Problem existierte schon immer, auch dieses Problem hat sich aber verschärft. Ein wesentlicher Grund dafür liegt in der zunehmenden Verbreitung agency-theoretischer Denkweisen.[650]

Solche Denkweisen unterstellen letztlich, dass unter wohldefinierten Bedingungen Vertragsgestaltungen möglich sind, die einen Agenten (hier das Management) im Sinne eines Prinzipals (hier der Kapitalgeber) handeln lassen, selbst wenn der Agent allein den eigenen Nutzen zu maximieren trachtet. Freilich wird die Eigennutzmaximierung nur in den von der Agency-Theorie hypothetisch als gültig vorausgesetzten Modellwelten in vertretbare Bahnen gelenkt.[651] In der Realität sind die für eine Eindämmung der unkontrollierten Eigennutzmaximierung zu Lasten anderer Wirtschaftsteilnehmer eingerichteten Anreiz- und Kontrollsysteme regelmäßig höchst unzureichend. Das gilt nicht nur aufgrund des unsicheren Wissens über die Ausgangsbedingungen und die Entwicklung eines Unternehmens, sondern auch wegen des unzureichenden Wissens über die Handlungsmöglichkeiten des Managements. Es führte zu einer Kontrollillusion eines Kapitalgebers, zu unterstellen, Eigennutzmaximierungsstrategien eines opportunistischen Managements auf Kosten der Kapitalgeber seien durch Anreiz- und Kontrollsysteme entweder kontrollierbar oder ihre Auswirkungen könnten vorab im Durchschnitt berücksichtigt werden.

Zugleich mehren sich die Anzeichen dafür, dass die akademische Ausbildung mit Hilfe von Modellen, welche radikal opportunistisch vorgehende Eigennutzmaximierer voraussetzen, ihrerseits bewirkt, dass die in diesen Modellen Ausgebildeten verstärkt Maximen radikal opportunistischer Eigennutzmaximierung einsetzen.[652] Insofern verwundert der angeführte Anstieg sich selbst bereichernder Manager nicht.

---

650 Vgl. auch CHUA (1996), S. 150 f.

651 Wie insbesondere MEYER (2004) herausgearbeitet hat, passt eine solche Konzeptualisierung lediglich auf ein Meister-Geselle-Verhältnis, bei dem der Meister (hier der Kapitalgeber) Umfeld und Verhaltensweisen des Gesellen (hier des Managements) hinreichend voraussehen kann, vgl. auch MEYER (2004), S. 218. Dass ein Kapitalgeber über ein solches Wissen verfügt, dürfte nur in wenigen Fällen zutreffen.

652 Vgl. KHURANA (2007), S. 302, S.309-314, S. 319-324, S. 364; FRANK/GILOVICH/REGAN (1996).

Kernkritikpunkt an Eigennutzmaximierungsstrategien eines Agenten im Prinzipal-Agenten-Modell ist, dass die zentrale Funktion von Vertrauen und Glaubwürdigkeit ausgeblendet wird, Komplexität unter Unsicherheit zu reduzieren. Kann einem Management vertraut werden, dass es für einen Kapitalgeber nicht einschätzbare Informationsasymmetrien unter Unsicherheit nicht zu dessen Schaden ausnutzt,[653] lassen sich in hohem Umfang Spezialisierungsvorteile durch Arbeitsteilung realisieren. Ist das nicht mehr möglich, müssen die unter Inkaufnahme von Informationsasymmetrien realisierten Spezialisierungsvorteile einer Arbeitsteilung rückgängig gemacht werden. Realistischerweise ist davon auszugehen, dass Vertrauen als nicht ersetzbares Korrelat von Spezialisierung, Arbeitsteilung und Überkomplexität und darum Unsicherheit der Realität immer notwendig bleibt. Dann stellt sich jedoch die Frage, wie mit einem potentiell rücksichtslos eigennutzmaximierenden Management umzugehen ist, soweit dessen Anreizstruktur nicht unmittelbar erkennbar ist.

In der vorliegenden Arbeit wird vorgeschlagen, bei Warnsignalen für einen Vertrauensmissbrauch den jeweiligen Vertrauensvorschuss sofort Gegenstand von Zusatzüberlegungen in Entscheidungsgrundlage und Orientierungsbasis werden zu lassen, sei es, dass ein Großaktionär Eingriffsrechte in Erwägung zieht, sei es, dass das Auskunftsrecht nach § 131 AktG direkt und ausführlich auf die entsprechenden Verdachtsmomente bezogen wird, sei es, dass als Kreditgeber Zusatzinformationen eingefordert werden.[654]

Ein dritter Grund für die steigende Bedeutung eines solchen Analyseansatzes liegt darin, dass die Aussagefähigkeit von Gewinn- und Verlustrechnung sowie Bilanz für die Lage eines Unternehmens rapide abnimmt. Ihre Aussagefähigkeit war schon immer beschränkt (wie in Kapitel III dargestellt); auch sie hat sich jedoch in den letzten zwei Jahrzehnten aufgrund der fortschreitenden Entobjektivierung der bilanziellen Normen und der Hinwendung zu einer zukunftsorientierten statischen Betrachtungsweise sukzessive verschlechtert, weil Bilanzwerte vermehrt auf sehr vagen Projektionen zukünftiger Zahlungsströme basieren. Das bewirkt, dass allein den Zahlen immer weniger Vertrauen geschenkt werden kann. Das belegen nicht nur bereits die Analysen von Jahresabschlüssen in der Finanzkrise, innerhalb derer eine ganze Reihe von Banken im Jahr 2006 das höchste Ergebnis ihrer Firmengeschichte auswies und

[653] Vgl. dazu LUHMANN (2000), S. 36.
[654] Vgl. auch LUHMANN (2000), S. 36.

bereits im Jahr 2007 ohne Rettungsmaßnahmen insolvent gewesen wäre.[655] Das zeigen vielmehr auch Sensitivitätsanalysen zum Einsatz von „fair“ values in der Bilanzbewertung, z.B. im Bereich der Aktienoptionen oder Finanzinstrumente: So kann die Spannweite der durch Bilanzpolitik darstellbaren Gewinnsituation problemlos zwischen - 30 % und + 82 % ausgewiesener Referenzgewinne schwanken,[656] ohne dass ein solcher Gewinnausweis als falsch gilt. Damit wird eine Beurteilung des Unternehmens anhand seiner ausgewiesenen Gewinne, Zielerreichungen und Prognosen jedoch mehr oder weniger unmöglich. Bei wachsender und aus externer Perspektive immer schlechter erkennbarer Unzuverlässigkeit von Bilanz und Gewinn- und Verlustrechnung steigt damit die Bedeutung von weiteren Warnsignalen, weil diese einen heuristischen Hinweis auch auf unzuverlässige Wertansätze in Bilanz und Gewinn- und Verlustrechnung geben können.

XI.2 Die Identifikation unzuverlässiger Informationen – Grundprinzip und Vorüberlegungen

Auch die Analysen eines Lageberichts auf unzuverlässige Informationen folgen einem bestimmten Grundprinzip. Der gemeinsame Kern solcher Analysen besteht darin, eine im Text anzutreffende Aussage mit Hilfe ihres Inhalts oder aber im Text an anderer Stelle gegebenen Aussagen als unzuverlässig einzustufen. Das Grundprinzip der Analysen besteht folglich in der Anwendung einer Entlarvungstechnik: Es gibt Aussagen im Text, deren Form oder Inhalt sie selbst oder aber andere Aussagen des Textes mehr oder weniger präzise als unzuverlässig entlarvt.

Obgleich dieses Prinzip durchaus funktioniert, gestaltet sich die Ausarbeitung des Analyseinstruments wie seine spätere sachgerechte Anwendung am konkreten Lagebericht äußerst schwierig. Die entstehende Komplexität lässt sich auch nicht reduzieren, da einfachere Regeln drohten, zu unberechtigten Scheinsicherheiten in Bezug auf die erreichbaren Analyseergebnisse zu führen. Nur wenn die jeweilig vorliegenden Grenzen und Spielräume bei der Suche nach Indizien für Falschaussagen und damit unzuverlässigen Informationen sehr genau bedacht werden, lässt sich eine berechtigte Hoffnung hegen, zu einem sachgerechten Einsatz in der Praxis und in der Folge zu belastbaren Analyseergebnissen zu gelangen.

[655] Vgl. SCHILDBACH/GROTTKE (2009), S. 114 m.w.N

[656] Vgl. z.B. das Beispiel von ERNST & YOUNG (2005), S. 5.

Ursächlich für die entstehenden Schwierigkeiten nicht nur bei der Entwicklung des Analyseansatzes, sondern auch bei der Anwendung und dem Umgang mit den resultierenden Analyseergebnissen sind vor allem drei Gründe:

- die Ambivalenz der Analyseergebnisse
- die Notwendigkeit, ihrerseits nicht überprüfbare Hintergrundannahmen über den Entstehensprozess von Falschaussagen für die Analyse in Anspruch zu nehmen,
- die Notwendigkeit und Schwierigkeit nach der Art der Falschaussagen zu unterscheiden.

(1) Die Ambivalenz der Analyseergebnisse

Grundsätzlich lässt eine Anwendung des hier vorgestellten Analyseinstruments immer nur ambivalente, nie jedoch eindeutige Analyseergebnisse erwarten. Dies ist darin begründet, dass ein Text bei einer Falschaussage immer entgegen der von ihm postulierten Wahrheit der jeweiligen Aussage gelesen werden muss. Eine Interpretation oszilliert dadurch zwischen der im Text behaupteten Richtigkeit der entlarvten Aussage und der durch die jeweilige Entlarvungstechnik herausgearbeiteten Falschheit, wobei der Grad, zu dem sich eine Falschheit feststellen lässt, sehr unterschiedlich ausfallen kann. Die Folge ist, dass immer zugleich mehr oder weniger viele Gegenargumente bestehen, die dafür sprechen, dass eine mit Hilfe der Entlarvungstechnik als falsch eingestufte Aussage doch noch als richtig angesehen werden könnte. Wäre eine Aussage textimmanent derart eindeutig als falsch einzustufen, dass nur Argumente für ihre Falschheit, aber keinerlei Argumente für ihre Richtigkeit existieren, würde sie - gerade mit Blick auf die umfangreichen Korrekturgänge, die bei der Anfertigung eines Lageberichts durchgeführt werden - nicht getätigt.

(2) Einbezug aus dem Entstehensprozess von Falschaussagen stammender Hintergrundannahmen

Häufig reicht es nicht aus, allein auf am Text belegbare Anknüpfungspunkte abzustellen, um für die Analyse Schlussfolgerungen zu ziehen. In zahlreichen Fällen werden vielmehr - für sich genommen vollkommen unscheinbare - Aussageeigenschaften erst im Lichte zusätzlicher, sich auf den typischen Entstehensprozess von Falschaussagen beziehender Hintergrundannahmen zu Signalen für die Falschheit einer Aussage. Der Einsatz solcher Annahmen setzt allerdings voraus, dass in zulässiger Weise Beziehungen zwischen dem Entstehensprozess der Falschaussage und im Lagebericht selbst beobachtbaren Textsignalen hergestellt werden können. In der praktischen Durchführung der Analyse aus einer Außenperspektive ist das mangels Kenntnis des selbst nicht berichteten Entstehensprozesses der Aussagen kaum zu beurteilen. Dennoch ist es zunächst sinnvoll, solche, nur mit Hilfe von Hintergrundannahmen erkennbaren Textsignale in die Analyse einzubeziehen: Das vermeidet, Textsignale für Falschaussagen zu übersehen, nur weil dem Lagebericht bei der Analyse richtige Aussagen unterstellt werden.[657]

Methodisch erfolgt damit freilich eine zunächst rein spekulative und auch später häufig nicht überprüfbare Erweiterung der direkt am Text zu beobachtenden Aussagemerkmale um den Entstehensprozess von Falschaussagen. Erst dadurch wird den Aussagemerkmalen die Bedeutung von Textsignalen für Falschaussagen gegeben.

(3) Notwendigkeit und Schwierigkeit nach der Art von Falschaussagen zu unterscheiden
Für eine angemessene Reaktion auf die Falschaussagen wie für ein adäquates Verständnis der Falschaussagen ist zwischen der intentionalen und der nicht intentionalen Falschaussage zu unterscheiden.

Für eine angemessene Reaktion ist dies notwendig, weil bei nicht intentionalen Falschaussagen die mangelnden Fähigkeiten, bei intentionalen Falschaussagen hingegen die mangelnde Glaubwürdigkeit des Managements zu berücksichtigen sind.[658] Hierbei müssen unzuverlässige Informationen - ob nun mit oder ohne Intention erzeugt - bei einer Analyse soweit als möglich berücksichtigt werden, um die Verlässlichkeit der eigenen Schlussfolgerungen aus den Informationen für Entscheidungsgrundlage und Orientierungsbasis einschätzen zu können.

Für ein adäquates Verständnis wiederum ist die getroffene Unterscheidung notwendig, weil abhängig davon, ob eine Falschaussage intentional angestrebt wurde oder nicht intentional zustande kommt, sich nicht nur die Hintergrundannahmen z.T. unterscheiden, sondern auch die aus ihnen gefolgerten, im Lagebericht beobachtbaren Textsignale.

---

[657] Vgl. zu diesem sogenannten Truth - Bias auch VRIJ (2009), S. 149.
[658] Diese Unterscheidung wird bereits bei HOF (1984), S. 55, angedeutet.

Die Ursache für die unterschiedlichen Hintergrundannahmen bei den beiden Arten der Falschaussagen zeigt dabei Abbildung 33. Sie verdeutlicht, an welcher Stelle jeweils der Grund für die Falschheit der Aussage auftritt:

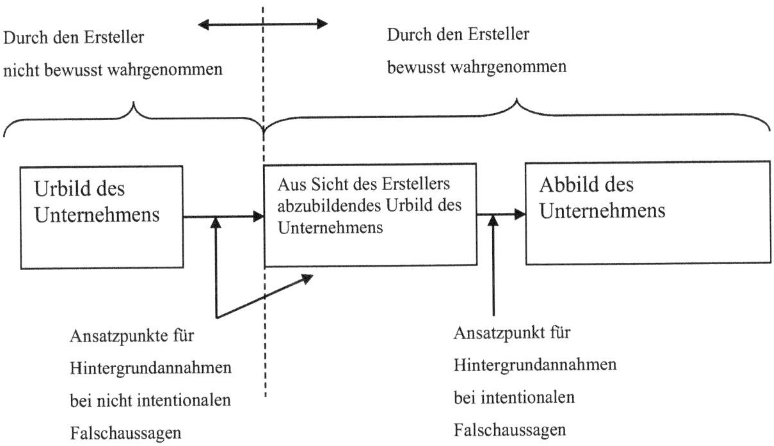

Abbildung 33: Ansatzpunkte für intentionale und nicht intentionale Falschaussagen

Im Fall nicht intentionaler Falschaussagen, so zeigt die Abbildung, vollziehen sich die Fehler außerhalb der bewussten Wahrnehmung des Erstellers bzw., soweit sie sich innerhalb der Wahrnehmung vollziehen, legt der Ersteller seine eigenen Wahrnehmungsprobleme offen. Im Fall intentionaler Falschaussagen hingegen vollziehen sich die Änderungen der abzubildenden Wahrnehmung des Erstellers bewusst.

Als schwierig erweist sich, dass sich die angesprochene Trennung nur teilweise rekonstruieren lässt, weil das vom Ersteller wahrgenommene Urbild des Unternehmens, soweit es aus dem Abbild heraus rekonstruierbar ist, stark durch dessen Gestaltungen beeinflusst werden kann: Intentionale und nicht intentionale Falschaussagen sind darum anhand der Textsignale nicht so klar zu trennen, wie dies für eine zielgenaue Zurechnung von Intentionalität notwendig wäre. So kann, wie in der Abbildung durch die Verschiebemöglichkeiten der gestrichelten Linie angedeutet, zwischen zufälligem, unbewusstem und bewusst begangenem Fehler variiert werden, indem der dargestellte bewusste Wissensstand des Erstellers in der Abbildung ausgedehnt oder aber eingeschränkt wird. Ein Ersteller kann also so agieren, als sei ein Fehler nicht intentional entstanden, indem er einen anderen

Wissensstand nach außen kommuniziert, als er tatsächlich aufweist. Umgekehrt kann er auch z.T. zusätzlich unbewusste Fehler begehen, wenn er im Übrigen intentional täuscht. Insofern müssen bei Textsignalen für intentionale wie für nicht intentionale Falschaussagen immer Alternativinterpretationen mitgedacht werden, welche darauf hinweisen, dass die Intentionalität nur scheinbar vorliegt bzw. fehlt.[659] Erneut beginnen die Analyseergebnisse zwischen Intentionalität und fehlender Intentionalität zu oszillieren.

Alle drei Gründe setzen erhebliche Grenzen für allein am Lagebericht ansetzende Schlussfolgerungen über eine mögliche Falschheit einer Aussage bzw. deren Einordnung als intentional oder nicht. Um dem auch terminologisch gerecht zu werden und zu betonen, dass die Anwendung der im Folgenden entwickelten Ansätze zur Identifikation von Falschaussagen allein den ersten, nämlich ausschließlich anhand der Lageberichtsauswertung lösbaren Schritt auf dem Weg zur verlässlichen Identifikation von Falschaussagen vollzieht, wird zwischen Falschaussagen und unzuverlässigen Informationen unterschieden.

Eine Falschaussage liegt vor, wenn die Einordnung einer Aussage als unrichtig nach Erschöpfung aller vorhandenen Informationsquellen die sinnvollste Interpretation darstellt.[660] Eine unzuverlässige Information hingegen bezeichnet eine Aussage des Lageberichts, welche ein oder mehrere Textsignale aufweist, die dafür sprechen, dass der Wahrheitsgehalt der Aussage in Bezug auf die tatsächlichen Verhältnisse des Unternehmens fraglich sein kann.[661]

Trotz der teilweise erfolgenden Erweiterungen um Hintergrundannahmen ist zu beachten, dass hier ein sehr limitierter Ansatz für die Identifikation von unzuverlässigen Informationen formuliert wird. Das ist durch das Erkenntnisobjekt begründet: Der verfolgte Ansatz beschränkt sich darauf, all das zu analysieren, was sich allein anhand des Lageberichtstextes und möglicher Quellen für die Falschheit von Aussagen auf dem Weg vom richtigen Urbild des Unternehmens bis hin zum falschen Abbild im Lagebericht folgern lässt.[662]

---

[659] Weil auch der täuschende Ersteller sie mitbedenkt, könnte man auf die Idee kommen, ein Analyseinstrument sei immer überfordert, weil nur ein wechselseitiges Aufrüsten erreicht werden könne. Tatsächlich ist diese Überlegung, wie sich noch zeigen wird, jedoch zumindest insofern zu kurz gegriffen, als die Realität, über welche getäuscht wird, die Handlungsmöglichkeiten des Erstellers einschränkt.

[660] Soweit sich dies angesichts der angeführten Grenzen aus Kapitel IV. überhaupt wissen lässt.

[661] Vgl. HOF (1984), S. 41.

[662] Für den qualitativen Ansatzpunkt spricht, dass eines der aktuell modernsten fraud detection-Verfahren mit Hilfe neuronaler Netze und einer Urteilssicherheit von über 95%, das „FRAT 44“ der KPMG, zeigte, dass die 100 wichtigsten Kennzeichen für Fraud allesamt qualitativer Natur sind, vgl. dazu auch HOFMANN (2008), S.

Die mit Hilfe von Entlarvungstechniken abgeleiteten Textsignale für unzuverlässige Informationen werden nachfolgend geordnet nach Textsignalen für intentionale (Kapitel XI.3) und Textsignalen für nicht intentionale Falschaussagen (Kapitel XI.4) dargestellt. Soweit Hintergrundannahmen einbezogen werden, um Textsignale abzuleiten oder sich Schwierigkeiten bei der Abgrenzung zwischen intentionalen und nicht intentionalen Falschaussagen bei den Textsignalen ergeben, werden sie direkt bei der Ableitung der jeweiligen Textsignale angeführt.

Aus der Ambivalenz der Analyse von Textsignalen allein des Lagebericht und den beschriebenen Hintergrundannahmen wie den angesprochenen Schwierigkeiten bei der Analyse für direkte Schlussfolgerungen ergeben sich grundsätzliche Grenzen für die Interpretation, die in einem zweiten Schritt (Kapitel XI.5) nach der Entwicklung der Konzeption erläutert werden.

In einem letzten Schritt (Kapitel XI.6) erfolgen Überlegungen zu einem sinnvollen Umgang mit den Textsignalen und eine Systematisierung von Anhaltspunkten für weitere Nachforschungen für den Fall, dass Textsignale angetroffen wurden.

XI.3 Ableitung von Textsignalen für intentionale Falschaussagen

XI.3.1 Entstehensprozess intentionaler Falschaussagen

Um bei einer intentional erzeugten Falschaussage herzuleiten, welche Textsignale für das Vorliegen von unzuverlässigen Informationen sprechen und damit einen systematischen Analyseansatz zur Identifikation zu entwickeln, ist es sinnvoll, als Ausgangspunkt den Entstehensprozess von Falschaussagen zu wählen. Dazu wird im Folgenden vorausgesetzt, dass eine Aussage unzweifelhaft intentional falsch erzeugt werden soll und dann gefragt, an welchen Textsignalen - wenn solche überhaupt existieren - sich dies erkennen lassen könnte. Logisch lässt sich das Entstehen der Falschaussage immer anhand des folgenden Prozesses kennzeichnen (vgl. Abbildung 34):

423 f. Das lässt den eingeschlagenen Ansatz aussichtsreich erscheinen. Auf anderweitige, etablierte Ansätze sei hier nur verwiesen, vgl. dazu z.B. PEEMÖLLER/HOFMANN (2005), S. 144-212.

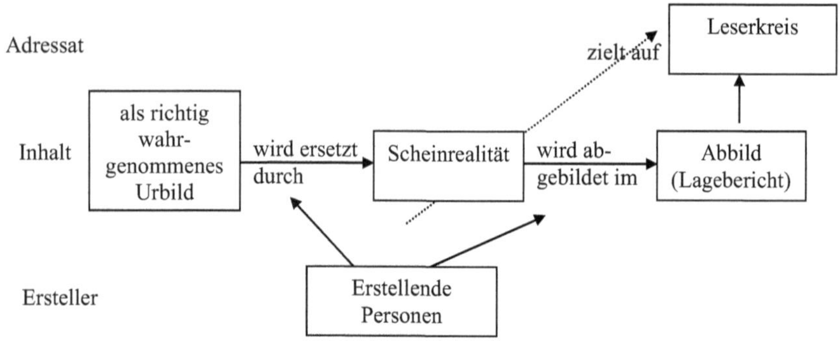

Abbildung 34: Der Entstehensprozess intentionaler Falschaussagen

Eine so entstandene Falschaussage setzt also zum Ersten voraus, dass die Darstellung im Lagebericht, das Abbild, inhaltlich von den prinzipiell intern verfügbaren Informationen, d.h. von dem einer alternativen richtigen Abbildung zugrunde liegenden Urbild des Unternehmens, abweicht (Inhaltskomponente).

Zum Zweiten zielt eine solche Falschaussage immer auf einen Adressaten, der getäuscht werden soll,[663] um eine bestimmte Reaktion bei ihm zu bewirken oder zu vermeiden (Adressatenkomponente).

Zum Dritten ist eine solche Falschaussage an mindestens einen Menschen gebunden; sie muss immer durch mindestens einen Ersteller erzeugt werden.[664] Dadurch wirkt sie auf den Ersteller zurück und ruft bei ihm möglicherweise Reaktionen auf sein Wissen von der Falschaussage hervor (Erstellerkomponente).

[663] Die Zusammenschau offenbart, dass die Besonderheiten von Falschaussagen entlang der Struktur eines einfachen Kommunikationsmodells, bestehend aus Ersteller, Adressat und Inhalt, auftreten. Weiteren Forschungen muss überlassen bleiben, ob zusätzliche Signale aus anderen Eigenschaften von Kommunikationsakten gefolgert werden können, die komplexere Kommunikationsmodelle, wie z.B. das von JAKOBSON (2005), offen legen. Nahe liegt beispielsweise, dass für verräterische Details eher schwer zugängliche Informationskanäle genutzt werden.

[664] Darauf, dass sich aus der Erstellerkomponente andere Schlussfolgerungen ableiten lassen, als aus den anderen beiden Komponenten, hat in der Literaturwissenschaft zuerst HOF (1984), S. 74, hingewiesen. In der Aussagepsychologie findet sich dies z.B. bei KÖHNKEN (1990), S. 5, der allerdings auch darauf verweist, dass ein erhebliches Theoriedefizit darin bestehe, dass lediglich auf die Abweichung verwiesen werde, aber nicht warum sie zu erwarten sei, vgl. KÖHNKEN (1990), S. 108. Dem soll hier zumindest bezogen auf den Lagebericht mit einer theoretischen Fundierung abgeholfen werden.

Aus der ersten Voraussetzung folgt, dass Gründe für das Auftreten von Textsignalen - soweit solche existieren - in den Handlungen wurzeln müssen, die vom als richtig wahrgenommenen Urbild des Unternehmens bis hin zum erzeugten falschen Abbild vorgenommen werden.[665] Das Entstehen einer Falschaussage basiert auf vier Handlungen (vgl. Abbildung 35). Erstens bedarf es einer Unterdrückung (1) des richtigen Urbilds auf Basis der verfügbaren Realität. Zweitens muss ein falsches Urbild erzeugt werden, die Scheinrealität (2). Diese tritt an die Stelle des richtigen Urbilds. Drittens muss dieses falsche Urbild an die sonstigen abgebildeten richtigen Informationen angepasst werden (3).[666] Viertens müssen diejenigen sonstigen abgebildeten Informationen der Unternehmensrealität, welche Verbindungen zu dem unterdrückten richtigen Urbild aufweisen, von letzterem abgekoppelt werden (4). Alle vier Handlungen können Spuren in dem öffentlich verfügbaren Lagebericht in Form von Textsignalen hinterlassen.

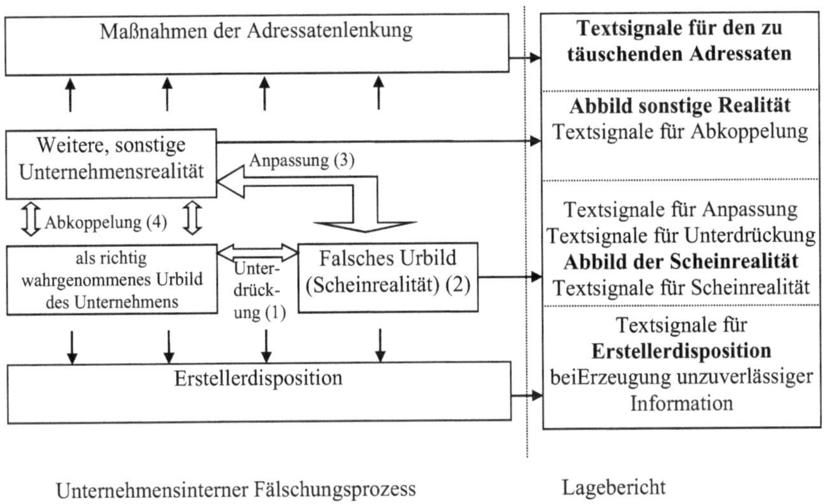

Abbildung 35: Quellen für Textsignale bei intentional erzeugten Falschaussagen

[665] Dies stellt auch eine Standardannahme der forensischen Psychologie dar, vgl. auch VRIJ (2009), S. 254 f.; KÖHNKEN (1990), S. 151.

[666] Eine solche Anpassung setzt nicht notwendigerweise allein Änderungen der Informationen voraus. Sie kann auch dadurch vorgenommen werden, dass sämtliche Querverbindungen zu anderen Informationen eliminiert, d.h. die Falschaussage als solche isoliert wird.

Aus der zweiten Voraussetzung lässt sich als möglich annehmen, dass der Ersteller bei seinen Täuschungshandlungen zu antizipieren versucht, wie er den Adressaten bei seiner Wahrnehmung in eine Richtung lenken kann, die letzteren dazu bewegt, entweder den Falschaussagen vermehrt Glauben zu schenken oder ihre Unglaubwürdigkeit nicht zu berücksichtigen.

Aus der dritten Voraussetzung heraus liegen Schlussfolgerungen nahe, die ansprechen, dass der Akt der Erzeugung auf den Ersteller der Falschaussage zurückwirkt, so dass er sich anders verhält, als ein Ersteller richtiger Informationen.[667] So können einerseits Textsignale vorliegen, welche zeigen, dass der Ersteller von Skrupeln geplagt ist. Andererseits kann er in Reaktion auf sein Wissen über die Täuschung versuchen, sich selbst hinsichtlich dieser Täuschung unangreifbar zu machen.[668] Dann werden verstärkt Textsignale anzutreffen sein, welche die Glaubwürdigkeit des Erstellers bei den Aussagen absichern sollen.

Im Folgenden werden die Textsignale zunächst aus der Inhaltskomponente und dann aus Auswirkungen der Inhaltskomponente auf Adressaten- und Erstellerkomponente abgeleitet.

XI.3.2 Inhaltsbezogene Textsignale

Aus den vier beschriebenen Handlungen, die bei Erzeugung einer falschen Aussage anfallen, lassen sich regelmäßig zwei verschiedene Arten von Textsignalen ableiten.

Die erste Art von Textsignalen entsteht, weil Strategien eingeschlagen werden, welche die Falschheit der Aussage gezielt verschleiern sollen. Textsignale sind dann solche, die darauf hinweisen, dass eine derartige Verschleierungstaktik eingesetzt wurde. Darauf deutet einerseits hin, dass so wenig wie möglich Verräterisches bei der Falschaussage preisgegeben wird (Stereotype, Allgemeinheit). Andererseits können von der Falschaussage tangierte Sachverhalte nur in für Außenstehende nicht nachprüfbarer Form bereitgestellt werden (Entkontextualisierung, Subjektivität).[669] Eine regelmäßige Sekundärwirkung dieser beiden Strategien ist, dass die Darstellungen von Falschaussagen tendenziell kürzer[670] ausfallen. Kennzeichnend für solche Strategien ist ferner, dass sie, um überhaupt bei der Analyse ins

[667] So auch BUSCH (1998), S. 41.
[668] Vgl. auch KÖHNKEN (1990), S. 150.
[669] Vgl. VRIJ (2009), S. 379.
[670] Vgl. VRIJ (2009), S. 107.

Blickfeld zu geraten, auf Hintergrundannahmen zu intentionalen Falschaussagen angewiesen sind; zugleich sind die Strategien eindeutig den intentionalen Falschaussagen, nicht aber den nicht intentionalen Falschaussagen zuzuordnen.

Die zweite Art von Textsignalen entsteht, weil es nicht gelungen ist, die Fälschung vollständig zu verschleiern. Auftretende Textsignale sind dann solche, bei denen die Wahrheit durch das Konstrukt der Falschaussage schimmert (Widersprüche auf Inhalts- und Wertungsebene). Kennzeichen dieser Textsignale ist, dass sie zwar auch ohne Hintergrundannahmen allein anhand des Textes identifiziert werden können. Die Hintergrundannahmen entscheiden jedoch darüber, ob sie den intentionalen Falschaussagen oder den nicht intentionalen Falschaussagen zugeordnet werden.

XI.3.2.1 Textsignale für Verschleierungsstrategien

(1) Vermeidung von Verdacht

Um keinen Verdacht zu erwecken, ist es sinnvoll, alles zu entfernen, was entweder direkt Aufmerksamkeit erregt oder aber die Wahrscheinlichkeit steigert, bei der Erstellung der Falschaussage Fehler zu begehen.[671] Ersteres lässt sich durch Stereotype[672], letzteres durch die Wahl einer sehr allgemeinen Darstellung erreichen.[673]

(1.1) Stereotype

Ein Stereotyp bezeichnet eine feststehende, relativ unveränderliche Konstellation von Inhaltselementen. Es besteht aus dem mehr oder weniger gleich bleibenden und darum isolierbaren Kern, der in jeder von mehreren unterschiedlichen Beschreibungen eines bestimmten Sachverhaltes auftritt.[674] Keine Stereotypen liegen darum vor, wenn unübliche, überraschende Aspekte Erwähnung finden.[675]

---

[671] In den Praxishandbüchern der Fraud detection wird dies häufig als die Strategie der Sichtbarkeitsverminderung bezeichnet, vgl. z.B. VONA (2008), S. 77.

[672] Vgl. zu Untersuchungen bei Kindern auch STECK (2009), S. 166.

[673] Vgl. zu empirischen Untersuchungen auch VRIJ (2009), S. 104. Dieser verweist anhand einer Zusammenstellung von 69 Studien zur Lügenforschung darauf hin, dass dieses Merkmal zur Trennung zwischen falschen und wahren verbalen Aussagen besonders geeignet sei, vgl. VRIJ (2009), S. 106.
Bei Geschäftsberichten wurde hierauf auch von Küting/Zwirner hingewiesen, vgl. KÜTING/ZWIRNER (2003), S. 193 f.

[674] Zu beachten ist, dass Stereotype nicht mit der für Entscheidungen nicht verwertbaren Boilerplate-Information zu verwechseln sind: Anders als solche Boilerplate-Informationen informieren sie schon über den Einzelfall, nur eben allein mit Hilfe der Elemente, mit denen immer über einen solchen Einzelfall informiert wird.

[675] Vgl. VRIJ (2009), S. 210.

Der Hintergrund für den Einsatz von Stereotypen bei intentionalen Falschaussagen liegt zum einen darin, dass durch sie kein Verdacht aufgrund ungewöhnlicher und Aufmerksamkeit erregender Sachverhalte geschöpft wird. Ebenso lässt sich tendenziell besser vermeiden, dass unerwartet Probleme auftreten: Zu solchen könnte es bei nicht stereotyp formulierten Aussagen kommen, weil gegenwärtige Querverbindungen zu anderen Sachverhalten nicht hinreichend durchdacht oder zukünftige Neuigkeiten in Bezug auf die nicht stereotypen Bestandteile nicht hinreichend angepasst werden können. Demgegenüber sind Stereotype bereits gut durchdacht und intuitiv gewohnt sowie in vielerlei Hinsicht bereits unterbewusst hinsichtlich ihrer Konsequenzen bekannt. Erklärbar wird der Einsatz von Stereotypen ferner dadurch, dass für die Erzeugung einer Scheinrealität nur auf allgemein übliche Schemata zurückgegriffen werden kann, während eine Darstellung einer existierenden Realität immer auf die gesamte Gedächtnisleistung in Bezug auf eine - auch in Teilbereichen für den Darstellenden überraschende oder nebensächliche Details bereitstellende - Realität zu rekurrieren vermag.[676]

Beispielsweise ist es allen Geschäftsberichten gemeinsam, bei der Darstellung auf die Begrifflichkeiten einer Rechnungswesenfachsprache zurückzugreifen. Eine Beschränkung auf die Rechnungswesenfachsprache unter Vermeidung konkreter inhaltlicher Bezüge eignet sich insofern besonders für stereotype Darstellungen. Genutzt wurde sie beispielsweise bei dem folgenden Sachverhalt:

„Die Ertragslage des Konzerns ist von folgenden wesentlichen Einmaleffekten beeinflusst:
- Gewinn von EUR 3,2 Mio. aus der Veräußerung von Computer-Equipment, das die Gesellschaft von einem säumigen Dritten an Zahlung statt erlangt hat;
- Erträge aus einem Forderungsverzicht eines Kreditors (EUR 1,6 Mio.);
- Vereinnahmte Erträge aus Optionsprämien (EUR 3,0 Mio.).“[677]

Beispiel UI.1

Hier stellte die später nach § 37q Abs. 2 WpHG (Wertpapierhandelsgesetz) veröffentlichte Fehlermeldung bezüglich der Optionsprämien fest, dass eine Erläuterung hätte erfolgen müssen. So handelte es sich um Erträge, die erzeugt wurden, indem zunächst Call-Optionen auf im eigenen Bestand gehaltene Aktien gegen den Erhalt einer Optionsprämie an ein ehemaliges Aufsichtsratsmitglied veräußert worden waren und kurze Zeit später ein unwiderruflicher Verzicht des Aufsichtsratsmitglieds auf diese Optionen erfolgte. Der Verzicht er-

[676] Vgl. LITZKE/HERMANUTZ (2009), S. 172 f.; vgl. auch VRIJ (2009), S. 104; KÖHNKEN (1990), S. 153.
[677] D+s Europe AG, Geschäftsbericht 2007, S. 45.

möglichte dann eine erfolgswirksame Vereinnahmung der durch das Aufsichtsratsmitglied gezahlten Optionsprämie in Höhe von EUR 3,0 Mio.[678]

Zwei Faktoren schränken die Nützlichkeit des Textsignals ein. Zum Ersten besteht kein Kausalzusammenhang zwischen intentionalen Falschaussagen und Stereotypen. So folgt aus einer nicht stereotyp ausfallenden Darstellung nicht deren Wahrheit. Vielmehr kann der Ersteller die Probleme nicht stereotyper Aussagen auch vermeiden, indem er wahre, ihm gut bekannte Erlebnisse aus einem anderen Kontext für die Konstruktion der Scheinrealität heranzieht.[679] Zum Zweiten kann der stereotyp dargestellte Sachverhalt, um nicht aufzufallen, in einer Vielzahl ähnlich stereotyp dargestellter, aber richtiger Sachverhalte verborgen werden.

(1.2) Allgemeinheit

Ein zweites Merkmal der Darstellung von Scheinrealitäten ist deren Allgemeinheit.[680] Erkennen lassen sich solche Darstellungen einerseits anhand der bereits im Kapitel der Boilerplate-Analyse erläuterten Form-Inhalt-Testfrage sowie anhand des bei den Häufigkeitsanalysen erörterten Detailgrads. Bei ersterer liegt immer nur die Form, nicht aber ein Inhalt vor, bei letzteren fällt der Detailgrad im Vergleich zu anderen Aussagen jeweils sehr gering aus.

Erklären lässt sich das Textsignal zum Ersten mit dem Hintergrund, dass ein Ersteller, der sich mit ansteigender Genauigkeit immer stärker hinsichtlich der Scheinwelt festlegt, vor steigenden kognitiven Anforderungen steht, will er Widerspruchsfreiheit und Plausibilität der Scheinwelt bewahren.[681] Ein vager, allgemein gehaltener Charakter der Scheinwelt kann folglich als eine Fehlervermeidungsstrategie angesehen werden, die sich gegen unvorhergesehene zukünftige Entwicklungen oder übersehene Indikatoren bei der Falschaussage zu

---

678 Vgl. auch D+s Europe (2009).

679 Vgl. LITZKE/HERMANUTZ (2009), S. 173; VRIJ (2009), S. 376. Damit erhöht sich allerdings das Entdeckungsrisiko im Zeitablauf, weil die nichtstereotype Darstellung beim Auftreten neuer Entwicklungen schwieriger fortzuspinnen ist.

680 So wurde aufgezeigt, dass wahre Aussagen von falschen insbesondere unterscheidet, dass erstere, ohne die Widerspruchsfreiheit zu verletzen, quantitativ detailreich ausfallen können. Insbesondere dieses Kriterium erwies sich in Studien als besonders geeignet, um eine wahre Aussage von einer falschen zu unterscheiden, vgl. VRIJ (2009), S. 228. Bei falschen Aussagen ist das Gegenteil der Fall. Vgl. zu den diesbezüglich sehr deutlich ausfallenden empirischen Ergebnissen die Metastudie von DE PAULO et al. (2003), S. 91.

681 Vgl. auch KÖHNKEN (1990), S. 151.

wappnen sucht.[682] Im Zweifel wird ein Ersteller eine detailliertere Darstellung sicherheitshalber unterlassen.

Ein zweiter Grund für die Allgemeinheit falscher Aussagen kann zudem darin liegen, dass die Erzeugung intentionaler Falschaussagen Kapazitäten des Erstellers bindet, da er die Wirkung der Falschaussage beim Adressaten antizipieren muss, so dass er bei der Darstellung seine Aufmerksamkeit insbesondere von peripheren, aber relevanten Details abzieht, wie sie bei wahren Aussagen anzutreffen sind.[683] Das folgende Beispiel zeigt, in welcher Form sich dies im Lagebericht niederschlagen kann:

„Die aktuelle Liquiditätssituation insbesondere unter Einbeziehung der Zusagen der sächsischen Sparkassen zeigt deutlich, dass die Zahlungsfähigkeit der Sachsen LB und die Refinanzierung des Neugeschäfts sichergestellt sind. Die Limite wurden im Jahresverlauf zu jeder Zeit eingehalten. Dies gilt auch für simulierte Stressszenarien. Im Jahr 2006 erfolgte eine stärkere Nutzung der betriebswirtschaftlich günstigeren besicherten Refinanzierungspotentiale in Repogeschäften und Offenmarktgeschäften.“[684]

Beispiel UI.2

Die zu diesem Abschnitt veröffentlichte Fehlermeldung nach § 37q Abs. 2 S. 1 WpHG wies darauf hin, dass die Liquiditätsrisiken aus der eingeleiteten Ausweitung der Geschäfte des außerbilanziellen Conduits[685] Ormond Quay in Höhe von 25 Mrd. € (bei 1,4 Mrd. € Eigenkapital) nicht deutlich wurden.[686] Dieser Conduit war so strukturiert, dass langfristig übernommene Aktiva kurzfristig revolvierend refinanziert wurden, so dass ständig neue Kapitalgeber für die Refinanzierung gefunden werden mussten. Der Sächsische Rechnungshof betonte darum in seinem Sonderbericht, dass die allgemein gehaltenen Angaben über Jahre die Liquiditätslage der Sachsen LB nicht zutreffend wiedergegeben hätten, da die eingegangenen Geschäfte bereits bei kurzfristigen Kapitalmarktstörungen zu Liquiditäts- und Solvenzproblemen führen konnten.[687] De facto findet die Berichterstattung auf einem derart allgemein gehaltenen Niveau statt, dass sich hinter den Aussagen eine riesige Spanne an Risikoeinschätzungen verbergen kann. Dies liegt daran, dass weder eine Quantifizierung erfolgt, noch ein Vorjahresvergleich, noch erläutert wird, welche Limite überhaupt bestehen, noch, wie sich die Refinanzierungspotentiale exakt ermitteln, noch, welches Neugeschäft

---

[682] Vgl. VRIJ (2009), S. 104; STELLER/VOLBERT (1997), S. 16.
[683] Vgl. LITZKE/HERMANUTZ (2009), S. 172 m.w.N.; STECK (2009), S. 160.
[684] Sachsen LB, Geschäftsbericht 2006, S. 92.
[685] Unter einem Conduit wird eine Zweckgesellschaft verstanden, welche zum Zweck der Refinanzierung von Forderungen am Kapitalmarkt errichtet wird.
[686] Vgl. auch Landesbank Baden-Württemberg (2008).
[687] Vgl. Sächsischer Rechnungshof (2009), S. 60.

überhaupt zu refinanzieren sein wird, zu welchem Zeitpunkt die Zahlungsfähigkeit als gesichert gilt oder welche Szenarien genau bei Stresstests zugrunde gelegt wurden. Jede Konkretisierung nur eines dieser Aspekte[688] hätte bereits sehr wahrscheinlich bei kritischen Adressaten des Lageberichts ähnliche Effekte ausgelöst, wie sie sich intern in den kritischen Hinweisen auf mögliche Liquiditätsgefahren durch Mitarbeiter der Sachsen LB Europe gegenüber der Konzernspitze manifestierten.[689]

Auch dieses Textsignal kann umgangen werden, indem die Falschaussage dadurch erzeugt wird, dass eine an anderer Stelle geschehene wahre Aussage eingesetzt wird, über die hinreichend Details bekannt sind.[690]

(2) Vermeidung von Überprüfbarkeit

Zielte der Lageberichtersteller darauf ab, die Überprüfbarkeit von Aussagen zu vermeiden, so kann dies anhand von zwei Textsignalen festgestellt werden. Das erste Textsignal besteht darin, dass in Form einer Entkontextualisierung alle für eine Überprüfung zugänglichen und zugleich problematischen Eigenschaften entfernt wurden. Das zweite Textsignal liegt in einer subjektiven Darstellungsweise, die per se keine Überprüfung erlaubt.

(2.1) Entkontextualisierung

Wahre Aussagen sind dadurch gekennzeichnet, dass es unproblematisch ist, Beschreibungen von konkreten Orten, Zeitpunkten, Personen, Sachen, Zielen oder Ereignissen einfließen zu lassen.[691] Genau solche Angaben liefern bei falschen Aussagen hingegen verräterische Ansätze für eine Überprüfung.[692] Darüber hinaus gilt, dass bei einer Scheinrealität all dies erdacht werden muss. Zugleich werden alle Personen, die in Geschäftsbereichen arbeiten, welche von den Falschaussagen betroffen sind und darum die Kontexte in der tatsächlichen

[688] So hätte eine Konkretisierung der Szenarien ergeben, dass die Japanimmobilienkrise nicht berücksichtigt wird, eine Konkretisierung des Vorjahresvergleichs die Ausweitung der Risiken aufgrund der Ausweitung des Geschäfts, ein Hinweis auf die Refinanzierungspotentiale, dass bei Ormond Quay kurzfristig refinanziert wurde, aber langfristige Aktiva gehalten wurden usw. Vgl. zu den Hintergründen auch Sächsischer Rechnungshof (2009).

[689] Vgl. Sächsischer Rechnungshof (2009), S. 60.

[690] Vgl. VRIJ (2009), S. 376. Damit erhöht sich auch hier das Entdeckungsrisiko im Zeitablauf, weil die detaillierte Darstellung beim Auftreten neuer Entwicklungen weit schwieriger fortzuspinnen ist.

[691] Vgl. STECK (2009), S. 158. Dieses Kriterium findet ebenfalls bei dem Verfahren der Aussagenanalyse Anwendung, vgl. VRIJ (2009), S. 209; BENDER (1987), S. 80, DETTENBORN/FRÖHLICH/SZEWCZYK (1984), S. 313, und in weiteren empirischen Studien, vgl. auch DE PAULO et al. (2003), S. 79.

[692] AERTS (1994), S. 339, verweist beispielsweise darauf, dass sich so die Beziehung zwischen den verantwortlichen Akteuren und ihren Motiven und Leistungen von dem jeweiligen Sachverhalt trennen lässt.

Unternehmensrealität kennen, potentielle Mitwisser und damit Unsicherheitsfaktoren. Vor diesem Hintergrund stellt es ein Textsignal dar, wenn die Ereignisse zeitlich und örtlich nicht platziert oder mit anderen Routinetätigkeiten oder Gewohnheiten verbunden sind.[693] Gleiches gilt auch, wenn ein interaktiver Kontext im Sinne des Wechselspiels von Reaktionen und Gegenreaktionen oder auftretenden Komplikationen entfernt wird.[694] Eine typische Entkontextualisierung enthält das folgende Beispiel:

„Ergebnisbelastend wirkten Sonderaufwendungen zur Erschließung zusätzlicher internationaler Märkte (EUR 8,7 Mio.) und der Eintritt in neue komplementäre Technologien zum Ausbau der Produktpalette für regenerative Energiesysteme (EUR 12,2 Mio.). Darin enthalten sind auch die bereits in 2006 entstandenen Kosten für den Aufbau der voll integrierten solaren Wafer-, Zellen- und Modulproduktion zur Vertiefung der Wertschöpfung im Kerngeschäft Photovoltaik in Frankfurt/Oder. Demgegenüber stehen Sondererlöse in Höhe von EUR 15,0 Mio., die hauptsächlich aus dem Verkauf zweier Grundstücke erzielt wurden.“[695]

Beispiel UI.3

In diesem Beispiel wurde die Conergy AG später von der Deutschen Prüfstelle zu einer Fehlermeldung nach § 37q Abs. 2 Satz 1 WpHG in Bezug auf den mit einem sale-and-lease-back verbundene Verkauf eines Grundstücks in Frankfurt/Oder zu überhöhten Preisen verpflichtet.[696] Im Vergleich zu den direkt umgebenden Aussagen des Kontextes fällt auf, dass sich die Aussage zum Grundstück durch die umfangreichste Entkontextualisierung auszeichnet. So wird in der Aussage weder, wie bei dem Photovoltaikgeschäft der Ort, noch, wie bei den Sonderaufwendungen das Ziel der Transaktion offengelegt.

Auch dieses Textsignal kann ein intentional Falschaussagen erzeugender Ersteller vermeiden. Dies zeigt der Fall Comroad. Hier zog der Ersteller jeweils verfremdete konkrete Sachverhalte heran, welche immer nur zum Teil aus realen Kontexten stammten, zum Teil jedoch frei erfunden waren.[697] Eine solche Strategie kann ermöglichen, sich nicht einer Entkontextualisierung verdächtig zu machen. Freilich ist sie eng begrenzt, denn sie ist daran gebunden, dass andere Personen mit Kenntnis der realen Kontexte sich aufgrund einer hinreichend starken Verfremdung nicht angesprochen fühlen oder keine Kenntnis dieser

---

[693] Vgl. VRIJ (2009), S. 210; DETTENBORN/FRÖHLICH/SZEWCZYK (1984), S. 312. Auch dieses Kriterium erwies sich bei der Unterscheidung zwischen wahren und falschen Aussagen in der psychologischen Forensik in Studien als relativ robust, vgl. VRIJ (2009), S. 229 m.w.N.

[694] Vgl. VRIJ (2009), S. 210. BENDER (1987), S. 80; DETTENBORN/FRÖHLICH/SZEWCZYK (1984), S. 313. Zu beachten ist, dass in diesen Fällen begründete Erwartungen darüber notwendig sind, dass Komplikationen auftreten, denn es kann schließlich auch sein, dass solche nicht aufgetreten sind und die Aussage insofern vollkommen korrekt ist, vgl. auch KÖHNKEN (1990), S. 92.

[695] Conergy AG, Geschäftsbericht 2006, S. 70.

[696] Vgl. Conergy AG (2008).

[697] Vgl. DAUM (2003), S. 88-89.

Informationen erlangen und zugleich diejenigen, die die Kenntnis von den Informationen erlangen, aufgrund einer zu geringen Verfremdung keine genauen Nachprüfungen anstreben.

(2.2) Subjektivität

Kennzeichen von Objektivität ist es, Sachverhalte in einer Form darzustellen, welche allgemein überprüfbar ist. Typisch hierfür sind beispielsweise direkte Verbindungen eines Ereignisses mit externen, bekannten Fakten.[698] Wenn genau eine solche Überprüfung vermieden werden soll, liegt es nahe, bei der Darstellung von Falschaussagen das Gegenteil von Objektivität anzustreben: Subjektivität. Subjektivität dient folglich dazu, die Verbindungen zwischen der sonstigen Realität und der Scheinrealität sowie die konstruierte Scheinrealität so darzustellen, dass alle überprüfbaren Elemente durch den Ersteller kontrolliert und im Privatbereich gehalten werden, so dass allein durch die subjektiven Äußerungen ein Zugang zu den Sachverhalten besteht. Im Gegenzug können die Aussagen dann auch scheinbar sehr präzise ausfallen. Aus einer externen Perspektive kann deshalb der verstärkte Einsatz von Subjektivität bei der Darstellung darauf hindeuten, dass objektivierbare und damit intersubjektiv überprüfbare Sachverhalte entfernt wurden, um die angesprochene Überprüfbarkeit zu vermeiden,[699] wobei die subjektiven Elemente die objektiven Fakten ersetzen.

Ein erstes Textsignal für Subjektivität sind durch Wertungen gefärbte Kommentare und ein verstärktes Auftreten von evaluierenden Ausdrücken und Werturteilen.[700] Voraussetzung dafür, dass sie als Textsignal Relevanz entfalten, ist, dass entweder keine oder aber nur wenig aussagekräftige Möglichkeiten bestehen, ihre Berechtigung anhand von zusätzlich bereitgestellten Vergleichen und Vergleichsmaßstäben zu validieren. Nur so ermöglichen sie dem Ersteller, die Prüfung der Berechtigung einer Aussage des Lageberichts zu vermeiden. Ein Beispiel hierfür findet sich in den Geschäftsberichten der ComROAD AG 1999 und 2000:

„ComROAD *zählt sich* [Hervorhebung von mir, M.G.] zu den weltweit führenden Unternehmen im Bereich umfassender Verkehrstelematik-Netzwerke und Anwendungen.“[701]

Beispiel UI.4

[698] Das Kriterium der Beziehung zu externen Fakten findet auch verstärkt bei dem Verfahren der Aussagenanalyse Verwendung, vgl. dazu auch VRIJ (2009), S. 211.
[699] Auf Subjektivismen als Indikatoren für eine mögliche Unzuverlässlichkeit verweist auch JAHN (1998), S. 83.
[700] Vgl. auch NÜNNING (1998), S. 6. Illustrierend sei auf den ersten Satz des Beispiels zur Darstellung der Liquiditätssituation aus dem Geschäftsbericht der Sachsen LB (siehe Beispiel UI.2) verwiesen. Die Wertung „deutlich“ wird dort vorgenommen, obwohl sie sich anhand der weiteren Aussagen gerade nicht belegen lässt.
[701] Comroad AG, Geschäftsbericht 1999, S. 25, Geschäftsbericht 2000, S. 26.

Tatsächlich galt im Telematik-Markt, dass die ComROAD AG zumeist bei potentiellen Kunden entweder gar nicht bekannt oder aber eher als weit unterdurchschnittlich und wenig bedeutend eingeschätzt wurde und jedenfalls weit entfernt davon war, ein führendes Unternehmen zu sein.[702] Die Formulierung lässt jedoch eine Überprüfung der Berechtigung insofern nicht zu, als dass sie auf den subjektiven Eindruck des Unternehmens selbst, nicht aber auf objektive Fakten oder den Eindruck Dritter, z.B. über Marktstudien rekurriert.

Ein zweites Textsignal für Subjektivität besteht darin, dass aus einer Ich-Perspektive berichtet wird, die tendenziell eher eine subjektivere Wiedergabe erwarten lässt als die objektivere Berichtsperspektive eines Außenstehenden.[703] Äußern kann sich dies in der verstärkten Nutzung von Personalpronomina wie „wir", „unserer Einschätzung nach" etc.[704] Auch die – in Lageberichten häufig vorkommende – Ich-Perspektive wird allerdings erst dann interessant, wenn dadurch sichtbar Intersubjektivität und damit Überprüfbarkeit von Sachverhalten unterdrückt wird.[705] Beispielsweise kann formuliert werden, dass das Unternehmensergebnis den eigenen Erwartungen entspricht. Der Vorteil einer solchen Formulierung liegt darin, dass - wenn beispielsweise eigene Einschätzungen eines Unternehmensergebnisses selbst nur innerhalb des Unternehmens bekannt waren und vorher nicht nach außen kommuniziert wurden - es auch möglich wäre, dass das Ergebnis in Wahrheit nicht den Erwartungen entsprach: Es könnte sie beispielsweise weit unterschritten haben und/oder nur unter hohem Druck und massivem Einsatz von Bilanzpolitik erzeugt worden sein. Abgelenkt wird hingegen die Aufmerksamkeit davon, wie sich intersubjektiv überprüfen ließe, ob die früheren Ergebniserwartungen realistisch oder gerechtfertigt sind, weil der Raum der eigenen Erwartungen von außen her nicht eingesehen werden kann. Deutlich wird dies, wenn ein Vergleich mit der Darstellung des Ergebnisses unter Bezugnahme auf eigene bereits früher getätigte Aussagen zu Gründen für bestimmte Erwartungen angestellt wird, z.B., indem Angaben zu Auftragseingängen von bestimmten Kunden oder Einschätzungen unabhängiger Dritter genannt werden. In den letztgenannten Fällen richtet sich die Aufmerksamkeit auf die gut überprüfbare Plausibilität des Unternehmensergebnisses im Vergleich zu anderen Unternehmen. Sollte insofern eine die Intersubjektivität unterdrückende Aussage vorliegen, ist sicherzustellen, dass diese

[702] Vgl. dazu auch DAUM (2003), z.B. S. 28, S. 32, S. 34, S. 47, S. 50 f.
[703] Vgl. auch HOF (1984), S. 45.
[704] Vgl. auch NÜNNING (1998), S. 6.
[705] Vgl. auch JAHN (1998), S. 83.

Erwartungserfüllungen nicht nur für Kommunikationszwecke nach außen formuliert werden und sich intern ein immer höherer Druck aufbaut, unrealistische Vorgaben zu erfüllen.[706]

XI.3.2.2 Textsignale für Fehler bei der Verschleierung

Das wohl bekannteste Textsignal ist der Widerspruch.[707] Es betrifft sowohl die Scheinrealität als auch die Unterdrückung der tatsächlichen Realität sowie Anpassungs- und Abkoppelungshandlungen.

In Bezug auf die Scheinrealität besteht das Problem, dass der Ersteller bei der Weiterentwicklung unwahrer Sachverhalte nicht über die Möglichkeit verfügt, in der Realität normalerweise vorhandene Zusammenhänge zur Absicherung der eigenen Aussagen zu überprüfen. Ob der Eindruck einer - faktisch ja nicht vorhandenen - realitätsnahen Fortspinnung gesichert ist, lässt sich schließlich nur anhand der bislang geäußerten Falschaussagen überprüfen. Werden die in der Scheinrealität erzeugten Tatbestände zu umfangreich, lassen sie sich nur noch unter sehr großen Anstrengungen widerspruchsfrei aufrechterhalten, da sie für den einzelnen Ersteller in allen ihren Facetten und Interdependenzen kaum mehr zu überblicken sind.

Zugleich besteht das Problem, dass der Ersteller beständig vor der Aufgabe steht, eine Darstellung zu erzeugen, welche vor seinen Augen mit der tatsächlichen Unternehmensrealität kollidiert, die sich ihrerseits in vielfältiger Weise mit anderen Informationen des Umfelds vernetzt. Er muss also diese Informationen über die tatsächliche Unternehmensrealität vollständig (!) unterdrücken und die Vernetzung mit den sonstigen Umfeldinformationen vollständig (!) lösen, indem er die entsprechenden Querverbindungen entfernt und diese - soweit notwendig - durch gleichermaßen plausible Vernetzungen mit Informationen aus der Scheinwelt ersetzt. Hierbei sind Inkonsistenzen immer dann gegeben, wenn dem Ersteller diese Aufgabe nicht vollständig gelungen ist.

Deutlich werden Widersprüche aus Analysesicht immer dann, wenn zunächst der eine und dann der andere Vergleichspunkt separat herausgearbeitet wird.

---

[706] Diese Berichtspraxis und interne Konsequenz waren beispielsweise bei Enron bereits einige Jahre vor dem Skandal zu beobachten, vgl. MC LEAN/ELKIND (2004), S. 127 f.

[707] Vgl. NÜNNING (1998), S. 6. Das ist auch empirisch bestätigt, vgl. die Metastudie von DE PAULO et al. (2003), S. 92.

Sodann werden beide Ebenen miteinander verglichen.[708] Bezogen auf die Analyseebenen lassen sich Widersprüche logisch unterteilen

- in solche, welche auf der Inhaltsebene hervorgerufen wurden,
- solche, welche auf der Wertungsebene hervorgerufen werden und
- solche, welche zwischen Inhalts- und Wertungsebene auftreten.[709]

Zu beachten ist, dass wegen des teilweise unscharfen Charakters von Wertungen nicht immer eindeutige logische Widersprüche auftreten; vielmehr lässt sich häufig eine (noch) nicht eindeutig widersprüchliche, sondern lediglich parteiliche oder unscharf gezeichnete Haltung antreffen.

Während Widersprüche auf der Inhaltsebene also immer die einander widersprechenden Sachverhalte preisgeben,[710] deuten Vergleiche unter Einbezug der Wertungsebene die Widersprüche häufig nur an. Allein zu Andeutungen kommt es, wenn der jeweils die unpassende Wertung verursachende Sachverhalt, der einen direkten Widerspruch evozieren würde, im Lagebericht selbst nicht auftaucht und die den Widerspruch auslösende logische Struktur des Sachverhalts zu undeutlich in die Wertung hineingespiegelt wird.

Insgesamt sind damit die durch die folgende Abbildung veranschaulichten Varianten zu erwarten. Klar gezeichnete Blitze stehen für logisch eindeutig identifizierbare Widersprüche, schraffierte Blitze deuten hingegen an, dass möglicherweise nur unscharf erkennbare Widersprüche anzutreffen sind.

Die folgende Abbildung veranschaulicht, warum es notwendig ist, auch unscharfen Widersprüchen durch Wertungen nachzugehen: Die Wertungen sind in solchen Fällen nur Platzhalter für im Lagebericht nicht abgebildete Sachverhalte. Werden die ihnen zugrunde lie-

---

[708] Vgl. NÜNNING (2005), S. 103; LIPTAY/WOLF (2005), S. 14. Anders als die hier aus didaktischen Gründen und um der Kürze der Darstellung willen gewählten Beispiele andeuten, ist bei der tatsächlichen Analyse regelmäßig viel Aufwand für die Ermittlung der Widersprüche notwendig; nicht umsonst verweist die Aussagepsychologie darauf, dass die Vermeidung inhaltlicher Widersprüche und Inkonsistenzen beim Ersteller intentionaler Falschaussagen höchste Priorität aufweise, vgl. KÖHNKEN (1990), S. 161, weshalb einfach erkennbare Falschaussagen sicher nicht regelmäßig angetroffen werden können.

[709] Vgl. zu dieser Unterscheidung auch LANSER (1981), S. 169-172; NÜNNING (1998), S. 12.

[710] Anzumerken ist, dass hier nicht ausgesagt wird, inhaltliche Widersprüche seien leicht zu identifizieren; im Gegenteil kann es sehr sorgfältige Analysen logischer Strukturen erfordern, bis der Widerspruch eindeutig rekonstruiert wurde; es ist allerdings immer möglich, den Widerspruch zu rekonstruieren.

genden Sachverhalte ermittelt, so können die zunächst nur unscharf vorliegenden Widersprüche auf eindeutige Widersprüche zurückgeführt werden.

1. Inhalt 2. Inhalt- Wertung 3. Wertung-Wertung

Im Lagebericht sichtbare Ebene

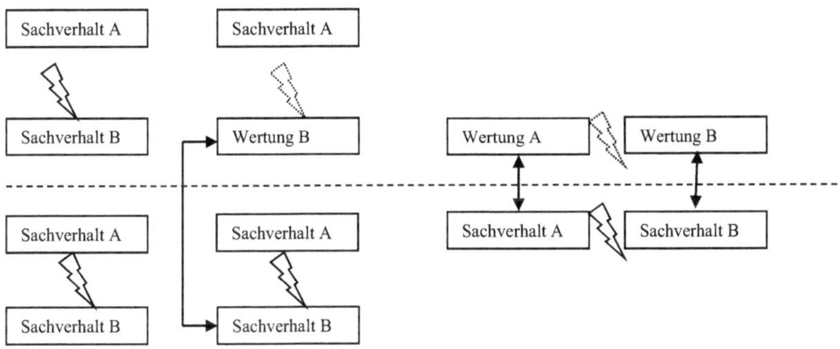

Im Lagebericht nicht sichtbare Ebene

Abbildung 36: Widerspruchsformen

Bei der folgenden Darstellung werden die Widersprüche in Form der Interaktion zwischen Inhalt und Wertung bzw. zwischen unterschiedlichen Wertungen geschlossen behandelt, da der für die Analyse zentrale Unterschied die Darstellung in Form von explizit aufgeführten Sachverhalten und implizit durch die Wertung angedeuteten Sachverhalten betrifft.

(1) Inhaltliche Widersprüche

Wenngleich grundsätzlich das Auftreten von Widersprüchen auf allen möglichen Vergleichsüberlegungen von Inhalten beruhen kann, sind doch bestimmte Überlegungen besonders fruchtbar, entweder, weil sie im Erstellungsprozess nur mit hohem Aufwand kontrolliert werden können, oder, weil sie direkt im Nebeneinander von tatsächlicher und falscher Unternehmensrealität wurzeln.

Zum Ersten können sich Widersprüche auf der inhaltlichen Ebene zwischen den verschiedenen Aspekten der dargestellten Ist-Situation ergeben, soweit diese aus unterschiedlichen Perspektiven beschrieben wird. So besteht bei Ereignissen, welche sich nicht zugetragen haben, z.B. die Möglichkeit, dass ihr zeitliches Auftreten oder ihre Interaktion mit anderen Ereignissen verwechselt wird, wobei diese Verwechslung dem Ersteller aufgrund der Darstellungsabfolge im Lagebericht nicht unmittelbar auffällt.

Zum Zweiten können sich Widersprüche zwischen der Gegenwart und der angestrebten oder prognostizierten Zukunft ergeben. Gerade wenn der Ersteller versucht, seine Scheinrealität zu erzeugen, kann ihm leicht die Konsistenz zwischen den Fakten und den darauf aufbauenden möglichen Prognosen aus dem Blickfeld geraten. Zugleich kann es hier auch zu einer vorschnellen Anpassung nichtexistierender Fakten kommen, die nicht in Bezug auf alle davon tangierten Sachverhalte durchgehalten wird. Ebenso ist möglich, dass eine Prognose ein Faktum impliziert, welches durch ein anderes, nicht eingetretenes Faktum in der Berichterstattung verdeckt wird. Eine häufig fruchtbare Analyse auf Widersprüche besteht darum darin, Fakten und Prognosen daraufhin zu untersuchen, ob die Prognosen logisch Informationen voraussetzen, welche den dargestellten Fakten widersprechen. Die folgende Aussage aus einem Lagebericht kann ein Beispiel geben:

„Der Entsorgungsbereich wird den im abgelaufenen Geschäftsjahr erreichten Turnaround auch 1996/97 weiter ausbauen können.“[711]

Beispiel UI.5

Diese Aussage ist widersprüchlich, weil nur ein bereits bestehender Zustand oder eine bestehende Entwicklung ausgebaut werden können, nicht aber ein Turnaround, der ja per definitionem einen Wendepunkt markiert. Die Prognose eines Ausbaus setzt folglich eine andere Information voraus, als hinsichtlich des Ist-Zustands mit dem Turnaround gegeben wird.

Ähnliches wie bei Fakten und Prognosen gilt für den Abgleich von Unternehmenszielsetzungen und Unternehmenshandlungen. Wenn eine Scheinrealität intentional geschaffen wird, so wird dies nicht (es sei denn bei Irrtum oder Realitätsverlust) bewirken, dass sich das Unternehmen auch selbst in der Scheinrealität bewegt. Es wird vielmehr, seine Handlungen an den Erfordernissen der tatsächlichen Realität ausrichten. Dadurch besteht die Möglichkeit, Widersprüchen auf die Spur zu kommen, indem auf ein mögliches Auseinanderfallen von Aussagen über die Zielsetzung von Handlungen und den Handlungen des Unternehmens

---

[711] RWE AG, Geschäftsbericht 1995/1996, S. 20.

selbst geachtet wird.[712] Als Beispiel möge die folgende Textpassage dienen, die allerdings auch demonstriert, wie schwierig eine Identifikation von Widersprüchen ausfallen kann:

„In den Niederlanden zielen unsere Aktivitäten bislang überwiegend auf das Erlangen einer starken, organisch gewachsenen Marktposition im Endkundengeschäft und den Aufbau von Erzeugungskapazitäten. Mit der geplanten Übernahme des Energieversorgers Essent, der auch eigene Kraftwerke betreibt, wollen wir bei beiden Punkten deutlich vorankommen."[713]

Beispiel UI.6

Bei Interpretation als Widerspruch wird auf der Ebene der Ziele einerseits ausgesagt, dass organisches Wachstum angestrebt wird, andererseits, dass Erzeugungskapazitäten aufgebaut werden sollen. Auf der Handlungsebene wird hingegen von einem geplanten (nicht organischen) Wachstum durch getätigte Zukäufe berichtet. Dieses wird hernach als für beide Zielsetzungen förderlich bezeichnet. Zumindest der Zielsetzung einer organisch gewachsenen Marktposition widerspricht ein Zukauf jedoch diametral. Folgern ließe sich hieraus, dass die tatsächlichen Handlungen dafür sprechen, dass das nach außen vertretene Bild eines organischen Wachstums intern von geringerer Relevanz ist. Der Widerspruch hängt allerdings an einer Prämisse, die zwar sehr nahe liegt, aber selbst im Text nicht angeführt wird und deren Abänderung den Widerspruch eliminiert: So könnte sich die Zielsetzung eines organischen Wachstums mit Hilfe der (nicht organischen) Akquisition vielleicht gerade durch dieses einmalige nicht organische Wachstum zukünftig besonders gut umsetzen lassen. Bringt man die Aspekte organisch/nicht organisch in diese Reihenfolge, dann verschwindet der Widerspruch. Daran zeigt sich, wie genau jeweils geprüft werden muss, ob sämtliche Voraussetzungen für eine Widerspruchsidentifikation am Text verifiziert werden können: Sonst können sich Widersprüche sehr schnell als flüchtige und gegebenenfalls falsche Lesart erweisen. Häufig werden sie bei genauerer Analyse nur unter Zugrundelegung ganz bestimmter, im Text nicht genannter und darum textextern noch zu prüfender Prämissen identifiziert werden können. Aber ein derartiger Widerspruch kann eben auch ein wichtiger Hinweis auf Falschaussagen sein. Das zeigt das Beispiel der Comroad AG:

„Aufgrund der Neugewinnung von potentiellen Partnern durch Messeveranstaltungen konnten die Planumsätze für das Geschäftsjahr 1999 überschritten werden."[714]

Beispiel UI.7

---

[712] Vgl. für den literaturwissenschaftlichen Kontext auch NÜNNING (2005), S. 103, HOF (1984), S. 85 sowie früher bereits BOOTH (1983), S. 316 f.
[713] RWE AG, Geschäftsbericht 2008, S. 37.
[714] Comroad AG, Geschäftsbericht 1999, S. 23.

Offensichtlich kann eine Neugewinnung nur von potentiellen Partnern noch keine Umsätze bewirken, dazu müssen bereits wirkliche Partner mit zudem bereits abgeschlossenen, realisierten Umsätzen vorliegen. Auch hier ließe sich der Widerspruch jedoch auflösen. Argumentieren ließe sich einerseits, dass die Partner eben lediglich potentiell waren, bevor sie gewonnen wurden. Andererseits ließe sich damit argumentieren, dass sich die Überschreitung von Planumsätzen für das Geschäftsjahr 1999 um diejenigen Umsätze handelte, die in 1999 für 2000 geplant worden waren. In diesem Fall hat der Widerspruch jedoch ganz deutlich einen realen Hintergrund.

So waren die Umsatzerlöse von Comroad bereits im Geschäftsjahr 1999 zu 85,9 % bloße Fiktion.[715] Dabei entsprach es der Vorgehensweise des Vorstands, jeweils solche Geschäftspartner mit leicht verändertem Namen als Kunden zu bezeichnen, mit denen durchaus einmal Anbahnungsgespräche bestanden, die sich dann jedoch zerschlugen. Der reale Sachverhalt der hier durchschimmert, war, dass potentielle Kunden dafür genutzt wurden, fingierte Umsätze zu rechtfertigen – es wurde einfach aus der Möglichkeit eine inexistente Realität gemacht.[716] Dafür, dass hier der Hintergrund für die Formulierung zu suchen ist, spricht auch, dass sie im Lagebericht des Jahres 2000 eliminiert wurde: Zu diesem Zeitpunkt wurden bereits dem Vorstand der Comroad AG bekannte Nachforschungen angestellt, wer denn tatsächlich die jeweiligen Kunden seien.[717] Insofern verwundert es nicht, dass dieser seine Anstrengungen vervielfachte, Ansatzpunkte für die Berechtigung dieser Nachforschungen zu vermeiden.

(2) Widersprüche unter Einbezug von Wertungen

Da der Ersteller das Problem hat, die Scheinrealität an die allgemein bekannten Ereignisse anzuschließen, muss er häufig sowohl die für die Scheinrealität konstruierten Fakten als auch die Fakten der tatsächlichen Realität partiell verbiegen. Zugleich aber muss er die Äußerungen auf der Wertungsebene, welche sich zunächst an der tatsächlichen Realität ausrichtet, auf die Scheinrealität ausrichten. Dies geschieht, indem er sie durch semantische Satzstrukturen, Inferenzen und Werturteile umdeutet. Überzieht er diese Umdeutungen, dann wird das in eindeutigen oder aber unscharfen Widersprüchen nachweisbar. Vergisst er die Auswirkungen seiner Umwertungen auf andere Wertungen zu berücksichtigen, so werden ebenfalls eindeutige oder unscharfe Widersprüche nachweisbar. Zuletzt kann der Ersteller

[715] Vgl. PEEMÖLLER/HOFMANN (2005), S. 112.
[716] Vgl. DAUM (2003), S. 50, S. 60, S. 76,
[717] Vgl. DAUM (2003), S. 54 f.

hierbei auch übersehen, dass sich diese Wertungen direkt anhand von geschilderten Sachverhalten oder Wertungen an anderer Stelle des Lageberichts überprüfen und als mit diesen inkompatibel nachweisen lassen.

Hierbei ist kombinatorisch eine Vielzahl von Widersprüchen denkbar. So können Widersprüche beispielsweise einerseits zwischen inhaltlichen Aspekten wie Zahlen, Fakten und Ereignissen und den dazugehörigen impliziten Wertungen durch die Form der Darstellung oder den expliziten Wertungen bestehen.[718]

Andererseits können die Widersprüche auch zwischen den inhaltlichen Aspekten und den impliziten Wertungen[719] einerseits im Vergleich mit den expliziten Wertungen andererseits oder aber umgekehrt zwischen inhaltlichen Aspekten und den expliziten Wertungen im Vergleich mit den impliziten Wertungen auftreten.

Ebenso können sie auch nur zwischen impliziten Wertungen und expliziten Wertungen oder nur innerhalb von impliziten oder expliziten Wertungen vorliegen usf.[720]
Zu trennen ist jedoch in allen genannten Fällen zwischen den eindeutig identifizierbaren Widersprüchen und unscharfen Widersprüchen.

(2.1) Eindeutige Widersprüche bei Wertungen
Die eindeutige Identifikation eines Widerspruchs, bei dem zumindest eine der beiden einander widersprechenden Aussagen eine Wertung darstellt, ist an zwei Voraussetzungen gebunden. Zum einen muss die Wertung eine klare logische Struktur aufweisen. Zum anderen muss es gerade diese Struktur sein, welche mit der logischen Struktur der anderen Aussage kollidiert.

Als Beispiele für eine solche Analyse, die Widersprüche im Zusammenspiel ganz unterschiedlicher Bereiche aufdecken können, seien die folgenden angeführt.

So sei der Leser hinsichtlich der Aussagen des folgenden Vergütungsberichts gehalten, sich zunächst anhand der Zahlen seine eigene Vorstellung über die Prioritäten einzelner

[718] Vgl. NÜNNING (2005), S. 103; ähnlich MANNS (2005), S. 29; RIMMON-KENAN (2007), S. 101.
[719] Vgl. HOF (1984), S. 55.
[720] Vgl. auch BUSCH (1998), S. 46.

Vergütungsbestandteile im Konzern zu bilden und diese sodann mit der Wertung im Vergütungsbericht abzugleichen.

Aussage 1 (Absolutangaben der Tabelle zur Jahresgehaltverteilung in T€):[721]

	Fixe Bezüge	Nicht leistungs-bezogene Vergütung	Jährlicher Bonus	Dreijahres-bonus	Rechnerischer Wert der Stock Appreciation Rights (SAR)	Rechnerischer Wert der Restricted Stock Units (RSU)
Summe	6660	7259	6244	2093	2690	4502

Aussage 2 (verbale Wertung im Vergütungsbericht):

„Die nachhaltige Steigerung des Firmenwerts hat für die Unternehmensführung der gesamten Allianz Gruppe Priorität. Daher ist diese in der Konzeption des Drei-Jahre- oder mittelfristigen Bonusplans entsprechend abgebildet.“[722]

Beispiel UI.8

Die Reihung mit

Dreijahres-Bonus < SAR < RSU < Jahresbonus < jährliches Fixgehalt < nicht leistungsbezogene Vergütung

spricht offensichtlich eine andere Sprache hinsichtlich der Prioritäten als die verbale Aussage, denn der Dreijahresbonus hat hier von allen (!) Vergütungskomponenten die geringste Bedeutung und auch der mittelfristige Bonusplan wirft weit weniger Erträge ab, als die restlichen Bestandteile. Die Zahlen sprechen vielmehr anders als die Wertung dafür, dass der Konzernvorstand vor allem auf hohe fixe, nicht leistungsbezogene und kurzfristig zu verdienende Vergütung Wert legt und diese für sich auch durchgesetzt hat. Dass dies im vorliegenden Fall eindeutig identifiziert werden kann, ist darauf zurückzuführen, dass die Wertung durch die Prioritäten und die Zahlen durch ihre Abstufung in Geldeinheiten beide mit Hilfe derselben logischen Struktur, nämlich einer Rangfolge, verglichen werden können.

---

[721] Die Zahlen wurden übernommen aus Allianz SE, Geschäftsbericht 2008, S. 46. Stock Appreciation Rights stellen virtuelle Aktienoptionen dar; Restricted Stock Units virtuelle Aktien, die erst nach einer fünfjährigen Haltedauer eingelöst werden können, vgl. Allianz SE, Geschäftsbericht 2008, S. 44 f.
[722] Allianz SE, Geschäftsbericht 2008, S. 44.

Wie bei der Analyse semantischer Räume dargestellt, müssen rein über allgemeine semantische Strukturen aufgebaute Gegensätze nicht den Inhalten entsprechen, z.B. indem inhaltlich Gleichartiges implizit durch eine Gegenüberstellung als Gegensatz gewertet wird. Dann liegen semantische Satzstrukturen vor. Auch solche Abweichungen geben Hinweise auf Widersprüche:

„Die stark unterschiedliche strategische Ausrichtung der drei Group-Mitglieder [...] bedingt die Verabschiedung übergreifender Kreditgrundsätze mit klaren und einheitlichen Prinzipien und Finanzierungsgrundregeln zur Sicherung eines einheitlichen Risikoverständnisses."[723]

Beispiel UI.9

In diesem Beispiel wird durch die Struktur „x bedingt y" ein logischer Schluss von x auf y nahe gelegt. Im konkreten Fall ist die angeführte Schlussfolgerung inhaltlich allerdings gerade nicht nahe liegend, liegt es doch weit näher, aus unterschiedlichen Strategien auch auf eine den unterschiedlichen Strategien angepasste Risikopolitik und damit einen unterschiedlichen Umgang mit den Risiken zu schließen. Auch hier wird eine logische Struktur herangezogen, nämlich jene von Identität und Gegensatz. Die Wertung postuliert hier eine Identität, welcher der inhaltliche Gegensatz zwischen der starken Unterschiedlichkeit der strategischen Ausrichtung und der Einheitlichkeit des Risikoverständnisses widerspricht.

(2.2) Unscharfe Widersprüche bei Wertungen: Parteilichkeit und Wertungsinkongruenzen

Im Fall unscharfer Widersprüche ist ein Widerspruch im Sinne einer eindeutigen logischen Struktur nicht zu rekonstruieren; es lassen sich nur Hinweise auf Widersprüche gewinnen. Diesbezüglich sind zwei verschiedene Varianten unscharfer Widersprüche zu unterscheiden: Parteilichkeit und Wertungsinkongruenzen.

Parteilichkeit beinhaltet, dass ein Teil der vorhandenen Informationen ignoriert wird, diese Außerachtlassung eine bestimmte Tendenz für das gefällte Urteil oder die durch die vorgelegten Informationen nahe gelegten Schlüsse beinhaltet und sich dies anhand der vorliegenden Informationen erkennen lässt.

Wertungsinkongruenzen unterscheiden sich von Parteilichkeit dadurch, dass keine Tendenz erkannt werden kann.

---

[723] Hypo Real Estate AG, Geschäftsbericht 2006, S. 67.

Prinzipiell lassen sich bei der Suche nach Wertungsinkongruenzen und Parteilichkeit drei verschiedene Fallgruppen unterscheiden:

(1) Wertungsinkongruenzen wie Parteilichkeit lassen sich lageberichtsintern in der ersten Fallgruppe dann nachweisen, wenn Wertungen und Inhalte miteinander konfrontiert werden und sich feststellen lässt, dass aus den dargestellten Inhalten für eine Interpretation oder ein Urteil nur wenige Informationen herangezogen werden (in Bezug auf die Interpretation oder Urteil dann auch nahe liegen), während andere, ebenfalls im Lagebericht verfügbare Sachverhalte ausgespart werden, obwohl diese für Interpretation und Urteil relevant und verfügbar sind. In diesem Fall ist die vorhandene Informationsbasis für das Urteil also größer als die dafür herangezogene Informationsbasis.

(2) In der zweiten Fallgruppe ist erkennbar, dass die für die Wertung herangezogene Informationsbasis die vorhandene Informationsbasis übersteigt. So liegt eine Parteilichkeit oder Wertungsinkongruenz beispielsweise vor, wenn der Ersteller nicht der Sache angemessen argumentiert,[724] z.B. indem er auf Basis eines Sachverhalts eine zu umfangreiche Generalisierung vornimmt, die durch den Sachverhalt selbst nicht gedeckt ist.[725] Zwar lässt sich dann, z.B. bei der Generalisierung, nichts über die Eigenschaften jener Sachverhalte aussagen, die nicht dargestellt wurden, aber durch die Generalisierung erfasst werden. Es lässt sich aber sagen, dass für diese nicht bekannt ist, ob die Generalisierung zutrifft.

(3) In der dritten Fallgruppe scheinen die Informationsbasis für die Wertung und die vorliegenden Sachverhalte miteinander zunächst übereinzustimmen. Hinweise auf Parteilichkeit und Wertungsinkongruenzen ergeben sich aus dem Nachweis, dass die für das Urteil herangezogene oder die vorhandene Informationsbasis unter Nutzung rekonstruierbarer Nullpositionen nur partiell offen gelegt wurde. In diesem Fall wurde der nicht herangezogene Teilbereich vielleicht bewusst ausgespart, weil er die Wertungsinkongruenz oder Parteilichkeit hätte offen legen können. Spezifisch Parteilichkeit lässt sich in der dritten Fallgruppe auch dann auffinden, wenn ein Ersteller zuerst ein parteiliches Urteil äußert und dann dieses Urteil durch Einschränkungen an den Sachverhalt nachträglich anzupassen sucht, z.B. mit Hilfe

[724] Vgl. HOF (1984), S. 39.
[725] Vgl. BUSCH (1998), S. 46.

von Wertungsmodifikatoren,[726] wie, dass etwas „eher so…als so" zu sehen sei, oder wie, dass sich etwas „wahrscheinlich so" oder „weitestgehend so" verhalte. Notwendig für Parteilichkeit ist dabei zusätzlich, dass zwar Wertungsmodifikatoren eingesetzt werden, aber weiter keine inhaltlich relativierenden Gegenargumente gegen die parteiliche Modifikation vorgebracht werden. Dann liegen Hinweise darauf vor, dass versucht wurde, Sachverhalte parteilich in eine Richtung zu interpretieren, die auch ganz anders hätten gelesen werden können.

Ein Beispiel für eine ganze Reihe von parteilichen Aussagen unterschiedlicher Couleur findet sich bei der Commerzbank im Konzernlagebericht 2008:

„Um dem gestiegenen Risikogehalt des Umfeldes Rechnung zu tragen, haben wir das Neugeschäft *weitestgehend* [Hervorhebung von mir, M.G.] eingestellt und mit dem Abbau von Teilportfolios begonnen. Beim Retail Mortgage Business der BRE in Schweizer Franken (analog dem Markt ca. 80% des gesamten Mortgage Portfolios) wurde das Quartalswachstum von bis 15% im vierten Quartal deutlich auf 3% reduziert […]."[727]

Beispiel UI.10

Der angegebene Abschnitt teilt sich in eine generelle Aussage und ein herangezogenes Beispiel, um die generelle Aussage zu unterfüttern. Die generelle Aussage behauptet, das Neugeschäft sei weitestgehend eingestellt und mit dem Abbau von Teilportfolios sei begonnen worden. Das Beispiel scheint dies zahlenmäßig auf den ersten Blick zu bestätigen, da die Zahlen von 15% auf 3% gesunken sind. De facto jedoch weisen beide Aussagen eine starke Verzerrung auf. Das gewählte Beispiel stellt auf die Absenkung von *Wachstums*raten ab! Tatsächlich ist also bei dem Retail Mortgage Business der BRE ein Quartalswachstum gegeben. Die verbale Einordnung „reduziert" wirkt zwar formal richtig, inhaltlich aber angesichts der Informationsbasis zweifelhaft. In diesem Lichte interpretiert wird jedoch auch die erste Aussage, und zwar der Wertungsmodifikator „weitestgehend" als verzerrt erkennbar: So kann von einem Abbau von Teilportfolios und einer weitestgehenden Einstellung des Neugeschäfts nur bei einer äußerst parteilichen Darstellung die Rede sein, da selbst in dem exemplarisch herangezogenen Beispiel noch Wachstum besteht. Im Beispiel wird schließlich der Abbau der Teilportfolios von dem Neugeschäft überkompensiert, welches noch nicht eingestellt wurde.

[726] Vgl. NÜNNING (2005), S. 104.
[727] Vgl. Commerzbank AG, Geschäftsbericht 2008, S. 142.

XI.3.3 Adressatenbezogene Textsignale

Lässt es sich für den Ersteller nicht vollständig vermeiden, Falschaussagen und verdachterregende Passagen anzusprechen, dann kann er versuchen, den Adressaten von den problematischen Textstellen abzulenken. Hierbei stehen ihm zwei verschiedene Strategien zur Verfügung. Einerseits kann er versuchen, Interpretationsalternativen zu schaffen (Mehrdeutigkeit). Andererseits kann er versuchen, den Adressaten des Lageberichts gezielt von einem Erkennen der Falschaussagen abzuhalten (emotionale oder inhaltliche Adressatenlenkung, falsche Fährten, Adressatenüberforderung).

XI.3.3.1 Mehrdeutigkeit

Antizipiert der Ersteller, dass Verdacht geschöpft werden könnte, und kann er die kritische Stelle dennoch nicht vermeiden, so wird er sich Gedanken darüber machen, wie er bei möglichen Nachfragen von den tatsächlich problematischen Feldern ablenken kann.[728] Hierfür besonders geeignet sind ambivalente und mehrdeutige Formulierungen. Ein Textsignal liegt darum gerade in solchen Darstellungen,[729] die leicht unterschiedlich ausgelegt werden können. Angenommen wird bei dem vorliegenden Textsignal folglich, dass in den dahinter verborgenen Falschinformationen der Grund liegt, welcher den Ersteller davon abgehalten hat, eindeutige Informationen zu geben.[730] Mehrdeutigkeit wird damit als ein Zeichen dafür angesehen, dass bewusst keine eindeutigen, zuverlässigen Informationen gegeben werden sollen, weil der Ersteller die Möglichkeit offen halten will, sich auf eine der alternativen Deutungen zurückziehen zu können.

Ein typisches Beispiel für eine solche ambivalente Aussage lässt sich bei Gildemeister auffinden. Hier wird damit gespielt, ob Aussagen zu Europa nun Deutschland mit einbeziehen oder ob Deutschland separat behandelt wird. So findet sich zunächst die folgende Aussage:

---

[728] Zugleich kann er eine mögliche spätere rechtliche Auseinandersetzung antizipieren und darum versuchen, im Lagebericht selbst Spuren zu legen, die später dazu dienen sollen, dass er darauf verweisen kann, er habe die Probleme gesehen, aber nicht als so gravierend eingeschätzt. Dann fungiert die Mehrdeutigkeit als ein Immunisierungsmechanismus (vgl. dazu unten). Hier wird sie der Übersichtlichkeit halber allein bei den adressatenbezogenen Strategien behandelt.

[729] Auch dieses Textsignal wurde empirisch bestätigt, vgl. die Metastudie von DE PAULO et al. (2003), S. 92.

[730] Auf die Bedeutung dieses Textsignals wird in der Lügenforschung auch im Rahmen der durch den israelischen Geheimdienst entwickelten SCAN-Methode verwiesen, vgl. dazu VRIJ (2009), S. 281, S. 283.

„Es folgte mit geringem Zeitversatz Europa; dies traf insbesondere auch Deutschland.[...] In den Euro-Ländern stieg das Bruttoinlandsprodukt[...].“[731]

Beispiel UI.11

An einer anderen Stelle des Lageberichts wird dann eine tabellarische Auflistung von Produktionsanteilen gegeben, in welcher Deutschland als davon-Position und Europa inklusive Deutschland dargestellt wird.[732] Beide Stellen schließen damit Deutschland bei der Darstellung von Europa ein. Anders jedoch beim Auftragseingang, bei dem zwischen Deutschland und übrigem Europa getrennt wird und keine Wachstumsraten für die Einzelregionen, sondern nur eine Angabe zur prozentualen Aufteilung des Auftragsbestands auf verschiedene Regionen im Zeitvergleich erfolgt.[733] Weil beide Definitionen für Europa verwendet werden, wird es allerdings schwierig, die folgende Aussage aus der Gesamtbeurteilung für Gildemeister einzuschätzen, da unbekannt ist, auf welche der beiden Lesarten sie zurückgreift:

„In Deutschland haben wir beim Auftragseingang zugelegt. In Europa verlief das Geschäft nahezu konstant. In Amerika war die Entwicklung des Auftragseingangs für uns positiv. In Asien ließen die Bestellungen nach.“[734]

Beispiel UI.12

Bei dieser Aussage ist nicht nur ambivalent, ob „das Geschäft“ mit der Entwicklung des Auftragseingangs identisch ist, was durch den unmittelbaren Kontext nahe gelegt wird, oder ob de facto eine Nullposition in Bezug auf den Auftragseingang für Europa vorliegt. Es ist vielmehr vor allem ambivalent, wenn man das Geschäft mit dem Auftragseingang als identisch ansieht, ob Deutschland inklusive oder exklusive ist, weil beide Fassungen im Lagebericht vertreten werden. Ist Deutschland allerdings inklusive, dann lässt sich daraus folgern, dass Europa ohne Deutschland einen rückläufigen Auftragseingang hätte; der Eindruck des konstanten Geschäfts wäre damit mehr oder weniger auf den Kopf gestellt.

Ein anderes Beispiel findet sich im Lagebericht der Bankgesellschaft Berlin AG 1998, in welchem die ansteigende Risikovorsorge, die durch das auf einem Schneeballsystem basierende Immobilienfondsgeschäft verursacht wird, wie folgt dargestellt wird:

---

[731] Gildemeister AG, Geschäftsbericht 2008, S. 16.
[732] Vgl. Gildemeister AG, Geschäftsbericht 2008, S. 19.
[733] Vgl. Gildemeister AG, Geschäftsbericht 2008, S. 29.
[734] Gildemeister AG, Geschäftsbericht 2008, S. 25.

„Die Zuführungen zur Risikovorsorge im inländischen Kreditgeschäft entfallen in 1998 auf eine Vielzahl insbesondere mittelständischer Unternehmungen sowie Immobilienkredite."[735]

Beispiel UI.13

Hier wird das eigentliche Problemfeld der Immobilienkredite zusammen mit einem anderen Sachverhalt erwähnt; überdies wird der andere Sachverhalt durch das Wort „Vielzahl" und die Nennung an erster Stelle hervorgehoben. Dadurch besteht bei Nachfragen nach konkreten Gründen für ein Ansteigen der Risikovorsorge immer die Möglichkeit, langwierig auf die mittelständischen Unternehmen einzugehen und dadurch von den eigentlich problematischen Immobilienkrediten abzulenken.

XI.3.3.2 Textsignale für eine Adressatenablenkung

Ein Ersteller, der sich bewusst ist, eine falsche Darstellung der Realität zu geben, kann darüber hinaus versuchen, den Adressaten von der Wahrnehmung etwaiger Spuren abzulenken. Hierzu stehen ihm verschiedene Mittel zur Verfügung, wie der Einsatz von Emotion, von inhaltlichen Elementen, von falschen Fährten oder von einer den in der Regel zeitlich stark limitierten Adressaten überfordernden Darstellungsweise.

(1) Emotionale Adressatenablenkung

Bei der emotionalen Adressatenablenkung wird Emotion als ein Mittel eingesetzt, welches auf den Adressaten gerichtet ist und versucht, ihn zu beeinflussen. Hintergrund dieser Form der Adressatenablenkung ist, dass Emotionen in der Regel ein unparteiisches Urteilen des Adressaten beeinträchtigen, weil dieser sich affektiv verbunden fühlt, selbst wenn er verstandesmäßig eigentlich mit der dargestellten Auffassung nicht einverstanden ist.[736]

Eine typischerweise eingesetzte Emotion bei Lageberichten stellt hierbei das Stimulieren von Gier dar, wie sie z.B. das folgende Beispiel zeigt. Hier wird der Anschein erweckt, es sei das Perpetuum mobile gefunden worden, welches die unbegrenzte Ausweitung des Geschäfts bei zeitgleicher Annäherung an die Vereinnahmung risikoloser Überrenditen erlaube:

„In der Summe bedeutet dies, dass sich die IKB seit einigen Jahren in einer regelrechten Aufwärtsspirale befindet. Denn durch die Verbriefung einerseits und die Investments in internationale Kreditportfolien andererseits ist es uns gelungen, unser Portfolio zu diversifizieren, die Kreditrisiken zu verringern und die Erträge zu steigern. Das gute Rating wiederum hat zu einer Reduzierung der Refinanzierungskosten geführt –

[735] Bankgesellschaft Berlin AG, Geschäftsbericht 1998, S. 53.
[736] Vgl. BOOTH (1983), S. 322.

mit der Folge weiter steigender Erträge. Dieser Aufwärtstrend wird unserer Einschätzung nach auch in den nächsten Jahren anhalten.“[737]

Beispiel UI.14

Weitere Textsignale sind das Suchen von Zustimmung beim Adressaten,[738] z.B. durch den Einsatz von Argumenten, welche eine Solidarisierung bewirken sollen,[739] oder durch ein Betonen von Gemeinsamkeiten beispielsweise hinsichtlich der Interessen von Adressat und Ersteller.[740] Beispiele dafür stellen u.a. Wortwahlen dar, die klare Trennungen in Freund/ Feindunterscheidungen bedienen und darum automatisch für eine Position einzunehmen versuchen. Beide Textsignale vermitteln zugleich eine emotionale Bindung an das Geschehen.[741]

In allen genannten Fällen der emotionalen Adressatenlenkung muss der Analysierende bewusst die natürliche Tendenz der Zustimmung zu dem von dem Ersteller Dargestellten ausschalten bzw. einen Vergleich der Textabschnitte unter Eliminierung der emotional aufgeladenen Worte vornehmen.[742]

(2) Inhaltliche Adressatenablenkung

Inhaltliche Adressatenablenkung setzt auf Adressatenanreden. So kann der Ersteller versuchen, durch zahlreiche Ansprachen an den Adressaten, diesen von seiner Auffassung zu überzeugen.[743] Beispielsweise kann er Anweisungen geben, wie der Adressat seiner Auffassung nach die Situation zu verstehen habe und dadurch zugleich implizit deutlich machen, wie er sie nicht verstehen sollte.[744] Darauf deuten beispielsweise Hervorhebungen durch als relevant bezeichnete Aspekte eines Sachverhalts oder eine bewusste Rezeptionslenkung des Adressaten in Form von anderweitig nicht motivierten Wiederholungen oder Inferenzen.[745] Ein Beispiel hierfür lässt sich dem Lagebericht 2000 von HUGO BOSS entnehmen. Hier wird die USA-Sparte von HUGO BOSS geschildert, bei der mit dem Ziel der Umsatzsteigerung massive Umsatzzuwächse durch reale Bilanzpolitik in Form von vorgezogenen Rabatten, Rückgaberechten etc. erreicht wurden:[746]

---

[737] IKB AG, Geschäftsbericht 2005/06, S. 55.
[738] Vgl. ALLRATH (2005), S. 238.
[739] Vgl. auch MARTINEZ/SCHEFFEL (2007), S. 86.
[740] Vgl. ALLRATH (1998), S. 72.
[741] Vgl. ALLRATH (1998), S. 70.
[742] Angedeutet wird dies bereits bei BOOTH (1983), S. 352.
[743] Vgl. MARTINEZ/SCHEFFEL (2007), S. 87.
[744] Vgl. MANNS (2005), S. 33; HOF (1984), S. 75.
[745] Vgl. NÜNNING (2005), S. 104.
[746] Vgl. PEEMÖLLER/HOFMANN (2005), S. 117.

„Mit einem Plus von 34% wechselkursbereinigt stiegen besonders die Verkäufe auf den amerikanischen Märkten. Weitere 21% Plus und damit 55% insgesamt resultierten aus den höheren Wechselkursen der amerikanischen Währungen. Das beeindruckende Wachstum reflektiert auch die Segmentberichterstattung nach Regionen, in der sowohl der Umsatz- als auch der Aktivaanteil der amerikanischen Märkte um 5% zu Lasten Deutschlands wuchsen.“[747]

Beispiel UI.15

Mit dem beschriebenen Hintergrundwissen ist sichtbar, dass die Berichterstattung durch das Abstellen auf die nicht wechselkursbedingten und wechselkursbedingten Umsatzsteigerungen wie durch den Vergleich mit dem deutschen Markt von der nicht beantworteten Frage ablenkt, wie es denn zu den exorbitant hohen Umsatzsteigerungen kam. Ex ante, ohne Wissen darüber, wo mögliche Problemfelder verborgen sind, ist das nur schwer feststellbar. Das Wissen um inhaltliche Adressatenablenkungsstrategien erweist sich dann vor allem als Hinweis darauf, dass berichtete Sachverhalte immer zugleich darauf zu lesen sind, welche Querverbindungen durch die gewählte Berichterstattung verdeckt und welche Fragen nicht beantwortet werden.

(3) Falsche Fährten

Eine besonders subtile Form der Adressatenablenkung ist gegeben, wenn ein Ersteller sich bekannte, aber im konkreten Fall gerade nicht einschlägige Erfahrungen und Erwartungen seiner Adressaten zunutze macht, indem er sie durch die bereitgestellten Informationen unterstützt.[748] Dann können falsche Fährten vorliegen. Diese lassen sich definieren als alle Verfahren der Textgestaltung, welche den Adressaten dazu veranlassen sollen, unzutreffende Hypothesen auszubilden.[749] Legen lassen sich falsche Fährten zum einen durch Details oder Motive, die eingeführt werden, ohne weitere Verwendung zu erfahren.[750] Diese können den Adressaten zur (eindeutigen) Sinnstiftung an einer Stelle verleiten, an welcher tatsächlich ein solcher Sinn nicht vorliegt.[751] So kann eine Information scheinbar zuverlässig in eine ganz bestimmte Richtung deuten, weil die Anordnung wie die Lückenhaftigkeit der weitergegebenen Informationen bedingt, dass der Schlüssel zu dem gänzlich anderen – richtigen – Verständnis vorenthalten wird.[752]

---

[747] HUGO BOSS AG, Geschäftsbericht 2000, S. 48.
[748] Vgl. SCHWEINITZ (2005), S. 90 f.
[749] Vgl. auch HARTMANN (2005), S. 154.
[750] Vgl. WULFF (2005), S. 149. Sie stellen irrelevante Aussagen dar, die so von den auf die Falschinformationen deutenden Informationen ablenken. Das Auftreten solcher Textsignale ist auch eines der Kriterien der SCAN-Methode zur Lügenidentifikation, vgl. dazu VRIJ (2009), S. 285.
[751] Vgl. auch MEDER (2005), S. 186.
[752] Vgl. LIPTAY/WOLF (2005), S. 15.

Insofern ist in einem Lagebericht von besonderer Bedeutung, ob die durch die anfänglichen Informationen nahe gelegten Eingangshypothesen später genannten Indizien widersprechen. Dabei können unterschiedliche Faktoren dafür genutzt werden, diesen Effekt zu verstärken, wie z.B., ob es dem Adressaten schwerfällt, sich auf eine andere Interpretation einzulassen, ob eine bestimmte Interpretation mit den eigenen Interessen konform geht oder ob die Wahrung seiner eigenen Glaubwürdigkeit durch bestimmte Interpretationen gefährdet ist usw.[753] Um solche Effekte auszuschalten, muss der Analysierende sich seiner eigenen Interessen und Überzeugungen bewusst sein, um sich nicht über diese instrumentalisieren zu lassen.

Falsche Fährten lassen sich zuletzt auch mit Hilfe von Nullpositionen legen, welche derart angeordnet sind, dass sie automatisch und unreflektiert aufgefüllt werden.[754] Der Adressat konkretisiert im Geiste, was nicht gesagt wurde und erschließt sich so weitere Sachverhalte, die im Text keine Erwähnung fanden.[755] Dies ist immer dann möglich, wenn zur Auffüllung Gewohnheiten zur Verfügung stehen, welche vorgeben, wie aufgefüllt werden sollte.[756] Ein Beispiel für derartige falsche Fährten gibt der folgende Lageberichtausschnitt:

„Die Rezession im inländischen Baugeschäft wird auch 1997 anhalten. Die Gründe dafür sind vielfältig: Leere öffentliche Kassen, die Verlagerung von Produktionen der Industrie ins Ausland, aber auch der rückläufige Wohnungsbau infolge der Änderung der steuerlichen Abschreibungsmöglichkeiten. Diese Situation wird verschärft durch die Konkurrenten aus anderen europäischen Ländern, die mit niedrigeren Lohnkosten anbieten können. Da die Marktentwicklung langfristig im Ausland Erfolg verspricht, verstärken wir unsere internationale Ausrichtung […]. Die Aktivitäten in den Wachstumsmärkten Asiens und Lateinamerika bauen wir gezielt weiter aus.[...] Im Energie- und Umweltbereich wollen wir unsere Marktpositionen ausbauen und die Internationalisierung ausgewählter Geschäftsfelder, angesichts eines zu erwartenden rückläufigen Geschäfts im Inland, vorantreiben. […] Wir werden uns dabei auf ertragsstarke Projekte konzentrieren. Insgesamt wird aber das zunehmende Auslandsgeschäft die sinkende Inlandsnachfrage nicht ausgleichen können.“[757]

Beispiel UI.16

Anhand des Textausschnittes lässt sich zunächst die folgende eindeutige semantische Raumaufteilung identifizieren, wenn allein auf vollständig angeführte Gegensätze eingegangen wird:

Semantischer Raum S_1	Semantischer Raum S_2
Inland	Ausland
Anhaltende Rezession im Baugeschäft	langfristig Erfolg versprechende Marktentwicklung

[753] Vgl. HARTMANN (2005), S. 165.
[754] Vgl. auch MEDER (2005), S. 180.
[755] Vgl. INGARDEN (1997), S. 36 f.
[756] Vgl. auch LAHDE (2005), S. 298.
[757] Phillip Holzmann AG, Geschäftsbericht 1996, S. 15.

Zu beachten ist bereits hier, dass der gewählte Lageberichtsabschnitt partiell implizit wertet. So liegt nur hinsichtlich Inland und Ausland ein eindeutiger Gegensatz vor. Schon hinsichtlich des Gegensatzes zwischen anhaltender Rezession im Inland und Erfolg im Ausland ließe sich argumentieren, dass diese keine einander wechselseitig ausschließenden Gegensätze bilden, denn schließlich ließen sie sich auf Ebene der Normalsprache auch wie folgt aufschlüsseln,

Semantischer Raum S_1	Semantischer Raum S_2
Inland	Ausland
Anhaltende Rezession im Baugeschäft (kurzfristig)	?
?	langfristig Erfolg versprechende Marktentwicklung

weil der unterschiedliche Zeitbezug den logischen Gegensatz auflöst. Allerdings ist zu beachten, dass im vorliegenden Textabschnitt der (normalsprachlich nicht vorliegende) Gegensatz durch das Wort „da“ explizit eingeführt wird.

In einem weiteren Schritt lassen sich Erwartungen formulieren, wie sich Merkmale oder Regularitäten der oppositionellen semantischen Räume zueinander verhalten, indem man die nur in einem semantischen Raum auftretenden Merkmale in dem anderen semantischen Raum durch die entsprechenden logisch gegensätzlichen Merkmale auffüllt. Auch dies kann anhand des vorgestellten Textausschnitts gezeigt werden:

Semantischer Raum S_1	Semantischer Raum S_2
Leere öffentliche Kassen	{volle öffentliche Kassen}
Verlagerung der Industrieproduktion ins Ausland	{keine Verlagerung der Industrieproduktion}
rückläufiger Wohnungsbau	{sich positiv entwickelnder Wohnungsbau}
Hoher Wettbewerb durch Billiganbieter aus eur. Ausland	{niedriger Wettbewerb durch Billiganbieter aus eur. Ausland}
{keine Wachstumsmärkte}	Wachstumsmärkte in Asien/ Lateinamerika
rückläufiges Geschäft Energie und Umwelt	{wachsendes Geschäft mit Energie und Umwelt}
Sinkende Inlandsnachfrage	{steigende Auslandsnachfrage}

Eine derartige Rekonstruktion ist hilfreich, um nachzuvollziehen, inwieweit der Text logisch implizierte unbewusste Erwartungen nutzt. Diese Erwartungen beantworten, welche Gegensätze vorliegen müssten, damit die Raumstruktur durchgängig logisch erscheint. Weil der

Adressat eine durchgängig logische Argumentation erwartet, ist er motiviert, tatsächlich die Lücken in der beschriebenen Weise aufzufüllen. Gerade weil jedoch die gegensätzlichen Inhalte nicht genannt werden, unterliegen sie auch keiner Reflektion. So ist im gewählten Beispiel die Strategie, ins Ausland zu wechseln, weil ausländische Billiganbieter im Inland einen hohen Wettbewerb verursachen, zunächst einmal einigermaßen unlogisch. Das aber wird erst durch die Gegenüberstellung so richtig deutlich.

(4) Adressatenüberforderung

Wenn sich die dargestellten Sachverhalte durch ein unnötig hohes Maß an Komplexität auszeichnen, ist dies ebenfalls ein Textsignal.[758] Die Komplexität muss sich allerdings nicht allein auf den Themenbereich der Falschaussagen beziehen. Vielmehr können Ersteller auch die Umgebung der für eine Entlarvung relevanten Informationen so komplex zu gestalten versuchen oder die für die Entlarvung der Falschaussage zusammenzutragenden und gegeneinander zu stellenden Informationen soweit verstreuen, dass ein Auffinden der Suche nach einer Nadel im Heuhaufen gleicht.[759]

Möglich ist ferner die (teilweise) Auslagerung der Informationen auf diejenigen Textbereiche, welche bekanntermaßen durch die Adressaten einer weniger detaillierten Analyse unterzogen werden, beispielsweise Fußnoten, Glossar oder Berichtsteile des Lageberichts, auf denen ein geringerer Fokus liegt. Allen genannten Maßnahmen ist gemeinsam, dass sie den Adressaten davon abhalten sollen, das kognitive Investment einer Entwirrung der Informationen einzugehen. ThyssenKrupp verteilt z.B. im Lagebericht 2001/02 die Informationen über die Investitionspolitik auf S. 16 und S. 37. Die Aufsplitterung erzeugt ein verzerrtes Bild, da es selbst dem geübten Adressaten nicht leicht fällt, Aussagen im Abstand von 21 Seiten zusammenzufügen:

„ThyssenKrupp investierte im Berichtsjahr 1,8 Mrd. €, 24% weniger als im Vorjahr."[760]

---

[758] Vgl. für den literaturwissenschaftlichen Kontext auch BOOTH (1983), S. 320.

[759] Vgl. auch bereits BOOTH (1983), S. 352. Hier ist es wichtig, eine Abgrenzung zu Stereotypen und Allgemeinheit vorzunehmen. Letztere vermeiden Komplexität, um den Ersteller nicht zu überfordern. Hier wird genau die Gegenstrategie eingeschlagen, die freilich einiges Selbstbewusstsein verlangt, aber angesichts der beschränkten Zeit der Adressaten im Vergleich zum Ersteller nicht abwegig ist: Der Ersteller schlägt den Weg ein, Aussagen so kompliziert zu formulieren, dass seine eigene mangelnde Beherrschung der Aussagen bereits darum nicht mehr erkannt wird, weil das Gestrüpp der Aussagen nur mit exorbitant hohem Aufwand entwirrt werden kann.

[760] ThyssenKrupp AG, Jahresabschluss und Lagebericht 2001/02, S. 16.

„Die restriktive Investitionspolitik des Vorjahres *in Anpassung an die schwache geschäftliche Entwicklung* [Kursivsetzung vom Autor] wird fortgeführt."[761]

Beispiel UI.17

Das verhindert, dass zentrale für das Unternehmen negative Informationen, im Beispiel das Sparen an den Investitionen und damit an der Zukunftsfähigkeit, in ihrer vollen Bedeutung wahrgenommen werden.

XI.3.4 Erstellerbezogene Textsignale

Textsignale für die Erstellerdisposition lassen sich nach zwei grundsätzlich verschiedenen Aspekten ordnen. Die erste Sorte von Textsignalen beschreibt erneut Strategien, die auf das Wissen um die Falschaussagen reagieren, indem sie aktiv die Glaubwürdigkeit des Erstellers bei den Falschaussagen abzusichern versuchen (abgrenzende oder selbstimmunisierende Glaubwürdigkeitsverstärkung). Die zweite Sorte von Textsignalen kommt zustande, weil die persönliche emotionale Lage des Erstellers bei der Erzeugung einer intentionalen Falschaussage anders ausfällt, als dies bei richtigen Aussagen der Fall wäre (Negativität und Distanzierung, Fehlen eigener emotionaler Reaktionen).

XI.3.4.1 Textsignale für eine Absicherung der Erstellerglaubwürdigkeit

Ein bewusst täuschender Ersteller ist dem Konflikt ausgesetzt, dass er nie genau weiß, ob seine Falschaussage überzeugt. Auf diesen Konflikt können Textsignale hindeuten, welche zeigen, dass sich der Ersteller aktiv mit seiner eigenen Glaubwürdigkeit auseinandergesetzt hat.[762] Anders als im Fall der aktiven Adressatenlenkung sind die ergriffenen Maßnahmen nicht auf die Ablenkung des Adressaten, sondern vielmehr auf die Wahrung der eigenen Glaubwürdigkeit gerichtet. Sie lassen sich danach unterscheiden, ob er die Glaubwürdigkeit der eigenen Aussagen zu verstärken trachtet, indem er die eigene Auffassung besonders deutlich gegenüber Gegenauffassungen abzusichern versucht oder ob er eine Selbstimmunisierung anstrebt, indem er sämtliche zu der gewählten eigenen Alternativdeutung existierenden Gegenauffassungen aus der Darstellung entfernt.

---

[761] ThyssenKrupp AG, Jahresabschluss und Lagebericht 2001/02, S. 37.
[762] Vgl. BAUER (2005), S. 107.

(1) Absichernde Glaubwürdigkeitsverstärkungsmechanismen

Ein erstes Textsignal für absichernde Glaubwürdigkeitsverstärkungsmechanismen ist, dass der Ersteller versucht, seine Authentizität bzw. die Richtigkeit seiner Einschätzungen zu unterstreichen und die Richtigkeit genannter oder ungenannt bleibender widersprechender Instanzen in Zweifel zu ziehen. Auch das gehäufte Auftreten persönlicher Stellungnahmen kann ein Textsignal darstellen, deutet dies doch an, dass sich der Ersteller selbst ins Spiel bringt, um die Zuverlässigkeit der Informationen zu garantieren, wobei gerade das entlarvend wirken kann.[763]

Das lässt sich anhand des Lageberichtes 2003 der Deutschen Post AG zeigen, die eine Wertung der folgenden Form ausspricht:

> „Zu Jahresbeginn erfolgte die Rückzahlung der *angeblich zu Unrecht* [Hervorhebung von mir, M.G.] erhaltenen Beihilfen an die Bundesrepublik Deutschland [...].“[764]

Beispiel UI.18

Werden die Begründungen für die Entscheidung der Europäischen Kommission allerdings analysiert, so erscheint die erzwungene Rückzahlung der Beihilfe aufgrund von Quersubventionen mehr als gerechtfertigt: So sind zahlreiche Stellungnahmen von Wettbewerbern, aber auch Verbänden zu nennen, welche in der Beihilfeentscheidung der Kommission zu Protokoll geben, dass sie selbst in den quersubventionierten Bereichen unter Zugrundelegung der Preise der Deutschen Post AG nicht kostendeckend arbeiten könnten sowie, dass zahlreiche Hinweise auf interne Quersubventionierungen aus dem Briefmonopol gegeben seien.[765] All das deutet auf einen klaren Fall einer Strategie der Glaubwürdigkeitsabsicherung hin.

Der späteren Gerichtsentscheidung des Europäischen Gerichts erster Instanz aus dem Jahr 2008 zufolge gilt jedoch, dass die Deutsche Post AG im Recht war. Wenngleich die Begründung, die die erdrückend umfangreiche Anzahl an Argumenten widerlegt haben muss, die aus der Kommissionsentscheidung hervorgehen, nicht öffentlich zugänglich ist,[766] zeigt das auf, wie vorsichtig mit Schlussfolgerungen aus den Textsignalen umzugehen ist.

---

763 Vgl. NÜNNING (1998), S. 6.
764 Deutsche Post AG, Geschäftsbericht 2003, S. 72.
765 Vgl. Europäische Kommission (2002), S. 41-44.
766 Vgl. dazu EuG (2008), S. 39.

Dennoch sind sie ernst zu nehmen. So wurden beispielsweise im Fall der ComROAD AG ganz gezielt abwertende Falschaussagen gestreut und gerichtliche Unterlassungserklärungen gegen diejenige Journalistin veranlasst, welche erstmals – wie sich später herausstellte, völlig zu Recht - auf falsche Zahlen und Phantomkunden hinwies.[767] Hier lag also ganz deutlich die angesprochene Strategie der Glaubwürdigkeitsabsicherung vor.

Weitere Textsignale bestehen ferner darin, auf mögliche Einwände eines Adressaten beispielsweise durch rhetorische Fragen einzugehen, um so den Adressaten von der wahrheitsgetreuen Darstellung zu überzeugen.[768] Das erlaubt dem Ersteller, potentielle Einwände vorwegzunehmen und zu entkräften.[769] Worte, die dies andeuten, sind z.B. „zugegeben"[770] ... „aber" usw.

Möglich ist ferner der Einsatz von Rechtfertigungsstrategien.[771] Diese zeigen sich beispielsweise im Auftreten inhaltlich nicht überzeugender Kommentierungen von Sachverhalten, die eine eigene Rechtfertigung vor dem Adressaten ermöglichen sollen.[772] Zu beachten ist, dass Strategien der Glaubwürdigkeitsabsicherung auch dann auftreten können, wenn ein wahrheitsgemäß Bericht erstattender Ersteller unter Druck gesetzt wird.

(2) Immunisierende Glaubwürdigkeitsverstärkungsmechanismen

Immunisierende Glaubwürdigkeitsverstärkungsmechanismen liegen immer vor, wenn der Ersteller zwar sehr wohl von den Problemen weiß, aber im Lagebericht umfangreich ausgearbeitete Alternativdarstellungen wählt, welche die tatsächlich vorliegenden Probleme verdecken und sich über alle gegenteiligen Auffassungen ausschweigen. Diese, nur mit Hilfe weiterer Quellen und oft erst ex post erkennbare Strategie ist sehr häufig anzutreffen. Ein Beispiel hierfür lässt sich dem Bilanzskandal bei der MLP AG entnehmen. Diese hatte trotz schlechter Wirtschaftslage in 2001 einen planmäßigen Gewinn erreicht, indem sie abgeschlossene Versicherungsverträge an Rückversicherer weiterverkaufte und ihnen hierbei einen Teil der zukünftigen Prämien abtrat, um zusätzliche Erträge sofort zu Lasten der Ertrags-

---

[767] Vgl. DAUM (2003), S. 63, S. 71 f., S. 78.
[768] Vgl. MANNS (2005), S. 34; HOF (1984), S. 74.
[769] Vgl. ALLRATH (2005), S. 238.
[770] JÄGER (2005), S. 229.
[771] Vgl. JÄGER (2005), S. 220.
[772] Vgl. BUSCH (1998), S. 46.

situation in der Zukunft vereinnahmen zu können.[773] Dazu erfolgten im Lagebericht allerdings keine Angaben. Stattdessen wurde sehr ausführlich begründet, warum eine Zielgruppenfokussierung, die langfristige strategische Ausrichtung, die hohe Beratungs- bzw. Produktintensität, die steigende Zahl an Beratern und die einheitliche IT-Struktur diese positive Entwicklung bewirkt hätten.[774] Es wird also die Strategie verfolgt, eine alternative Deutung der Unternehmenssituation und -entwicklung so stark heraus zu stellen, dass im Nachhinein gerechtfertigt werden kann, dass die tatsächliche Entwicklung nicht erkannt wurde bzw. nicht erkennbar gewesen sei. In ähnlicher Form liegt diese Strategie auch bei der Bankgesellschaft Berlin im Ausblick des Jahres 1998 vor:

> „Ferner erscheint es nach den hohen Anstrengungen der Vorjahre wahrscheinlich, dass wir ungeachtet der weiterhin strengen Anforderungen an die Risikovorsorge einen deutlichen Rückgang der Kreditrisikovorsorge erzielen können."[775]

Beispiel UI.19

Intern war zu diesem Zeitpunkt bekannt, dass allein die Erlöse aus der Ausweitung des mit hohen Garantierisiken behafteten Fondsgeschäft der Bankgesellschaft Berlin dafür sorgten, dass keine roten Zahlen existierten;[776] auch wurde den Garantierisiken nicht durch Rückstellungen Rechnung getragen, obwohl nur eine Unterstützung des eigenen Wirtschaftsprüfers, der BDO Treuhand AG, bestand und zeitgleich sowohl ein dem Vorstand bekanntes Gutachten der FIDES Treuhand als auch ein solches des Wirtschaftsprüfers Walter vorhanden waren, die beide dieser fehlenden Berücksichtigung vehement widersprachen.[777] Im Lagebericht erwähnt wird jedoch keines der drei Gutachten.

XI.3.4.2 Textsignale für Rückwirkungen der Falschaussage auf den Ersteller

(1) Negative und distanzierende Aussagen[778]

Wenn ein Ersteller bewusst täuscht, so kann dies – soweit er hierin nicht bereits sehr geübt oder besonders skrupellos ist – Schuldgefühle und Gewissensbisse verursachen. Ein erstes Textsignal hierfür besteht in negativen Formulierungen. Diese zeigen sich einerseits im vermehrten Gebrauch mit negativen Emotionen belegter Worte wie z.B. „nutzlos" oder

---

[773] Vgl. dazu z.B. PEEMÖLLER/HOFMANN (2005), S. 119.
[774] Vgl. MLP AG, Geschäftsbericht 2001, S. 49.
[775] Bankgesellschaft Berlin AG, Geschäftsbericht 1998, S. 55.
[776] Vgl. Bericht des Untersuchungsausschusses Bankgesellschaft (2006), S. 10.
[777] Vgl. Bericht des Untersuchungsausschusses Bankgesellschaft (2006), S. 36.
[778] Eine aktuelle Studie von LARCKER/ZAKOLYUKINA (2010), S. 32 hat eine signifikante Wirksamkeit dieser Signale erst kürzlich für Telefonkonferenzen nachgewiesen.

„ablehnen". Sie zeigen sich auch daran, dass Sätze nicht positiv-affirmativ formuliert werden, sondern negativ defensiv.[779] Ein Textsignal für Skrupel ist auch, dass der bewusst Täuschende den Bezug des Inhalts der Falschaussage versucht, von sich selbst zu entfernen, um so eine Distanz zwischen dem falschen Sachverhalt und sich selbst herzustellen. Kennzeichnend dafür sind Beschreibungen des Sachverhalts, die alle möglichen Bezüge zu dem Ersteller selbst eliminieren,[780] z.B. indem der Sachverhalt, anstatt ihn auf das fragliche Unternehmen zu beziehen, unter allgemeine, unternehmensunabhängige Gegebenheiten subsumiert oder auf diese kausal bezogen wird. Ein schwaches Textsignal kann hier auch die verstärkte Verwendung des Passivs anstelle des Aktivs sein, weil ersteres eine unpersönlichere Darstellungsweise ermöglicht.[781] Ein Beispiel, in dem eine Distanzierung und negative Formulierungen zu verzeichnen sind, ist das folgende:

„Die *Erfahrungen von OpRisk Ereignissen der Finanzindustrie* [Kursivsetzung jeweils von mir, M.G.] im Berichtsjahr zeigen, dass Ereignisse aufgrund von *Schwächen* in Kontrollprozessen, *un*zureichendem Managementüberblick oder *betrügerischen* Aktivitäten in Zeiten extremer Marktvolatilität mit deutlich höherer Wahrscheinlichkeit in signifikanten Verlusten resultieren."[782]

Beispiel UI.20

Zu erkennen ist sowohl das Entfernen der Sachverhalte von der Bank durch die Subsumtion unter allgemeine Ereignisse wie auch die jeweils negativen Formulierungen. Auch bei diesem Textsignal müssen jedoch die Umstände beachtet werden. So nehmen negative Aussagen dann ab, wenn der Falschaussagen produzierende Ersteller in der Lage ist, an seine eigenen Trugbilder zu glauben.[783] Das könnte sich allerdings anhand eines vermehrten Gebrauchs von Euphemismen zum Zweck der Realitätsverdrängung identifizieren lassen.[784] Zugleich nehmen sie bei einem ehrlichen Management dann zu, wenn viel auf dem Spiel steht, so dass negative Emotionen und Ängste, für Probleme verantwortlich gemacht zu werden, die Aussagen des ehrlich berichtenden Managements beeinflussen.[785] Welcher dieser Hintergründe im vorliegenden Beispiel für die Formulierung maßgeblich war, muss an dieser Stelle offen bleiben.

---

[779] Vgl. VRIJ (2009), S. 103; DE PAULO et al. (2003), S. 81. Interessanterweise wurde die Existenz solcher Aussagen empirisch bei öffentlichen Lageberichten mehrfach bestätigt, vgl. dazu auch AERTS (2005), S. 511.
[780] Vgl. VRIJ (2009), S. 103 f. DE PAULO et al. (2003), S. 74. VRIJ verweist anhand einer Zusammenstellung und Analyse von 69 Studien zur Lügenforschung darauf hin, dass diese beiden Merkmale besonders geeignet zur Trennung zwischen falschen und wahren verbalen Aussagen sei, vgl. VRIJ (2009), S. 106.
[781] Vgl. DE PAULO et al. (2003), S. 81, S. 93.
[782] Commerzbank AG, Geschäftsbericht 2008, S. 170 f.
[783] Vgl. VRIJ (2009), S. 381.
[784] Vgl. ALLRATH (1998), S. 71.
[785] Vgl. auch VRIJ (2009), S. 397.

(2) Fehlen eigener Emotionen

Ein weiteres Textsignal für eine bewusste Täuschung kann sein, dass der Ersteller keine oder nur erstaunlich wenige dem Inhalt korrespondierende eigene Emotionen in Bezug auf die falsch dargestellten Sachverhalte erkennen lässt. Ist beispielsweise eine positive Unternehmensentwicklung lediglich erfunden oder das Resultat massiver realer Sachverhaltsgestaltungen, so kann der Ersteller kaum dieselbe Begeisterung dafür kommunizieren, die er hätte, wenn die Entwicklung in der beschriebenen Form tatsächlich stattgefunden hätte: Schließlich kann er selbst von den nicht geschehenen Sachverhalten nicht emotional berührt werden.[786] Für dieses Textsignal gelten dieselben Überlegungen zu Umgehungsstrategien, wie für das vorherige, da der Ersteller, wenn er an seine eigenen erfundenen Sachverhalte glaubt, diesbezüglich auch normale Emotionen entwickelt. Dies zeigt das folgende Beispiel aus dem Phenomedia Skandal, indem die Phenomedia AG sich über die Verfünffachung des eigenen Umsatzes innerhalb eines Jahres (z.T. erzeugt mit Hilfe der Luftbuchung „Forderung aus Lieferungen und Leistungen an Umsatzerlöse"),[787] vollkommen emotionslos äußert:

„Die Phenomedia AG hat im abgelaufenen Geschäftsjahr 2000 einen Umsatz in Höhe von TDM 28.080 erwirtschaftet und damit den Umsatz des Geschäftsjahres 1999 in Höhe von TDM 5.199 mehr als verfünffacht. Der Umsatz des Jahres 2000 entfällt mit TDM 25.238 auf das Segment Games & Licensing und mit TDM 2.842 auf das Segment Services."[788]

Beispiel UI.21

XI.4 Ableitung von Textsignalen für nicht intentionale Falschaussagen

Nicht intentionale Falschaussagen können zwei verschiedene Ursachen haben.

Zum Ersten können die Falschaussagen durch Irrtum oder Unwissen des Erstellers erzeugt werden (implizite nicht intentionale Falschaussagen). Textsignale sind dann solche, welche auf Unzulänglichkeiten des von dem Ersteller herangezogenen Wissens hindeuten oder

---

[786] Vgl. VRIJ (2009), S. 284. BENDER (1987), S. 92; DETTENBORN/FRÖHLICH/SZEWCZYK (1984), S. 314. Dies wurde auch empirisch bestätigt, vgl. VRIJ (2009), S. 289; DE PAULO et al. (2003), S. 77, S. 92. Umgekehrt ist bei wahren Aussagen die Beschreibung eigenpsychischer Vorgänge in Reaktion auf das Geschehen häufig, vgl. BENDER (1987), S. 80, z.B. Enttäuschung, u.ä.

[787] Vgl. dazu auch PEEMÖLLER/HOFMANN (2005), S. 115.

[788] Phenomedia AG, Geschäftsbericht 2000, S. 39.

darauf, dass Situationen aufgrund von Voreinstellungen, Vorwissen oder Motivation durch den Ersteller bereits im Akt der Wahrnehmung des Urbilds falsch eingeschätzt wurden.[789]

Zum Zweiten besteht die Möglichkeit, dass der Ersteller selbst weiß, dass die ihm aktuell mögliche Wahrnehmung der Unternehmensrealität inadäquat und unklar ist und darum aktiv darauf hinweist, dass seine Einschätzung falsch sein könnte (explizite nicht intentionale Falschaussagen).

In beiden Fällen ist zu beachten, dass sämtliche bei der intentionalen Falschaussage vorliegenden Quellen für Textsignale entfallen, soweit diese auf aktive Handlungen des Erstellers mit Blick auf eine Verschleierung intentional vorgenommener Falschaussagen zurückzuführen sind. Ebenso entfallen adressatenbezogene und erstellerbezogene Textsignale für intentionale Falschaussagen. Dies liegt daran, dass aus Erstellerperspektive in diesem Fall eine intentionale Falschaussage, deren Glaubwürdigkeit abzusichern oder von der ein Adressat abzulenken wäre, gar nicht existiert. Im Folgenden werden zunächst Textsignale für die impliziten nicht intentionalen Falschaussagen und dann solche für die expliziten nicht intentionalen Falschaussagen diskutiert.

XI.4.1 Textsignale für implizite nicht intentionale Falschaussagen

Voraussetzung für eine Identifikation impliziter nicht intentionaler Falschaussagen ist zum einen, dass im Text selbst zwei unterschiedliche Wissensstände anzutreffen sind: Einer, der durch den Ersteller explizit zugrunde gelegt wird und ein anderer, der implizit aus den durch den Ersteller präsentierten Fakten erschlossen werden kann. Unschärfer lässt sich zum anderen auf implizite nicht intentionale Falschaussagen auch schließen, wenn die Darstellung des Wissensstands des Erstellers eine Struktur aufweist, die für eine Realitätserfassung ungeeignet erscheint.

Ein Textsignal für eine implizite nicht intentionale Falschaussage allein aus der Struktur des Wissensstands des Erstellers liegt vor, wenn der Ersteller Anzeichen für eine eigene starke emotionale Involviertheit zeigt[790] oder seine Darstellungen um eigene Erfahrungen und An-

[789] Vgl. zu diesen Quellen für eine fehlerhafte bzw. unzureichende Wahrnehmung auch BAYEN (2009), S. 88 und früher HOF (1984), S. 55.
[790] Vgl. HOF (1984), S. 45.

sichten kreisen und auch Charakterisierungen von Sachverhalten und Personen mehr über den Ersteller, denn über die Sachverhalte oder Personen aussagen.[791]

Ein erstes Textsignal für unterschiedliche Wissensstände stellt dar, wenn der Lageberichtersteller Aussagen tätigt, aus denen sich folgern lässt, dass bestimmte Informationen oder Argumente unbekannt waren oder in ihrer Bedeutung falsch eingeschätzt wurden. Hier können auch nicht allzu offensichtliche Widersprüche auftreten, soweit der Ersteller diese aufgrund seiner Wissensdefizite übersehen hat.

Ein zweites Textsignal für unterschiedliche Wissensstände kann eine geäußerte Überraschung des Erstellers durch bestimmte Ereignisse sein, da diese offenbart, dass vorherige Stellungnahmen und vielleicht auch Stellungnahmen zu gleichartigen Sachverhalten gegebenenfalls auf einem unzureichenden Informationsstand basier(t)en.

Ein Beispiel hierfür kann der folgende Abschnitt aus dem Risikobericht der Commerzbank im Jahr 2008 geben:

> „In 2008 wurden im Segment CEE[792] überdurchschnittliche Risikomargen verdient und in den ersten drei Quartalen ein Rekordergebnis erzielt. Bei der überraschend starken Verschlechterung der wirtschaftlichen Verhältnisse und der Wechselkurse in CEE ab dem vierten Quartal 2008 belastet der hohe Anteil an Fremdwährungskrediten bei Retail und Corporates […].“[793]

Beispiel UI.22

Der Abschnitt zeigt, dass offensichtlich der vermeintliche Verdienst überdurchschnittlicher Risikomargen auf unzureichender Information beruhte, wurde die Commerzbank doch, wie sie im zweiten Satz erläutert, von der schlechten Entwicklung überrascht. Die Information, dass überdurchschnittliche Risikomargen verdient wurden, kommuniziert neben ihrem eigentlichen Inhalt zugleich auch einen anderen Wissensstand als die Commerzbank ihn selbst zugrunde legte. So gilt, dass die Geschäftspartner offensichtlich, da sie zur Zahlung überdurchschnittlicher Risikomargen bereit waren, auch überdurchschnittliche Risiken in den Geschäften vermuteten. Insgesamt werden so zwei Perspektiven auf das Geschäft deutlich: die Perspektive der Commerzbank, welche davon ausging, die überdurchschnittlichen Risikomargen zu verdienen und völlig überrascht war, dass dann auch überdurchschnittliche Risiken

---

[791] Vgl. NÜNNING (1998), S. 18; ALLRATH (1998), S. 66.
[792] CEE steht für die Bezeichnung des Segments Central and Eastern Europe – Mittel- und Osteuropa.
[793] Commerzbank AG, Geschäftsbericht 2008, S. 142.

vorlagen und die Perspektive ihrer Geschäftspartner, für die die Risiken weniger überraschend kamen.

Textsignale für implizite nicht intentionale Falschaussagen können einerseits ein Hinweis darauf sein, dass der Ersteller keine Sorge davor hat, der Lüge überführt zu werden und sich keiner Schuld bewusst ist. Bewusst Täuschende versuchen regelmäßig, in ihren Aussagen nach Möglichkeit alles zu vermeiden, was nach verbreiteter Auffassung falsche Aussagen im Vergleich zu wahren Aussagen kennzeichnet.[794] Weil anzunehmen ist, dass sie sich intensiv gegen die hier angesprochenen Aspekte wehren,[795] können die aufgeführten Textsignale ein Hinweis sein, dass der Ersteller die Falschaussage nicht bewusst verursacht hat, bzw. versucht hat, die Grenzen der Glaubwürdigkeit der Aussage möglichst sinnvoll abzustecken.

Allerdings ist auch bei derartigen Formulierungen Vorsicht angebracht. Das zeigt die Fortführung des Beispiels UI.19 der Bankgesellschaft Berlin AG aus dem Abschnitt über Immunisierungsstrategien. So leitet diese in ihrem Lagebericht 1999 den Abschnitt über die eingetretenen Risiken wie folgt ein:

„Obwohl erneut unvorhersehbare Problemfälle in unserem Kreditportfolio zu verkraften waren [...]“[796]

Beispiel UI.23

Soweit vorher Immunisierungsstrategien zur Anwendung kamen, sind spätere scheinbare nicht intentionaler Falschaussagen mit Hilfe der expliziten Formen oder angeblicher Überraschung nicht immer zu erwarten – vielmehr dient die vorherige Immunisierungsstrategie dann gegebenenfalls dazu, gerade auf solche „Überraschungen“ später zurückgreifen zu können, um damit die nun nicht mehr zu verbergenden Probleme zu rechtfertigen.

XI.4.2 Textsignale für explizite nicht intentionale Falschaussagen

Ein zweiter Hinweis auf mögliche nicht intentionale Falschaussagen liegt vor, wenn der Ersteller seinen eigenen Wissenshorizont oder Probleme bei der Darstellung der tatsächlichen

[794] Vgl. zu diesem Kriterium auch das Verfahren des Statement Validity Assessments, vgl. VRIJ (2009), S. 211.
[795] Vgl. DE PAULO et al. (2003), S. 80; BENDER (1987), S. 93.
[796] Bankgesellschaft Berlin AG, Geschäftsbericht 1999, S. 67.

Geschehnisse aktiv thematisiert bzw. eingrenzt,[797] d.h. die potentielle Falschheit seiner Aussagen mitkommuniziert.

Textsignale hierfür bestehen darin, dass der Ersteller explizit darauf verweist, dass er die Informationen zusammenstellt, dass Informationslücken bestehen, dass die Informationen schwierig zusammenzustellen oder zu verarbeiten waren (beispielsweise aufgrund von Mängeln im Risikomanagementsystem),[798] dass ein Vermittlungsakt durch ihn vorliegt,[799] um den Adressatenbedürfnissen zu entsprechen oder dass es mehrere Varianten der Darstellung gibt, von denen eine ausgewählt wurde.[800] Weitere Anzeichen sind stark auf Metaphern oder Vergleiche zurückgreifende Darstellungen. Diese lassen die Unsicherheit des Erstellers über eine adäquate Darstellung der Situation erkennen.[801]

Sehr häufig werden Hinweise auf explizite nicht intentionale Falschaussagen bei der Prognose- und Risikoberichterstattung getätigt. Das Phänomen findet sich aber auch häufig, wenn die (entobjektivierte) IFRS-Bilanzierung zum Nachteil des Unternehmens ausschlägt. Ein Beispiel für eine institutionalisierte Form dieser Thematisierung von Glaubwürdigkeit ist der sogenannte Disclaimer, der sich häufig bei Risiko- und Prognoseberichten findet.

„Dieser Geschäftsbericht enthält zukunftsgerichtete Aussagen und Informationen – also Aussagen über Vorgänge, die in der Zukunft, nicht in der Vergangenheit, liegen. Diese zukunftsgerichteten Aussagen sind erkennbar durch Formulierungen wie „erwarten“, „wollen“, „antizipieren“, „beabsichtigen“, „planen“, „glauben“, „anstreben“, „einschätzen“, „werden“ oder ähnliche Begriffe. Solche vorausschauenden Aussagen beruhen auf unseren heutigen Erwartungen und bestimmten Annahmen. Sie bergen daher eine Reihe von Risiken und Ungewissheiten. Eine Vielzahl von Faktoren, von denen zahlreiche außerhalb des Einflussbereichs von Siemens liegen, beeinflussen die Geschäftsaktivitäten, den Erfolg, die Geschäftsstrategie und die Ergebnisse von Siemens. Diese Faktoren könnten dazu führen, dass die tatsächlichen Ergebnisse, Erfolge und Leistungen des Siemens-Konzerns wesentlich abweichen von den in zukunftsgerichteten Aussagen ausdrücklich oder implizit enthaltenen Angaben zu Ergebnissen, Erfolgen oder Leistungen. Für uns ergeben sich solche Ungewissheiten, neben anderen, insbesondere aufgrund folgender Faktoren: Änderungen der allgemeinen wirtschaftlichen und geschäftlichen Lage (einschließlich Margenentwicklungen in den wichtigsten Geschäftsbereichen), Entwicklung der Finanzmärkte, einschließlich Schwankungen bei Zinssätzen und Währungskursen, der Rohstoffpreise, der Fremd- und Eigenkapitalmargen (credit spreads) sowie der Finanzanlagen im Allgemeinen; zunehmender Volatilität und weiteren Verfalls der Kapitalmärkte; Verschlechterung der Rahmenbedingungen für das Kreditgeschäft und insbesondere der zunehmenden Unsicherheiten, die aus der Hypotheken-, Finanzmarkt- und Liquiditätskrise entstehen, sowie des zukünftigen, wirtschaftlichen Erfolgs der Kerngeschäftsfelder, in denen wir tätig sind, zu denen, ohne Einschränkungen der Industry, Energy und Healthcare Sector gehören; Herausforderungen der Integration wichtiger Akquisitionen und der Implementierung von Joint Ventures und anderer wesentlicher Portfoliomaßnahmen; Einführung konkurrierender Produkte oder Technologien durch andere Unternehmen; fehlender Akzeptanz neuer Produkte und Dienstleistungen seitens der Kundenzielgruppen

[797] Vgl. auch BUSCH (1998), S. 47.
[798] Vgl. ALLRATH (1998), S. 66; BUSCH (1998), S. 47.
[799] Vgl. HOF (1984), S. 74 f.
[800] Vgl. ALLRATH (2005), S. 242.
[801] Vgl. zu erkennbarer Unsicherheit als einer Quelle der Unzuverlässigkeit auch HOF (1984), S. 52.

des Siemens-Konzerns; Änderungen in der Geschäftsstrategie; des Ausgangs von offenen Ermittlungen und anhängigen Rechtsstreitigkeiten, insbesondere den Korruptionsuntersuchungen, denen wir derzeit in Deutschland, in den USA und anderswo unterliegen, sowie der Maßnahmen, die sich aus den Ergebnissen dieser Ermittlungen ergeben; der potenziellen Auswirkung dieser Untersuchungen und Verfahren auf unser laufendes Geschäft, einschließlich unserer Beziehungen zu Regierungen und anderen Kunden; der potenziellen Auswirkungen solcher Angelegenheiten auf unsere Abschlüsse sowie verschiedener anderer Faktoren."[802]

„Obwohl unser Risiko- und Kapitalmanagement kontinuierlich weiterentwickelt und verbessert wird, kann es keine Garantie dafür geben, dass alle Marktentwicklungen, insbesondere der extremeren Art, jederzeit und in vollem Umfang vorhergesehen werden können."[803]

Beispiele UI.24/25

Auch hier ist die Überprüfung des Zeitpunkts, zu dem ein solcher Disclaimer oder Änderungen Einzug halten, von Bedeutung. So ist es durchaus möglich, dass intern Risiken festgestellt werden, über die jedoch nicht berichtet wird und für diese unzureichenden Berichterstattungen versucht wird, durch einen Disclaimer das Rechtsrisiko zu mindern. Erneut wäre dann der Fall einer mehr oder weniger intentionalen Falschaussage zu verzeichnen, die sich im Gewand der nicht intentionalen Falschaussage präsentiert.

Ein Weg, verborgener Intentionalität nicht intentionaler Falschaussagen auf die Spur zu kommen, besteht darin, auf weitere Textsignale für intentionale Falschaussagen zu achten, die dafür sprechen könnten, dass sich der intentional täuschende Wolf im Schafspelz des nicht intentional irreführenden Erstellers versteckt.

Der Ersteller kann antizipieren, dass der Adressat vorwegnimmt, dass der Ersteller bei Falschaussagen alles vermeidet, was seine eigene Glaubwürdigkeit durch den Adressaten infrage stellt.[804] Dies ließe sich von außen identifizieren, wenn sowohl Textsignale für nicht intentionale Falschaussagen auf Ebene des Erstellers als auch Textsignale für Lösungsstrategien aus dem Fall der intentionalen Falschaussage auftreten.

XI.5 Grenzen des Analyseansatzes

Wenngleich mit Hilfe des hier formulierten Analyseansatzes zahlreiche Textsignale für Unzuverlässigkeit von Aussagen abgeleitet werden können, müssen doch sowohl praktische als auch theoretische Einschränkungen beachtet werden.

---

[802] Siemens AG, Geschäftsbericht 2008, S. 123.
[803] Deutsche Bank AG, Finanzbericht 2008, S. 68.
[804] Vgl. zu dieser Antizipation des Erstellers, dass der Adressat die Unterlassung von die Glaubwürdigkeit mindernden Aussagen selbst als unglaubwürdig einstuft, auch KÖHNKEN (1990), S. 159.

Praktische Grenzen ergeben sich aus der eingangs angesprochenen Ambivalenz, dem Einsatz nur strategisch, aber nicht logisch-deduktiv zu rechtfertigender Hintergrundannahmen sowie des schwer zu fassenden Unterschieds zwischen intentionalen und nicht intentionalen Falschaussagen.

Theoretische Grenzen ergeben sich aus der beschränkten methodischen Herangehensweise sowie aus prinzipiellen erkenntnistheoretischen Erwägungen.

XI.5.1 Praktische Grenzen des Analyseansatzes

Praktische Grenzen bestehen für den Analyseansatz aus drei Gründen:

- nur schwach positive empirische Ergebnisse
- mögliche Eliminierbarkeit der Textsignale durch ex ante Korrekturen
- Strategische Weiterentwicklung der Textsignale

(1) nur schwach positive empirische Ergebnisse

Zum Ersten ist einschränkend darauf hinzuweisen, dass die Textsignale zwar auftreten, aber nicht so eindeutig zwischen Falschaussagen und richtigen Aussagen diskriminieren, wie man sich dies wünschen würde.

So gilt zwar, dass die Textsignale – soweit sie im Kontext anderer Wissenschaften explizit getestet wurden – nach Kenntnis des Autors gut bestätigt sind. Allerdings sind die empirischen Ergebnisse in der Regel nur schwach positiv, d.h. die in Falschaussagen anzutreffenden Textsignale werden sich nicht deutlich, sondern allenfalls ein wenig von denen in einem wahrheitsgemäßen Bericht abheben.[805] Das verwundert letztlich auch nicht. Es ist das Ziel eines bewusst Täuschenden, seine Täuschung soweit als möglich zu tarnen. Zugleich sind gerade Signale für Skrupel auch für ein ehrliches unter Druck stehendes Management häufig zu erwarten.

Anzumerken ist zudem, dass die verfügbaren empirischen Studien an relativ einfachen Beispielen durchgeführt wurden und dass die erfolgenden Validierungen jeweils unterschiedlich

[805] Vgl. zur Stärke der angeführten Indikatoren auch VRIJ (2009), S. 106 sowie DE PAULO et al. (2003).; VRIJ (2009), S. 108 und die dort zitierten Studien, bei denen die zuverlässige Qualifikation zwischen 67% und 80% schwankte sowie VRIJ (2009), S. 375. Vgl. für die Aussagenpsychologie z.B. STELLER/VOLBERT (1997), S. 19-21 m.w.N.

gelagerten methodischen Einwänden ausgesetzt sind.[806] Ob die Signale auch bei den teilweise sehr komplexen Lageberichten immer zuverlässig arbeiten, ist noch nicht auf breiter Basis getestet worden.

(2) Gefahr der Eliminierung durch ex ante-Korrekturen

Zum Zweiten könnte der Einwand greifen, dass viele Anzeichen für Falschaussagen auf dem Weg bis zur Unternehmenspublikation eliminiert würden. Soweit dies der Fall ist, hat der Adressat keine Möglichkeit, Falschaussagen zu erkennen,[807] weil empirisch gar keine Anzeichen dafür vorliegen.

In Bezug auf nicht intentionale Falschaussagen ist der Einwand allerdings unproblematisch, weil die davon betroffenen impliziten nichtintentionalen Falschaussagen durch die Korrektur vermieden werden.

In Bezug auf intentionale Falschaussagen ist zu bezweifeln, dass dieser Einwand hinsichtlich der hier vorgeschlagenen Textsignale greift.

So ist eher zu vermuten, dass Korrekturgänge bei problematischen Fällen die angeführten Textsignale verstärken. Zwar ist richtig, dass die Textsignale das Ergebnis strategischer Überlegungen in Bezug auf zu lösende Probleme beim Erstellungsprozess von Falschaussagen sind, nicht aber das Ergebnis einer logisch-deduktiven und insofern unwiderlegbaren Ableitung aus dem Hintergründen von Falschaussagen. Insofern ist immer denkbar, dass ein Ersteller angesichts seiner Kenntnis der angeführten Textsignale in Zukunft andere Strategien einschlägt, die die durch die Falschheit der Aussagen aufgeworfenen Probleme besser lösen. Umgehungsstrategien für einzelne Textsignale wurden darum auch entsprechend bei den einzelnen Textsignalen bereits aufgeführt. Die Textsignale, die hier unter Einbeziehung von Hintergrundannahmen angeführt wurden, zeichnen sich jedoch zum großen Teil dadurch aus, dass sie selbst bereits intuitiv einleuchtende gelungene oder

[806] So weisen z.B. auf Laborexperimente gestützte Überprüfungen das Problem auf, dass sie nicht lebensnah genug ausfallen; Feldstudien, z.B. solche von Gutachtern in Strafverfahren, zeigen, dass nicht hinreichend kontrolliert werden kann, ob die Aussagen wirklich falsch sind und dass zudem die Gutachterentscheidungen, die die Falschheit der Aussage konstatieren, selbst bereits kriteriengeleitet sind, vgl. m.w.N. z.B. KÖHNKEN (1990), S. 96, S. 109 -117.

[807] Vgl. auch die Ausführungen von HOFMANN (2008), S. 426, zu dem Verhältnis extern zugänglicher Erkenntnisquellen über Fraud zu den intern verbleibenden Erkenntnisquellen.

misslungene Strategien darstellen, um die scheinbare Wahrheit der Falschaussage abzusichern.

Das Misslingen von Strategien lässt sich zwar bei entsprechendem Zeitaufwand weitgehend vermeiden. Es lässt sich aber nicht prinzipiell umgehen, weil ein Misslingen von Täuschungen von vornherein nicht intentional verfolgt wurde.

Bei gelungenen Strategien gilt hingegen, dass sich ein bewusst täuschender Ersteller ohne Verfolgung dieser Strategien einem erhöhten Entdeckungsrisiko aussetzt. Ob er dies riskiert, ist davon abhängig, wie er die Vorteile aus der Verfolgung der Strategie mit ihren Nachteilen im konkreten Fall gewichtet. Dass er Strategien einschlägt, wird sich aber nicht ausschließen lassen können, weil eine intentionale Falschaussage nun einmal nicht mit einer richtigen Aussage identisch ist und es die Unterschiede zwischen richtigen und falschen Aussagen sind, die strategische Überlegungen auslösen.

(3) Strategische Weiterentwicklung der Textsignale im Einzelfall

Einschränkend folgt bei der praktischen Anwendung hieraus zum Dritten sowohl bei nicht intentionalen wie bei intentionalen Falschaussagen, dass bei verschiedenen Personen und unterschiedlichen Situationen die bei Falschaussagen anzutreffenden Textsignale und ihre konkrete Ausgestaltung unterschiedlich ausfallen werden.[808] Anders formuliert existieren keine kategorischen Regeln, welche eine sichere Identifikation von Falschaussagen ermöglichen, sondern nur vom Kontext und dem Ersteller abhängige variable Konstellationen.[809] Eine rein schematische Anwendung verbietet sich darum.[810] Daraus folgt für die Anwendung der Analyse, dass die Textsignale, die aus den dargestellten Strategien und Gegenstrategien erwachsen, lediglich als Musterhypothesen betrachtet werden dürfen, mit deren Hilfe der Analysierende Anhaltspunkte gewinnt, um im konkreten Fall nach möglichen Falschaussagen zu suchen. Gesucht ist schließlich eine Täuschung, die bewusst versucht, allen Kriterien für ein Erkennen auszuweichen. Welche Bedeutung Textsignale im konkreten Fall aufweisen oder ob der Ersteller gar in Kenntnis oder zur Umgehung der Textsignale Abwandlungen vorgenommen hat, muss darum immer anhand der Plausibilität der Annahme von Falschaussagen

[808] Vgl. VRIJ (2009), S. 374.

[809] Ebenso YACOBI (2001), S. 223; KÖHNKEN (1990), S. 170 f. So auch das Ergebnis aus der Entwicklung des Fraud Risk Assessment Tolls „FRAT 44“ von KPMG, vgl. HOFMANN (2008), S. 421.

[810] Vgl. STELLER/VOLBERT (1997), S. 25. Angesichts der in Kapitel V. dargestellten Vorgehensweise ist das nicht weiter verwunderlich.

angesichts der im Einzelfall vorliegenden Konfiguration von Textsignalen beurteilt werden: Mit anderen Worten werden die vorliegenden Einzelfälle zumeist eine Weiterentwicklung und Anpassung des hier vorgestellten Werkzeugkastens durch den Analysierenden selbst erfordern.

XI.5.2 Theoretische Grenzen des Analyseansatzes

Neben den praktischen Grenzen des Ansatzes bedarf es auch zweier Überlegungen zu den theoretischen Grenzen des Ansatzes. Die erste behandelt die Auswirkungen der methodischen Beschränkungen und die sich daraus ergebende Unvollständigkeit der Erfassung unzuverlässiger Information. Die zweite behandelt erkenntnistheoretisch unabdingbare Unvollständigkeiten und damit unüberwindbare Grenzen des Ansatzes.

XI.5.2.1 Methodische Unvollständigkeiten des Ansatzes

Bislang wurden die Textsignale allein anhand des für das Vorliegen von Falschaussagen notwendigen Hintergrunds sowie möglicher Umgangsweisen mit diesem Hintergrund abgeleitet. Zwar können die dadurch ermittelten Textsignale auch verkannt werden, weil sie durch den Adressaten unzureichend und auch - bei Einbezug eigener zusätzlicher Wertungen - fehlinterpretiert werden,[811] doch stellt dies eine Frage der Genauigkeit und Selbstkontrolle bei der Interpretation, nicht aber ein theoretisches Problem dar. Nicht vergessen werden darf hierbei jedoch, dass es sich um eine allein methodisch gewählte Beschränkung handelt.

Der eigentliche theoretische Einwand besteht darin, dass die methodische Beschränkung in jedem Fall aufgehoben werden muss, um zu belastbaren Analyseergebnissen zu kommen.

So gilt, dass letztlich jede abschließende Annahme von Falschaussagen - ob nun intentional oder nicht - aus einer externen Analyseperspektive auf einer dreiteiligen Struktur basiert. Diese umfasst zunächst ein oder mehrere Textsignal(e), dann einen Ersteller mit seinen Interessen und/oder seinem Informationsstand sowie zuletzt die Interpretationstätigkeit des Adressaten in Reaktion auf seine Kenntnis des Textsignals und des Erstellers.[812]

[811] Vgl. zu diesem Konstruktionsprozess auch NÜNNING (1998), S. 29 f.
[812] Vgl. NÜNNING (2005), S. 90 f.; NÜNNING (1998), S. 23.

Der zweite Schritt der Analyse des Erstellers wurde hier nur partiell einbezogen, indem bei der Ableitung unterschiedlicher Textsignale abhängig von intentionalen und nicht intentionalen Hintergrundaussagen vorausgesetzt wurde, dass eine Aussage intentional oder nicht intentional vorgenommen wurde. Abgesehen davon, dass auch diese Hintergrundannahmen zunächst nicht weiter überprüft, sondern nur vorausgesetzt wurden, und darum noch zu überprüfen sind, ist zugleich zu beachten, dass weitere Quellen, insbesondere Motive des Erstellers und externe Einflussfaktoren auf ihn für eine Unzuverlässigkeit von Informationen vollständig ausgeklammert wurden.

Für intentionale Falschaussagen wäre in Bezug auf den Ersteller darum in jedem Fall noch eine Interessenanalyse notwendig, in welcher Faktoren wie der eigene Vorteil des Erstellers von der Falschaussage und mögliche Nachteile des Erstellers durch deren Aufdeckung zu ermitteln sind.[813] Für nicht intentionale Falschaussagen hätte eine Analyse des Informationsstands des Erstellers zu erfolgen.

Es ist wichtig anzumerken, dass die ausgesparten Bestandteile eine wesentliche Rolle für das abschließende Urteil spielen. Beispielhaft kann hier auf den Widerspruch des Turnaround-Ausbaus in Beispiel UI.5 verwiesen werden. Dieser wird intuitiv unterschiedlich eingeordnet werden, je nachdem, ob der Vorstand im Vorjahr wechselte und insofern ggf. der neue Vorstand ein hohes Interesse an einer Untertreibung der Geschäftssituation zum Zeitpunkt des Wechsels aufwies oder ob der Vorstand derselbe blieb, aufgrund der schlechten Lage des angesprochenen Geschäftsbereichs zum damaligen Zeitpunkt großer Kritik ausgesetzt war und insofern keinerlei Interesse an einer Untertreibung der Situation hatte.

Zu betonen ist daher zunächst, dass zur abschließenden Einstufung unzuverlässiger Informationen als Falschaussagen immer auch der zweite Aspekt abgearbeitet werden muss; der hier dargestellte Schritt erfasst nur, was potentiell als Signal für Unzuverlässigkeit am Text selbst identifiziert werden kann, nicht aber, ob dies am Ende auch wirklich so eingestuft wird.[814] Ist eine solche Analyse des Erstellers nicht möglich, so rufen Textsignale allenfalls

---

[813] Vgl. auch die Ausführungen von KÖHNKEN (1990), S. 162-165, S. 167. Für ihn beinhaltet Perspektive hierbei einen ganzen Strauß an Persönlichkeitsmerkmalen und situativen Besonderheiten des Erstellers, welche einen Filter bilden, durch den die eigenen Interessen sich erst definieren und der nur äußerst schwer abzuschätzen ist.

[814] Vgl. für den literaturwissenschaftlichen Kontext ähnlich ALLRATH (1998), S. 61.

eine gewisse, keiner näheren Konkretisierung zugängliche Unsicherheit über die Glaubwürdigkeit der vorliegenden Aussage hervor.

XI.5.2.2 Prinzipielle, unüberwindbare Unvollständigkeiten des Ansatzes

Eine prinzipielle, nicht zu überwindende Grenze für den Ansatz repräsentiert allerdings der dritte Schritt, der im abschließenden Urteil des Adressaten besteht und der letztlich darüber entscheidet, ob tatsächlich von einer Falschinformation auszugehen ist. Zunächst einmal gilt, dass abhängig von den durch Analysen erzielten Teilergebnissen der dritte Schritt der dreiteiligen Struktur, d.h. die Konfrontation der Textsignale mit den Ergebnissen der Ersteller-analyse und die daraus resultierende Verdichtung im abschließenden Urteil durch den Adressaten, für jeden Einzelfall gesondert anhand sämtlicher verfügbarer Informationen zu vollziehen ist.

Zu betonen ist jedoch zugleich, dass, selbst wenn die ersten beiden Aspekte abgearbeitet sind, theoretisch für das abschließende Urteil kein absolutes, sondern immer nur ein relativ, nämlich bezogen auf den jeweiligen Informationsstand eindeutiges Urteil bereitgestellt werden kann. Schließlich fungieren nicht nur das Textsignal und das Motiv des Erstellers für eine Falschaussage immer nur als vorläufig eine Falschheit indizierende Hypothese. Gleiches gilt vielmehr für alle Informationen, welche die eine oder andere Richtung des eigenen Urteils stützen oder abschwächen. Hier spiegelt sich die genannte erkenntnistheoretische Grenze des Kapitels IV.2.4 wieder: Widersprüche können entweder der einen oder der anderen Information von zwei sich widersprechenden Informationen zugerechnet werden;[815] auch Bestätigungen schließen die Existenz anderer, ihrerseits widersprechender Informationen nicht aus. Absolute Zuverlässigkeit ist darum wegen des theoretisch notwendigen unendlichen Regresses nicht möglich. Es ist hinzunehmen, dass eine Falschaussage für einen Beobachter überhaupt nicht an sich, sondern immer nur abhängig von seinem Informationsstand konstatiert werden kann.[816] Weil aber niemand über seinen eigenen aktuellen Informationsstand hinaus etwas wissen kann, bleibt die Annahme einer Falschaussage immer subjektiv; eine absolute intersubjektive Grundlage für Unzuverlässigkeit ist ausgeschlossen.[817] Insofern lässt sich auch mit Hilfe der Informationssuche der Moment der Entscheidung nicht vermeiden: Die Antwort auf die Frage, ob ein Textsignal für unzuverlässige Information

[815] Vgl. in anderem Kontext auch FLUDERNIK (2005), S. 45.
[816] Vgl. NÜNNING (1998), S. 25.
[817] Vgl. NÜNNING (1998), S. 5; SOLBACH (2005), S. 61; früher schon HOF (1984), S. 54.

wirklich eine Falschaussage markiert, wird letztlich immer ein Ergebnis subjektiver und unsicherer Interpretation anhand des momentan vorliegenden Informationsstands bleiben.[818]

Der Informationsstand lässt sich freilich durch die gezielte Informationssuche ausgehend von den Textsignalen deutlich verbessern. Insofern ist für die Praxis Vorsicht und Genauigkeit bei der Interpretation, nicht aber Pessimismus angebracht. Im Fall intentionaler Falschaussagen sollte gerade wegen der angesprochenen Vernetzung von Informationen mit anderen Informationen, d.h. den mühsam aufgebauten falschen Bezügen zu anderen Sachverhalten und den schwer vollständig zu unterdrückenden richtigen Bezügen zur als tatsächlich vorherrschend wahrgenommenen Unternehmenssituation, sehr häufig die Möglichkeit bestehen, Textsignale durch weitere Informationen so lange abzuprüfen, bis subjektiv eine hinreichende Sicherheit über die Richtigkeit oder Falschheit einer Aussage erzielt werden kann. Ansatzpunkte für eine gründliche textexterne Informationssuche sind darum Gegenstand der folgenden Überlegungen.

XI.6 Identifikation und Verifikation von Textsignalen außerhalb des Lageberichts

XI.6.1 Identifikation

Zweifellos lassen sich Textsignale für intentionale wie nichtintentionale Falschaussagen auch mit Hilfe von Informationen außerhalb des Lageberichtstextes identifizieren. Dabei gelten grundsätzlich für die extratextuelle Identifikation die bereits bei der semantischen Raumanalyse, der Nullpositionenanalyse und der Boilerplate-Analyse ausgeführten Erwägungen. Insoweit wird hier auf diese Ausführungen verwiesen. Lediglich zwei Aspekte bedürfen einer gesonderten Erörterung.

Der erste Aspekt betrifft einen wichtigen Anwendungsfall der extratextuellen Identifikation bei intentionalen Falschaussagen, der über die bislang erwähnten Textsignale hinausgeht und nur unter Heranziehung weiterer Texte angewendet werden kann: die Aussagekonstanz. Sie zielt einerseits darauf ab, dass sich nur erdachte Sachverhalte regelmäßig schwerer behalten

---

[818] Vgl. FLUDERNIK (2005), S. 41.

lassen als tatsächlich geschehene Sachverhalte,[819] da andere denkmögliche Wendungen in den erdachten Sachverhalten existieren, tatsächlich geschehene Sachverhalte hingegen nur einen bestimmten Handlungsverlauf aufweisen. Andererseits verweist sie darauf, dass nur selten alle möglichen Querverbindungen von aktuell erdachten Sachverhalten mit der Vergangenheit beachtet werden können. Beides legt bei der Analyse von Aussagen des Unternehmens zu einem bestimmten Thema auf Unzuverlässigkeit immer auch einen Abgleich mit dem Lagebericht des Vorjahres oder anderweitig verfügbaren Unternehmensinformationen nahe, um so möglichen Widersprüchen auf die Spur zu kommen.

Der zweite Aspekt verweist darauf, dass die Erweiterung der Analyse zum Zweck einer extratextuellen Identifikation bei allen auf einem Vergleich mit anderen Textstellen basierenden Textsignalen, wie Stereotypen oder Allgemeinheit u.ä., besondere Bedeutung hat. So ergeben sich oft keine Auffälligkeiten anhand des konkreten Lageberichts. Häufig ist auch die Anzahl der angetroffenen Textsignale zwar reichhaltig, aber ihre Erkennbarkeit bei den angeführten Sachverhalten noch so wenig aussagekräftig, dass die Lageberichtsanalyse für sich nicht ausreicht, um bereits von deutlichen Anhaltspunkten sprechen zu können.

Hier ist zum einen möglich, Auffälligkeiten dadurch genauer einzugrenzen, dass zusätzliche Informationen für einen Vergleich herangezogen werden. So kann z.B. ein Abgleich daraufhin erfolgen, ob die Sachverhaltsdarstellungen an anderer Stelle ähnlich allgemein ausfielen oder eine allgemeine Darstellung nur im betrachteten Lagebericht vorgenommen wurde.

Zum anderen ist auch ein Vergleich mit anderweitigen aktuellen Unternehmensinformationen daraufhin möglich, ob bei allen im konkreten Lagebericht stereotyp oder entkontextualisiert dargestellten Sachverhalten auch an anderen Stellen eine stereotype oder entkontextualisierte Darstellung zu verzeichnen ist. Ebenso lässt sich in Unternehmensberichten anderer Unternehmen nachsehen, ob eine bestimmte Darstellung stereotyp ausfällt, d.h. die im konkreten Lagebericht herangezogenen Merkmale denjenigen entsprechen, die in der gesamten Branche üblich sind oder ob es sich um unübliche, z.B. unternehmensspezifische Merkmale bei der Beschreibung handelt, die im Gegensatz zur restlichen Branche angetroffen werden.

[819] Vgl. VRIJ (2009), S. 104.

XI.6.2 Verifikation

XI.6.2.1 Vorüberlegungen zur Vorgehensweise

Anders als bei der Identifikation widmet sich die Verifikation der weiteren Vorgehensweise, wenn bereits identifizierte Textsignale vorliegen. Vorüberlegungen sind hier in drei Richtungen notwendig. Zum Ersten ist zu beachten, wie der Verdacht auf Falschinformationen das Verhalten des Analysierenden selbst beeinflusst. Zum Zweiten ist zu überlegen, wie über die Unzuverlässigkeit der Information zumindest vorläufig entschieden werden kann. Zum Dritten ist zu eruieren, wie sich möglichst gezielt nach Informationen suchen lässt.

(1) Rückwirkungen der Annahme von Unzuverlässigkeit auf die Analysetätigkeit

Das Auffinden von Textsignalen bewirkt in erster Linie, dass ein Adressat einen anderen Weg der Informationsaufnahme einschlägt: Er wird misstrauisch und versucht, die verborgene Wahrheit hinter der Darstellung zu erkennen.[820] Bei einer solchen Rezeptionshaltung ist zu beachten, dass die Suche nach einer verborgenen Wahrheit zu erhöhter Hypothesenbildung und eigener Rekonstruktion anregt und dadurch Spekulation in Form von möglichen, aber eben noch nicht verifizierten Gründen für das Auftreten der Textsignale auslöst.[821] Die Funktion dieser Spekulation ist es, das Auftreten der Textsignale zu rationalisieren,[822] indem der Analysierende sie in ein alternatives Erklärungsmuster einordnet.[823] Dies ist, sofern keine weiteren Informationen vorliegen, jedoch problematisch, weil die eigene Orientierungsbasis in verstärktem Maße auf den Resultaten eigener Spekulation bzw. anderweitig herangezogenen Erfahrungen aufbaut, ohne dass geprüft wurde, ob diese Erfahrungen und Spekulationen wirklich im konkreten Fall einschlägig sind. Solche Mischungen aus Hypothesen und Textsignalen können leicht zu Fehldeutungen führen, die anstelle eines zuverlässigeren Wissens nur zusätzliches, dann jedoch unerkannt unzuverlässiges Wissen generieren.[824] Insofern ist zu betonen, dass der Wert der Textsignale ebenso wie der Wert zu ihrer Erklärung herangezogener eigener Erfahrungen und Spekulationen darin liegt, Ansatzpunkte für eine weitere Informationssuche zu liefern. Ihr Wert liegt aber nicht darin, bereits ein abschließendes Urteil darüber zu fällen, ob eine Falschaussage vorliegt oder nicht. Ein solches Urteil ist solange nicht sinnvoll, wie nicht alle für die eigene Orientierungsbasis öko-

[820] Vgl. auch JÄGER (2005), S. 218; vgl. auch HOF (1984), S. 51.
[821] Vgl. SCHWEINITZ (2005), S. 92.
[822] Vgl. auch FLUDERNIK (2005), S. 39.
[823] Vgl. YACOBI (2001), S. 224.
[824] Vgl. SCHWEINITZ (2005), S. 90.

nomisch als vertretbar einzustufenden weiteren Informationsmöglichkeiten ausgeschöpft wurden.[825]

(2) Der vorläufige Entscheid über die Unzuverlässigkeit der Information

Die zweite Frage, wie bei der Informationssuche zur Einstufung einer unzuverlässigen Information als Falschaussage vorzugehen ist, hat sich zunächst an den Textsignalen zu orientieren.

Liegt ein Widerspruch oder eine Mehrdeutigkeit im Text vor, so muss über die dahinter verborgenen alternativen Deutungen entschieden werden.

Liegt ein Textsignal vor, welches selbst noch keinen Widerspruch impliziert, z.B. Allgemeinheit, Stereotype oder Subjektivität, so müssen zunächst einmal überhaupt Informationen zum Hintergrund der Darstellung gesucht werden, um die spekulativ getroffenen Hintergrundannahmen abzusichern. Auch diese Informationssuche läuft auf einen Test zweier alternativer Annahmen hinaus, weil die zusätzlichen Informationen entweder bestätigen, dass tatsächlich Probleme verdeckt werden oder aber zeigen, dass andere Gründe als die Verdeckung von Falschaussagen für die im Lagebericht gewählte Darstellung ursächlich waren.

Es ist folglich immer nach solchen textexternen Informationen zu suchen, welche durch Widerspruch zu den bislang existierenden Hypothesen (bzw. bei der zweiten Sorte von Textsignalen spekulativen Hypothesen) oder ihrer Bestätigung hilfreich für den Entscheid über die Unzuverlässigkeit der Aussagen sein können. In der Regel kann hierbei in der Praxis zumindest eine relative Zuverlässigkeit im Vergleich konstatiert werden,[826] denn zumeist ist die eine Information der anderen an Glaubwürdigkeit deutlich unterlegen.[827] Ist das nicht der Fall, so wird sich die fehlende Fähigkeit zur Einschätzung entsprechend in der Unsicherheitsberücksichtigung bei der Entscheidungsgrundlage niederschlagen (müssen). Hilfreich für die Beurteilung der relativen Zuverlässigkeit ist die Analyse, woher textexterne Informationen

[825] Auf diesen Aspekt hat in der Aussagepsychologie auch Köhnken hingewiesen: Menschen agieren gemessen an den aussagepsychologischen Glaubwürdigkeitsanalysen extrem vertrauensvoll – sie werden zunächst einmal vielfach von der Wahrheit der Aussagen ausgehen; das lässt sich ökonomisch begründen, weil eine detaillierte Überprüfung auf Täuschungen ein hohes Maß an Zeit und Kosten in Anspruch nimmt, vgl. KÖHNKEN (1990), S. 168 f.

[826] Vgl. SOLBACH (2005), S. 68.

[827] Vgl. auch LIPTAY/WOLF (2005), S. 14.

stammen und wie verlässlich sie sind. So kann auch der Bezugsrahmen der neuen Information für die Entscheidung bewusst gemacht werden, welche an die Stelle der durch das Textsignal markierten alten Information tritt.[828] Hierbei kann es notwendig sein, die Zuverlässigkeit der Informationen gezielt zu untersuchen. Dazu muss ein Entscheidungsproblem formuliert werden, warum die eine Information als zuverlässiger eingeschätzt wird als die andere, und welche Informationen zu erheben sind, um diese Frage zu beantworten.

(3) Zur Vorgehensweise bei der Informationssuche

Für eine gezielte Informationssuche ausgehend von einem angetroffenen Textsignal lassen sich unabhängig von der Informationsquelle vier grundsätzliche Alternativen unterscheiden, von denen zwei Alternativen inhaltlich[829] und zwei Alternativen formal-strukturell vorgehen:

- Inhaltliche Suche nach Informationen, die die Falschaussage bestätigen (3.1)
- Inhaltliche Suche nach Informationen, die eine alternative richtige Aussage bestätigen (3.2)
- Formal-strukturelle Suche nach anderweitigen Falschaussagen des Erstellers zum Abgleich mit der zu prüfenden Aussage (3.3)
- Formal-strukturelle Suche nach anderweitigen wahren Aussagen des Erstellers zum Abgleich mit der zu prüfenden Aussage (3.4)

Im Rahmen der inhaltlich vorgehenden Alternativen stehen nunmehr auch und insbesondere die bei der Identifikation von Textsignalen vernachlässigten Aspekte, wie das Interesse eines Erstellers an einer Falschaussage, die damit für ihn verbundenen Chancen und Risiken, seine persönliche Haltung und seine Situation usw. im Vordergrund.[830] Im Rahmen der formal-strukturellen Betrachtung wird hingegen auf strukturelle Aussagegewohnheiten eines Erstellers geachtet.

[828] Vgl. NÜNNING (2005), S. 95.

[829] Die inhaltliche Vorgehensweise ähnelt der Formulierung von Realitätshypothesen, die für eine wahre Aussage sprechen und Alternativhypothesen, die für falsche Aussagen sprechen sowie der dann erfolgenden Suche nach Informationen, die zwischen den Hypothesen diskriminieren könnten, solange bis entweder die Informationsquellen versiegen oder aber eine Hypothese alle bislang eingeholten Informationen erschöpfend erklären kann, vgl. dazu auch KÖHNKEN (1990), S. 100 f.

[830] Vgl. auch KÖHNKEN (1990), S. 104.

(3.1) Bei der ersten inhaltlichen Variante fokussiert sich die Suche auf Informationen, welche die Annahme der Falschinformation direkt widerlegen oder bestätigen. Der Ansatzpunkt ist also, die Interpretation der Aussage als falsch deutlicher herauszuarbeiten.

(3.2) Bei der zweiten inhaltlichen Variante wird bewusst nach alternativen Erklärungen zur Interpretation als Falschaussage gesucht, die mit den vorliegenden Textsignalen ebenfalls kompatibel wären.[831] Hier liegt der Schwerpunkt folglich darauf, nachzuweisen, dass das Textsignal die jeweilige Aussage zu Unrecht als unzuverlässig kennzeichnete, weil falsche Hintergrundannahmen herangezogen worden sind. Durch Letzteres lässt sich vor allem die Robustheit der eigenen Annahme von Falschaussagen erhöhen, weil alternative Erklärungen neben dem Urteil Falschaussage systematisch auszuschließen versucht werden.

(3.3) Bei der ersten formal-strukturellen Variante wird nach bekanntermaßen falschen Vergleichsaussagen desselben Erstellers in einer möglichst gleichen Situation gesucht. Ziel ist hier, die Struktur der falschen Aussagen mit der Struktur der fraglichen Aussage zu vergleichen, um diese bei strukturellen Ähnlichkeiten eher als falsch, bei strukturellen Unterschieden eher als richtig einzustufen; angenommen wird hierbei, dass vielfach eine Person auf immer dieselbe Art und Weise Falschaussagen tätigt.[832]

(3.4) Bei der zweiten formal-strukturellen Variante wird genau umgekehrt vorgegangen, indem bekanntermaßen wahre Vergleichsaussagen in einer möglichst gleichen Situation und von derselben Person gesucht werden.[833] Solche Aussagen werden mit der möglicherweise falschen Aussage auf eventuelle strukturelle Änderungen verglichen, um aus den Unterschieden eventuell auf das Vorliegen einer Falschaussage schließen zu können.[834] Angenommen wird hierbei, dass sich die Falschaussagen einer Person von deren wahren Aussagen strukturell unterscheiden.

---

[831] Vgl. auch NÜNNING (1998), S. 5; S. 31.

[832] Gemeint ist damit der Typ Wiederholungstäter. In der Aussagepsychologie lässt sich diese Vorgehensweise durch das Isomorphiekriterium begründen, welches davon ausgeht, dass bestimmte Zeugen bei Fälschungen jeweils ähnlich vorgehen, vgl. auch KÖHNKEN (1990), S. 105. Dass diese Überlegungen auch für den unternehmerischen Kontext nicht von der Hand zu weisen ist, zeigt das Beispiel Flowtex. So wurde die dort verwendete Täuschungsidee nicht nur bei der Muttergesellschaft in Bezug auf Horizontalbohrmaschinen, sondern in kleinerer Form gleich in einer ganzen Reihe von Töchtern, z.B. der Tochter Powerdrill, in identischer Weise umgesetzt, vgl. dazu z.B. PEEMÖLLER/HOFMANN (2005), S. 101. Auch wurde der Grundgedanke des Betrugsmodells bereits 1993 von der Steuerfahndung einmal aufgedeckt, vgl. HECK (2006), S. 38. Das zeigt, dass auch das Scheitern eines Betrugsmodells nicht dazu führen muss, dass es aufgegeben wird.

[833] Vgl. VRIJ (2009), S. 402.

[834] Vgl. LITZKE/HERMANUTZ (2009), S. 174; VRIJ (2009), S. 152.

Zu beachten ist, dass die formal-strukturellen Verfahren nur im Fall intentionaler Falschaussagen sinnvoll anzuwenden sind. Bei allen vier Verfahren ist wiederum in Bezug auf intentionale Falschaussagen zu berücksichtigen, dass der Ersteller diese vorwegnehmen kann. So kann er im Vergleich zu früheren, gescheiterten Täuschungsversuchen die Strategie bei der Verschleierung ändern. Er kann beispielsweise auf die Konstanz von Aussagen im Zeitablauf achten, obwohl sich ihr Hintergrund geändert hat und nunmehr im Gegensatz zu vorher Falschaussagen vorliegen, sowie Alternativerklärungen streuen. Auch gegen diese Vorgehensweisen, so wird sich unter XI.6.2.2 zeigen, können jedoch, allerdings stärker einzelfallabhängige, sich häufig erst aus den spezifischen Informationsquellen ergebende neue Gegenstrategien bei der Analyse verfolgt werden.

Angesichts erstens der häufig gegenüber dem Management vorherrschenden starken Informationsasymmetrie, zweitens der Konkurrenz um Informationen mit anderen Kapitalgebern und drittens der häufig nur unzureichenden Möglichkeit, Alternativinterpretationen von Textsignalen ex ante auszuschließen, ist es bei intentionalen Falschaussagen wichtig, dass der Analysierende seinen Verdacht nicht vorschnell preisgibt. So sollte bei alternativen Informationsquellen einbezogen werden, dass die drei gerade genannten Aspekte eine Reihenfolge der für die Verifikation herangezogenen Quellen mit sich bringen. Grundsätzlich gilt hierbei, dass jeweils abzuwägen ist, wie einerseits so verdeckt und andererseits so unternehmensnah wie möglich Informationen erhoben werden können.

Spielen Informationsasymmetrien und Konkurrenz eine Rolle, sind darum zunächst verschriftlichte Quellen des Unternehmens zu analysieren, deren Zugang anonym ist, um den eigenen Erkenntnisvorsprung nach außen nicht preiszugeben. Sodann ist auf Quellen zurückzugreifen, bei denen gewährleistet ist, dass sie allein indirekt auf das Unternehmen zurückgreifen und eine Rückmeldung an das Unternehmen unwahrscheinlich erscheint. Zuletzt sind Informationen einzubeziehen, bei denen eine Rückmeldung wahrscheinlich ist und der direkte Kontakt und die Konfrontation des Erstellers mit der Unzuverlässigkeit zu suchen. Direkter Kontakt erfolgt also erst dann, wenn bereits zahlreiche Informationen über den unzuverlässigen Tatbestand und seine informationelle Umgebung gesammelt wurden. So wird das Risiko minimiert, dass der Ersteller sich leicht aus der Affäre zieht, weil er „Ersatzelemente“ und Entschuldigungen vorbringt, explizite Widersprüche durch Relativierungen der Bedeutung eines der widersprechenden Elemente (ungerechtfertigter Weise) abwertet,[835] oder aber weitere Indizien beseitigt, weil er Zusatzinformationen kennt, über die der Analysierende (noch) nicht verfügte. Im Folgenden wird auf die Erkenntnismöglichkeiten aus den genannten Quellen näher eingegangen.

XI.6.2.2 Anonym zugängliche Unternehmensquellen

(1) Vergleich mit anderen Unternehmenspublikationen der Vergangenheit

Häufig lassen sich anhand anderweitiger Unternehmenspublikationen (Lageberichte der Vergangenheit, Ad hoc Meldungen, Videos von Pressekonferenzen etc.) Hinweise auf Gründe für die beobachteten Textsignale gewinnen. Das zeigt das folgende Beispiel. So finden sich im Lagebericht der Commerzbank 2008 die folgenden beiden widersprüchlichen Aussagen:

„Die Entwicklung der CDS-Märkte zeigte bis Ende 2007 einen Anstieg des Nominalvolumens auf über 62 000 Mrd Dollar. Im Zuge der Finanzkrise sank das Volumen bis zur Jahresmitte 2008 auf knapp 55 000 Mrd Dollar. Da wir das Nominalvolumen der CDS-Geschäfte unserer Bank in den letzten Jahren konstant auf einem Niveau von 160 Mrd Euro gehalten haben, ist unser Marktanteil von ca. 3% in 2004 inzwischen auf unter 0,5% gefallen, was unsere konservative Einstellung zu diesen Märkten unterstreicht.“[836]

„Darüber hinaus wurden im Zeichen der Krise Handelsrisiken insbesondere in den Bereichen Kreditderivate (durch Abbau von CDS-Positionen) […] weiter reduziert.“[837]

Beispiele UI.26/27

Die erste Aussage betont, dass das Nominalvolumen der CDS-Geschäfte[838] über die letzten Jahre konstant gehalten wurde. Die zweite Aussage betont, dass Handelsrisiken durch den Abbau auch von <u>CDS-Positionen</u> reduziert wurden.[839] Entscheiden zwischen beiden kann nun ein Abschnitt aus dem Lagebericht in 2006:

„Im Aktivgeschäft steht […] vor allem die Entwicklung margenreicherer Geschäftsfelder, vor allem […] der zunehmende Einsatz von Kreditderivaten im Vordergrund der Geschäftstätigkeit.“[840]

Beispiel UI.28

---

[835] Vgl. BUSCH (1998), S. 45.

[836] Commerzbank AG, Geschäftsbericht 2008, S. 170.

[837] Commerzbank AG, Geschäftsbericht 2008, S. 156.

[838] CDS stellt eine Abkürzung für Credit Default Swap dar; bei einem CDS werden gegen die einmalige oder laufende Zahlung einer Prämie die Kreditrisiken einer Forderung übernommen, vgl. näher dazu HULL (2006), S. 610 f.

[839] Auch hier könnte sich der Widerspruch auflösen, dann nämlich, wenn angenommen wird, dass zwar ein konstantes Nominalvolumen vorliegt, die Marktwerte und damit das Realvolumen gesunken ist. Dazu wäre allerdings der Begriff „Abbau“ sehr weit auszulegen – er würde dann auch Marktwertverluste einschließen. Davon wird hier nicht ausgegangen.

[840] Commerzbank AG, Geschäftsbericht 2006, S. 54.

Diesem zufolge wird der Einsatz von Kreditderivaten, zu denen auch CDS gehören, in 2006 ausgebaut. Dies spricht dafür, dass die zweite Aussage das insofern marktzyklische Verhalten der Commerzbank besser bezeichnet, als die in der ersten Aussage proklamierte, konservative Einstellung: Die Informationssuche ermöglicht so einen Widerspruchsentscheid.
Unternehmenspublikationen in der Vergangenheit können bei sorgfältiger Analyse jedoch auch darum wertvoll sein, weil man durch sie gegebenenfalls feststellen kann, inwieweit der Lageberichtersteller versucht, die formalstrukturellen Varianten der Informationssuche zu unterlaufen.

So kann sich zum Ersten eine in der Vergangenheit getätigte Falschaussage in den gegenwärtigen Lagebericht fortpflanzen - gerade weil der Ersteller darauf bedacht ist, Konsistenz zu wahren, d.h. die dritte (3.3) und vierte (3.4) Strategie zu unterlaufen.[841] Sollte sich die Umwelt so verändert haben, dass sie kaum mit der restlichen gegenwärtigen Situation zusammenzubringen ist, fällt die Falschaussage dann erstmals auf, obgleich ihre Ursache in der Vergangenheit liegt.

Zum Zweiten kann ein Zeitvergleich zeigen, dass der Ersteller, um die vierte Strategie zu unterlaufen, eine bereits in der Vergangenheit begründete richtige Auffassung mit seinen falschen Aussagen in der Gegenwart in Einklang zu bringen versucht, woraus dann eine verzerrte Wahrnehmung der Vergangenheit resultiert.[842] Letzteres zeigt gerade das erste Zitat im angeführten Beispiel der Commerzbank im Vergleich zu dem Zitat aus dem Jahr 2006 besonders eindrucksvoll.

(2) Anonym zugängliche, indirekt unternehmensabhängige Informationen

Da nur die Unternehmensdarstellung durch die Falschaussage verzerrt ist, können Fremdcharakterisierungen des Unternehmens mögliche Widersprüche aufdecken. Zu unterscheiden sind dabei zwei gegensätzliche Ansatzpunkte:

- nicht unternehmensgesteuerte Fremdcharakterisierungen und
- unternehmensgesteuerte Fremdcharakterisierungen.

[841] Vgl. auch BUSCH (1998), S. 51.
[842] Vgl. BUSCH (1998), S. 48; ALLRATH (1998), S. 68.

(2.1) Nicht unternehmensgesteuerte Fremdcharakterisierungen

Der erste Ansatzpunkt sucht nach solchen Fremdcharakterisierungen, die nicht direkt vom Unternehmen gesteuert werden können, d.h. weder auf durch das Unternehmen bereits zensierten Informationen noch auf Verbindungen oder gemeinsamen Interessen zwischen Unternehmen und dem Verfasser der herangezogenen Informationsquelle beruhen. Dabei ist sicherzustellen, dass die Fremdcharakterisierung auf informierter Basis erfolgt. Denkbar sind möglichst heterogen ausfallende Charakterisierungen aus ganz konkreten Beziehungen zum Unternehmen, z.B. hochzufriedener oder unzufriedener, gerade neu eingestellter oder entlassener Mitarbeiter, alter und neuer Kunden, Lieferanten oder Konkurrenten. Anhand einer Sammlung solcher Charakterisierungen, lassen sich unterschiedliche Versionen in Bezug auf dasselbe Geschehen gegenüberstellen,[843] wobei jede zusätzliche Version die Darstellung des Unternehmens infrage stellt, modifiziert oder bestätigt.[844] Solche Informationen sind dann besonders wertvoll, wenn das Unternehmen selbst versucht, glaubwürdige Alternativdeutungen zu streuen, die ein Vorgehen nach der zweiten (3.2) Variante der Informationssuche zu falschen Ergebnissen führen können.

Soweit sich die Auffassung des Unternehmens bestätigt, ist dies ein Hinweis auf Zuverlässigkeit. Stellt die zusätzliche Version die Unternehmensdarstellung infrage, dann kann ein Widerspruchsentscheid anhand des Vergleichs der Verlässlichkeit von Informationsquellen geschehen, beispielsweise, indem bestimmten Informationsquellen, wie z.B. professionellen Informationsdienstleistern, die eine hohe Reputation zu verlieren haben, c.p.[845] eine höhere Zuverlässigkeit zugesprochen wird als weniger professionalisierten Informationsquellen.[846] Ist die Verlässlichkeit von Informationsquellen vergleichbar, dann muss nach zusätzlichen Informationsquellen gesucht werden. Die dargestellte Auffassung des Unternehmens sollte als umso unzuverlässiger eingeschätzt werden, je eindeutiger und zugleich weniger mit der Unternehmensdeutung übereinstimmend die alternativen Fremdcharakterisierungen ausfallen.[847]

---

[843] Vgl. NÜNNING (1998), S. 28.

[844] Vgl. ALLRATH (2005), S. 239. Vgl. zur Fruchtbarkeit derartiger Vorgehensweisen im Fall Comroad auch DAUM (2003), S. 28, die auf diese Weise herausfand, dass Comroad Phantomkunden belieferte.

[845] Ceteris paribus, d.h. alle anderen Einflussgrößen bleiben gleich.

[846] Vgl. auch MARTINEZ/SCHEFFEL (2007), S. 98.

[847] Vgl. HOF (1984), S. 34.

(2.2) Unternehmensgesteuerte Fremdcharakterisierungen

Umgekehrt gilt im Falle unternehmensgesteuerter Fremdcharakterisierungen, dass das genaue Gegenteil einer monotonen Multiperspektivität, d.h. einer aus verschiedenen Perspektiven berichteten, aber in jeder Hinsicht vollständig konsistent aufeinander abgestimmten Darstellung[848] Hinweise auf eine Falschdarstellung gibt. Sind verschiedene Versionen eines Geschehens aus unterschiedlichen Quellen zu gleichartig, d.h. werden insbesondere in jedem Fall alle Elemente vollständig aufgeführt, so kann vermutet werden, dass eine Absprache über eine exakt gleiche Darstellung getroffen wurde oder die Informationspolitik bewusst von einer zentralen Stelle kontrolliert wird. Dabei erfolgt die Auswahl der Textabschnitte jeweils so, dass aus einer Aussagensammlung ein gleich lautender Teil ausgewählt und andere Aussagen unterschlagen wurden.[849] So ist kaum anzunehmen, dass die Berichte über das Unternehmen von unterschiedlichen Angestellten und unterschiedlichen Abteilungen im Detail identisch ausfallen. Vielmehr wäre zu erwarten, dass sie sich vor allem in der Auswahl der Elemente aber auch in der inhaltlichen Darstellung unterscheiden.

(3) Die Prüfung von im Lagebericht angeführten Authentizitätssignalen

Häufig, gerade bei Einsatz von Immunisierungsstrategien, wird die eigene Auffassung des Unternehmens im Lagebericht in Bezug auf die fraglichen Sachverhalte durch Authentizitätssignale anderer Autoritäten, seien es bekannte Persönlichkeiten, Institute, Wettbewerbsveranstalter, Rankings usw., gestützt. Diese sollten jedoch sorgfältig geprüft werden, denn auch sie können durchaus unzuverlässig sein. Schließlich war es der Ersteller, der gerade diese Auffassungen für die Darstellung im Lagebericht ausgewählt hat.

Dann kann durch die Suche nach weiteren Aussagen der zitierten Autoritäten festgestellt werden, dass Zitate nicht zufällig, sondern gegebenenfalls gezielt eingesetzt wurden, um einen bestimmten Eindruck hervorzurufen. Das ist insbesondere der Fall, wenn die Authentizitätssignale seit Jahren dieselben Inhalte kundtun, aber von dem Unternehmen selbst nur in bestimmten Jahren als Aussagen herangezogen werden.[850]

---

[848] Vgl. VRIJ (2009), S. 105, S. 107.

[849] Das ist übrigens auch ein häufig in der Steuerfahndung eingesetzter Anhaltspunkt – zu ordentlich angefertigte Bilanzen und zu genau mit den Bilanzaussagen abgestimmte weitere Dokumente ohne jeden Fehler deuten daraufhin, dass ein immenser Aufwand getrieben wurde – das spricht dafür, dass es verborgene Gründe für diesen Aufwand gibt, die sich dann sehr häufig als Steuerhinterziehung entpuppen; so zumindest die Gespräche des Autors mit einigen Steuerfahndern.

[850] Vgl. für Beispiele GROTTKE (2009), S. 473.

Gleichermaßen können in der Realität angetroffene ambivalente Aussagen über die Instanz, die eine Aussage als sinnvoll garantiert, den Eindruck der Unzuverlässigkeit der Informationen vertiefen[851] oder Aussagen, die diese Instanz abwerten, als Verstärkung der Unzuverlässigkeit der Informationen gelten,[852] denn ambivalente Beurteilungen der Instanz wie deren Abwertung reduzieren die Vertrauenswürdigkeit der Aussagen.

Ferner ist es lohnend (gerade im Zeitalter der Drittmittelfinanzierung), Aussagen von „unabhängigen" wissenschaftlichen Einrichtungen, die vom Unternehmen angeführt werden, darauf zu prüfen, ob persönliche, finanzielle oder sonstige Beziehungen zwischen den Einrichtungen und dem Unternehmen bestehen.[853] Ebenso ist zu prüfen, ob anderweitige Charakterisierungen, Ansichten o.ä. über die jeweilige Instanz von dritter Seite verfügbar sind,[854] die deren Urteil infrage stellen oder ob die Instanz dies selbst tut, z.B. in Form von Disclaimern. Beispielsweise tätigte die Sachsen LB im Lagebericht 2006 folgende Aussage über diejenigen Wertpapiergeschäfte, welche ein halbes Jahr später die nur durch staatliche Intervention verhinderte Insolvenz auslösen sollten:

„Optimiertes Rendite-Risiko-Profil heißt: attraktive Renditen ohne Vernachlässigung des Sicherheitsaspektes. Das Anlageuniversum besteht ausschließlich aus AAA- und AA-gerateten Wertpapieren."[855]

Beispiel UI.29

Zweifellos hätten diese Aussagen in Konfrontation mit den hunderte von Seiten langen Disclaimern der Ratingagenturen in Bezug auf die Belastbarkeit der Ratingaussagen über die Wertpapiere, eine gänzlich andere Bedeutung erhalten, nämlich für einen wenig informierten und äußerst sorglosen Umgang mit den Ratingurteilen gesprochen.[856]

Sinnvoll ist auch zu überprüfen, ob weitere Authentizitätssignale existieren, über deren Existenz oder Ergebnis nicht berichtet wurde. So wurde beispielsweise im Fall der Bankgesellschaft Berlin zwar über Gutachten von BDO, Ernst & Young und Linklaters berichtet:

---

[851] Vgl. für den literaturwissenschaftlichen Kontext auch NÜNNING (2005), S. 101.
[852] Vgl. für den literaturwissenschaftlichen Kontext auch NÜNNING (2005), S. 101. Für den Lagebericht ist hier beispielsweise an wissenschaftliche klinische Studien zu denken, die von der Pharmaindustrie finanziert wurden.
[853] So verweist Daum beispielsweise auf das „unabhängige" Gutachten eines Mannheimer Professors für die MLP-AG, der nicht nur Aktionär der MLP-AG war, sondern dessen Universität zugleich eine Spende von 750.000 DM von der MLP-AG bekommen hatte, vgl. DAUM (2003), S. 59.
[854] Vgl. für den literaturwissenschaftlichen Kontext auch NÜNNING (2005), S. 102.
[855] Vgl. Sachsen LB, Geschäftsbericht 2006, S. 40.
[856] Vgl. auch Sächsischer Rechnungshof (2009), S. 91, m.w.N.

„Die Risiken des Immobilien- und Fondsgeschäftes des IBG-Konzerns resultieren neben den allgemeinen Risiken des Bauträgergeschäfts im Wesentlichen aus herausgelegten, unterschiedlich ausgestalteten Garantien, für die in angemessener Weise vorgesorgt wurde. So wurden für die Berechnungen der Garantierückstellungen die Eingangsparameter des Risikomodells weiter verschärft. Das betrifft u.a. die erwartete gesamtwirtschaftliche Inflationsrate und die erwartete Leerstandsquote. Im Ergebnis wurden im Konzern die Rückstellungen von 273 Mio. € auf 996 Mio. € angehoben. Zur Verifizierung der angemessenen Höhe dieser Risikoabschirmung wurde zusätzlich eine Stellungnahme der Wirtschaftsprüfungsgesellschaft ERNST&YOUNG eingeholt, zu dem die BDO in einem gesonderten Schreiben Stellung genommen hat. In Kenntnis der ERNST&YOUNG-Stellungnahme hat die BDO ihr uneingeschränktes Testat erteilt. Zur Sicherstellung von best-practice wurde darüber hinaus vom Vorstand eine grundsätzliche Stellungnahme von LINKLATERS OPPENHOF&RÄDLER zu den entscheidenden Bewertungsfragen eingeholt, die die von der BDO angewandte Methodik bestätigt."[857]

Beispiel UI.30

Nicht berichtet wurde jedoch über die inhaltlich gegenteiligen Gutachten von Fasselt/Mette & Partner, des Wirtschaftsprüfers Walther und der Prüfungsgesellschaft FIDES.[858] Die letzteren beiden prangerten bereits 1997 die Unzulässigkeit verfrühter Ertragsvereinnahmungen sowie die unangemessen hohe Risikoübernahme im Immobilienfondsgeschäft an, welche später den Berliner Bilanzskandal auslösten.[859]

XI.6.2.3 Nicht anonyme, unternehmensabhängige Informationen

Ein letzter Weg, der eingeschlagen werden kann, besteht in der direkten Kontaktaufnahme zu Unternehmensvertretern, beispielsweise in Investorenmeetings. Werden hier die richtigen Fragen gestellt, lassen sich so gegebenenfalls weitere Indizien für Falschaussagen gewinnen.[860]

Zu beachten ist dabei, dass zwar der geschöpfte Verdacht weiterverfolgt werden sollte, doch zugleich nicht gezeigt werden darf, dass er besteht. Andernfalls sorgt er gegebenenfalls auch bei einem zu Unrecht beschuldigten Management für ein Verhalten, welches normalerweise für bewusst täuschende Ersteller kennzeichnend ist, wie z.B. negative Aussagen, während ein zu Recht beschuldigtes Management den Verdacht erkennt und nach Auswegen suchen wird.[861]

Auch ist darauf zu achten, ob und wie die Unternehmensvertreter reagieren. So besteht ein weiterer schwacher Hinweis auf eine mögliche Falschaussage darin, dass bewusst Täuschende

---

[857] Bankgesellschaft Berlin AG, Geschäftsbericht 2000, S. 86 f.
[858] Vgl. Bericht des Untersuchungsausschusses Bankgesellschaft Berlin (2006), S. 34, S. 36.
[859] Vgl. dazu z.B. Bericht des Untersuchungsausschusses Bankgesellschaft (2006), S. 13, S. 34.
[860] So zumindest die Praxiserfahrungen, die in gängigen Fraudhandbüchern geschildert werden, vgl. z.B. VONA (2008), S. 80.
[861] Vgl. VRIJ (2009), S. 398 oder auch bereits DETTENBORN/FRÖHLICH/SZEWCZYK (1984), S. 301.

nicht direkt und sofort auf konkrete Fragen antworten, sei es, weil sie erst über mögliche Antwortalternativen und ihre Vernetzung mit anderen Informationen nachdenken müssen, sei es, weil sie erst die bei ihnen aufkommenden negativen Emotionen beim Umgang mit der Täuschung unter Kontrolle bringen müssen.[862]

Um mögliche Falschaussagen aufzudecken, ist ferner ein sinnvoller Weg, die Falschaussage aus einer anderen Perspektive anzusteuern, um so den Ersteller zunächst nicht direkt auf die Verbindung zu seiner vorher getätigten verdächtigen Aussage zu verweisen. So können im Fall einer Falschaussage eher Widersprüche offen gelegt werden.[863] Ebenso ist es sinnvoll, Ersteller bei allgemein gehaltenen Aussagen dazu zu veranlassen, diese möglichst detailliert und genau auszuführen.[864] Um der Gegenstrategie zu begegnen, dass die Indikatoren Allgemeinheit und Stereotype durch detailreiche wahre Aussagen umgangen werden, die aus anderen Zeitpunkten entlehnt sind, lässt sich wiederum nach genauen Zeitumständen und anderen Kontexteigenschaften fragen.[865] Anhand der Kontexteigenschaften lassen sich dann mittels eines Abgleichs des eigenen Wissens über die internen Informationsflüsse, wie sie beispielsweise in der Perspektivierungsanalyse ermittelt werden, zusätzliche Hinweise darauf erhalten, ob der Ersteller überhaupt über dieses Wissen verfügen kann oder nicht.[866]

Bei der Befragung sollte ferner gezielt ausgenutzt werden, dass bereits vorher Informationen eingeholt wurden. So sind die Fragen zumindest zum Teil so zu stellen, dass der Unternehmensvertreter gezwungen wird, in Bereichen zu präzisieren, in denen konkrete, zumindest verdächtige Informationen bereits bekannt sind, da sich so leicht feststellen lässt, ob seine Antworten mit den bereits vorhandenen Informationen in Übereinstimmung zu bringen sind.

---

[862] Vgl. dazu VRIJ (2009), S. 106.
[863] Vgl. VRIJ (2009), S. 408.
[864] Vgl. VRIJ (2009), S. 408.
[865] Vgl. VRIJ (2009), S. 409.
[866] Vgl. auch DETTENBORN/FRÖHLICH/SZEWCZYK (1984), S. 293.

XII. Zwischenfazit zur strukturalen Lageberichtsanalyse

Werden die dargestellten Analyseinstrumente noch einmal in der Retrospektive betrachtet, so kann leicht die Frage aufkommen, ob es angesichts der weiterhin nicht auszuschließenden Angreifbarkeit der Analyseergebnisse überhaupt sinnvoll sei, derart detaillierte und genaue Analysen anzustreben.

Zwar ist gegenüber dem Beginn der Arbeit ein vollkommen anderer Stand erreicht: Die naive Vorstellung, dass sich durch ein einfaches Durchlesen sämtliche Informationen aus einem Lagebericht extrahieren lassen, wird wohl niemand mehr angesichts der vorangegangenen Abschnitte aufrechterhalten wollen. Die Frage wandelt sich eher dahin, ob die Fülle an mehrdeutigen Informationen, die durch die Analysen erst bewusst wird, überhaupt handhabbar ist, d.h. verarbeitet werden kann.

Zugleich ist jeder Analysierende durch ein lebenslanges Training mit einem sprachlichen Grundverständnis ausgestattet, mit Hilfe dessen er, aufgrund ständigen Einsatzes der menschlichen Sprache, mehr oder weniger unbewusst eine umfangreiche Reduktion von Auslegungsalternativen mehrdeutiger Informationen auf wahrscheinliche Auslegungsalternativen vornimmt. Zu hinterfragen ist insofern, ob dieser bereits unbewusst ablaufende Analysevorgang nicht gegenüber den hier vorgeschlagenen, weit arbeits- und zeitintensiveren Analysen deutlich effizienter ausfällt. Darüber hinaus könnte sein Vorteil darin liegen, sich nicht mit der durch die vorgeschlagenen Analysen hervorgerufenen Unsicherheit belasten zu müssen, wie unklar und vielschichtig eine Unternehmenskommunikation tatsächlich ausfällt und wie wenig de facto über ein Unternehmen bekannt ist.

Wenngleich diese Einwände nur allzu menschlich erscheinen, sind sie gleichwohl negativ zu beantworten.

Es ist zwar richtig, dass jeder Mensch unbewusste Analysevorgänge vornimmt und dadurch zu Resultaten gelangt, die seinen Handlungen Orientierung verleihen. Die Erfahrung lehrt aber, dass nicht jeder Mensch dadurch zu gleichermaßen geeigneten Ergebnissen gelangt. Wenn dieser Zustand verbessert werden soll, dann muss die Erzielung von Resultaten lehr- und lernbar gemacht werden. Das geht allerdings nur, wenn die Interpretation selbst

Gegenstand der Reflektion wird: Es muss herausgearbeitet werden, woran sie ansetzt, verstanden werden, wie sie funktioniert und auch, wo ihre Stärken und Schwächen liegen. Nichts anderes gilt hinsichtlich der durch die Vieldeutigkeit der sprachlichen Aussagen geschaffenen Unsicherheit. So beruhigend die Illusion sein mag, sich in einer Welt mit einfachen, z.B. auf eine Ratingnote zu verdichtenden Informationen und eindeutigen Informationswerten zu befinden, so grundfalsch ist sie auch.

Unsicherheit ist einerseits ein notwendiges Korrelat zu beschränktem menschlichem Wissen. Andererseits ist sie aber auch der Grund für die Fähigkeit, sich weiterentwickeln zu können, denn nur wenn etwas noch nicht gewusst wird, kann es in Erfahrung gebracht werden und nur wenn ein Halbwissen darüber besteht, kann überhaupt die Vorstellung entstehen, dass es etwas in Erfahrung zu bringen gibt. Gerade für die Weiterentwicklung des eigenen Informationsstands nimmt damit die Offenheit, Mehrdeutigkeit und ständige Veränderung der natürlichen Sprache eine ungeheuer wichtige Rolle ein, weil sie anstelle gelöster Probleme durch Problembezüge die eigene Informationsbeschaffungstätigkeit stimuliert.

Darum ist es für die Lageberichtsanalyse – anders als für eine literaturwissenschaftliche Textanalyse historisch verfasster Texte – auch nicht möglich und schon gar nicht sinnvoll, für die eigene Handlungsorientierung eine abschließende Interpretation anzufertigen, indem ein Textkorpus definiert wird und weiterhin definiert wird, welche Bedeutungen herangezogen werden dürfen, um die Bedeutung der einzelnen Wörter und Sätze eindeutig festzulegen. So erhält man zwar ein festumrissenes, unbezweifelbares Ergebnis, kann aber eben auch an diesem Ergebnis selbst dann nichts mehr ändern, wenn sich die weiteren Entwicklungen längst in eine ganz andere Richtung bewegt haben. Die Offenheit, Mehrdeutigkeit und Fähigkeit zur Weiterentwicklung der natürlichen Sprache garantiert schließlich, dass sich Menschen vorher unbekannte Informationen mitteilen und aneignen können. Zumindest für eine sich in vorher unbekannter Weise verändernde Realität sind derartige Eigenschaften nicht ein möglichst zu eliminierendes Übel, sondern schlicht heuristisch unverzichtbar.

Erst wenn ein Kapitalgeber ein Wissen darüber erlangt, wie ungeklärt vieles in seiner Wahrnehmung von einem Unternehmen ist und wie viele Fragen offen bleiben, kann er sein Unwissen überhaupt zum Gegenstand von Überlegungen werden lassen. Je besser und bewusster er analytische Instrumente einsetzen kann, die ihm helfen, dies herauszufinden und sein Unwissen gezielt zu reduzieren, desto höher ist seine Chance, diejenigen Informationen zusammenzustellen, die es ihm erlauben, situationsadäquat zu agieren.

Die Forderung, bewusst zu halten, welche Informationsarten die eigenen Analyseergebnisse erzeugt haben sowie die Anforderungen der Rechtfertigbarkeit und Belegbarkeit der Analyseergebnisse sollte zugleich eine Nachvollziehbarkeit und Qualitätskontrolle ermöglichen können, welche ihrerseits allein auf den jeweilig vorherrschenden Informationsstand des Analysierenden und dessen Zeit- und Kosteneinsatz vergleichend zurückgreift, ohne ihn an der ihm nicht bekannten Zukunft zu messen.

Zugleich aber führt aus Erkenntnissen kein Weg zurück. Wer die vergangenen Kapitel gründlich durchgearbeitet hat, wird zukünftig in einem Lagebericht und in vielen anderen Texten - ob er das nun will oder nicht - nicht nur wesentlich mehr Informationen wahrnehmen, als er zuvor wahrgenommen hat; er wird auch wahrnehmen, mit wie viel Unsicherheit, Offenheit und Mehrdeutigkeit diese Informationen behaftet sind und wie viele offene Fragen verbleiben.

XIII. Zusammenfassung und Ausblick

Wird auf die vorangegangenen Abschnitte zurückgeblickt, so stellt sich heraus, dass mit Hilfe eines modularen Aufbaus sukzessive der Weg von dem Anfall bestimmter konkreter Entscheidungen und Zielsetzungen über die Informationserhebung und Analyse bis zu einer erzeugten Entscheidungsgrundlage gezeichnet wurde. Dadurch konnte die Funktion jedes Abschnitts in einen Gesamtzusammenhang eingebettet werden.

In einem ersten Schritt wurden konkrete Entscheidungsmöglichkeiten herausgearbeitet, denen sich Kapitalgeber gegenübersehen, die in eine Aktiengesellschaft investieren. Trotz der Einschränkungen auf die Kapitalgeber und die Aktiengesellschaft verblieb ein ungeheuer vielfältiges Spektrum an Entscheidungen und damit Fragestellungen bereits bei Eigenkapitalgebern. Noch weit umfangreicher fiel dieses Spektrum aufgrund des dispositiven Rechts bei Fremdkapitalgebern aus. Dabei wurde auch unmittelbar einsichtig, dass jede Entscheidungssituation ihren eigenen Informationsbedarf hervorruft, so dass abhängig von den jeweils verfolgten Fragestellungen gänzlich unterschiedliche Informationen erhoben und unterschiedliche Entscheidungsgrundlagen erstellt werden müssen.

In einem zweiten Schritt wurden die Zielsetzungen der Kapitalgeber untersucht, um daraus Anforderungen für die mit Hilfe einer Analyse zu erzeugenden Informationen abzuleiten. Dabei zeigte sich, dass die verfolgten Zielsetzungen der Kapitalgeber aufgrund der Unsicherheiten der Zukunft regelmäßig noch wenig umrissen sind. Es wurde herausgearbeitet, dass eine Verfolgung von Zielsetzungen das Informationsstandsprinzip beachten muss, d.h. die Prämisse, dass der Kapitalgeber zu seiner Zielverfolgung nur zugrunde legen kann, was er wirklich weiß. Zugleich konnte herausgearbeitet werden, dass neben der in der Literatur umfangreich behandelten Risikokategorie ein ungeheuer vielfältiges Spektrum an Formen der Unsicherheit existiert, welches seinerseits bereits gezielte Reaktionen der Kapitalgeber ermöglicht, weshalb für ihn Informationen über diese Unsicherheitsformen von Interesse sind.

Im dritten Schritt wurde aufgezeigt, wie die scheinbare Eindeutigkeit finanzieller Informationen zerfällt, wenn beachtet wird, dass sie nur Symptome nicht aber Ursache sind. Hierbei erwies sich, dass bei Einbezug der Ursachen die Verbindungen zu nichtfinanziellen Informationen nicht abgetrennt werden können. Deutlich wurde, dass sich einfache Zahlenakrobatik von tatsächlich erarbeiteten Erfolgen erst dann unterscheiden lässt, wenn diejenige Dimension in den Vordergrund gestellt wird, die die finanzielle Dimension als eigentliche Ursache fundiert: die Dimension der nichtfinanziellen Gegenleistungen, die sich nur durch nichtfinanzielle Informationen beschreiben lässt. Zugleich wurden die praktischen Schwierigkeiten und Grenzen einer Unternehmensberichterstattung in Bezug auf finanzielle wie nicht finanzielle Informationen vor Augen geführt.

Im vierten Schritt wurden diejenigen Schwierigkeiten durchleuchtet, denen sich jede Analyse stellen muss. Für die Analysetheorie wie -praxis lassen sich die Schlussfolgerungen aus der in diesem Abschnitt vorgebrachten Kritik kaum überschätzen. Sie lenken den Fokus von der Delegierbarkeit von Entscheidungen an maschinelle Verfahren wieder direkt auf den Menschen zurück, auf dessen Kreativität und Flexibilität im Erzeugen von informativen Entscheidungsgrundlagen nicht verzichtet werden kann, weil er allein dazu in der Lage ist, auf konkrete, nicht vorhersehbare Informationsinhalte durch die Abänderung seines gesamten Orientierungsrahmens zu reagieren.

Im fünften Schritt wurde in direkter Reaktion auf die vorgetragenen Probleme eine flexible Analysemethode vorgestellt: die offene, erweiterte Jahresabschlussanalyse. Diese wurde darauf fokussiert, den Weg vom eigenen Unwissen über ein Unternehmen bis hin zu einer logisch-deduktiv ableitbaren Entscheidung anhand ausgewählter Informationsgrundlagen möglichst sinnvoll anzugehen, ohne ihrerseits - sich später als möglicherweise falsch erweisende - Vorentscheidungen in die Analysemethodik selbst einzufügen. Zugleich verwies der im fünften Kapitel eingeschlagene Weg der Rechtfertigung von Zahlenprognosen durch Argumente darauf, wie viele Informationen benötigt werden, um rational im Sinne von logisch-deduktiv aus Prämissen begründbar handeln zu können. Dies wirft ein bezeichnendes Licht auf die heutige Praxis, die vielfach meint, mit einigen wenigen Daten und deren Einsetzen in Formeln bereits fundierte Aussagen über die Konsequenzen von Entscheidungen treffen zu können.

Um existierenden Informationsmängeln abzuhelfen oder sie zumindest bewusst zu machen, wurden bereits entwickelte Analyseverfahren in die flexible Analysemethode in Bezug auf die quantitative Jahresabschlussanalyse eingefügt und um eine intensive qualitative Analyse ergänzt. Gerade die qualitative Analyse wurde jedoch als bislang noch weitgehend brachliegendes Forschungsfeld identifiziert.

Um diese Forschungslücke zu schließen, wurde im zweiten Teil der Arbeit ein eigener Analyseansatz zur Verarbeitung qualitativer Informationen anhand des Lageberichts entwickelt: die strukturale Lageberichtsanalyse.

Hier wurde in einem ersten Schritt der Wettbewerb unterschiedlicher Auswertungen verbaler Informationen als Grundvoraussetzung fixiert. Dann wurden in der Übertragung von Forschungsergebnissen der Literaturwissenschaft und forensischen Psychologie vier verschiedene Analyseinstrumente erarbeitet:

Die semantische Raumanalyse wurde darauf ausgerichtet, Informationen aus dem Lagebericht in unternehmensspezifischen Modellanalysen abzubilden.

Die hernach entwickelte Nullpositionenanalyse diente dazu, systematisch herauszuarbeiten, über welche Themenbereiche sich der Lagebericht nachweisbar ausschweigt.

Die Boilerplate-Analyse zeigte auf, wie sich identifizieren lässt, in welchen Themenbereichen ein Ersteller nur scheinbar informiert.

Die nach diesen drei Kapiteln erfolgenden Überlegungen zur Erweiterung des semantischen Potentials durch den Einbezug zusätzlicher Informationen zeigten auf, welche Konsequenzen, Chancen und Risiken beim Einbezug weiterer außerhalb des Lageberichts anzutreffender Informationen zu beachten sind. Beispielhaft wurden darüber hinaus unterschiedliche Ansätze für eine Erweiterung vorgestellt.

Separat erfolgte dann die Darstellung des letzten Analyseinstruments zur Identifikation unzuverlässiger Informationen. Dieses wurde inhaltlich darauf ausgerichtet, Textsignale ausfindig zu machen, welche für intentionale oder nicht intentionale Falschaussagen im Lagebericht sprechen.

Wenngleich die Arbeit in allen Bereichen neuartige Forschungsergebnisse zeigt, wird doch zugleich auch deutlich, wie unvollkommen die vorgeschlagenen Lösungen noch verbleiben und wie viel Forschungsbedarf noch besteht, wenn das Kriterium, an dem der Sinn der Forschung gemessen wird, vor allem deren praktische Anwendbarkeit in Form heuristischer Überlegungen unter Unsicherheit bildet.

Hier wirft die Arbeit zunächst ein ganz neues Bild auf die Entscheidungslogik. So wird ein der Entscheidungslogik entsprechendes Ergebnis allenfalls unter Zuhilfenahme von ungeheuer großem Aufwand aus der Vielfalt gegebener Informationen erstellbar sein. Die Erstellung einer solchen Entscheidungsgrundlage wurde in dem im fünften Kapitel entwickelten Modell dennoch zugrunde gelegt, allein korrigiert um eine Berücksichtigung von Unsicherheit, um auf diese Weise in der Entscheidungsgrundlage selbst ihre Qualität und gegebenenfalls vorliegende Scheingenauigkeit zumindest grob abzubilden. Dadurch wird die Brücke zur traditionellen Entscheidungslogik geschlagen. Weiteren Forschungen muss überlassen bleiben, ob Entscheidungen ohne die zeitintensive Erzeugung einer entscheidungslogisch sauberen Entscheidungsgrundlage eventuell eine bessere, insbesondere effizientere Heuristik darstellen. Dafür spricht die Introspektion – zeigt diese doch, dass der Einzelne regelmäßig auf Basis ganz unterschiedlich stark ausdifferenzierter Entscheidungsgrundlagen handelt, die zudem von einer Entscheidungsgrundlage im entscheidungslogischen Sinne weit entfernt sind. Es ist anzunehmen, dass ein ganzes Arsenal an alternativen Möglichkeiten zur Fundierung von Entscheidungen existiert, welches auf das jeweils vorliegende unterschiedliche Ausmaß an Bestimmtheit, Abgestimmtheit und Vorhersehbarkeit bei Konsum, Kapitalmarktinstrumenten und Kapitalgeberrechten reagiert. Anzunehmen ist, dass es vorteilhaft sein könnte, sukzessive Meta-Entscheidungsprobleme zu formulieren, die den Grad an Klarheit der eigenen Entscheidung im Vergleich zu dem hierfür erforderlichen Aufwand und der Bedeutung der jeweiligen Entscheidung im Vergleich zu alternativen Entscheidungen bestimmen. Insofern zeigt der in der Arbeit eingeschlagene Weg lediglich auf, wie sich künstlich durch Reorganisation eine vorhandene Informationsmenge sukzessive in Entscheidungsgrundlage und Kritik- bzw. Vereinfachungsbasis überführen lässt. Es ist jedoch nicht ausgeschlossen und sogar sehr wahrscheinlich, dass der mit einer solchen Reorganisation verbundene Nutzen den Aufwand nicht immer aufwiegt.

Die Arbeit zeigt auch auf, wie viel Forschungsbedarf gerade in Bezug auf die Interaktion von finanzieller und nichtfinanzieller Information noch zu leisten ist. Zu fragen ist beispielsweise, wie sich die Beziehung zwischen qualitativen und quantitativen Informationen et vice versa besser erfassen lässt, wenn nicht von den quantitativen, sondern vielmehr von den qualitativen Informationen ausgegangen wird. So wurde in der Arbeit der Weg eingeschlagen, die qualitativen Informationen möglichst eindeutig werden zu lassen, um sie als strukturidentisches Pendant zur Entscheidungslogik nutzen zu können. Alternativ ließe sich jedoch auch hinterfragen, ob ein anderes, nicht entscheidungslogisches Pendant auf Zahlenebene denkbar ist, welches die Mehrdeutigkeit adäquat erfasst. Dies ist gerade in Bezug auf die häufig fehlende Additivität qualitativer Informationen zu erwägen – diese folgen schließlich eher dem Prinzip der wechselseitigen Vernetzung denn dem der Addition.

Auch der hier eingeschlagene Weg der entscheidungstheoretischen Doppelstruktur als Pendant zur Berücksichtigung finanzieller wie nichtfinanzieller Informationen wird noch genauerer Forschungen bedürfen, um eine bessere Vorstellung davon zu erlangen, wie die Begründungen und die gewählten Wertausprägungen zusammenhängen und ob hier allgemeine und unwidersprochen als überlegen einzustufende Begründungen zumindest tendenziell existieren.

Darüber hinaus bleibt es im Rahmen der strukturalen Textanalyse eine stete Aufgabe, bessere Strukturierungen für die auftretenden Phänomene, trennschärfere Textsignale und neue heuristische Begrifflichkeiten zu finden, um für die Entscheidungspraxis aufschlussreiche Analyseansätze zu generieren, die es erlauben, noch mehr Informationen aus einem Text zu gewinnen.

Hier liefert die Arbeit erste Anhaltspunkte für sinnvolle Vorgehensweisen. Vielfach dürften diese jedoch noch stark verbesserungswürdig sein. Gerade im Bereich der unzuverlässigen Information bedarf es einer Vielzahl von Korpusanalysen, um zu ergründen, welche Regeln den stark reglementierten Diskurs der Finanzberichterstattung adäquat beschreiben. Aus derartigen Diskursanalysen ließen sich dann aufbauend Idealtypen entwickeln, mit deren Hilfe die Entwicklung spezifischer heuristischer Suchanweisungen möglich würde.

Zugleich besteht noch ein weiter Raum für die Anwendung traditioneller literaturwissenschaftlicher Verfahren. Beispielsweise dürften die Analyse des Einsatzes von rhetorischen Stilmitteln oder eine Metaphernanalyse nicht nur in Bezug auf die Glaubwürdigkeit eines Managements, sondern auch hinsichtlich ihres unterschiedlichen Einsatzes bei dem Vergleich von deutlich unsicheren und relativ gesicherten Zukunftsaussichten vielversprechende Forschungsfelder darstellen.

Eine breite und durch viele Forscher getragene sowie durch ausgiebige Kritik geprüfte Entwicklung von textanalytischen Verfahren speziell zur Extraktion von Informationen aus öffentlich verfügbaren Unternehmensinformationen steht zugleich noch ebenso aus, wie die

Erschließung anderer Medien für die Zwecke einer erweiterten Jahresabschlussanalyse, wie z.B. Presse- und Telefonkonferenzen oder Videomitschnitte von Hauptversammlungen.

Über die strukturale Textanalyse hinaus stellt eine faszinierende Frage dar, wie genau sich die beschriebenen Auswirkungen neuer Informationen auf den bisherigen Informationsstand vollziehen und wie sich Mehrdeutigkeit und die Veränderung der Sprache bei der Veränderung der Realität verhalten und wie sich dieses Verhalten beschreiben ließe. Sicher ist, dass das Denkwerkzeug Logik für eine solche Erfassung nicht vollständig geeignet ist, weil es entweder davon ausgeht, dass etwas etwas bedeutet oder aber nicht bedeutet. Hier aber geht es um die sprachliche Eigenschaft, dass etwas etwas bedeuten könnte oder aber etwas anderes bedeuten könnte sowie, dass etwas eine vorher noch überhaupt nicht erkennbare - vielleicht auch noch gar nicht existierende - Bedeutung annehmen kann. Eine solche Eigenschaft der Sprache verliert durch eine exakte Beschreibung ihr Wesen. Es handelt sich um Unschärfe als solche, um das für die Erfassung von Veränderungen so bedeutsame Zwischenstadium von Halbinformationen. Verbunden damit sind so wichtige Fragen, wie sich neuartige Veränderungen - im Kontext der Finanzmarktkommunikation insbesondere neuartige Chancen und Risiken - erkennen und beschreiben lassen, obwohl eigentlich das korrespondierende sprachliche Instrumentarium noch gar nicht existieren kann. Diese Fragen lenken direkt zu der alten Erkenntnis zurück, dass Wissenschaft mit dem Staunen und Fragen anheben müsse,[867] um Neues, noch nicht Erklärtes beschreiben zu lernen.

[867] Vgl. Platon (2005), 155 D.

XIV. Literaturverzeichnis

Autorenverzeichnis:

ADELBERG, A. H./LEWIS, R. A. (1980): Professional Notes. Financial reports can be made more understandable, in: Journal of Accountancy 149 (June) (1980), S. 44-50.

ADORNO, T. W. (1975): Negative Dialektik, Frankfurt am Main, 1975.

AERTS, W. (1994): On the use of accounting logic as an explanatory category in narrative accounting disclosures, in: AOS 19 (1994), S. 337-353.

AERTS, W. (2005): Picking up the pieces: impression management in the retrospective attributional framing of accounting outcomes, in: AOS 30 (2005), S. 493-518.

ALLRATH, G. (1998): „But why will you say that I am mad?“Textuelle Signale für die Ermittlung von unreliable narration, in: Unreliable Narration, hrsg. v. Nünning, Ansgar, Trier 1998, S. 59-79.

ALLRATH, G. (2005): Unreliable Narration und Gender. Fay Weldons >>Life Force << als Beispiel für eine geschlechterkritische Funktionalisierung unzuverlässigen Erzählens, in: Was stimmt denn jetzt? Unzuverlässiges Erzählen in Literatur und Film, hrsg. v. Liptay, Fabienne/Wolf, Yvonne, München 2005, S. 233-246.

ARROW, K. J. (1976): Essays in the theory of risk-bearing, New York, 1976.

BAETGE, J. (1980): Früherkennung negativer Entwicklungen der zu prüfenden Unternehmung mit Hilfe von Kennzahlen, in: Wpg 33 (1980), S. 651-665.

BAETGE, J./BAETGE, K./KRUSE, A. (1999): Moderne Verfahren der Jahresabschlussanalyse: Das Bilanz-Rating, in: DStR 37 (1999), S. 1628-1632.

BAETGE, J./FISCHER, T./PASKERT, D. (1989): Der Lagebericht, Stuttgart, 1989.

BAETGE, J./KIRSCH, H.-J./THIELE, S. (2004): Bilanzanalyse, 2. Aufl., Düsseldorf, 2004.

BAETGE, J./SIERINGHAUS, I. (1996): Bilanzbonitäts-Rating von Unternehmen, in: Handbuch Rating, hrsg. v. Büschgen, Hans E./Everling, Oliver, Wiesbaden 1996, S. 221-249.

BALLWIESER, W. (1993): Bilanzanalyse, in: Handwörterbuch des Rechnungswesens, hrsg. v. Chmielewicz, Klaus/Schweitzer, Marcell, 3. völlig neu gest. u. erg. Aufl., Stuttgart 1993, Sp. 211-221.

BALLWIESER, W. (1999): HGB-Konzernabschlußbefreiung und privates Rechnungslegungsgremium, in: Internationale Rechnungslegung, FS Weber, hrsg. v. Küting, Karlheinz/Langenbucher, Günther, Stuttgart 1999, S. 433-449.

BALLWIESER, W. (2001): Konzernrechnungslegung und Wettbewerb, in: DBW 61 (2001), S. 640-657.

BALLWIESER, W. (2007): Unternehmensbewertung. Prozeß, Methoden und Probleme, 2. überarb. Aufl., Stuttgart, 2007.

BAMBERG, G./COENENBERG, A.G. (2002): Betriebswirtschaftliche Entscheidungslehre, 11. überarb. Aufl, München, 2002.

BAMBERG, G. /PAPATRIFON, M. (2008): Stochastischer Kapitalwert bei autokorrelierten Cashflows, in: Finanzierungstheorie auf vollkommenen und unvollkommenen Kapitalmärkten, hrsg. v. Laitenberger, Jörg/Löffler, Andreas, München 2008, S. 179-191.

BAUER, M. (2005): Unzuverlässige Verführungsszenen in Atom Egoyans Exotica oder warum die Narratologie keine Freudlose Angelegenheit sein kann, in: Was stimmt denn jetzt? Unzuverlässiges Erzählen in Literatur und Film, hrsg. v. Liptay, Fabienne/Wolf, Yvonne, München 2005, S. 107-130.

BAYEN, U. J. (2009): Gedächtnis, Irrtum und Vernehmung, in: Vernehmung in Theorie und Praxis. Wahrheit – Irrtum – Lüge, hrsg. v. Litzke, Sven/Hermanutz, Max, 2., überarb. Aufl., Stuttgart 2009, S. 86-99.

BECK, P.W. (1982): Corporate Planning for an Uncertain Future, in: Long Range Planning 15 (1982), S. 12-21.
BECKMANN, K. (2007): Jon Elster und das Zeitinkonsistenz-Problem, Diskussionspapier Nr. 2007-21 des Lehrstuhls für Wirtschaftsethik an der Martin-Luther-Universität Halle-Wittenberg, hrsg. v. Pies, Ingo, Halle 2007, abrufbar auf: http://edoc.bibliothek.uni-halle.de/servlets/MCRFileNodeServlet/HALCoRe_derivate_00001591/DP_2007-21_Beckmann_Elster.pdf, zuletzt abgerufen am 06.10.2010.
BENDER, H.-U. (1987): Merkmalskombinationen in Aussagen. Theorie und Empirie zum Beweiswert beim Zusammentreffen von Glaubwürdigkeitskriterien, Tübingen, 1987.
BOOTH, W. (1983): The Rhetoric of Fiction, 2. Aufl., Chicago/London, 1983.
BUSCH, D. (1998): Unreliable Narration aus narratologischer Sicht: Bausteine für ein erzähltheoretisches Analyseraster, in: Unreliable Narration, hrsg. v. Nünning, Ansgar, Trier 1998, S. 41-58.
BRETZKE, W.-R. (1975): Das Prognoseproblem bei der Unternehmensbewertung, Düsseldorf, 1975.
BRETZKE, W.-R. (1978): Der Problembezug von Entscheidungsmodellen, Köln, 1978.
BRETZKE, W.-R. (1993): Unternehmensbezug in dynamischen Märkten, in: BFuP 45 (1993), S. 39-45.
BUCH, A. /DORFLEITNER, G. (2007): Ein Vergleich der Sicherheitsäquivalentmethode und der Risikoanalyse als Methoden zur Bewertung risikobehafteter Zahlungsströme, in: ZfB 77 (2007), S. 141-170.
BUDDE, W.D./STEUBER, E. (1998): Normsetzungsbefugnis eines deutschen Standard Setting Body, in: DStR 36 (1998), S. 1181-1187.
BUSSE VON COLBE, W. (1966): Aufbau und Informationsgehalt von Kapitalflussrechnungen, in: ZfB 36 (1966), S. 82-114.
CHATMAN, S. (1978): Story and Discourse. Narrative Structure in Fiction and Film, Ithaca/London,1978.
CHUA, W.F. (1996): Teaching and learning only the language of numbers – monolingualism in a multilingual world, in: Critical Perspectives on Accounting 7 (1996), S. 129-156.
CLEMM, H. (1987): Unternehmerische Rechnungslegung – aufgaben, Möglichkeiten und Grenzen-, in: Bilanz- und Konzernrecht, FS Goerdeler, hrsg. v. Havermann, Hans, Düsseldorf 1987, S. 83-112.
CLEMM, H./REITTINGER, W. (1980): Die Prüfung des Lageberichts im Rahmen der jährlichen Abschlussprüfung von Kapitalgesellschaften, in: BFuP 32 (1980), S. 493-513.
COENENBERG, A.G. (2003): Strategische Jahresabschlussanalyse – Zwecke und Methoden, in: KoR 3 (2003), S. 165-177.
CYERT, R. M./MARCH, J.G. (1988): A behavioural Theory of Organizational Objectives, in: The Economic Theory of Organization and the Firm, hrsg. v. Cyert, Richard M., New York u.a. 1988, S. 125-138.
DANNENBERG, H. P. (2004): Die Entwicklung von Theorien der Erzählstruktur und des Plot-Begriffs, in: Literaturwissenschaftliche Theorien, Modelle und Methoden. Eine Einführung, hrsg. v. Nünning, Ansgar, 4., erw. Aufl., Trier 2004, S. 51-68.
DAUM, R. (2003): Außer Kontrolle. Wie ComRoad & Co. Deutschlands Finanzsystem austricksen, München, 2003.
DE PAULO, B. / LINDSAY, J. / MALONE, B. E. / MUHLENBRUCK, L. / CHARLTON, K. / COOPER, H. (2003): Cues to Deception, PB, 2003, S. 74-118.
DETTENBORN, H./FRÖHLICH, H.-H./SZEWCZYK, H. (1984): Forensische Psychologie, Berlin, 1984.

DYCKHOFF, H. (2005): Semi-subjektive Unternehmensbewertung aus deskriptiv-entscheidungstheoretischer Sicht, in: Kapitalmarkt, Unternehmensfinanzierung und rationale Entscheidungen, hrsg. v. Kürsten, Wolfgang/Nietert, Bernhard, Berlin u.a. 2005, S. 437-451.

DYCKHOFF, H. (2007): Quasilineare Mittel von Periodensicherheitswerten als intertemporale Nutzenfunktionen, in: zfbf 59 (2007), S. 982 – 1001.

DROBECK, J. (1998): Prognosepublizität: die Berichterstattung über die voraussichtliche Entwicklung der Kapitalgesellschaft in den Lageberichten deutscher Aktiengesellschaften gem. § 289 Abs. 2 Nr. 2 HGB, Frankfurt am Main, 1998.

DUKE, J.C./HUNT, H.G. (1990): An empirical examination of debt covenant restrictions and accounting-related debt proxies, in: Journal of Accounting and Economics 12 (1990), S. 45-63.

EGGERT, S. (2007): Aktionärsrechte bei der nationalen Verschmelzung und Spaltung. Eine vergleichende Untersuchung des deutschen, französischen, belgischen und britischen Rechts, Frankfurt am Main, 2007.

EGNER, H. (1974): Bilanzen. Ein Lehrbuch zur Bilanztheorie, München, 1974.

ELLSBERG, D. (1961): Risk, Ambiguity, and the Savage Axioms, in: The Quarterly Journal of Economics 75 (1961), S. 643-669.

ERNST, C. (1998): KonTraG und KapAEG sowie aktuelle Entwicklungen zur Rechnungslegung und Prüfung in der EU, in: Wpg 51 (1998), S. 1025-1035.

ERNST, E./GASSEN, J./PELLENS, B. (2009): Verhalten und Präferenzen deutscher Aktionäre, Studien des Deutschen Aktieninstituts 42, abrufbar auf. www.dai.de/internet/dai/dai-2-0.nsf/dai_publikationen.htm, zuletzt abgerufen am 23.03.3009.

EWERT, R. (1986): Rechnungslegung, Gläubigerschutz und Agency-Probleme, Wiesbaden, 1986.

EWERT, R./WAGENHOFER, A. (1992): Unternehmenspublizität und Konkurrenzwirkungen, in: ZfB 62 (1992), S. 297-324.

FICHTE, J.G. (1977): Der geschlossene Handelsstaat, in: Johann Gottlieb Fichte: Ausgewählte Politische Schriften, hrsg. v. Batscha, Zwi/Saage, Richard, Frankfurt am Main 1977, S. 59-168.

FINK, C. (2007): Lageberichterstattung und Erfolgspotentialanalyse Eignung der Lageberichterstattung nach deutschem Recht und IFRS für die strategische Unternehmensanalyse, Marburg, 2007.

FLEISCHER, H. (1998): Covenants und Kapitalersatz, in: ZIP 19 (1998), S. 313-321.

FLUDERNIK, M. (2005): Unreliability vs. Discordance. Kritische Betrachtungen zum literaturwissenschaftlichen Konzept der erzählerischen Unzuverlässigkeit, in: Was stimmt denn jetzt? Unzuverlässiges Erzählen in Literatur und Film, hrsg. v. Liptay, Fabienne/Wolf, Yvonne, München 2005, S. 39-59.

FOUCAULT, M. (2007): Archäologie des Wissens, Frankfurt am Main, 2007.

FRANK, G./LUKAS, W. (2004): ‚Grenzüberschreitungen' als Wege der Forschung. Zur Einführung in den Band, in: Norm-Grenze-Abweichung. Kultursemiotische Studien zu Literatur, Medien und Wirtschaft, hrsg. v. Frank, Gustav/Lukas, Wolfgang, Passau 2004, S. 19-27.

FRANK, R. H./GILOVICH, T. D./REGAN, D. T. (1996): Do Economists Make Bad Citizens?, in: Journal of Economic Perspectives 10 (1996), S. 187-192.

GABER, C./KANDEL, A. (2008): Bilanzierung von Financial Covenants und weiteren Nebenabreden im Kreditgeschäft nach IAS 39, in: KoR 8 (2008), S. 9-16.

GENETTE, G. (1998): Die Erzählung, 2. Aufl., München, 1998.

GIGLER, F. (1994): Self-enforcing voluntary disclosures, Journal of Accounting Research 32 (1994), S. 224–240.
GÖTZ, A./HEGERL, H.-J. (1997): Die Sanierungsfeindlichkeit des Eigenkapitalersatzrechts und die Sanierungsobjektgesellschaft als Ausweg, in: DB 50(1997), S. 2365-2370.
GRÄF, D./SCHMÖLLER, V. (2009): Grenzen. Eine Einführung, in: Grenzen. Konstruktionen und Bedeutungen, hrsg. v. Gräf, Dennis/Schmöller, Verena, Passau 2009, S. 9-18.
GRAHAM, J. R./HARVEY, C. R./RAJGOPAL, S. (2005): The economic implications of corporate financial reporting, in: Journal of Accounting & Economics 40 (2005), S. 3-75.
GREIMAS, A.J. (1971): Strukturale Semantik, übers. von Ihwe, Jens, Braunschweig, 1971.
GREIMAS, A.J. (1974): Die Isotopie der Rede, in: Lektürekolleg zur Textlinguistik, Band 2: Reader, Frankfurt am Main 1974, S. 126-152.
GREINERT, M. (2004): Weitergehende Anforderungen an den Konzernlagebericht durch E-DRS 20 sowie das Bilanzrechtsreformgesetz, in: KoR 4 (2004), S. 51-60.
GROSSE, E.U. (1974): Zur Neuorientierung der Semantik bei Greimas. Grundgedanken, Probleme und Vorschläge, in: Lektürekolleg zur Textlinguistik, Band 2: Reader, Frankfurt am Main 1974, S. 87-125.
GROTTKE, M. (2007): Methodische Überlegungen zur Harmonisierung von Normen und Standards im Bereich der Rechnungslegung aus Sicht des Mittelstandes, in: Management kleiner und mittlerer Unternehmen: Stand und Perspektiven der KMU-Forschung, hrsg. v. Letmathe, Peter u.a., Wiesbaden 2007, S. 673-694.
GROTTKE, M. (2009): Die strukturale Textanalyse als bilanzanalytisches Instrument bei der Auswertung von Lageberichten, DBW 69 (2009), S. 463-477.
GROTTKE, M. (2011): Geheimhaltung und Unternehmenspublizität während der Finanzkrise – berechtigte und unberechtigte Grenzziehungen aus der Perspektive des öffentlichen Raums, in: Privatheit – Formen und Funktionen, hrsg.v. Gräf, Dennis/Halft, Stefan/Schmöller, Verena, Passau 2011, S. 83-107.
GROTTKE, M./STROBL, S. (2009): Eine kritische Analyse des Exposure Draft Management Commentary mit Blick auf seine zentralen Zielsetzungen, in: IRZ 4 (2009), S. 483-488.
GROTTKE, M./HÖSCHELE, D. (2010): Die internationalen Stellungnahmen zum ED Management Commentary, in: PiR 6 (2010), S. 149-156.
GUTENBERG, E. (1980): Grundlagen der Betriebswirtschaftslehre, 3. Band, Die Finanzen, 8., erg. Aufl., Berlin u.a., 1980.
HABERSACK, M. (2005): Mitwirkungsrechte der Aktionäre nach Macotron und Gelatine, in: AG 50 (2005), S. 137-149.
HACKL, P. (2005): Einführung in die Ökonometrie, München u.a., 2005.
HAIL, L. (2002): Kennzahlenanalyse, in: Der Schweizer Treuhänder 1-2 (2002), S. 53-66.
HARTMANN, B. (2005): Von der Macht erster Eindrücke. Falsche Fährten als textpragmatisches Krisenexperiment[1], in: Was stimmt denn jetzt? Unzuverlässiges Erzählen in Literatur und Film, hrsg. v. Liptay, Fabienne/Wolf, Yvonne, München 2005, S. 154-174.
HARTMANN, C. (2006): Internationalisierung der Lageberichterstattung, Marburg, 2006.
HARTMANN-WENDELS, T./GRUNDKE, P./SPÖRK, W. (2002): Zukünftige Anforderungen an die Kreditvergabe, in: Praktiker-Handbuch Unternehmensfinanzierung, hrsg. v. Krimphove, Dieter/Tytko, Dagmar, Stuttgart 2002, S. 918-942.
HARRIS, T. S./ESTRIDGE, J./NISSIM, D. (2008): Morgan Stanley ModelWare's Approach to Intrinsic Value: Focusing on Risk-Reward Trade-offs, in: Equity Valuation. Models from Leading Investment Banks, hrsg. v. Viebig, Jan/Poddig, Thorsten, Varmaz, Armin, Chichester u.a. 2008, S. 193-252.

HARTUNG, S. P. (2002): Anhang und Lagebericht im Spannungsfeld zwischen Bilanztheorie und Bilanzpolitik, Aachen, 2002.
HAUSCHILDT, J. (1995): Erfolgs- und Finanz-Analyse, 2. Aufl., Köln, 1995.
HAYEK, F.A. von (1972): Die Theorie komplexer Phänomene, Tübingen, 1972.
HAYEK, F.A. von (1979): The Counter-Revolution of Science. Studies on the abuse of reason, 2.Aufl., Indianapolis, 1979.
HAYEK, F.A. von (2002): Competition as a Discovery Procedure, in: The Quarterly Journal of Austrian Economics, 5 (2002), S. 9-23.
HECK, M. (2006): Der Flowtex-Skandal: Wie Politik und Fiskus jahrelang von einem gigantischen Wirtschaftsbetrug profitierten, Frankfurt am Main, 2006.
HEGEL, G. W. F. (1999): Phänomenologie des Geistes, Philipp Reclam jun., Stuttgart 1999.
HENSELMANN, K. (2005): Value Reporting und Konkurrenzanalyse, in: BFuP 57 (2005), S. 296-305.
HOF, R. (1984): Das Spiel des unreliable narrator. Aspekte unglaubwürdigen Erzählens im Werk von Vladimier Nabokov, München, 1984.
HOFMANN, S. (2008): Handbuch Anti-Fraud-Management. Bilanzbetrug erkennen – vorbeugen – bekämpfen, Berlin, 2008.
HOFFMANN, W.-D./LÜDENBACH, N. (2007): Die bilanzielle Abbildung der Hypothekenkrise und die Zukunft des Bilanzrechts, in: DB 60 (2007), S. 2213-2219.
HOMMELHOFF, P. (1983): Der Jahresabschluß als Überwachungs- und Kontrollinstrument der Gesellschafter in der GmbH, in: Der Jahresabschluss im Widerstreit der Interessen, hrsg. v. Baetge, Jörg, Düsseldorf 1983, S. 241-268.
HÜTTCHE, T. (2005): Typologische Bilanzanalyse: Qualitative Auswertung von IFRS-Abschlüssen, in: KoR 7-8 (2005), S. 318-323.
HÜFFER, U. (2008): Aktiengesetz, 8., neu bearb. Aufl., München, 2008.
HULL, J.C. (2006): Optionen, Futures und andere Derivate, 6. Aufl., München, 2006.
INGARDEN, R. (1979): Konkretisation und Rekonstruktion, in: Rezeptionsästhetik Theorie und Praxis, hrsg. v. Warning, Rainer, 2. Aufl., München 1979, S. 42-70.
INGARDEN, R. (1997): Vom Erkennen des literarischen Kunstwerkes, Tübingen, 1997.
ISER, W. (1971): Die Appellstruktur der Texte. Unbestimmtheit als Wirkungsbedingungen literarischer Prosa, Konstanz, 1971.
JÄGER, M. (2005): Unzuverlässigkeit im pikarischen Roman, in: Was stimmt denn jetzt? Unzuverlässiges Erzählen in Literatur und Film, hrsg. v. Liptay, Fabienne/Wolf, Yvonne, München 2005, S. 218-232.
JAHN, M. (2004): Narratologie: Methoden und Modelle der Erzähltheorie, in: Literaturwissenschaftliche Theorien, Modelle und Methoden. Eine Einführung, hrsg. v. Nünning, Ansgar, 4., erw. Aufl., Trier 2004, S. 29-50.
JAKOBSON, R. (2005): Linguistik und Poetik, in: Poetik, hrsg. v. Holenstein, Elmar/Schelbert, Tarcisius, Frankfurt am Main 2005, S. 83-121.
JONAS, H. H. (1983): Der Jahresabschluß im Widerstreit der Interessen - aus der Sicht des bilanzierenden Kaufmanns -, in: Der Jahresabschluß im Widerstreit der Interessen, hrsg. v. Baetge, Jörg, Düsseldorf 1983, S. 95-129.
JUNGERMANN, H. (1974): Rationale Entscheidungen unter Unsicherheit, Darmstadt, 1974.
KÄSTLE, M. (2003): Rechtsfragen der Verwendung von Covenants in Kreditverträgen, Berlin, 2003.
KAJÜTER, P./ BACHERT, K./BLAESING, D. (2010): Die DRS zur Lageberichterstattung auf dem Prüfstand – Empirische Befunde zur Beurteilung und Anwendungspraxis der DRS, in: DB 63 (2010), 457-465.
KANT, I. (2000): Grundlegung zur Metaphysik der Sitten, Stuttgart, 2000.
KANT, I. (2002): Kritik der reinen Vernunft, Stuttgart, 2002.

KELLERHOF, P. (1983): Der Jahresabschluß aus der Sicht einer Investitionsfinanzierungsbank, in: Der Jahresabschluß im Widerstreit der Interessen, hrsg. v. Baetge, Jörg, Düsseldorf 1983, S. 297-314.
KHURANA, R. (2007): From higher aims to hired hands, Princeton, 2007.
KLEINDIEK, D. (1998): Geschäftsleitertätigkeit und Geschäftsleitungskontrolle: Treuhänderische Vermögensverwaltung und Rechnungslegung, in: ZGR 27 (1998), S. 466-489.
KLEMPT, A. (2004): Ökonomische Analyse der Änderungen von Inhalt und Prüfung des Lageberichts durch das KonTraG, Frankfurt am Main, 2004.
KNIGHT, F.H. (1957): Risk, Uncertainty and Profit, Dover 1957.
KÖHNKEN, G. (1990): Glaubwürdigkeit. Untersuchungen zu einem psychologischen Konstrukt, München, 1990.
KOLMOGOROFF, A. (1977): Grundbegriffe der Wahrscheinlichkeitsrechnung, Berlin u.a., 1977.
KRAFT, C. H./PRATT, J.W./SEIDENBERG, A. (1959): Intuitive Probability on Finite Sets, in: The Annals of Mathematical Statistics 30 (1959), S. 408-419.
KRANTZ, D.H./LUCE, R.D./SUPPES, P./TVERSKY, A. (1971): Foundations of Measurement, Vo. I: Additive and Polynomial Representations, New York/London, 1971.
KRAH, H. (2006): Einführung in die Literaturwissenschaft/Textanalyse, Kiel, 2006.
KRAWITZ, N. (2007): Kommentierung zu § 289 HGB, in: Bonner Handbuch Rechnungslegung – Aufstellung, Prüfung und Offenlegung des Jahresabschlusses, Band 2, Fach 4, Kommentierung Rechnungslegungsvorschriften Handelsgesetzbuch, hrsg. v. Hofbauer, Max/Kupsch, Peter, u.a., 2. Aufl., 38. Erg.-Lfg., Bonn 2007, S. 15-80.
KROLAK, T./MORZFELD, K./REMMEN, J.-D. (2009): Financial Covenants als Instrument der Krisenfrüherkennung und der normierten Krisenbewältigung, in: DB 62 (2009), S. 1417-1422.
KROPFF, B. (1980): Der Lagebericht nach geltendem und künftigem Recht, in: BFuP 32 (1980), S. 514-532.
KRUMBHOLZ, M. (1994): Die Qualität publizierter Lageberichte – Ein empirischer Befund zur Unternehmenspublizität, Düsseldorf, 1994.
KRUSCHWITZ, L. (1995): Finanzierung und Investition, Berlin u.a., 1995.
KUHN, W. (1992): Forschung und Entwicklung im Lagebericht – Eine theoretische und empirische Untersuchung -, Hamburg, 1992.
KÜTING, K.-H. (1992): Grundlagen der qualitativen Bilanzanalyse (Teil II). In: DStR 30 (1992), S. 728-733.
KÜTING, K.-H. (2002): Von der Bilanzanalyse zur Unternehmensanalyse – dargestellt am Beispiel der Beurteilung von Unternehmen der neuen Ökonomie, in: Beihefter zu DStR 32 (2002), S. 3-19.
KÜTING, K.-H./ZWIRNER, C. (2003): Ergebnisse einer mehrjährigen empirischen Analyse der Informationsqualität deutscher Geschäftsberichte, in: StuB 5 (2003), S. 193-200.
KÜTING, K.-H./WEBER, C.P. (2009): Die Bilanzanalyse, 9. überarb. Aufl, Stuttgart, 2009.
KÜTING, K.-H./LAM, S./MOJADADR, M. (2010): Entwicklungstendenzen der Bilanzanalyse, in: DB 70 (2010), S. 2289-2297.
LAKATOS, I. (1974): Falsifikation und die Methodologie wissenschaftlicher Forschungsprogramme, in: Kritik und Erkenntnisfortschritt, hrsg. v. Lakatos, Imre/Musgrave, Alan, Braunschweig/Wiesbaden 1974, S. 89-189.
LÄMMERT, E. (1993): Bauformen des Erzählens, 8. Aufl., Stuttgart, 1993.

LAHDE, M. (2005): Der unzuverlässige Erzähler in The usual Suspects[1] in: Was stimmt denn jetzt? Unzuverlässiges Erzählen in Literatur und Film, hrsg. v. Liptay, Fabienne/Wolf, Yvonne, München 2005, S. 293-306.

LANSER, S. S. (1981): The Narrative Act, Princeton, 1981.

LARCKER, D.F./ZAKOLYUKINA, A.A. (2010): Detecting Decpetive Discussions in Conference Calls, Working Paper, Stanford, 2010.

LAUX, H: (2005): Entscheidungstheorie, 6. durchges. Aufl, Berlin u.a., 2005.

LEFFSON, U. (1976): Bilanzanalyse, Stuttgart, 1976.

LEURS, A. (2006): Geschäftsberichte: Können narrative Strukturen die Memorabilität steigern? Düsseldorf, 2006.

LEUZ, C./ DELLER, D./ STUBENRATH, M. (1998): An International Comparison of Accounting-Based Payout Restrictions in the United States, United Kingdom and Germany, in: Accounting and Business Research 28 (1998), S. 111-129.

LEVINSON, S. C. (2000): Pragmatik, 3. Aufl., neu übers. von Martina Wiese, Tübingen, 2000.

LIPTAY, F./WOLF, Y. (2005): Einleitung. Film und Literatur im Dialog, in: Was stimmt denn jetzt? Unzuverlässiges Erzählen in Literatur und Film, hrsg. v. Liptay, Fabienne/Wolf, Yvonne, München 2005, S. 12-18.

LITZKE, S./HERMANUTZ, M. (2009): Warnsignale, in: Vernehmung in Theorie und Praxis. Wahrheit – Irrtum – Lüge, hrsg. v. Litzke, Sven/Hermanutz, Max, 2., überarb. Aufl., Stuttgart 2009, S. 168-183.

LOTMAN, J. M. (1972): Die Struktur literarischer Texte, München, 1972.

LUHMANN, N. (1973): Zweckbegriff und Systemrationalität, Tübingen, 1973.

LUHMANN, N. (2000): Vertrauen, 4. Aufl., Frankfurt am Main, 2000.

LUHMANN, N. (2006): Organisation und Entscheidung, 2. Aufl., Wiesbaden, 2006.

LUTZ, C. (2005): Covenants in Deutschland, Studie zum Einsatz im mittelständischen Firmenkundengeschäft, Master Thesis, Nürtingen-Geislingen, 2005, abrufbar auf: http://opus.bsz-bw.de/fhnu/volltexte/2007/747/pdf/Masterthesis.pdf, zuletzt abgerufen am: 06.10.2009.

MACINTOSH, N.B./SHEARER, T./THORNTON, D.B./WELKER, M. (2000): Accounting as simulacrum and hyperreality: perspectives on income and capital, in: AOS 25 (2000), p. 13-50.

MANNS, S. (2005): Unreliable narration in der russischen Literatur. F.M. Dostoevskijs Zapiski iz podpol'ja und V.V. Erofeevs Moskva-Petuški im Vergleich, Frankfurt am Main, 2005.

MARTEN, K.-U./QUICK, R./RUHNKE, K. (2007): Wirtschaftsprüfung, 3., überarb. Aufl., Stuttgart, 2007.

MARTINEZ, M./SCHEFFEL, M. (2007): Einführung in die Erzähltheorie, 7. Aufl., München, 2007.

MC LEAN, B./ELKIND, P. (2004): The smartest guys in the room: The amazing rise and scandalous fall of Enron, New York, 2004.

MARX, K. (1972): Das Kapital, 2. Band, Berlin, 1972.

MEDER, T. (2005): Erzählungen mit schwarzen Löchern, in: Was stimmt denn jetzt? Unzuverlässiges Erzählen in Literatur und Film, hrsg. v. Liptay, Fabienne/Wolf, Yvonne, München 2005, S. 175-187.

MEIBAUER, J. (2008): Pragmatik. Eine Einführung, 2., verb. Aufl., Tübingen, 2008.

MERTON, R. C. (1974): On the pricing of corporate debt: The risk structure of interest rates, in: Journal of Finance 29 (1974), S. 449-470.

MEYER, M. (2004): Prinzipale, Agenten und ökonomische Methode, Tübingen, 2004.

MODIGLIANI, F./MILLER, M.H. (1958): The Cost of Capital, Corporation Finance and the Theory of Investment, The American Economic Review 48 (1958), S. 261-297.
MORGENSTERN, O. (1965): Über die Genauigkeit wirtschaftlicher Beobachtungen, 2., völlig neu bearb. und erw. Aufl., Wien-Würzburg, 1965.
MOXTER, A. (1966): Die Grundsätze ordnungsmäßiger Bilanzierung und der Stand der Bilanztheorie, in: zfbf 18 (1966), S. 28-59.
MOXTER, A. (1976): Fundamentalgrundsätze ordnungsmäßiger Rechenschaft, in: Bilanzfragen, hrsg. v. Baetge, Jörg/Moxter, Adolf/Schneider, Dieter, Düsseldorf 1976, S. 87-100.
MOXTER, A. (1982): Betriebswirtschaftliche Gewinnermittlung, Tübingen, 1982.
MOXTER, A. (1995): Standort Deutschland: Zur Überlegenheit des deutschen Rechnungslegungsrechts, in: Standort Deutschland, Grundsatzfragen und aktuelle Perspektiven für die Besteuerung, die Prüfung und das Controlling, FS. Heigl, hrsg. v. Peemöller, Volker H./Uecker, Peter, Berlin 1995, S. 31-41.
MÜßIG, A. (2006): Bilanzielle Risikovorsorge und außerbilanzielle Risikoberichterstattung. Das Verhältnis von Lagebericht und Management Commentary zum Jahresabschluss nach HGB und IFRS, Wiesbaden, 2006.
NIETERT, B./WILHELM, J: (2004): Non-negativity of Nominal and Real Riskless Rates, Arbitrage Theory, and the Null-Alternative Cash, Working Paper, Passau 2004.
NIETERT, B. (2005): "Nutzenorientierte versus traditionelle subjektive Unternehmensbewertung", in: ZfB 75 (2005), S. 541-572.
NOACK, H.-C. (1999): Die Bedeutung des Geschäftsberichtes aus Sicht der Presse, in: Internationale Rechnungslegung, FS Weber, hrsg. v. Küting, Karlheinz/ Langenbucher, Günther, Stuttgart 1999, S. 53-63.
NÜNNING, A. (1998): Unreliable Narration zur Einführung: Grundzüge einer kognitiv-narratologischen Theorie und Analyse unglaubwürdigen Erzählens, in: Unreliable Narration, hrsg. v. Nünning, Ansgar, Trier 1998, S. 3-39.
NÜNNING, A. (2005): Reconceptualizing Unreliable Narration: Synthesizing Cognitive and Rhetorical Approaches, in: A Companion to Narrative Theory, hrsg. v. Phelan, James/Rabinowitz, Peter, Malden u.a. 2005, S. 89-107.
ORDELHEIDE, D. (1988): Zu einer neoinstitutionalistischen Theorie der Rechnungslegung, in: Betriebswirtschaftslehre und Theorie der Verfügungsrechte, hrsg.v. Budäus, Dietrich/Gerum, Elmar/Zimmermann, Gebhard, Wiesbaden 1988, S. 269-295.
PLATON (2005): Platon Werke Band 6: Theaitetos, übersetzt v. Schleiermacher, Friedrich, 4. Aufl., Darmstadt, 2005.
PALMES, C. (2008): Der Lagebericht – Grundfragen und Haftung, München, 2008.
PATON, W. A./LITTLETON, A. C. (1967): An Introduction to Corporate Accounting Standards, Evanston, 1967.
PEEMÖLLER, V. H./HOFMANN, S. (2005): Bilanzskandale, Berlin, 2005.
PEIFFER, H.-H. (1974): Möglichkeiten und Grenzen der Prüfung von Prognosen im Geschäftsbericht (Teil I), in: Wpg 27 (1974), S. 159-170.
PENMAN, S. H.(2007): Financial statement analysis and security valuation, 3. Aufl, Boston u.a., 2007.
PELLENS, B. /NÖLTE, U./BERGER, O. (2007): Ergebnisprognosen durch das Management – Sind die Managementprognosen der DAX-Unternehmen zu pessimistisch?, in: FB 9 (2007), S. 24-29.
PFISTER, M. (1977): Das Drama, München, 1977.
PIAGET, J. (1973): Der Strukturalismus, Olten, 1973.
PIPER, G. (1970): Zum Umfang und Inhalt von Geschäftsberichten, in: DB 23 (1970), S. 1141-1142.

PÖCKEL, J. (2006): Das Diskussionspapier „Management Commentary" des IASB – Vergleich und denkbare Wechselwirkungen mit dem bestehenden Regelwerk -, in: PiR 2(2006), S. 71-75.
POPPER, K. R. (1973): Logik der Forschung, 5. Aufl., Tübingen, 1973.
POPPER, K.R. (1978): Die Logik der Sozialwissenschaften, in: Der Positivismusstreit in der deutschen Soziologie, hrsg.v. Adorno, T.W. u.a., 6. Aufl., Darmstadt/Neuwied 1978, S. 103-123.
POTTHOFF, E./TRESCHER, K./THEISSEN, R. (2003): Das Aufsichtsratsmitglied – Ein Handbuch der Aufgaben, Rechte und Pflichten, 6. Aufl., Stuttgart, 2003.
RAISER, T. /VEIL, R. (2010): Recht der Kapitalgesellschaft, 5., neubearb. und erw. Aufl., München, 2010.
RENNER, K. N. (2004): Grenze und Ereignis. Weiterführende Überlegungen zum Ereigniskonzept von J.M. Lotman, in: Norm-Grenze-Abweichung. Kultursemiotische Studien zu Literatur, Medien und Wirtschaft, hrsg. v. Frank, Gustav/Lukas, Wolfgang, Passau 2004, S. 357-381.
RIEGER, W. (1964): Einführung in die Privatwirtschaftslehre, 3., unveränd. Aufl., Erlangen, 1964.
RIMMON-KENAN, S. (2007): Narrative Fiction: Contemporary Poetics, 2. Aufl., London/New York, 2007.
ROBERTS, F.S. (1985): Measurement Theory, Cambridge, 1985.
RUBINSTEIN, M. (1976): The Valuation of Uncertain Income Streams and the Pricing of Options, in: The Bell Journal of Economics 7 (1976), S. 407-425.
RUBINSTEIN, A. (1991): Comments on the interpretation of game theory, in: Econometrica 59 (1991), S. 909-924.
RUDOLPH, B. (1983): Zur Bedeutung der kapitaltheoretischen Separationstheoreme für die Investitionsplanung, in: ZfB 53 (1983), S. 261-287.
RUDOLPH, B. (1984): Kreditsicherheiten als Instrumente zur Umverteilung und Begrenzung von Kreditrisiken, in: zfbf 1 (1984), S. 16-43.
RUNGE, J.C. (2010): Covenants in Kreditverträgen. Grenzen der Einflussnahme von Kreditgebern, Köln, 2010.
SAVAGE, L. (1972): The Foundations of Statistics, 2., rev. Aufl., New York, 1972.
SCHAICH, E./KÖHLE, D./SCHWEITZER, W./WEGNER, F. (1990): Statistik II für Volkswirte, Betriebswirte und Soziologen, 3., überarb. Aufl., München, 1990.
SCHEELE, A. (2007): Strategieorientierte Lageberichterstattung, Lohmar, 2007.
SCHEFFLER, E. (1999): Der Deutsche Standardisierungsrat – Struktur, Aufgaben und Kompetenzen, in: BFuP 51 (1999), S. 407-417.
SCHELLING, F. W. J. (1990): Vorlesungen über die Methode (Lehrart) des akademischen Studiums, hrsg. v. Erhardt, Walter, Hamburg, 1990.
SCHIEL, A. (2009): Aktionärsschutz zwischen Aktienrecht und Kapitalmarkt, Berlin, 2009.
SCHILDBACH, T. (1975): Analyse des betrieblichen Rechnungswesens aus der Sicht der Unternehmensbeteiligten dargestellt am Beispiel der Aktiengesellschaft, Wiesbaden, 1975.
SCHILDBACH, T. (1979): Geldentwertung und Bilanz, Düsseldorf, 1979.
SCHILDBACH, T. (1986): Jahresabschluß und Markt, Berlin u.a., 1986.
SCHILDBACH, T. (1999): Externe Rechnungslegung und Kongruenz – Ursache für die Unterlegenheit deutscher verglichen mit angelsächsischer Bilanzierung?, in: DB 52 (1999), S. 1813-1820.
SCHILDBACH, T. (2006): Das Eigenkapital deutscher Unternehmen im Jahresabschluß nach IFRS-Analyse eines Problems, in: BFuP 58 (2006), S. 325-341.

SCHILDBACH, T. (2008): Dunkle Seiten der Vorsicht bei Licht besehen, in: BFuP 60 (2008), S. 449 - 463.

SCHILDBACH, T. (2008b): Der Konzernabschluss nach HGB, IFRS und US-GAAP, 7. überarb. Aufl., München, 2008.

SCHILDBACH, T. (2009): Der handelsrechtliche Jahresabschluss, 9., vollst. überarb., Aufl., Herne 2009.

SCHILDBACH, T. (2010): Internationale Rechnungslegung, Interessenvertretung und Kontroversen in der Sache, in: DStR 48 (2010), S. 2049-2054.

SCHILDBACH, T./BEERMANN, M./FELDHOFF, M. (1990): Lagebericht und Publizitätspraxis der GmbH, in: BB 45 (1990), S. 2297-2301.

SCHILDBACH, T./GROTTKE, M: (2009): Lehren aus der Subprime-Krise für Rechnungslegung und Corporate Governance, in: Rechnungslegung und Unternehmensführung in turbulenten Zeiten, FS Seicht, hrsg. v. Haeseler, Herbert R./Hörmann, Franz, Wien 2009, S. 107-126.

SCHMIDT, K. (2005): Verfolgspflichten, Verfolgungsrechte und Aktionärsklagen: Ist die Quadratur des Zirkels näher gerückt?* - Gedanken zur Reform der §§ 147-149 AktG vor dem Hintergrund der Juristentagsdiskussion des Jahres 2000, in: NZG 22 (2005), S. 796-801.

SCHMIDT, R. (1981): Diagnose von Unternehmensentwicklungen auf Basis computergestützter Inhaltsanalyse, in: Unternehmenskrisen – Ursachen, Frühwarnung, Bewältigung, hrsg. v. Bratschitsch, Rudolf/Schnellinger, Wolfgang, Stuttgart 1981, S. 353-379.

SCHNEIDER, D. (1979): Meßbarkeitsstufen subjektiver Wahrscheinlichkeiten als Erscheinungsformen der Ungewißheit, in: zfbf 3 (1979), S. 79-122.

SCHNEIDER, D. (1989): Erste Schritt zu einer Theorie der Bilanzanalyse, in: Wpg 42 (1989), S. 633-643.

SCHNEIDER, D. (1992): Investition, Finanzierung und Besteuerung, 7., vollst. überarb. u. erw. Aufl, Wiesbaden, 1992.

SCHNEIDER, D. (1997): Betriebswirtschaftslehre, Band 3: Theorie der Unternehmung, München/Wien 1997.

SCHNEIDER, D. (1997b): Betriebswirtschaftslehre, Band 2: Rechnungswesen, 2. Aufl., München/Wien 1997.

SCHÖN, W. (2008): Geheimnisschutz und Wettbewerb – eine Einführung, in: Rechnungslegung und Wettbewerbsschutz, hrsg. v. Schön, Wolfgang, Berlin 2008, S. 1-6.

SCHREIB, H.-P. (1983): Der Jahresabschluß aus der Sicht der Streubesitzaktionäre, in: Der Jahresabschluss im Widerstreit der Interessen, hrsg. v. Baetge, Jörg, Düsseldorf 1983, S. 315-348.

SCHROEDER, N./GIBSON, C. (1990): Readability of Management's Discussion and Analysis, in: Accounting Horizons 4 (1990), S. 78-87.

SCHWEINITZ, J. (2005): Die Ambivalenz des Augenscheins am Ende einer Affäre. Über Unzuverlässiges Erzählen, doppelte Fokalisierung und die Kopräsenz narrativer Instanzen im Film, in: Was stimmt denn jetzt? Unzuverlässiges Erzählen in Literatur und Film, hrsg. v. Liptay, Fabienne/Wolf, Yvonne, München 2005, S. 89-106.

SEARLE, J. R. (2005): Speech acts: An Essay in the Philosophy of Language, 2. Aufl., Cambridge, 2005.

SEC (2003): Interpretation: Commission Guidance Regarding Management's Discussion and Analysis of Financial Condition and Results of Operations, abrufbar auf: http://www.sec.gov/rules/interp/33-8350.htm, zuletzt abgerufen am 11.1.2010.

SEMLER, J./v. SCHENCK, K. (2009): Arbeitshandbuch für Aufsichtsratsmitglieder, 3. Aufl., München, 2009.

SENIOR SUPERVISORS GROUP (2008): Observations on Risk Management Practices during the Recent Market Turbulence, abrufbar auf: http://www.newyorkfed.org/newsevents/news/banking/2008/SSG_Risk_Mgt_doc_final.pdf, zuletzt abgerufen am: 28.06.2010.

SHACKLE, G.L.S. (1992): Epistemics and Economics. A Critique of Economic Doctrines, London, 1992.

SIEBEN, G. /SCHILDBACH, T. (1990): Betriebswirtschaftliche Entscheidungstheorie, 3. durchges. Aufl, Düsseldorf 1990.

SIEBLER, U. (2008): Internationalisierung der Rechnungslegung und deren Auswirkungen auf Handels- und Steuerbilanz nicht auf den geregelten Kapitalmarkt ausgerichteter Unternehmen, Berlin, 2008.

SIMON, H. A. (1982): Theories of Bounded Rationality, in: Models of Bounded Rationality Volume 2, hrsg. v. Simon, Herbert A., Massachussets 1982, S. 408-423.

SINGER, W. (2002): Der Beobachter im Gehirn. Essays zur Hirnforschung, Frankfurt am Main, 2002.

SMITH, C. W./WARNER, J. B. (1979): On Financial Contracting An Analysis of Bond Covenants, in: Journal of Financial Economics 7 (1979), S. 117-161.

SOLBACH, A. (2005). Die Unzuverlässigkeit der Unzuverlässigkeit. Zuverlässigkeit als Erzählziel, in: Was stimmt denn jetzt? Unzuverlässiges Erzählen in Literatur und Film, hrsg. v. Liptay, Fabienne/Wolf, Yvonne, München 2005, S. 60-71.

STANZEL, F. K. (1995): Theorie des Erzählens, 6. Aufl., Göttingen, 1995.

STECK, P. (2009): Aussagenanalyse, in: Vernehmung in Theorie und Praxis. Wahrheit – Irrtum – Lüge, hrsg. v. Litzke, Sven/Hermanutz, Max, 2., überarb. Aufl., Stuttgart 2009, S. 153-167.

STEGMÜLLER, W. (1973): Personelle und Statistische Wahrscheinlichkeit, Erster Halbband Personelle Wahrscheinlichkeit und Rationale Entscheidung, Berlin/Heidelberg/New York, 1973.

STELLER, M./VOLBERT, R. (1997): Glaubwürdigkeitsbegutachtung, in: Psychologie im Strafverfahren. Ein Handbuch, hrsg. v. Steller, Max/Volbert, Renate, Bern u.a., 1997, S. 12-39.

STOBBE, T. (1988): Der Lagebericht, in: BB 43 (1988), S. 303-311.

THIEßEN, F. (1996): Covenants: Durchsetzungsprobleme und die Folgen, in: Regulierung und Unternehmenspolitik, hrsg.v. Sadowski, Dieter/ Czap, Hans/Wächter, Hartmut, Wiesbaden 1996, S. 143-159.

THIEßEN, F. (1996b): Covenants in Kreditverträgen: Alternative oder Ergänzung zum Insolvenzrecht, in: ZBB 8 (1996), S. 19-37.

TITZMANN, M. (1977): Strukturale Textanalyse, München, 1977.

TITZMANN, M. (2002): "Grenzziehung" vs "Grenztilgung". Zu einer fundamentalen Differenz der Literatursysteme "Realismus" und "Frühe Moderne", in: Weltentwürfe in Literatur und Medien, hrsg. v. Krah, Hans/Ort, Claus-Michael, Kiel 2002, S. 181-210.

TITZMANN, M. (2003): Literatursemiotik, in: Handbuch der Semiotik, Band 3, hrsg. v. Posner, Roland u.a., Berlin 2003, S. 3028-3103.

TOMAŠEVSKIJ, B. V. (1985): Theorie der Literatur, Poetik, 6. Auflage, hrsg. v. Seemann, Klaus-Dieter, Wiesbaden, 1985.

TVERSKY, A./SHAFIR, E. (1992): Choice under conflict: The Dynamics of Deferred Decision, in: Psychological Science 3 (1992), S. 358-361.

VILLEGAS, C. (1964): On qualitative probability σ-Algebras, in: The Annals of Mathematical Statistics 35 (1964), S. 1787-1796.

VOLK, G. (1987): Das Informationsinteresse der Jahresabschlussadressaten, in: BB 42 (1987), S. 723-728.
VONA, L. W. (2008): Fraud Risk Assessment Building a Fraud Audit Program, New Jersey, 2008.
VON GAMM, K. (1998): Betriebsgeheimnisse und bilanzrechtliche Publizität, Köln u.a., 1998.
VRIJ, A.(2009): Detecting Lies and Deceit. Pitfalls and Opportunities, 2. Aufl., Chichester, 2009.
WAGENHOFER, A./ EWERT, R. (2003): Externe Unternehmensrechnung, Berlin, 2003.
WAGENHOFER, A. (2010): Abschlüsse von rätselhafter Transparenz, in: FAZ v. 6.9.2010, S. 12.
WAGNER, F. W. (1982): Zur Informations- und Ausschüttungsbemessungsfunktion des Jahresabschlusses auf einem organisierten Kapitalmarkt, in: zfbf 34 (1982), S. 749-771.
WAISMANN, F. (1968): The principles of linguistic philosophy, London, 1968.
WALLEY, P./FINE, T.L. (1979): Varieties of modal (classificatory) and comparative probability, in: Synthese 41 (1979), S. 321-374.
WEBER, M. (1956): Die >> Objektivität<< sozialwissenschaftlicher Erkenntnis, in: Max Weber: Soziologie Weltgeschichtliche Analysen Politik, hrsg. v. Winckelmann, Johannes, Stuttgart 1956, S. 186-262.
WEITEMEYER, B. (2005): Die Entlastung im Aktienrecht – neueste Entwicklungen in Gesetzgebung und Rechtsprechung, in: ZGR 34 (2005), S. 280-308.
WEITNAUER, W. (2005): Covenants und AGB-Kontrolle, in: ZIP 26 (2005), S. 1443-1448.
WERNER, U. (1990): Die Berücksichtigung nichtnumerischer Daten im Rahmen der Bilanzanalyse, in: Wpg 43 (1990), S. 369-376.
WERNER, U. (1990b): Die Analyse des Lageberichts als Instrument empirischer Zielforschung, in: zfbf 42 (1990), S. 1014-1035.
WERNER, U. (1991): Die Messung des Unternehmenserfolgs auf Basis einer kommunikationstheoretisch begründeten Jahresabschlussanalyse dargestellt am Beispiel deutscher Rückversicherungsunternehmen, Wiesbaden, 1991.
WILDE, C. (1998): Informationsrechte und Informationspflichten im Gefüge der Gesellschaftsorgane, in: ZGR 27 (1998), S. 423-465.
WILHELM, J. (1975): Objectives and Multi-Objective Decision Making Under Uncertainty, Berlin u.a., 1975.
WILHELM, J. (1983): Marktwertmaximierung – Ein didaktisch einfacher Zugang zu einem Grundlagenproblem der Investitions- und Finanzierungstheorie, in: ZfB 53 (1983), S. 516-534.
WILHELM, J. (2004): Unternehmensbewertung bei persönlicher Einkommensteuer – Sind die Kapitalkosten ein fruchtbares Konzept?, Korrigiertes Reprint, abrufbar auf: http://www.wiwi.uni-passau.de/fileadmin/dokumente/lehrstuehle/wilhelm/pdf/FS_Buehner_korr.pdf, S. 1-26.
WILHELM, J. (2005): Unternehmensbewertung – Eine finanzmarkttheoretische Untersuchung, in: ZfB 75 (2005), S. 631-665.
WIENOLD, G. (1972): Semiotik der Literatur, Frankfurt am Main, 1972.
WITTGENSTEIN, L. (1963): Tractatus logic-philosophicus, 1. Aufl., Frankfurt, 1963.
WITTGENSTEIN, L. (2005): Tractatus logico-philosophicus Tagebücher 1914-1916 Philosophische Untersuchungen, 18. Aufl., Frankfurt am Main, 2005.
WITTIG, A. (1996): Financial Covenants im inländischen Kreditgeschäft, in: Zeitschrift für Wirtschafts- und Bankrecht 50 (1996), S. 1381-1391.
WITTMANN, W. (1959): Unternehmung und unvollkommene Information-Unternehmerische Voraussicht – Ungewissheit und Planung, Köln/Opladen, 1959.

WULFF, H.J. (2005): >> Hast du mich vergessen? Falsche Fährten als Spiel mit dem Zuschauer, in: Was stimmt denn jetzt? Unzuverlässiges Erzählen in Literatur und Film, hrsg. v. Liptay, Fabienne/Wolf, Yvonne, München 2005, S. 147-153.
YACOBI, T. (2001): Package-Deals in Fictional Narrative: The Case of the Narrator's (Un)reliability, in: Narrative 9 (2001), S. 223-229.
ZEPP, M. (2007): Der Risikobericht von Kreditinstituten. Anforderungen, Normen, Gestaltungsempfehlungen, Berlin, 2007.
ZÜLCH, H./GEBHARDT, R./HOFFMANN, S. (2008): Politische Ökonomie der Rechnungslegung – Bisherige Forschungsergebnisse und künftige Forschungsperspektiven unter besonderer Berücksichtigung des Lobbyingkonzepts, in: JfB 59 (2009), S. 1-29.
ZYLBERBERG, J./DEWEESE, M.R. (2011): How should prey animals respond to uncertain threats?, in: frontiers in computational neuroscience 5 (2011), S. 1-7.

Zitierte Gesetze und Standards des privatrechtlichen Gremiums DSR:

AktG:	Aktiengesetz
BGB:	Bürgerliches Gesetzbuch
HGB	Handelsgesetzbuch
InsO:	Insolvenzordnung
SpruchG:	Spruchverfahrensgesetz
UmwG:	Umwandlungsgesetz
StPO:	Strafprozessordnung
StGB:	Strafgesetzbuch
DRS 5:	Risikoberichterstattung
DRS 5-10:	Risikoberichterstattung für Banken
DRS 5-20:	Risikoberichterstattung für Versicherungen
DRS 15:	Konzernlageberichterstattung
DRS 17:	Vergütungsberichterstattung

Zitierte Gerichtsurteile:

LG Köln (1992): Urteil vom 3.2.1992, Az. 1992-91-O-203/91, Fundstelle: Die Aktiengesellschaft 1992, S. 238-240.
LG Berlin (1997): Urteil vom 2.12.1996, Az. 990 173/96, Fundstelle: Die Aktiengesellschaft 1997, S. 183-185.
LG Frankfurt a.M. (2005): Beschluss vom 18.1.2005, Az. 2005-3-5-O 83/04, Fundstelle: NZG 22 (2005), S. 227-230.
OLG Hamburg (2001): Urteil vom 12.1.2001, Az. 11 U 162/00, Fundstelle: NZG 18 (2001), S. 513-517.
OLG Frankfurt a.M. (2007): Beschluss vom 14.6.2007, Az. WpÜG 1/07, Fundstelle: BB 62 (2007), S. 2060-2063.
OLG Frankfurt a.M. (2010): Beschluss vom 24.11.2009, Az. WpÜG 11 12/09, Fundstelle: NZG 64 (2010), S. 63-67.
BGH (2010): Urteil vom 8.2.2010, Az. II ZR 94/08, Fundstelle: DB 63 (2010), S. 718-722.
BVerfG (2000): Beschluss vom 20.9.1999, Az. 1 BvR 636/95, Fundstelle: NJW 53 (2000), S. 349-352.
EuG (2008): Urteil des Gerichts erster Instanz vom 1. Juli 2008, Rechtssache T-266/02, Fundstelle: Amtsblatt der Europäischen Union (2008), C 209/39, abrufbar auf http://eur-lex.europa.eu/LexUriServ/LexUriServ.do?uri=OJ:C:2008:209:0039:0039:DE:PDF, zuletzt abgerufen am 28.10.2010.

Zitierte Geschäftsberichte/Lageberichte/Konzernlageberichte:

Adidas AG, Jahresabschluss und Lagebericht 2008.
Allianz SE, Geschäftsbericht 2008.
Allianz Gruppe, Geschäftsbericht 2008.
Bankgesellschaft Berlin AG, Geschäftsbericht 1998.
Bankgesellschaft Berlin AG, Geschäftsbericht 1999.
Bankgesellschaft Berlin AG, Geschäftsbericht 2000.
BMW AG, Geschäftsbericht 2006.
Commerzbank AG, Geschäftsbericht 2006.
Commerzbank AG, Geschäftsbericht 2007.
Commerzbank AG, Geschäftsbericht 2008.
Comroad AG, Geschäftsbericht 1999.
Comroad AG, Geschäftsbericht 2000.
Conergy AG, Geschäftsbericht 2006.
Continental AG, Geschäftsbericht 2003.
Daimler AG, Geschäftsbericht 2008.
Daimler AG, Geschäftsbericht 2010.
Deutsche Bank AG, Finanzbericht 2006.
Deutsche Bank AG, Finanzbericht 2007.
Deutsche Bank AG, Jahresabschluss und Lagebericht 2007.
Deutsche Bank AG, Finanzbericht 2008.
Deutsche Telekom AG, Geschäftsbericht 2003.
Deutsche Telekom AG, Geschäftsbericht 2008.
Deutsche Post AG, Geschäftsbericht 2003.
D+s Europe AG, Geschäftsbericht 2007.
Dresdner-Bank-Konzern, Finanzbericht 2008.
E.ON AG, Geschäftsbericht 2006.
Fresenius AG, Geschäftsbericht 2005.
Fresenius AG, Geschäftsbericht 2006.
Fresenius SE, Geschäftsbericht 2007.
Fresenius SE, Geschäftsbericht 2008.
Gildemeister AG, Geschäftsbericht 2008.
HUGO BOSS AG, Geschäftsbericht 2000.
HUGO BOSS AG, Geschäftsbericht 2001.
Hypo Real Estate AG, Geschäftsbericht 2006.
IKB AG, Geschäftsbericht 2005/2006.
Linde AG, Geschäftsbericht 2006.
Linde AG, Geschäftsbericht 2007.
MAN AG, Geschäftsbericht 2003.
Merck KGaA, Geschäftsbericht 2006.
Metro AG, Geschäftsbericht 2007.
MLP AG, Geschäftsbericht 2001.
Phenomedia AG, Geschäftsbericht 2000.
Phillip Holzmann AG, Geschäftsbericht 1996.
RWE AG, Geschäftsbericht 1995/1996.
RWE AG, Geschäftsbericht 2008.
Sachsen LB AG, Geschäftsbericht 2005.
Sachsen LB AG, Geschäftsbericht 2006.
Salzgitter AG, Geschäftsbericht 2008.
Sennebogen Maschinenfabrik GmbH, Geschäftsbericht 2007.

Siemens AG, Geschäftsbericht 2005.
Siemens AG, Geschäftsbericht 2008.
ThyssenKrupp AG, Jahresabschluss und Lagebericht 2001/2002.
ThyssenKrupp AG, Geschäftsbericht 2005/2006.
ThyssenKrupp AG, Geschäftsbericht 2006/2007.
ThyssenKrupp AG, Geschäftsbericht 2007/2008.
Tui AG, Geschäftsbericht 2003.
Volkswagen AG, Geschäftsbericht 2003.

Sonstige zitierte Literatur:

Banken AGB: Allgemeine Geschäftsbedingungen Bankenverband Muster, abrufbar auf: http://www.bankenverband.de/downloads/102009/mu0911-re-agb.pdf, zuletzt abgerufen am 7.10.2010.

Begründung Referentenentwurf Bilanzrechtsreformgesetz (2004): Referentenentwurf Gesetz zur Einführung internationaler Rechnungslegungsstandards und zur Sicherung der Qualität der Abschlussprüfung (Bilanzrechtsreformgesetz – BilReG), abrufbar auf: http://www.bmj.de/media/archive/512.pdf, zuletzt abgerufen am 19.10.2010.

Bericht Untersuchungsausschuss Bankgesellschaft Berlin (2006): Bericht des Untersuchungsausschusses Bankgesellschaft, Zusammenfassung der wesentlichen Ergebnisse, abrufbar auf: http://khd-research.net/Docs/AH-Bln_BGB-Bericht_2006_sum.pdf, zuletzt abgerufen am 19.10.2010.

CFA (2007): A Comprehensive Business Reporting Model, Financial Reporting for Investors, July 2007, abrufbar auf: http://wwwcfapubs.org/doi/pdf/10.2469/ccb.v2007.n6, zuletzt abgerufen am 10.10.2007.

Conergy AG (2008): Fehlermeldung nach § 37q Abs. 2 WpHG, abrufbar auf: https://www.ebundesanzeiger.de/ebanzwww/wexsservlet?session.sessionid=80a941ff234fdbaf1896495c10528ef0&page.navid=detailsearchlisttodetailsearchdetail&fts_search_list.selected=5313a44e351e7f38&fts_search_list.destHistoryId=27293, zuletzt abgerufen am 8.11.2010.

D+S Europe AG (2009): Fehlermeldung nach § 37q Abs. 2 WpHG, abrufbar auf: https://www.ebundesanzeiger.de/ebanzwww/wexsservlet?session.sessionid=80a941ff234fdbaf1896495c10528ef0&page.navid=detailsearchlisttodetailsearchdetail&fts_search_list.selected=9bd3e59ca3c71cb6&fts_search_list.destHistoryId=77124, zuletzt abgerufen am 8.11.2010.

DRSC (2010): Bilanzierungsgremium schafft Möglichkeit für nationale Neuordnung, abrufbar auf: http://www.standardsetter.de/drsc/docs/press_releases/2010/100628_neuordnungDRSC.pdf, zuletzt abgerufen am 19.10.2010.

ERNST & YOUNG (2005): How fair is fair value? abrufbar auf: http://www2.eycom.ch/publications/items/ifrs/single/200506_fair_value/en.pdf, zuletzt abgerufen am 19.10.2010.

Europäische Kommission (2002): Entscheidung der Kommission vom 19. Juni 2002 über Maßnahmen der Bundesrepublik Deutschland zugunsten der Deutschen Post AG, Amtsblatt der Europäischen Gemeinschaften L 247/27- 55. abrufbar auf: http://eur-lex.europa.eu/LexUriServ/LexUriServ.do?uri=OJ:L:2002:247:0027:0055:DE:PDF, zuletzt abgerufen am 27.10.2010.

IASB (2005): Discussion Paper Management Commentary, abrufbar auf: http://www.ifrs.org/NR/rdonlyres/1CAEA05A-0651-42B8-A40A-6ED23E46A876/0/DPManagementCommentary.pdf, zuletzt abgerufen am 19.10.2010.

IASB (2009): Vorabversion (Working Draft) für den Exposure Draft Management Commentary, London, 2009.

Landesbank Baden-Württemberg (2008): Fehlermeldung nach § 37q Abs. 2 WpHG, abrufbar auf: https://www.ebundesanzeiger.de/ebanzwww/wexsservlet?session.sessionid=80a941ff234fdbaf1896495c10528ef0&page.navid=detailsearchlisttodetailsearchdetail&fts_search_list.selected=b5e4fc7641c9d253&fts_search_list.destHistoryId=42376, zuletzt abgerufen am 8.11.2010.

Sächsischer Rechnungshof (2009): Sonderbericht nach § 99 SäHO, Landesbank Sachsen Girozentrale, abrufbar auf: http://www.rechnungshof.sachsen.de/ausschreibung/SRH_Sonderbericht_SLB_2009.pdf, zuletzt abgerufen am: 19.10.2010.

TRANSPARENZ IN DER WIRTSCHAFT

Herausgegeben von Prof. Dr. Markus Diller, Passau, und
Dr. Markus Grottke, Passau

Band 1
Markus Grottke
Die strukturale Lageberichtsanalyse als Bestandteil einer offenen, erweiterten Jahresabschlussanalyse
Lohmar – Köln 2012 • 420 S. • € 67,- (D) • ISBN 978-3-8441-0117-1

JOSEF EUL VERLAG